城市地下空间环境质量保障关键技术

姚 杨 主编

中国建筑工业出版社

图书在版编目（CIP）数据

城市地下空间环境质量保障关键技术/姚杨主编. —北京：中国建筑工业出版社，2010.11
ISBN 978-7-112-12537-1

Ⅰ.①城… Ⅱ.①姚… Ⅲ.①城市建设-地下工程-工程技术-研究 Ⅳ.①TU94

中国版本图书馆 CIP 数据核字（2010）第 196184 号

本书从地下空间环境舒适与安全、系统合理以及可持续发展的角度出发，介绍了以下几个方面的最新研究成果：城市地下空间热湿负荷计算方法；城市地下空间舒适性指标体系与环境质量评价标准；城市地下空间通风空调系统和相关设备；城市地下空间噪声控制技术；城市地下空间采光及照明设计技术和城市地下空间节能控制与能量管理系统等内容。本书适合相关工程技术人员、科研人员参考使用。

* * *

责任编辑：石枫华
责任设计：董建平
责任校对：姜小莲 刘 钰

城市地下空间环境质量保障关键技术
姚 杨 主编

*

中国建筑工业出版社出版、发行（北京西郊百万庄）
各地新华书店、建筑书店经销
北京红光制版公司制版
北京中科印刷有限公司印刷

*

开本：787×1092 毫米 1/16 印张：25 字数：630 千字
2010 年 12 月第一版 2010 年 12 月第一次印刷
定价：**66.00** 元
ISBN 978-7-112-12537-1
（19787）

《城市地下空间环境质量保障关键技术》

编　委　会

主　　编：姚　杨

副主编：刘　京

编著人员（按姓氏笔画顺序）：

于　丹　王书晓　石文星　刘　京

刘　笙　朱伟峰　宋业辉　李　金

狄严强　周森林　郑竺凌　金　虹

姚　杨　姜益强　赵建平　康　健

曹　勇　韩　旭　裴清清　霍小平

前　言

改革开放以来，我国国民经济进入持续、稳定、高速发展的新时期。短时间内城市规模和人口的激增势必使“城市综合症”越来越严重，其具体表现为：城市人口超饱和，交通拥挤、堵塞，建筑空间拥挤，绿化面积减小，城市污染加剧，环境质量下降，城市抗灾自救能力降低等等。城市化的高速发展，迫使人们开发地下空间。综合利用城市地下空间这种新型国土资源是解决城市人口、资源、环境三大危机的重要措施。

地下建筑大部分被岩土层包围，内部空间环境质量有其特殊性，与地上建筑空间环境有着较大的差异，需更多地依靠人工手段来加以控制和改善。由于我国以往未重视地下空间开发及其内部环境质量的改善，长期以来人们形成了一种地下建筑环境不如地面建筑环境的认识与感受。一些有关地下建筑空间环境质量调查的研究也表明，现有地下建筑内部空间环境的现状不能令人满意，大部分达不到应用的标准，尤其表现在空气品质差、新风供应不足、CO_2 浓度、灰尘、微生物总数偏高、氡浓度偏高、室内异味明显，夏季和梅雨季湿度大，潮气促使霉菌、细菌和病毒生长、微生物污染比地上建筑严重，病态建筑综合症（SBS）的发生率高于地上建筑。此外，人们进入地下环境中，普遍感受到空间闭塞、压抑、单调、阴暗、与世隔绝以及方向感、时间感、季节气候变化感缺失等不良心理感受，甚至存在着担心生命安全以及有损身体健康的地下空间恐惧症。因此，系统地研究地下空间环境改善与保障技术是一个重要而紧迫的问题。但到目前为止，系统介绍城市地下空间的环境质量问题及相关保障技术的书籍还很少。

本书紧密结合“十一五”国家科技支撑计划重点项目之课题“城市地下空间环境质量保障技术研究”（2006BAJ27B03）的研究进展，内容涵盖了城市地下空间环境保障技术领域内从理论到工程实际应用的最新成果，具有很大的创新性，是指导和规范今后我国地下空间的设计和施工，对城市地下空间环境进行有效控制的理论基础。书稿中包括的主要创新性成果和内容有：

（1）城市地下空间热湿负荷计算方法的研究；

（2）城市地下空间舒适性指标体系与环境质量评价标准研究；

（3）城市地下空间通风空调系统和设备的研究；

（4）城市地下空间噪声控制技术研究；

（5）城市地下空间采光及照明设计技术研究；

（6）城市地下空间节能控制与能量管理系统研究。

本书由哈尔滨工业大学姚杨负责整体的策划和组织，拟定编写大纲和全书审稿，哈尔滨工业大学刘京负责全书统稿和编写过程中的协调工作。书稿编写的具体分工为：第 2 章由哈尔滨工业大学姚杨等编写；第 3 章、4.2 节由中国建筑科学研究院曹勇、宋业辉、狄严强和北京建筑工程学院于丹等编写；第 1 章、4.1 节由哈尔滨工业大学刘京和上海大智科技发展有限公司霍小平、李金编写；4.3 节由清华大学石文星、解放军理工大学韩旭、周森林等编写；4.4 节由广州大学裴清清等编写；第 5 章由中国建筑科学研究院赵建平、王书晓等编写；第 6 章由哈尔滨工业大学金虹、康健等编写；第 7 章由上海建筑科学研究院刘筌、郑竺凌、朱伟峰、哈尔滨工业大学姜益强等编写。另外，韩宗伟、邵晓亮、韩俊召、王顺林、周智明、陈煜健、刘帅、周莉、廖柱、姜红、孟琪、唐征征、宋菲、张微微、张震、于德梓、张滨、李娟、肖光华、邓小池、王寅等研究生为本书的成稿提供了帮助，哈尔滨工业大学研究生戎小寅参与了本书的文字编辑，在此一并表示衷心感谢。

本书的出版凝聚了中国建筑工业出版社石枫华编辑的辛勤工作，在此表示敬意和感谢。

本书可供从事该领域的工程技术人员、科研人员等参考使用。

由于时间仓促，编者水平有限，本书中难免存在缺点和错误，恳请读者给予批评指正。

2010 年 7 月

目　录

第1章 绪 论

1.1 我国地下空间的发展现状

我国已进入快速城镇化时期，城市化率将由2002年的37.7%上升到2020年的58%～60%，城市人口将由2003年底的3.38亿上升到2020年的8～9亿。城市的发展对开发利用地下空间提出了客观需求，而地下空间的开发利用，为城市提供了大量后备空间资源，为解决上述难题开辟了有效的途径，符合城市发展规律。综合利用城市地下空间是解决城市人口、资源、环境三大危机的重要措施。在《国家中长期科学和技术发展规划纲要》(2006—2020年）中，城镇化与城市发展为重点开展研究领域，其中明确指出城市地下空间开发利用技术为优先主题之一。

近年来，我国在地下空间的开发利用方面投入力度很大，开展了大量的工作。首先以地铁为例，我国的地铁发展始于20世纪60年代，由于修建地铁费用较高，以前只有北京等特大城市有地铁运营或修建地铁。进入21世纪，国家首次把“发展城市轨道交通”列入国民经济计划发展纲要，并作为拉动国民经济，特别是大城市经济持续发展的重大战略，进而掀起了“地铁和轻轨热”，继北京地铁之后，上海、天津、广州、深圳、南京以及重庆、沈阳、哈尔滨、武汉、成都、杭州等城市都已建成或开始建设地铁。中国34个人口数量过100万的城市中，有20个城市提出修建地铁的计划。地铁的发展对解决大城市交通拥堵、提高环境质量、调整城市区域结构和产业布局以及拉动城市社会经济持续发展和合理布局起到了突出作用，同时提高了居民的生活质量，促进了城市合理布局的形成；其次，结合人防工程的地下商业等民用建筑的建设增长幅度很大。“九五”期间全国重点人防城市年平均竣工面积不足$200\times10^4m^2$，“十五”期间年平均竣工$1500\times10^4m^2$，进入“十一五”年平均竣工在$2000\times10^4m^2$左右。有代表性的如北京中关村广场地下$50\times10^4m^2$集商业、娱乐、餐饮、休闲、停车等多位一体的地下综合体、上海人民广场$5\times10^4m^2$的人防综合工程、大连胜利广场地下工程等等。

综上所述，从总体上看，我国地下空间发展呈现出以下几个主要特点：

(1) 开发规模和力度大，开发速度快；

(2) 从孤立的单体建设转变为城市整体建设和改造的组成部分；

(3) 从孤立的地下建筑形式转变为功能复杂多样的巨大地下综合体。

1.2 地下空间环境控制的重要意义

城市地下空间环境控制是一个系统工程，包括热湿环境控制、空气品质、声环境控制、光环境控制、心理与视觉环境控制以及节能控制等，只有各方面相互协调、相互配合，才能创造一个适合人在地下空间生存和活动要求的环境。但需要指出的是，地下空间环境特点与地上建筑有非常大的区别，主要体现在以下几个方面（这些内容将会在后面各章中做详细的论述，此处仅进行简单的概括）：

（1）与地面自然环境相比，地下空间位于地下，封闭、自然光线缺乏、空气流通较差。人们进入地下环境，普遍感受到空间闭塞、压抑、单调、阴暗、与世隔绝以及方向感、时间感、季节气候变化感缺失等不良心理感受，甚至存在着担心生命安全以及有损身体健康的地下空间恐惧症。目前我国针对城市地下空间舒适性和环境质量的研究相对较少，其评价方法和评价体系尚未建立。

（2）与地面建筑相比，地下建筑具有蓄热能力强，热稳定性好，温度变化幅度小和潮湿等特点。其中最普遍存在的问题是潮湿问题。地下工程在修建和运营中，由于处于地下，复杂的地质环境决定了可能发生涌水、壁面结露、室内空气湿度可高达90%～100%。潮湿的地下环境可危害人体健康，使金属生锈，贮藏物资受潮变质以及毁坏电器设备等。如果在地下空间负荷计算方面不充分考虑这些特点，往往会使负荷偏大，进而导致所选设备偏大，引起初投资和运行费用过高，造成能源和经济上的浪费。因此，针对地下建筑的热湿特性，考虑地下空间的室内空气品质要求，研究一种合理的地下空间热湿负荷计算方法，为空调系统的设计提供科学准确的理论依据，对地下空间的开发利用与节能有着十分重要的现实意义。

（3）目前绝大多数的地下建筑采用地面建筑的通风空调系统、设备来处理和控制热湿环境，以达到空气品质要求。但地下空间具有自身的特点。首先，由于地下空间布局的问题，一些常规通风空调系统和设备，特别是屋顶设备，如冷却塔等在应用时受到限制；地下空间自身具有隔热性、恒温性、蓄热性，同时湿负荷较大，使得热湿比相对较小，对除湿和湿度调节功能要求更高；地下空间周围主要为岩土、地下水等，都是可供利用的自然能源。但到目前为止的利用率还很低；由于地下空间很难利用自然通风的辅助作用，而通风口的位置、个数又受到很大限制，使得常规通风空调设计方法和设备运行极易造成地下空间内整体气流组织困难和局部通风不畅问题，从而影响人员的热舒适度和对空气品质的需求；地下空间内污染物种类众多，不对回风进行综合高效的净化处理的话，会带来严重的空气品质问题。综上，有必要利用地下空间恒温、隔热、蓄热、耐候、气密等有利因素，同时解决空间局限、相对密闭等不利因素的负面影响，开发研究出适用于地下空间的通风空调系统和设备，这对于在节省能源的同时，建立健康舒适的地下空间环境具有重要意义。另外，上述系统在运行过程中，都需要消耗各种形式的能源，如电能等。但是由于我国在这些系统的设计和运行方面尚缺乏丰富科学的经验和严格完善的标准规范，使得目前地下空间的照明、通风、空调、强弱电、给水排水、供燃气等系统在满足基本需要的前提下其使用能耗却居高不下，这是急待解决的一个问题。因此，针对城市地下空间里的各个用能系统和环节，进行节能控制和能量管理方面的研究，使得在满足人们需求的同时尽可能高效低耗地消费能源，对我国的节能战略实施和地下空间的持续健康发展都具有重要意义。

（4）随着地下空间被人们广泛利用，其噪声污染问题也突显出来。地下空间的封闭性使得声音难以扩散，如地下空间结构和装修处理不当，将会使得回声现象严重，尤其是常用的拱形结构，在吸声处理不好的地方，声音会不断地反射，形成声聚焦，使得同一噪声源在地下空间内的声压级要大于地面3～8dB。噪声污染的危害众所周知，如损害听力，有害于人的心血管系统，影响人的神经系统，使人急躁、易怒。长期在噪声环境下工作的人，还会引起神经衰弱症候群（如头痛、头晕、耳鸣、记忆力衰退、视力降低等）。另外，地下空间噪声的污染除了以上的危害之外还会导致很多意想不到的事故发生，可见，研究地下空间的声学设计方法、噪声控制标准及控制技术是非常必要的。

（5）天然光照环境能满足人们生理（视觉）、心理和美学需要，但天然光线不足是地下空间的一个固有缺陷，如何弥补天然光线不足的问题，克服人在地下空间中昏暗、封闭的感觉，创造一种稳定、符合人体视觉特点的光照环境就具有重要的意义。然而，目前还没有关于结合人们对于光环境的需求，完成地下空间照明设计以及利用仿真系统，帮助人们获取外部环境信息等方面研究成果。

综上，由于地下建筑内部空间环境质量的特殊性，与地上建筑空间环境有着较大的差异，需更多地依靠人工手段来加以控制和改善。我国以往未重视地下空间开发及其内部环境质量的改善，一些有关地下建筑空间环境质量调查的研究也表明，现有地下建筑内部空间环境的现状不能令人满意，大部分达不到应用的标准，尤其表现在空气品质差、新风供应不足、CO_2 浓度、灰尘、微生物总数偏高、氡浓度偏高、室内异味明显，夏季和梅雨季湿度大，潮气促使霉菌、细菌和病毒生长、微生物污染比地上建筑严重，病态建筑综合症（SBS）的发生率高于地上建筑，噪声污染严重、天然光线不足，从而造成了长期以来形成的地下建筑环境不如地面建筑环境的认识与感受。因此，系统地研究、开发地下空间环境改善与保障技术是一个重要而紧迫的问题。

第 2 章　城市地下空间热湿负荷计算方法

2.1　城市地下空间热湿负荷及研究现状

空调通风系统在地下建筑中的应用变得日益广泛，且对其要求也不断提高。目前，在地下建筑的空调系统设计中，很多设计人员或者采用固定不变的参数，或者采用地面建筑的计算方法，或是采用指标估算来确定热湿负荷，而往往忽略了地下建筑与地面建筑的差别。与地面建筑相比，地下建筑的热湿负荷具有其自身的特点和存在的问题：

（1）地下建筑围护结构冷热负荷均比地面建筑少

“冬暖夏凉”是对地下建筑热工性能的高度概括。地面建筑围护结构的冷热负荷直接随着气温的变化而变化，而地下建筑则不完全如此。地温的变化既受气温的影响，又受埋深的影响。地温随着深度的增加而衰减，长期延迟，到达一定深度后则为一个常数。浅埋地下建筑在−3.0～−5.0m 范围内，夏季的初始温度较低，而且地下建筑均不计太阳辐射热，因此，地下建筑的围护结构冷热负荷均比地面建筑少。

（2）地下建筑的潮湿问题

由于地下建筑围护结构表面散湿，又不直接受太阳的照射，因此比地面建筑潮湿。在夏季，地下建筑内温度比室外气温低，室外空气进入地下建筑后，温度下降，相对湿度升高，当壁面温度低于露点温度时，即出现凝结水，使地下建筑夏季潮湿问题更为突出。地下建筑的湿源主要包括以下几项：施工水；裂隙水；壁面散湿；空气带入的水分；人员散湿；工艺散湿等[1]。正是由于地下建筑内空气环境的特殊性，“防潮除湿”成为地下建筑通风空调设计的关键环节。

基于以上考虑，地下建筑热湿负荷计算是地下建筑采暖、通风和空气调节系统设计的一项重要依据，它不仅影响到采暖、通风和空气调节系统设计的投资和设备的选择，而且还直接涉及到采暖、通风和空气调节设施的实际运行效果。如有些地下建筑的采暖、通风和空气调节系统的设计因没有充分考虑壁面的热工特性，使得工作区温度偏低，相对湿度偏高，负荷增大，给设备的选择带来了不必要的浪费。为了使暖通设计更加符合地下建筑的特点，使地下建筑内的热工环境满足工艺要求，对地下建筑热湿负荷计算方法的研究就具有十分重要的现实意义。

国内外在地下建筑热湿负荷计算方面进行了大量的研究，主要分以下几方面。

2.1.1　围护结构传热

与地面建筑相比较，地下建筑的一个显著特点，是它的围护结构（被覆结构和基岩或土壤）“无穷厚”（深埋）或大部分“无限厚”及局部有限厚（浅埋）。这是构成地下建筑传热过程区别于地面建筑的一个重要条件。在“无穷厚”的建筑墙体的热和湿的传递过程中，伴着地下建筑物内部的空气流动，使温度场、湿度场及空气流动场耦合在一起相互作用[1]。为使问题处理简单并且准确，研究工作者须在分析过程中采用“分类处理”，“问题模型化”，“引入假设条件”等研究手段。

文献［2］按地表面温度年周期性变化对地下建筑围护结构传热影响大小将其分为深埋和浅埋两类，对地下建筑围护结构传热影响较小的为深埋建筑。一般当地下建筑覆盖层厚度大于6～7m时，地表面温度年周期性变化对地下建筑围护结构传热的影响可以忽略不计。并对深埋和浅埋的地下建筑壁面传热给出了不同的计算公式。

赵敬源等[3]分析了地下建筑的传热特性，建立了深埋地下建筑壁面动态传热的数学模型，在边界条件的处理上引进了反应系数，使动态问题得以解决。依据建立起的传热微分方程编制了相应的计算机程序，以此程序对地下厂房的热工环境进行了模拟，具体分析了壁面传热的主要影响因素。

忻尚杰等[4]通过对浅层地下建筑结构进行简化，并根据空调系统实际运行特点，建立了传热过程的数学模型。用气象模型产生作用于地下工程的地面空气温度，用线性求解实现传热过程的动态模拟。并通过两个实际工程的同步实测与模拟，确认了模拟模型的有效性和可行性。

彭梦珑等[5]针对地下建筑中空气和岩壁的对流换热属于第四类边界条件，传统编程计算十分复杂的特点，使用Fluent软件对洞室岩壁的非稳态传热进行了计算。根据实例计算得出：间歇通风条件下岩壁热流通量达到稳定所需的时间约为1个月，并比较了不同风速和不同岩体材料时，洞室壁温和室温随时间的变化状况，为深埋地下洞室岩壁的热负荷计算提供了参考。

胡铁山等[1]提出地下建筑壁面与流动空气之间同时发生着对流传热与对流传质，属于热湿耦合对流传递过程，并且建立了壁面热湿耦合对流传递数学模型。在对实验空间进行春、夏、秋、冬四个季节的实验数据分析整理后，得到了四个季节壁面和空气热湿耦合对流传递过程的无量纲准则式，为控制地下建筑热湿环境提供理论依据。

王丹宁等[6]利用了控制容积法的原理分析了通风系统间歇运行时的地道壁体的传热过程。即在计算区域内划分网格，定义网格线的交点为控制节点，并以节点为中心建立单元体。然后，根据控制容积法的原理，用热平衡法，推导出每个单元体内节点的关系式，从而求解出计算区域内的温度场分布。

朱培根等[7]针对地下建筑随使用时间的增长，恒温传热过程逐步趋于稳定，年波动传热过程逐步进入准稳定状态的特点，根据地下建筑供暖空调负荷设计计算的相关文献和规范，以Visual Basic6.0和Compaq Visual Fortran等为工具，研究开发了地下建筑供暖空调负荷模拟和能耗预测软件。

国外方面，Thomas B.[8]早在1975年就提出在地下0～10m深度之间，可以通过扭曲正常的热学模式来使温度波动最小化。为此可在地下空间的顶棚和表面土壤之间放置绝热材料，并水平延伸超过地下空间。在这种情况下，地表温度需要花费更长的时间穿透深厚的土壤地块以到达地下空间的墙体。Golany S. G.[9]也提出了另外一种方法，就是在地下空间的上部地表上建造房屋或密植树木，使太阳热量的影响最小化。

对于地下建筑壁面物理传热的分析研究，Maref W. 等[10,11]建立了三维传热模型的理论及数值方法，并选择Implicit Spline Method作为解决方法，以不同材料的温度分布测量值检验了模型的有效性。然后将该模型用于估计侧面热流的影响，同时给出了简要的实验细节并给出模型验证结果。

Skrjanc I. 等[12]分析了建筑物热动态模拟方法，即理论模拟与实验模拟的优缺点。理论模拟以能量平衡方程为基础，并应用了 MATLAB 等工具。在实验模拟中，得到了输入、输出变量之间的一个非线性模糊模拟模型。

2.1.2　设备、照明和人体等散热量

相对于围护结构传热和计算新风负荷，设备、照明和人体等散热量在地下空间空调负荷中所占比例较大。文献［2］介绍了各种不同类别地下建筑内的设备、照明、人体和热介质管道等散热量的简化计算公式，并附有各种相关的计算参数。

王海文[13]认为对负荷计算影响较大的是地下商场内同时停留的人数，这是由两部分组成的，一是售货员，二是顾客。经观察不同类别的商场，根据简化计算的结果，得出地下商场内同时停留的人员密度为 0.7～1.3 人/m^2。

日本对于地下建筑内部环境，在参照“楼宇管理法”的同时，采用了最保守的管理标准，而且特别考虑由于季节的不同而需要的舒适环境标准不同。如以地下街为特点的地下空间，其空调条件与一般建筑物基本相同，但也考虑其特殊性：认为空气环境标准应高于地面建筑空气环境标准。综合性的地下街空调方式，应将负荷变动激烈、排风量大的饮食店部分，与照明比较稳定、不必保持较大排风量的商店部分分别考虑[14]。

2.1.3　湿负荷计算

地下工程的潮湿一般指的是相对湿度大于 75％的空气环境。在每年的雨季，潮湿的外部空气在建筑物与土壤接触的墙壁上会被冷却，容易造成地下空气的相对湿度过高，使人体散热困难，使人感到闷热，不舒服。另外湿度过大会促使霉菌的生长，从而导致金属锈蚀、木器变形、物品发霉变质腐烂，影响设备的正常使用。因此近些年来，国内外学者对地下建筑的湿负荷展开了很多研究。

赵平歌[15]通过对我国部分城市地下工程湿度环境调查，探讨了地下工程潮湿的原因。提出了包括“采暖通风除湿法”，“冷却除湿法”，“固体和液体吸湿剂除湿法”和“压缩除湿法”在内的一些除湿措施和防潮措施。

程绍仁[16]以地下建筑维护管理的内容为重点，论述了地下建筑内潮湿的原因及各种湿源的散湿量计算方法，并给出了地下建筑防潮除湿的方法。

Aberg O. [17]提出在不通风地道中，可以通过切断湿源来解决地道内空气相对湿度过高的问题，即隔绝室外空气进入地道。但实际上这样做是很困难的，因为轻微程度的密闭不严都可能导致室内相对湿度的升高。

Kurnitiski J. [18,19]为确定地面的散湿量和湿交换系数，对一地道采用自然通风和机械通风两种通风方式进行了监测。得到如下结果：裸露地面的散湿量平均值为 3.6～5.7g/(h·m^2)，相应的湿交换系数为 0.0012～0.0018m/s。由蒸发作用决定的湿交换系数要考虑温度的变化。测试表明：通常条件下，只需考虑自然对流。但在强烈的通风换气条件下，要考虑强迫对流。较高的换气次数增加了散湿量，但仍可维持较低的相对湿度。夏季，在换气次数为 3 次/h 的条件下，地道中的相对湿度为 75.4％。因此，控制散湿量和热作用是维持湿平衡的关键因素。

Samuelson I. [20]指出夏季室外空气的温度和相对湿度都要高于地道中的空气，此时室外空气进入地道就会导致地道中空气的相对湿度升高。在夏季，地道中空气相对湿度高达 85％～95％，甚至有些时候能达到 100％。因此，必须对地道采取改进措施。

2.1.4 研究现状分析

通过以上文献分析可以看到：

(1) 国内外学者对地下建筑热湿负荷中的各部分内容，都已经展开了相关研究，进行了部分工程的应用。但对地下空间整体热湿负荷的研究还不是很多。

(2) 对地下建筑热湿负荷中的涉及多方面因素、具有普遍适用意义的围护结构传热的动态研究还不是很完善。

(3) 地下建筑夏季潮湿问题还没有彻底的解决方法，地下建筑湿负荷的计算方法研究还有待继续准确有效的开展。

(4) 哈尔滨工业大学热泵空调技术研究所针对地下建筑围护结构传热研究出了动态模拟计算方法，但是此项工作还需要进一步的完善和简化，力求作出成果性的进展。

(5) 目前还没有适合的计算地下建筑热湿负荷的软件。

2.2 地下空间围护结构传热数学模型的建立

2.2.1 围护结构模型的建立

1. 控制方程

地下建筑围护结构传热有其不同于地上建筑的特点。对于地上建筑来说，围护结构传热主要受房间内部温度的设定、围护结构的蓄热、导热性等材料特性、围护结构外室外气温的变化等因素的综合影响。而地下建筑围护结构的传热是基于地上建筑围护结构原有特点的基础上，还受地温变化、地层深度（地温随着深度的增加而衰减和延迟）、湿传导对传热的影响等因素的综合作用。总的来说，地下建筑围护结构传热过程是复杂的非稳态过程。

基于地下建筑中湿传导的特殊性和复杂性，需要予以个别研究。据原重庆建筑工程学院对地下建筑围护结构的传热传湿问题进行的理论推导和实验验证，结果表明蒸汽渗透的存在对壁面温度的变化没有多大影响。因此，在地下建筑围护结构传热计算中，湿传导对热传导的影响可以忽略不计（严重的地下水运动和裂缝水除外）[2]。这说明在防潮措施完善的情况下，可以忽略湿传导对地下建筑围护结构传热影响。

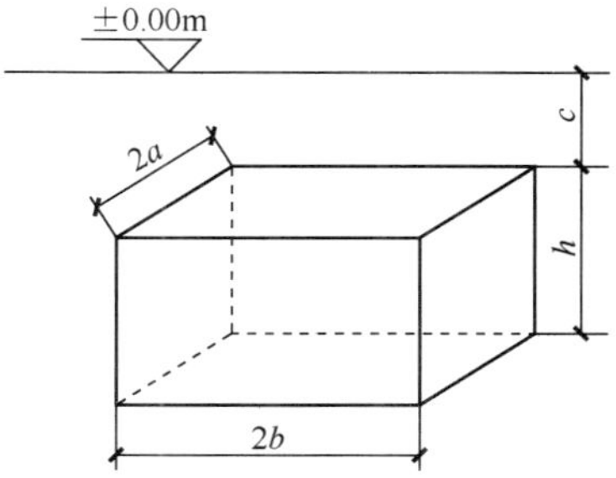

图 2-1 地下建筑模型简图

综上，地下建筑围护结构传热过程可以概括为一个三维非稳态无内热源的导热过程，如图 2-1。此过程可以用导热微分方程来描述，如式 (2-1) 所示：

$$c\rho \frac{\partial t(x,y,z,\tau)}{\partial \tau} = \frac{\partial}{\partial x}\left(\lambda \frac{\partial t}{\partial x}\right) + \frac{\partial}{\partial y}\left(\lambda \frac{\partial t}{\partial y}\right) + \frac{\partial}{\partial z}\left(\lambda \frac{\partial t}{\partial z}\right) \tag{2-1}$$

式中 $t(x,y,z,\tau)$——τ 时刻位于点 $P(x, y, z)$ 的温度值；

λ——点 $P(x, y, z)$ 处热导率，W/(m·℃)。

对图 2-1 所示的地下建筑建立坐标系：坐标原点位于地表面处；y 轴垂直于地表面，

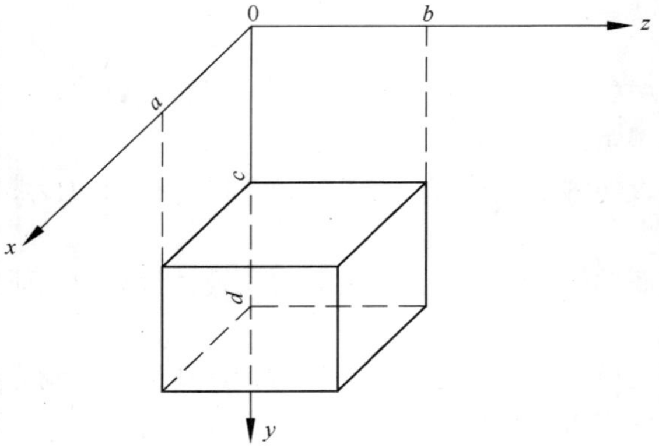

图 2-2　地下建筑坐标系

同时通过地下建筑地面的中心和顶板的中心；x 轴和 z 轴平行于地表面。这样，使得该地下建筑沿 x 轴关于 y 轴对称，沿 z 轴关于 y 轴对称。因地下建筑无须考虑朝向问题，因此在做地下建筑围护结构传热计算时，可以只计算如图 2-2 所示的部分（ob 长度为地下建筑长的 1/2，oa 长度为地下建筑宽的 1/2）。

2. 初始条件及边界条件

根据地下建筑暖通空调系统运行特点给出初始条件和边界条件如下：

（1）初始条件[2]

$$t_a(0)=t_n \tag{2-2}$$

$$t(x,y,z,\tau)\mid_{\tau=0}=t_0+\theta_d\exp\left[-\sqrt{\frac{\omega_1}{2a}}y\right]\cos\left(\omega_1\tau_0-\sqrt{\frac{\omega_1}{2a}}y\right) \tag{2-3}$$

式中　t_a（0）——初始时刻地下建筑室内空气温度,℃；

t_n——设计室内温度,℃；

t_0——地表面年平均温度,℃；

θ_d——地表面温度年周期性波动振幅,℃；

ω_1——温度年周期性波动频率，1/h，$\omega_1=\frac{2\pi}{T}=\frac{2\pi}{8760}=0.000717$；

τ_0——$\tau=0$ 时从地面温度年波幅出现算起的时间，h；

a——地层材料的导温系数，m^2/h。

（2）内边界条件

理想工况下，假定地下建筑室内各处空气温度接近，因此室内空气各点温度相等。则有：

$$\begin{cases}\lambda\left.\frac{\partial t(x,y,z,\tau)}{\partial x}\right|_{x=a}+\alpha_1(t_a(\tau)-t(x,y,z,\tau)\mid_{x=a})=0 & (2\text{-}4)\\ \lambda\left.\frac{\partial t(x,y,z,\tau)}{\partial y}\right|_{y=d}+\alpha_1(t_a(\tau)-t(x,y,z,\tau)\mid_{y=d})=0 & (2\text{-}5)\\ \lambda\left.\frac{\partial t(x,y,z,\tau)}{\partial y}\right|_{y=c}+\alpha_1(t_a(\tau)-t(x,y,z,\tau)\mid_{y=c})=0 & (2\text{-}6)\\ \lambda\left.\frac{\partial t(x,y,z,\tau)}{\partial z}\right|_{z=b}+\alpha_1(t_a(\tau)-t(x,y,z,\tau)\mid_{z=b})=0 & (2\text{-}7)\\ \lambda\left.\frac{\partial t(x,y,z,\tau)}{\partial x}\right|_{x=0}=0 & (2\text{-}8)\\ \lambda\left.\frac{\partial t(x,y,z,\tau)}{\partial y}\right|_{z=0}=0 & (2\text{-}9)\end{cases}$$

式中　t_a（τ）——τ 时刻地下建筑室内空气温度,℃（在使用期 t_a（τ）$=t_n$）；

α_1——地下建筑室内空气与壁面之间的对流换热系数，W/(m^2·℃)。

（3）外边界条件

相对而言比较复杂。与围护结构相接触的地温受地表面温度周期性变化的影响，且随深度的增加而发生温度的衰减和延迟，按自然指数规律减小[2]。

$$t(x,y,z,\tau)\mid_{x\to\infty}=t(x,y,z,\tau)\mid_{z\to\infty}=t_0+\theta_d\exp\left[-\sqrt{\frac{\omega_1}{2a}}y\right]\cos\left(\omega_1\tau_0-\sqrt{\frac{\omega_1}{2a}}y\right) \tag{2-10}$$

$$t(x,y,z,\tau)\mid_{y\to\infty}=t_0 \tag{2-11}$$

$$\lambda\left.\frac{\partial t(x,y,z,\tau)}{\partial y}\right|_{y=0}+\alpha_2(t(x,y,z,\tau)\mid_{y=0}-t_e(\tau))=0 \tag{2-12}$$

$$t_e(\tau)=\frac{\alpha_s\cdot Q}{\alpha_w}+t_w(\tau) \tag{2-13}$$

式中 τ——模拟的时间，h；

t_e（τ）——τ 时刻考虑太阳辐射的地下建筑室外空气综合温度，℃[27]，可由式（2-13）计算；

α_s——土壤表面对太阳总辐射值的吸收率；

α_w——室外空气和地表面之间的对流换热系数，一般情况下可取为 23.3W/m^2·℃；

Q——逐时太阳总辐射值，W/m^2；

t_w（τ）——室外空气逐时温度，℃。

式中其他符号意义同前。

2.2.2 模型与边界条件的简化

在对地下建筑围护结构三维问题的研究上，Maref W. 等[10]进行了实测与数值模拟，得出了以下重要结论：地下建筑围护结构的温度沿深度方向变化明显，而除了墙角周围的极小部分区域，在同一墙面上相同深度处各点的温度几乎相等。也就是说在室内各处空气温度较为接近的前提下，相同深度围护结构各处的热流密度基本相等。文献［10］还对地下建筑围护结构传热分别进行了二维和三维模拟，两者相差不超过 7%。说明二维计算与三维计算结果是比较接近的。其结果与忻尚杰等[4]的研究是一致的。因此，本书中将地下建筑传热的三维问题简化为二维问题，即把三维模型简化为二维模型。相应的边界条件也可以得到相应的简化。

1. 模型简化

将式（2-1）简化为：

$$c\rho\frac{\partial t(x,y,\tau)}{\partial\tau}=\frac{\partial}{\partial x}\left(\lambda\frac{\partial t}{\partial x}\right)+\frac{\partial}{\partial y}\left(\lambda\frac{\partial t}{\partial y}\right) \tag{2-14}$$

式中 t（x，y，τ）——τ 时刻位于点 P（x，y）的温度值，℃；

λ——点 P（x，y）处热导率，W/（m·℃）。

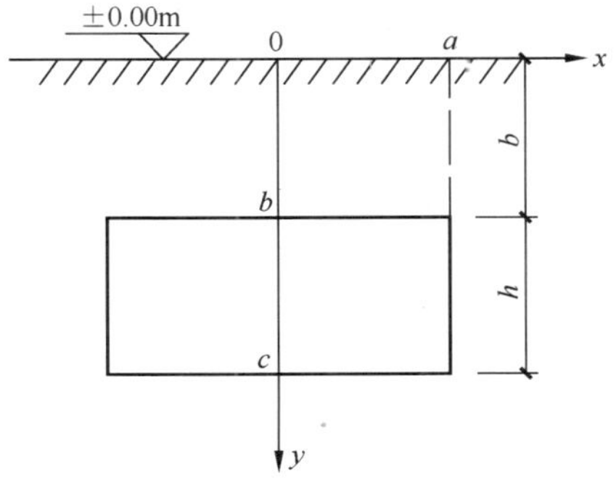

图 2-3 简化后的地下建筑坐标系

因此，可以将图 2-2 所示的空间三维坐标系简化为二维坐标系，如图 2-3 所示。在这种情况下，此地下建筑无论从结构上还是从温度场上来说都是关于 y 轴对称的，就可以只研究 $x>0$

和 $y>0$ 的部分了。

2. 初始条件及边界条件简化

（1）初始条件

初始条件简化如下：

$$t(x,y,\tau)\mid_{\tau=0}=t_0+\theta_{\rm d}\exp\left[-\sqrt{\frac{\omega_1}{2a}}y\right]\cos\left(\omega_1\tau_0-\sqrt{\frac{\omega_1}{2a}}y\right) \tag{2-15}$$

式中符号意义同前。

（2）内边界条件

假设空调设备开始使用后地下建筑室内空气温度迅速达到设计值，在计算开始后，在空调系统的作用下，室内空气温度维持在设计值，即 $t_\alpha(\tau)=t_{\rm n}$，则内边界条件简化如下：

$$\begin{cases}\lambda\dfrac{\partial t(x,y,\tau)}{\partial x}\bigg|_{x=a}+\alpha_1(t_{\rm n}-t(x,y,\tau)\mid_{x=a})=0 & (2\text{-}16)\\ \lambda\dfrac{\partial t(x,y,\tau)}{\partial y}\bigg|_{y=b}+\alpha_1(t_{\rm n}-t(x,y,\tau)\mid_{y=b})=0 & (2\text{-}17)\\ \lambda\dfrac{\partial t(x,y,\tau)}{\partial y}\bigg|_{y=c}+\alpha_1(t_{\rm n}-t(x,y,\tau)\mid_{y=c})=0 & (2\text{-}18)\\ \lambda\dfrac{\partial t(x,y,\tau)}{\partial x}\bigg|_{x=0}=0 & (2\text{-}19)\end{cases}$$

式中符号意义同前。

（3）外边界条件

外边界条件简化如下：

$$t(x,y,\tau)\mid_{x\to\infty}=t_0+\theta_{\rm d}\exp\left[-\sqrt{\frac{\omega_1}{2a}}y\right]\cos\left(\omega_1\tau_0-\sqrt{\frac{\omega_1}{2a}}y\right) \tag{2-20}$$

$$t(x,y,\tau)\mid_{y\to\infty}=t_0 \tag{2-21}$$

$$\lambda\frac{\partial t(x,y,\tau)}{\partial y}\bigg|_{y=0}+\alpha_2(t(x,y,\tau)\mid_{y=0}-t_{\rm e}(\tau))=0 \tag{2-22}$$

式中符号意义同前。

2.2.3 节点方程组的确定

1. 常用计算方法及选择

在传热计算中目前应用较为广泛的方法主要包括有限差分法（Finite Difference Method，FDM）、有限元法（Finite Element Method，FEM）、有限容积法（Finite Volume Method，FVM）等。

（1）有限差分法（FDM）

基本思想是把连续的求解区域用有限个离散点构成的网格来代替，这些离散点称作网格的节点；把连续求解区域上的连续变量的函数用在网格上定义的离散变量函数来近似；把原方程和定解条件中的微商用差商来近似，积分用积分和来近似，于是原微分方程和定解条件就近似地代之以代数方程组，即有限差分方程组，解此方程组就可以得到原问题在离散点上的近似解。然后再利用插值方法便可以从离散解得到定解问题在整个区域上的近似解。

（2）有限元法（FEM）

该方法将连续的求解区域任意分为一系列适当形状的元体（以二维情况为例，元体多为三角形或四边形），元体上取数点作为节点，通过元体中节点上的被求变量之值构造形状函数，然后根据加权余量法，将控制方程转化为所有元体上的有限元方程，求解该有限元方程组就得到了各节点上待求的变量值。有限元法对不规则区域的适应性好，但计算量一般较有限容积法要大。

（3）有限容积法（FVM）

这种方法将求解区域划分成一系列控制容积，每个控制容积都有一个代表节点。通过将守恒型的控制方程对控制容积做积分来导出离散方程。在此过程中，需要对界面上的被求函数及其一阶导数的构成作出假设。用有限容积法导出的离散方程可以保证具有守恒特性，而且离散方程系数的物理意义明确，是目前流动和传热问题的数值计算中应用最广泛的一种方法[21]。

我们从一般地下建筑工程实际需要出发，在兼顾精度的同时，要求尽量简单实用，方便快捷。综上，选用有限容积法建立离散方程。

2. 模型离散化和控制方程离散形式的推导

（1）模型离散化

进行实际问题的数值计算时，为了充分利用计算机的内存资源，兼顾精度与效率，常采用不均匀的网格：在预期求解的物理量变化比较剧烈的区域或方向网格分布应该稠密一些。这就可能因为控制体的宽高相差悬殊导致计算精度达不到要求，但对抛物型问题或某个方向的变化率明显大于另一个方向的椭圆型问题，才适宜采用狭长的控制容积[22]。

我们主要研究地下建筑围护结构传热的问题，因变量与时间有关，属于抛物型问题，因而在计算过程中应该采用不均匀网格，在所关注的计算空间或方向上将网格划分得较密，从而达到精确计算的目的。

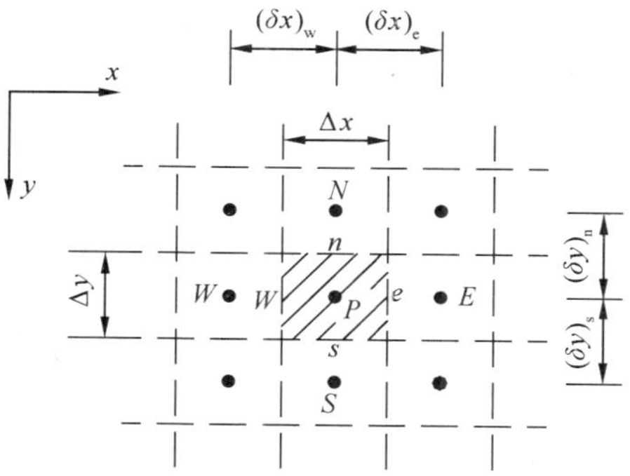

图 2-4　直角坐标网格划分

（2）控制方程离散形式的推导

采用内节点方法设置节点。采用控制容积积分法得到在直角坐标系中二维非稳态导热微分方程的全隐离散格式。假定在控制容积界面上热流密度均匀、控制容积 P 内各处热物性均匀一致，将导热微分方程在 $[\tau,\tau+\Delta\tau]$ 内，对图 2-4 所示的控制容积 P 作积分。具体推导过程如下：

非稳态项的积分：

$$\int_w^e\int_s^n\int_\tau^{\tau+\Delta\tau} c\rho\,\frac{\partial t(x,y,\tau)}{\partial\tau}\mathrm{d}x\mathrm{d}y\mathrm{d}\tau=(c\rho)_{\mathrm{P}}(t_{\mathrm{P}}-t_{\mathrm{P}}^0)\Delta x\Delta y \tag{2-23}$$

扩散项的积分：

$$\int_\tau^{\tau+\Delta\tau}\int_s^n\int_w^e \frac{\partial}{\partial x}\left(\lambda\,\frac{\partial t}{\partial x}\right)\mathrm{d}x\mathrm{d}y\mathrm{d}\tau=\left[\lambda_{\mathrm{e}}\,\frac{t_{\mathrm{E}}-t_{\mathrm{P}}}{(\delta x)_{\mathrm{e}}}-\lambda_{\mathrm{w}}\,\frac{t_{\mathrm{P}}-t_{\mathrm{W}}}{(\delta x)_{\mathrm{w}}}\right]\Delta y\Delta\tau \tag{2-24}$$

$$\int_\tau^{\tau+\Delta\tau}\int_w^e\int_s^n \frac{\partial}{\partial y}\left(\lambda\,\frac{\partial t}{\partial y}\right)\mathrm{d}x\mathrm{d}y\mathrm{d}\tau=\left[\lambda_{\mathrm{n}}\,\frac{t_{\mathrm{N}}-t_{\mathrm{P}}}{(\delta y)_{\mathrm{n}}}-\lambda_{\mathrm{s}}\,\frac{t_{\mathrm{P}}-t_{\mathrm{S}}}{(\delta y)_{\mathrm{s}}}\right]\Delta x\Delta\tau \tag{2-25}$$

由式（2-23）～式（2-25）得：

$$\frac{(c\rho)_P(t_P-t_P^0)\Delta x\Delta y}{\Delta\tau}=\lambda_e\frac{t_E}{(\delta x)_e}\Delta y+\lambda_w\frac{t_W}{(\delta x)_w}\Delta y+\lambda_n\frac{t_N}{(\delta y)_n}\Delta x+\lambda_s\frac{t_P}{(\delta y)_s}\Delta x$$
$$-t_P\left\{\left[\frac{\lambda_e}{(\delta x)_e}+\frac{\lambda_w}{(\delta x)_w}\right]\Delta y+\left[\frac{\lambda_n}{(\delta y)_n}+\frac{\lambda_s}{(\delta y)_s}\right]\Delta x\right\}$$

即：

$$t_P\left\{\frac{(c\rho)_P\Delta x\Delta y}{\Delta\tau}+\left[\frac{\lambda_e}{(\delta x)_e}+\frac{\lambda_w}{(\delta x)_w}\right]\Delta y+\left[\frac{\lambda_n}{(\delta y)_n}+\frac{\lambda_s}{(\delta y)_s}\right]\Delta x\right\}$$
$$=\frac{\lambda_e\Delta y}{(\delta x)_e}t_E+\frac{\lambda_w\Delta y}{(\delta x)_w}t_W+\frac{\lambda_n\Delta x}{(\delta y)_n}t_N+\frac{\lambda_s\Delta x}{(\delta y)_s}t_S+\frac{(c\rho)_P\Delta x\Delta y}{\Delta\tau}t_P^0$$

内节点方程可整理成如下：

$$a_Pt_P=a_Et_E+a_Wt_W+a_Nt_N+a_St_S+b \tag{2-26}$$

其中：$a_P=a_P^0+a_E+a_W+a_N+a_P$；$a_P^0=\frac{(c\rho)_P\Delta x\Delta y}{\Delta\tau}$；$a_E=\frac{\lambda_e\Delta y}{(\delta x)_e}$；

$$a_W=\frac{\lambda_w\Delta y}{(\delta x)_w};a_N=\frac{\lambda_n\Delta x}{(\delta y)_n};a_S=\frac{\lambda_s\Delta x}{(\delta y)_s};b=a_P^0t_P^0\text{ 。}$$

（3）边界条件和当量系数的处理

1）边界条件的处理

处理边界条件可以有如下两种方法：

补充边界节点代数方程法和附加源项法。基于附加源项法比补充边界节点代数方程的方法更为简洁、有效[23]，这里采用附加源项法来处理第二类或第三类边界条件。

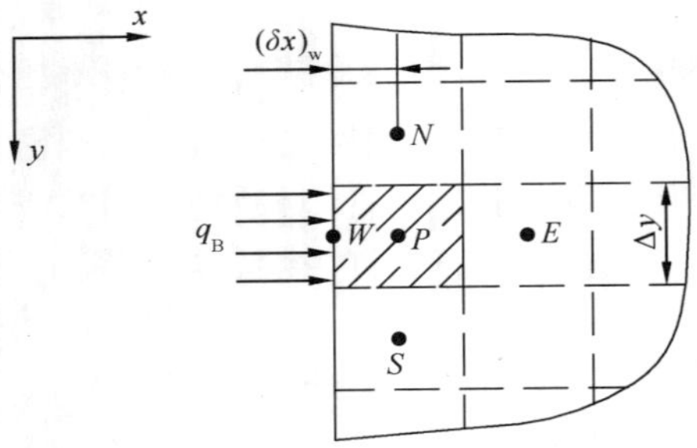

图 2-5　附加源项法示意简图

如图 2-5 所示，与边界相邻的控制容积的节点为 P。

根据式（2-26）有：$a_Pt_P=a_Et_E+a_Wt_W+a_Nt_N+a_St_S+b$

$$a_W=\frac{\lambda_w\Delta y}{(\delta x)_w}$$

由上面两式可以得到下式：

$$(a_P-a_W)t_P=a_Et_E+a_W(t_W-t_P)+a_Nt_N+a_St_S+b$$

而：

$$a_W(t_W-t_P)=\frac{\lambda_B\Delta y(t_W-t_P)}{(\delta x)_w}=q_B\Delta y$$

上式中 q_B 为进入该控制容积的热流密度（以进入为正）。于是 P 点的方程变为：

$$(a_P-a_W)t_P=a_Et_E+a_Nt_N+a_Pt_P+q_B\Delta y+b \tag{2-27}$$

对第二类边界条件，q_B 已知，则式（2-27）不含有边界未知节点温度，代数方程组可解。

对第三类边界条件有：

$$q_B=\alpha_1(t_a-t_W)$$

由傅立叶定律有：

$$q_B = \frac{\lambda_B(t_W - t_P)}{(\delta x)_w}$$

由这两个关系式可得：

$$q_B = \alpha_1(t_a - t_W) = \frac{\lambda_B(t_W - t_P)}{(\delta x)_w} = \frac{t_a - t_P}{\dfrac{1}{\alpha_1} + \dfrac{(\delta x)_w}{\lambda_B}} \tag{2-28}$$

将式（2-28）代入式（2-27）有：

$$\left(a_P - a_W + \frac{\Delta y}{\dfrac{1}{\alpha_1} + \dfrac{(\delta x)_w}{\lambda_B}}\right) t_P = a_E t_E + a_N t_N + a_S t_S + b + \frac{t_a \Delta y}{\dfrac{1}{\alpha_1} + \dfrac{(\delta x)_w}{\lambda_B}} \tag{2-29}$$

经过上面的处理，就可以将边界节点处未知的温度排除在离散方程之外。在解得内部节点之后，可由式（2-29）求解边界节点的温度。

2）界面上当量热导率的确定

如图 2-6 所示的交界面处，当交界面两侧材料不同时，需要计算交界面上的当量热导率，再以此来计算式（2-26）中的 α_E。

目前较为常见的计算方法有算术平均法和调和平均法。算术平均法相当于线性插值，而调和平均法要比算术平均法精确[24,25]。

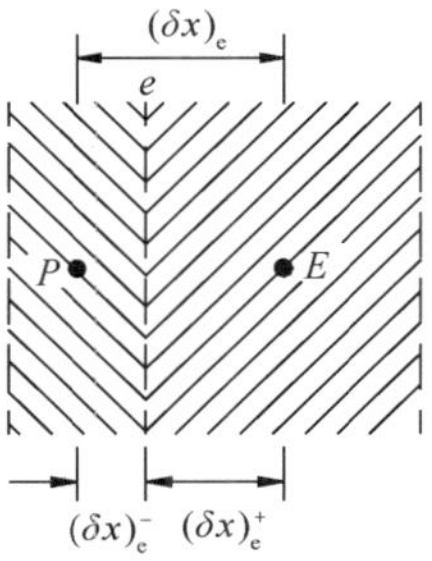

图 2-6　e 界面两侧的几何关系

界面上当量热导率的调和平均公式可以利用传热基本规律导出。设在图 2-6 所示的控制容积 P、E 的热导率不同，根据界面上热流密度连续的原则，由傅立叶定律可得：

$$q_e = \frac{t_e - t_P}{\dfrac{(\delta x)_e^-}{\lambda_P}} = \frac{t_E - t_e}{\dfrac{(\delta x)_e^+}{\lambda_E}} = \frac{t_E - t_P}{\dfrac{(\delta x)_e^-}{\lambda_P} + \dfrac{(\delta x)_e^+}{\lambda_E}}$$

而根据界面上当量热导率的含义应有如下关系式：

$$q_e = \frac{t_E - t_P}{\dfrac{(\delta x)_e}{\lambda_e}}$$

联立上面两式得：

$$\lambda_e = \frac{(\delta x)_e}{\dfrac{(\delta x)_e^-}{\lambda_P} + \dfrac{(\delta x)_e^+}{\lambda_E}} \tag{2-30}$$

（4）节点方程组

经过上述处理，就可以得到关于内部节点 P（i，j）（如图 2-4 所示）的节点方程：

$$a_{i,j}t_{i,j} - a_{i-1,j}t_{i-1,j} - a_{i+1,j}t_{i+1,j} - a_{i,j-1}t_{i,j-1} - a_{i,j+1}t_{i,j+1} = b_{i,j} \tag{2-31}$$

式中　$a_{i,j} = a_{i,j}^0 + a_{i-1,j} + a_{i+1,j} + a_{i,j-1} + a_{i,j+1}$；$a_{i,j}^0 = \dfrac{(c\rho)_{i,j}\Delta x_{i,j}\Delta y_{i,j}}{\Delta\tau}$；

$$a_{i-1,j} = \frac{2\Delta y_{i,j}}{\dfrac{\Delta x_{i-1,j}}{\lambda_{i-1,j}} + \dfrac{\Delta x_{i,j}}{\lambda_{i,j}}};\ a_{i+1,j} = \frac{2\Delta y_{i,j}}{\dfrac{\Delta x_{i+1,j}}{\lambda_{i+1,j}} + \dfrac{\Delta x_{i,j}}{\lambda_{i,j}}};\ a_{i,j-1} = \frac{2\Delta x_{i,j}}{\dfrac{\Delta y_{i,j-1}}{\lambda_{i,j-1}} + \dfrac{\Delta y_{i,j}}{\lambda_{i,j}}};\ a_{i,j+1} = \frac{2\Delta x_{i,j}}{\dfrac{\Delta y_{i,j+1}}{\lambda_{i,j+1}} + \dfrac{\Delta y_{i,j}}{\lambda_{i,j}}};$$

$b_{i,j} = a_{i,j}^0 t_{i,j}^0$。

第二类边界条件下与边界相邻的节点 P（i，j）.（如图 2-5 所示）的节点方程如式

(2-32)所示：

$$(a_{i,j}-a_{i,j-1})t_{i,j}-a_{i+1,j}t_{i+1,j}-a_{i-1,j}t_{i-1,j}-a_{i,j+1}t_{i,j+1}=b_{i,j} \tag{2-32}$$

式中符号意义同前。

第三类边界条件下与边界相邻的节点 P（i，j）（如图 2-5 所示）的节点方程如下：

$$\left(a_{i,j}-a_{i,j-1}+\frac{\Delta y_{i,j}}{\dfrac{1}{\alpha}+\dfrac{\Delta x_{i,j}}{2\lambda_{i,j}}}\right)t_{i,j}-a_{i+1,j}t_{i+1,j}-a_{i-1,j}t_{i-1,j}-a_{i,j+1}t_{i,j+1}=b_{i,j}+\frac{t_a\Delta y_{i,j}}{\dfrac{1}{\alpha}+\dfrac{\Delta x_{i,j}}{2\lambda_{i,j}}} \tag{2-33}$$

式中　α——空气和边界界面之间的对流换热系数，W/（m^2·℃）。

其余符号意义同前。

2.3　地下空间围护结构传热分析

2.3.1　分析节点方程

图 2-7 为地下建筑围护结构网格划分的简图（在计算过程中采用不均匀网格，在所关注的计算空间或方向上将网格划分得较密，从而达到精确计算的目的）。由 2.2 节的节点方程构成了一个线性代数方程组，可以表示为式（2-34）的形式：

$$[A][T]=[B] \tag{2-34}$$

式中　$[A]$——系数矩阵，与各内节点有关的参数组成的方阵；

$[T]$——各内节点的温度组成的列向量；

$[B]$——与各内节点有关的参数组成的列向量。

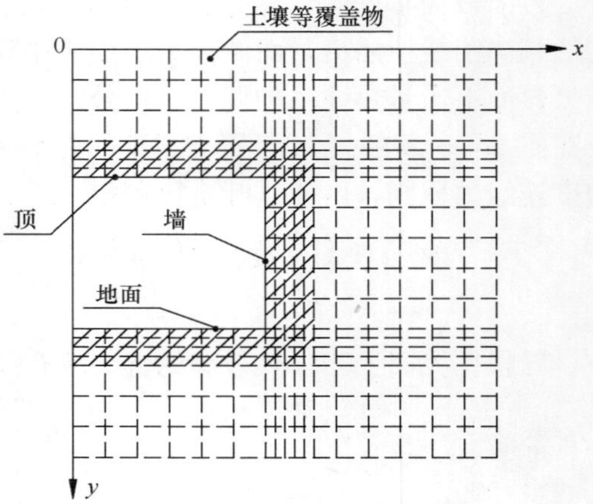

图 2-7　围护结构二维网格划分简图

矩阵 $[A]$ 中各主对角元素都大于零。$[A]$ 为除了主对角线及其上、下相邻两位置上的元素，和离开主对角元素一定距离（与围护结构网格划分有关）的对角线元素不为零外，其他位置都为零的主对角占优的大型带状稀疏矩阵。

2.3.2　传热模型及计算程序的检验

以 MATLAB 软件为求解节点方程组的工具，编制计算程序，图 2-8 为该程序的流程图。在此基础上，对南京市太园地下旅社围护结构传热进行了动态模拟，并与朱培根等[26]对太园地下旅社实测的传热数据相比较，验证了传热模型和计算方法的有效性。

对地下某一房间（此建筑覆土深度 1.50m，房间净高 3.00m，外围护结构长 3.50m，房间底板面积 3.0m×6.0m）进行围护结构传热量的实测值和模拟值对比。

图 2-9 所示的是 2000 年 9 月 24 日 20：00 至 9 月 25 日 19：00 之间该房间的围护结构（外墙和地面）总传热量的模拟值与实测值（横坐标表示时刻，纵坐标表示总的传热量）：

(1) 从图 2-9 中可以看出模拟值变化较平稳，这主要取决于地下建筑室内温度恒定为 27℃，而室外气温的变化对地下建筑温度的影响由于围护结构及土壤的衰减在一天之内几乎体现不出来。但是需要特殊指出的是，室外气温对地下建筑围护结构传热的影响主要表现在传热量的年变化上。

(2) 在模拟中空气与固体壁面之间的对流换热系数是按常数来考虑的，而实际上对流换热系数并非是固定不变的，其值也受多种因素影响。

(3) 模拟值与实测值相差不超过 12W，即不超过 10%。

总的来说，围护结构大部分的模拟结果与实测值比较吻合，建立的地下建筑围护结构传热模型以及求解方法是有效的，可以满足要求。

2.3.3 地下建筑围护结构传热的模拟与分析

验证了求解方法的有效性之后，本节对某一地下车库的围护结构传热进行了模拟计算。计算条件为：该地下车库为单建式地下车库，停小型车，面积 3000m^2，可同时容纳 54 台车辆，如图 2-10 所示。具体尺寸如下：长 100m，宽 30m，高 5m，覆土厚 1.0m，围护结构厚 0.5m。建筑围护结构及工程地质情况如下：围护结构（顶板、墙、地面）均为钢筋混凝土，λ=1.74W/(m·℃)，ρ=2500kg/m^3，c=920J/(kg·℃)；工程周围为夯实黏土，λ=1.16W/（m·℃），ρ=2000kg/m^3，c=1010J/（kg·℃），导温系数 a=0.0037m^2/h[2]，

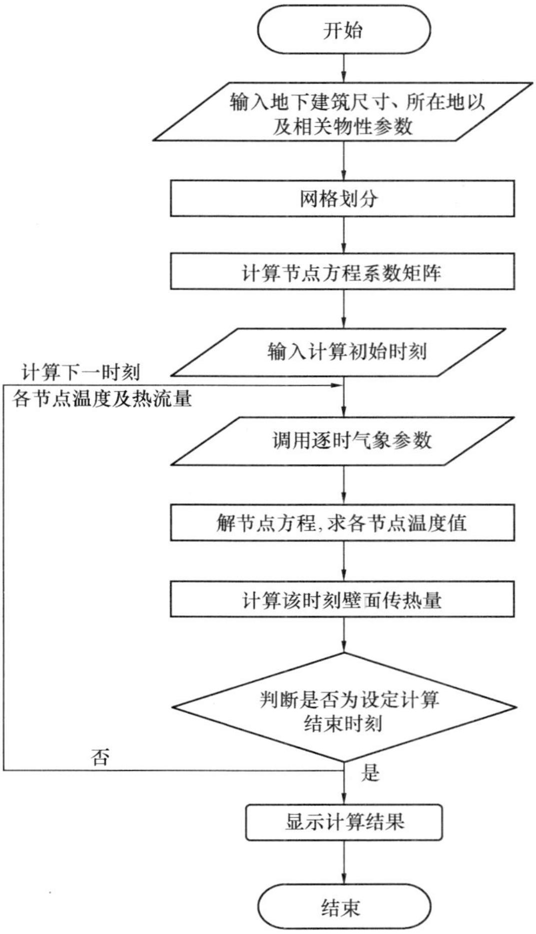

图 2-8 节点方程求解程序流程图

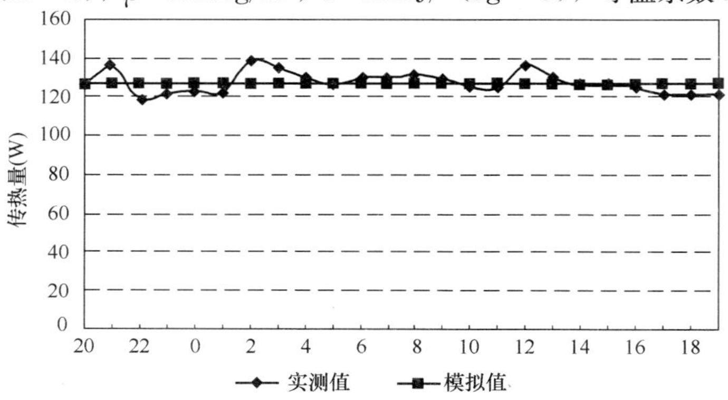

图 2-9 房间围护结构传热量的实测值与模拟值的比较

t_n＝5℃；模拟地点为哈尔滨，地下车库冬季的室内设计温度为 5℃。

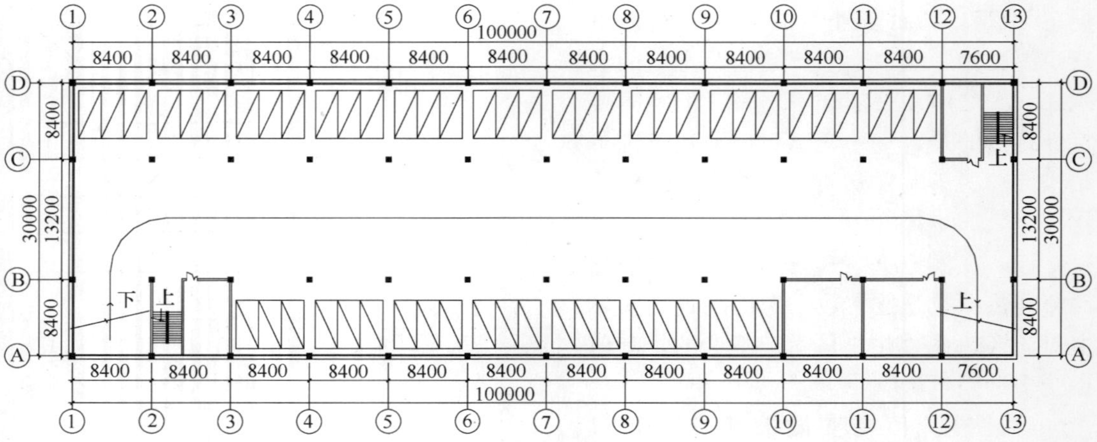

图 2-10　地下车库平面图

考虑到围护结构传热最不利情况发生在冬季（即每年的 12 月，次年的 1 月，2 月），故模拟该地下建筑围护结构这 3 个月期间的传热情况，模拟结果如下：

（1）图 2-11 是该地下车库围护结构传热的模拟结果，图中曲线表示围护结构在 3 个月中总传热量变化情况。图 2-12 是哈尔滨市 12 月到次年 2 月的日平均气温。

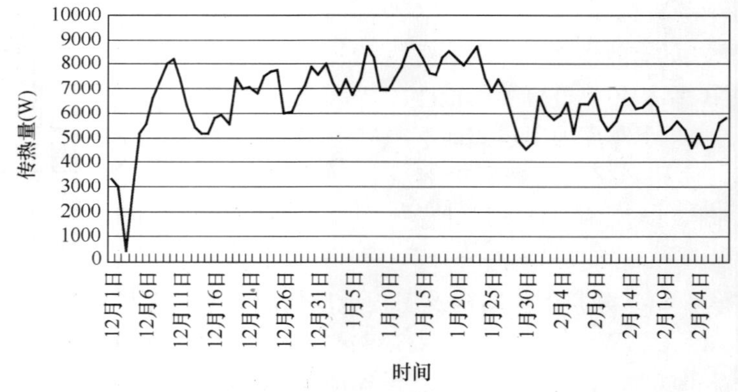

图 2-11　围护结构总传热量

从图 2-11 和图 2-12 可以看出，随着室外气温的降低，围护结构的总传热量是呈上升趋势的；而室外气温升高时，围护结构的总传热量也有所降低。另外，哈尔滨市的最低气温出现在 1 月 7 日至 1 月 23 日区间范围内，而相应的图 2-11 中，围护结构传热量的最大值出现在 1 月 8 日至 1 月 25 日这个范围内，这是由于温度波在土壤中传递时受到土壤延迟作用所引起的滞后现象。并且，当室外气温变化较剧烈时，传热量并不随之发生剧烈的变化，曲线变化的较为光滑，这体现了土壤的热容性和对温度的延迟作用。

（2）图 2-13 是该地下车库围护结构传热量的详细组成情况。传热量总负荷为顶板负荷、地面负荷和墙负荷的总和。顶板负荷随温度变化比较明显，也在总负荷中占主要部

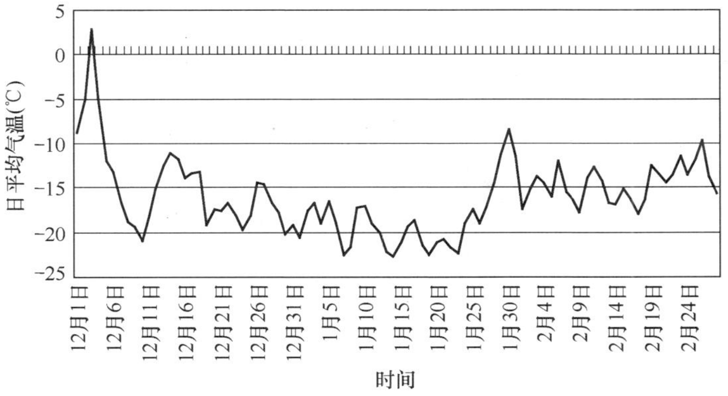

图 2-12　日平均气温

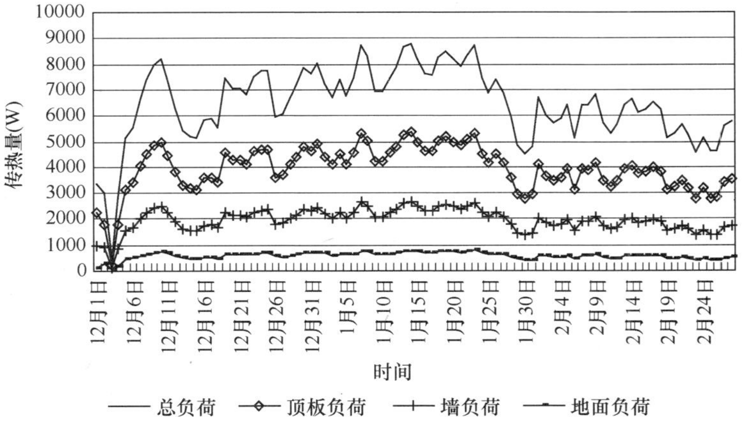

图 2-13　围护结构传热量

分，而地面负荷随温度变化最不明显，负荷所占比例也最小。这是因为，大地对室外空气温度波动在其中的传递有衰减和延迟作用，顶板埋深较浅，土壤对室外空气温度波动的衰减较小，其传热量受室外气温波动的影响就较大；而车库地面埋深较大，土壤对室外空气温度波动的衰减较大，其传热量受室外气温波动的影响就较小。

对于不同城市的情况，我国共有大小城市 662 个，跨越了地球纬度近 50°，因此，各个城市之间的自然条件有很大的不同。选取 4 个有代表性的城市，分别为哈尔滨、北京、上海和广州，对上面提到的单建式地下车库进行围护结构传热模拟。图 2-14 是模拟的结果：

(1) 由图 2-14 可以看出，随着城市所在地纬度的降低，围护结构总传热量是不断减少的，这正是因为纬度越低，城市平均室外气温越高，才导致了不同城市间负荷值的差异。

(2) 由图 2-14 中还可以看出，广州、上海等城市的地下车库围护结构传热量都很小，甚至为负值。可见在上述城市的冬季，地下车库甚至需要“供冷”来维持室温 5℃。这说明，大部分南方城市的地下建筑负荷（在选定室温较低的前提下）还是以冷负荷为主，甚至会出现全年供冷的情况。

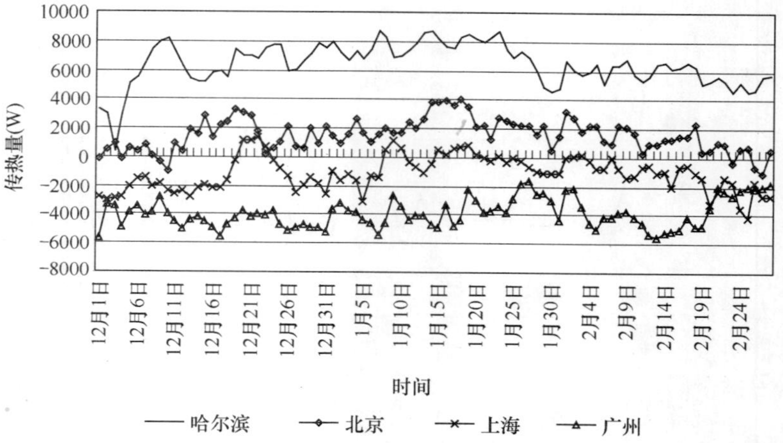

图 2-14　不同城市地下车库的传热量

2.4　地下空间室内热源形成的负荷、新风负荷及湿负荷

2.4.1　室内热源形成的冷负荷

室内热源散热主要指室内工艺设备散热、照明散热和人体散热三部分。室内热源散热包括显热和潜热两部分。潜热散热作为瞬时冷负荷，显热散热中以对流形式散出的热量成为瞬时冷负荷，而以辐射形式散出的热量则先被围护结构表面所吸收，然后再缓慢地逐渐散出，形成滞后冷负荷。因此，必须采用相应的冷负荷系数[27]。

1. 设备散热形成的负荷

热设备及热表面散热形成的计算时刻冷负荷，可由式（2-35）计算[28,29]：

$$Q_{\tau1} = Q_{s1} \cdot C_{LQ1} \tag{2-35}$$

式中　$Q_{\tau1}$——热设备及热表面散热形成的冷负荷，W；

Q_{s1}——热设备及热表面实际显热散热量，W；

C_{LQ1}——热设备及热表面显热散热的冷负荷系数，若空调系统不连续运行，则取 $C_{LQ1}=1.0$。

对于地下商场来说，取单位面积设备散热量 13W/m²，而地铁站台和地下车库的单位面积设备散热量这一项可取为 0。

2. 照明设备散热形成的负荷

$$Q_{\tau2} = Q_{s2} \cdot C_{LQ2} \tag{2-36}$$

式中　$Q_{\tau2}$——照明设备散热形成的负荷，W；

Q_{s2}——照明设备的散热量，W；

C_{LQ2}——照明设备散热的冷负荷系数。

对于地下商场来说，取单位面积照明散热量 20W/m²，地铁站台单位面积照明散热量取 20W/m²，地下车库单位面积照明散热量可取 0～5W/m²。

3. 人体散热形成的负荷

(1) 人体显热负荷

人体散热的显热负荷的辐射部分约占2/3[28]，也存在蓄热滞后的问题。人体散热形成的计算时刻冷负荷，可由式（2-37）计算[29]：

$$Q_{\tau 3} = Q_{s3} C_{LQ3} = q_s n \phi C_{LQ3} \tag{2-37}$$

式中 $Q_{\tau 3}$——人体显热散热形成的冷负荷，W；

Q_{s3}——人体显热散热量，W；

C_{LQ3}——人体显热散热的冷负荷系数；

q_s——不同室温和劳动性质的成年男子显热散热量，W；

n——空调房间内的人员总数；

ϕ——某些建筑内的群集系数，见表2-1。

某些工作场所的群集系数 表2-1

工作场所	群集系数	工作场所	群集系数
影剧院	0.89	旅馆	0.93
百货商场（售货）	0.89	图书馆阅览室	0.96
工厂轻劳动	0.90	工厂重劳动	1.0
体育馆	0.92	银行	1.0

铁路客车群集系数取0.96[30]。

对于人员特别密集的场所，如电影院、剧场、会堂等，人体对围护结构和室内家具的辐射热量相对较少，可取$C_{LQ3}=1$。若单位体积内人员很少，人体冷负荷占总负荷的比例很少，则也可取$C_{LQ3}=1$。在上述情况下，即可按稳定负荷计算人体负荷，如式（2-38）所示。

$$Q_{\tau 3} = Q_{s3} = q_s n \phi \tag{2-38}$$

式中符号意义同前。

(2) 人体潜热负荷

人体潜热散热负荷可按即时负荷考虑，即与潜热散热量相等，可按式（2-39）计算：

$$Q_q = q_q n \phi \tag{2-39}$$

式中 Q_q——人体潜热散热形成的冷负荷，W；

q_q——不同室温和劳动性质下成年男子的潜热散热量，W。

其他符号意义同前。

(3) 人体总冷负荷

人体散热形成的总冷负荷为显热负荷与潜热负荷两部分之和，即

$$Q = Q_{\tau 3} + Q_q \tag{2-40}$$

式中 Q——人体散热形成的总冷负荷，W。

其他符号意义同前。

人体散热量要考虑到一个人员密度问题，参考设计规范，取人员密度为：地下商场人员密度 1 人/m^2；地铁站台人员密度 1.2 人/m^2；地下车库忽略人员负荷。

2.4.2　新风负荷

$$Q_w = G_w(i_w - i_n) \tag{2-41}$$

式中　Q_w——空调新风负荷，kW；

G_w——新风量，kg/s；

i_w——室外空气焓值，kJ/kg；

i_n——室内空气焓值，kJ/kg。

新风量与人均新风量密切相关，参考设计规范，针对不同类型建筑取人均新风量值如下：地下商场人均新风量 20m^3/(h·人)；地铁站台人均新风量 20m^3/(h·人)。

2.4.3　湿负荷计算

湿负荷指空调房间的湿源向室内总的散湿量。地下建筑围护结构有散湿，且不直接受太阳的照射，所以比地面建筑潮湿。正确分析和计算地下建筑内各湿源的散湿量，是暖通空调设计的一个重要依据。

地下建筑的湿源主要包括：围护结构散湿，外部空气带入的水分，材料含水蒸发，设备及化学反应散湿，人体散湿，人为散湿以及敞开水表面散湿等[2,16]。在计算中，考虑到使用舒适性空调系统，室内设计相对湿度范围可取 60%～70%。

1. 围护结构的散湿量计算

围护结构散湿主要是指施工水分、地下水及被覆层外的湿空气通过围护结构散发到地下建筑室内。一般围护结构内表面散湿量的计算，大多采用同类型情况的经验数据，属于改造工程时，应尽量用本工程的实测数据。

一般围护结构内表面散湿量，可按式（2-42）计算：

$$W_1 = Fw \tag{2-42}$$

式中　W_1——围护结构内表面散湿量，g/h；

F——围护结构内表面积，m^2；

w——围护结构内表面单位面积的散湿量，g/（m^2·h），对于一般混凝土贴壁衬砌，取 1～2；对于衬套、离壁衬砌，可取 0.5[16]。也可参见文献[2]。

2. 外部空气带入的水分

当室外空气的含湿量大于室内空气的含湿量时，未经处理的室外空气进入室内，就会使室内空气增湿。当接触到低于空气露点温度的壁面时，就会在壁面上结露，形成凝结水。当进入地下建筑的热湿空气在壁面处凝结时，会在凝结处形成负压，使更多的水蒸气流向凝结处凝结[31]。

室外空气带入的水分可用式（2-43）计算：

$$W_2 = L\rho(d_w - d_n) \tag{2-43}$$

式中　W_2——室外空气带入的湿量，g/h；

L——进入建筑物内未经处理的空气量，m^3/h；

ρ——某一温度下空气的密度，$\rho=\dfrac{353B_q}{101.3\ (t_{w\cdot\tau}+273)}$，$kg/m^3$[31]；

d_w——室外空气含湿量，g/kg 干空气；

d_n——室内空气含湿量，g/kg 干空气；

$t_{w\cdot\tau}$——计算条件下的大气温度，℃；

B_q——计算条件下的大气压力，kPa。

3. 人体散湿量

人员在地下建筑物内工作、活动，会通过呼吸、排汗向空气中散湿，其散湿量与周围环境温度、空气流动速度及人员的活动程度有关。人体散湿量可按式（2-44）计算[28]：

$$W_3 = nw \tag{2-44}$$

式中 W_3——人体散湿量，g/h；

n——建筑物内人数；

w——每人每小时散湿量，g/（h·人）。

4. 人为散湿量

人为散湿是指地下建筑物内人员日常生活如洗脸、吃饭、喝水形成的水分蒸发，出入盥洗室、厕所等带出的水分等，以及湿衣、湿鞋、雨具等带入地下建筑引起的散湿。这部分散湿量很难从理论上准确计算，根据试验测定，人员 24h 在建筑物内生活、工作时，可按式（2-45）计算[31]：

$$W_4 = nm \tag{2-45}$$

式中 W_4——人为散湿量，g/h；

n——建筑物内人数；

m——每人每小时散湿量，可取 30～40g/（h·人），预防措施较好的可以取下限，预防措施不完善的可以取上限。

5. 敞开水表面或潮湿表面的散湿量

根据传湿原理，水分蒸发的过程就是水表面的水分子脱离水面进入空气的过程。只要敞开水表面周围的空气没有达到饱和状态，水分就会蒸发。由于水不断蒸发，紧贴水面总是有一层饱和空气层，它的水蒸气分压力始终大于周围未饱和空气的水蒸气分压力，所以水蒸气就不断向周围空气中扩散，直到水分蒸发完毕或周围一定范围内的空气达到饱和状态为止。在地下建筑物内部，存在着水箱、水池、卫生设备存水、地面水洼等自由液面，这些液面会不断地向空气中散湿，其散湿量可由式（2-46）计算[31]：

$$W_5 = 1000F\ (a+0.00363v)\ (p_{b\cdot q2}-\phi\cdot p_{b\cdot q1})\ \frac{B_0}{B}\cdot 10^{-5} \tag{2-46}$$

式中 W_5——自由水面散湿量，g/s；

F——水分蒸发的总表面积，m^2；

v——蒸发表面的空气流动速度，建议取 0.3m/s；

$p_{b\cdot q1}$——空气的饱和水蒸气分压力，Pa；

$p_{b\cdot q2}$——相应于水表面温度的饱和水蒸气分压力，Pa；

ϕ——相对湿度，%；

B_0——标准大气压，Pa；

B——当地实际大气压，Pa；

a——不同水温下的蒸发系数，见表 2-2。

不同水温下的蒸发系数　　表 2-2

水温（℃）	<30	40	50	60	70	80	90	100
蒸发系数	0.022	0.028	0.033	0.037	0.041	0.046	0.05	0.06

2.5　地下空间热湿负荷计算软件的编制

2.5.1　软件编制构想

应用软件是对程序的完善和发展，软件开发过程包括问题定义与可行性研究、需求分析、对总体结构的概要设计和对模块内部结构的详细设计、编码、测试以及维护 6 个阶段[32]。本软件的开发目的是为实际工程的设计计算和研究人员的研究需要，因此，准确可靠、方便快捷是本软件的宗旨。

1. 面向对象的设计方法

对象是可以独立存在的实体，是一种安全和保护性的数据结构。面向对象的设计方法把世界视为对象的集合，通过对实际问题的分析，从中抽象出需要的目标，然后再用面向对象的程序语言来表现它。采用面向对象的界面设计，可使界面美观醒目，可视化程度高，人机接口友好，软件操作简单[33]。

2. 模块化程序设计介绍

（1）模块化程序设计基本思想：将一个大的程序按功能分割成几个小模块。

（2）模块化程序设计特点：1）各模块相对独立、功能单一、结构清晰、接口简单；2）控制了程序设计的复杂性；3）提高元件的可靠性；4）缩短开发周期；5）避免程序开发的重复劳动；6）易于维护和功能扩充。

（3）模块化程序设计开发方式：自上而下，逐级分解，分而治之。

2.5.2　软件的开发

Visual Studio2005 是在 Visual Studio. Net2003 之后，微软公司推出的新的开发平台，其强大的 IDE 功能，快速的开发效率，使其迅速成为开发者的首选工具[34]，其新功能如泛型、新的 ADO. Net2. 0、ASP. Net2. 0 备受关注。Microsoft Visual Studio2005 包含许多对开发环境新的增强、创新和提高，其目的在于使开发人员比以往更加高效[35,36]。

首先，Visual Studio2005 根据开发人员个人的需要调整软件开发体验，设置新的开发人员工作效率标准。这一“个性化工作效率”将在开发环境和 NET Framework 类库中提供相应的功能，以帮助开发人员在最少的时间内克服其最为紧迫的困难。

其次，Visual Studio2005 使开发人员能够通过与 Microsoft Office System 和 SQL Server2005 更好的集成，在更广泛的应用程序开发方案中应用现有的技能。

最后，Visual Studio2005 将提供一组新的工具和功能，以满足目前大规模企业的应用程序开发需要。

基于上述特点，本软件选用 Visual Studio2005 作为软件的开发环境，利用 C\S 软件结构，使用C++计算机语言编制软件[37-39]。

对于程序内部计算方法而言，选用MATLAB2009a编写围护结构传热计算方法，选用Access作为储存数据、调用数据的工具[40]。将不同城市的气象参数、地质参数、不同功能建筑的室内环境设计参数等量储存到Access中，经过MATLAB的调用、计算后，最后结果再返回到程序界面上。Access和MATLAB的使用如图2-15。

图2-15　Access和MATLAB使用界面

2.5.3　软件计算结构

本软件由地下围护结构传热计算、室内热源散热形成的负荷计算、新风负荷计算与湿负荷计算四大模块组成，各个模块计算程序流程图见图2-16～图2-19。

图2-20为软件封面，图2-21为软件初始界面，图2-22为软件的适用范围和使用说明。

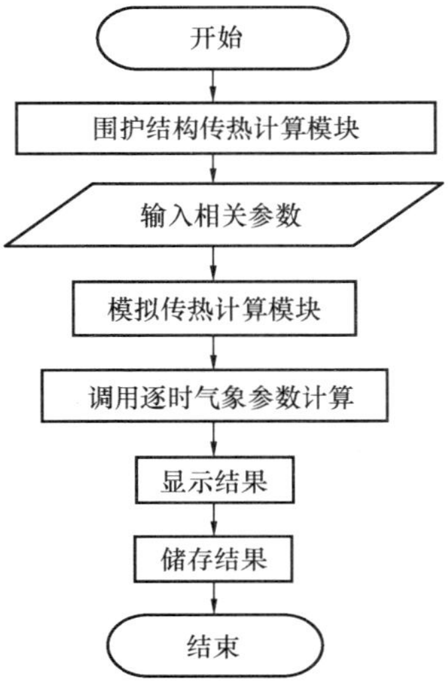

图2-16　围护结构传热计算流程图

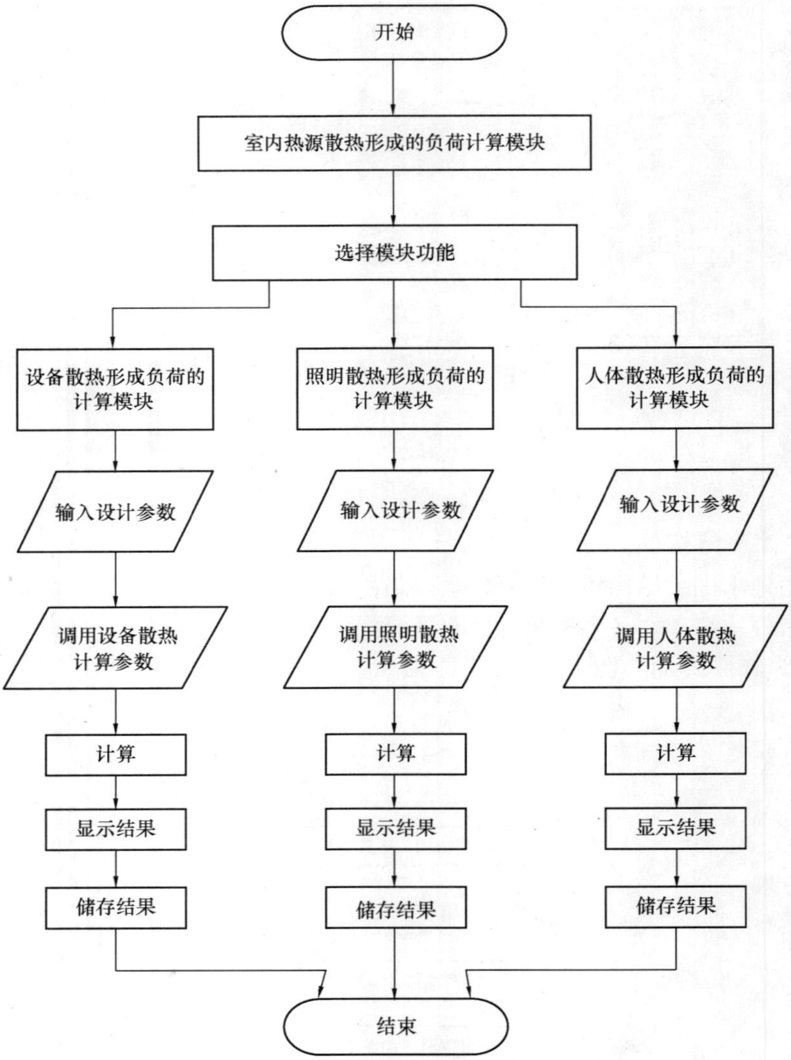

图 2-17　室内热源散热形成的负荷计算流程图

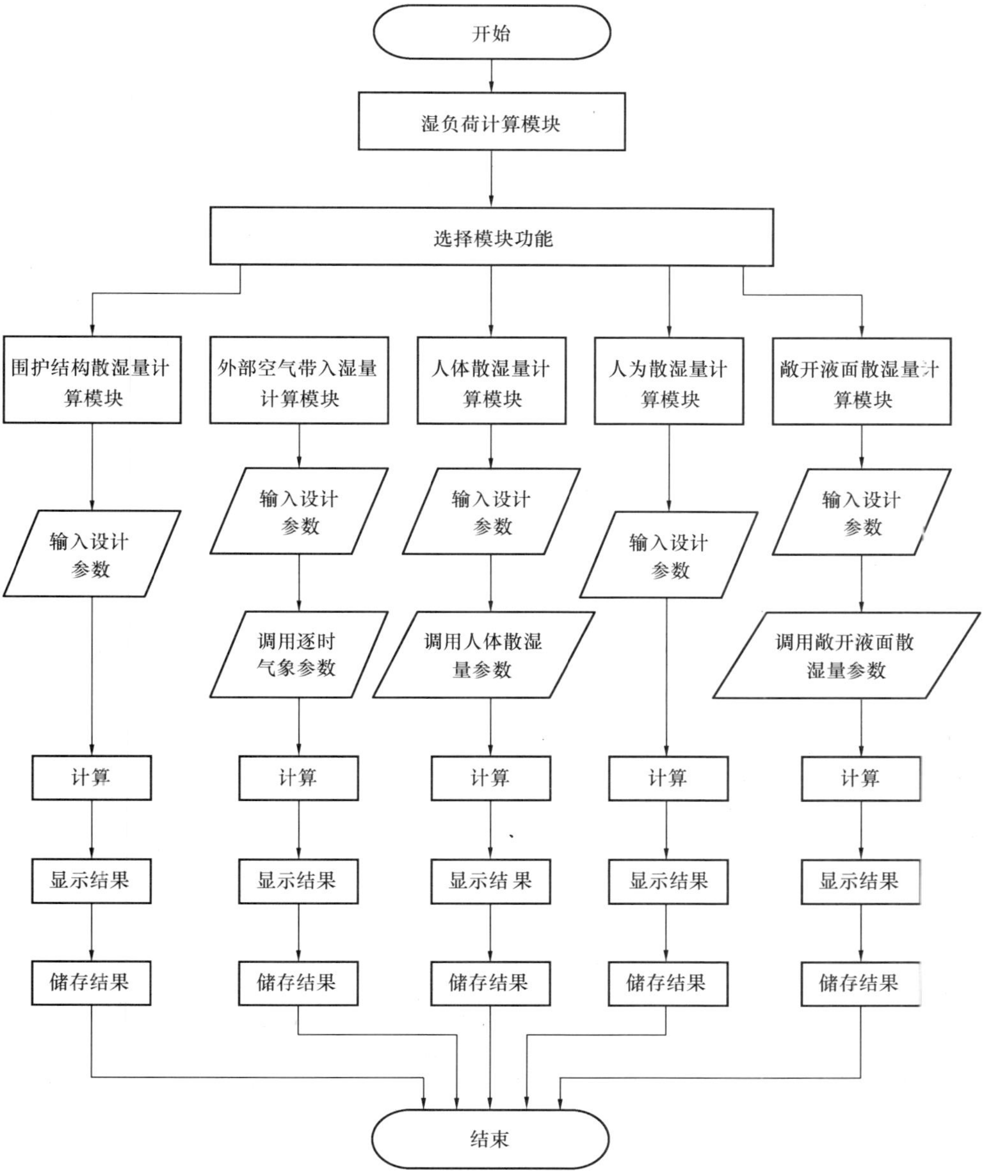

图 2-18　湿负荷计算流程图

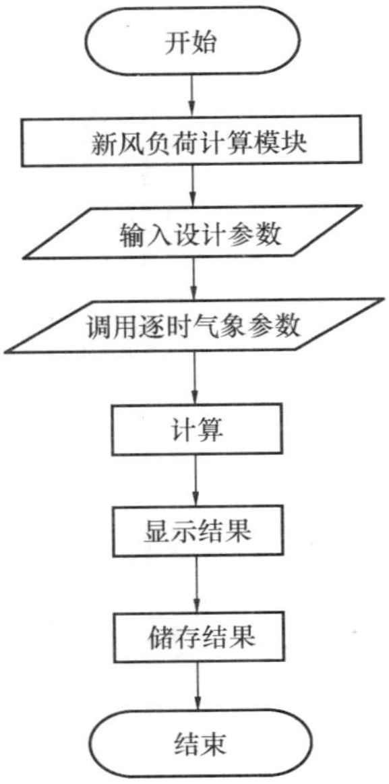

图 2-19　新风负荷计算流程图

图 2-20　软件封面

图 2-21　软件初始界面

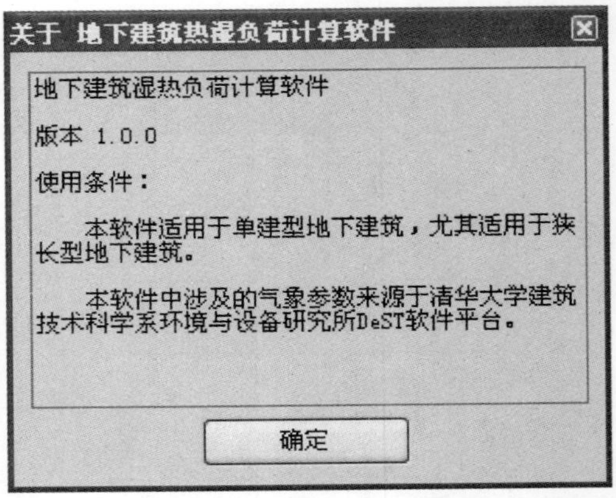

图 2-22　软件使用说明

2.6　典型地区地下空间热湿负荷计算分析

2.5 节的软件主要功能是计算地下建筑冷热负荷与湿负荷。本节以北京市某地下商场的全年负荷计算为例进行分析。

2.6.1　围护结构传热负荷

围护结构传热负荷的计算主要分为选择城市、建筑信息和参数设置 3 项。以北京市某地下商场为例进行计算，计算条件如下：该地下商场为单建式地下商场，面积约 2000m^2，长 80m，宽 24m，高 5m，覆土厚 1.0m，围护结构厚 0.5m。地下商场平面图如图 2-23 所示。

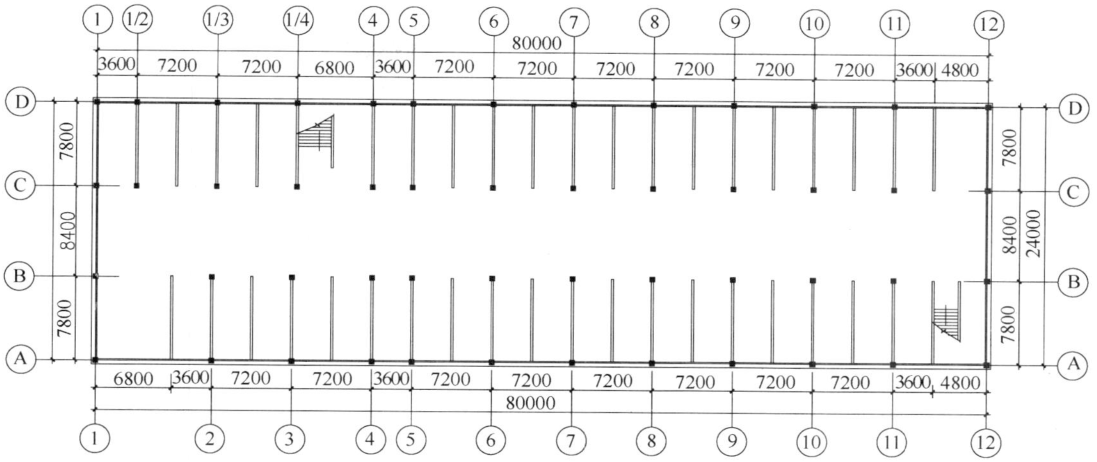

图 2-23　地下商场平面图

建筑围护结构及工程地质情况如下：围护结构（顶板、墙、地面）均为钢筋混凝土，$\lambda=1.74$W/(m·℃)，$\rho=2500$kg/m^3，$c=920$J/(kg·℃)；工程周围为夯实黏土，$\lambda=1.16$W/(m·℃)，$\rho=2000$kg/m^3，$c=1010$J/(kg·℃)，导温系数 $a=0.0037$m^2/h[2]，$t_n=18$℃。

具体演示如图 2-24 所示：点击确定后，软件将调用模拟计算程序自动求解围护结构传热量。

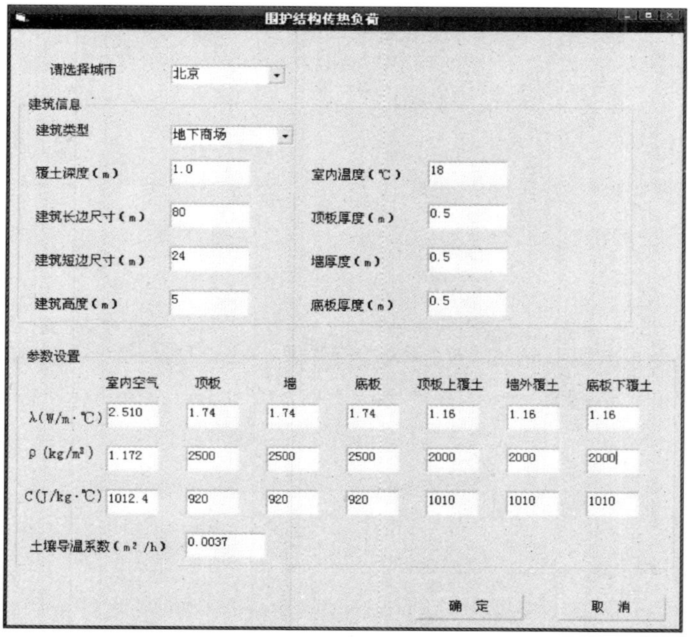

图 2-24　围护结构传热界面

2.6.2　室内热源负荷计算

1. 照明设备散热形成的负荷

设计参数配置完毕后，在软件界面上直接点击“照明设备散热形成的负荷”的快捷键或在“冷热负荷”的下拉菜单中选择“室内热源形成的负荷”中的“照明设备散热形成的负荷”命令（如图 2-25 所示），都会弹出如图 2-26 所示的输入窗体。

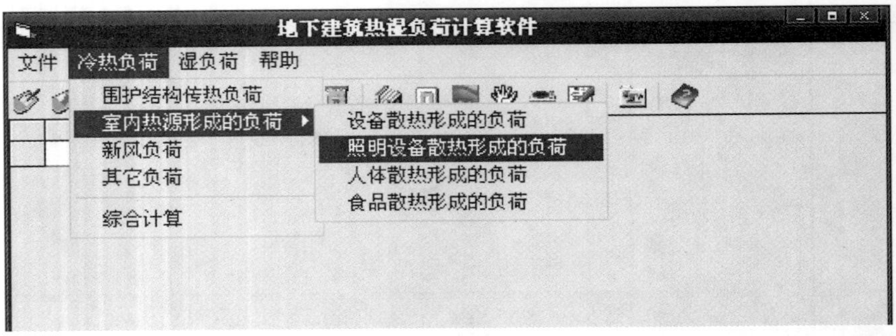

图 2-25　负荷计算内容的选择

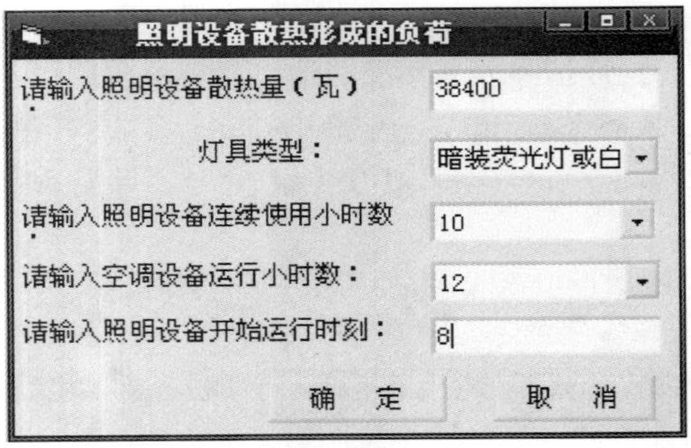

图 2-26　照明设备散热形成负荷计算的输入窗体

根据该地下商场的概况，取地下商场照明功率密度 20W/m²，输入照明设备散热量为 38400W，灯具类型为暗装荧光灯，照明设备开始运行时刻为 8：00，输入结束后按确定键即可。计算结果以表格的形式列出，如图 2-27 所示；照明设备散热形成的负荷日变化趋势如图 2-28 所示。

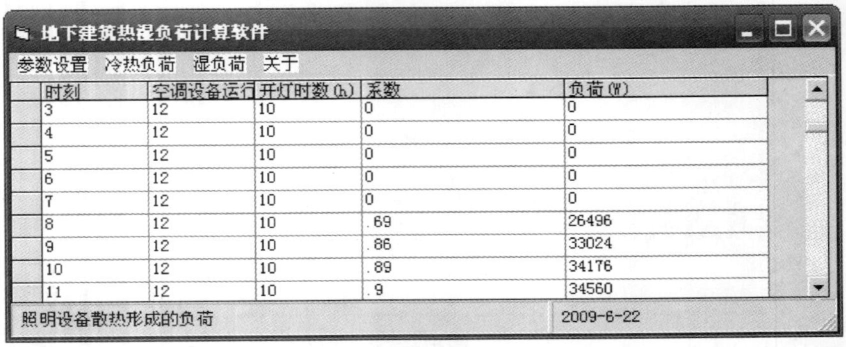

时刻	空调设备运行	开灯时数(h)	系数	负荷(W)
3	12	10	0	0
4	12	10	0	0
5	12	10	0	0
6	12	10	0	0
7	12	10	0	0
8	12	10	.69	26496
9	12	10	.86	33024
10	12	10	.89	34176
11	12	10	.9	34560

图 2-27　照明设备形成负荷的计算结果显示窗体

2. 室内人员人体散热形成负荷

在如图 2-25 软件界面中点击“人体散热形成的负荷”快捷键或在“冷热负荷”的下

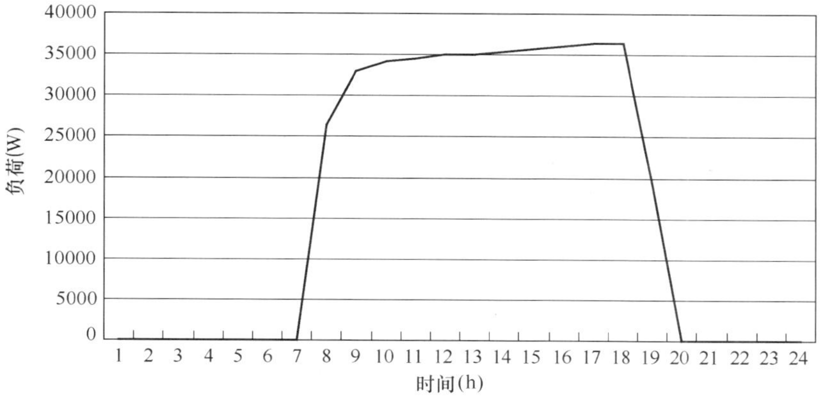

图 2-28　照明设备散热形成的负荷

拉菜单中选择“室内热源形成的负荷”中的“人体散热形成的负荷”命令，会弹出如图 2-29 所示的输入窗体。

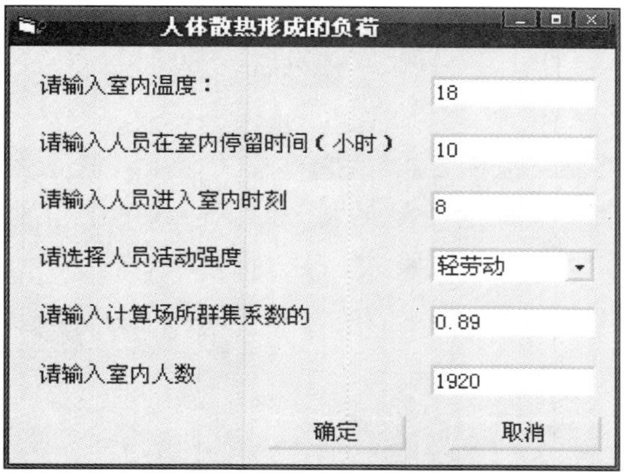

图 2-29　人体散热形成负荷计算的输入窗体

根据规范，商场的人员密度为 1 人/m²，即可得到该商场内人数约为 1920 人。商场内人员的活动强度一般为轻劳动，群集系数为 0.89。如图 2-29 所示的各项参数输入结束后按确定即可，计算结果以表格的形式列出，如图 2-30 所示；室内人员人体散热形成的负荷日变化趋势如图 2-31。

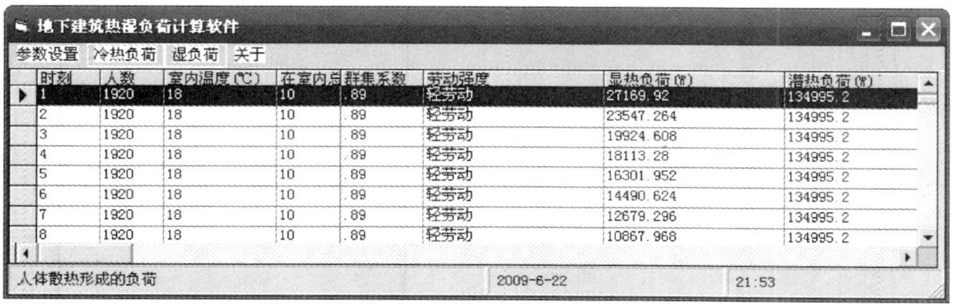

图 2-30　人体散热形成负荷的计算结果显示窗体

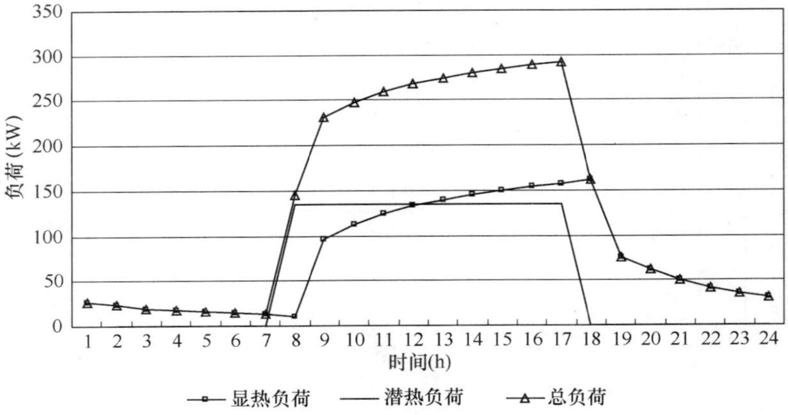

图 2-31　夏季人体散热形成的负荷

2.6.3　新风负荷

在地下商场中，取新风指标为 20m³/（h·人），即新风量为 38400m³/h，进入新风负荷计算界面。如图 2-32 所示，需要输入新风量，室内温度和含湿量等参数。当地大气压值的输入是为了修正大气压对室外空气物性的影响，在此处若不输入则采用默认值为 101325Pa。

新风负荷的逐时计算结果以图 2-33 的表格形式显示，负号表示室外空气焓值低于室内设计值。其全年新风负荷变化的趋势见图 2-34。造成冬季新风负荷很大的原因主要是北京市冬季室外空气温度、相对湿度较低。

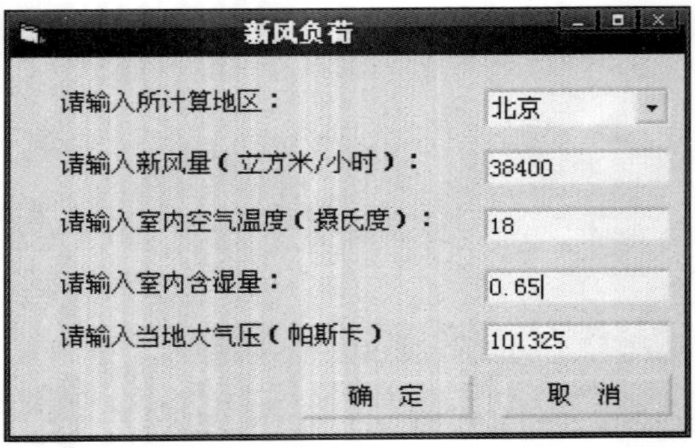

图 2-32　新风负荷计算的输入窗体

日期	时刻	新风负荷(kW)
1999-7-27	21	2471653.03187492
1999-7-27	22	2561468.05768894
1999-7-27	23	2499533.26548361
1999-7-28	0	2221847.17217679
1999-7-28	1	2284569.80036612
1999-7-28	2	2271664.36025722
1999-7-28	3	2279072.74994966
1999-7-28	4	2305899.42222794
1999-7-28	5	2324793.62786133
1999-7-28	6	2024031.93470979
1999-7-28	7	2433418.19419981
1999-7-28	8	2106946.27492604
1999-7-28	9	2116406.56037718
1999-7-28	10	1916243.44549025
1999-7-28	11	2353244.88507116
1999-7-28	12	2540063.63727638
1999-7-28	13	2707751.99224749
1999-7-28	14	2363520.00442684

图 2-33　新风负荷的计算结果显示窗体

2.6.4　总负荷

图 2-35 是该地下商场在一年内围护结构的逐时负荷计算值。图 2-36 是该地下商场在一年内的逐时负荷总计算值。由图 2-34、图 2-35、图 2-36 可以看出对该地下商场空调负荷影响最大的是新风负荷。

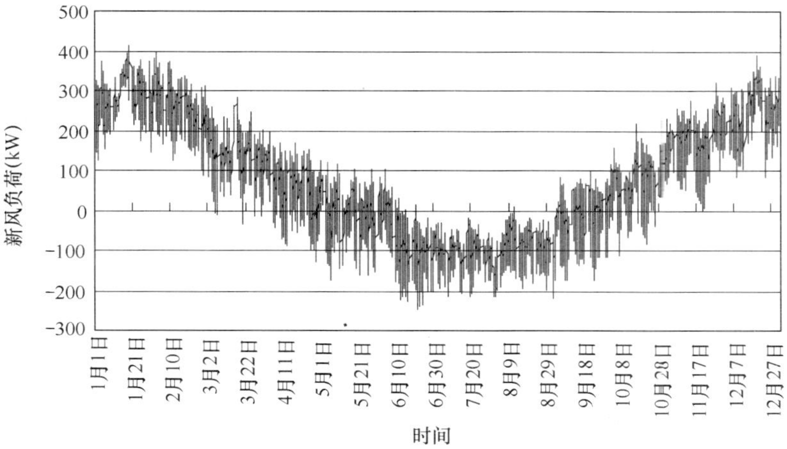

图 2-34　新风负荷

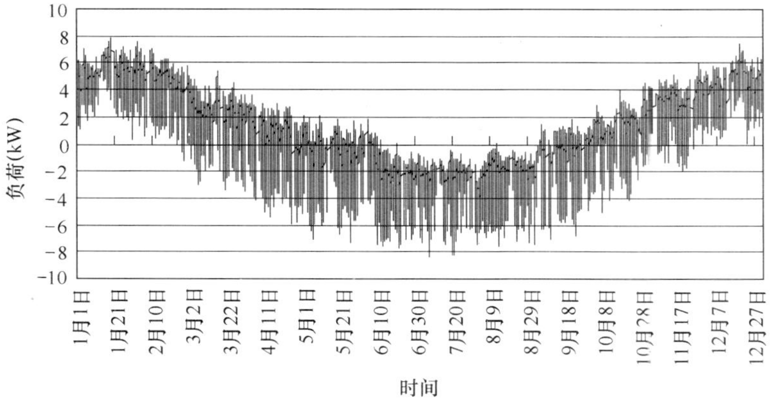

图 2-35　围护结构总传热量

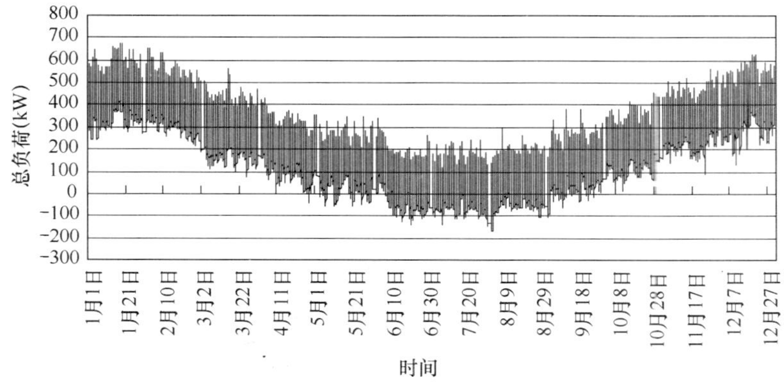

图 2-36　商场的总负荷

2.6.5　湿负荷计算

该地下商场的湿源主要包括：人体散湿、外部空气带入的水分、围护结构散湿等。

1. 人体散湿量计算

在软件界面上直接点击“人体散湿量”的快捷键或在“湿负荷”的下拉菜单中选择“人体散湿量”命令（如图 2-37 所示），都会弹出如图 2-38 所示的输入窗体。

输入上述参数之后按确定键即可，计算结果以图 2-39 的形式显示。

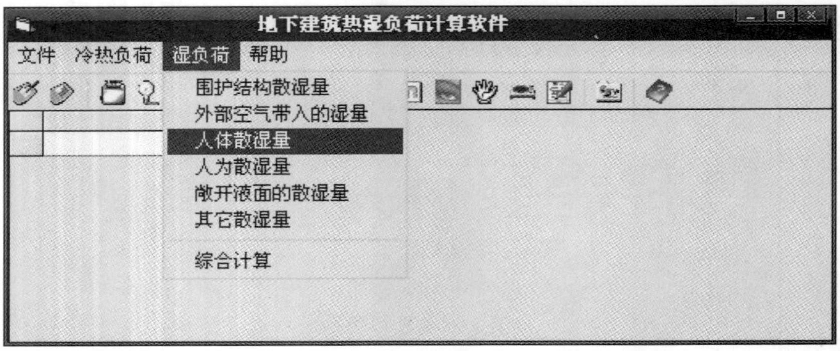

图 2-37　人体散湿量计算的选择

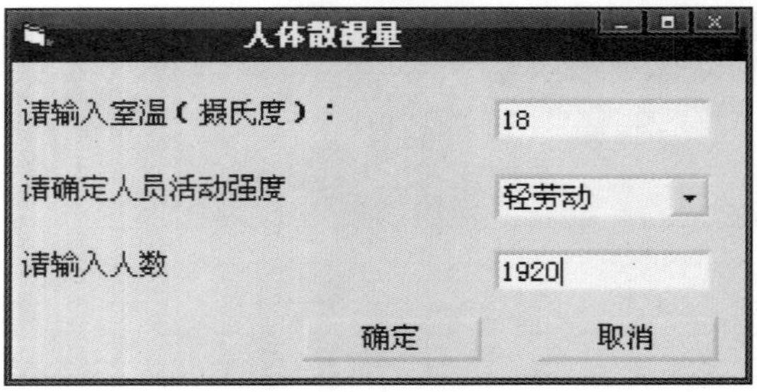

图 2-38　人体散湿量计算的输入窗体

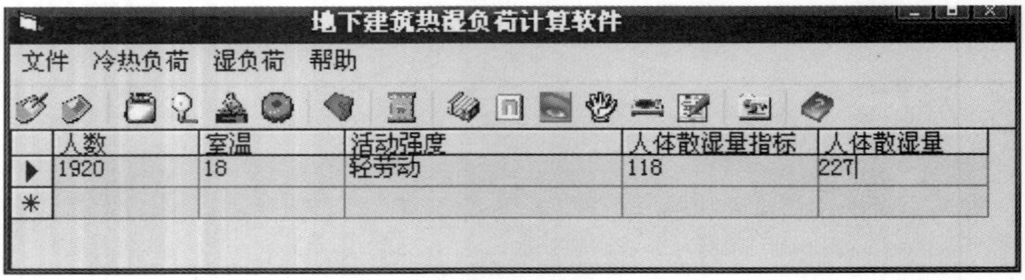

图 2-39　人体散湿量计算结果显示窗体

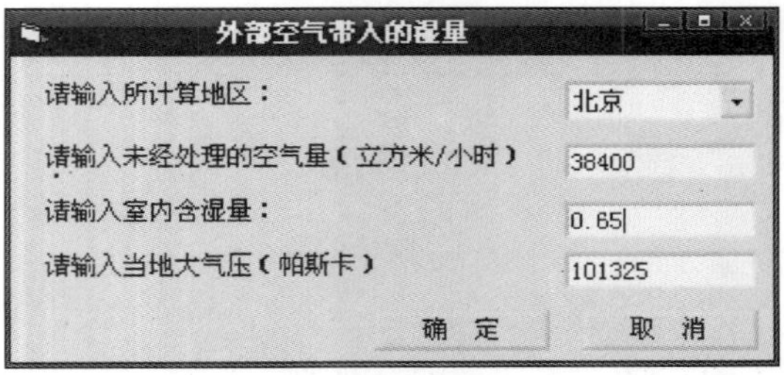

图 2-40　外部空气带入湿量计算的输入窗体

2. 外部空气带入的湿量

此项计算的输入及输出都与新风负荷相似。如图 2-40 所示，在此窗体中，需要输入城市、新风量和室内含湿量。如有必要也可以调整当地大气压值的输入值，否则在此处也取默认值 101325Pa。

外部空气带入湿量的逐时计算结果以图 2-41 的表格形式显示，负号表示室外空气应经过加湿处理。其全年变化的趋势见图 2-42。

日期	时刻	新风湿负荷
1999-12-29	5	6128.25980484497
1999-12-29	6	48228.9642695613
1999-12-29	7	68460.0903886713
1999-12-29	8	18222.228230258
1999-12-29	9	-10791.8726171787
1999-12-29	10	-20103.7980894324
1999-12-29	11	-32568.9572321
1999-12-29	12	-21394.2857142857
1999-12-29	13	-32312.1607745343
1999-12-29	14	23137.332698436
1999-12-29	15	58125.6514568444
1999-12-29	16	19892.4313020508
1999-12-29	17	23307.4935704313
1999-12-29	18	-25294.3923444976
1999-12-29	19	-32495.6848860367
1999-12-29	20	-32568.9572321
1999-12-29	21	34204.4286349489

图 2-41　外部空气带入湿量计算的输出窗体

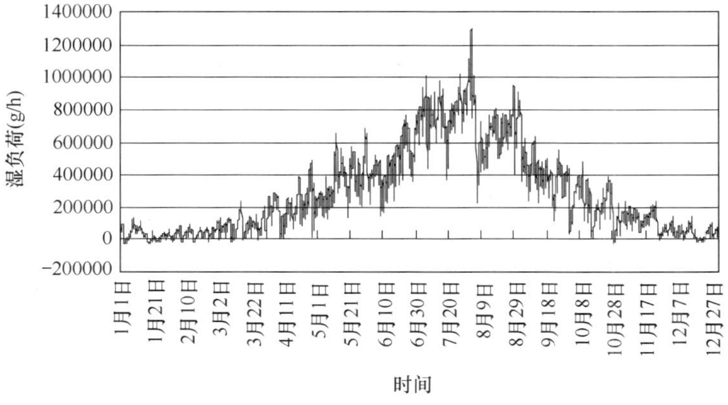

图 2-42　外部空气带入的湿量

3. 围护结构散湿

围护结构散湿量没有很完善且又简便易行的计算方法，此项负荷应根据现场测量确定。如需要进行估算，可采用 2.4 节提到的经验公式来确定，在此对该项负荷不做计算。

第3章　城市地下空间舒适性指标体系与环境质量评价标准

3.1　城市地下空间热舒适现状调查研究

3.1.1　地下空间热舒适概述

地下空间热湿环境的舒适性是人对各因素构成的复杂系统的综合反映。所谓热舒适环境是人在心理状态上感到满意的热环境。它取决于人体能量代谢率、空气温度、空气水蒸气分压力、空气流速、房间辐射平均温度、人体服装热阻等6个主要因素。其中4个与环境有关，另外2个与人有关。同时热舒适还与其他一些相互关联的因素有联系，如大气压力、人的肥胖程度、人的汗腺功能等。而人对环境的感觉又具有一定程度上的模糊性，因此近几十年来，国内外学者在热舒适方面作了许多研究。在分析热舒适的主要因素基础上，组织各类人员接受实验，受实验者在一定的室内气候条件下，对热感觉的程度进行投票，然后根据统计学原理整理数据，综合出热舒适与各个因素之间的关系，并提出了热舒适的评价指标。

我国于1989～1990年，在建筑气候分区中有代表性的辽宁、北京、南京、四川、安徽和甘肃等省市的47个不同功能地下建筑中，进行了冬、夏两季的现场环境卫生及人群健康的调查与试验，取得了近43万个数据。通过模糊综合评价，舒适性满意率大于80%，夏季工程内空气干球温度的均值为25.7℃，相对湿度均值为79.7%，风速均值为0.15m/s；冬季采暖地区空气干球温度均值为15.3℃，相对湿度均值为66.4%。但如何对不同功能的地下建筑合理选定室内空调设计参数，是空调设计中需要慎重解决的问题。在上述调查和评判的基础上，根据国际标准ISO7730[1]的热舒适指标，在各种功能地下建筑的室内人体代谢率、衣着情况为已知的条件下，用系统优化技术进行室内环境对人体的热舒适状态的优化。即在室内环境对人体来说处于最佳的热舒适状态，并保证95%的人感到满意的条件下，对室内环境热舒适参数：温度、相对湿度、空气流速等进行参数的优化组合，以确定不同功能地下建筑内的最佳环境热舒适参数及室内空调设计参数。

1. 地下空间微气候环境特点

与地面建筑相比，地下空间的微气候环境有其显著的特点：

（1）冬暖夏凉

地面建筑受自然气候变化的影响很大，而地下由于岩土具有良好的隔热性，受自然气候变化影响大为减少。根据对地壳温度的观察，太阳辐射热一般只对地下10～20m有影响，而日变化作用其深度仅0.5m左右。实际表明，处于岩土中的地下建筑，其周围有一个比较稳定的温度场——地面以下1m，日温几乎没有变化，地面以下5m的室内气温可常年恒定，如某市地面以下5m的土壤温度总是保持在10～12.8℃左右，而该地区的地面温度则是冬季－1.0℃，夏季高达37.8℃。所以，地下建筑周围的岩土就天然地成为绝缘良好而又经济耐用的隔热层。同时地下建筑可防止造成地面温度变化的诸多因素如刮风、下雨和日晒。将建筑物部分或全部放在土壤或设在坑道空间中，比地面建筑要少消耗能量。

为了论证地下空间开发利用的可行性和经济性，美国进行了大量的试验性地下建筑与地面建筑的对比分析。数据表明，用于空间采暖与制冷的能耗以掩土结构为最低，且能耗的下降与结构物的掩土增加程度有关，对地下空间用于采暖与制冷的能耗则急剧减少。在美国堪萨斯城对面积为200多m^2的地下空间进行能耗测量，对不同的建筑的节能率为：服务性建筑为60%，仓库为70%，制造厂为47%～90%。

（2）湿度较大

在地下水位较高的地区，地下水的流动可能引起墙壁渗漏水，造成室内空气相对湿度增大。每年6月～9月是我国大部分地区的潮湿季节，如果通风除湿措施不力或设置不当，地下空间空气的相对湿度是极难控制在允许范围内的。相对湿度过高会使人体散热困难，感到闷热、不舒服，而且会使风湿类疾病恶化；会促使霉菌生长，从而增加过敏性反应；除此以外，还会导致建筑物表面的腐蚀和破坏。微生物污染主要是霉菌、细菌及病毒等污染，地下空间的潮气是霉菌增多的主要原因，潮气和霉菌导致过敏性和非过敏性疾病。在房间相对湿度持续大于60%时，当墙体表面温度低于空气露点温度时就会产生结露现象，霉菌可以在潮湿的墙壁上生长。根据现场测试，地下环境中的微生物种类和数量均高于地面。由于微生物污染，往往会引起呼吸道传染病的传播，危害人体健康。

（3）依赖通风

由于地下空间无室内外热压差、风压差，无法通过开窗进行自然通风，室内聚集的CO_2等污染物不易排出，导致空气恶化，空气品质完全依赖于室内通风空调系统。

在地下空间的入口处的空气流动速度明显偏大，这与地上地下的空气压力大小有直接的关系。地下空间内的空气流动则完全依赖于其空调系统的设置。一般来说，送、回风口附近的风速比较大，而这主要是吹向人的头部和上身，如果设置位置不当或叶片角度过大的话容易使人有明显的不适吹风感。远离送、回风口的位置风速较小，有一些位置空气几乎静止不动，导致空气龄过大，成为通风死角。人员对气流速度的变化非常敏感，在地下空间的不同位置活动时，很可能感觉风速时大时小，这大大影响了微气候环境的舒适性。国内外研究表明，吹风感的产生不仅与空调房间的温度及平均风速有关，还与房间气流的紊动强度及紊动频率有关。

2. 影响地下空间微气候环境的主要因素

地下空间和地上建筑相比有其自身的特点。由于土壤的蓄热特性，使得大地具有一定的温度调节能力。相对空气而言，土壤的温度相对稳定，全年温度波动小。在夏季能保持相对稳定的低于地面的温度，冬季保持相对稳定的高于地面的温度。同时值得注意的是，在地下水位较高的地区，由于地下水在流动时会带走或带来大量的热量，影响地下建筑的室温的稳定。此外可能会引起墙壁渗漏水，这会造成室内空气的相对湿度增大，对营造良好的微气候环境是不利的。由此可见，地下空间微气候环境是室内空气温度、相对湿度、空气流动速度等诸要素的复杂组合，其主要影响因素有以下几点：

（1）温度

在地下商场或地铁中，人们大多处在运动状态，运动时人的新陈代谢率约为静坐状态下的 2 倍。再加上人流密度增加，人体间相互等温辐射，使对外的辐射散热减少，大部分代谢热以对流和汗水蒸发的方式散发，人体在这种状态下会产生不舒适感。因此地下空间的室内空气设计温度在选取上应比地面建筑的温度设定值稍微低，这样才能更好地满足人体的舒适感。

（2）相对湿度

人体散热主要由对流、辐射、导热及蒸发形式构成。夏季，人体表面散热以汗液和呼吸蒸发形式出现。当空气温度超过 34℃时，人体蒸发和出汗散发的热量成为人体惟一的散热方式。对于夏热冬冷地区，夏季最热月平均温度超过 30℃，相对湿度常常超过 85%，此时人体的蒸发散热受到抑制。有关研究表明，在夏季，空气相对湿度越小则微气候环境指标越好。即使在空气温度为 34℃的条件下，只要将相对湿度控制在 55%以下，PMV 值也能在＋1.5 以下。

地下空间内空气中的水蒸气含量高，相对湿度大、热湿比高，这对营造好的微气候环境是不利的。在低温潮湿的微气候环境中，肌体容易着凉，发生支气管炎及风湿性疾病。高温潮湿的微气候环境会妨碍肌体散热，使体温调节出现障碍。有资料表明，相对湿度与地下空间综合症有关，当相对湿度在 35%以下时，各种病态建筑综合症均无增加，可见相对湿度的合理选取对于一个好的微气候环境来讲是十分重要的。

（3）风速

Fanger 在热舒适的研究过程中曾经指出，在热舒适环境中，自然对流换热和紊流对流换热的流速分界线约为 0.1m/s，即当空气流速＞0.1m/s 时，作用于人体的气流为紊动气流，反之则认为人体处于自然对流的工况。然而具体到实际的空调系统，环境空气流速总大于 0.1m/s，故人体与环境之间的对流换热始终是紊流对流换热。这样在环境温度较低的情况下，可将风速限制在一定范围内，防止产生冷吹风感。环境温度相对较高的情况下，从节约能源和适应性理论的角度出发，就要增大空气流动来补偿温度的升高。

3. 地下空间微气候环境现行标准

目前国内外与微气候环境相关的已有研究成果和标准规范主要是在地上建筑的基础上得到的，但只要针对地下空间的特点进行适当修正，它们同样适用于地下空间的同类用途建筑。

在地下空间微气候环境研究方面，发达国家都建立了相对完善的研究机制与法律法规。在国际上，微气候环境方面有代表性的标准主要有国际标准化组织标准（ISO），欧洲标准（EN）和美国供热制冷空调工程师协会标准（ASHRAE）。相关的标准和测试方法主要有：《人居住的热环境条件》ANSI/ASHRAE 55P-2004，《热环境人类工效学——对热舒适度的 PMV 和 PPD 指标和规格的测定》EN ISO 7730-1995，《室内空气扩散的测试方法》ANSI/ASHRAE 113-2005，《热环境人类工效学——测试物理量的方法》ISO 7726-1998。

其中最常用的有关热湿环境的舒适性标准为《热环境人类工效学——对热舒适度的 PMV 和 PPD 指标和规格的测定》EN ISO 7730-1995 和《人居住的热环境条件》ANSI/ASHRAE 55P-2004。这些标准的目的是明确室内环境和个体因素的综合作用，使该环境内的人群对该热湿环境条件的认可率大于或等于 80%。虽然两个标准在表述热舒适的方式上有所不同，但都采用了丹麦 Fanger 教授的热舒适方程，将影响热湿环境舒适性的主要参数归纳为6个方面：与热环境有关的是温度、热辐射（环境平均辐射温度）、相对湿度和风速；与人体有关的是人体的衣着和活动。

国内方面，建设部于1997年颁布了《城市地下空间开发利用管理规定》，2001年颁布了《建设部关于修改（城市地下空间开发利用管理规定）的决定》的修改决定，从此便拉开了科学合理的开发城市地下空间的序幕。截至目前，我国与微气候环境的舒适性相关的标准有：GB/T 18977—2003《热环境人类工效学——使用主观判定量表评价热环境的影响》，GB/T 18049—2000《中等热环境PMV和PPD指数的测定及热舒适条件的规定》。

与室内热湿环境参数测试相关的标准有：GB/T 17220—1998《公共场所卫生监测技术规范》，GB/T 18204.1～29—2000《公共场所卫生标准测定方法》。

值得一提的是，目前国内等同采用了被国际上公认的评价和预测室内热环境热舒适的标准EN ISO 7730-1995作为我国标准GB/T 18049—2000《中等热环境PMV和PPD指数的测定及热舒适条件的规定》。但EN ISO 7730-1995主要是以欧美国家健康青年为研究对象、通过实验建立的标准，由于地理气候、新陈代谢率、生活习惯、经济条件和心理期望值等条件的不同，同样的微气候环境所产生的热感觉也不尽相同，因此这些标准未必完全适用于中国人。所以不能全部照搬国外的研究成果，而应立足于我国的实际情况，研究适于我国国情的微气候环境热舒适理论[2]。

3.1.2 实地测试结果与分析

2008年夏季开展了城市地下空间环境质量的实地测试与调研工作。微气候环境测试项目包括空气温度t_a、平均辐射温度t_{mrt}、相对湿度ϕ和风速v。测试使用的仪器是AM—101型手提式体感温热环境测定器，可直接读出以上测试项目的数值，并可自动计算出被测环境的PMV、PPD指标值。

测点的布置主要考虑了地下空间的用途和人的活动范围，在人体活动区域内较为平均分布，同时也考虑到了一些特殊情况，如气流死角和聚集气流的狭道等。测试人员手持体感温热环境测定器进行测试，高度距地面1.5m左右，距墙至少1m。

在各类型地下空间内取得的热湿环境测试数据共计300余组，经汇总整理，结果如图3-1所示。

1. 温度

在冬季，地铁内的空气温度分布在5.9～23.7℃之间，在同一车站内临近出入口处的气温接近室外温度，与车站内部空气温度普遍存在较大差异，并且在临近出入口处空气温度t_a与平均辐射温度t_{mrt}相差较大（>4℃）；在夏季，地下商场和地下旅馆内的空气温度分别分布在22～28.4℃和22.2～27.5℃之间，在同一地下商场或地下旅馆内不同位置往往相差不大，并且在几乎所有位置上空气温度t_a与平均辐射温度t_{mrt}都相差较小（<4℃）。

由上述地下空间温度测试结果可知，冬季的地铁尽管有中央空调调节微气候环境，但效果并不十分显著，普遍比较冷；夏季地铁站台温度较适宜。考虑到地铁作为公共交通的特殊性，人们对其的温度预期普遍不高，因此这种较短时间不适的热湿环境还是大部分人可以接受的。夏季的地下商场和地下旅馆温度比较适宜，这也是其作为休闲、消费的公共场所这一特性所要求的。可见作为公共交通场所，地铁内的微气候环境调节力度不如地下商场和地下旅馆这样的商业场所。

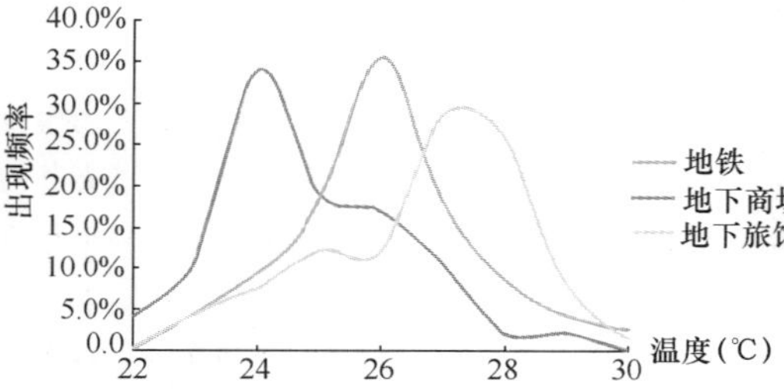

(a)

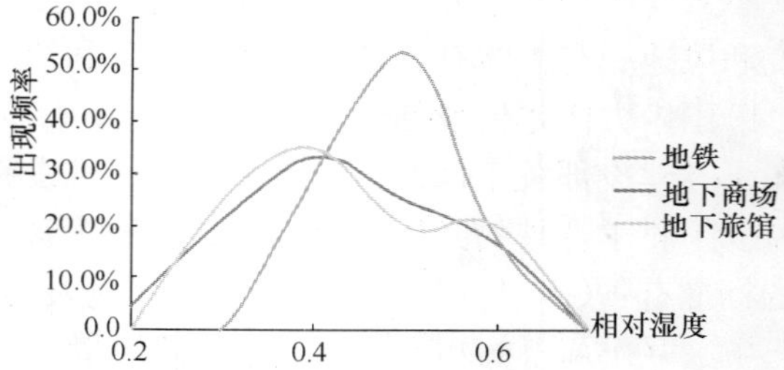

(b)

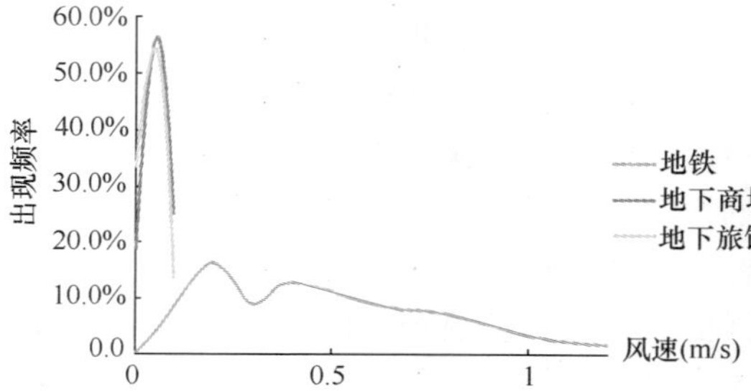

(c)

图 3-1　地下空间热湿环境测试结果

2. 相对湿度

北京位于华北地区西北端，属于北温带大陆性季风气候，相对湿度随季节变化十分明显。在冬季，地铁内的相对湿度分布在 8.6%～30.6%之间；在夏季，地铁、地下商场和地下旅馆内的相对湿度分别分布在 46%～54.8%、24.1%～60.7%和 29.3%～63.2%之间。

由上述地下空间相对湿度测试结果可知，冬季地铁相对湿度很低，非常干燥。夏季地铁、地下商场和地下旅馆相对湿度比较适中，基本在 ISO7730 规定的 30%～80%的舒适区间之内，不易使人产生潮湿的不适感。

3. 风速

地铁内的风速分布在 0～1.2m/s 之间，临近出入口处的风速主要取决于外界风速，地铁站台处的风速大小极不均匀，在列车进出站时达到峰值。在地铁铁轨侧面安装屏蔽门的站台风速峰值明显小于没有安装屏蔽门站台的风速峰值，说明安装屏蔽门对消除隧道活塞风、减小站台风速有显著效果；在夏季，地下商场和地下旅馆内的风速分别分布在 0～0.66m/s 和 0.03～0.36m/s 之间，不同地点风速差异不大，仅在散流器下方风速略大，较少感到不适吹风感。

由上述地下空间风速测试结果可知，冬季的地铁风速分布极不均衡，峰值相当大，且大多为未经空调处理的外界自然风和隧道活塞风，可能使人产生不连续的强烈吹风感。夏季的地下商场和地下旅馆风速较小，且无明显差异。

在进行热环境测试的同时，对 1200 余名受试者的热舒适主观感受进行了统计。其中男性 699 名（58.3%），女性 501 名（41.7%）；受试者平均年龄为 29.3 岁；受试者中大部分为候车行人、购物者或旅馆住宿者等。

全体人员对冬季地下空间微气候环境的感觉如图 3-2（*a*）所示，主要意见集中在室内温度过低方面。人们在冬季从寒冷的室外进入地下空间，对微气候环境的期望比较高，所以在室内没有预期温暖，甚至与室外温度差别不大的时候表现出对偏冷室温的不满。但此时人们穿着衣物较多，服装热阻较大，所以虽然相当一部分人反映地下空间温度偏低，但仍然认为此时的微气候环境可以接受。相比之下人们对冬季部分地下空间（如地下商场、地下旅馆）偏高的室温表现得比较宽容，虽然有很大比例的人认为地下空间比较“暖”甚至是“热”，但很少表示这样的微气候环境不可接受，这也许与较高的室温符合人们对冬季室内微气候环境的期望和人们可以通过减少衣物来改变服装热阻，从而达到理想的热舒适性有关。

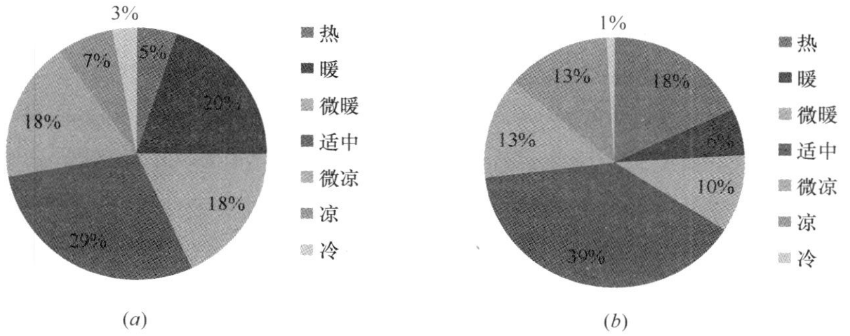

图 3-2 地下空间人员热感觉分布

（*a*）冬季；（*b*）夏季

全体人员对夏季地下空间微气候环境的感觉如图 3-2（*b*）所示。与对冬季地下空间微气候环境的意见主要集中在温度偏低不同，夏季对地下空间微气候环境的意见几乎等量分布在“热”与“冷”两方面。有的地下空间提供的冷量过小，难以满足热舒适性要求，而有的地下空间盲目通过大幅度增大冷负荷来改善微气候环境，导致室内空气温度过低，偏离人体舒适区，反而使人难以接受。对地下空间微气候环境过冷和过热这两方面的抱怨导致整体不满意率比冬季更高。

3.1.3 地下空间微气候环境改善与保障技术措施

1. 增减湿

人体的舒适程度不仅取决于环境温度，还取决于环境的相对湿度。在地下空间中往往湿度较大，目前除湿的方法主要有以下几种[3]：

（1）通风减湿

如果能掌握有利时机，进行通风换气，用地面比较干燥的空气置换地下空间中潮湿的空气，就可以达到通风减湿的目的。该方法简便易行，节省投资。

（2）升温通风减湿

由于单纯通风不能调节地下空间的温度，所以采用升温通风方法来达到减湿的目的。而且采用的设备比较简单，价格便宜。只要有送、排风系统及空气加热器就能实现，所以气候条件合适的地方或季节应优先采用。

（3）固体吸湿剂

常用的固体吸湿剂有硅胶和氯化钙等。

(4) 液体吸湿剂

常用的液体吸湿剂有氯化锂、氯化钙、三甘醇等水溶液。这些溶液表面的水蒸气分压力很低，因此有很强烈的吸收水蒸气的能力。溶液吸收水分后自身浓度变低，吸湿能力下降，因此也需要用加热的方法使之再生。

(5) 表面冷却器（冷盘管）

当冷却器中冷水温度大于空气露点温度时，进行的是除湿降温的空气处理，处理后的空气温度降低而相对湿度减少，空气中的水分在冷却器表面产生冷凝水从而使空气干燥。此方法为空调系统中最常见的处理方法。

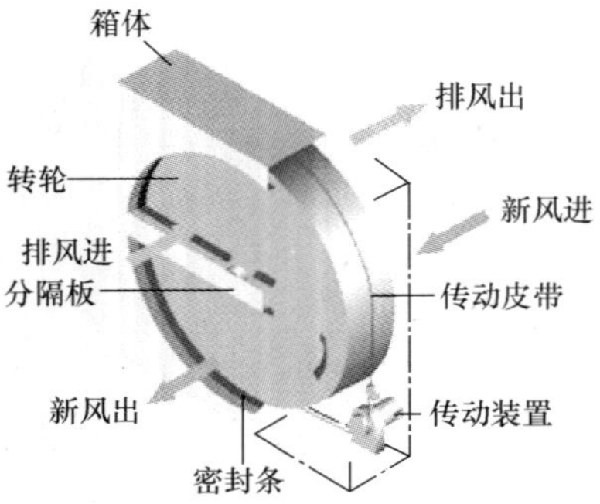

图 3-3　转轮除湿机

(6) 冷冻除湿机

采用蒸发器降温除湿、冷凝器升温的方法进行除湿。从除湿机出来的是温度高而含湿量低的空气。国内生产的除湿机有些是整体的，有些要用户自备风机。

(7) 转轮除湿机（见图 3-3）

转轮除湿机工作时，轮子慢慢转动（转速 8～10 r/h），需要除湿的空气（处理风）经转轮迎风面的 3/4区域被吸入，通过转轮后空气中的水分被吸湿材料吸收或吸附，随后经过除湿的干燥空气由风机送至待除湿的房间或空间。与此同时，另一部分空气（再生风）先经过空气加热器加热，然后经转轮迎风面另 1/4 区域通过转轮，便将转轮从处理风中吸出的水分排走。转轮的连续转动使得吸湿和再生得以连续进行，此方法常用于要求相对湿度很低的领域。

在某些情况下，地下空间的相对湿度可能偏小，需要人工加湿，常用的加湿方法如下：

(1) 蒸汽加湿控制

常用于有较高要求的空调系统的加湿控制，如洁净空调系统等。因蒸汽的惰性小，因此这种方法用于负荷迅速变化的情况。

(2) 湿膜加湿控制

常用于舒适性空调系统的加湿控制，风机将空气通过湿膜，湿膜是一种能充分吸收水分的材料，以此对空气进行加湿处理。

(3) 超声波加湿控制

一种绝热加湿处理过程，常用于对湿度有较高控制要求的精密恒温恒湿控制系统，并且对水质有较高的要求，以免结垢对震荡元件产生影响。

2. 蓄热

温湿度控制除用空调设备来实施以外，最近蓄冷蓄热装置也已经开发出来，同时采用废热回收。所谓蓄热即将热能储藏起来，方法有显热蓄热、潜热蓄热、化学蓄热、浓差蓄热等。

显热蓄热是使物质的温度上升并保温，从而保存热量的方法。目前有水箱、太阳池、岩石充填、土壤、地下水槽等方式。蓄热量与物质热容量和提高的温度有关，其优点是蓄热材料便宜，可以利用现有技术，不需要热交换器等优点。但蓄热密度低，热损失大，必须使用绝热材料等。对于地下空间来说，土壤和岩石即为天然无限大蓄热体，有很大的应用潜能。

潜热蓄热是改变热量成为潜热而蓄热的方法，目前已有定型装置。但蓄热材料费用高，并且需要换热器。化学蓄热是利用物质化学反应热来蓄热的方法，它取决于反应热和反应物的质量。浓差蓄热是根据浓度不同，利用其溶解热、稀释热、混合热、吸附热等的蓄热方法。

各种蓄热装置的蓄热性能，其效率、热能密度、适用性、寿命和输入输出形态、经济性随具体条件、环境保障安全等而不同。

3. 热量回收

为了满足人的舒适要求，最基本的手段就是采用空调通风系统。但是存在的问题是，为了尽量减少地下空间病态建筑综合症，减少地下空间的空气污染物（微生物、VOC_S、颗粒物等对人体有害的微量物质），需要采用大新风量的空调系统，由于地下空间和室外存在很大的温差（尤其是冬夏两季），如果不采用节能措施，会造成大量的能量损耗。因此，采用节能装置对地下空间能量的回收利用具有重要意义。

空气热回收装置就是实现排风和新风之间的换热（包括显热交换和全热交换两种可能），目前用于空调排风能量回收的换热设备有以下几种：

（1）转轮式换热器

转轮式换热器的转轮系由金属丝或浸有吸湿剂的波纹纤维纸填装而成。转轮的迎风面被分割为面积相同的两部分，轮子缓慢转动，两股气流通过填装的材料进行热湿交换。空调系统热回收所用的转轮一般直径不大于4.5m，厚度为15～30cm，转轮的转速约为6～12r/h，热交换效率（也可以理解为热回收效率）对全热换热转轮可达40%～60%，全年使用的吸湿转轮，在两股气流之间压力平衡很好时效率可达65%～80%。

（2）板式换热器（见图3-4）

固定板式气-气换热器一般是用金属做成，大致可分为2种类型：单纯平板式换热器与板翅式换热器。单纯平板式换热器可以设计成逆向热交换型，而板翅式换热器则多为交叉热交换型。前者可以提供更大温差，后者则便于管道连接。这种换热装置是严密组装的，所以不存在交叉污染。板式换热器的显热交换效率为40%～60%，取决于换热器的结构和气流速度，较低的气流速度可使效率有所提高。

（3）管式换热器（热管）（见图3-5）

图3-4 板式换热器

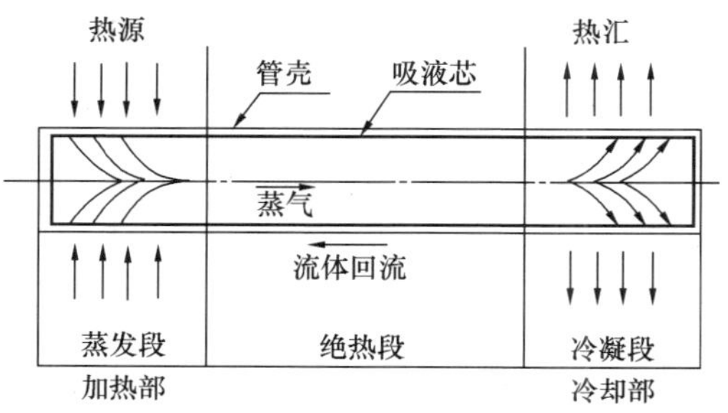

图3-5 热管工作原理图

一个单根热管是由铜、铝的管材两头密封经抽真空后充填相变工质（R22）制成。管外表面经肋化后与一般加热或冷却盘管一样。水平安装的热管，一般在管内安装紧贴管内壁的毛细芯层，这个芯层担负把冷凝的液态工质传输到受热蒸发的一端去。一根热管通常被分为两部分（两段），一段起蒸发器的作用；一段起冷凝器的作用。由于热管内气相和液相工质同时存在，所以管内压力由气液分界面的温度所决定。如果热管的两段由于外界的加热或冷却作用引起一个温差，而管内又存在这个气液分界面，那么两段之间的蒸气压力就会不同，在此蒸气压差的推动下，蒸气就从热段流向冷段，并在冷段冷凝成液体，并由毛细芯层流回蒸发段，从而完成一个循环，即通过工质在热段吸热蒸发和在冷段放热凝结，完成热的传递过程。

（4）泵循环盘管换热器

采用普通盘管式换热器，利用水泵使水作为介质在两个盘管内循环，将排风中的热量（冷量）传递给进风，从而实现热能的回收。此法的优点是新风与排风位置可以不在一处。如果使用恰当的盘管排数，其显热回收效率可达 40%～60%。加大盘管排数可使回收效率有所增加，但同时又被水泵和风机耗电量的增大所抵消。

3.2　城市地下空间空气质量现状调查研究

3.2.1　地下空间空气质量概述

1. 室内空气质量的定义

关于室内空气质量（Indoor Air Quality，IAQ）的定义在这 20 几年中经历了许多变化。最初，人们把室内空气品质几乎完全等价为一系列污染物浓度的指标。近年来，人们认识到这种纯客观的定义已经不能完全涵盖 IAQ 的内容，于是，对室内空气质量的定义也是不断发展的。

在 1989 年的室内空气质量讨论会上，丹麦哥本哈根大学教授 P. O. Fanger 提出：品质反映了满足人们要求的程度，如果人们对空气满意，就是高品质；反之，就是低品质。英国的 CIBSE（ Chartered Institute of Building Services Engineers）认为：如果室内少于 50%的人能察觉到任何气味，少于 20%的人感觉不舒服，少于 10%的人感觉到黏膜刺激，并且少于 5%的人在不足 2%的时间内感到烦躁，则可认为此时的室内空气品质是可接受的。这两种定义的共同点是都将室内空气品质完全变成了人们的主观感受。

近年，ASHRAE-6221989R 标准中，首次提出了可接受的室内空气质量（Acceptable indoor air quality）和感受到的可接受的室内空气质量（Acceptable perceived indoor air quality）等概念。其中，可接受的室内空气质量定义如下：空调房间中绝大多数人没有对室内空气表示不满意，并且空气中没有已知的污染物达到了可能对人体健康产生严重威胁的浓度。感受到的可接受的室内空气品质定义如下：空调空间中绝大多数人没有因为气味或刺激性而表示不满。感受到的可接受的室内空气质量是达到可接受的室内空气品质的必要而非充分条件。由于有些气体，如氡、CO 等没有气味，对人也没有刺激作用，不会被人感受到，但却对人危害很大，因而仅用感受到的室内空气品质是不够的，必须同时引入可接受的室内空气品质。

ASHRAE-6221989R 标准中对 IAQ 的描述相对于其他定义，最明显的变化是它涵盖了客观指标和人的主观感受两个方面的内容，比较科学和全面。例如，CIBSE 便指出自己跟舒适相关的上述定义中，没有考虑诸如电磁波等无异味、但可能对人体有潜在危害的物质。这从某种程度上也反映了大多数组织和学者对 ASHRAE-6221989R 标准中两类定义的认同[4]。

2. 影响地下空间空气质量的主要因素

（1）湿度

空气湿度大是居住用地下空间的主要问题，每年 6 月～9 月的潮湿季节，如果通风除湿措施不力或设置不当，地下空间空气的相对湿度是极难控制在允许范围内的。相对湿度过高会使风湿类疾病恶化，人体散热困难，使人感到闷热，不舒服；同时促使霉菌生长，从而增加过敏性反应。微生物污染主要是霉菌、细菌及病毒等污染，地下建筑的潮气是霉菌增多的主要原因，潮气和霉菌导致过敏性和非过敏性疾病，导致建筑物表面的腐蚀和破坏。在房间相对湿度持续大于 60％时，当墙体表面温度低于空气露点温度时就会产生结露现象，霉菌可以在潮湿的墙壁上生长。根据现场测试，地下环境中的微生物种类和数量均高于地面。由于微生物污染，往往会引起呼吸道传染病的传播，危害人体健康[5]。

（2）人员

人体和生物排出物也是主要的污染物，尤其在居留密度大的地方。地下空间内的人员除散发热量和湿量外，还会通过呼吸道、皮肤及汗腺排除大量污染物，如 CO_2、病菌等。在人员吸烟时所散发的香烟烟雾也是一种主要的污染物。当人员进入地下空间时，还会将地面上的尘埃一同带入地下。除此以外，由人员活动所产生的生活污水、有机垃圾等在微生物作用下会产生很多有害气体。显然，室内人数越多，污染就越严重。

（3）设备

地下空间中的某些设备本身就是散热体或污染源，释放出热量及各种污染物，破坏空间中的热平衡并致使污染物浓度升高，危害人员健康。例如地下车库中的汽车在进出时释放大量 CO 及氮氧化物，瞬间可以达到很大的浓度值，对人员危害极大，不容忽视。

（4）氡气

氡是一种放射性气体，是从岩石、土壤、地下水及本身的围护结构中散发出来的，地下建筑四周被岩土包围，受建筑与土壤间较高压力差的驱动，氡直接进入地下空间内，因此地下空间中的氡及其子体浓度大大高于地上建筑。氡及其子体会放射出 α、β 射线，对人体有较大的危害，严重时可能诱发肺癌。因此，防止地下环境发生氡污染，必须引起高度重视。

（5）燃烧

燃烧产物发生在地下居住建筑或餐饮建筑的厨房，主要取决于生活习惯和所使用的燃料，燃料时需要大量氧气，产生大量 CO，废气中的有害物有 CO、NO_x、SO_2、苯及可吸入微粒等易挥发有机物。

（6）建材

不管是地铁、地下商场还是地下旅店，在建设过程中都会使用大量建筑材料，并不可避免地要进行装饰装修，所用的装饰材料种类繁多，化学成分复杂。商场内商品，特别是服装、鞋帽布料、日用化学品及家电、家具等，这些商品与装饰材料、设备等一起散发出多种有害物质（如甲醛、苯、氯化物），其中大部分是挥发性有机物（VOC）。总挥发性有机物（TVOC）组成成分复杂，单一成分的浓度低，难以测量。西方国家目前的研究结果表明，室内发现的 VOC 成分有 50～300 种之多，且浓度大大超过室外，其中甲醛是 TVOC 最重要的组成部分。

（7）新风

新风是保证室内空气品质良好的必要条件，它包括新风的质和量两个方面。地下商场大多处于城市的闹市区（如火车站、广场、商业街），这些地区本身的空气质量就比较差，又无法进行自然通风，新风的摄入就显得尤为重要了。自 20 世纪 70 年代全球能源危机以来，人们为了节能，普遍提高了建筑的密闭性并降低新风量标准，这就使本来就不足的新风稀释室内污染物的能力更加不堪重负。个别工程设计时新风量选定值偏低，新风入口的位置不佳或面积偏小、风机性能下降，或者为了降低通风空调系统的运行费用，人为降低新风量或减少通风空调系统的运行时间，导致新风量不足。这是造成地下空间空气质量下降的主要原因。另外，有的新风不经过净化处理或处理不完善，其中的灰尘和有机化学物质得不到有效去除，或经过的途径较长，在积满灰尘的风道或吊顶中受到二次污染，都会给室内空气带来新的污染，导致地下空间空气品质下降。

（8）空调系统

设置通风空调系统的目的是为了改善室内空气品质，是室内空气品质的重要影响因素，但有时却达不到预想的效果。这其中的因素有很多：

首先，一些室内空调系统气流组织不好，新风分布不均匀，形成死角。其次，由于室内很高的换气次数，使得室内空气中悬浮物增多（已沉淀的再次飘扬，已悬浮的不易沉降）；再次，很多通风空调系统的构件，如风管内壁、空气处理机、过滤装置、风机盘管、表冷器和冷却塔等设备没有进行定期的保养维护和清洗，凝水积尘，滋生大量病菌，成为室内空气的污染源和臭味源。最后，有的设计未考虑有组织的回风系统，更有甚者，由厨房向餐厅串烟、由卫生间向客厅串味、全空气系统中不同用途的房间压差造成交叉感染等现象时有发生。

（9）室外环境

地下空间的微气候环境和空气质量与室外环境是有联系的。对于浅层地下空间，其内部温度虽然在一天之内几乎没有逐时变化但还是会随季节的变化上下波动。在空气质量方面，室外的污染必定会随新风和人员流动影响室内空气质量。地下建筑大多处于城市的闹市区（如火车站、广场、商业街），这些地区本身的空气质量就比较差。随着机动车辆的逐渐增加，SO_2、NO_x、CO_x、HCHO、TVOC 和可吸入污染物及超颗粒污染物对室内的空气品质的影响很大，另外室外的工业污染也会影响室内空气品质。一旦室外空气中的某些空气质量指标超过室内空气质量的控制指标，引入新风不仅不能起到稀释作用，反而会恶化地下空间的空气质量。

3. 地下空间空气质量主要问题

近几十年来人们逐渐认识到，高品质的空气是室内人员健康的保证。热湿环境可以靠人机体调节作用去抵御，而对于室内长期低浓度污染，人的机体没有抵御手段，甚至人们都是在不知不觉地、被动地吸入众多污染物。人们常常是无意识地更多顾及室内热湿环境及视觉、听觉环境，而不注意室内空气品质，但是人的健康受空气污染物的损害要大得多。随着现代化建筑的不断发展，人们逐渐认识到室内空气品质是内部环境的主要矛盾。

目前地下空气品质主要存在以下问题：

（1）CO_2 浓度高

地下空间室内环境中，由于人的呼吸使 CO_2 浓度含量增加的部分不能靠通风排除，会使室内的 CO_2 浓度升高。人对 CO_2 浓度变化极为敏感，一般要求室内 CO_2 浓度不超过 0.1%～0.15%，国内外学者普遍认为：CO_2 允许浓度取 0.1%，是考虑了人体产生气味的指标，而不是单纯考虑 CO_2 的生理危害，它是处理体臭和生理反应双重意义的分界线。浓度 2%是维持正常生理活动的极限值；当浓度超过 3%时，人体机能产生明显不良影响，表现为头疼、呼吸急促等；当浓度为 10%时，人即处于昏迷状态；当达到 18%时，人在几小时内死亡。

一部分地下空间人流比较密集，如地下商场、地下铁道，这些人员排放出大量以 CO_2 为代表的废气。大多数地下公共建筑内空气中的 CO_2 浓度可控制在 0.15%以内，但有些工程的通风空调系统，为节省能耗，减低运行费用，新风量供应相对不足，通风换气次数低，以致工程内 CO_2 浓度偏高。

（2）CO 浓度高

CO 是一种有害气体，但在自然界中含量很少；在地下空间中，由于各因素的影响，可能使 CO 浓度升高，超过一定限度时会对人体造成很大的危害，甚至致人死亡，应该严格加以控制。

在地下建筑中除从外界引入的空气中有少量的 CO 含量不超过 10mL/m^3 外，在一般情况下，不存在使 CO 浓度升高的因素。有人在室内吸烟时，会排出少量 CO，靠近厨房或柴油发电机的房间，CO 浓度略有增加。

地下停车场是一种特殊情况，因为汽车的废气中含有较高浓度的 CO，可使空气中的 CO 迅速升高到人员无法在其中停留的程度。因此对地下停车场的设计和使用，必须有 CO 含量的允许值要求。当地下综合体中的停车场位于下层时，CO 含量较高的空气有可能通过楼梯等敞开部分进入上层空间。例如据日本的地下街实测资料，当引入空气的 CO 含量为 5mL/m^3 时，地下商业街内一般为 5.5～8.0mL/m^3，靠近停车场一侧则为 15～22mL/m^3。

（3）尘埃细菌

地下空间中的尘埃和细菌污染极为严重，可吸入颗粒浓度普遍超过容许浓度（0.15mg/m^3），有的超过标准数十倍；细菌污染也很严重，如某商场除早晨空场外，室内空气中的平均瞬时细菌总数大大高于标准。室内空气中的尘埃和细菌主要来自人体活动。呼吸、说话、咳嗽、吸烟与走动，皮肤与服装等均会散发有害物。围护结构、商品、家具与地面均易于积聚灰尘与繁殖细菌，在通风气流作用下流入室内空气中。室内空气中的尘埃和细菌本可通过空气过滤器进行清滤，但普遍为人们所忽视。多数工程中空调过滤效率极差，有时甚至不设新风或回风过滤器。工程中也常见气流在未衬砌的建筑通道或机房内流动，空气的二次污染严重。

由于地下环境通风不畅，湿度较大，微生物种类和数量均高于地面。室内微生物污染主要来源于：人体自身的散布，通过人的呼吸、咳嗽，甚至人的排泄物和皮肤上的伤口都会有细菌或病毒散发出来；带菌空气飘尘的散布；通过通风空调系统或某些建筑设备的传播，一个突出的例子是有名的“军团病”。

（4）TVOC

过去人们往往重视明显的室内污染物，却忽视了许多低浓度的挥发性有机化合物

（VOC）。随着“分子污染”这一概念的出现，室内空气质量控制从微粒污染扩展到化学污染控制。空气中总的挥发性有机化合物（TVOC）浓度可通过有机物的耗氧量反映出来，是人员异味、头昏、疲倦、烦躁等症状的主要原因，是综合性很强的空气污染指示指标。它和其他指标既有联系甚至有显著的相关性，又具有本身的独立性（反映室内有机物浓度）。室内有机物污染对人体健康的影响可分为：气味和其他感觉效应；黏膜刺激，如乙醛、丙烯醛和萘；基因毒性和致癌性，如甲醛等。

有资料显示，在对国内地下空间进行现场调查的过程中，共测得空气耗氧量标准样本 1000 个。结果表明，冬季达标率为 62.2%；夏季达标率为 47.4%。总体上说明人防地下工程中有机物耗氧量偏高，应采取措施，降低有机物污染总量，提高工程内空气清洁度。

（5）氡气污染

人防地下工程内，氡及其子体水平的实际分布现状是非常重要的参数。空气中的氡主要来源于岩石、土壤及建筑材料中的^{226}Ra，不同地区的地下工程，由于地质构造和性质的不同、氡浓度有很大差异。地下建筑内的放射性影响普遍大于地面建筑，氡污染明显高于地面。氡及其子体致癌的危害已越来越引起人们的关注。因此现有大多数人防地下工程，应根据人防工程平时使用环境卫生标准中的氡防护标准，进行有效的防氡通风，对个别氡浓度较高地区如河南、西安、济南等应采取综合防治措施。

氡对人体的危害主要来自氡及其子体随气流吸入肺脏。氡子体衰变时放出的 α 射线穿透力差，能量大，以致在体内很小范围内集中释放能量，使肺组织受损，严重时引起肺癌。一般说，引起肺癌的危险度随氡水平和照射时间的增加而增加。除重点工程外，一般通风条件较差，因此氡浓度明显高于地面建筑，这已从许多省市地下工程的氡水平调查得到证实。

（6）微生物污染

室内空气中的微生物种类很多，主要包括细菌、酵母菌、霉菌、病菌和噬菌体等，其大小不一，对人体的危害很大，它们的繁殖能力强，繁殖速度快，是影响室内空气品质的一个很重要的因素。以霉菌为例，它在温度为 15～30 ℃，湿度为 70 %～95 %的环境中极易繁殖成活，而潮湿的地下空间最容易滋养微生物。室内的空调设备如风机盘管机组内的加热和冷却盘管是潮湿空气和微尘埃积累的部位，加热器缓慢漏水是微生物繁殖的一个根源，另外室内铺地毯或养宠物也有利于微生物的滋生，同时室内化妆品的存在也为微生物提供了营养源。

综合以上调查结果，我国地下空间内部环境质量尤其是空气质量较差，虽然对地下空间进行的内部环境改造，使一部分地下空间内部热湿环境有所改善，但总体而言，地下空间内部环境质量大部分尚达不到应有的标准，尤其是空气质量较差。

4. 地下空间空气质量现行标准

我国在室内空气质量方面的研究主要放在室内空气污染物的成因和控制方面，早在 1988 年，我国就颁布了第一套比较完整的公共场所室内卫生标准。为了适应和推动人防工程开发利用中改善内部环境的需要，1990 年由国家人防办组织国内从事内部环境和卫生标准的有关院校和研究所，开始制定人防工程平时利用的内部环境卫生标准。于 1993 年制定出 6 类人防地下工程（地下旅馆、地下商场、地下影剧院、地下医院、地下餐厅、地下舞厅）卫生标准，1996 年又对其重新进行了修订、完善与编写，即 GB 9663/9664/9665/9666/9667/ 9668/9669/9670/9671/9672/9673—1996 和 GB 16153—1996 饭馆（餐厅）卫生标准共 11 套标准（旅店业、文化娱乐场所、公共浴室、理发店美容店、游泳场所、体育馆、图书馆博物馆美术馆展览馆、商场书店、医院候诊室、公共交通等候室、公共交通工具卫生标准。1996 年和 1997 年相继颁布了《住房内氡浓度控制标准》GB/T 16146—1995、《居室空气中甲醛的卫生标准》GB/T 16127—1995、《室内空气中细菌总数、二氧化碳、可吸入颗粒物、氮氧化物、二氧化硫卫生标准》GB/T 17093/17094/17095/17096/ 17097—1997 等针对室内空气污染物的控制标准）。1998 年由国家技术监督局和国家卫生部颁布了针对人防工程的卫生标准《人防工程平时使用环境卫生标准》GB/T 17216—1998。作为专门针对地下空间重要组成部分人防工程的标准，对确定地下空间空气质量参数的标准值具有很大的指导意义。随后还相继颁布了《室内空气质量中臭氧卫生标准》GB/T 18202—2000、《公共场所卫生标准测定方法》GB/T 18204.1～29—2000。我国在 2002 年 11 月制定了《室内空气质量标准》GB/T 18883—2002，其中包括室内空气质量标准及污染物检测方法，作为通用性标准，地下空间同样可以参照执行。

以上卫生标准与 2001 年实施的 10 项"室内装饰装修材料有害物质限量"标准 GB 18580—18588 及 GB 6566—2001 一起构成了控制室内环境污染的相对完整的技术标准体系。并针对有关参数形成了一套相对完整的检测方法标准。

近 10 年来，随着人防工程平时开发利用，在原有人防工程以战时功能为主的设计规范基础上，组织编制了人防工程平时使用卫生标准，以适应人防工程平时使用的要求。但没有根据卫生标准制定适应人防工程平时使用的工程设计规范、相应的技术措施、管理法规和质量监督机制。事实上，地下空间内部空气质量，依靠现有技术，应当说是完全可以达到应有标准的，关键是健全规范标准，并制定有关法规加以保证。

3.2.2 实地测试结果与分析

地下空间空气质量测试项目包括，CO_2、CO、甲醛、可吸入颗粒物（PM_{10}）、可挥发性有机物（TVOC）及菌落数。测试仪器包括 Dust Trak 8250 颗粒物浓度测定仪、烟气分析仪、二氧化碳红外线气体分析仪、甲醛检测仪；培养皿（沉降法）等，各项污染物测试方法均按《民用建筑工程室内环境污染控制规范》GB 50325—2001[6] 等相关国家标准实施，将测试结果统计如表 3-1 所示。

地下空间空气质量测试结果　　表 3-1

地下空间分类		CO_2（%）	CO（mg/m^3）	甲醛（mg/m^3）	PM_{10}（mg/m^3）	TVOC（mg/m^3）	菌落数（个/皿）
地铁	最大值	0.096	2	0.040	0.320	0.761	110
	最小值	0.034	0	0.010	0.127	0.036	69
	平均值	0.057	0.438	0.021	0.293	0.406	95
地下商场	最大值	0.200	5	0.030	0.452	0.651	105
	最小值	0.065	0	0.010	0.192	0.074	46
	平均值	0.0751	0.602	0.028	0.192	0.498	75
地下旅馆	最大值	0.0635	1.4	0.031	0.476	0.342	185
	最小值	0.0340	0	0.010	0.024	0.051	91
	平均值	0.0475	0.34	0.024	0.350	0.301	149

由表 3-1 中地下空间中 6 种污染物的测试结果可知：地下商场中的 CO_2 浓度较高，其均值达到 0.0751%，主要是由于实测项目中选取了一部分地下超市，其空间狭小人员众多，加上供给新风量的不足会使人感到空气不新鲜，因此 CO_2 浓度可在一定程度上表示室内空气状况参数及其通风换气的效果。有调查显示：当 CO_2 浓度达到 0.07%时，少数敏感人即感到不良气味，并产生不适感，大于 1.5%时会引起呼吸困难、心跳频率加快，当浓度大于 6%～8%时，可能导致昏迷和死亡[7]。可吸入颗粒物（PM_{10}）与菌落数在 3 种地下空间类型中均存在不同程度超标，由于本次测试采用测试的沉降菌是附着在空气尘埃中传播的，因此二者也存在一定的相关性，除商场早空场外，其他时段瞬时细菌总数均超出标准，这其中一部分来源于人体、商品、家具等，更来源于空调过滤效率的低下。调查中发现，有的工程根本不设新风或回风过滤器，加之本身大气质量就比较差，白天大气含尘浓度可达到 0.18～0.39mg/m³，在源头上引入了超标的不洁空气；同时，气流在未衬砌的建筑通道和机房内流动，二次污染严重。甲醛浓度在所有测试对象中均没有超标现象，主要是由于选取的多为装修较长时间后的建筑，其浓度会随时间有较大程度衰减。TVOC 浓度是综合性很强的空气污染指示指标，反映室内有机物浓度，是人员异味、头晕、疲倦等症状的主要原因，也可通过有机物耗氧量反映出来。所测量的样本达标率（<0.6 mg/m³）达 87%，超标工程多为地铁和地下商场，表明个别工程要提高室内空气清洁度。

由图 3-6 测试数据可看出：地铁 1 号线和 2 号线中各站台 CO_2 的含量要明显高于 5 号线。这是由于 5 号线为新修线路，其屏蔽门可以将地铁隧道和站台区分割开来，避免未经空调处理的外界自然风和隧道活塞风进入站台区。同时由于复兴门和北京站人流密度大，其 CO_2 浓度也明显偏高。此测试结果和同时发放调查问卷的结果趋于一致。

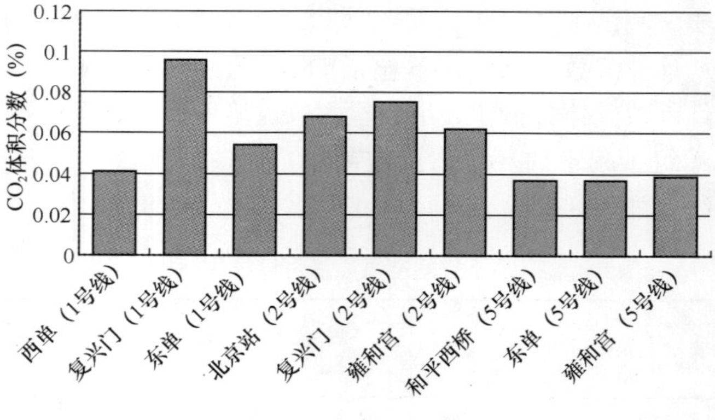

图 3-6　地铁站台 CO_2 浓度测试结果

图 3-7 为和平西桥站不同时间段 CO_2 浓度测试结果，由此可以明显看出在早高峰期客流量大，列车进出频繁，此时的 CO_2 浓度也是最高的。晚高峰客流稍小于早高峰客流，列车进出频繁；中午时段客流量小，列车较少。由于此站点位于新建成的 5 号线，各站台均有安装屏蔽门，因此 CO_2 浓度的变化完全取决于人员密度。

表 3-2 所示为地铁各车站站台菌落数测试结果，由于地下环境的特点，微生物种类和数量均高于地面。室内微生物污染主要有两种形式：细菌和病毒的传播以及引起过敏反应的某些微生物或有机物的传播。室内微生物污染主要来源于：人体自身的散布，通过人的

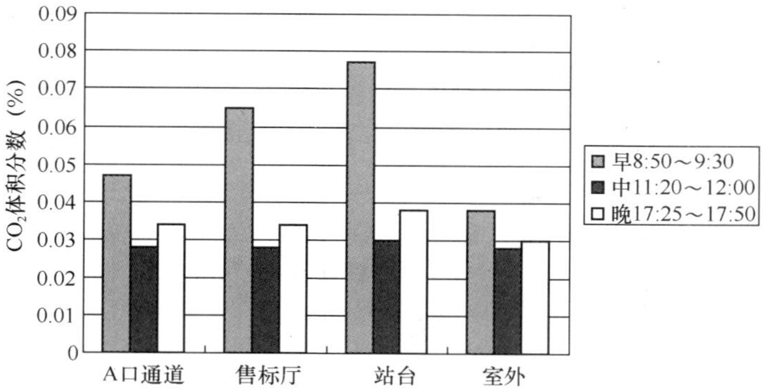

图 3-7 和平西桥站 CO_2 浓度测试结果（%）

呼吸、咳嗽，甚至人的排泄物和皮肤上的伤口都会有细菌或病毒散发出来；带菌空气飘尘的散布；通过通风空调系统或某些建筑设备的传播。

地铁各车站站台菌落数测试结果　　表 3-2

地　　点	曝皿时间（min）	菌落数（个/皿）	地　　点	曝皿时间（min）	菌落数（个/皿）
雍和宫 5 号线售票厅	15	70	北京站站台	25	72
雍和宫 2 号线站台	20	38	北京站售票厅	20	69
西单站台	20	63	和平西桥站台	20	46
东单 1 号线站台	20	58	和平西桥售票厅	20	58
东单 1 号线售票厅	20	96	和平西桥 A 口	20	112
东单 5 号线站台	20	65			

注：曝皿时间 15～20min，恒温培养箱 48h 培养。

3.2.3 地下空间空气质量改善与保障技术措施

地下空间内的空气品质与地面建筑相比，由于受到岩石或土壤以及封闭空间等因素的影响，空气环境更加恶劣，人们长期生活或工作在空气环境较差的地下工程中，势必会对身心健康造成极大的危害，要想让人们乐于转入地下，就必须使地下空间内部环境质量接近或超过地面环境，下面就对地下空间空气质量改善与保障技术措施做一下探讨[8, 9]。

地下空间空气污染物的控制可以通过以下 4 个主要途径来实现：

（1）控制污染物的发生，掌握各种空气污染物的发生机理，在源头上进行控制；

（2）对地下空间的气流组织方式进行合理设计，确保将新鲜空气按质按量地送到人员活动区，并及时将污染物排出；

（3）对被污染空气进行替换，用未污染空气来取代被污染空气，其中最常用的方式是稀释通风和置换通风；

（4）通过各种方法将被污染空气中的污染物去除，使之还原为健康空气，常采取的方式是过滤、吸附、光催化、紫外线消毒、负离子净化和臭氧消毒杀菌等。

上述 4 种方法中的第（1）种和第（4）种方法需要根据污染物种类的不同而采取不同

的方式，第（2）、（3）种方法对所有的污染物都有很好的控制作用。

1. 污染源头控制

室内污染源是指室内人员、建筑装饰材料及商品。要控制室内人员和商品显然是不可能的，能做到的是尽可能选用无污染或低污染的建筑及其装修材料，不销售有即时污染可能的商品，以便降低 TVOC 的散发量，并严禁室内吸烟等。

控制室内空气污染，移走空气污染源，从源头抓起，这是保证室内空气不受污染、改善室内空气品质的根本途径，这方面包括以下措施：

（1）室内装饰装修材料是公认的最大污染源，应严格控制含较重污染物的建筑装饰材料的使用，尽量使用无污染或低污染的建筑装饰材料，以减少污染物的散发。必须使用含较重污染物的建筑材料时，可对该材料进行预处理，以减轻污染物的挥发浓度。

（2）建筑设计时应隔离产生污染物的空间（如复印机室、柴油发电机室、蓄电池室等），防止污浊空气在建筑物内产生交叉污染。必要时在空气污染严重的区域进行强化换气。

（3）定期清洗或及时更换空调系统的易污染部件，如过滤器、消声器、表冷器等，防治污染物沉积，影响空气品质。

（4）对产生凝结水的设备，应及时排除积水，保持干燥，以免滋生微生物。

2. 气流组织控制

由于地下空间无法进行开窗通风，所以与地上建筑相比，应更加强调室内气流组织。气流组织是暖通空调技术中的重要环节之一。对于同样的系统、同样的设备，由于室内气流组织不同，会产生不同的效果，同时对系统的节能也有影响。

（1）合理组织室内气流

气流组织的设计至关重要，气流组织设计合理，不仅可以将新鲜空气按质按量地送到人员活动区，还可及时将污染物排出。不同的气流组织方式形成的气流流型和分布特性不同，其控制和转移污染的能力也有不同。布置送、回风口时，应注意避免风口被遮挡。合理的气流组织应保证送风气流能送到所需的任何场所，不出现死角、死片、重叠和短路等不合理的气流现象。出现死角、死片的原因是送风口布置得不均匀或者送风口个数太少；气流重叠的原因是送风口数量太多；气流短路的原因是送风口、回风口位置太近或送风速度太小。由于地下商场的自身结构特点，气流组织大多采用上送上回形式，送风散流器大都是平流型（射流的射出角度大于 40°），送风形成贴附，很容易经回风口带走而短路。因此，选用散流器时应用射出角度小于 40°的直流型，此种散流器能较好地将风送至人员活动区，避免了短路，提高了人员活动区的空气质量。

至于不同工况（如冬夏工况）、不同参数的气流变形则主要是因为冬夏工况空调系统的风量不同或送风温度不同等方面的原因造成的。要解决以上问题，首先要认真计算，合理确定主风道风速、送风口的个数、出口风速，精心布置送风口、回风口，按夏季气流设计的气流组织冬季要作校核计算等。

（2）稀释通风（见图 3-8（*a*））

传统的通风方式为稀释通风，它是以稀释原理为基础，以全室温湿度均匀为目标。

以往的设计中，一般建筑很少进行气流组织设计，对一些温湿度要求高的建筑，则气流组织的目的，往往是将处理好的空气送入室内，并与室内空气充分混合后到达工作区，使工作区处于回流区，工作区内的温度、湿度和气流速度达到均匀并在允许值以内。

但是从室内空气品质的要求来看，送入室内的清洁空气，按照传统的稀释通风方式，首先与室内污浊空气充分混合，使室内污染空气稀释，使污染物浓度达到标准许可的浓度以下。如果以室内污染物的排除效率来描述通风效率的话，排气或回风的污染物浓度等于室内稀释后的平均浓度。这种稀释通风的效率，理论上可达100%，但实际上在50%～70%以下。如果气流组织得不好，气流发生“短路”，则效率将低于50%。

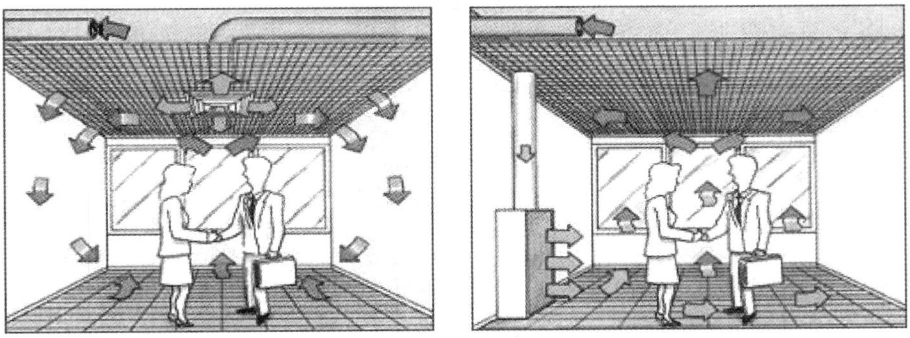

(*a*)　　(*b*)

图 3-8　稀释通风与置换通风原理图

(*a*) 稀释通风；(*b*) 置换通风

(3) 置换通风

从室内空气品质的要求来看，希望污染物直接从污染源排除，而新鲜空气和洁净空气直接送入工作区或居留区，这就引出了“置换通风”方式。

这是一种全新的通风方式，如图3-8 (*b*) 所示。它是以浮力控制为动力，以工作区舒适性为目标。置换通风是将新鲜空气直接从房间下部送入，靠室内余热的热力作用，使新鲜空气以较小的扰动通过工作区，卷吸了室内热量和污秽空气，在后续送风的推动下，定向地升至上排风口排出。与前面所说的稀释通风不同的是污染物浓度分布，不是用稀释的办法降低全室污染物的平均浓度，而是使污染物最快排除，最大限度地向工作区提供清洁空气，以清洁空气置换污染空气。

对于污染物比周围空气轻的情况，置换式通风更有利于改善人员活动区的空气品质，如果结合使用污染源局部排风和工作区新鲜空气沐浴，则效果更好。这种置换通风近10年来在北欧国家应用较多，例如：纺织厂、造纸厂、焊接车间等以热污染源为主的高大空间工业厂房。应用置换通风比传统的稀释通风具有通风效率高、空气品质好、能耗低等优势。而在人员密集的会议中心、影剧院等，采取座椅底下或前后侧墙下部送风而在顶棚附近排风的方式，将新鲜空气直接送向观众，顶棚处 CO_2 浓度是呼吸区的1.2倍，座椅下送风方式，呼吸区的通风效率可达168%，而前后侧墙下部送风方式，呼吸区的通风效率达到104%。置换通风以最节能的方式使工作区温湿度及舒适性得到满足，在改善工作区空气品质，保障室内人员健康方面，国外已有大量成功的经验，因此，在地下大空间的通风空调方面是值得推广应用的。

（4）设备维护

在通风空调系统运行时，应有专人负责管理，连续监测控制室内温湿度及污染物指标，定期对系统进行检测和调试等；对通风空调系统的所有构件均应定期维护保养和清洗消毒（过滤器则定期更换或再生）；对于有凝结水产生的换热器等设备，应在系统停止工作时，保持通风直至凝结水干燥，以免滋生微生物；暖通空调工程师在工程设计时，就应考虑到为今后设备的维护和清洗消毒提供便利。对于空调系统的清洗和消毒，目前来看，并不是困难的事情，所以，建议我国应尽快制定有关通风空调系统清洗消毒的法规，以便有法可依，尽可能地降低通风空调系统本身对空气质量的污染。

3. 污染稀释控制

尽管控制污染源是最根本的办法，但污染物不可能被完全控制，正因为如此，加大新风量，提高新风品质是改善地下空间空气品质的重要环节。

（1）保证适度的新风量

必要的新风量是稀释污染物，改善室内空气品质的前提。按照传统的观念来说，人是室内主要污染源，CO_2 是室内主要污染物。新风主要是用来稀释人体散发的 CO_2 等主要污染物。这样，所需新风量则由所处场所的每人新风量指标来确定，要求送入的新风量不低于该指标，以维持最低健康要求。

事实上，除主要有人体产生的污染物 CO_2 以外，还有很多有害气体对空气的污染一般都比 CO_2 严重，不仅使人感到不舒服，而且还有些直接危害人体健康。它们发出的气味强度已超过人体本身，如果还是按 CO_2 的标准来确定新风量，室内空气品质肯定会达不到要求。因此，必要的新风供应量也需达到稀释这部分非人体污染物的要求。

（2）保证新风品质

空调系统除了应注意新风的“量”，还必须注意新风的“质”。现行的设计规范只强调新风“量”的概念，而对新风的“质”则关注不够，实际工作中经常造成有些新风的无效供应。这就是为什么大楼内往往新风量虽达到指标，而工作人员仍然抱怨室内空气品质低劣的原因。保证新风品质的手段主要有：

1）建筑设计应遵循生态环境的设计原理，贯彻“以人为本”的宗旨，从规划建筑总平面及改善城市微气候等方面入手，利用环境科学、生态科学、建筑科学的有机结合，作出舒适健康的室外环境设计。这一点需要建筑学专业的密切配合。

2）精心选择新风口，减少因不洁新风对室内空气的污染。如果新风口选择确有困难，如无法有效地避开卫生间、厨房、冷却塔等的影响时，可延伸新风口到比较理想的地方，为获取真正意义上的新风多设一段风管。

3）设置高效可靠的新风过滤器，以保证新风过滤质量。经常清洗新风系统、管道内外表面的污垢，减少污垢对新风的污染。

（3）分阶段变风量系统

我国的商场人员密度大，为了节能，新风量取值普遍较低，再加上新风的沿途污染，其清洁和新鲜感都大打折扣，影响了室内空气品质。针对商场空调的特点，有的学者提出了分阶段变风量空调系统。该系统是在商场空调的组合机中设置两台新风机（风量按总风量的一定比例配备），根据不同气候条件，分段转换送风机、新风机和制冷机，可以做到大（全）新风运行。这种系统的特点是尽量利用室外新风供冷，少开制冷机，既可以节能，又改善了室内空气品质。

（4）新风直接入室

由于有的空气处理设备已成为新的污染源，而在目前情况下要完全消除空调设备的污染是很困难的，有的学者提出了避开空调系统污染，让新风直接入室的新的系统形式，这种系统是在新风机组末端设亚高效过滤器，对新风不进行热湿处理，采用适当的途径直接送入室内。这种方式是在某种特定情况下，对于改善室内空气品质的一种尝试。

4. 污染净化控制

消除室内污染和气味，除了室外新风稀释外，还可以利用室内空气净化设备，这也是控制污染的一种有效途径。目前最简单有效的自净手段是过滤和吸附。对于室内尘埃、生物气溶胶及其他一些过敏因子，其当量粒径较大时可以采用亚高效过滤器过滤，不需采用价格昂贵、阻力很高的高效过滤器。而对于人体气味、香烟烟雾及低浓度 VOC 的异味和刺激物，则采用吸附法。最常用的吸附材料是活性炭，但活性炭的种类很多，一定要和被吸附气体匹配。尽管自净器有过滤、吸附污染物的作用，可以将空气中某些污染物指标降下来，但对长期低浓度污染物，自净器是无能为力的，不可能将所有污染物除掉，因此空气自净器只能作为室内空气净化的一种补充形式。

目前，地下商场的通风空调系统对空气的净化处理大多采用粗效和中效两级过滤的措施，粗、中过滤器只能过滤尘埃及附着在其上的微生物，对空气中的有害气体和细菌却无能为力，而有害气体和细菌在室内空气中的含量较高，正是 IAQ 恶化的重要因素。因此，应加强研制和开发能够处理有害气体和细菌的生物化学洁净设备。空调系统回风中 VOC 的浓度要远远高于新风，因此，在回风管道中安装具有吸附 VOC 功能的活性炭过滤器是降低 VOC 浓度的重要举措。

3.3 城市地下空间热舒适影响因素与评价体系

3.3.1 研究发展背景

地下空间必须创造令人满意的微气候环境，衡量这一满意程度的指标就是热舒适指标。人体的热舒适指标是一个很复杂的问题，这是由于人对环境状态的感觉不同而造成的，既包含了环境和人的客观因素，又有人的主观因素。一般认为能够正确反映人体热舒适性的指标必须满足以下两个条件：首先，必须成功地综合考虑所有影响人体热舒适的建筑物理学和人体生理学因素对热舒适性的影响；其次，必须是在人体热舒适研究领域中被证明是基本正确与合理的。

各国学者针对各自不同的目的提出了许多用于评价人体热感觉与热舒适的指标，目前应用的热舒适指标大多为综合性的，比较常用的有 PMV-PPD 指标、WBGT 指标、ET 和 SET 指标、DI 指标、HB 指标。

1. PMV-PPD 指标

预期平均热反应指标 PMV（Predicted Mean Vote）是由丹麦的 Fanger 教授提出的预测人体热感觉的指标，它反映了人体对热平衡的偏离程度。它以人体热平衡方程及心理生理学主观热感觉等级为出发点，考虑人体热舒适性多种因素的全面评价，是到目前为止最为流行的评价方法，已被编入国际标准 ISO 7730。PMV 指标综合考虑了环境因素和人的因素，包括人体活动情况（新陈代谢率）、衣着情况（服装热阻）、空气温度、相对湿度、空气流速和平均辐射温度 6 个因素。PMV 指标代表了对同一环境绝大多数人的舒适感觉，它与美国采暖制冷空调工程师学会七点标度的平均热反应相联系。

其数学表达式见式（3-1）[10]：

$$
\begin{aligned}
PMV =& [0.303\exp(-0.036M)+0.0275]\times\{M-W-3.05-0.42(M-W-58.15)\\
&-1.73\times10^{-2}M(5.867-P_n)\\
&-0.0014M(34-t_a)-3.96\times10^{-8}\times f_{cl}[(t_{cl}+273)^4-(t_{mr}+273)^4]\\
&-f_{cl}h_c(t_{cl}-t_a)\}
\end{aligned}
\tag{3-1}
$$

式中 M——人体能量代谢率，决定于人体的活动量大小，W/m^2；

W——人体所做的机械功，W/m^2；

P_n——水蒸气分压力，数值上等于空气相对湿度与饱和水蒸气压力 P_s 的乘积，Pa；

f_{cl}——穿衣面积系数；

t_{cl}——衣服外表面温度，℃；

t_{mrt}——平均辐射温度，℃；

t_a——空气温度，℃；

I_{cl}——服装热阻，$m^2 \cdot ℃/W$；

h_c——对流换热系数，$W/(m^2 \cdot ℃)$。

其中

$$t_{cl}=35.7-0.0275H-I_{cl}[3.9\times10^{-8}f_{cl}(T_{cl}^4-T_{mrt}^4)+f_{cl}h_c(t_{cl}-t_a)] \tag{3-2}$$

$$h_c=\begin{cases}2.38(t_{cl}-t_a)^{0.25}, 当\ 2.38(t_{cl}-t_a)^{0.25}>12.1\sqrt{v}\\ 12.1\sqrt{v}, 当\ 2.38(t_{cl}-t_a)^{0.25}<12.1\sqrt{v}\end{cases} \tag{3-3}$$

$$p_s=\exp(18.956-4030/(t_a+235)) \tag{3-4}$$

PMV 指标代表了同一环境下绝大多数人的感觉，但是人与人之间存在生理差别，因此 PMV 指标并不一定能够代表所有人的感觉。因此 Fanger 又提出了预测不满意百分比 PPD（Predicted Percent Dissatisfied）指标，通过概率分析表示人群对热环境不满意的百分数，其计算式如下：

$$PPD=100-95e^{-(0.03353PMV^4+0.2179PMV^2)} \tag{3-5}$$

PMV 指标预测了某环境下被测对象的热舒适性的平均值，当 PMV 等于或接近 0 时，被认为环境舒适，人群的不满意率最低。国际标准化组织在 ISO7730 中，推荐的可接受的微气候环境范围是 $-0.5<PMV<+0.5$，在此范围内 PPD 小于 10%。由于气候、人种、生活习惯、经济水平等方面的差异，我国推荐值为 $-0.75<PMV<+0.75$，此时 $PPD<20\%$，见表 3-3。

PMV-PPD 的分度值　　表 3-3

PMV 值	−3	−2	−1	0	1	2	3
热感觉	冷	凉	稍凉	适中	稍暖	暖	热
PPD 值	100%	75%	25%	5%	25%	75%	100%

使用 PMV-PPD 法存在一定局限性：

(1) PMV 的计算极其复杂，必须在计算机上迭代求解，使得在工程上的应用极为不利；

（2）PMV-PPD 法仅适用于一维稳态环境和空调房间；

（3）当 PMV 值在－1 和＋1 之间时，可以较准确地反映人的热感觉，在此范围之外则产生偏差，特别是当 PMV 值小于－2 或大于＋2 时，会产生较大偏差，使结果失真[11]；

（4）PMV 是建立在欧美人种特点基础上的，比较公认的说法是 PMV 用于其他人种群体必须经过修正，Fanger 教授也在原有的 PMV 指标前，针对不同的国家和气候，分别乘以 0.5～1.0 的修正系数。对于中国，他认为这一系数应是 0.7[12]；

（5）PMV 等温线几乎是互相平行的水平线，相对湿度对人体热舒适性的影响很小，仅通过水蒸气分压力这一因素体现，没有很好地反映出相对湿度对人体热舒适性的影响。特别是在高湿度、高风速条件下，PMV 不能很好预测人体热舒适性。

尽管存在上述缺点，在典型室内微气候条件下，PMV 的预测结果仍与人体的热感觉基本一致。在当前众多的热舒适评价指标中，PMV 仍然是较好的选择之一。

2. WBGT 指标

湿球黑球温度 WBGT（Wet-Bulb Globe Temperature）[13]是纯物理的简单的热应力指标，仅描述环境的“冷热”程度，不涉及个人因素。WBGT 综合考虑了干球温度、相对湿度、平均辐射温度和风速等 4 个环境因素，是综合评价人体接触作业环境热负荷的一个基本参量。

在 ISO 7243[6]标准中，提出用 WBGT 指标进行热环境中工作人员的热应力评价。此标准的最大优点是简单，只包括 3 个参数，即工作产热量和 2 个环境因子（干球温度和湿球温度）。计算 WBGT 指标的方程式如下：

$$\mathrm{WBGT}=\begin{cases}0.7t_{\mathrm{w}}+0.3t_{\mathrm{g}}(\text{室内或室外无太阳辐射能负荷时})\\0.7t_{\mathrm{w}}+0.2t_{\mathrm{g}}+0.1t_{\mathrm{a}}(\text{户外有太阳辐射能负荷时})\end{cases}\tag{3-6}$$

式中 t_a——空气干球温度,℃；

t_w——空气自然湿球温度,℃；

t_g——黑球温度,℃。

因为 t_w 值对风速很敏感，故不再需要另测风速。

WBGT 指标在实用中积累了丰富经验，因而被美国职业安全与健康研究所选作评估炎热环境安全性的指标，同时美国工业卫生协会也建议用 WBGT 作为工业热暴露极限指标。在国际上，WBGT 指标已被 ISO 7243 标准体系认证。在我国，已经颁布了 GB/T 17244—1998，将 WBGT 作为室外热安全的评价指标。

WBGT 指标在实际应用中也有很多不足：

（1）在室外热环境的 WBGT 指标现场实测中，自然湿球温度和黑球温度相对比较难测得，黑球温度计放置于环境中后需要 10～20min 才能达到热平衡状态，然后才能进行连续的记录；

（2）此指标只限于穿着热阻值为 0.6clo（0.093m^2·℃/W）左右的夏装，且在透湿、透气的条件下使用。在工作人员受到超出安全值的热负荷或穿着防护服时，该指标是否适用需进一步分析；

（3）在微气候环境相对湿度很高、空气流速很低的条件下，使用 WBGT 方法准确性较低。

3. ET和SET指标

有效温度ET（Effective Temperature）是1923年由Houghton和Yaglou[14]提出的，是指相对湿度为50%的等温环境下干性小球的温度。有效温度把真实环境下的空气温度、相对湿度和平均辐射温度规整为一个温度参数，在数值上等于产生相同感觉的静止饱和空气温度。它意味着在衣着和活动强度相同，且平均辐射温度等于空气温度的条件下，具有不同空气温度、相对湿度和平均辐射温度的环境能用一个ET值相互比较，对热环境研究具有深远影响。

有效温度是通过人体试验获得的，可以在图上读取，但在有效温度值较高时，人的判断力有所下降。除此以外，有效温度还过高地估计了相对湿度在低温状态下对热舒适性的影响，因此很快被新的有效温度ET*取代。该指标引进了皮肤湿润度的概念，综合了温度、相对湿度对人体热舒适的影响，适用于穿标准服装和坐着工作的人群，并为当时的ASHRAE55-74舒适标准所采用。此后新有效温度的内容又有所扩展，综合考虑了不同的活动水平和衣服热阻，形成了最通用的舒适指标——标准有效温度SET（Standard Effective Temperature）。SET是以人体生理反应模型为基础，由人体传热的物理过程分析得出的，包含平均皮肤温度和皮肤润湿度，是较为合理的热舒适指标。

4. DI指标

不舒适指标DI（Dissatisfaction Index）也称温湿指数，是由美国气象局的J. E. Bosen提出的。将能够同时反映人体与室内环境之间对流、辐射和蒸发热交换量的有效温度ET作为环境综合温度，则实际房间的有效温度ET与最佳温度PT的偏差即定义为不舒适指标DI，用以综合表征人体对微气候环境的感觉。这一指标较为科学和全面地反映了影响人体热舒适的几个主要因素的综合作用。DI不考虑风速的感觉温度，适用的室内工作环境为风速较小，对热感觉影响不大。其表达式如式（3-7）所示：

$$DI = (t_a + t_w) \times 0.72 + 40.6 \tag{3-7}$$

式中 t_a——空气干球温度，℃；

t_w——空气湿球温度，℃。

不舒适指标DI在70以下时大部分人感到舒适；超过70时有少数人出现不舒适感；在75时约有50%的人不舒适；在80时所有人员感到不舒适；到达85时就达到不可忍受的酷热程度。美国政府的有关部门指示，对无空调设备的建筑物，如果DI指数超过85，可以停止办公。

但DI指标在使用时存在着有待解决的问题，如没有考虑风速的作用，有效温度ET的计算和测量较为复杂，且计算最佳温度所采用的一些假设和数据与中国的具体情况并不相同等。

5. HB指标

热平衡数HB（Heat balance）是一个基于热平衡的无因次数，反映了人体的显热散热量与总产热量之比，计算公式如式（3-8）所示：

$$HB = \frac{(t_{sk} - t_a)/(I_{cl} + I_a/f_{cl})}{M} \tag{3-8}$$

式中 t_a——空气干球温度，℃；

t_{sk}——皮肤平均温度，℃；

I_{cl}——服装热阻，$m^2 \cdot ℃/W$；

I_a——服装外的空气层热阻，$m^2 \cdot ℃/W$；

f_{cl}——穿衣面积系数；

M——人体能量代谢率，决定于人体的活动量大小，W/m^2。

式中分子代表通过皮肤的显热散热量，而分母表示人体的总产热量，由于隐性潜热损失不可避免，分式的值必然小于1，它的值表示显热散热占总产热量的比值。

HB指标含了影响热舒适的5个变量，比PMV指标少了1个，因为认为相对湿度对热舒适的影响不大，所以没有考虑其对热舒适性的影响。

3.3.2 热舒适数学模型的构建

以上常用的热舒适指标都或多或少地存在一些问题，且考虑到不同气候、人种、生活习惯和经济发展水平等诸多因素，其是否适用于我国、是否适用于地下空间还需要进一步讨论。本文以热平衡方程为基础，提出地铁、地下商场和地下旅馆热舒适模型，与以往的热舒适指标相比针对性更强。

1. 热平衡方程

人体为了维持正常体温，达到热中性状态，必须使产热和散热保持平衡，人体的热平衡公式如式（3-9）所示[15]：

$$M - W - C - R - E - S = 0 \tag{3-9}$$

式中 M——人体能量代谢率，决定于人体的活动量大小，W/m^2；

W——人体所做的机械功，W/m^2；

C——人体外表面向周围环境通过对流形式散发的热量，W/m^2；

R——人体外表面向周围环境通过辐射形式散发的热量，W/m^2；

E——汗液蒸发和呼出水蒸气所带走的热量，W/m^2；

S——人体蓄热率，W/m^2。

在稳定的热环境中，人体蓄热率S应该为0，这时人体能够保持平衡状态。当S为正值时，说明人体的余热难以全部散出，在体内蓄积起来，导致体温上升，人体有热的感觉；当S为负值时，人体散发过多的热量，体温开始下降，人体感觉到冷。

本节希望通过对S值的分析来确定地下空间中人的热舒适状态，对于一般的活动，W通常取值0，因此将S简化如下：

$$S = M - C - R - E \tag{3-10}$$

由散热量与热阻、温差之间的关系可知，$C+R=\dfrac{t_{sk}-t_o}{I_{cl}+\dfrac{I_a}{f_{cl}}}$，其中$t_{sk}$为皮肤表面温度，$t_o$为房间作用温度，$I_a$为服装外的空气层热阻。

当风速小于0.2 m/s，或平均辐射温度与空气温度之差小于4℃时，作用温度t_o近似等于环境空气温度t_a与平均辐射温度t_{mrt}的平均值，即$t_o=0.5\,(t_a+t_{mrt})$。服装外的空气层热阻$I_a=\dfrac{0.155}{0.61\left(\dfrac{t_a+273}{298}\right)^3+1.9\sqrt{v}\left(\dfrac{298}{t_a+273}\right)}$。

人体总蒸发散热量E是由E_{diff}、E_{rsw}、E_{res}和C_{res}4部分组成的，它们分别为：

E_{diff}——皮肤湿扩散散热量，W/m^2；

E_{rsw}——汗液蒸发散热量，W/m^2；

E_{res}——呼吸潜热散热量，W/m^2；

C_{res}——呼吸显热散热量，W/m^2。

在冬季人体无排汗时 $E_{diff}=0.06h_e(0.254t_{sk}-P_n-3.335)$；夏季正常排汗时 $E_{diff}=0.06[h_e(0.254t_{sk}-P_n-3.335)-0.42(M-58.2)]$；$E_{rsw}=0.42(M-58.2)$；$E_{res}=0.0173M(5.867-P_n)$；$C_{res}=0.0014M(34-t_a)$，其中 h_e 为蒸发换热系数，P_n 为水蒸气分压力。

公式（3-10）中的各项参数的取值针对不同季节和场所，选取如下：

（1）人体能量代谢率 M 的设定

人们在地下空间（地铁、地下商场、地下旅馆）内的活动主要是以慢速行走、站着偶尔走动、静坐为主，其活动量分别取 2.8met、2.05met 和 1met，即此 3 种地下空间内的新陈代谢率 M 分别为 $164.9W/m^2$、$119.3W/m^2$ 和 $58.2W/m^2$。

（2）服装热阻 I_{cl} 的设定

在冬季，人员普遍穿着秋衣裤、薄毛衣、外裤和棉外套，配件为皮鞋、围巾、手套和帽子等，因此将冬季服装热阻设定为 1.5clo（$1clo=0.155m^2\cdot℃/W$）；夏季人们衣着单薄，普遍穿着薄短袖上衣和裙子、短裤，配以凉鞋，服装热阻设定为 0.5clo。

（3）穿衣面积系数 f_{cl} 的设定

穿衣面积系数 f_{cl} 是服装热阻 I_{cl} 的函数，对应关系如下：

$$f_{cl}=\begin{cases}1.00+1.290I_{cl}\text{，当 }I_{cl}\leqslant 0.078\\ 1.05+0.645I_{cl}\text{，当 }I_{cl}>0.078\end{cases}\tag{3-11}$$

根据已经选取的冬、夏两季 I_{cl} 值，可以方便地算出冬、夏两季的 f_{cl} 值分别为 2.0175 和 1.645。

（4）皮肤表面温度 t_{sk} 的设定

根据公式 $t_{sk}=35.7-0.0275(M-W)$，在地铁、地下商场、地下旅馆中人的皮肤温度分别为 31.17℃、32.42℃和 34.1℃。

2. 曲线拟合

（1）温度分式拟合

1）地铁

由于地铁出入口处极少设置隔断空气的设施（如门、转门和门帘等），内部空气直接与大气连通，其温度、湿度和风速几乎与外界相同，并且刚从外界进入地铁的人对出入口处的热舒适性心理预期不高，因此，出入口处的空气热舒适程度不在考虑的范围之内。

由热舒适调查结果可知，地铁内部（包括售票厅、站台和通道）的空气温度在冬季集中在 5.9～23.7℃。在此范围内对应的 $\left(\frac{t_a+273}{298}\right)^3$ 值分布在 0.812～0.989 之间，几乎与 t_a 完全成线性关系，因此，将该项简化为 $0.0094t_a+0.7652$。在此范围内对应的 $\frac{298}{t_a+273}$ 值分布在 1.004 到 1.069 之间，几乎与 t_a 完全成线性关系，因此，将该项简化为 $1.1547-0.0113t_a$。

2）地下商场

地下商场是市民购物和休闲的商业场所，因此管理者比较重视室内热舒适程度，在维护热舒适方面的资金和人力投入也相对较多。在夏季，地下商场和超市的空气温度都集中在 22～28.4℃，分布比较均匀。在此范围内对应的$\left(\frac{t_a+273}{298}\right)^3$值分布在 0.965～1.036 之间，几乎与 t_a 完全成线性关系，因此将该项简化为 $0.01t_a+0.751$。在此范围内对应的$\frac{298}{t_a+273}$值分布在 0.989～1.01 之间，几乎与 t_a 完全成线性关系，因此，将该项简化为 $1.036-0.0104t_a$。

3）地下旅馆

地下旅馆在夏季的空气温度都集中在 22.2～27.5℃，分布比较均匀。在此范围内对应的$\left(\frac{t_a+273}{298}\right)^3$值分布在 0.970～1.001 之间，几乎与 t_a 完全成线性关系，因此将该项简化为 $0.01t_a+0.75$。在此范围内对应的$\frac{298}{t_a+273}$值分布在 0.992～1.009 之间，几乎与 t_a 完全成线性关系，因此，将该项简化为 $1.074-0.0103t_a$。

（2）水蒸气分压力拟合

在人体蓄热率 S 的计算中出现的计算公式：皮肤湿扩散散热量 E_{diff} 以及呼吸潜热散热量 E_{res} 的公式中都出现了水蒸气分压力 P_n，其值等于相对湿度 ϕ 与该空气温度下饱和水蒸气压力 P_s 的乘积。

相对湿度可以通过仪器测量得出，而在不同温度下饱和水蒸气的压力需要查干饱和水蒸气热物理性质表获得，这就给水蒸气分压力 P_n 的计算带来了不便。并且饱和水蒸气压力是空气温度的函数，表中给定的空气温度以 10℃ 为分度，查表时需要进行插值计算，带来不必要的误差，因此对其进行拟合。由于干饱和水蒸气热物理性质表的温度范围从 0～374.15℃，若对整个温度范围进行拟合，可能出现较大误差，导致研究所需温度范围内饱和水蒸气压力精度不够，因此，仅将其在 5～30℃ 这一地下空间温度范围内进行拟合。经拟合，饱和水蒸气分压力 $P_s=0.0032t_a^2+0.0235t_a+0.6259$，相关系数达到 0.99 以上，可以满足计算的精度要求。从这一结果也可以看出，饱和水蒸气分压力是空气温度 t_a 的二次函数，之前提到的插值计算读取数值方法确实不够准确。此时水蒸气分压力：

$$P_n=\phi(0.0032t_a^2+0.0235t_a+0.6259)$$

3. 地下空间热舒适模型

地铁、地下商场和地下旅馆这 3 种地下空间所选取的公式、参数各不相同，且冬、夏两季选取的参数也不相同，在此基础上分别将温度分式和水蒸气分压力进行拟合、简化，最终得到地铁、地下商场和地下旅馆的人体蓄热率 S。

（1）STI 地铁热舒适指标（Subway Thermal Index）

$$\begin{aligned}\mathrm{STI}_{冬}=\frac{t_a+t_{mrt}-62.33}{0.465+\dfrac{26.797}{t_a+81.383+(360.848-1.193t_a)\sqrt{v}}}\\+\phi(0.00913t_a^2+0.06704t_a+1.78555)+0.231t_a\\+[\phi(0.0263t_a^2+0.1931t_a+5.143)\\-37.642]\sqrt{v}-25\phi^2+95.5\end{aligned}\tag{3-12}$$

$$\begin{aligned}STI_{夏} = & \frac{t_a + t_{mrt} - 62.33}{0.155 + \dfrac{30.8934}{t_a + 75 + (337.95 - 1.059t_a)\sqrt{v}}} \\ & + \phi(0.00913t_a^2 + 0.06704t_a + 1.78555) \\ & + 0.231t_a + [\phi(0.0263t_a^2 + 0.1931t_a + 5.143) \\ & - 37.64]\sqrt{v} + \frac{\phi^3}{0.014} + 98.19\end{aligned} \tag{3-13}$$

（2）USI 地下商场热舒适指标（Underground Shop Thermal Index）

$$\begin{aligned}USI_{冬} = & \frac{t_a + t_{mrt} - 64.84}{0.465 + \dfrac{26.797}{t_a + 81.383 + (360.848 - 1.193t_a)\sqrt{v}}} \\ & + \phi(0.0066t_a^2 + 0.0485t_a + 1.2918) \\ & + 0.16702t_a + [\phi(0.0263t_a^2 + 0.1931t_a + 5.143) \\ & - 40.26]\sqrt{v} - 25\phi^2 + 75.85\end{aligned} \tag{3-14}$$

$$\begin{aligned}USI_{夏} = & \frac{t_a + t_{mrt} - 64.84}{0.155 + \dfrac{30.8934}{t_a + 75 + (337.95 - 1.059t_a)\sqrt{v}}} \\ & + \phi(0.0066t_a^2 + 0.0485t_a + 1.2918) \\ & + 0.16702t_a + [\phi(0.0263t_a^2 + 0.1931t_a + 5.143) \\ & - 40.26]\sqrt{v} + \frac{\phi^3}{0.014} + 78.86\end{aligned} \tag{3-15}$$

（3）UHI 地下旅馆热舒适指标（Underground Hotel Thermal Index）

$$\begin{aligned}UHI_{冬} = & \frac{t_a + t_{mrt} - 68.2}{0.465 + \dfrac{26.797}{t_a + 81.383 + (360.848 - 1.193t_a)\sqrt{v}}} \\ & + \phi(0.0032t_a^2 + 0.0237t_a + 0.6322) \\ & + 0.08148t_a + [\phi(0.0263t_a^2 + 0.1931t_a + 5.143) \\ & - 43.8]\sqrt{v} - 25\phi^2 + 49.52\end{aligned} \tag{3-16}$$

$$\begin{aligned}UHI_{夏} = & \frac{t_a + t_{mrt} - 68.2}{0.155 + \dfrac{30.8934}{t_a + 75 + (337.95 - 1.059t_a)\sqrt{v}}} \\ & + \phi(0.0032t_a^2 + 0.0237t_a + 0.6322) \\ & + 0.08148t_a + [\phi(0.0263t_a^2 + 0.1931t_a + 5.143) \\ & - 43.8]\sqrt{v} + \frac{\phi^3}{0.014} + 49.52\end{aligned} \tag{3-17}$$

特别需要指出的是，式（3-12）～式（3-17）中，相对湿度的值介于 0 和 1 之间，即当相对湿度为 80％时，$\phi=0.8$。

4. 与 PMV 的对比

值得指出的是，S 是自然环境下人体的真正蓄热率，由于计算时输入的皮肤温度 t_{sk}

是舒适值而不是实测值，所以计算出来的地下空间热舒适指标并不完全等于人体蓄热率。但地下空间热舒适指标提供了离开舒适状态偏差这一信息，仍然可以在一定程度上反映人体热舒适程度。

由于 PMV 指标在－1 到＋1 之间可以比较准确地反映出人的热感觉，因此将实地测试的微气候环境数据对应的 PMV 与地下空间热舒适指标 STI、USI、UHI 进行比较，其中 PMV 与 $STI_{冬}$ 和 $USI_{夏}$ 的关系如图 3-9 所示。

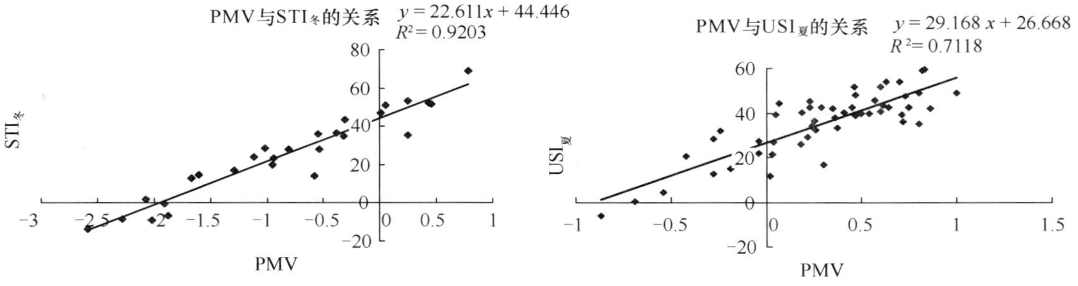

图 3-9　PMV 与 $STI_{冬}$ 和 $USI_{夏}$ 的关系

把在地下空间实际测得的微气候环境物理因素（空气温度 t_a、平均辐射温度 t_{mrt}、相对湿度 ϕ、风速 v）代入地下空间热舒适指标，得到的指标值与该点实地测量出的 PMV 值进行对比，可以看出二者之间存在一定的线性关系。但是由于地下空间热舒适指标与 PMV 基础不完全相同，且现场测量设备精度有限，t_{mrt} 等参数测量有困难，因此相关系数 R^2 不能完全令人满意。但通过剔除一些不符合条件（t_a 与 t_{mrt} 相差超过 4℃，不能用作用温度 t_o 代替）的数据，R^2 可以得到显著增加。以 $STI_{冬}$ 为例，原本 68 组数据时 R^2 为 0.8124，在剔除 11 组可疑数据后 R^2 增加为 0.9203，线型解释能力增强。

5. 模型简化

为了尽可能压缩影响因素数量，使因素分析更加直观，现引入作用温度的概念。作用温度（Operative Temperature），也称为折算温度或计算温度[16]，表达式如式（3-18）所示：

$$t_o = A \cdot t_a + (1-A) t_{mrt} \tag{3-18}$$

其中 A 的取值为：当风速小于 0.2m/s 时，取 0.5；风速为 0.2～0.6m/s 时，取 0.6；风速为 0.6～1m/s 时，取 0.7。较精确的计算公式如式（3-19）所示：

$$t_o = (h_r \cdot t_{mrt} + h_c \cdot t_a)/(h_r + h_c) \tag{3-19}$$

式中　h_r——线性辐射换热系数，W/（m^2·℃）；

h_c——对流换热系数，W/（m^2·℃）；

t_a——空气温度，℃；

t_{mrt}——平均辐射温度，℃。

可见，作用温度是 t_a 和 t_{mrt} 关于各自对应的换热系数的加权平均值。

当地下空间的相对湿度和风速为定值时，作用温度与地下空间热舒适指标存在明显线型关系，相关系数达到 0.9999 以上，以此为基础对地下空间热舒适指标进行简化，使其计算更为方便，更容易用于工程实践，见式（3-20）～式（3-25）。

$$\begin{aligned}\mathrm{STI}_{冬} = & t_o(0.6213v - 0.14034v^2 + 0.00757\phi + 2.5\times 10^{-7}\phi^2 \\ & + 0.00461v\phi + 3.56046) - 47.06736v + 7.71938v^2 \\ & + 0.00107\phi - 0.0025\phi^2 - 20.36812\end{aligned} \tag{3-20}$$

$$\begin{aligned}\mathrm{STI}_{夏} = & t_o(2.94886 - 0.61753v^2 + 0.01216\phi + 1.45827\times 10^{-7}\phi^2 \\ & + 0.00741v\phi + 6.60173) - 119.00898v + 21.36901v^2 \\ & - 0.64855\phi + 0.01072\phi^2 - 104.14462\end{aligned} \tag{3-21}$$

$$\begin{aligned}\mathrm{USI}_{冬} = & t_o(1.63197v - 1.25479v^2 + 0.00713\phi + 3.125\times 10^{-8}\phi^2 \\ & + 0.01206v\phi + 3.36358) - 103.855v + 58.7v^2 \\ & - 0.07086\phi - 0.0025\phi^2 - 35.47812\end{aligned} \tag{3-22}$$

$$\begin{aligned}\mathrm{USI}_{夏} = & t_o(6.81803v - 4.59844v^2 + 0.00809\phi - 3.12517\times 10^{-8}\phi^2 \\ & + 0.01366v\phi + 5.91764) - 271.1275v + 161.84375v^2 \\ & - 0.5885\phi + 0.01071\phi^2 - 108.57494\end{aligned} \tag{3-23}$$

$$\begin{aligned}UHI_{冬} = & t_o(1.64787v - 1.2675v^2 + 0.00532\phi - 3.125\times 10^{-8}\phi^2 \\ & + 0.01207v\phi + 3.27299) - 111.30083v + 62.78542v^2 \\ & - 0.06025\phi - 0.0025\phi^2 - 67.82323\end{aligned} \tag{3-24}$$

$$\begin{aligned}\mathrm{UHI}_{夏} = & t_o(6.88243v - 4.64516v^2 + 0.00603\phi + 1.5618\times 10^{-8}\phi^2 \\ & + 0.01366v\phi + 5.80817) - 288.06375v + 171.92188v^2 \\ & - 0.57159\phi + 0.01071\phi^2 - 147.83747\end{aligned} \tag{3-25}$$

3.3.3　热舒适指标影响因素分析

由于 $\mathrm{STI}_{冬}$、$\mathrm{STI}_{夏}$、$\mathrm{USI}_{冬}$、$\mathrm{STI}_{夏}$ 以及 $\mathrm{UHI}_{冬}$ 和 $\mathrm{UHI}_{夏}$ 这 6 个地下空间热舒适指标的构造类似，因此仅对 $\mathrm{USI}_{夏}$ 一个指标进行因素分析，其他指标与之类似，故不再赘述。

从式（3-20）～式（3-25）可以看出，影响地下空间热舒适指标的因素主要有作用温度 t_o、空气流速 v 以及相对湿度 ϕ。在微气候环境中，由空气温度、平均辐射温度、相对湿度和空气流速中某一项的变化引起的人体热舒适性的改变可以由另外几项参数的变化补偿。这 4 个因素共同影响着地下空间的热舒适性，但每一个因素影响效果的显著程度还不清楚，这就要求对地下空间的热舒适指标进行因素分析，只有这样才能在微气候环境的控制过程中抓住最重要的方面。

要对地下空间热舒适指标进行因素分析，首先要明确各因素的取值范围。在夏季对地下商场微气候环境进行的测试中，可知作用温度分布在 22～28.4℃之间，相对湿度分布在 24.1%～60.7%之间，风速分布在 0～0.66m/s 之间。为了使分析更加全面，更具代表性，现将各因素取值范围适当扩大，作用温度范围 18～30℃，相对湿度范围 20%～80%，风速范围 0～0.7m/s。

在以上取值范围内选取作用温度 18℃、22℃、26℃和 30℃为代表值，取相对湿度 20%、40%、60%和 80%为代表值，取风速 0.1m/s、0.3m/s、0.5m/s 和 0.7m/s 为代表值，进行因素分析。

1. 作用温度对地下热舒适指标的影响

在实地测试中发现除靠近地下空间出入口处 t_a 与 t_{mrt} 相差很多外，其余部分两者之间的差异几乎都小于 4℃，此时作用温度近似等于空气温度 t_a 与平均辐射温度 t_{mrt} 的平均值，可以将 t_a 与 t_{mrt} 两个因素归结为作用温度 t_o 来研究地下空间热舒适指标。

取作用温度从 18～30℃进行研究，将 4 种不同相对湿度和风速进行组合，在此基础上分析作用温度对 USI夏 的影响。结果表明：随着作用温度的升高，USI夏 的变化趋势如图 3-10 所示。

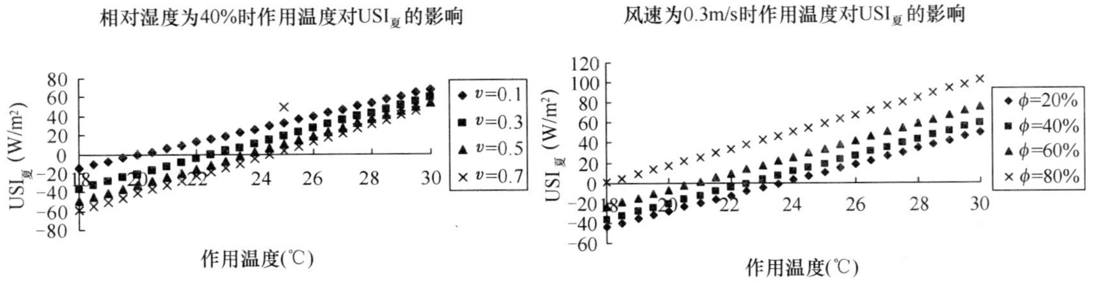

图 3-10 相对湿度为 40%和风速为 0.3m/s 时，作用温度对 USI夏 的影响

由图 3-10 可见，无论相对湿度和风速取何值，USI夏 都随着作用温度的增加而增加，二者之间存在明显的线性关系，相关系数达到 0.999 以上。

作用温度对 USI夏 影响曲线为一次线型，对其求取一阶导数可知斜率均为常数，且数值较为接近，具体斜率值如表 3-4 和图 3-11 所示。斜率随着相对湿度和风速的增大而增大，也就是说在相对湿度和风速较大的情况下，作用温度对 USI夏 的影响比低相对湿度和风速条件下的影响更显著。

不同相对湿度和风速条件下的作用温度影响曲线斜率　　表 3-4

风速 / 相对湿度	0.1m/s	0.3m/s	0.5m/s	0.7m/s
20%	6.668	7.784	8.377	8.735
40%	6.833	8.016	8.656	9.102
60%	6.998	8.249	8.934	9.418
80%	7.163	8.481	9.213	9.735

2. 相对湿度对地下热舒适指标的影响

由于地下建筑围护结构表面散湿，又不直接受太阳的照射，因此比地面建筑潮湿。在夏季，室内温度比室外气温低，室外空气进入地下建筑后，温度下降，相对湿度升高，当壁面温度低于露点时，即出现凝结水，致使地下建筑夏季潮湿问题更为突出。

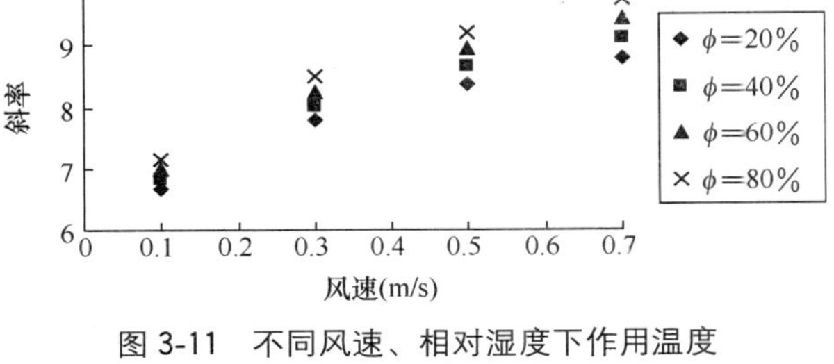

图 3-11 不同风速、相对湿度下作用温度对 USI夏 的影响程度

相对湿度对于施加于人体的热负荷没有直接的影响，但它会对空气的蒸发力产生作用进而影响身体表面排汗的散热效率，从而影响人体热舒适性。在偏低和适中的温度条件下，相对湿度对人的主观热感觉的影响是有限的。

在冬季，令人舒适的相对湿度

一般为 40%～60%之间；而在夏季，则为 40%～65%之间。不同的相对湿度下，人的感觉不同，特别是在作用温度较高时的情况下，人体皮肤潮湿，水分蒸发受到限制，蒸发散热量取决于空气相对湿度而不是汗液分泌率，此时，空气相对湿度就成为影响人体热感觉的主要因素。

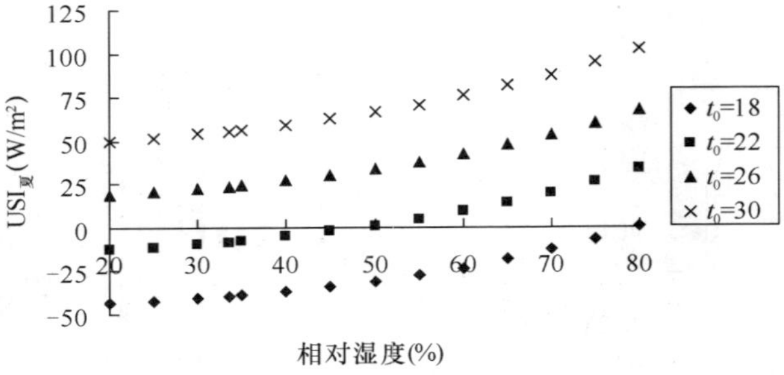

图 3-12　风速为 0.3m/s 时相对湿度对 $USI_{夏}$ 的影响

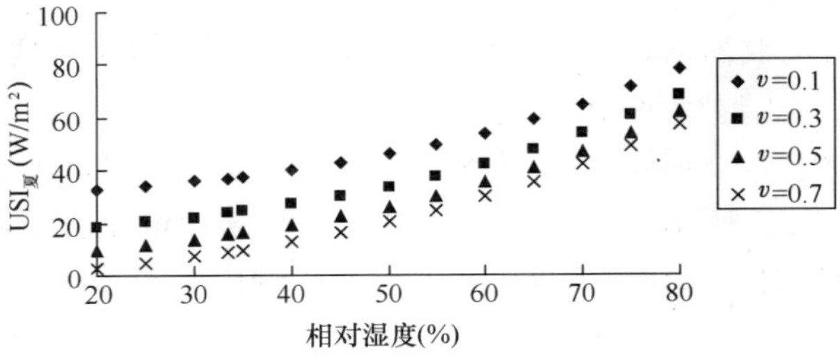

图 3-13　作用温度为 26℃ 时相对湿度对 $USI_{夏}$ 的影响

取相对湿度从 20%～80%进行研究，将 4 种不同作用温度和风速进行组合，在此条件下分析相对湿度对 $USI_{夏}$ 的影响。结果发现随着相对湿度的增加，$USI_{夏}$ 的变化趋势如图 3-12、图 3-13 所示。

从图 3-12、图 3-13 可以看出，无论作用温度和风速取何值，$USI_{夏}$ 均随着相对湿度的增加而增加，二者之间存在很明显的二次型关系，相关系数达到 0.9995 以上。

在作用温度与风速都相同的情况下，相对湿度的增大可提高地下空间热舒适指标，也就是说相对湿度较大时人体会感觉比较热，且相对湿度越大这一变化趋势越明显，在相对湿度由 60%上升为 80%时，$USI_{夏}$ 指标的增量明显大于相对湿度由 20%上升为 40%时的增量。这也解释了在夏季潮湿的环境中，人会感到闷热不适的原因。

由图 3-12、图 3-13 可知，相对湿度对 $USI_{夏}$ 影响曲线均为二次线型，对其求取一阶导数可知斜率均为相对湿度的一次函数，具体斜率值如表 3-5 所示。为了便于比较，取相对湿度 ϕ=40%的情况进行研究，此时的影响曲线斜率如图 3-14 所示。斜率随着作用温度和风速的增大而增大，也就是说在作用温度和风速较大的情况下，相对湿度对 $USI_{夏}$ 的影响更为显著。

不同作用温度和风速条件下相对湿度的影响曲线斜率　　表 3-5

作用温度＼风速	0.1m/s	0.3m/s	0.5m/s	0.7m/s
18℃	214ϕ−39.3	214ϕ−35.3	214ϕ−32.6	214ϕ−30.4
22℃	214ϕ−36.5	214ϕ−31.3	214ϕ−27.8	214ϕ−24.9
26℃	214ϕ−33.2	214ϕ−26.7	214ϕ−22.2	214ϕ−18.6
30℃	214ϕ−29.4	214ϕ−21.4	214ϕ−15.9	214ϕ−11.4

3. 风速对地下热舒适指标的影响

气流速度会从 3 方面影响人体的舒适感觉。首先，空气流速决定着人体的对流散热量；其次，它还会影响空气的蒸发力从而影响蒸发散热；再次，它还能提高人体神经的兴奋性，在炎热的环境中，自然状态下的随机吹风常常会给人带来愉快的感受。因此风速是评价微气候环境的主要因素之一。我国《采暖通风与空气调节设计规范》GB 50019—2003 规定：室内空气流速夏季不大于 0.3m/s，冬季不大于 0.2m/s。

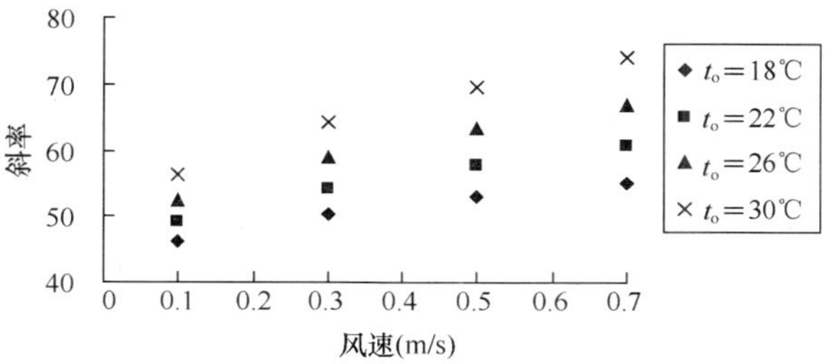

图 3-14 相对湿度为 40% 时，不同风速、作用温度对 $USI_{夏}$ 的影响程度

取风速从 0～0.8m/s 进行研究，将 4 种不同作用温度和相对湿度进行组合，在此条件下分析作用温度对 $USI_{夏}$ 的影响。结果发现随着风速的增加，$USI_{夏}$ 的变化趋势如图 3-15、图 3-16 所示。

从图 3-15、图 3-16 可以看出，在不同作用温度下风速与 $USI_{夏}$ 指标的关系。无论相对湿度和作用温度取何值，$USI_{夏}$ 指标值都随着风速的增加而减小，二者之间存在三次线型关系，相关系数达到 0.975 以上。有一点值得注意的是在风速比较小（<0.1m/s）的时候，$USI_{夏}$ 指标对风速的变化十分敏感，因此在应用中要特别注意，尽量使风速值精确。

在作用温度相同的情况下，要达到某一特定的热舒适指标，较高的相对湿度需要较大的风速进行补偿。在夏季，风速不宜超过 0.3m/s，如超过这一限度，人容易有吹风感，且此时 $USI_{夏}$ 变化趋缓，对热舒适性的补偿作用明显下降。

在作用温度与相对湿度都相同的情况下，风速的增大可以降低地下空间热舒适指标，也就是说风速较大时人会感觉比较凉快。但在作用温度较高的情况下，风速对热舒适指标的补偿作用不太显著。

由图 3-15、图 3-16 可知，风速对 $USI_{夏}$ 影响曲线均为三次线型，对其求取一阶导数可知斜率均为风速的二次函数，具体斜率值如表 3-6 所示。为了便于比较，取风速 v= 0.3m/s 的情况进行研究，此时的影响曲线斜率和图 3-17 所示。斜率是负值，随着作用温度和相对湿度的增大而增大，也就是说在作用温度和相对湿度较小的情况下，风速对 $USI_{夏}$ 的影响比低作用温度和相对湿度条件下的影响更显著。

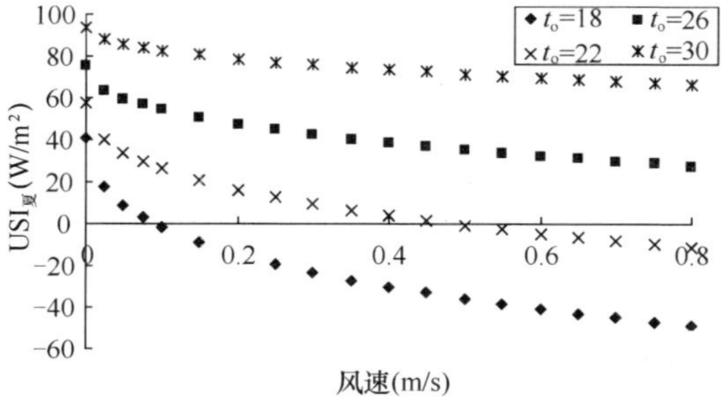

图 3-15 相对湿度为 60% 和作用温度为 26℃ 时风速对 $USI_{夏}$ 的影响

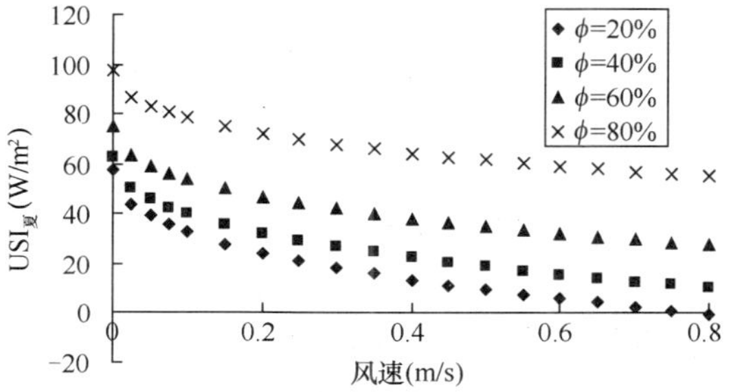

图 3-16 作用温度为 26℃ 时风速对 $USI_{夏}$ 的影响

不同作用温度和相对湿度条件下风速的影响曲线斜率 表 3-6

作用温度 \ 相对湿度	20%	40%	60%	80%
18℃	$-1090.02v^2+1142.02v-331.83$	$-1066.56v^2+1116.76v-323.13$	$-1043.1v^2+1091.5v-314.43$	$-1019.67v^2+1066.22v-305.74$
22℃	$-829.5v^2+871.72v-257.84$	$-799.23v^2+839.1v-246.62$	$-768.96v^2+806.5v-235.39$	$-738.69v^2+773.88v-224.17$
26℃	$-584.61v^2+617.1v-187.62$	$-546.39v^2+575.92v-173.44$	$-508.14v^2+534.72v-159.27$	$-469.92v^2+493.54v-145.09$
30℃	$-354.45v^2+377.36v-120.98$	$-307.11v^2+326.34v-103.42$	$-259.75v^2+275.34v-85.86$	$-212.4v^2+224.32v-68.31$

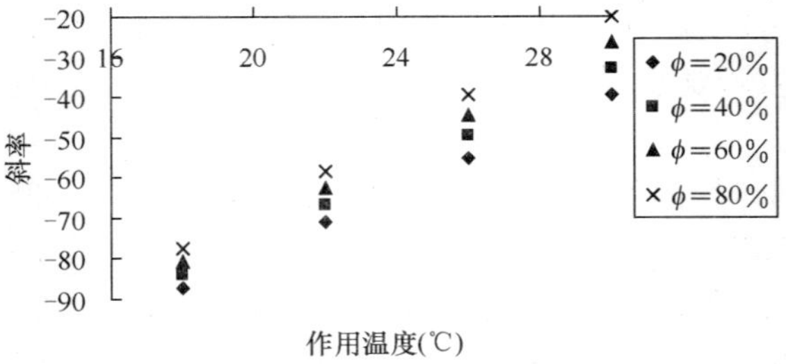

图 3-17 风速为 0.3m/s 时不同作用温度、相对湿度对 $USI_{夏}$ 的影响程度

4. 各因素对地下热舒适指标的影响程度比较

热环境的 3 个物理因素综合作用于人体，影响人体的热舒适性。如高温产生的闷热感可通过降低相对湿度和增大气流速度来减弱。所以，要创造良好的微气候环境条件，必须同时考虑这 3 个物理因素的组合。

对于上述影响地下空间热舒适的 3 个物理因素，即作用温度 t_o、空气流速 v 和相对湿度 ϕ，只要将这 3 个因素中的任意一个加以固定，就可以用三维的图像表现出另外两个因素的变化对热舒适指标 $USI_{夏}$ 的影响。

在以下各图中：

(1) PMV 值在－0.5～＋0.5 之间，是 ISO7730 推荐的舒适范围。在图中对应绿色区域，其 $USI_{夏}$ 指标值在 12.10～41.25W/m^2 之间，此区域对应微气候环境是能够保证人体热舒适性的，此时大部分人表示舒适、满意。

(2) PMV 值在－0.75～＋0.75 之间，是我国国标推荐的舒适范围。在图中对应的是天蓝色、绿色和黄色的区域，对应 $USI_{夏}$ 指标值在 4.792～48.54W/m^2 之间，相对于绿色代表的舒适区，天蓝（微凉）和黄色（微暖）区域可以称之为较舒适区，此时的微气候环境虽然使一定比例的人感觉不适，但总体上还是可以接受的。

(3) PMV 值在－1～＋1 之间，如图中所示，对应 $USI_{夏}$ 指标在－2.5～55.84W/m^2 之间，除已经介绍过的区域外，青色（凉）和橙色（暖）可称之为次舒适区，当微气候环境状态点落到该区域内时，相当比例人群感到不适。

(4) PMV 值在－2～＋2 之间，$USI_{夏}$ 指标值介于－31.67～85.00W/m^2 之间时，微气候环境点落在图上蓝色和红色之间的区域内，较多人感到强烈不适。

当 $USI_{夏}$ 指标高于 85.00W/m^2 或低于－31.67W/m^2 时，微气候环境状态点落在深蓝色和粉色区域内，几乎所有人感到强烈不适，此时微气候环境难以忍受。

利用上述方法，分别分析各因素的组合关系对 $USI_{夏}$ 的综合影响：

(1) 相对湿度为定值时，风速和作用温度对 $USI_{夏}$ 的综合影响

图 3-18 显示了相对湿度为 20%时，作用温度和风速对 $USI_{夏}$ 的影响效果，从图中可

以很直观地看出随着作用温度的提高和风速的降低，$\text{USI}_{夏}$ 指标也得到了提高。

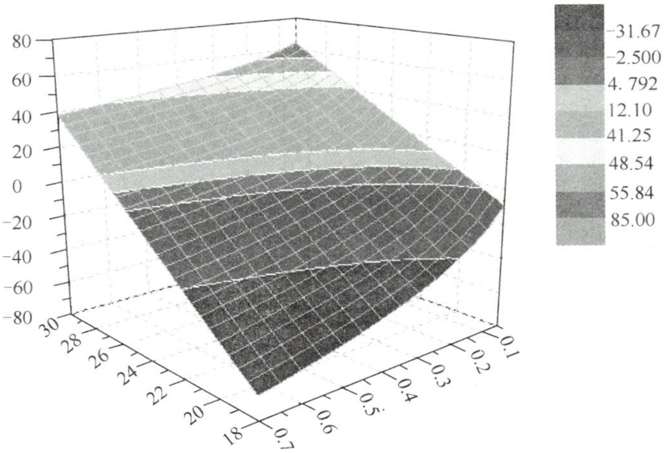

图 3-18 相对湿度为 20% 时风速和作用温度对 $\text{USI}_{夏}$ 的综合影响

为了更清楚地看到变化的趋势，对相对湿度为 20%、40%、60%和 80%时风速和作用温度对 $\text{USI}_{夏}$ 的综合影响进行分析，绘制三维图像并在水平方向投影，如图 3-19 所示。

从图 3-19 可以看出：与风速相比，作用温度对 $\text{USI}_{夏}$ 的影响更大。随着相对湿度的增大，人体热舒适区的形状基本不变，有逐渐向“左边”移动的趋势。也就是说相对湿度越大，“低温区”暴露出来的面积越小，逐步让位给面积逐渐增大的“高温区”。

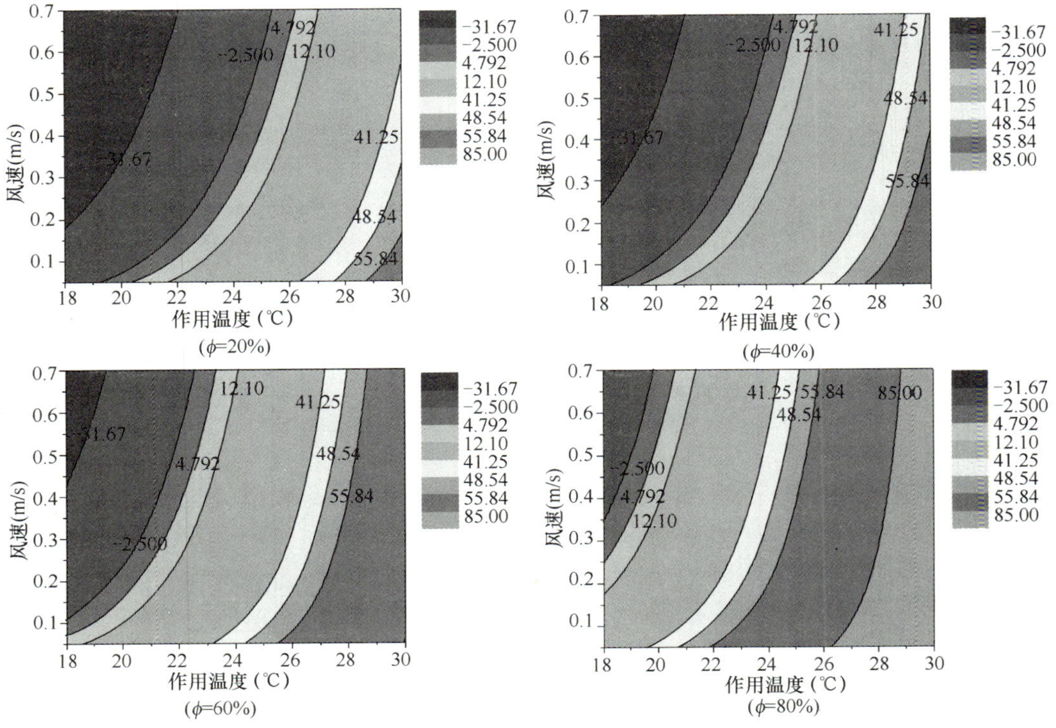

图 3-19 相对湿度分别为 20%、40%、60%、80%时风速和作用温度对 $\text{USI}_{夏}$ 的综合影响平面图

（2）风速为定值时相对湿度和作用温度对 USI$_{\text{夏}}$ 的综合影响

图 3-20 显示了风速为 0.1m/s 时，相对湿度和作用温度对 USI$_{\text{夏}}$ 的影响效果，从中可以很直观地看出随着作用温度和相对湿度的升高，USI$_{\text{夏}}$ 指标也得到了提高。

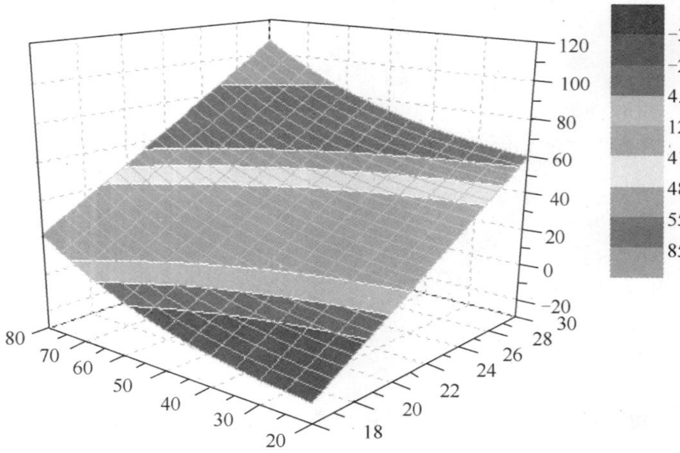

图 3-20　风速为 0.1m/s 时相对湿度和作用温度对 USI$_{\text{夏}}$ 的综合影响

为了更清楚地看到变化的趋势，将风速为 0.1m/s 、0.3m/s、0.5m/s 和 0.7m/s 时，相对湿度和作用温度对 USI$_{\text{夏}}$ 的综合影响进行分析，绘制三维图像并在水平方向投影，如图 3-21 中所示。

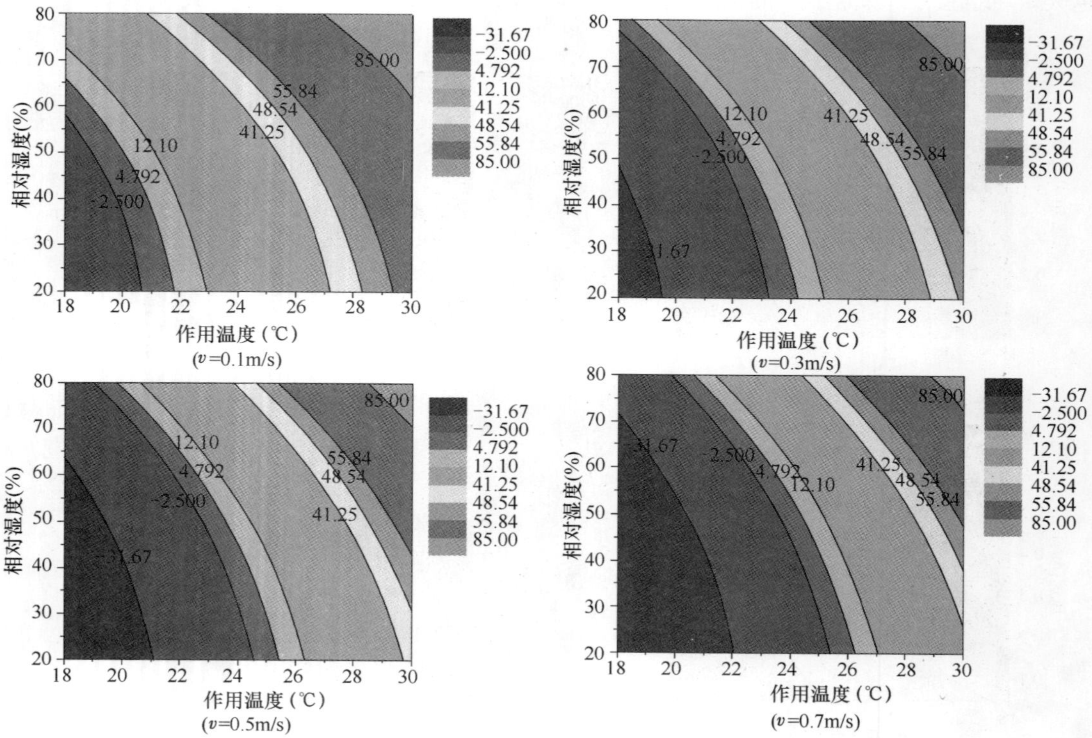

图 3-21　风速分别为 0.1m/s、0.3m/s、0.5m/s 和 0.7m/s 时相对湿度和作用温度对 USI$_{\text{夏}}$ 的综合影响投影图

从图 3-21 中可以看出，与相对湿度相比，作用温度对 $USI_{夏}$ 的影响更大。随着风速的增大，人体热舒适区的形状基本不变，有缓慢向“右边”移动的趋势。也就是说风速越大，“高温区”暴露出来的面积越小，逐步让位给面积逐渐增大的“低温区”。

（3）作用温度为定值时风速和相对湿度对 $USI_{夏}$ 的综合影响

图 3-22 显示了作用温度为 18℃时相对湿度和风速对 $USI_{夏}$ 的综合影响，从中可以很直观地看出随着作用温度的提高和相对湿度的降低，$USI_{夏}$ 指标也得到了提高。

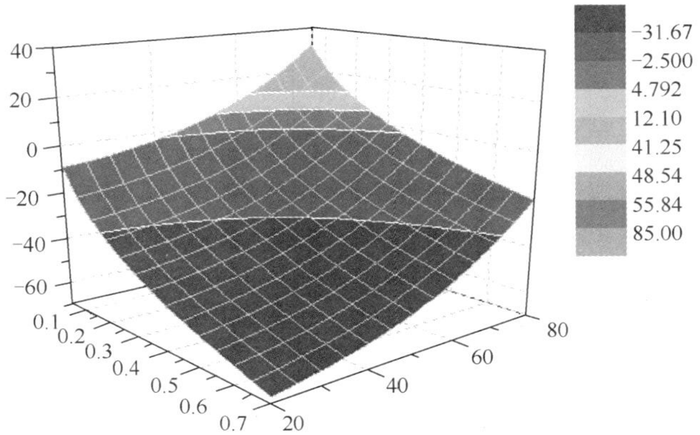

图 3-22　作用温度为 18℃时相对湿度和风速对 $USI_{夏}$ 的综合影响

为了更清楚地看到变化的趋势，将作用温度为 18℃、22℃、26℃和 30℃时风速和相对湿度对 $USI_{夏}$ 的综合影响进行分析，绘制三维图像并在水平方向投影，如图 3-23 中所示。

从图中可见，相对湿度和风速对 $USI_{夏}$ 的影响程度大小很难从图中直接得出。

将图 3-23 进行相互比较，可以明显看出随着作用温度的升高，人体热舒适区的形状

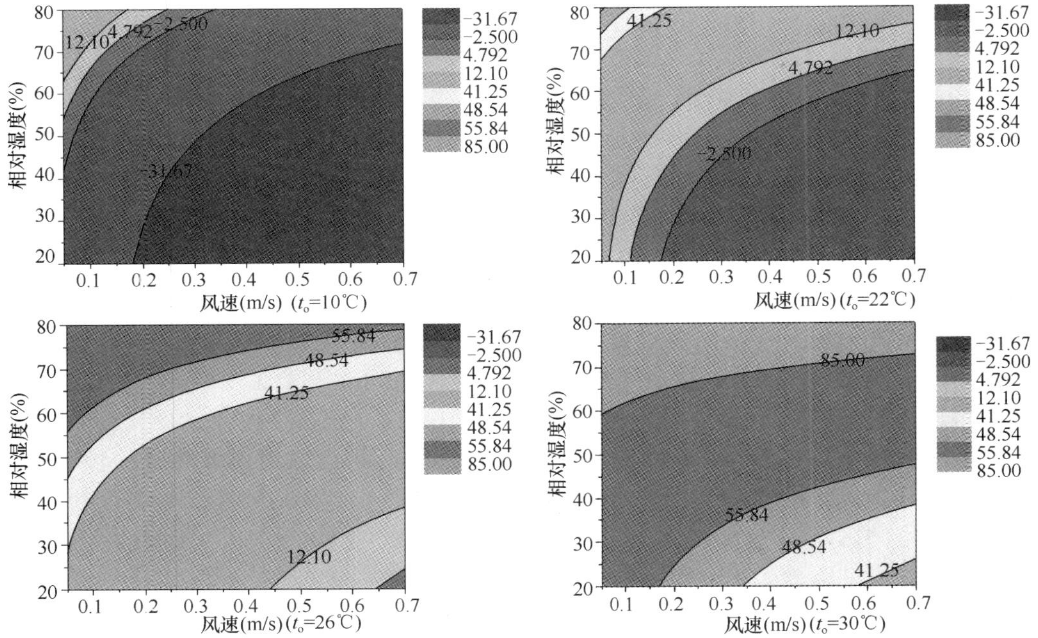

图 3-23　作用温度为 18℃、22℃、26℃和 30℃时相对湿度和风速对 $USI_{夏}$ 的综合影响投影图

基本不变，有逐渐向“右下”移动的趋势，且这一趋势十分明显，说明了作用温度对热舒适指标的影响是很大的。作用温度越高，“高温区”暴露出来的面积越小，逐步让位给面积逐渐增大的“低温区”。

（4）各因素对 $USI_{夏}$ 指标的影响

从以上分析可以得知，作用温度对地下空间热舒适指标的影响比相对湿度和风速都大，但相对湿度和风速的重要程度并不是很明显。由表 3-4～表 3-6 可知，相对湿度和风速对 $USI_{夏}$ 指标的影响程度大小会随状态的改变发生变化，因此仅凭上述分析量化 3 者对 $USI_{夏}$ 指标的影响程度大小是不现实的，现将 3 个因素的变化对指标的影响表示在图 3-24中。

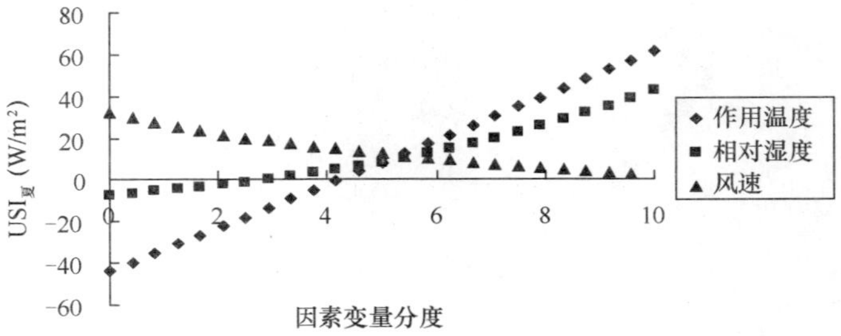

图 3-24　作用温度、相对湿度和风速对 $USI_{夏}$ 的影响比较

图 3-24 对作用温度、相对湿度和风速对 $USI_{夏}$ 影响进行了比较。参考实际测试数据，将作用温度取值范围控制在 18～30℃，在此范围内将其 10 等分，即横坐标最左端 0 处表示作用温度为 18℃，最右端 10 处表示作用温度为 30℃。同理，相对湿度取值范围控制在 20％～80％，风速取值范围控制在 0.1～0.7m/s，这样即得到 3 条单因素影响曲线，使 3 个因素的影响程度具有可比性。取 3 个因素的中间值，即作用温度 24℃、相对湿度 50％、风速 0.4 m/s 的状态点作为标准状态点，当作用温度发生变化时，其他两个因素均为标准值（相对湿度 50％、风速 0.4 m/s）。3 条单因素影响曲线交于标准状态点。

在图 3-24 中可以明显看出，作用温度和相对湿度对 $USI_{夏}$ 的影响是正向的，而风速对 $USI_{夏}$ 的影响是负向的。正如前面已经确定的，作用温度对 $USI_{夏}$ 的影响最大且影响程度与自身值的大小无关，相对湿度和风速的影响效果相对较小且与其值的大小有关。相对湿度的影响效果随着其值的增大而增大，风速的影响效果随着其值的增大而减小，也就是说在高湿度的情况下 $USI_{夏}$ 对相对湿度更加敏感，而在低风速的情况下 $USI_{夏}$ 对风速更加敏感。

精确到定量分析，每条单因素影响曲线的斜率表示了在另外两因素固定不变的情况下，该因素的改变对 $USI_{夏}$ 指标的影响，即斜率越大说明该因素对 $USI_{夏}$ 指标越重要。由于横坐标取值的差异，表 3-4～表 3-6 表示的斜率不能进行不同因素间的比较，因此在图 3-24 中将各个因素的横坐标统一，这样影响程度的大小可以通过斜率转化为数值，更便于比较。同样，以作用温度 24℃、相对湿度 50％、风速 0.4 m/s 的状态点为例来说明，此时作用温度的影响斜率为 10.554，相对湿度的影响斜率为 9.059，风速的影响斜率为 −2.7876，此时 3 因素的重要程度排序为作用温度、相对湿度、风速。

3.3.4　地下空间热舒适综合评价体系

“舒适”有两层含义，一是指人主观感到的舒适，二是指人体生理上的适宜度。人体热舒适性受到很多因素的影响，处于相同微气候环境中的不同人可能因为各种原因其热感觉并不完全相同，甚至可以说热感觉是因人而异的。因此，仅靠地下空间热舒适指标来衡量地下空间的热舒适性就显得狭隘，综合评价必需要兼顾热舒适客观评价和主观评价。

1. 客观评价

地下微气候环境客观评价是指用地下空间热舒适指标 STI、USI、UHI 对地下空间进行热舒适评价。国际标准化组织在 ISO7730 中，推荐的可接受的热环境范围是 $-0.5<PMV<+0.5$，由 PMV 与地下空间热舒适指标的对应关系中，可知对应的 $STI_{\text{冬}}$ 舒适区为 $33.14\sim55.75W/m^2$；$USI_{\text{夏}}$ 舒适区为 $12.096\sim41.252W/m^2$；$UHI_{\text{夏}}$ 舒适区为 $-42.426\sim-13.092W/m^2$。

考虑到气候、人种、生活习惯、经济水平等方面因素的差异，我国推荐的热环境范围为 $-0.75<PMV<+0.75$，此时对应的 $STI_{\text{冬}}$ 舒适区为 $27.488\sim61.404W/m^2$，$USI_{\text{夏}}$ 舒适区为 $4.792\sim48.544W/m^2$，$UHI_{\text{夏}}$ 舒适区为 $-49.99\sim-5.713W/m^2$。

在 $-1<PMV<+1$ 时，$STI_{\text{冬}}$ 舒适区为 $21.835\sim67.057W/m^2$，$USI_{\text{夏}}$ 舒适区为 $-2.5\sim55.836W/m^2$，$UHI_{\text{夏}}$ 舒适区为 $-57.369\sim1.667W/m^2$。

在 $-2<PMV<+2$ 时，$STI_{\text{冬}}$ 舒适区为 $-0.776\sim89.668W/m^2$，$USI_{\text{夏}}$ 舒适区为 $-31.668\sim85.004W/m^2$，$UHI_{\text{夏}}$ 舒适区为 $-86.887\sim31.185W/m^2$。

根据不同的热舒适指标值可以确定该点微气候环境的级别，从而得到相应的客观评价分数 I_1。

$$USI_{\text{夏}}=\begin{cases}\leqslant-31.668 & \text{E级} & 2\text{分}\\ -31.668\sim-2.5 & \text{D级} & 4\text{分}\\ -2.5\sim4.792 & \text{C级} & 6\text{分}\\ 4.792\sim12.096 & \text{B级} & 8\text{分}\\ 12.096\sim41.252 & \text{A级} & 10\text{分}\\ 41.252\sim48.544 & \text{B级} & 8\text{分}\\ 48.544\sim55.836 & \text{C级} & 6\text{分}\\ 55.836\sim85.004 & \text{D级} & 4\text{分}\\ \geqslant85.004 & \text{E级} & 2\text{分}\end{cases}\quad STI_{\text{冬}}=\begin{cases}\leqslant-0.776 & \text{E级} & 2\text{分}\\ -0.776\sim21.835 & \text{D级} & 4\text{分}\\ 21.835\sim27.488 & \text{C级} & 6\text{分}\\ 27.488\sim33.14 & \text{B级} & 8\text{分}\\ 33.14\sim55.75 & \text{A级} & 10\text{分}\\ 55.75\sim61.404 & \text{B级} & 8\text{分}\\ 61.404\sim67.057 & \text{C级} & 6\text{分}\\ 67.057\sim89.668 & \text{D级} & 4\text{分}\\ \geqslant89.668 & \text{E级} & 2\text{分}\end{cases}$$

$$STI_{\text{夏}}=\begin{cases}\leqslant-115.45 & \text{E级} & 2\text{分}\\ -115.45\sim-44.4 & \text{D级} & 4\text{分}\\ -44.4\sim-26.71 & \text{C级} & 6\text{分}\\ -26.71\sim-8.88 & \text{B级} & 8\text{分}\\ -8.88\sim62.17 & \text{A级} & 10\text{分}\\ 62.17\sim79.92 & \text{B级} & 8\text{分}\\ 79.92\sim97.698 & \text{C级} & 6\text{分}\\ 97.698\sim168.74 & \text{D级} & 4\text{分}\\ \geqslant168.74 & \text{E级} & 2\text{分}\end{cases}\quad UHI_{\text{夏}}\begin{cases}\leqslant-86.887 & \text{E级} & 2\text{分}\\ -86.887\sim-57.369 & \text{D级} & 4\text{分}\\ -57.369\sim-49.99 & \text{C级} & 6\text{分}\\ -49.99\sim-42.426 & \text{B级} & 8\text{分}\\ -42.426\sim-13.092 & \text{A级} & 10\text{分}\\ -13.092\sim-5.713 & \text{B级} & 8\text{分}\\ -5.713\sim1.667 & \text{C级} & 6\text{分}\\ 1.667\sim31.185 & \text{D级} & 4\text{分}\\ \geqslant31.185 & \text{E级} & 2\text{分}\end{cases}$$

方便起见，也可以选用地下空间热舒适性投影图进行微气候环境客观评价。在取得评价对象微气候环境数据后，选择与其作用温度、相对湿度或风速数值相近的热舒适性投影图，将另外两个指标分别作为横、纵坐标得到微气候环境状态点，通过该点所在区域的颜色判断其热舒适性等级（如表 3-7 所示），从而得到对应的客观评价分数。

客观评价分级表　　表 3-7

颜色	深蓝色	蓝色	青色	天蓝色	绿色	黄色	橙色	红色	粉色
级别	E	D	C	B	A	B	C	D	E

例如在夏季的地下商场中，某点的微气候环境参数为作用温度 29℃，相对湿度 50%，风速 0.1m/s，则可以选取图 3-21 所示的风速为 0.1m/s 时相对湿度和作用温度对 $USI_{夏}$ 的综合影响投影图来直接取得客观评价等级。此时该状态点落在红色区域内，对应的等级为 D，客观评价得分 $I_1=4$。

如没有与评价对象作用温度、相对湿度或风速相对应的图，则选用 USI、STI、UHI 公式进行计算求解，再通过上式找出对应的地下空间热舒适性客观评价分数 I_1。

2. 主观评价

人体对微气候环境的主观感觉，即心理上是否感到满意、舒适，是进行热舒适评价的重要指标之一。一般认为，热舒适主观感觉直接影响到该环境中人群的工作效率。

通过问卷调查的方式对地下空间热舒适程度进行主观评价，以平均不满意率作为评价标准，得到地下空间热舒适程度主观评价分数 I_2，具体分级如下：

$$
\text{热舒适主观感受}\begin{cases}
\text{不满意率}\leqslant 10\% & \text{A 级}\quad 10\text{ 分}\\
10\%\leqslant\text{不满意率}\leqslant 15\% & \text{B 级}\quad 8\text{ 分}\\
15\%\leqslant\text{不满意率}\leqslant 25\% & \text{C 级}\quad 6\text{ 分}\\
25\%\leqslant\text{不满意率}\leqslant 75\% & \text{D 级}\quad 4\text{ 分}\\
\text{不满意率}\geqslant 75\% & \text{E 级}\quad 2\text{ 分}
\end{cases}
$$

在微气候环境被测点进行问卷，样本数量不宜过小，一旦确定该点微气候环境的不满意率，就可以确定主观热感觉等级，并由此得到相应的主观评价得分 I_2。

需要指出的是，主观评价与客观评价的 A 到 E 等级的确立是相互对应的。两者之间以 PMV-PPD 之间的对应关系为桥梁。例如，主观评价为 A 级时，PPD≤10%，对应 $-0.5<PMV<+0.5$，同时对应的 $STI_{冬}$ 舒适区为 $33.14\sim55.75W/m^2$，此时客观评价也为 A 级。其他级别的对应关系与之类似，不再赘述。

3. 权重确立

地下空间热舒适性的主观评价与客观评价所占综合评价的权重表示二者的相对重要程度。由于目前还没有研究表明二者之间的重要程度如何，因此初步设定主观评价来源于实地测试结果，可信度较高，赋予 0.7 的权重；客观评价来源于主观问卷，受人员性别、年龄、心情、样本数量等客观因素影响较大，仅作为主观评价的补充与校验，赋予 0.3 的权重。

4. 综合评价

在主、客观评价之后，可以通过 I_1、I_2 的分值得到对象地下空间热舒适综合评价指标 $S_{Thermal}=0.7I_1+0.3I_2$ 的分值。通过对该分值的比较，可以对不同地下空间的热舒适性进行比较、排序，也可将其还原为综合热感觉，作为对整个地下空间微气候环境的最终判定。

3.4　城市地下空间空气质量指标体系与评价方法的研究

3.4.1　空气质量评价概述

环境质量评价可归结为对定性描述的度量问题，是人们认识室内环境的一种科学方法，是随着人们对室内环境重要性认识的不断加深而提出的新概念，而关于空气质量的评价又是室内环境评价中有着极其重要的地位。室内空气质量评价的目的在于：（1）掌握室内空气质量状况，以预测室内空气质量的变化趋势；（2）评价室内空气污染对人体健康的影响以及室内人员的接受程度，为制定室内空气品质标准提供依据；（3）了解污染源（如建材、涂料）与室内空气质量状况的关系，为建筑设计、卫生防疫和控制污染提供依据。

原有空气质量评价方法主要是根据制定的各项室内环境标准，逐条考察其指标得分并分别相加，所得到的总分数就代表了样本环境情况。目前，已有《民用建筑工程室内环境污染控制规范》GB 50325—2001、《室内空气质量标准》GB 18883—2002、《人防工程平时使用环境卫生标准》GB/T 17216—1998 等。虽然这种方法简便、操作性强，但是在不同指标的“主从”差异方面缺少体现。因此，空气质量评价应采用量化检测和主观调查相结合的方法进行：其中，量化检测是指直接测量室内污染物浓度来客观了解、评价空气质量，称为客观评价；而主观评价是指利用人的感觉器官进行描述与评判工作，即采用数量化的手段对室内环境诸要素进行分析，综合主、客观评价对空气质量进行定量的描述。

近年来国内外学者提出了多种环境质量评价新方法，如层次分析法、主成分分析法、数据包络法、模糊评判法、灰色聚类法等。各方法都在通用性、精度及可操作性上有不同程度的局限性。现将其主要原理和应用现状总结如下：

1. 层次分析法（Analytical Hierachy Process，AHP）

层次分析法是美国运筹学家、匹兹堡大学教授 T. L. Saaty[17] 于 20 世纪 70 年代中期提出的多指标综合评价的一种定性与定量相结合的决策方法[18]。它在本质上是一种决策思维方式，是将决策者对复杂系统的决策思维过程模型化、数量化的过程。层次分析法把复杂问题分解为各个组成因素，将这些因素按支配关系组成有序的阶梯层次结构，通过两两比较的方式确定层次中诸因素的相对重要性，然后综合人的判断，以决定诸因素的相对重要性的总的顺序。

资雪琴等[19]尝试用层次分析法，建立室内空气品质的模糊综合评判的权重向量，结合《室内空气质量标准》对实例进行评价，得到了 7 个评价指标的权重向量和四栋写字楼的空气质量优劣排序。

张邦俊等[20]根据模糊数学层次分析法（AHP）的原理，构造判断矩阵，针对不同的环境功能区域，定量计算各主观烦恼度表述等级的隶属度，求出了相应环境下的模糊隶属函数，并运用于噪声主观烦恼反应阈值的计算。

2. 主成分分析法

主成分分析（Principal Component Analysis，PCA）是一种从多指标分析出发，运用统计分析原理与方法提取少数几个彼此不相关的综合性指标，保持原指标所提供的大量信息的一种统计方法[21]。

主成分分析法以较少数的综合因素取代原有的多个因素，即把原指标综合成较少的几个主成分，再以这几个主成分的贡献率为权重进行加权平均，构造出一个综合评价函数。在这种多指标分析法的综合评价函数中，各主成分的权重为其贡献率，它反映了该主成分包含原始数据的信息量占全部信息量的比重，这样确定权重是客观、合理的。主成分不仅保留了原始变量的绝大部分信息，而且剔除其中的一些重叠信息，使指标彼此之间互不相关，问题得到最佳综合简化。

主成分分析的工作对象是样本点定量变量类型的数据表。由于识辨系统在一个低维空间要比在一个高维空间容易得多，主成分分析法的工作目标就是要对这种多变量的平面数据表进行最佳综合简化。也就是说，要在力保数据信息丢失最少的原则下，对高维变量进行降维处理。

作为一种多元统计分析技术，主成分分析法适用于变量之间存在较强相关性的情况，广泛应用于经济、社会、科教、环保等领域中众多对象的评价和排序，特别在社会经济统计中，是应用最多、效果最好的方法。

3. 数据包络法

1978 年，美国著名运筹学家查恩斯（A. Charnes）等人，以相对效率概念为基础，以凸分析和数学规划为工具，创建了一个以他们的名字命名的 DEA 模型—C^2R 模型。20 世纪 80～90 年代，又相继提出了诸如 C^2GS^2 模型、FG 模型、ST 模型、C^2WH 模型和带 AHP 约束锥模型等多个 DEA 模型。

DEA 法是以相对效率概念为基础，以数学规划为主要工具，以优化为主要方法，根据多指标投入和多指标产出数据对相同类型的单位（部门或企业）进行相对有效性或效益评价的多指标综合评价方法。此法不仅可对同一类型各决策单元的相对有效性做出评价与排序，而且还可进一步分析各决策单元非 DEA 有效的原因及其改进方向，从而为决策者提供重要的管理决策信息。

吴育华等[22]引入能反映 AHP 模型中决策者偏好的一个带 AHP 模型约束锥的 DEA 模型；马占新等[23]应用 DEA 法对广东省 21 个城市的大中型工业企业在开展科技活动方面的效率，以城市为单位进行了评价。

4. 模糊综合评价法

模糊数学是运用数学方法研究和处理模糊性现象的一门新兴学科，比较典型的方法有模糊关系法、模糊评价法、模糊语言法等。模糊数学提供了研究和处理模糊性现象的数学方法，它把数学从二值逻辑的基础上转移到连续逻辑上来，即将普通集合的概念推广和发展成为模糊概念，所以模糊数学包含着精确数学，是精确数学的延伸和推广[24]。

此法为定性指标定量化提供了有效的方法，实现了定性和定量方法的有效集合，同时，很好地解决了判断的模糊性和不确定性问题，不会忽略因素在程度上的差异；但不能解决评价指标间相关性造成的评价信息重复问题，同时，各因素权重的确定带有一定的主观性，且隶属度函数的确定有一定的难度。

杨嘉等[25]分析了影响人体热舒适的因素，并对其进行了简化。在此基础上，应用模糊数学的基本理论，提出了人体热舒适模糊综合评判算法。模糊综合评判解决了评判标度的连续化问题，从而减小了常规评判方法的投票的不确定性。

宫丽虹等[26]对地下工程内部空气环境的特点采用模糊数学中模糊综合评判的方法，

确定了因素集、评判集、模糊关系系数。采用“专家估测法”对因素集中各项因素确定权重后，建立了地下工程内部空气环境模糊综合评判的数学模型。结果表明：人员对 CO 和 CO_2 的浓度变化反应较为敏感，随其浓度增加满意度降低；新风有效降低了地下工程内部空气环境中 TVOC 和甲醛的浓度，人员对其变化反应较为不敏感。

陈刚等[27]测定了 22 个人防工事中的温度、相对湿度、气流速度、CO_2 浓度、照度、噪声强度等 6 种环境指标，并从 600 名在地下环境中工作的人员获得主诉、发病率和免疫指标等 18 项因素。应用模糊数学的原理和方法，得出人防工事内环境因素的模糊矩阵和权数矩阵，并得到了评价等级。

沈旭东[28]通过对影响舱室环境质量的因素分析，提出了主观和客观相结合的评价舱室光环境质量的方法。该评价方法涵盖了光环境的客观指标和人对光环境的主观感受两个方面，比较全面地反映了舱室光环境的质量，提高了舱室光环境质量评价的科学性。

5. 灰色理论法

灰色理论认为，人们对客观事物的认识具有广泛的灰色性，即信息的不完全性和不确定性。因而由客观事物所形成的是一种灰色系统，即部分信息已知、部分信息未知的系统。人们对综合评价的对象的认识也具有灰色性，因而可以借助灰色系统的相关理论来研究综合评价问题。在系统寻求不到概率特性或隶属特性的情况下，采用灰色决策系统理论，可使抽象的概念量化，量化的概念模型化，最后达到优化的目标[29]。

灰色系统理论是我国著名学者，华中理工大学邓聚龙教授于 1982 年提出的一门新兴学科，包括灰关联度评价方法、灰色聚类分析方法等。灰色关联是指事物之间的不确定关联，或系统因素之间、因素对评价对象的不确定关联。它以“部分信息已知，部分信息未知”的“小样本”、“贫信息”不确定性系统为研究对象，是研究解决灰色系统建模、预测、决策和控制的理论和方法。

张桂芳等[30]应用灰色系统基本理论，尝试对室内空气品质进行灰色综合评判研究，结果发现，该方法所得与模糊评判法的结果基本一致，而且所得结果较初春玲等人[31]采用的模糊评判法分辨率高，有很强的实用性。

张甫仁[32]对雷达图理论进行分析，在此基础上引入灰色聚类白化函数理论，建立了一种新的基于灰色雷达图理论的室内环境综合评价方法，并给出了评价分级标准。

赵宏[33]为了改进灰色关联分析模型评价精度低的缺点，将变异系数法与灰色关联分析方法相结合，建立起基于变异系数法的灰色关联分析模型。根据各个指标值的变异程度，引用数据本身的效用值来计算指标的权重系数，有效地避免了由于人的主观因素而形成的权重分配偏差。

3.4.2 地下空间空气质量属性综合评价体系

地下空间空气质量属性综合评价模型系统可分为 3 个子系统，分别为[34]：

（1）单指标性能函数分析（即属性测度分析），按照指标值的大小和评价类的关系确定性能函数，根据测量值计算出性能函数值；

（2）多指标综合性能函数分析，把各个单指标性能函数分析，综合成一个性能函数的分析；

（3）属性识别分析，根据第二个子系统输出的结果，给出识别准则，以判别该地下空间空气质量属于哪一个评价类。

1. 单指标属性测度分析

空气质量的评价就是选择具有代表性的污染物作为评价指标，全面、公正的反应被测对象的真实情况。由于各国的国情不同，室内污染特点不一样。人种、文化传统与民族特性的不同，造成对室内环境的反应和接受程度上的差异，选取的评价指标也应有所不同。此外，还要求这些作为评价指标的污染物长期存在稳定易测，且测试成本低廉。

国际上一般选用 CO_2、CO、NO_x、SO_2、可吸入颗粒物 PM_{10}、总挥发性有机化合物（TVOC）、甲醛、菌落数等指标来定量反映室内空气质量。CO_2 在以人为主要污染物的室内作为评价指标，可作为反应室内通风情况的评价指标。甲醛浓度是评价建筑材料挥发性有机化合物（VOC）对室内空气污染的主要指标。室内菌落数也反映了室内人员密度、活动强度和通风状况，故室内菌落总数也可作为室内空气细菌学的评价指标。CO 主要是由于室内人员吸烟引起的，当其浓度超过 0.01%时，人体将发生中毒反应甚至死亡。NO_x、SO_2 是存在于大气中的污染物，可通过通风空调系统、门窗空洞或缝隙自然渗透而进入室内，从而影响室内人员的身体健康，因此是地上建筑室内空气中重点关注的参数。同时，在地下建筑中，氡及其子体的水平往往要高出地面一个数量级以上，有的地区氡子体水平超过标准上百倍，因此，我们把氡及其子体浓度作为地下建筑中一个很重要的评价指标。因此，选取以上提及的污染物作为地下空间空气质量评价的 7 个指标，即令 $I_1=\{CO_2\}$，$I_2=\{CO\}$，$I_3=\{甲醛\}$，$I_4=\{可吸入颗粒物(PM_{10})\}$、$I_5=\{总挥发性有机化合物(TVOC)\}$、$I_6=\{菌落数\}$、$I_7=\{氡气\}$。

在属性综合评价系统中，各单指标的等级是一个非常重要的概念，单指标等级划分表作为评价标准，在单指标属性测度的确定上起着至关重要的作用，直接影响着单指标属性测度的大小，进而影响着最终的评价结果。因此，各单指标等级的划分选取对于整个评价过程来说就有着十分重要的意义。《室内空气质量标准》GB/T 18883—2002 作为通用性标准，地下空间同样可以参照执行。《人防工程平时使用环境卫生标准》GB/T 17216—1998 作为专门针对地下空间重要组成部分的人防工程的标准，对确定地下空间空气质量参数的标准值具有更大的指导意义。两个标准在大部分内容上是一致的，只是在检测挥发性有机物的方法上，一个直接测量总挥发性有机物 TVOC 的含量，一个是通过有机物耗氧量间接测量。

因此，我们将结合地下空间环境的特点，借鉴已有相关标准，将不同类型地下空间的空气质量分为清洁、未污染、轻污染、中污染、重污染 5 个级别[35]，分级基准如表 3-8 所示，参考现有室内空气质量标准对比如表 3-9 所示。

空气质量分级基准　　表 3-8

分　级	特　点
清　洁	适宜于人类生活
未污染	各环境要素的污染物均不超标，人类生活正常
轻污染	至少有一个环境要素污染物超标，除了敏感者外，一般不会发生急慢性中毒
中污染	一般有 2～3 个环境要素的污染物超标，人群健康明显受害，敏感者受害严重
重污染	一般有 3～4 个环境要素的污染物超标，人群健康受害严重，敏感者可能死亡

现有室内空气质量标准对比　　表 3-9

	CO_2 (%)	CO (mg/m³)	甲醛 (mg/m³)	PM_{10} (mg/m³)	TVOC (mg/m³)	氡 (Bq/m³)	菌落 (个/皿)
GB/T 18883—2002	0.1	10	0.1	0.15	0.6	400	—
GB 50325—2001	—	—	0.12	0.5	0.5	400	—
GB/T 17216—1998 旅馆	0.1	0.12	—	10	—	400	50
GB/T 17216—1998 商场	0.15	0.12	—	10	—	400	50
GB 9663—1996	0.1	10	0.12	0.20	—	—	30
GB 9670—1996	0.15	5	0.12	0.25	—	—	75
GB 9672—1996	0.15	10	0.12	0.25	—	—	75
加拿大室内空气品质指南	0.35	12	0.12	—	—	—	—
WHO 室内空气污染物标准	0.1	11	0.06	—	0.3	—	—

不同地下空间用途不一样，地下旅馆主要供人居住使用，人们在其中停留的时间较长，加之人员密度较大、装修涂料和家具等散发大量有害物质，因此本书对其空气质量分级较为严格。对于地铁和地下商场，人们在其中的停留时间大多不超过 2h，加之空间面积较大，气流组织有利于污染物的扩散，因此本文对于地铁和地下商场采用另一种分级标准，较地下旅馆的空气质量分级标准有所降低。具体分级标准见表 3-10、表 3-11。

地下旅馆空气质量分级标准　　表 3-10

	CO_2 (%)	CO (mg/m³)	甲醛 (mg/m³)	PM_{10} (mg/m³)	TVOC (mg/m³)	菌落数 (个/皿)	氡 (Bq/m³)
清　洁	=0.07	=1	=0.05	0.1	=0.3	=20	=200
未污染	0.07～0.1	1～2.5	0.05～0.1	0.1～0.2	0.3～0.5	20～40	200～400
轻污染	0.1～0.2	2.5～8	0.1～0.3	0.2～0.4	0.5～0.7	40～70	400～600
中污染	0.2～0.5	8～15	0.3～0.6	0.4～0.7	0.7～1.0	70～120	600～900
重污染	=0.5	=15	=0.6	=0.7	=1.0	=120	=900

地铁、地下商场空气质量分级标准　　表 3-11

	CO_2 (%)	CO (mg/m³)	甲醛 (mg/m³)	PM_{10} (mg/m³)	TVOC (mg/m³)	菌落数 (个/皿)	氡 (Bq/m³)
清　洁	=0.1	=4	=0.05	0.15	=0.3	=30	=200
未污染	0.1～0.15	4～8	0.05～0.1	0.15～0.25	0.3～0.5	30～75	200～400
轻污染	0.15～0.3	8～12	0.1～0.3	0.25～0.5	0.5～0.7	75～150	400～600
中污染	0.3～0.5	12～15	0.3～0.6	0.4～0.8	0.7～1.0	150～300	600～900
重污染	=0.5	=15	=0.6	=0.8	=1.0	=300	=900

设某地下空间 x 空气质量评价的第 j 个指标 t_j 具有属性 C_K 的大小用属性测度 μ_{xjK} 表示，则可构造单指标属性测度函数 μ_{xjK} (t)，图形如图 3-25 所示，公式如式（3-26）～式（3-28）所示。

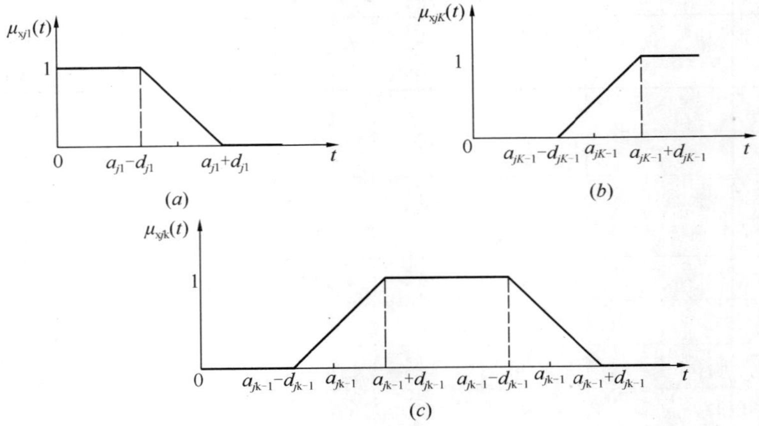

图 3-25　单指标属性测度图

(*a*) μ_{xj1} (*t*) 的图形；(*b*) μ_{xjK} (*t*) 的图形；(*c*) μ_{xjK} (*t*) 的图形

$$\mu_{xj1}(t)=\begin{cases}1 & t<a_{j1}-d_{j1}\\ \dfrac{|t-a_{j1}-d_{j1}|}{2d_{j1}} & a_{j1}-d_{j1}\leqslant t\leqslant a_{j1}+d_{j1}\\ 0 & a_{j1}+d_{j1}<t\end{cases}\tag{3-26}$$

$$\mu_{xjK}(t)=\begin{cases}1 & a_{jK-1}-d_{jK-1}<t\\ \dfrac{|t-a_{jK-1}+d_{jK-1}|}{2d_{jK-1}} & a_{jK-1}-d_{jK-1}\leqslant t\leqslant a_{jK-1}+d_{jK-1}\\ 0 & t<a_{jK-1}-d_{jK-1}\end{cases}\tag{3-27}$$

$$\mu_{xjk}(t)=\begin{cases}0 & t<a_{jk-1}-d_{jk-1}\\ \dfrac{|t-a_{jk-1}+d_{jk-1}|}{2d_{jk-1}} & a_{jk-1}-d_{jk-1}<t\leqslant a_{jk-1}+d_{jk-1}\\ 1 & a_{jk-1}+d_{jk-1}<t<a_{jk}-d_{jk}\\ \dfrac{|t-a_{jk}-d_{jk}|}{2d_{jk}} & a_{jk}-d_{jk}\leqslant t\leqslant a_{jK}+d_{jk}\\ 0 & a_{jk}+d_{jk}<t\end{cases}\tag{3-28}$$

$$(j=1,\ 2\cdots,\ m;\ k=2,\ 3\cdots,\ K-1)$$

其中，a_{jk} 满足 $a_{j0}<a_{j1}<\cdots<a_{jk}$ 或 $a_{j0}>a_{j1}>\cdots>a_{jk}$，不妨设 $a_{j0}<a_{j1}<\cdots<a_{jk}$，$b_{jk}=\dfrac{a_{jk-1}+a_{jk}}{2}$，$k=1,\ 2\cdots,\ K$，$d_{jk}=\min(|b_{jk}-a_{jk}|,\ |b_{jk+1}-a_{jk}|)$。进而计算得出单指标属性测度矩阵为 $(\mu_{ijk})_{m\times p}=\begin{bmatrix}\mu_{i11} & \cdots & \mu_{i1K}\\ \vdots & & \vdots\\ \mu_{im1} & \cdots & \mu_{imK}\end{bmatrix}$。

2. 多指标属性测度分析

设 $\mu_{ik}=\sum\limits_{j=1}^{m}w_j\mu_{ijk}$，$i=1,\ 2,\ \cdots n$；$k=1,\ 2\cdots,\ K$。其中 w_j 为 I_j 的权重，满足 $0<$

$w_j<1$，$\sum_{j=1}^{m} w_j=1$。关于指标权重 w_j 的确定方法，将在下面的内容中进行讨论。显然 $0\leqslant \mu_{ik}\leqslant 1$，并且

$$\sum_{k=1}^{K} \mu_{ik} = \sum_{k=1}^{K} \sum_{j=1}^{m} w_j \mu_{ijk} = \sum_{j=1}^{m} \left| \sum_{k=1}^{K} \mu_{ijk} \right| w_j = \sum_{j=1}^{m} w_j = 1 \tag{3-29}$$

定义 μ_{ik} 为属性测度矩阵，$(\mu_{ik})_{n\times K}=\begin{bmatrix} \mu_{i11} & \cdots & \mu_{iK} \\ \vdots & & \vdots \\ \mu_{n1} & \cdots & \mu_{nK} \end{bmatrix}$ 为多指标属性综合测度评价矩阵，称此矩阵式的第 i 个行向量（μ_{i1}，μ_{i2}，…，μ_{iK}）为 x_i 的多指标属性综合评价向量。

3. 属性识别分析

属性识别分析的目的是由属性测度 μ_{ik}（$1\leqslant k\leqslant K$），对 x 属于哪一个级别作出判断。这就需要给出一个判断准则。常用的准则有最小代价准则和置信度准则两种。对于有序评价类｛C_1，$C_2\cdots C_k$｝，要识别 x_j 属于哪一类，需采用置信度准则。

在实际的环境质量评价问题中，评价集｛C_1，$C_2\cdots C_k$｝通常是一个有序集。例如在本书中，评价集可取为｛C_1，$C_2\cdots C_5$｝，其中 $C_1=$｛清洁｝，$C_2=$｛未污染｝，$C_3=$｛轻污染｝，$C_4=$｛中污染｝，$C_5=$｛重污染｝，显然为强序分割。

λ 为置信度，$0.5<\lambda\leqslant 1$。若 $k_0=\min\left\{k: \sum_{i=1}^{k}\mu_x(C_i)\geqslant\lambda, 1\leqslant k\leqslant K\right\}$，则认为 x 属于 C_{k0} 级别或 C_{k0} 类。此置信度准则要求“强”的级别占相当大的比例，在实际应用中，置信度 λ 一般取在 0.6 和 0.7 之间。

4. 多评级对象之间的优劣比较

在地下空间空气质量的评价工作中，根据各个指标的单指标属性测度以及各指标的权重系数，可以求出所评价空间的多指标综合属性测度，再结合属性识别准则，就可以很容易地判断出该地下空间的清洁度级别。但在实际工作中，人们有可能会对多个空间的空气质量究竟孰优孰劣更为关心，这就引出了对多个评价对象之间优劣性的比较这个问题，为了解决这个问题，应用对各对象的评分准则，根据主客观相结合的综合评分准则得出的结果来进行判断。

（1）客观评分

由于评价集 C_i 之间有强弱关系，可以用分数表示属性集的强弱关系，强属性集的分数比弱属性集的分数大，设 I_1 为评价对象 x 的分数。

$$I_1 = 10 \times \frac{\sum_{i=1}^{K} n_i \mu_x}{K} \tag{3-30}$$

通常，对于 $C_1>C_2>\cdots>C_K$ 的情形，取 $n_i=K+1-i$，它表示有序分割类｛C_1，$C_2\cdots C_K$｝种类别的重要性是等间隔下降的；对于 $C_1<C_2<\cdots<C_K$ 的情形，取 $n_i=i$，它表示有序分割类｛C_1，$C_2\cdots C_K$｝种类别的重要性是等间隔上升的。式（3-30）对应某一评价对象的满分为 K，若将其推广全部采用 10 分制，则可表示为：

$$I_1 = \frac{10\sum_{i=1}^{K} n_i \mu_x}{K} \tag{3-31}$$

（2）主观评分

通过问卷调查的方式对地下空间空气质量进行主观评分，将人员对地下空间空气质量的主观感受分为非常好、比较好、一般、不是很好、非常不好 5 个级别，对应环境可接受程度 ACC 分别为：1、0.5、0、−0.5、−1。则平均 ACC 和地下空间空气质量不满意率 PD 存在如下关系：

$$PD = \frac{\exp(-0.18 - 5.28ACC)}{1 + \exp(-0.18 - 5.28ACC)} \times 100 \tag{3-32}$$

可将被评价对象的主观感觉不满意率分为 A 到 E5 个级别，等级划分标准及其对应得分 I_2 如下所示：

$$\text{空气质量主观不满意率 } PD = \begin{cases} 0 \sim 15\% & \text{A 级} \quad 10 \text{ 分} \\ 15\% \sim 25\% & \text{B 级} \quad 8 \text{ 分} \\ 25\% \sim 35\% & \text{C 级} \quad 6 \text{ 分} \\ 35\% \sim 50\% & \text{D 级} \quad 4 \text{ 分} \\ > 50\% & \text{E 级} \quad 2 \text{ 分} \end{cases}$$

（3）综合评分

由于目前还没有研究表明主观评分和客观评分二者之间的重要程度如何，因此初步设定主、客观评分对于地下空间空气质量综合评分的重要性相等。

由此，可知地下空间空气质量的综合评分为：

$$S_{IAQ} = 0.7I_1 + 0.3I_2 \tag{3-33}$$

对于评价对象 A 与 B，若 $S_{IAQ} > S_{IAQB}$，则认为 A 比 B 强，假设 A 与 B 为两地下空间的编号，结果也即是 A 的空气质量要好于 B。每个评价对象的满分设为 10 分。

3.4.3　组合赋权法确定评价指标权重

对于多指标评价系统，各评价指标的相互作用程度表现为指标权重互不相同，不同权重对应不同的评价结果，所以合理地确定地下空间空气环境评价指标的权重十分重要[36]。由于空气质量评价指标均为各污染物浓度，一般人员无法确定人体不适感是由哪种污染物引起，因此选用由地下空间受试者投票选择各指标重要与否的方法并不可行，因此我们选用基于测量数据的客观赋权法。客观赋权法基本思想是：属性权重应当是各属性在属性集中的变异程度和对其他属性的影响程度的度量，赋权的原始信息应当直接来源于客观环境，处理信息的过程应当是深入探讨各属性间的相互联系及影响，再根据各属性的联系程度或各属性所提供的信息量大小来决定属性权重。

随机选取 2 个地下商场、2 个地铁站点和 2 个地下旅馆作为确定指标权重的 6 个系统状态，每个系统状态下对应现场测试的 7 个性能指标如表 3-12 所示；在确定各评价指标的权重时，采用一种集变异系数法、熵权法和相似权数法分别赋权，基于多种赋权方法一致性程度进行组合的组合赋权法。

之所以选择上述三种方法进行组合，主要是由于变异系数以反映某一总体各单位标志值的差异程度、集中或离散状况为基础；熵权法衡量信息无序化程度，用该指标信息的效用值来计算；相似权数法以假定的平均概念为前提，再观察输出与目标的平均距离差异度来赋予权重。由此可见，各方法在共性原理中又存在不同侧重点，可较大程度提高定权结果的可靠性。

确定空气质量指标权重的样本值 表 3-12

	CO_2 (%)	CO (mg/m^3)	甲醛 (mg/m^3)	PM_{10} (mg/m^3)	TVOC (mg/m^3)	菌落数 (个/皿)	氡 (Bq/m^3)
地下旅馆 A	0.01201	0.1143	0.105	0.15	0.3341	75	45
地下旅馆 B	0.16437	0.6461	0.12	0.11	0.7614	45	37
地铁站 A	0.05266	0.65	0.058	0.14	0.198	48	29
地铁站 B	0.0426	0.5	0.065	0.09	0.366	35	50
地下商场 A	0.037	0.654	0.02	0.25	0.38	58	61
地下商场 B	0.082	0.342	0.02	0.27	0.48	69	35

1. 变异系数法

变异系数[37]是统计学中常用的衡量数据差异的统计指标，变异系数赋权法就是根据各个指标在所有被评价对象上观测值的变异程度大小来对其赋值。观测值变异程度大的指标，说明能够较好地区分各个地下空间的空气质量，应赋予较大的权数；反之，则赋予较小的权数。因此，该方法得到的权数体系是由各个指标的变量值来确定的。变异系数的定义是 $C=\sigma/\mu$，其中 σ 是总体的标准量差，μ 为总体的均值。设用于评价地下空间空气质量的指标有 m 个，要评价的地下空间为 n 个，根据变异系数定义，确定变异系数权数体系的步骤如下：

(1) 步骤一：利用评价指标分级标准建立分级标准矩阵：

对于正指标（指标值越大越好的指标）

$$x_{\mathrm{ik}} = a_{\mathrm{ik}} / \max_{1 \leqslant j \leqslant m} \{a_{\mathrm{ik}}\} \tag{3-34}$$

对于负指标（指标值越小越好的指标）

$$x_{\mathrm{ik}} = \min_{1 \leqslant i \leqslant \mathrm{m}} \{a_{\mathrm{ik}}\} / a_{\mathrm{ik}} \tag{3-35}$$

(2) 步骤二：计算各个指标的标准差 σ_{k}，该值反映了各指标的绝对变异程度。

$$\sigma_{\mathrm{k}} = \sqrt{\frac{\sum_{i=1}^{n}(x_{\mathrm{ik}} - \overline{x}_{\mathrm{k}})^2}{n}} \quad (k = 1,2,\cdots,m) \tag{3-36}$$

(3) 步骤三：计算各个指标的变异系数 C_k，该值反映了各指标的相对变异程度。

$$C_k = \sigma_{\mathrm{k}} / \overline{x}_k \tag{3-37}$$

(4) 步骤四：对各个指标的变异系数进行归一化处理，得到各指标的权数 w_k。

$$w_k = \frac{C_K}{\sum_{k=1}^{m} C_k} \quad (K = 1,2,\cdots,m) \tag{3-38}$$

则各指标权数向量为：$W_{(1)} = (w_1, w_2, \cdots, w_{\mathrm{m}})$。

2. 熵权法

熵权法[38]是一种客观赋权方法，其原理是根据各评价指标数值的无序化程度所反映的信息量大小来确定权数。在信息论中，信息熵是系统的无序程度或不确定性的度量，信息是系统有序程度的度量，二者绝对值相等，但符号相反。信息熵的减少意味着信息的增加。也就是说，某项指标的指标值无序程度越大，指标所包含的信息量就越大，信息熵越小，从而该指标在综合评价中所起的作用越大，权重应该越大；反之，某项指标的指标值无序程度越小，指标所包含的信息量就越小，信息熵越大，从而该指标在综合评价中所起的作用越小，权重应该越小。所以在具体的评价分析过程中，可以根据各项指标的指标值变异程度，利用信息熵计算出各指标权重，再对所有指标进行加权，从而得出较为客观的综合评价结果。

对一个评价问题，设有 m 个被评价对象，n 个评价指标，用熵权法确定指标权重的具体步骤如下：

（1）步骤一：评价指标的无量纲化处理。

设第 i 个被评价对象的第 j 项指标值记为 x_{ij}（$i=1, 2, \cdots m$；$j=1, 2, \cdots n$），则原始数据就形成一个 m 行 n 列的矩阵 $A=(x_{ij})_{m\times n}$，一般称为决策矩阵。

对于正指标（指标值越大越好），令：

$$y_{ij} = (1-\alpha) + \alpha \times (x_{ij} - x_{\min(j)})/(x_{\max(j)} - x_{\min(j)}) \tag{3-39}$$

对于逆指标（指标值越小越好），令：

$$y_{ij} = (1-\alpha) + \alpha \times (x_{\max(j)} - x_{ij})/(x_{\max(j)} - x_{\min(j)}) \tag{3-40}$$

式中：$x_{\max(j)}=\max\{x_{ij}\}$，$x_{\min(j)}=\min\{x_{ij}\}$；$0<\alpha<1$，一般可取 $\alpha=0.9$，所有的 y_{ij} 形成一个规范化决策矩阵 $B=(y_{ij})_{m\times n}$。

（2）步骤二：对经过无量纲化处理的各指标数据做比重化变换。

$$p_{ij} = y_{ij}/\sum_{i=1}^{m} y_{ij} \quad (i=1,2,\cdots,m;j=1,2,\cdots,n) \tag{3-41}$$

（3）步骤三：计算指标的熵值：

$$e_j = -K\sum_{i=1}^{m} p_{ij}\ln p_{ij} (\text{其中 } K=1/\ln m;j=1,2,\cdots,n) \tag{3-42}$$

（4）步骤四：计算指标差异系数：

$$h_j = 1-e_j(j=1,2,\cdots,n) \tag{3-43}$$

对于给定的 j，若 y_{ij} 的差异性越小，则 e_j 越大，h_j 越小，表明第 j 个指标在综合评价中所起的作用越小；若 y_{ij} 全部相等，则 $e_j=e_{\max}=1$，$h_j=0$，表明第 j 个指标在综合评价中毫无作用；若 y_{ij} 的差异性越大，则 e_j 越小，h_j 越大，表明第 j 个指标在综合评价中所起的作用越大。

（5）步骤五：对 h_j 作归一化处理：

$$w_j = h_j/\sum_{j=1}^{n} h_j \quad (j=1,2,\cdots,n) \tag{3-44}$$

则各指标权数向量为：$W_{(2)}=(w_1, w_2, \cdots, w_m)$。

3. 相似权数法

单指标属性测度 $(\mu_{ijk})_{m\times p}$ 与综合属性测度评价向量 $(\mu_{ik})_{n\times K}$ 的“相近”程度体现了指标 I_j 反映总体情况的能力，两者越相近，说明 I_j 越能体现总体情况，权重应越大。相似权数法确定指标权重的具体步骤如下[39]：

（1）步骤一：假定各评价指标具有相同的重要程度，设为平均重要程度，即：

$$w_j = \frac{1}{m}, j=1,2,\cdots m \tag{3-45}$$

在此假定情况下，由式（3-29）求出综合测度评价矩阵式 $(\mu_{ik})_{n\times K}$。

（2）步骤二：矩阵式 $(\mu_{ik})_{n\times K}$ 的第 i 个行向量（μ_{i1}，u_{i2}，$\cdots\mu_{iK}$）是第 i 个评价对象

x_i 的综合测度评价向量。μ_{ik} 是样本 x_i 的 m 个测量值各自所属于 C_k 类的测度平均值，即：

$$\mu_{ik}=\frac{1}{m}(\mu_{i1k},u_{i2k},\cdots\mu_{imK}) \tag{3-46}$$

（3）步骤三：综合评价向量式 $(\mu_{ik})_{n\times K}$ 在“平均”意义上反映了 x_j 的总体评价情况。由于单指标属性测度评价向量与综合评价向量的“相近”程度体现了 I_j 反映总体情况的能力，故可采用求相似数 r_i 的方法求得权重，计算见下式：

$$r_i=\frac{1}{n}(\mu_{ij1},u_{ij2},\cdots\mu_{ijp})(\mu_{i1},u_{i2},\cdots\mu_{ip})^T=\frac{1}{n}\sum_{i=1}^{n}\sum_{k=1}^{k}\mu_{ijk}\mu_{ik} \tag{3-47}$$

归一化得：$w_j=r_j\Big/\sum_{j=1}^{m}r_j$，则各指标权数向量为：$W_{(3)}=(w_1, w_2, \cdots, w_m)$。

4. 基于多赋权法一致性程度的组合赋权法

不同的赋权方法由于其原理不同、计算方法不同，因此对同一决策问题中属性的赋权可能会有较大差别，用简单算术平均或加权平均进行综合不一定合适，综合的结果与其中某些赋权结果会有较大偏差。如文献［40］在多种赋权法内部进行算术平均或加权平均等处理，但同一决策问题中属性的赋权可能会有较大差别，综合的结果与其中某些赋权结果会有较大偏差；文献［41］和［42］都提出用乘法合成归一化方法对主、客观赋权结果进行综合，但这种方法只适用于属性个数较多、属性间权重分配较均匀的情况。

鉴于属性权重在综合评价中的重要地位，针对现有赋权法的不足，我们采用一种基于多种赋权方法一致性程度的组合赋权法[43]。

对于 q 种赋权方法，利用 *Kendall* 协和检验法进行检验，如果通过一致性检验，则表明这 q 种赋权方法确定的权重彼此相差不大，考虑到计算上的简便性，可通过简单几何平均获得合理的组合权重向量。

若 q 种赋权方法不符合一致性检验，则考虑每种赋权方法与其余赋权法的平均相关程度，进行加权处理，为此引入 *Spearman* 等级相关系数。对 q 种赋权方法得到的 q 个权重向量，当给出相应的排序号向量时，相当于给出样本的秩。因此可以用 *Spearman* 秩相关系数来检验两种赋权方法的一致性。第 i 种赋权法和第 k 种赋权法的等级相关系数记为 ρ_{ik}：

$$\rho_{ik}=1-\frac{6}{n(n^2-1)\sum_{j=1}^{n}(p_j^{(i)}-p_j^k)^2} \tag{3-48}$$

其中 n 为样本容量，p_j 为权重向量的对应排序号向量。

组合赋权法步骤如下：

（1）步骤一：计算对应于 q 种赋权结果的 *Spearman* 等级相关系数矩阵：

$$\rho=\begin{bmatrix}\rho_{11} & \rho_{12} & \cdots & \rho_{1q}\\ \rho_{21} & \rho_{22} & \cdots & \rho_{2q}\\ \vdots & \vdots & \vdots & \vdots\\ \rho_{q1} & \rho_{q2} & \cdots & \rho_{qq}\end{bmatrix} \tag{3-49}$$

（2）步骤二：计算第 i 种赋权法与其他赋权法的平均相关程度：

$$\rho_i=\frac{1}{q-1}\sum_{k=1}^{q}\rho_{ik},(i=1,\cdots q) \tag{3-50}$$

归一化得：$\beta_i = \rho_i / \sum_{i=1}^{q} \rho_i \quad (i = 1, \cdots q)$

（3）步骤三：考虑方法之间一致性程度的组合权重向量可表示为：

$$W = \sum_{k=1}^{q} \beta_k W^{(k)} \tag{3-51}$$

5. 组合赋权法在确定指标权重中的应用

将以上 3 种方法应用于地下空间空气质量指标权重的确定中，得到对应指标权重如表 3-13 所示，将表 3-13 中的权重向量转换为排序号向量，得到对比结果如图 3-26 所示。

地下空间空气质量评价指标权重确定　　表 3-13

	CO_2	CO	甲醛	PM_{10}	TVOC	菌落数	氡
变异系数法 $W_{(1)}$	0.2381	0.2272	0.1902	0.1006	0.1090	0.0707	0.0642
熵权法 $W_{(2)}$	0.1573	0.1004	0.1850	0.1719	0.1283	0.1265	0.1306
相似权数法 $W_{(3)}$	0.2338	0.1024	0.1290	0.1140	0.2026	0.1129	0.1053

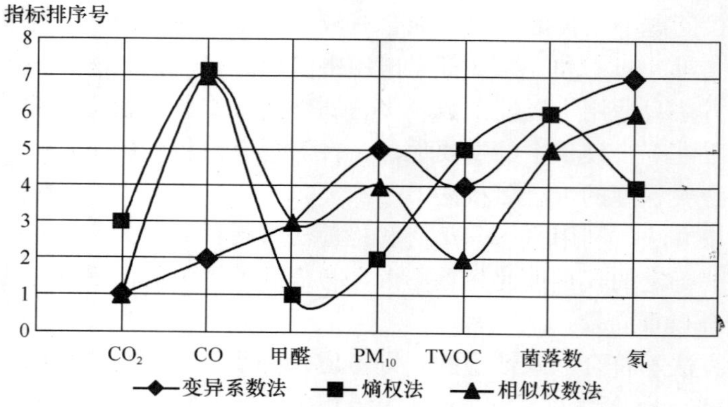

图 3-26　三种赋权方法指标权重排序对比

将以上结果代入式（3-49），计算过程由 SPSS13.0 实现，则三种赋权方法 *Spearman* 等级相关系数矩阵为：

$$\rho = \begin{bmatrix} 1 & 0.071 & 0.429 \\ 0.071 & 1 & 0.536 \\ 0.429 & 0.536 & 1 \end{bmatrix},$$

由矩阵 ρ 得平均相关程度为：$\rho_1 = 0.25$，$\rho_2 = 0.304$，$\rho_3 = 0.483$

归一化得：$\beta_1 = 0.241$，$\beta_2 = 0.293$，$\beta_3 = 0.466$

如果决策者对三种赋权法没有偏好，则仅考虑方法之间的一致性程度的组合权重可表示为：$W = \sum_{k=1}^{3} \beta_k W_{(k)}$

则地下空间空气质量评价指标权重为：

$$W = \{0.212, 0.132, 0.16, 0.128, 0.158, 0.107, 0.103\}$$

3.5　城市地下空间环境质量综合评价标准体系的研究

3.5.1　地下空间视觉环境评价体系

地面建筑与室外自然环境联系紧密，人们可以通过日光变化、气候变迁以及人们对周围环境的观察和经验来把握时空。而地下空间被封闭或大部分封闭在地下，建筑物与外界空间的联系只能利用通道，内部环境没有阳光、气候变化，无法直接把握时空。

改善地下空间视觉环境，可以采取的措施，包括适当增加空间尺寸，重视出入口的过渡处理，利用各种自然因素，如天然光线、外部景观、绿色植物及水体等。因此城市地下空间的视觉环境舒适度就显得尤为重要。

目前，现行关于照明设计和视觉环境标准很多，如《民用建筑照明设计标准》GBJ 133—90、《建筑照明设计标准》GB 50034—2004、《地下建筑照明设计标准》CECS45：92、《视觉环境评价方法》GB/T 12454—2008[44]等。其中前几种设计标准是为了使建筑照明设计能够满足长期使用的视觉功效、保证技术先进、使用安全、维护方便而制定。《视觉环境评价方法》是评价室内视觉环境质量的基本方法。视觉环境，是通过视觉，在人们所处环境中，对空间和各种物体的认识，用大脑的反应程度所描画的外部环境。由此可见，视觉环境和其他大部分标准中规定的照明和采光要求是有所区别的，它受更多因素影响，反映了在满足照明设计标准基础上，人群满意度的更高要求。因此，我们按照《视觉环境评价方法》GB/T 12454—2008 的评价思路，结合地下空间视觉环境特点，建立地下空间视觉环境评价体系，评价流程如图 3-27 所示。

1. 评价项目的筛选

评价项目应由专家小组根据工作场所的实际情况投票确定，最终入选项目其得票率不应低于 50%。影响视觉环境质量的参考项目可分为如下几种：

(1) 照度水平

照度的定义为被照体单位面积所受的光通量，其单位为勒克斯（lx）。每一个不同使

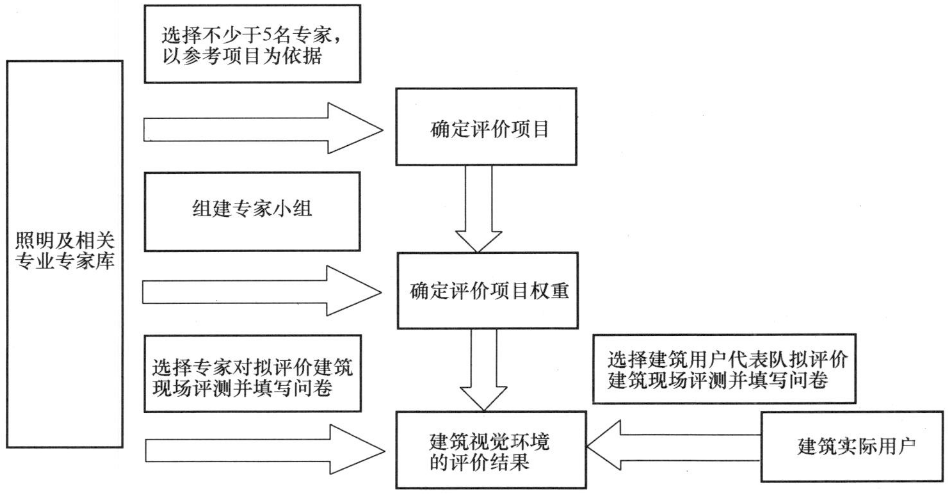

图 3-27　视觉环境评价流程图

用目的的场所，均有其合适的照度来配合实际需要。例如，一般家庭书房的照明照度约为100 lx，阅读时则需要照度600lx，此时可用台灯作为局部照明，已达到所需照度。照度太低时，容易导致视疲劳造成近视，照度太高则过分明亮刺眼，影响视力的同时形成电力浪费。

（2）眩光

视野中由于不适宜亮度分布，或在空间或时间上存在极端的亮度对比，以致引起视觉不舒适和降低物体可见度的视觉现象。生活中可以通过调整某些环境因素来尽量保持视野中各种光线亮度的趋向一致，才能减少这种眩光对视觉舒适度的影响。

（3）光温

各类人工光源发光的原理不同，所产生的光色各有不同，照明学上以光源所发出来的光源颜色与黑体在某一绝对温度下辐射出来的光线颜色相同时，便以黑体当时的温度称之为光源的光温，单位以绝对温度K表示，作为人体生理反应的清醒水平在高色温照明下变得亢奋。光温在3300K以下光色开始偏黄，使人感觉比较温暖；色温度超过5300K以上，光色转向青白，则感觉清冷。

（4）显色性

物体色在不同照明条件下的颜色感觉会发生变化，这种变化可用光源的显色性来描述。光源的显色性指的是与参考标准相比较时，光源显现物体颜色的特性。国际照明委员会（CIE）及我国制定的光源显色性评价方法中，都规定把CIE标准照明体A作为相关色温低于5000K的低色温光源的参考标准，它与早晨或傍晚时日光的色温相近；相关色温高于5000K的光源用CIE标准物体D_{65}作为参考标准，它相当于中午的日光。

（5）闪烁

表示由于亮度或光谱分布随时间波动的光刺激而引起的不稳定视觉现象。在电光源的闪烁频率与运动物体的速度成整倍数关系时，运动物体的运动状态就会产生静止、倒转、运动速度缓慢，以及上述3种状态周期性重复的错误视觉，可以影响人们的作业效率，频闪效应可以使人眼对物体的分辨能力下降，尤其当物体处于转动或晃动状态时，会使人产生错觉，影响生产和工作。应使用高频率的电子镇流器减少人工照明的频闪效应，为地下空间提供类似天然光的稳定的照明环境。

（6）天然光利用及控制

天然采光不仅仅是为了满足照度和节约能耗的要求，更重要的是满足人们对自然阳光、空间方向感、白昼交替、阴晴变化、季节气候等自然信息感知的心理要求。同时，在地下建筑中，天然采光的形式可使空间更加开敞，并在一定程度上改善通风效果，而且在视觉心理上大大减少地下空间的封闭、压抑、单调、方向不明、与世隔离等不良心理感觉。表3-14从7个不同的方面将人们对天然光和人工光的偏好进行了对比，从结果可以看出绝大多数人们偏向于利用天然光进行照明，关于该表的详细说明另见6.2节。

据中国建筑科学研究院的天然光和人工光的视功能对比试验表明，在照度2～1000lx范围内，视觉的临界对比度相差约5%～20%，也就是说在天然光下工作，人的视觉功效比人工光高5%～20%，在显色性方面天然光在可见光范围内具有连续的光谱分布，而且随着时间、天气、季节、地理位置的不同有所差别，这是任何人工光源所不具备的特性。所以在进行精细的彩色作业时，天然光的优势大于其他人工光源。

人们对天然光与人工光偏好的对比情况表　　表 3-14

项　目	天然光	人工光	没区别	没感觉
使心情舒畅	88%	3%	3%	6%
使室内环境舒适	79%	0	18%	3%
对身体健康有利	73%	3%	15%	8%
对视觉健康有利	73%	9%	9%	9%
显色性	70%	9%	9%	12%
提高工作效率	49%	21%	27%	3%
提高精细工作的质量	46%	30%	18%	6%

（7）空间及灯具形式

建筑内家具及灯具的布置形式、型号选择以及它们之间的关系对于帮助人群确定方位，区分空间功能都具有重要作用。同时，使用漫射透镜或隐藏光源在室内表面及空间设计中，科学地创造出类似于直射阳光所创造的空间感和光影感觉。

选取了 5 位建筑物理专业的专家组成专家小组，并根据不同类型地下空间的特点进行了投票，投票结果统计如表 3-15 所示。

视觉环境评价项目投票结果　　表 3-15

评价项目	地　铁		地下商场		地下旅馆	
	得票数	是否列为评价项目	得票数	是否列为评价项目	得票数	是否列为评价项目
照度水平	5	√	5	√	5	√
眩光	3	√	4	√	4	√
光温	2	×	2	×	2	×
显色性	2	×	5	√	5	√
闪烁	3	√	3	√	4	√
天然光利用及控制	1	×	4	√	2	×
空间及灯具形式	4	√	4	√	4	√

2. 评价项目权值确定

由 5 位专家根据所确定的评价项目，对地下空间视觉环境的影响的重要程度进行评判，对投票结果进行统计，得出不同空间类型中各评价项目的权重 Q_m 如表 3-16 所示。

视觉环境评价指标权值确定　　表 3-16

评价项目	项目权重影响程度	影响程度得分	地　铁		地下商场		地下旅馆	
			权重平均得分	权重 Q_m	权重平均得分	权重 Q_m	权重平均得分	权重 Q_m
照度水平	较大 一般 较小	3 2 1	3	0.35	3	0.25	3	0.3
眩光	较大 一般 较小	3 2 1	1.8	0.21	1.6	0.13	1.8	0.18

续表

评价项目	项目权重影响程度	影响程度得分	地铁		地下商场		地下旅馆	
			权重平均得分	权重 Q_m	权重平均得分	权重 Q_m	权重平均得分	权重 Q_m
显色性	较大 一般 较小	3 2 1	—	—	1.6	0.13	1.6	0.16
闪烁	较大 一般 较小	3 2 1	1.6	0.19	1.8	0.15	1.6	0.16
天然光利用及控制	较大 一般 较小	3 2 1	—	—	2.2	0.17	—	—
空间及灯具形式	较大 一般 较小	3 2 1	2.2	0.25	2.2	0.17	2	0.2

3. 现场评价及得分计算

在确定评价项目及其权重后，即可进行现场评价并记录现场情况，主要内容包括：评价场所及用途、评价日期及时间、评价人、评价时的天气条件及照明条件，现场外观特征或现场照明，以及相关视觉环境参数测量结果。评价问卷的格式可参考表 3-17。

地下空间视觉环境评价问卷　　表 3-17

评价项目	评价等级	选择投票	具体意见
照度水平	优		
	良		
	一般		
	较差		
	差		
……	……	……	……
空间及灯具形式	优		
	良		
	一般		
	较差		
	差		

设评价项目的评价等级 $n=$ {优，良，一般，较差，差}，对应的等级分值为 $P_n=\{10, 8, 6, 4, 2\}$，则项目评分 S_m 为：

$$S_m=\frac{\sum_{n=1}^{5} P_n V_{mn}}{\sum_{n=1}^{5} V_{mn}} \tag{3-52}$$

式中　S_m——项目评分，$2\leqslant S_m\leqslant 10$；

P_n——第 n 个等级的分值；

V_{mn}——评价项目 S_m 第 n 个等级所得票数。

视觉环境指数 S_{Visual} 可表示为：

$$S_{Visual}=\sum_{1}^{m}S_mQ_m \tag{3-53}$$

式中　S——视觉环境评价指数，$2\leqslant S_{Visual}\leqslant 10$；

Q_m——评价项目 S_m 的权值。

则视觉环境舒适度等级划分与其得分的对应关系定义如下：

$$\text{视觉环境舒适度}=\begin{cases}9\leqslant S_{Visual}\leqslant 10\\8\leqslant S_{Visual}<9\\7\leqslant S_{Visual}<8\\5\leqslant S_{Visual}<72\leqslant S_{Visual}<5\end{cases}$$

A 级:优

B 级:良

C 级:一般

D 级:较差

E 级:差

3.5.2 地下空间听觉环境评价体系

声学问题在地下空间中广泛存在，而地下空间的声场特点又与地上空间有很大不同，常见的两种典型情况：一种是在地下环境中虽然较少受到地面和人员喧闹声的影响，但机械设备的噪声、步行者的脚步声与说话声、店铺中的噪声等混合在一起，可能产生强噪声源，极易使人感到心情烦躁，精神疲乏，反应迟钝，注意力不集中，并降低工作效率[45]。另一种是与外界噪声源完全隔绝，缺少正常生活中应有的声音，造成绝对安静的环境，令人不安。因此为了给人们创造一个良好的听觉环境，更利于工作和生活，对于地下空间声场的评价与研究是刻不容缓的[46]。

1. 主观感受调查

良好的听觉环境，首先要保证一定距离内信息传递的清晰度。即在一般情况下，应保持交谈时对话清晰而不受影响，传送电话、广播清楚而不受干扰。其次要保证背景噪声水平适于人们工作和休息，不致使不当的或过高的背景噪声使人产生烦躁情绪。考虑到在不同时段，如上下班高峰期地铁的人员密度要比其他时段高，周末商场的客流量要比工作日高，地下旅馆晚上要比白天人员密度大等特点，本书中的测试是按时间不同，将三类地下空间的测试分为在高峰时段和一般时段两部分进行，时段划分如表 3-18 所示。

听觉环境测试时段划分　　表 3-18

空间分类	时 段 划 分	
	高峰时段	一般时段
地　　铁	每天早 7：30～9：00，晚 17：30～19：00	每天 9：00～17：30，19：00 以后
地下商场	工作日 19：00～22：00，休息日全天	工作日 10：00～19：00
地下旅馆	每天早 7：00～8：30，晚 19：00～22：00	每天 8：30～19：00

在上述两个时段内，分别在不同类型的地下空间随机发放的 282 份调查问卷统计结果如表 3-19 所示。

听觉环境主观调查结果　　表 3-19

序号	调查内容				
1	您对本地下空间听觉环境的总体感受是：				
	非常好 10.9%	比较好 16.6%	一般 33.7%	不是很好 26.9%	非常不好 11.9%
2	高峰时段，您认为当前听觉环境是否影响正常对话交流与愉悦的听觉感受？				
	非常影响 19.4%	影响较大 21.6%	一般 18.9%	略有影响 29.7%	无影响 10.4%
3	一般时段，您认为当前听觉环境是否影响正常对话交流与愉悦的听觉感受？				
	非常影响 10.4%	影响较大 18.0%	一般 24.8%	略有影响 32.0%	无影响 14.9%

2. 矩阵评价方法

A 声级是通过频率计权的网络由声级计直接读出的声级，是 A、B、C、D 四个计权网络中最常用的一种，全称 A 计权声级，用 L_p（A）表示，单位是 dB（A），它是目前全世界使用最广泛的评价方法。由于 A 声级能较好的反映人对噪声响度和吵闹的主观感觉，而且能够很好地与人耳听力损伤程度对应，几乎所有的环境噪声标准均用 A 声级为基本评价量[47]。

设 L_p 为相同地点、相同时段多次测量数据的平均值：

$$L_p = \frac{1}{n}\sum_{i=1}^{n} L_p(i) \tag{3-54}$$

式中　n——某监测点在相同时段测量的数据个数；

$L_p(i)$——第 i 个测量值。

对于一个连续稳态噪声，A 声级是一种较好的评价方法，它比较好地反映了耳对噪声强度与频率的主观感觉。而对于一个起伏的或不连续的噪声，噪声级随时间间歇性的变化，此时需要用等效连续声级来反映人们实际接收的噪声量大小，它表示一段时间内的平均能量。通常环境噪声的测量均使用 A 声级，一般等效声级实际指的是等效 A 声级，用 L_{eq}表示，单位是 dB（A），其定义如下：

$$L_{eq} = 10\lg\left(\frac{1}{t_2 - t_1}\int_{t_1}^{t_2} 10^{0.1L_p(t)}\,dt\right) \tag{3-55}$$

式中　t_1，t_2——计算等效声级的起止时刻；

$L_p(t)$——测量得到的 t 时刻的声压级。

声舒适指数，反映了受声者对声环境质量的舒适程度，根据噪声与声舒适的关系定义，某 i 评价对象的听觉舒适指数 $UACI_i$（Underground Auditory Comfort Index）。

$$UACI_i = \frac{L_b}{L_{eq}} \tag{3-56}$$

此时的基准值 L_b 取为不同类型地下空间内，满足人体听觉舒适的声压级，本书研究中地铁取 60dB（A），地下商场取 50dB（A），地下旅馆取 40dB（A）。

在高峰和一般时段，地下空间中人群对听觉环境的主观感受的问卷调查结果 $p_i = (p_1, p_2, p_3, \cdots p_n)^T$ 分别为（19.4%，21.6%，18.9%，29.7%，10.4%）和（10.4%，18.0%，24.8%，32.0%，14.9%）。各等级权重的确定[48]根据美国数学家扎

德（Zadeh）教授提出的模糊理论概念，应用隶属度函数，把舒适度定义为“安静”、“较安静”，“一般”，“较吵闹”，“吵闹”5个等级，分别给予权重 $(\alpha_1, \alpha_2, \alpha_3, \cdots\alpha_n)^T=(0.9, 0.7, 0.5, 0.3, 0.1)$。则得到的影响指数为 $\varphi_i=(\alpha_1, \alpha_2, \alpha_3, \cdots\alpha_n)\cdot(p_1, p_2, p_3, \cdots p_n)^T$ $(i=1, 2)$。将影响因子归一化，则高峰和一般时段听觉环境影响指数为：$\varphi_i=(0.53, 0.47)$。

不同地下空间类型有不同的听觉环境质量标准，本书参考《建筑隔声设计标准》GB/T 50121—2005、《民用建筑隔声设计规范》GBJ 118—88等相关标准，给听觉环境的5个等级确定划分范围，如表3-20所示。则地下空间听觉环境综合得分（满分10分）可定义为式（3-57）的形式：

$$S_{\text{Auditory}}=10\varphi_i UACI_i \tag{3-57}$$

地下空间听觉环境舒适指数等级划分　　表3-20

等级	等级描述	S_{Auditory}	$\overline{L}_{eq}$（dB（A））		
			地　铁	地下商场	地下旅馆
A	安　静	10	50	40	30
B	较安静	8.0～10.0	50～62.5	40～50	30～37.5
C	一　般	7.0～8.0	62.5～71.4	50～57.1	37.5～42.8
D	较吵闹	6.0～7.0	71.4～83.3	57.1～66.6	42.8～50
E	吵　闹	6.0	83.3	66.6	50

3.5.3　地下空间环境质量综合评价标准体系

在上文中，已分别建立地下空间热环境、空气质量、光环境和声环境的评价模型，并分别采用10分制得出其得分值。将这四个基础指标得分值进行综合，就涉及到综合评价体系的权重问题。此问题针对不同的类型、功能用途均有不同的标准和算法，现有文献中介绍的方法也多种多样，介于没有统一的确定方法和结论，本书采用将调查问卷和层次分析法组合的主观赋权法来确定这4部分的比重。

1. 调查问卷

在地下空间发放的1200余份调查问卷中，被访者认为要改善当前地下空间环境，最重要是控制哪方面的投票结果如图3-28所示。

将热湿、空气质量、视觉、听觉环境的权重归一化后为：

$$w_i^{(1)}=(0.2843, 0.4537, 0.086, 0.1534)$$

值得说明的是，此权重除了说明各部分的重要程度外，还在一定程度上反映了当前地下空间环境的不足之处，即人们认为急需得到改善的方面。因此，此法来源于主观的同时又具有一定尊重客观的现实意义。

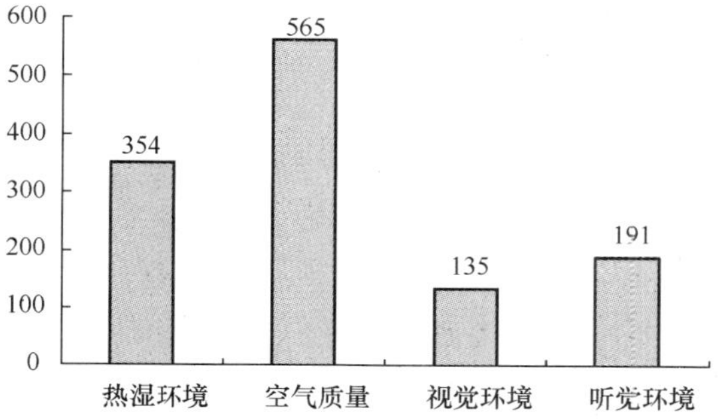

图3-28　地下空间受试者投票结果

2. 专家打分

与此同时，为了使权重确定结果更加科学可靠，同时发放了专家调查问卷。问卷内容涉及专家基本情况、定性评价等级划分、定量评价等级划分、意见及补充说明四大部分。选取了中国建筑科学研究院、哈尔滨工业大学、清华大学、同济大学、上海建筑科学研究院等研究单位在地下空间、室内环境、建筑物理、绿色建筑等领域的专家，共发放问卷 34 份。回收有效问卷 16 份，回收率 47.06%。考虑到专家评价精确程度取决于参加判断人员的学识、经验和知识结构等因素，对不同的判断人员赋予不同权重，记为意见重要度 R_i。同时，各评价指标采用两两比对的层次分析法确定，记为指标重要度 S_i，则 $w_i^{(2)}=\sum_{l=1}^{n}R_iS_i$ 即为由专家打分得到的综合评价体系指标权重。

（1）意见重要度确定

在确定专家意见的可信度（权重）时，根据专家自身情况，选取了 4 项因素，并对各因素细分为 4～5 个级别，专家权重强制赋值和每个级别对应专家人数见表 3-21。设项目权系数集为 $\{w_i\}$，级别权重系数集为 $\{x_{ij}\}$，则第 1 位专家在第 i 项目上得分为：

专家意见重要度权重分配　　表 3-21

确定因素		确定子因素		专家构成（人数）
项　目	权重（w_i）	级　别	权重（x_{ij}）	
职称	4	院士	4	1
		教授/教授级高工	3	8
		副教授/高级工程师	2	4
		工程师	1	3
本专业工龄	3	30 年以上	5	2
		20～30 年	4	5
		10～20 年	3	3
		5～10 年	2	4
		5 年以下	1	2
学历	2	研究生	5	12
		大学本科	4	4
		大学专科	3	0
		中专	2	0
		中专以下	1	0
年龄	1	50 岁以上	4	5
		40～50 岁	3	5
		30～40 岁	2	4
		30 岁以下	1	2

$$A_i^l=\sum_{j=1}^{5}X_{ij}\cdot B_{ij}^l \tag{3-58}$$

式中 $B_{ij}^l=\begin{cases}1\text{，第 }l\text{ 位专家在第 }i\text{ 项目中属于第 }j\text{ 级；}\\0\text{，第 }l\text{ 位专家在第 }i\text{ 项目中不属于第 }j\text{ 级。}\end{cases}$

i——项目序列，$i=1，2，3，4$；

j——级别序列，$j=1，2，3，4，5$；

l——专家序列，$l=1，2，3\cdots n$（n 为进行专家调查的专家总数）。

第 l 位专家意见的重要度为：

$$r_l = \sum_{i=1}^{4} A_i^l W_i \tag{3-59}$$

令全体专家意见的重要度之和为 1，则第 l 位专家意见重要度归一化后为：

$$R_i = r_l / \sum_{l=1}^{n} r_l \tag{3-60}$$

利用以上公式计算得出每位专家意见的可信度（即权重），见表 3-22。

专家意见可信度 R_i 计算　　　表 3-22

专家编号	1	2	3	4	5	6	7	8
权重	0.0744	0.0685	0.0352	0.0352	0.0528	0.0724	0.0881	0.0587
专家编号	9	10	11	12	13	14	15	16
权重	0.0724	0.0665	0.0509	0.0431	0.0705	0.0587	0.0763	0.0763

（2）指标重要度确定

采用层次分析（AHP）法[49,50]用两两比较的办法导出权重。所谓两两比较，即比较 2 个元素 μ_i 和 μ_j（i，j=1，2，…，n）哪个重要，重要多少，并把重要程度数量化。萨泰经过研究采用表 3-23 所示的 1～9 比例标度为上述重要程度赋值。例如，两个元素 μ_1 和 μ_2，若决策者认为 μ_1 比 μ_2 明显重要，那么它们重要性之比例标度应取作 5，μ_1 与 μ_2 相比的比例标度为 1/5。这样，两两比较被准则 μ 支配的 n 个元素，得到一个两两比较判断矩阵。

两元素比例标度含义　　　表 3-23

含　义	标　度	含　义	标　度
i，j 两元素　同样　重要	1	i 元素比 j 元素　强烈　重要	7
i 元素比 j 元素　稍　重要	3	i 元素比 j 元素　极端　重要	9
i 元素比 j 元素　明显　重要	5		

层次单排序是根据判断矩阵，计算出对上一层某元素而言，本层次与之有联系的元素的重要性次序。原理上可归结为求判断矩阵的特征值和特征向量问题，即对判断矩阵 A 满足：

$$AW = \lambda_{\max} W \tag{3-61}$$

式中　$\lambda_{\max}$——判断矩阵 A 的最大特征根；

W——对应于 $\lambda_{\max}$ 的正规化特征向量。

层次分析法的计算方法有幂法、和积法和方根法，这里采用方根法计算。其步骤如下：

1）步骤一：A 的元素按行相乘。$\mu_{ij} = \prod_{j=1}^{n} a_{ij}$

2）步骤二：所得的乘积分别开 n 次方。$\mu_i = \sqrt[n]{\mu_{ij}}$

3）步骤三：方根向量归一化，即得指标重要度 S_i 的第 i 个分量。$S_i = \mu_i / \sum_{i=1}^{n} \mu_i$

4）步骤四：计算判断矩阵最大特征根 $\lambda_{\max}$。$\lambda_{\max} = \sum_{i=1}^{n} \frac{(AS)_i}{nS_i}$

由于专家在进行两两比较时的价值取向和定级技巧，以及重要性等级赋值的非等比性，当判断矩阵的阶数 n>2 时，通常难于构造出满足一致性条件的矩阵来。为此，必须对判断矩阵是否可接受进行鉴别，这就是一致性检验。一致性指标 $CI=\frac{\lambda_{max}-n}{n-1}$，定义随机一致性指标均值 RI，按矩阵阶数查表得出。若满足 $CR=CI/RI<0.1$，则检验通过，否则需对判断矩阵进行调整后重新计算。

应用上述 AHP 法，得出 16 名专家的意见重要度 R_i 和指标重要度 S_i，由专家打分法确定的 $w_i^{(2)}=\sum_{l=1}^{n}R_iS_i$，经计算为：$\{w_1, w_2, w_3, w_4\}=\{0.3082, 0.4433, 0.01520, 0.0965\}$。

为了同时考虑地下空间人员及本领域专家对于指标权重确定的意见，将上文得到的 $w^{(1)}$、$w^{(2)}$ 分别赋予 0.4 和 0.6 的权重。即最后热湿环境、空气质量、视觉环境、听觉环境在最终综合评价中所占比重分别为：

$$w=0.4w^{(1)}+0.6w^{(2)}=\{0.2986, 0.4475, 0.1346, 0.1193\}$$

将地下空间热湿环境、空气质量、视觉和听觉环境的得分与其对应权重分别相乘，即可得到该地下空间综合环境得分，如下式表示：

$$S=0.2986S_{\text{Thermal}}+0.4475S_{\text{IAQ}}+0.1346S_{\text{Visual}}+0.1193S_{\text{Auditory}}$$

将地下空间综合环境划分为 5 个等级，划分标准如下所示：

$$\bar{v}_1=\begin{cases}9.0\sim10.0 & \text{A 级：很好}\\ 7.0\sim9.0 & \text{B 级：较好}\\ 5.0\sim7.0 & \text{C 级：一般}\\ 3.0\sim5.0 & \text{D 级：较差}\\ 0\sim3.0 & \text{E 级：很差}\end{cases}$$

3.5.4　应用案例

1. 工程概况

该中心位于北京市核心地带，总建筑面积 $5\times10^4\text{m}^2$。分别于 2008 年 5 月的工作日和周末两天，在本商场地下二层展开测试和调研工作。测点均布置在商铺和人员较密集的 A、B、E 区域，13 个测点布置如图 3-29 所示。

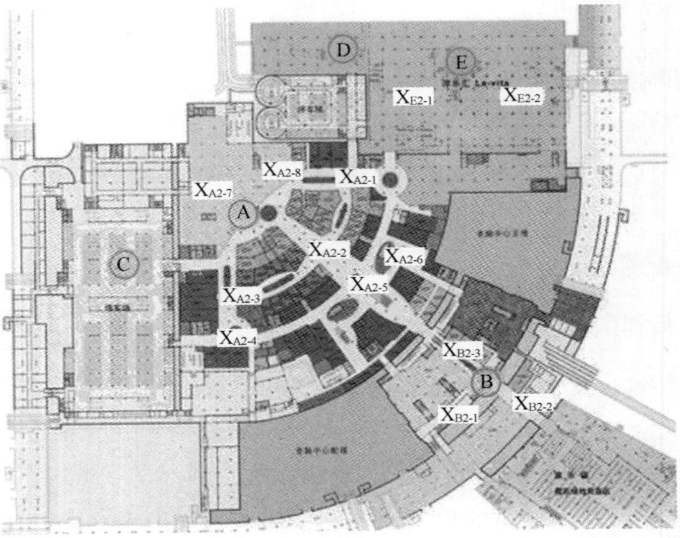

图 3-29　地下商场测点布置图

2. 热湿环境评价

热湿环境测试项目分别为环境温度 t_a、辐射温度 t_{mrt}、相对湿度 φ、风速 V 和主观感觉不满意率 PD。各测点测试结果和统计得分如表 3-24 所示。

地下商场热湿环境测试结果　　表 3-24

测点	客观评价						主观评价	
	t_a (℃)	t_{mrt} (℃)	φ (%)	v (m/s)	$USI_{夏}$ (W/m²)	客观评价打分	PD (%)	主观评价打分
A2-1	23.7	24.9	30.7	0.2	15.04	10	5.7	10
A2-2	23.6	23.2	29	0.1	17.88	10	5.5	10
A2-3	23.4	21.6	32.6	0	44.91	8	5.7	10
A2-4	22.2	22.8	31	0.31	−6.01	4	20.3	6
A2-5	22	22.2	29	0.18	0.12	6	20.1	6
A2-6	24.7	24	40.9	0.01	46.30	8	6	10
A2-7	23.7	23.2	32.4	0.08	22.04	10	5.1	10
A2-8	24.8	24.1	34	0.03	37.81	10	6.1	10
B2-1	22.2	25	32.7	0.17	12.74	10	6.6	10
B2-2	24.3	22.8	36.5	0	50.66	6	5	10
B2-3	24.7	25.4	42.6	0.28	21.58	10	5.2	10
E2-1	23.6	25.2	34.8	0.44	4.17	6	15.6	8
E2-2	23.6	24.3	38.2	0.26	11.66	8	5.3	10
均值	—	—	—	—	—	8.15	—	9.23

由表 3-24 可见，该地下工程热湿环境客观评价得分 $I_1=8.15$，主观评价得分 $I_2=9.23$，将其分别乘以对应权重并相加后，即可得到热湿环境的总得分 $S_{Thermal}=8.47$，环境等级为 B 级：轻微不适。

3. 空气质量评价

空气质量评价的测试项目应包括 CO_2、CO、甲醛、可吸入颗粒物 PM_{10}、挥发性有机化合物 TVOC、氡气、菌落数和人员主观不满意率。由于测量仪器的限制，本次测试未包含氡浓度。参考相关文献，北京地区地下工程氡浓度平均值为 40.7Bq/m³，远远小于一级标准上限值 200Bq/m³，因此在评价时将此指标暂列为全部满足最高级“清洁”标准。各测点测试结果和统计得分如表 3-25 所示。

地下商场空气质量测试结果　　表 3-25

测点	客观评价								主观评价		
	CO_2 (%)	CO (mg/m³)	甲醛 (mg/m³)	PM_{10} (mg/m³)	TVOC (mg/m³)	菌落 (个/皿)	氡 (Bq/m³)	客观评价打分	可接受度 ACC	不满意率 PD (%)	主观评价打分
1	0.092	1.1	0.031	0.210	0.416	45	—	8.98	0.51	5.35	10
2	0.070	1	0.025	0.236	0.709	65	—	8.57	0.43	7.94	10
3	0.085	0.7	0.030	0.219	0.670	94	—	8.42	0.41	8.75	10
4	0.053	1.6	0.014	0.176	0.490	101	—	8.92	0.38	10.12	8
5	0.073	1.6	0.025	0.293	0.408	58	—	8.94	0.64	2.76	10
6	0.087	4.8	0.028	0.302	0.650	60	—	8.22	0.44	7.56	10

续表

测点	客观评价								主观评价		
	CO_2 (%)	CO (mg/m^3)	甲醛 (mg/m^3)	PM_{10} (mg/m^3)	TVOC (mg/m^3)	菌落 (个/皿)	氡 (Bq/m^3)	客观评价打分	可接受度 ACC	不满意率 PD (%)	主观评价打分
7	0.081	0.8	0.026	0.289	0.461	52	—	8.83	0.32	13.36	8
8	0.094	0.7	0.024	0.243	0.496	79	—	8.67	0.36	11.10	8
9	0.088	1.1	0.019	0.202	0.277	81	—	9.16	0.62	3.07	10
10	0.105	1.7	0.032	0.158	0.922	69	—	8.24	0.71	1.928	10
11	0.080	3.5	0.045	0.125	0.829	—93	—	9.23	0.48	6.21	10
12	0.096	5	0.040	0.203	0.407	82	—	8.58	0.44	7.56	10
13	0.092	1.4	0.033	0.186	0.720	65	—	8.49	0.49	5.91	10
均值	0.084	1.92	0.029	0.219	0.573	73	—	8.711	0.48	7.047	9.53

由表 3-25 可见，该地下工程空气质量客观评价得分 $I_1=8.71$，主观评价得分 $I_2=9.53$，将其分别乘以对应权重并相加后，即可得到空气质量的总得分 $S_{IAQ}=8.95$，环境等级为 B 级：清洁。

4. 视觉环境评价

视觉环境评价包括照度水平、眩光、显色性、闪烁、天然光利用和空间及灯具形式等 6 个评价项目，研究中在该地下商场共发放视觉环境调查问卷共 50 份，投票统计结果如表 3-26 所示。

地下商场视觉环境投票结果　　表 3-26

评价项目	评价等级	选择投票	项目评分 S_m	评价项目	评价等级	选择投票	项目评分 S_m
照度水平	优	31	8.92	闪烁	优	38	9.44
	良	14			良	10	
	一般	4			一般	2	
	较差	0			较差	0	
	差	0			差	0	
眩光	优	19	8	天然光利用	优	2	5.76
	良	14			良	10	
	一般	15			一般	19	
	较差	2			较差	18	
	差	0			差	1	
显色性	优	25	8.52	空间及灯具形式	优	12	7.56
	良	15			良	20	
	一般	8			一般	14	
	较差	2			较差	3	
	差	0			差	1	

由上述分析可知，各评价项目权重分别为：$w=\{0.25, 0.13, 0.13, 0.15, 0.17, 0.17\}$，则此地下商场视觉环境的得分 $S_{Visual}=8.058$，环境等级为 B 级：舒适。

5. 听觉环境评价

听觉环境的评价项目为连续等效 A 声级，分别在高峰和一般时段在 13 个测点处采集连续 10min，间隔为 1min 的连续等效 A 声级，如表 3-27 所示。

地下商场噪声测试结果（dB） 表 3-27

测点	1	2	3	4	5	6	7
高峰时段	63.5	58.9	61.2	68.3	59.0	69.3	71.2
一般时段	53.3	50.1	56.4	60.9	51.4	59.4	65.3
测点	8	9	10	11	12	13	平均值
高峰时段	75.2	66.5	60.2	71.3	58.9	65.7	65.32
一般时段	68.8	60.5	51.2	62.5	50.1	49.5	56.87

高峰时段听觉环境舒适指数 $UACI_1=0.770$，一般时段 $UACI_2=0.889$，则此地下空间听觉环境综合得分：

$S_{Auditorv}=10\times(0.53, 0.47)\times(0.770, 0.889)^T=8.26$，环境等级为 B 级：较安静。

6. 综合评价

由上述分析可知，$S_{Thermal}=8.47$，$S_{IAQ}=8.95$，$S_{visual}=8.058$，$S_{Auditory}=8.26$，则该地下商场环境质量综合得分 $S=8.604$，环境等级为 B 级：较好。

第 4 章　城市地下空间通风空调系统和相关设备

4.1　基于地下空间空气品质的需求控制通风的研究

4.1.1　需求控制通风模式的工作原理和应用研究现状

1. 需求控制通风模式的工作原理

对 DCV 系统的一个简单解释就是：根据建筑物内污染物的浓度（一般为 CO_2）来确定新风量的大小，使通风系统在保证室内空气品质的同时，实现最大可能的节能。

DCV 系统是一种实时的，基于空间人流密度的通风方式，它相对于传统的定风量系统有着巨大节能潜力。

DCV 模式的实现形式就是随着空间人员密度变化，能够对新风量的大小作出相应的调节，使得新风量时刻与人员密度相适应。它的具体工作原理是通过在建筑物内外安装 CO_2 传感器，计算出室内外 CO_2 的浓度差，并将这些信息持续反馈给中央控制系统，用以进行送风控制。其优点是能够实时计算出建筑物内的人流并进行相应的送风操作，为室内的空气质量提供了可靠的保障，同时又预防了过量通风，节约了能耗。

2. 需求控制通风模式的应用研究现状

（1）国内 DCV 模式的应用研究现状

国内对于需求控制通风系统的研究起步于 20 世纪 90 年代末。解放军理工大学工程兵工程学院的杨盛旭、韩旭[1]等对需求控制通风方式进行了改进研究，设计制作了仿真试验平台，通过监测 CO_2 浓度，反映在室人员人数的动态变化，得出 CO_2 浓度模拟量与电动讯号阀门开度的函数关系，并与传统的通风方式进行了节能比较。

解放军理工大学工程兵工程学院的耿世彬、杨家宝[2]研究的基于室内空气品质的需求控制通风，用 CO_2 浓度作为室内人员相关污染物的控制指标，以 TVOC 作为室内建筑相关污染物的控制指标，从而容许在室内人员改变或建筑相关污染物浓度改变时调节入室新风量，实现了节能与提高室内空气品质的统一。

西南交通大学戴朝华、朱云芳[3]等以衡量热舒适性的 PMV 和反映室内空气质量的 CO_2 浓度为控制输入参数，建立了相应的控制策略，分别对变频空调器压缩机、蒸发器风机、新风阀（机）和台式小风扇进行控制以同时满足 $0<PMV<0.5$ 和 CO_2 体积分数 $<1000\times10^{-6}$。此外还建立空调器系统模型对一典型办公室进行了计算机仿真，表明热舒适指标（CI）控制与传统温（湿）度控制相比，不仅更能满足舒适性，而且节能。

由此可见，国内对于 DCV 系统的研究已经初有成效，已进行了仿真模拟和实验研究，得出了一些关于 DCV 系统应用前景的初步结论，但是还没有对于 DCV 系统进行系统的理论和实验验证，没有关于 DCV 系统节能性的具体数据。

（2）国外 DCV 模式的应用研究现状

国外对于需求控制通风系统的研究起步较国内稍早，研究内容也更深入。1997 年的

ASHRAE秋季学术年会上，Yu-PeiKe和S. Mumma[4]两人提出一种需求控制通风的改进思路，认为个人所需的最小新风量和建筑物所需最小新风量都由标准给定，只有室内人员数是个变量，故可以利用CO_2传感器从室内CO_2浓度变化确定室内人员的动态变化。这样既保留了动态调查新风量的优点，又满足了室内人员舒适和健康的需要。

Mike Schell，Stephen Turner，Omar Shim[5]根据对ASHRAE Standard 62的理解，指出了应用CO_2-DCV的原则。通过预测CO_2浓度与实测浓度的对比，模拟出在一定的延迟时间内，应该如何有效地选择人均新风量。

John J. Lauria[6]等比较了传统的定风量系统与DCV的差异，从理论上说明DCV是如何保持室内空气品质和降低费用的，并进一步指出办公室、学校、会议室以及宾馆等所能节省费用的比例。

Mike Schell和Dan Int-Hout[7]阐述了利用CO_2来控制新风量的原理以及CO_2-DCV的优点，图示出了在通风达到平衡时，室内的CO_2浓度与人均新风量的关系以及到达稳定通风的延迟时间和人均新风量的关系，介绍了非扩散红外侦察CO_2传感器和光-声学CO_2传感器的使用原理和安装规则。

Maitin[8]对地下车库进行研究，认真比较了CO_2和CO的浓度，认为CO-DCV是可行的，并且比CO_2-DCV更合适；在气流组织上，对置换式通风和混合通风两种通风方式进行了比较，指出了各自的使用范围，并给出了地下车库传感器的布置方案；对一典型地下车库在利用DCV前后进行能量对比，发现使用DCV后节能15％。

Kurt Roth，P. E[9]等介绍了DCV的概念和它的节能潜力，并从市场因素考虑利用DCV的可行性和必要性。

Aircuity[10]公司针对目前CO_2-DCV不能得到广泛应用这种现状，进行调查研究，认为主要有三个原因：1）不能反映非人体污染物所需的必要通风量；2）控制上的不准确会导致室外新风量过大，造成能源浪费；3）CO_2传感器维护与标定的费用相当昂贵。为了解决上述问题，Aircuity公司提出了多参数DCV，即MpDCV，指出有必要对TVOC、微粒、甲醛和相对湿度进行控制，这样就保证了在室内CO_2浓度相当低的时候，仍然有一定的通风量，满足正常的舒适度要求，这种方法需要增加一个测量其他参数的传感器，具体需要测量哪个参量需按实际情况而定；将最新科技MSS应用于MpDCV能提供一种更好的经济高效的解决方式，它能够使传感器测量更精确，而又能降低维修费用，所以能大大降低运行费用。

ASHARE 62[11-14]介绍了DCV的使用条件和应用规则，并给出了不同建筑的室内空气品质的标准。

从以上国内外对于DCV系统的研究现状来看，虽然DCV系统具有节能上的巨大优势，但是由于各种原因，国内外DCV的研究目前多还停留在理论阶段，实际工程应用不多，特别是对于地下空间，DCV方面的研究资料更是难得一见，为了更好地研究DCV系统，最好的办法就是建立一套DCV系统的实验台，对于DCV系统存在的问题进行实际的观察和检测，以此来推动DCV在我国地下空间中的应用。

3. 需求控制通风模式在地下空间应用的可行性分析

“需求控制通风”系统最适用于人流有间歇性变化的地方，如课室、会议室、戏院、待客室或其他办公的地方。对于人流没有间歇性变化的地方，送风量基本维持平衡，设置

“需求控制通风”系统的作用不大，不过对 CO_2 含量的控制可以确保空气流通满足建筑物实际人流的要求，而不是仅仅维持在设计该建筑物时的假设水平。目前，国内外对于 DCV 的研究局限于地上空调房间，对地下空间中能否运用 DCV 以及如何运用 DCV 却鲜有研究。

运用 DCV 的两个最重要的条件分别是人员密度大和人员密度波动大，都与人员有关。人员密度大是为了保证设计新风量较大，新风负荷份额较大，使得在人员变化时它有一个较大可调节范围；人员密度波动大是为了保证新风能够真正的在运行时间内时刻地波动，从而节省新风负荷能耗。如果人员密度在空调运行时间内没有变化，那也就没有运用 DCV 的必要。

由于地下空间恒温、恒湿、遮光性以及气密性，使得地下空间负荷中围护结构的渗风负荷相对较小，完全可以忽略不计，负荷主要由人员负荷以及灯光负荷组成。相比地上建筑，由于减少了围护结构负荷和渗风负荷这两大部分，使得人员负荷所占的比例大大增加。其中，人员密度大小不仅直接影响人员负荷大小，还影响设计新风量，从而影响空调新风负荷。对于地下空间中地下商场和地铁这样人员集中的场合，人员负荷必然占据不小的比例，这样在这些场合就具备应用 DCV 的第一个条件。

杨晓燕[15]等选择位于上海市市中心比较有代表性的一处地下空间作为研究对象，针对购物中心、餐厅、停车场和办公区等不同功能区的地下空间中室内空气质量影响进行了现场监测研究，主要研究了人群活动对室内 CO_2 浓度的影响规律，为今后改善地下空间室内空气质量提供了设计依据。通过研究发现，CO_2 浓度随人流量的增减同步变化，室内空气中的 CO_2 浓度与人流量呈现正相关性，认为地下空间通风系统设计时，应根据现场实际可能出现的人流量情况，进行新风量调节，以达到节能和改善室内质量环境双重目的。

刘浩[16]对哈尔滨市某地下商场室内空气品质进行实验研究与评价，得出结论：新风对室内空气污染物指标的高低有很直接的关系，新风量大的厅，其污染物含量低；现代装修对室内空气品质的影响很大，这直接表现在装修后空气中 TVOC 和甲醛含量的明显增大；人流与 CO_2 的关系密切，CO_2 浓度变化与人流量变化呈正比，即 CO_2 浓度会随人流量增大而增大；通过对典型厅和非典型厅的比较，新风量的大小是造成其差异的主要原因。

祁晓霞[17]对重庆几家具有代表性的商场进行调查，发现一般性的商场人员具有早、中、晚典型的三峰变化规律。对于地下商场，可以参考上面的调查研究，取相同的人员变化律。

在地铁中，一天的客流量也存在明显的变化，在上班时间和下班时间呈现早高峰和晚高峰，是典型的双峰型曲线。刘袒[18]等对上海地铁车站空气中 CO_2 浓度和客流量进行了调查，并根据调查的结果绘制了客流量和车站内 CO_2 浓度变化曲线。通过这些曲线得出：(1) CO_2 浓度基本上能反映人流密度，CO_2 是一种很好的室内空气品质的指示剂；(2) 人流密度无论是在工作日还是休息日变化都很大，具有明显的早高峰和晚高峰；(3) 地铁 CO_2 浓度变化相对于人流变化有一个延迟。

从以上的调查可以看出，地下商场和地铁站都满足应用 DCV 系统的两个基本条件。地下商场和地铁人员密度大，设计新风量也大，而在实际运行中，人员密度时刻变化，而且变化的范围很大，所以有必要对新风进行控制，以达到节能的效果。

目前，国内外温控变风量技术已经比较成熟，在国内新建的商场和地铁站都在考虑使用变风量系统。既然温控变风量在地下商场和地铁中的应用已经成为一种发展的趋势，那么与之并行的如果能够对其中的新风量进行控制，必将有巨大的节能前景。对于已经利用了温控变风量的系统，在条件合适的情况下，可以很容易地对系统进行 DCV 改造，只需要添加一些 CO_2 传感器即可。

4.1.2 适用于地下空间的需求控制通风模式的建立

1. 地下空间 CO_2 浓度分布与 CO_2 传感器位置的确定

利用 CFD 模拟技术，研究典型地铁和地下商场内部 CO_2 浓度和温度的空间分布规律，通过分析 CO_2 浓度的空间分布，确定 CO_2 传感器的最佳布置位置。

（1）地下商场的 CFD 模拟

图 4-1 为一典型商场的 CFD 模拟结果。可以看出在垂直高度为 1.65m 的平面，CO_2 在中间过道居高，平均浓度达到体积分数 1300×10^{-6} 以上，而两侧售货区稳定在体积分数 1200×10^{-6} 以内，这一区域为售货员活动区，售货员在地下商场待的时间久，对热舒适性以及空气品质的要求理应高于顾客，所以这种送排风方式正好能够满足要求。通过模拟分析可以看出，地下商场内 CO_2 浓度分布并不均匀。若将 CO_2 传感器以及温度传感器置于回风管内，则需要以回风管内 CO_2 浓度再附加体积分数 150×10^{-6} 来反映此地下商场内实时 CO_2 浓度水平。

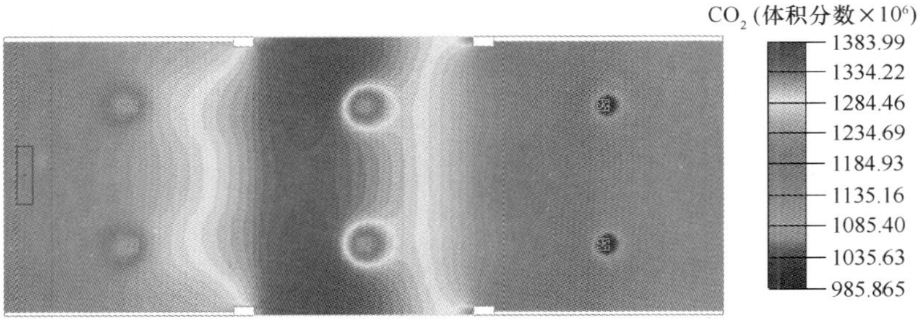

图 4-1 模拟的 Y=1.65m 处 CO_2 浓度场的分布图（地下商场）

（2）岛式屏蔽门地铁站的 CFD 模拟

图 4-2 为典型岛式屏蔽门地铁站内的 CFD 模拟结果。可以看出在垂直高度为 1.65m 的平面，CO_2 浓度的分布跨度较大，最大值达到体积分数 1500×10^{-6} 以上，而最小值为体积分数 800×10^{-6} 以下。人员在进站口楼梯之间停留概率较高，所以这一区域的 CO_2 浓度比较有代表性，就这一区域来看，大部分 CO_2 体积分数在 $1100\sim1300\times10^{-6}$ 之间，有小范围 CO_2 体积分数在 1500×10^{-6} 以上，可以选 1300×10^{-6} 作为此次模拟条件下站台内 CO_2 体积分数的代表值，这个值比站台内平均值高 300×10^{-6}。而 CO_2 浓度分布的不均匀，一是由于人员分布的不均匀引起的，二是由于气流组织的不合理引起的。通过模拟分析可以得出，在岛式屏蔽门地铁站台，若将 CO_2 传感器以及温度传感器置于回风管内，则需要以回风管内 CO_2 体积分数再附加 300×10^{-6} 来反映此站台内的实时 CO_2 浓度水平。

2. 适用于地下空间的需求控制通风模式基准新风量的确定

DCV 是 CO_2 浓度对新风量进行控制的新型需求控制通风方式，但是地下空间中除了 CO_2 外，还有许多其他污染物，所以有必要提供一个基准的新风量来稀释这些污染物，

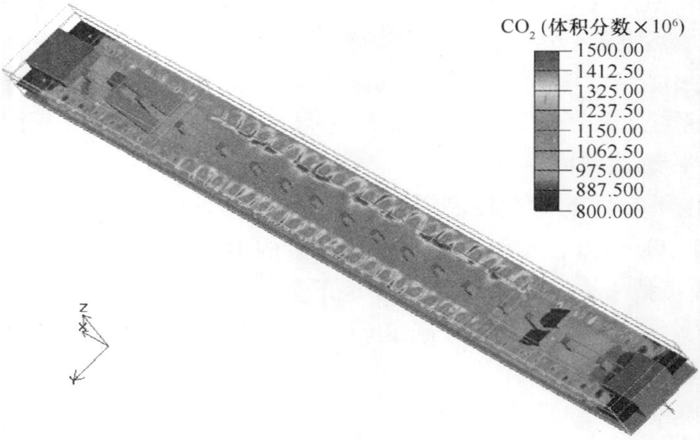

图 4-2　模拟的 Y＝1.65m 处 CO_2 浓度场的分布图（地铁站台）

以防止新风量低于这个基准新风量值。这个基准新风量值的选取需要对不同地点、不同建筑的各种污染物进行综合评价，选择合适的污染物作为基准新风量控制指标。

地下空间由于密闭性、潮湿、土壤源的放射性等，不能很好地利用自然通风来稀释污染物，所以它的污染物浓度相比地上空间要相对大一些，而且需要考虑的污染物种类也不全相同。正在使用的地下空间在空气质量方面主要存在的问题在第 3 章已有明确的阐述，这里不再赘述。

考虑到地下空间特殊的环境，以及各种污染物的散发量和危害程度，选取氡 Rn 作为基本新风量的控制参数。由于 Rn 是与人员变化无关的物理量，而主要与地层环境有关，它的散发率基本上可以认为不变，这样就可以在 DCV 设计之前选一个新风量的固定值作为基本新风量，而没有必要在空间中再增设 Rn 的测量仪器。

氡从土壤和建材中的传质过程是一个有源传质过程，其产氡的基本作用是镭氡的射气作用，我们用 G_v 表示单位时间内氡的产生率（$Bq/(m^3\cdot s)$），$G_v=G\lambda\rho\eta$，其中 G 表示镭的比活度（Bq/kg），λ 表示氡的衰变常数（$2.098\times10^{-6}s^{-1}$），ρ 表示介质的密度（kg/m^3），η 表示镭的射气系数（%）。氡可以通过土壤和建材扩散，通过土壤和建材中的孔隙和毛细管对流，来达到介质内传质的目的。其中，扩散作用遵循斐克定律，用 $D\cdot d^2C/dx^2$ 来表示扩散项，D 表示扩散系数，C 表示介质中的氡浓度（Bq/m^3）；对流作用项用 $-v\cdot dC/dx$，v 表示渗透率（m/s），其中，$v=V/\varepsilon$，V 表示对流速度，ε 表示孔隙率。

（1）考虑表面析出氡的土壤析氡率 E_{s1}

$$E_{s1}=L_{Rn\cdot s}G_{V\cdot s}-(L_{Rn\cdot s}\lambda\varepsilon_s+v_s)C_{0\cdot s} \tag{4-1}$$

式中　$C_{0\cdot s}$——土壤表面氡浓度，Bq/m^3；

$L_{Rn\cdot s}$——土壤扩散长度（m），可按下式计算：

$$L_{Rn\cdot s}=\sqrt{\frac{D_s}{\lambda\varepsilon_s}} \tag{4-2}$$

（2）表面逸出引起的土壤析氡率 E_{s2}

$$E_{s2}=v_sC_{sq} \tag{4-3}$$

式中　C_{sq}——浅层土壤气体的氡浓度，Bq/m^3。

（3）土壤总析氡率

$$E_s = E_{s1} + E_{s2}$$

$$E_s = E_{s1} + E_{s2} = L_{Rn\cdot s}G_{V\cdot s} - (L_{Rn\cdot s}\lambda\varepsilon_s + v_s)C_{0\cdot s} + v_sC_{sq}$$

$$E_s = L_{Rn\cdot s}G_{V\cdot s} - L_{Rn\cdot s}\lambda\varepsilon_sC_{0\cdot s} + v_s\Delta C_s \tag{4-4}$$

式中 第一项——表示土壤镭衰变引起的氡析出；

第二项——表示空气中氡浓度的存在所导致的氡的反扩散，它会在一定程度上抑制氡的析出；

第三项——表示土壤的对流作用，土壤气体溢出到室内造成的进氡。式中，$\Delta C_s = C_{sq} - C_{0\cdot s}$，表示土壤气体与空气的氡浓度差。

$L_{Rn\cdot s}\lambda\varepsilon_s$ 称作土壤的反扩散系数，表征边界氡浓度对土壤表面析氡的影响，记作 α_s。

（4）建材表面的析氡率 E_m

可以认为建材内部镭衰变作用下的析氡率与建材两表面上浓度差作用下的析氡率彼此不相影响，建材的析氡率等于建材内部镭衰变作用下的析氡率与建材两表面上浓度差作用下的析氡率简单相加之和。因此，

$$E_m = E_{m1} + E_{m2} = G_{V\cdot m}L_{Rn\cdot m}\tanh\left(\frac{L_m}{L_{Rn\cdot m}}\right) + C_{m1}\frac{\lambda\varepsilon_mL_{Rn\cdot m}}{2\sinh\left(\frac{L_m}{L_{Rn\cdot m}}\right)} - C_{m2}\frac{\lambda\varepsilon_mL_{Rn\cdot m}}{2\sinh\left(\frac{L_m}{L_{Rn\cdot m}}\right)}$$

$$E_{m2} = C_{m1}\frac{\lambda\varepsilon_mL_{Rn\cdot m}}{2\sinh\left(\frac{L_m}{L_{Rn\cdot m}}\right)} - C_{m2}\frac{\lambda\varepsilon_mL_{Rn\cdot m}}{2\sinh\left(\frac{L_m}{L_{Rn\cdot m}}\right)} \tag{4-5}$$

式中 第一项——表示建材本身的氡析出；

第二项——表示贴近土壤一面由于氡浓度的存在导致的氡析出；

第三项——表示空气中氡浓度的存在导致的氡的反扩散，它会在一定程度上抑制氡的析出。

将第一、二项合并，$E'_m = G_{V\cdot m}L_{Rn\cdot m}\tanh\left(\frac{L_m}{L_{Rn\cdot m}}\right) + C_{m1}\frac{\lambda\varepsilon_mL_{Rn\cdot m}}{2\sinh\left(\frac{L_m}{L_{Rn\cdot m}}\right)}$，称 E'_m 为贴近土壤建材的当量析氡率；将 $\frac{\lambda\varepsilon_mL_{Rn\cdot m}}{2\sinh\left(\frac{L_m}{L_{Rn\cdot m}}\right)}$ 称作建材的反扩散系数，表示建材两表面氡浓度差对析氡率的影响程度，记作 α_m。

（5）地下商场基本新风量的确定

计算地下商场氡的析出率，可取地下商场中有代表性的一段作为计算对象，具备单独的散流器和回风口。对于安装空调的地下建筑，大多数设有吊顶，吊顶阻止了屋顶和位于吊顶以上墙体的析出氡向室内扩散，利用前面给的公式，可以计算出墙体和地板以及底层土壤的析氡率。

室内氡浓度与通风换气效率的关系，如式（4-6）、式（4-7）所示：

$$\frac{C(\infty)}{C_0} = 1 + \frac{M_i}{C_0(ACH)} \tag{4-6}$$

$$q = \frac{M_iV}{C(\infty) - C_0} \tag{4-7}$$

M_i 为单位时间进氡率，$Bq/m^3 \cdot h$；$ACH=q/V$，为室内换气次数，h^{-1}；$C(\infty)$ 为达到稳态时的室内氡浓度，C_0 为室外氡浓度，$C(\infty)/C_0$ 称为相对氡浓度。

$C(\infty)$ 取 200 Bq/m^3，C_0 取 5 Bq/m^3，M_iV 可根据建筑实际情况得到，由此可计算得到相应的基本新风量 q。

（6）地铁站台基本新风量的确定

在地铁站台中，由于两侧有活塞风来回冲击，并且活塞风量巨大，远大于地下空间中稀释各种污染物的基本新风量，所以在地铁站台 DCV 设计中可以忽略基本新风量的设定。对于屏蔽门地铁站台，站台内受活塞风影响较小，但是在屏蔽门站台环境中析氡的表面积大大减小，所以也可以不设置基本新风量。

3. 适用于地下空间的需求控制通风模式的建立

（1）全年空调运行工况的确定

地下空间的空调风量一般都是根据夏季最小新风工况下设计参数进行计算的，而实际上一个空调系统的运行往往在全年要跨越好几个工况，并且每一个阶段需要控制的量也不一样。

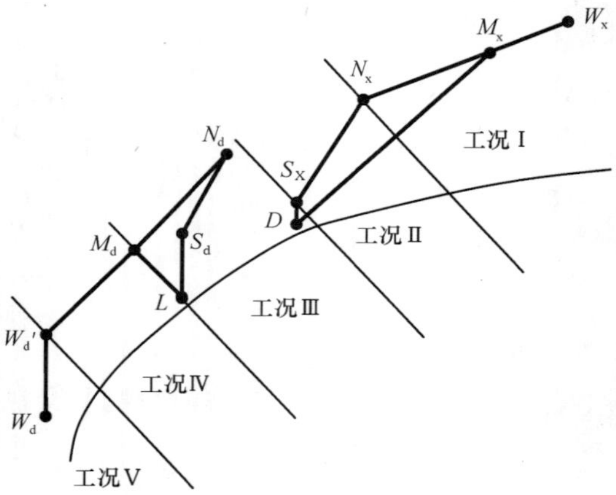

图 4-3　地下空间空调工况分区

通过分析地下空间全年负荷特点以及气象条件，预计空调系统在运行过程中，包括如图 4-3 所示的 5 种工况。

工况Ⅰ（夏季最小新风空调工况）：室内焓小于室外焓，使用最小新风空调，最大限度减小新风冷负荷；

工况Ⅱ（全新风空调工况）：室外焓小于室内焓，但是仅利用室外新风无法处理室内热源散发的热量，无法将室内空气冷却到允许范围以内；

工况Ⅲ（过渡季全新风工况）：利用全新风就能处理室内散发的热量；

工况Ⅳ（一次回风通风工况）：利用全新风时，新风带来的冷量过大，室内人员散发的热量不足以加热空气到冬季室内控制状态点，这时采用最小新风的一次回风通风，新风量由 DCV 控制；

工况Ⅴ（冬季空调）：当室外焓值特别低时，即使是由 DCV 控制的最小新风量带来的冷量，室内热源也不能处理。这时就需要对新风和混合风进行加热。

上图中各工况的分界线只是一个大体的示意，真正工况在什么情况下开始转换需要根据室外气象条件，室内实时温湿度参数，以及 CO_2 浓度来进行综合评定。由于空调系统都是根据夏季最小新风空调工况进行设计，因此地下空间的需求控制通风模式也是基于夏季最小新风空调工况条件下建立的。对于其他工况只需稍加改造即可。

（2）DCV 系统新风量和 CO_2 浓度控制仿真模型的建立

选取房间为研究对象，根据 CO_2 的传递路线，这个系统是内部有散发源的非稳态稳流开口系统。对于如图 4-4 所示的一次回风系统，忽略回风在回风管内的流动时间，并假设排风口的 CO_2 浓度时刻等于室内 CO_2 的平均浓度。因为温度变化范围不大，按不可压缩流体计算，CO_2 密度取 1.7827kg/m³，空气密度取 1.17kg/m³。

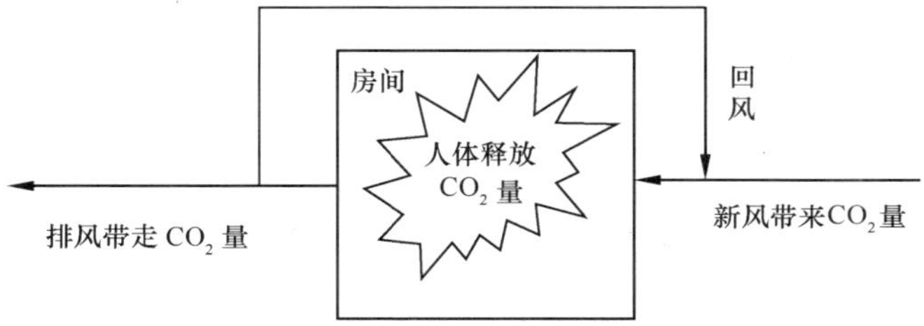

图 4-4 一次回风系统室内 CO_2 流动示意图

根据 CO_2 质量守恒原理则有如下关系式：

1）地下商场

室内 CO_2 质量变化＝人体释放的 CO_2 质量＋新风带来的 CO_2 质量－排风带走的 CO_2 质量

即 $$m_{CO_2}(t)-m_{CO_2}(t_0)=\int_{t_0}^{t}0.045R(\tau)\mathrm{d}\tau+\rho_{CO_2}\times10^{-6}\int_{t_0}^{t}[400-Y(\tau)]Z(\tau)\mathrm{d}\tau \tag{4-8}$$

式中 R（τ）——人员随时间的变化函数；

Y（τ）——室内 CO_2 体积分数×10^6；

Z（τ）——新风量，m^3/h；

400——新风 CO_2 体积分数×10^6；

m_{CO_2}（t）——t 时刻室内空气中所含的 CO_2 的质量，kg；

0.045——人体 CO_2 呼出量，kg/h；

ρ_{CO_2} 取 1.7827kg/m^3。

2）地铁站台

与地下商场相似，但需考虑渗风对系统的影响，在此忽略发车间隔周期内的变化，则其方程为：

室内 CO_2 质量变化＝人体释放的 CO_2 质量＋新风带来的 CO_2 质量＋渗风带来的 CO_2 质量－排风带走的 CO_2 质量

$$m_{CO_2}(t)-m_{CO_2}(t_0)=\int_{t_0}^{t}0.045R(\tau)\mathrm{d}\tau+\rho_{CO_2}\times10^{-6}\int_{t_0}^{t}[400-Y(\tau)]Z(\tau)\mathrm{d}\tau+\rho_{CO_2}\times10^{-6}\int_{t_0}^{t}[600-Y(\tau)]Z(\tau)\mathrm{d}\tau \tag{4-9}$$

式中 Y（τ）——站台内平均 CO_2 体积分数×10^6；

600——隧道内平均 CO_2 体积分数×10^6[19]。

其余符号意义同前。

很明显，m_{CO_2}（t）与 Y（τ）存在下面的关系：

$$m_{CO_2}(t)=Y(\tau)\rho_{CO_2}V\times10^{-6} \tag{4-10}$$

式（4-10）中 V 为空调房间的有效体积，0.8 为有效利用系数。

整个控制系统的简图如图 4-5 所示。

地下空间的 CO_2 浓度控制中，通常以室内 CO_2 浓度上限作为参考输入量，同时考虑回风管内 CO_2 浓度与室内人员活动区域 CO_2 浓度的差异和允许波动的范围。从图中很容易看出，此控制系统是 CO_2 浓度相对于参考输入量的偏差控制的闭环控制。图中干扰信号为室内人员数所引起的室内 CO_2 浓度变化量，执行环节为控制手段对变频风机转数进

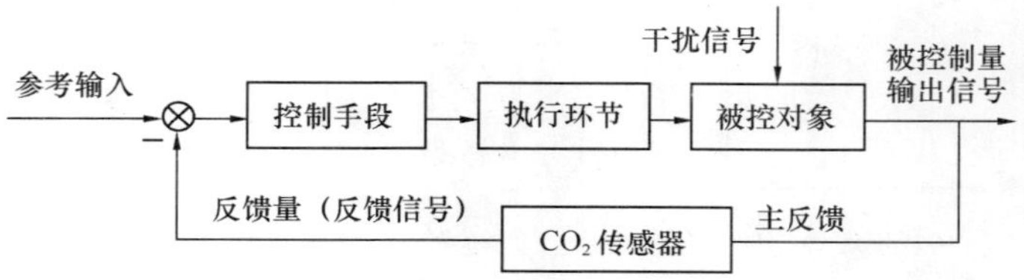

图 4-5　DCV 系统控制简图

行调节以改变新风量的过程。

由于送风带来 CO_2 以及室内人体释放 CO_2 对室内 CO_2 浓度的影响均有纯滞后过程，因此，需要考虑纯滞后时间 τ。对于面送风和散流器送风，纯滞后时间常数 τ 可按 $9/N$（min）计算，N 为空调房间的换气次数[20]。

根据前文对空调房间内 CO_2 浓度的描述，可以利用 Simulink 建立新风量与 CO_2 浓度控制模型，如图 4-6 所示。

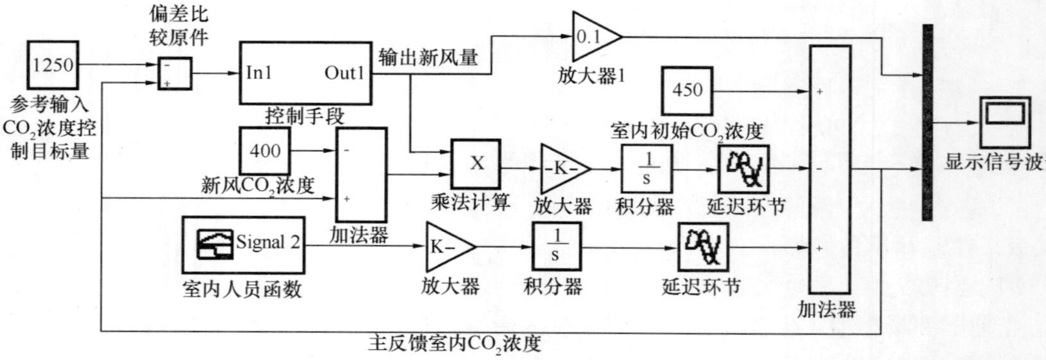

图 4-6　CO_2 浓度—新风量控制仿真模型

3）控制策略

对反馈控制系统最基本的要求是工作的稳定性，同时对准确性（稳态精度）快速性和阻尼性也有要求。控制器是控制系统中最基本的组成部分之一，习惯上把控制器、发信器、执行器等总称为控制设备。控制器按其控制规律，划分为双位、比例、比例积分及比例积分微分控制。图 4-7 为目前暖通控制领域常见的 PID 控制策略图。

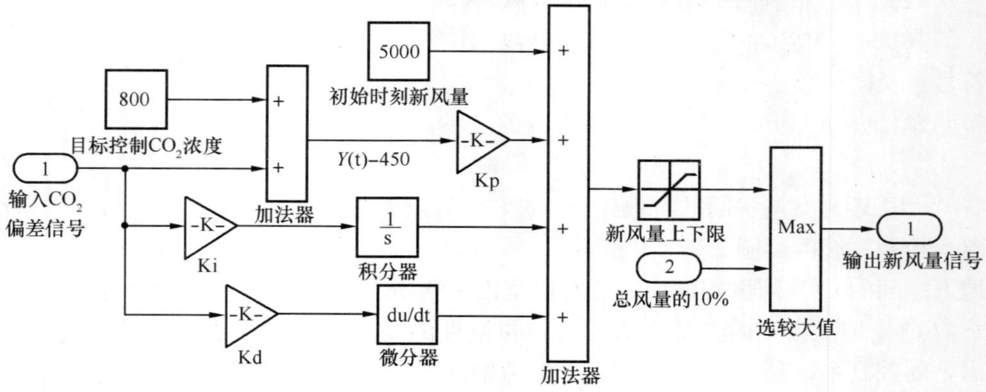

图 4-7　PID 控制器

其控制方程为：

$$Z(t)-Z(t_0)=K_p[Y(t)-Y(t_0)]+K_i\int_{t_0}^{t}[Y(\tau)-1250]d\tau+K_dY'(t) \quad (4\text{-}11)$$

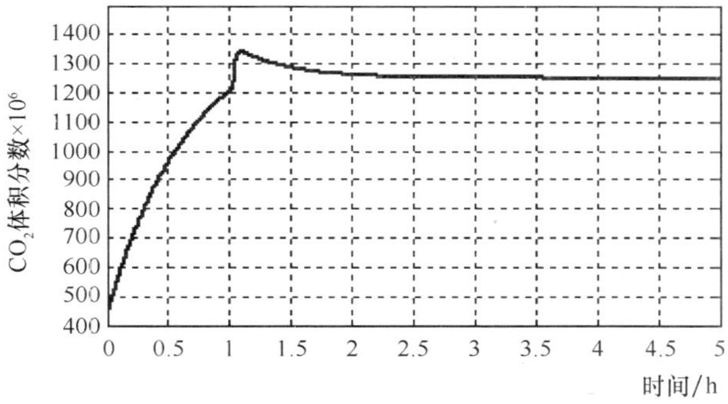

图 4-8 PID 控制器控制效果

基于图 4-8，并对比其他两种控制策略（图略）可知，PID 系统使 CO_2 浓度变化趋于平缓，PID 控制保持了 PI 控制提高系统稳定性和精度高的特点，并且更有利于改善系统的动态性能，在一定程度上消除了控制作用的延迟。

（3）温度—总风量控制仿真模型的建立

1）地下商场

可以忽略壁面传热量，引起室内温度变化的主要是室内人员显热热量、灯光散热量、送风带来冷量和设备散热量。可以建立能量方程如下：

室内温升＝人员显热引起的温升＋灯光负荷温升＋热设备散热引起的温升＋送排风引起的温升＋渗风引起的温升

①人体显热散热量引起的温升

人体显热散热量在 Δt 时间内引起的温升为 $3.6q_W(t)X(t)\Delta t/(Mc_p)$，其中 M 为室内空气质量；c_p 为空气定压比热，取 1.005kJ/kg。在 20℃～28℃变化范围内，轻劳动条件下，室内成年男子显热负荷与温度满足下面关系：

$$q_W(t)=209.34-5.815T_N(t) \quad (4\text{-}12)$$

②照明散热在 Δt 时间内引起的温升为 $3.6q_l(t)\Delta t/(Mc_p)$。

③送排风在 Δt 时间内引起的温升 $\dot{m}(t)\times[T_S-T_N(t)]\Delta t/M$，其中 $\dot{m}(t)$ 为送风质量流量，$\dot{m}(t)=1.17\dot{V}(t)$，$\dot{V}(t)$ 为送风质量流量。

于是室内温度可由式（4-13）～式（4-15）计算：

$$T_N(t+\Delta t)-T_N(t)=\frac{3.6[209.34-5.815T_N(t)]R(t)+3.6q_l(t)+1.1711\dot{V}(t)c_p[T_s-T_N(t)]+36000}{Mc_p}\Delta t \quad (4\text{-}13)$$

即：

$$dT_N(t)/dt=\frac{3.6[209.34-5.815T_N(t)]R(t)+3.6q_l(t)+1.1711\dot{V}(t)c_p[T_s-T_N(t)]+36000}{Mc_p} \quad (4\text{-}14)$$

两边积分得到：

$$T_{\mathrm{N}}(t)=T_{\mathrm{N}}(t_0)+\int_{t_0}^{t}\left\{\begin{array}{l}3.6[209.34-5.815T_{\mathrm{N}}(\tau)]X(\tau)+3.6q_{\mathrm{l}}(\tau)\\ \quad+1.1711\dot{V}(\tau)c_{\mathrm{p}}[T_{\mathrm{s}}-T_{\mathrm{N}}(\tau)]+36000\end{array}\right\}\mathrm{d}\tau/Mc_{\mathrm{p}} \tag{4-15}$$

根据上式建立温度—总风量控制仿真模型，如图 4-9 所示。

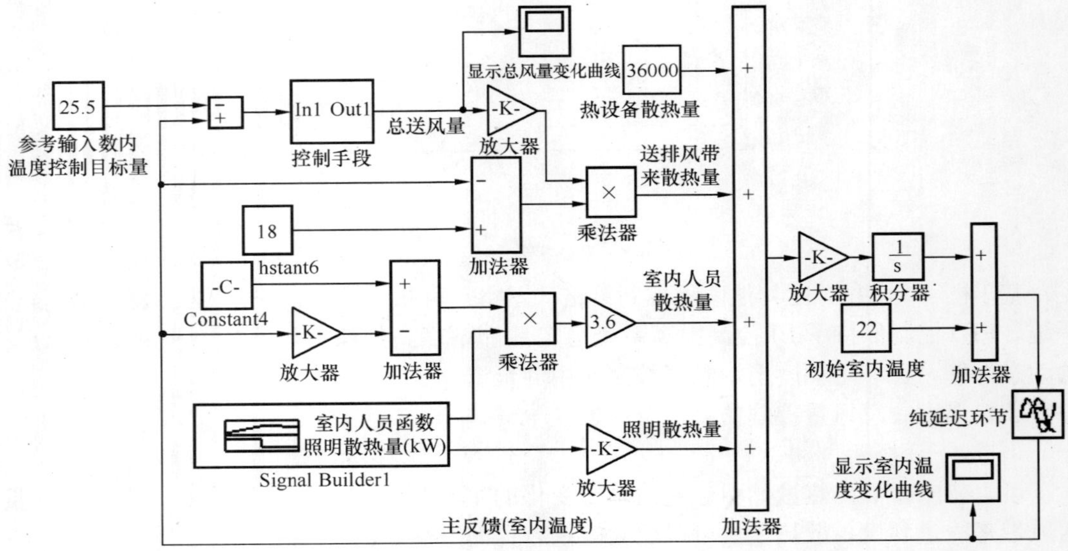

图 4-9　地下商场的温度—总风量控制仿真模型

2）地铁站台

首先对实际地铁站台进行如下简化：①将车站视为单容对象，忽略车站内部物体的蓄热；②假设车站的站台温度分布均匀；③忽略车站内压力的变化，进而忽略空气比热的变化；④忽略空气密度的变化。可以建立能量方程如下：

室内温升＝人员显热引起的温升＋灯光负荷温升＋热设备散热引起的温升＋空调送风引起的温升＋隧道渗风引起的温升

$$T_{\mathrm{N}}(t)$$

$$=T_{\mathrm{N}}(t_0)+\int_{t_0}^{t}\left\{\begin{array}{l}3.6[209.34-5.815T_{\mathrm{N}}(\tau)]R(\tau)+3.6q_{\mathrm{l}}(\tau)+57\times3600\\ +1.17\dot{V}_{\mathrm{S}}(\tau)c_{\mathrm{P}}[T_{\mathrm{S}}-T_{\mathrm{N}}(\tau)]+1.17\dot{V}_{\mathrm{W}}(\tau)c_{\mathrm{P}}[T_{\mathrm{W}}(\tau)-T_{\mathrm{N}}(\tau)]\end{array}\right\}\mathrm{d}\tau/Mc_{\mathrm{p}} \tag{4-16}$$

式中　57——站台内扶梯、垂梯、广告牌等热设备散热量，kW；

$\dot{V}_{\mathrm{S}}(\tau)$——空调送风体积流量，$\mathrm{m^3/h}$；

$\dot{V}_{\mathrm{W}}(\tau)$——隧道渗风体积流量，$\mathrm{m^3/h}$；

T_{S}——送风温度，19℃；

$T_{\mathrm{W}}(\tau)$——隧道内空气平均干球温度，℃；

M——屏蔽门站台空间所容纳空气的质量，kg。

其余符号意义同前。

根据上面的条件，可以得到屏蔽门地铁站台采用PID控制策略的温控变总风量Simulink仿真模型，见图4-10。

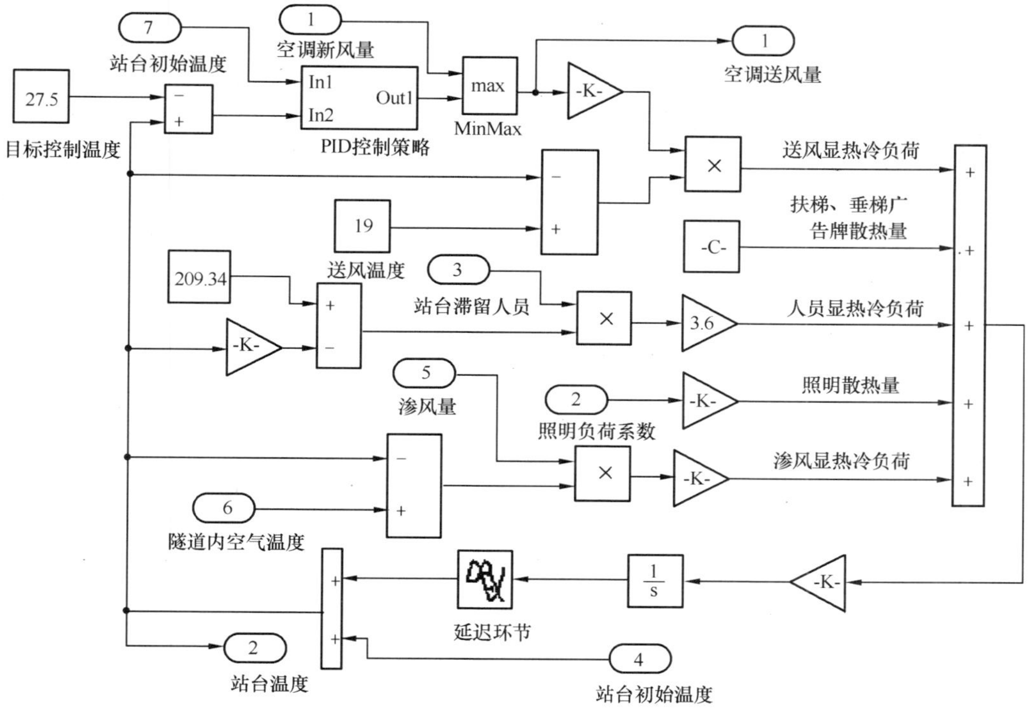

图 4-10　屏蔽门地铁站台内温度—总风量控制模型

（4）风机能耗仿真模型的建立

在建模过程中作如下假设：1）变频过程中，风机效率保持不变；2）排风机风量始终等于新风量，送风机风量等于总风量。则可建立风机能耗的计算模型，如图4-11所示。

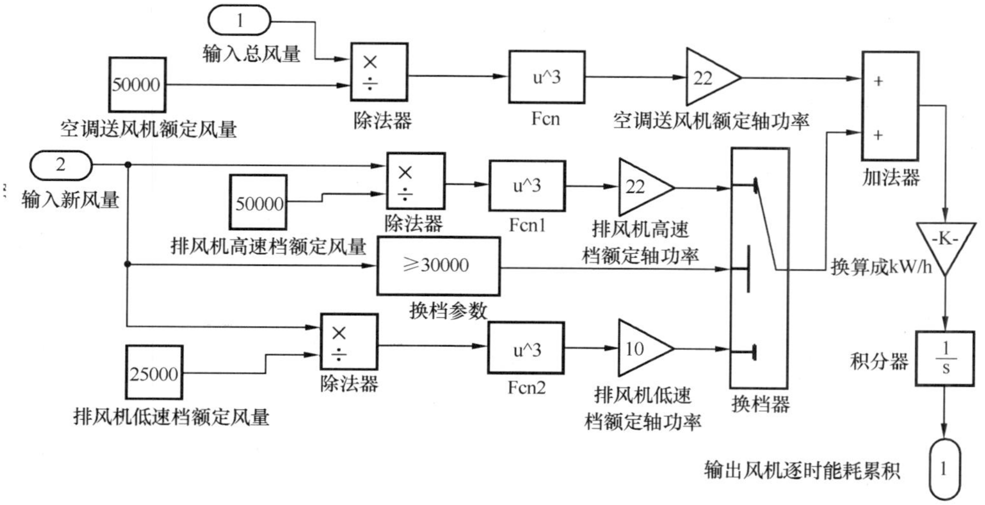

图 4-11　风机能耗计算模型

（5）地下空间空调机组能耗仿真模型的建立

1）地下商场

针对常规的一次回风，露点送风系统，先得到地下商场内能量平衡关系，进而确定出空调机组提供的冷量。

室内焓增＝人员负荷焓增＋照明负荷焓增＋设备负荷焓增＋送风带来的焓增

得到：

$$H_N(t)-H_N(t_0)=\int_{t_0}^{t}\frac{181.43R(\tau)\times 3.6+3.6q_1(\tau)+\dot{m}(\tau)[H_S-H_N(\tau)]+36000}{M}d\tau \tag{4-17}$$

空调机组提供的冷量为：

$$Q_{DCV}(t)=\dot{m}(t)\times[H_M(t)-H_D] \tag{4-18}$$

式中　H_S——送风空气焓值，＝44.4kJ/kg；

$H_N(\tau)$——室内空气焓值，kJ/kg；

$H_N(t_0)$——初始时刻室内空气焓值，kJ/kg；

H_D——机器处理露点焓值，＝42.3kJ/kg；

$H_M(t)$——混风点空气焓值，kJ/kg；

M——室内空间容纳空气的质量，kg；

$\dot{m}(\tau)$——送风质量流量，kg/h，$\dot{m}(\tau)=\rho\dot{V}(\tau)$，$\dot{V}(\tau)$ 为送风体积流量，m^3/h；

$Q_{DCV}(t)$——空调系统单位时间所需消耗的制冷量，kJ/h。

2）地铁站台

只需在前文地下商场的计算模型中再加入渗入风量这一影响因素即可，即：

室内焓增＝人员负荷焓增＋照明负荷焓增＋设备负荷焓增＋送风带来的焓增＋隧道渗风带来的焓增

$$\begin{aligned}&H_N(t)-H_N(t_0)\\&=\int_{t_0}^{t}\begin{pmatrix}181.43R(\tau)\times 3.6+3.6q_1(\tau)+57\times 3600\\+\dot{m}(\tau)[H_S-H_N(\tau)]+\dot{m}(\tau)[H_W(\tau)-H_N(\tau)]\end{pmatrix}\frac{1}{M}d\tau\end{aligned} \tag{4-19}$$

式中　H_S——送风空气焓值，＝47.1kJ/kg；

$H_W(\tau)$——隧道内空气平均焓值，kJ/kg。

其余符号意义同前。

根据以上描述，可建立相应的空调能耗仿真模型，如图 4-12 所示。

（6）地下空间相对湿度仿真模型的建立

相对湿度可由下式计算：

$$\phi=\frac{P_w}{P_{ws}}\times 100\% \tag{4-20}$$

其中 P_w 为水蒸气分压力，Pa；P_{ws}为饱和水蒸气分压力，Pa；

$$P_w=\frac{xP}{x+621.98} \tag{4-21}$$

$$x=1000[H_N(t)-1.01T_N(t)]/[2501+1.85T_N(t)] \tag{4-22}$$

其中 x 为含湿量，g/kg；P 为大气压力，一般可取 101325Pa；

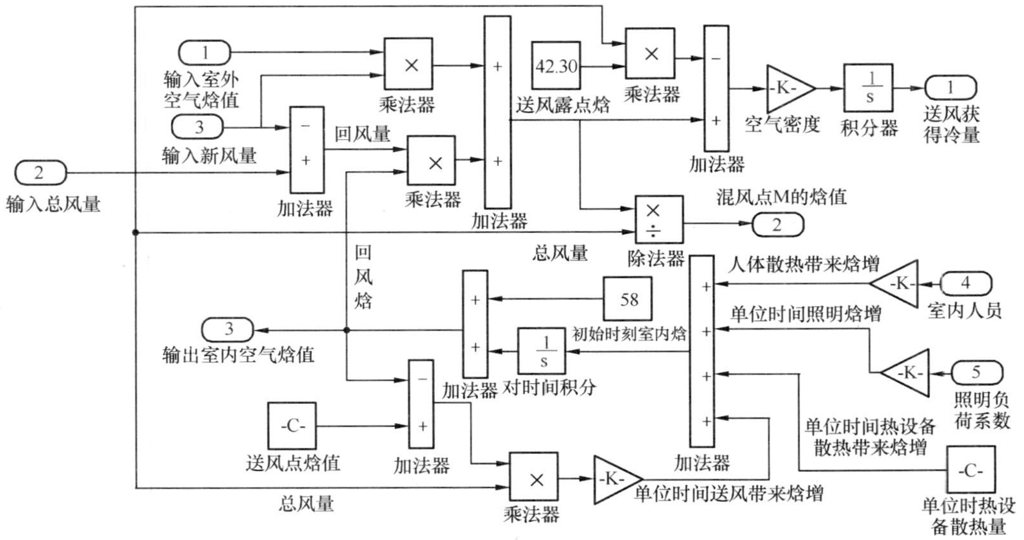

图 4-12 空调能耗仿真模型

$$\log_{10}(P_{ws}\times10^{-2}) = 5.02808\log_{10}\frac{T_*}{T} - 7.90298\left(\frac{T_*}{T}-1\right) + \log_{10}1013.246 - 1.3816\times10^{-7}\left[10^{11.344(1-T/T_*)}-1\right] + 8.1328\times10^{-3}\left[10^{-3.49149(T_*/T-1)}-1\right] \tag{4-23}$$

上式中 $T_*=373.16\text{K}$；T 为空气绝对温度，K。

根据以上描述，可建立相对湿度仿真模型，如图 4-13 所示。

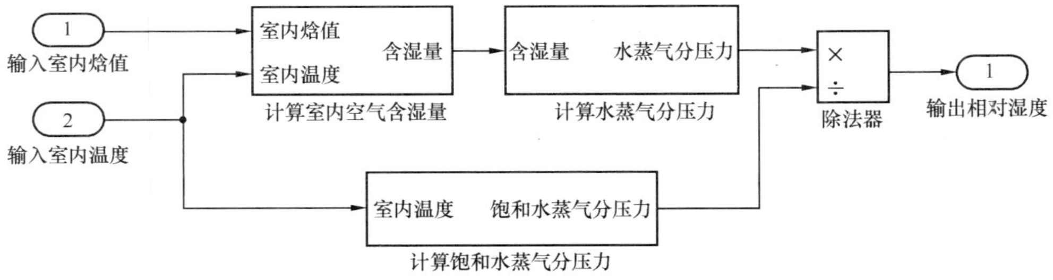

图 4-13 相对湿度仿真模型

（7）最小新风量 DCV 系统仿真总程序

在 DCV 系统中，由 CO_2 浓度控制新风量大小，由温度控制总风量，CO_2 浓度控制和温度控制并列运行但又彼此互为条件：新风量大于总风量的 10%，总风量大于新风量。

控制系统中控制器为 PID，发信器为 CO_2 传感器，温度传感器等，执行器为新风阀、回风阀、排风阀、总送风阀以及相应的风机电机等。新风量的控制最终由调节排风机的电频率来完成，而总送风量调节是由调节空调送风机的电频率来实现。

把上面的各程序块联立起来，可以得到夏季最小新风空调工况下的 DCV 仿真模型，如图 4-14 所示。

（8）其他工况模型的建立

1）地下商场

①全新风空调工况：当室外焓值低于室内焓值时，进入全新风空调阶段。全新风空调

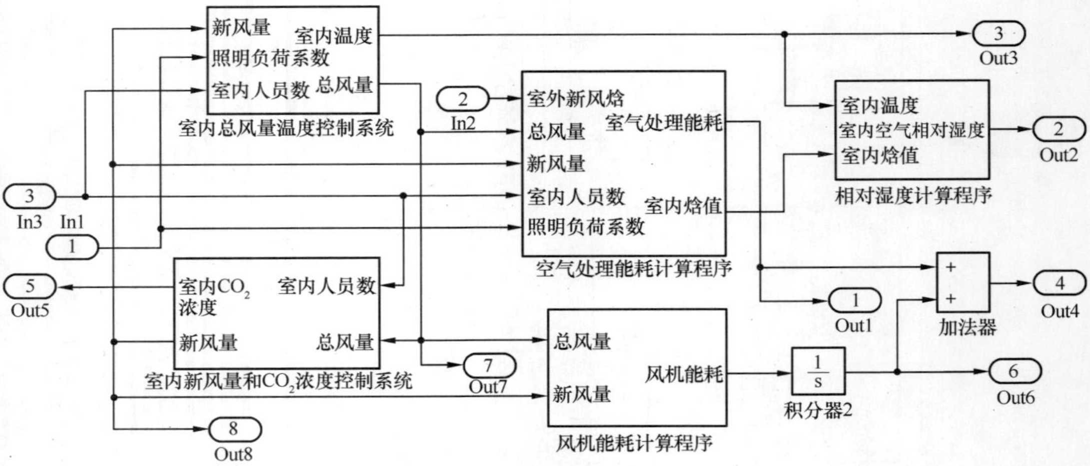

图 4-14　DCV 系统夏季最小新风空调工况仿真模型

阶段与最小新风空调阶段室内温湿度和 CO_2 浓度控制参数不变，送风参数也不变，全新风量不低于保持至少 8 次的换气次数的风量，全新风同时由 CO_2 浓度和温度两个指标控制，再取其中的较大者。

②过渡季全新风通风工况：当室外焓值进一步降低，如果利用全新风空调，就会造成空调能耗的浪费。这时候可以不使用空调，仅通风即可，室内温度允许在冬季室内设计参数和夏季室内设计参数之间波动，全新风通风量变化范围为最小新风量和最大送风量之间，排风机固定在高速挡上变频运行。由于室内允许波动范围加大，这时选取 23℃，体积分数 1250×10^{-6} 作为室内温度和 CO_2 浓度的控制目标量，选取两套控制方案得出全新风量的较大值。这一阶段空调能耗为零，风机能耗随风量变化而变化。

③过渡季最小新风通风工况：在这一阶段，由于天气变冷，即使是按照不低于 8 次的换气次数所确定的新风量也不能满足冬季最低室内温湿度要求。这时候就要采用最小新风的通风工况，在这一过程中，新风量由 CO_2 浓度和室内温度控制，取较大值，室内温度控制目标值为 21℃；总风量直接取最大值，以保证有足够的送风温度。空调能耗为零，风机能耗随风量变化而变化。在过渡季（全新风和最小新风）由于送风状态参数不再是恒定值，所以在室内温度计算模型中，需要加入室外新风逐时温度这一新的干扰量作为室内温度的计算条件。

④冬季最小新风空调工况：对于冬季，由于地下空间的特殊性，即使是在寒冷的冬天，地下商场中的负荷还是体现为冷负荷，而非热负荷。其原因有：a. 地下空间的恒温恒湿，使得墙壁传热负荷可以忽略不计。b. 地下空间的气密性，再加上送风机压力大于排风机带来的室内正压，使得室外渗风量很小（在计算时忽略不计），其带来的热负荷也很小。c. 室内人员和照明的全热散热量没有改变，改变的只是人体散湿量以及人体显热和潜热比。基于以上这些特点，冬季冷负荷可以为近似与夏季冷负荷相等。

⑤工况转换仿真模型

以上建立了地下空间 DCV 运行的几种工况模型，为使整个系统能够在全年都自主运行在最优的工况下，需建立工况转换的自动控制模型。

工况切换只能发生在相邻工况之间，故有四种切换模型，分别为：最小新风与全新风空调之间的转换、全新风空调与过渡季全新风通风工况之间的转换、全新风工况与最小新风通风工况之间的转换、一次回风通风工况与冬季空调工况之间的转换。

给定一个控制系统在运行过程中的换挡原则，并进行挡位初选，以形成相应的换挡参数，之后，DCV 控制系统就可以在几个工况之间进行转换。

根据这个原理，可以建立地下空间 DCV 模式的全年运行仿真模型，如图 4-15 所示。

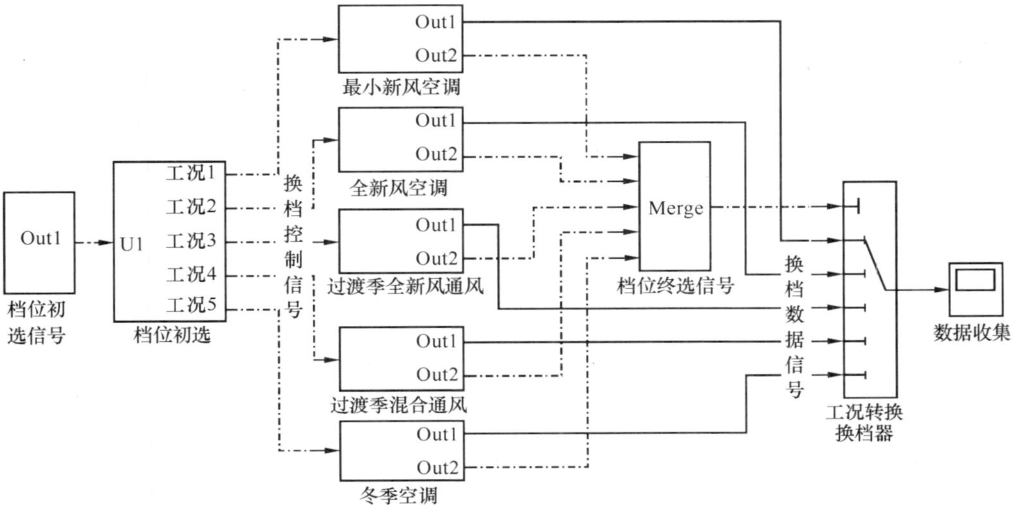

图 4-15　地下空间 DCV 系统的工况切换仿真模型

图中挡位初选信号为室外空气焓值，根据初选信号大小，选择运行工况，然后在某一工况下运行直到达到工况转换条件，然后切换到新的工况下进入新的判断。

图中的虚线为挡位控制信号线，传输信号为 1、2、3、4 或 5，分别用于激活上述从 1 到 5 的五种工况。换挡器接收被激活的空调工况传输过来的计算数据（图中实线）。

在建立起的地下空间仿真模型中，只需要给定各个时刻室外空气焓值、室外空气温度、室内滞留人数以及照明负荷系数，设定仿真开始和结束时间，系统就能按照一条最佳的路径进行换挡，并计算出在仿真时间内对应的室内 CO_2 浓度、温湿度、焓值、新风量和总风量、风机能耗、空调能耗、总能耗等等。

2）地铁站台

屏蔽门地铁站台全年运行需要经过 3 个工况，最小新风空调工况、全新风空调工况、全新风通风工况。将前两个工况称为空调工况，第三个工况称为通风工况。第二个工况可以看作是在总风量等于新风量情况下的特殊情况，所以不再具体介绍。

通风季节工况：地铁车站作为全年使用的公共建筑，不仅要在夏季保持良好的舒适性而且必须在全年范围内保持合理的热环境。目前对地铁热环境的研究大多集中在夏季，对于冬季的关注不多。在地下铁道设计规范中，车站和隧道的夏季温度有明确的规定，但对于冬季的地下站厅、站台和列车车厢的温度却没有具体规定。这对保证乘客在冬季的热舒适性，实现地铁环控系统的全年优化运行控制是不利的[21]。作为深埋地下建筑的地铁车站，受地面室外环境的影响较小，虽然冬季室外气温低，冷空气经由车站出入口进入车站，可能使车站出入口附近的温度较低，导致乘客产生不舒适的冷感觉。但是，由于屏蔽门地铁正常运行车站站内负荷的发热量仍很大，如果通风量不够，即使在冬季，也可能出现温度过高的现象。本书中设定在通风季节送风量可以采用全新风，而不需要回风的参与。运行时站台内采用机械送风、自然排风的方式，开启空调送风机，关闭回风机。新风量大小取 CO_2 浓度控制和站台平均温度控制下的较大值。

4.1.3 适用于地下空间的需求控制通风模式的系统开发与实验验证

1. 需求控制通风系统装置与实验平台

如图 4-16 所示，实验平台由以下几部分组成：新风管道、回风管道、空调机、静压箱、末端设备、条缝送风口、排风设备。

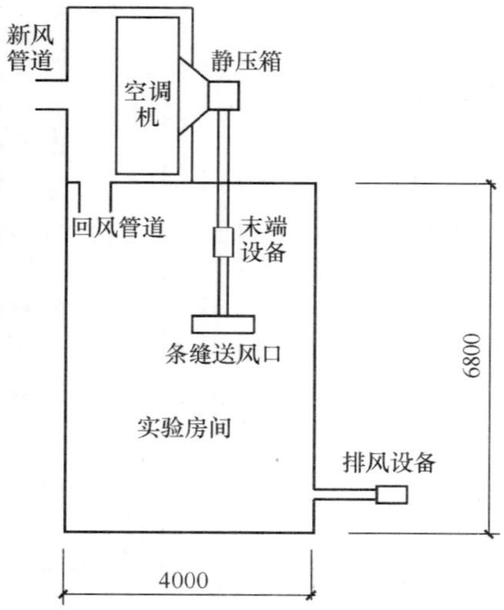

图 4-16 实验台平面图（单位：mm）

（1）新风管道的设置

为体现需求控制通风的特点，需设置一个新风入口并加装新风管道。新风管道采用矩形金属低速风道[22]，新风管道布置如图 4-17 所示。

（2）回风管道的设置

本实验台的回风口位于房间上部，并设置一段回风管道，通过风量调节阀对回风进行有效控制。具体布置如图 4-18 所示。

（3）空调机

室外主机为 TCL 公司的智能多联机组。型号：DLR-M240W/T4S，制冷量：24kW，制热量：26.4kW，室外机尺寸（长×宽×高）：1280mm×750mm×1500mm。

室内机为高静压风管式室内机。型号：DLR（D）—M125F1/Y，制冷量：12.5kW，制热量：13.7+2.4kW，标准风量：4200m^3/h，室内机尺寸（长×宽×高）：1138mm×600mm×408mm。

图 4-17 实验台新风管道

图 4-18 实验台回风设备

（4）静压箱

如图 4-19 所示。

（5）条缝送风口

如图 4-20 所示。

图 4-19 室内机接多出口静压箱

图 4-20 室内吊顶条缝送风口

（6）末端设备及排风设备的设置

利用排风机代替传统的新风机，通过排风产生的室内外压差引进新风，以此来稀释室内所产生的 CO_2。排风设备选用上海大智公司的串联风机动力型变风量末端设备，其产品图见图 4-21、图 4-22。排风设备的设置如图 4-23 所示。

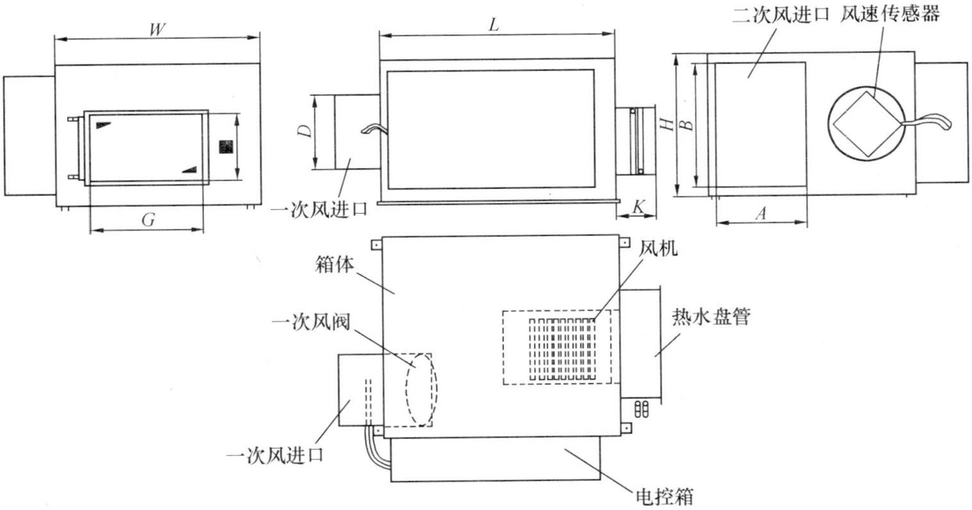

图 4-21 串联式风机动力型变风量箱（单风机）

图 4-22 串联风机动力型变风量末端设备

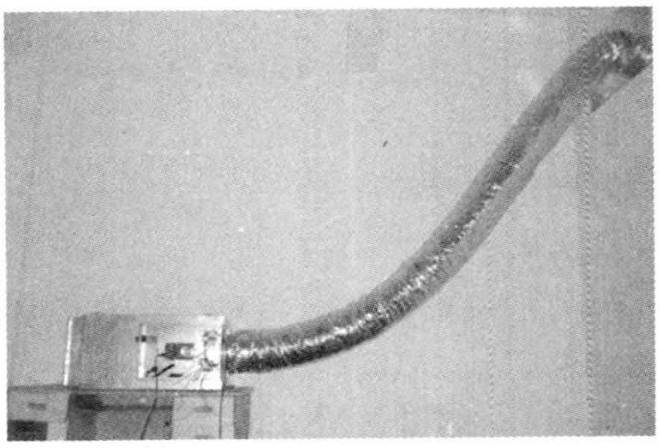

图 4-23 排风设备的设置

（7）其他设备的布置说明

1）对外墙及外窗进行隔热和密封

此实验台位于地上，存在外墙与外窗，通过外墙和外窗的热传递不仅使室内不能模拟地下空间绝热的边界条件，更会因为外窗的漏风而使不必要的室外新风进入室内，从而稀释室内的CO_2，严重影响实验的精度，因此必须进行隔热和密封处理，保证实验平台的气密性。

2）风阀执行器的设置

设置风阀执行器，以实现对新风、回风、排风进行准确有效的控制。风阀执行器选择Variable Air Volume Controller VAV0461L变风量控制器所配套的电动风阀执行器，风阀执行器响应变风量控制器DDC的信号，改变新风量和回风量的混合比例，全开位置（100％为新风），全关位置（100％回风），全关至全开的时间为60～90s。

3）变风量控制器的设置

其作用是接收室内CO_2浓度信号以及风阀开度信号，并通过植入控制器芯片的控制程序完成对风阀执行器的控制，并且连接计算机，将接收到的信息显示并且储存。本实验台选用VAV0461L型变风量控制器。

4）CO_2发生器及减压器的设置

对于研究对象的需求控制通风系统来说，CO_2的发生和检测控制装置至关重要。应结合具体的实验要求合理选择CO_2发生器与减压器。其中CO_2发生器采用苏州液氧制造厂的普通高压钢瓶，体积为15L，可容纳16kg的液态CO_2。

CO_2减压器选取上海天川仪表厂生产的CO_2减压器，其允许入口压力为0～25MPa，允许出口压力为0～0.6MPa。

在本实验中，CO_2发生器放置在实验房间外，通过软管连接送入室内，室内软管出口位置固定在房间中心高1.5m处，为人体呼吸区，模仿真实呼吸情况。室内放置风机进行混合搅拌，使通入室内的CO_2迅速分布均匀。

5）CO_2流量计的设置

CO_2流量计是为了能够精确控制输入到室内的CO_2量，从而真实地模拟人群密度变化对CO_2散发量的影响。目前常见的流量计有转子流量计、节流式流量计、细缝流量计、容积流量计、电磁流量计、超声波流量计等。根据本实验要求，选取玻璃转子流量计。

6）CO_2浓度传感器的设置

需求控制通风实验是根据室内的CO_2浓度值来对送风进行控制，而CO_2浓度传感器是检测室内CO_2浓度值的重要设备，CO_2浓度测量的准确与否与实验效果密切相关，因此根据前期研究的工作，确定回风口的位置能够反映出室内的平均CO_2浓度，将CO_2浓度传感器固定在回风管道口。

7）风速测量设备的设置

需求控制通风实验中，除了测量CO_2浓度外，另一个重要的数值就是风量，包括新风、回风和排风，以便于清楚研究室内CO_2浓度值和室外新风之间的关系，同时也可以计算新风冷负荷的大小，因此，选取测量精度高，携带方便的风速仪是较好的选择。

8）室外温湿度测量设备的设置

为了测量和评估新风能耗，采用温湿度采集记录器对室外温湿度进行逐时测量。

2. DCV 系统运行模式

需求控制通风系统的任务是通过检测室内污染物浓度的高低来确定新风量的大小，新风的控制主要有以下几种方法[23]：

（1）风阀跟踪调节

通过安装在新风阀后的风速传感器测出风量，以此对新风阀和回风阀进行调节。设置高、低限温度传感器是为了控制经济新风运行，当低限温度传感器测出的温度高于设定的最小值时，新风量加大；当室外温度太高时，高限温度传感器使新风阀回到最小位置。当房间负荷减小，特别是人员减少时，送入房间的新风量可以随送风量的减少成比例减少。当达到最小新风量时，为了维持最小新风量不再减少，需要保持新、回风混合段中负压不变，因此新风阀将要不断开大，而回风阀将不断关小。

（2）送、回风机控制

在没有泄漏的情况下，可以认为送、回风机的风量差即为新风量值。因此，通过控制送、回风机的风量也就间接地控制了新风量。对送、回风机的控制可以归纳为以下几种：

1）风机都用送风道静压进行控制。该方法简单，但只有在送、回风机特性和大小相同，且运行中的工作情况也大致相同的条件下方可使用。如果送、回风机的特性不同，送、排风量的平衡将会被破坏，室内可能出现负压。

2）用送风风道中出口动压控制回风机。送风机风量由系统静压点控制，回风机风量则根据送风道中流量进行控制，使得送、回风机的风量变化互相协调，室内压力易于保持正常情况。

3）动压差法。在送风机出口和回风机入口设置流量测点，测出各自的流量，并保持固定的差值。一旦出现超差现象，则调节回风机以维持固定的风量差。

4）室内压力直接控制法。室内压力是协调送风机及回风机的主要依据，因此，最直接的控制方法就是根据室内静压相对于大气压的变化去控制回风机，送风机仍根据室内负荷变化进行单独控制。这种控制方法的一个难点在于：室内正压值一般比较小，而且一幢建筑里的压力变化范围可能比室内正压还大，测压比较困难。室内外测压点的位置选择很重要，原则是：室内测压点应处于气流稳定、压力均衡的地方；室外测压点应避开常年主导风向的影响。

（3）设置独立的新风机

实现最小新风量控制的一种较为可靠的方法是设置独立的、具有平稳特性曲线的新风机，通过新风入口处的风速传感器调节风阀，维持最小新风量。当采用这种控制时，可以不用回风机，或代之以排风机，这样控制起来更容易，也更稳定。这种方法的缺点是需要额外的新风管道，不适于改建工程。

根据对上述方法的比较分析，本实验中选用风阀控制新风方式。以下是对几种常用风阀控制策略的介绍[24]：

1）三阀联动控制

三阀联动控制是现有系统中应用最广泛的一种控制策略，这种控制策略同时对新风阀、排风阀和回风阀进行控制，当新风阀从一个开度变化到另一个开度，排风阀以相同的速度向相同的方向变化，保持与新风阀开度的一致性，与此同时，回风阀以相同的速度向相反的方向变化。当新风阀和排风阀保持全开时，回风阀则为全关。

2）两阀联动控制

这种控制策略对排风阀和回风阀进行联动控制，而新风阀则保持全开状态。当系统要求增加新风量时，排风阀开大，而回风阀则以相同的速度关小。这一控制策略主要为了防止由于新风阀的关小而导致的室内负压，使室外空气通过排风管道反向进入室内。

3）分裂信号控制

这种控制策略依旧使新风阀保持全开状态，关于排风阀和回风阀的控制与两阀联动控制略有不同，当控制信号在 0～0.5 时，排风阀控制策略与 2 相同；控制信号在 0.5～1 时，回风阀开度控制策略与 2 相同；但是当控制信号在 0.5～1 时，排风阀则保持全开状态；控制信号在 0～0.5 时，回风阀保持全开状态。

本系统采用的控制方法为目前应用最广泛的三阀联动控制的方法。

3. 控制程序的编制

根据上述原理，采用 C 语言编制控制程序，采用力控 6.0 编制计算机监控界面，可得控制程序流程图和计算机监控界面，如图 4-24 和图 4-25 所示。

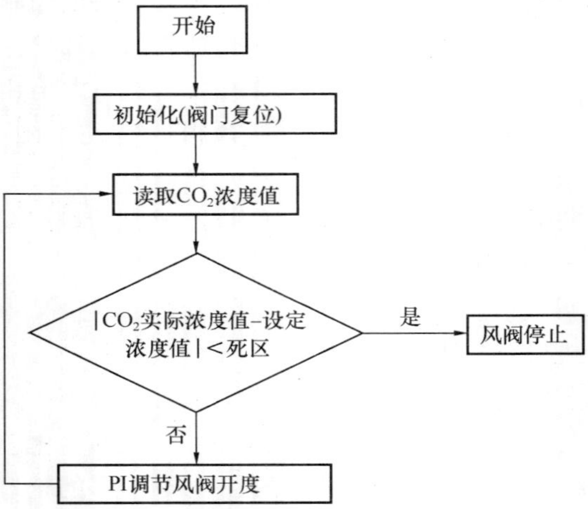

图 4-24　控制程序流程图

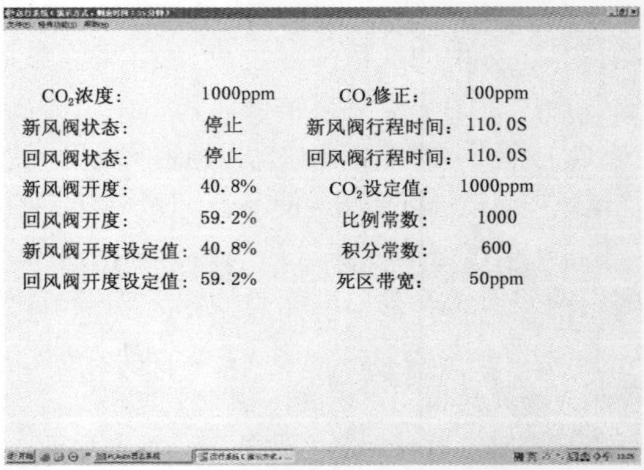

图 4-25　计算机监控界面

如图 4-24 所示，实验开始前打开控制器开关，首先对阀门进行复位，新风阀、排风阀、回风阀开度回复至 0%，之后通过室内的 CO_2 浓度传感器读取室内 CO_2 浓度，控制器采样时间为 0.5s，记录室内 CO_2 浓度间隔为 5min，通过比较室内 CO_2 体积分数值和设定的体积分数值 1000×10^{-6} 的绝对值差是否小于死区，来决定是否进行风阀调节。死区带宽取值为 50×10^{-6}，即当室内 CO_2 体积分数值为 $950\sim1050\times10^{-6}$ 时，认定室内 CO_2 浓度可以接受，不对风阀进行调节。而当室内 CO_2 浓度与设定值之差大于死区时，通过控制器对风阀进行 PI 调节，使新风量满足室内稀释 CO_2 的要求。

4. 适用于地下空间的需求控制通风模式的实验验证

浓度计算模型：选取实验房间为研究对象，这个系统是内部有散发源的非稳态开口系统。以理想条件下的地下空间为对象，分别通过实验平台和前文建立的仿真模型进行了实验和数值模拟。

参考地铁站台的实际情况，模拟出地铁站台的人员密度变化，如图 4-26 所示。

由图 4-26 可以看出，无论是周末还是工作日，地铁站台的人员密度变化存在两个高峰期，分别是 7：00 和 17：00，这与人们上下班的高峰期基本相同，并且在 7：00 之前

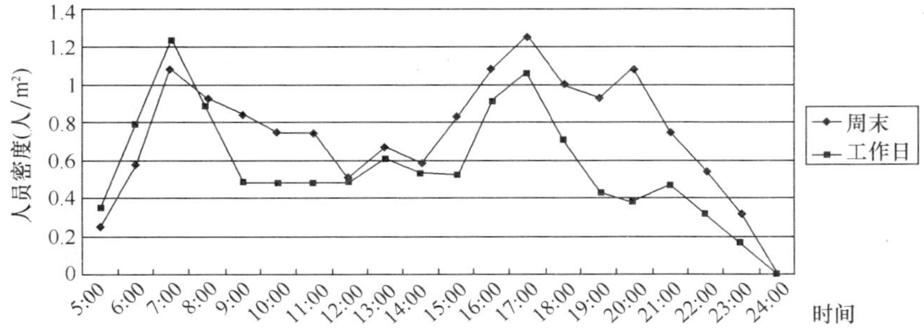

图 4-26 地铁站台人员密度变化图

工作日的人员密度高于周末的人员密度，其余时间则是周末的人员密度较高，说明除了早晨上班高峰期外，周末乘坐地铁出行的人更多。根据以上信息，即可确定实验工况，进行需求控制通风实验以及定风量实验。

（1）需求控制通风实验的具体实验方法为：根据逐时人员密度变化，每隔半小时改变一次通入室内的 CO_2 量。通过控制器内已经编制好的程序，自动根据室内 CO_2 浓度改变三个阀门的开度，进而调整室内 CO_2 体积分数维持在 1000×10^{-6}，室内 CO_2 浓度通过室内 CO_2 浓度传感器检测，传输至控制器，风阀开度由风阀执行器测定，传输至控制器，控制器将 CO_2 浓度、新风阀开度、排风阀开度、回风阀开度转换为数字信号传输至监控计算机，每隔 5min 记录一次数据。

（2）定风量实验的具体实验方法为：将新风阀、排风阀、回风阀调节并保持全开状态，与控制器断开连接，使新风量保持固定值，输送至室内的 CO_2 量与需求控制通风实验相同，CO_2 浓度传感器连接也与需求控制通风实验相同，每隔 5min 记录一次室内 CO_2 浓度的变化情况。

工作日工况仿真模拟与实验结果的对比见图 4-27、图 4-28。由图可以看出，DCV 系统可以很好地控制 CO_2 浓度，但是在 7：00 和 17：00 时，由于站台人员过多，新风量不足导致 CO_2 浓度升高，数值模拟的情况与实际试验情况基本相同。

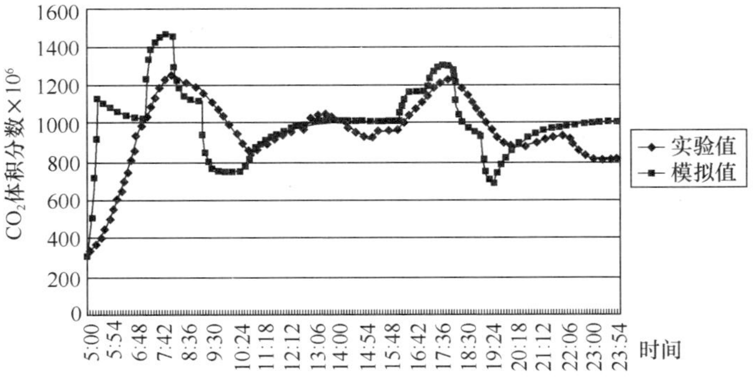

图 4-27 CO_2 浓度的仿真模拟与实验对比（工作日工况）

地铁站台的周末仿真模拟与实验结果的对比见图 4-29、图 4-30，其结论与工作日相同。

4.1.4 适用于地下空间的需求控制通风模式的环境和节能效果分析

1. 地下商场的环境和节能效果分析

利用前文建立起的仿真模型，只需要给定各个时刻地下商场内的滞留人数、照明负荷

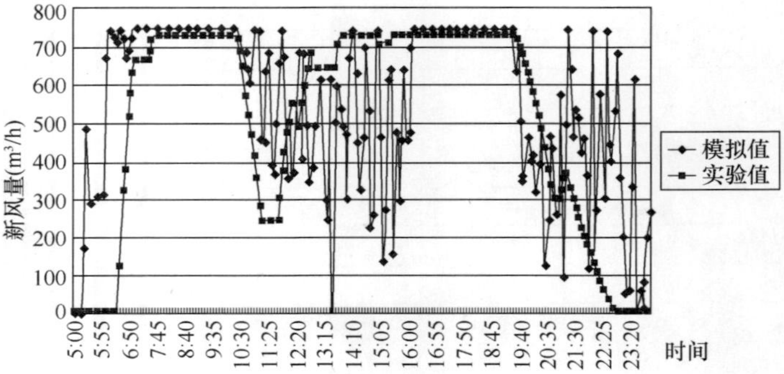

图 4-28　新风量的仿真模拟与实验对比（工作日工况）

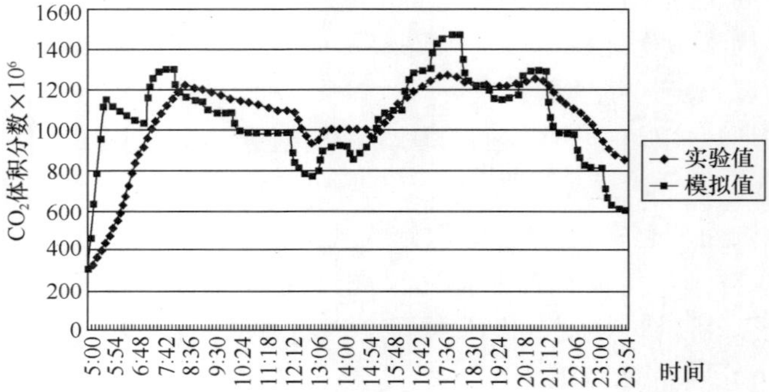

图 4-29　CO_2 浓度的仿真模拟与实验对比（周末工况）

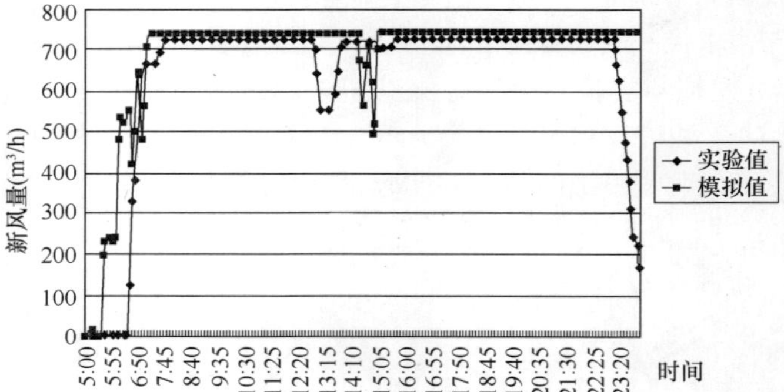

图 4-30　新风量的仿真模拟与实验对比（周末工况）

系数、室外焓值以及室外温度，在系统中设定仿真开始和结束时间，就能计算出仿真时间内 DCV 系统运行时的室内 CO_2 浓度、温湿度、焓值、新风量和总风量、风机能耗、空调能耗、总能耗等等。

以下以上海某实际地下商场作为实例进行相关的分析。

（1）计算条件

选取实际上海某地下商场对上述建立的 DCV 模式的节能潜力进行评价。该工程属于上海市某地下人防工程中一个防火分区，作商场用，其建筑面积 1166m^2，埋于地下 3～8m。上海市全年气象条件如图 4-31 所示。每日营业时间为 08：00～22：00。DCV 系统基本新风量根据前文方法计算后取5000m^3/h。当按 CO_2 浓度计算的新风量低于基本新风量时，则按基本新风量值提供新风量。经整定，CO_2 浓度 PID 控制器的控制参数 K_p、K_i 和 K_d 分别取为 220、540 和 2；温度控制器的控制参数 K_p、K_i 和 K_d 分别取 30000、120000 和 180。作为比较，针对传统的 CAV 和 VAV 系统也进行了模拟。CAV 系统的新风量和总风量固定为设计值，VAV 系统则只考虑利用总风量对室温进行控制。

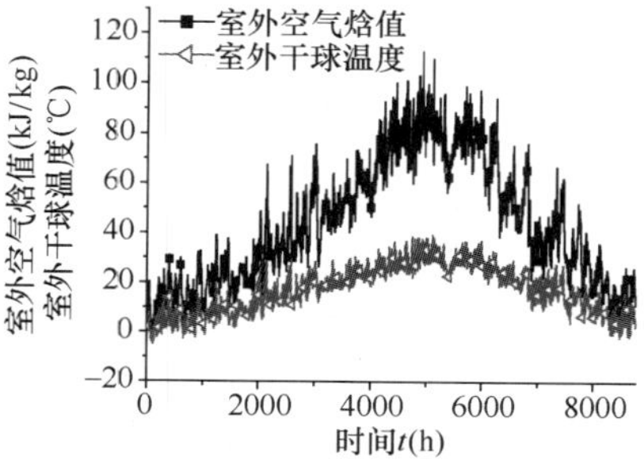

图 4-31 上海市全年气象参数

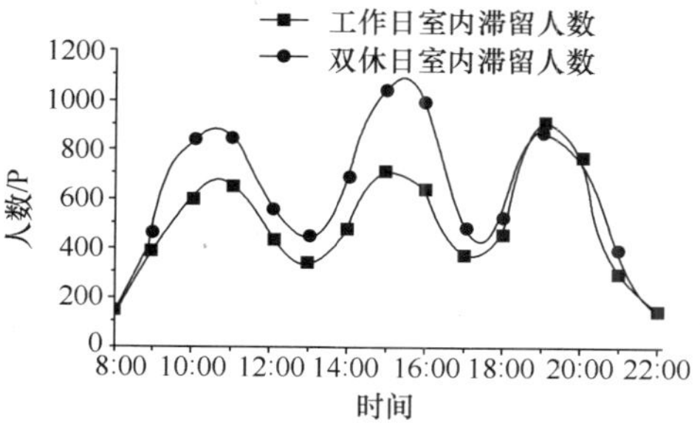

图 4-32 工作日和双休日客流量

考虑到地下商场本身的恒温恒湿和气密性，同时商场内人员负荷较大，故上海地区地下商场全年为冷负荷。根据前文所述，本研究提出的 DCV 模式中新风量和总送风量分别依靠空调机组的排风机和送风机的变频调节来实现。送风机额定风量 $50000m^3/h$，全压 1200Pa，轴功率 22kW；双速排风机额定流量 $25000/50000m^3/h$，功率 10/22kW，全压 800/1100Pa。风机进行变频控制。冬夏季空气温湿度、CO_2 浓度均按照相关规范要求设定。空调季节采用最小新风，排风机低速运行；过渡季节排风机尽可能高速运行，以便最大限度利用室外冷源，即 air-side economizer 技术。但对于上海地区地下商场来说，排风量还需考虑允许的室外最低温度与最高湿度，以防出现地下建筑墙面结露问题。

对地下商场的客流量进行简化处理，忽略地下商场客流量的淡旺季区别，也不考虑天晴下雨等天气变化对客流量的影响，而只是把工作日以及双休日区分开来，工作日和双休日和容流量确定如图 4-32 所示。逐时照明负荷系数根据有关设计规范选取。另外，还需要给定每天空调运行时的初始条件（室内温度、焓值和 CO_2 浓度）。据经验可知，初始条件对一整天的结果影响不大，因此在计算时假设每天的初始 CO_2 体积分数为 450×10^{-6}，稍高于室外空气中的 CO_2 浓度。

因为空调系统是每天定时开启和关闭，所以每天的温度、焓初始条件取值不一样。根据上海气象统计，年平均温度 17℃，平均焓值 44kJ/kg，每年第 5000h，每天的 14 点出现极值，地下商场每天 8：00 开启，结合对地下空间环境温度的假设方法，可认为每天初始时刻温度、焓值是以一年为周期的余弦函数曲线，见式（4-24）：

$$\left.\begin{aligned}T_0 &= 17 + a\cos[2\pi(\tau - 5000)/8760] + b\cos[2\pi(8 - 14)/24]\\H_0 &= 44 + c\cos[2\pi(\tau - 5000)/8760] + d\cos[2\pi(8 - 14)/24]\end{aligned}\right\}\tag{4-24}$$

对于上海地下空间，温度年振幅 a 取 8℃，日振幅 b 取 3℃；焓值年振幅 c 取 21kJ/kg，日振幅 d 取 9kJ/kg。

根据前文建立的工况转换仿真模型，营业期间 DCV 系统自动运行在合适的工况下。

（2）夏季典型日能耗分析

根据上海地区的全年气象条件，全年主要的空调能耗要消耗在夏季制冷上，DCV 系统空调能耗也主要消耗在这个时期，这一时期的控制效果对全年的节能性分析具有重要的意义。以下分别观察典型工作日和双休日两种不同干扰信号下 DCV 系统的控制效果以及能耗分析。

1）双休日仿真结果

室外焓值在全天都处于较高值，空调系统在夏季最小新风空调工况下运行，双休日人数比较多，特别是在 15：00～16：00 之间。从下图 4-33 中可以看出，如果不采用新风量进行控制的 DCV 系统，而采用定风量或温控变风量系统，在这一段时间内 CO_2 浓度将超出允许范围，室内空气品质下降。同时可以看出，DCV 系统能够很好地将 CO_2 浓度控制在体积分数（1250±50）×10^{-6}的范围内。定风量系统和 VAV 系统因为新风量为一恒定值，所以对室内 CO_2 浓度控制无能为力，室内 CO_2 浓度与室内滞留人员函数保持一致的变化趋势。

该 DCV 系统能够实现对温度和 CO_2 浓度的双参数控制，在控制中 DCV 的总风量等于 VAV 的总风量，DCV 系统控制下室内温度也和 VAV 系统下的相等。如图 4-34 所示，DCV 系统和 VAV 系统能够控制室内温度在 25.5±0.5℃范围内，而定风量系统下，温度随人员变化波动剧烈，在 15：00～16：00 之间人多的时候室内温度超标，不能达到热舒适性要求。

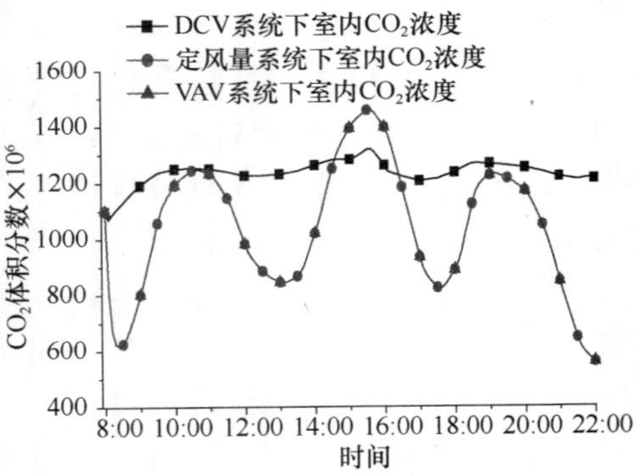

图 4-33　三种系统控制下室内 CO_2 浓度变化曲线

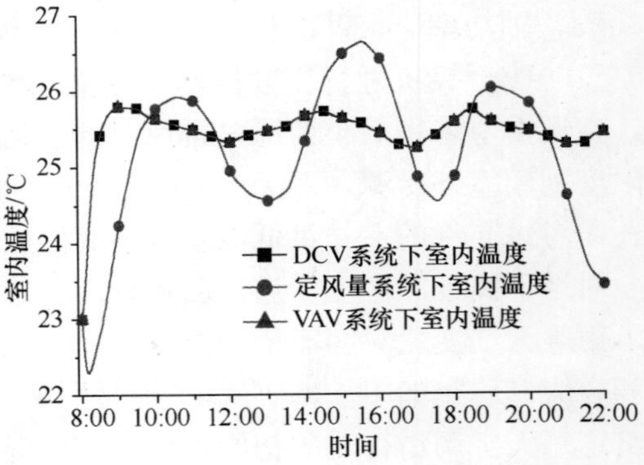

图 4-34　三种系统控制下室内温度变化曲线

DCV 系统模式中并没有对相对湿度进行控制，但是根据室内温度和焓值，可以计算出室内相对湿度的大小，图 4-35 为 DCV 系统下室内相对湿度曲线，可以看出满足地下商场夏季室内相对湿度 40％～65％的要求。

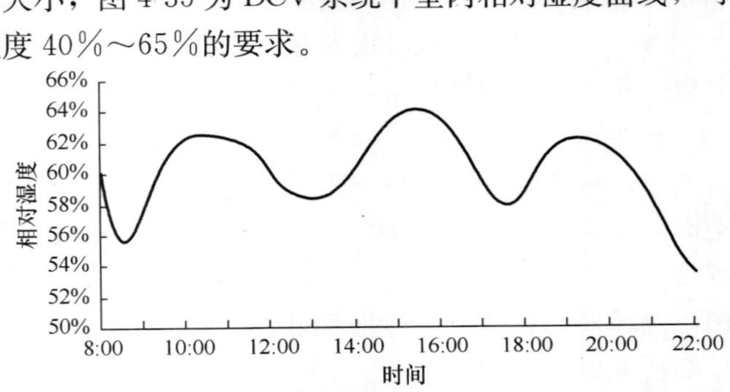

图 4-35　DCV 系统控制下室内相对湿度变化曲线

DCV 模式的一大优点就是总风量和新风量都能随着室内参数的变化而变化，而室内各控制参数又与室内滞留人员有密切关系，所以如果要控制室内温度和 CO_2 浓度稳定，总风量和新风量就必须和室内人员保持一致的变化趋势，如图 4-36 所示。

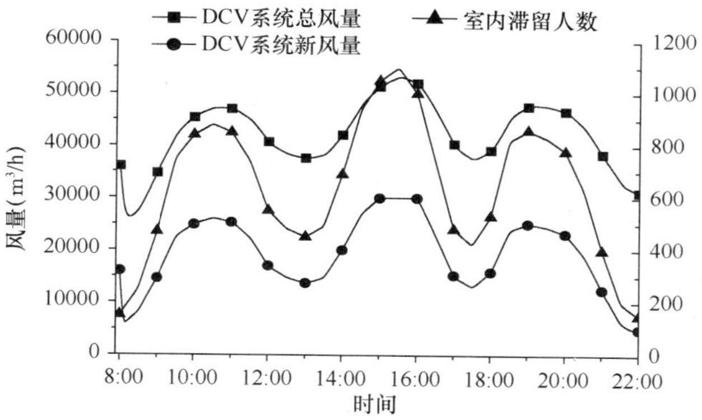

图 4-36 DCV 系统控制下风量变化曲线

室内人员变化带来新风量、总风量的变化，也必然会带来风机能耗、空调能耗以及总能耗的变化。如图 4-37、图 4-38、图 4-39 所示。

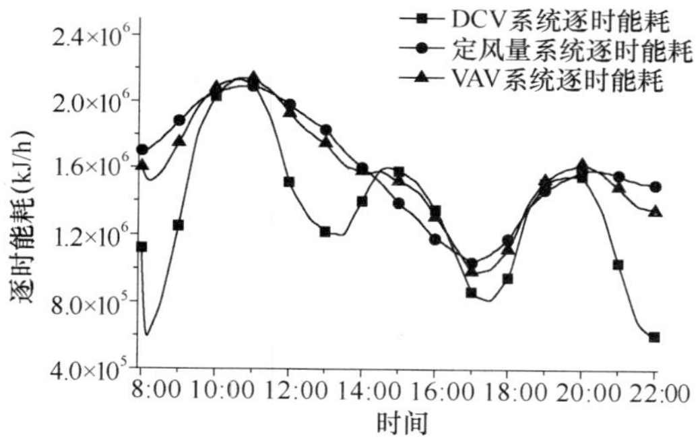

图 4-37 三种系统控制下逐时总能耗变化曲线

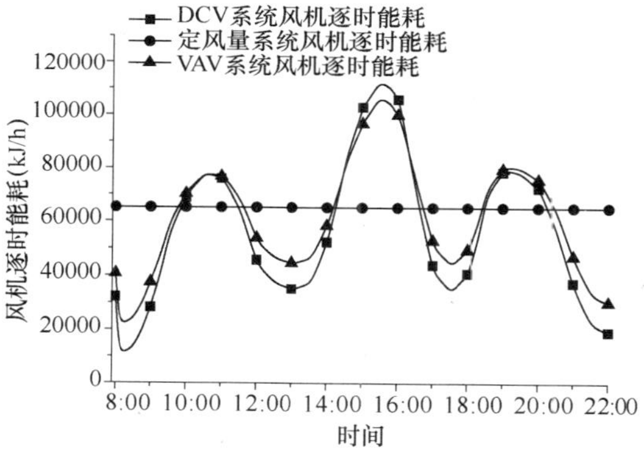

图 4-38 三种系统控制下逐时风机能耗变化曲线

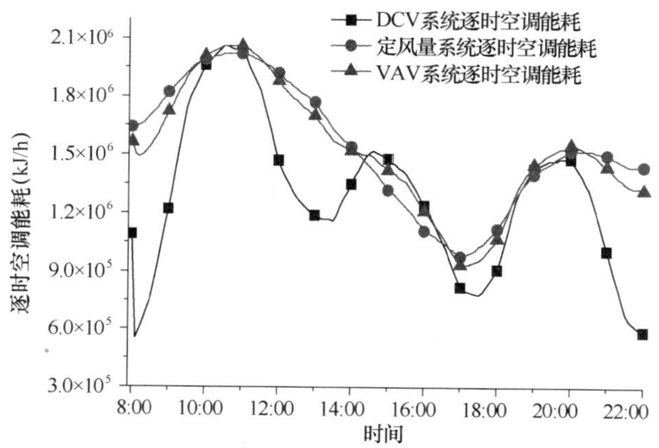

图 4-39 三种系统控制下逐时空调能耗

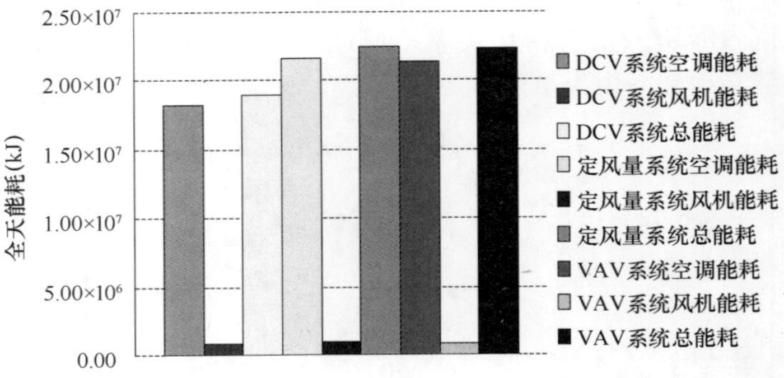

图 4-40　三种系统控制下全天能耗对比

对上面在仿真过程中得到的各逐时曲线在 8：00～22：00 时间范围内作积分运算，就能够得出在不同空调系统下双休日各部分能耗情况，见图 4-40。

由图可见，在夏季空调季节，风机能耗仅占总能耗的很小一部分。由于双休日人员密度比较大，采用 VAV 系统并不比定风量系统节能，但是如果采用 DCV 系统，它增加了对新风量的调节功能，节省了空调新风负荷，使得 DCV 系统在人员密度大的时候也具有 17%的节能率。

2）工作日仿真结果

工作日的人员干扰信号与双休日不一样，一天中的高峰值出现在 18：00～20：00 之间。采用相同原理的仿真过程，观察采用 PID 控制策略的 DCV 控制效果可以看出，室内温度和 CO_2 浓度都能得到很好的控制，并且相对湿度在 50%～65%之间，能很好地满足室内热舒适度和空气品质要求。

夏季空调工作日的风量变化，无论是新风量还是总风量，其变化规律都与人员变化相一致。对于定风量系统，它不能根据室内人员的实时变化作出反应，所以对于人员密度变化频繁的场所，定风量带来的能源浪费是巨大的。图 4-41 给出了 DCV 系统、定风量系统、VAV 系统逐时能量消耗情况的变化曲线，从这一组曲线可以看出，工作日采用 DCV 系统比双休日具有更可观的节能率。

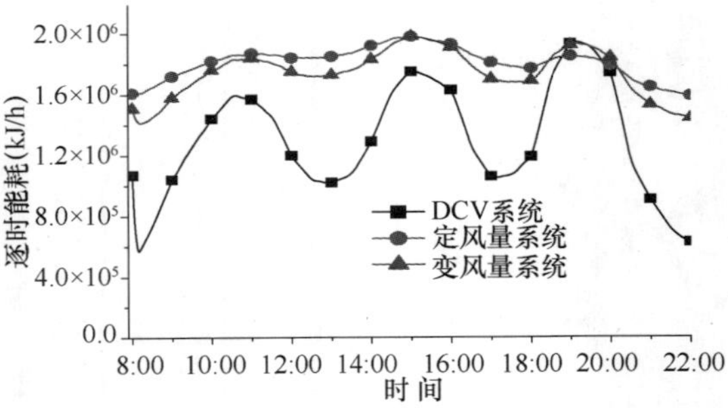

图 4-41　DCV、定风量及 VAV 系统下逐时总能耗

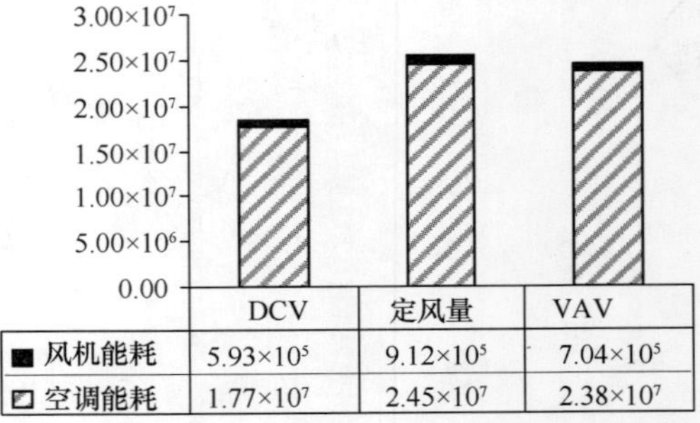

	DCV	定风量	VAV
■ 风机能耗	5.93×10^5	9.12×10^5	7.04×10^5
▨ 空调能耗	1.77×10^7	2.45×10^7	2.38×10^7

图 4-42　三种系统控制下全天能耗对比

从图 4-42 的柱状图对比来看，DCV 系统在工作日的节能能力明显要高于双休日。对比定风量系统，DCV 系统风机能耗降低了 32.8%，空调能耗降低了 27.8%，总能耗降低了 28.0%；对比 VAV 系统，风机能耗降低了 15.8%，空调能耗降低了 25.6%，总能耗

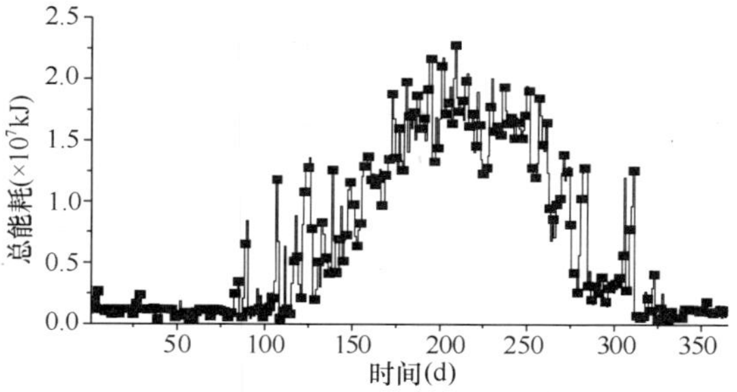

图 4-43 DCV 系统全年逐日总能耗

降低了 25.3%；而 VAV 系统对比定风量系统，就夏季工况而言，由于它没有对最有节能前途的新风量进行控制，其节能不够明显，只有 3%左右。

（3）地下商场 DVC 系统的全年能耗分析

DCV 系统全年逐日能耗曲线如图 4-43所示。可见，对于上海地区，地下商场使用 DCV 系统时，能耗主要集中在夏季，冬季基本上是通风模式，空调能耗极小。这不同于定风量系统和 VAV 系统，定风量系统与 VAV 系统由于工况转换自动控制系统完全以室外焓值作为标准，在冬季仍有较长一段时间都运行在最小新风空调工况上，以至于白白浪费了不少能量用来加热室外冷空气。

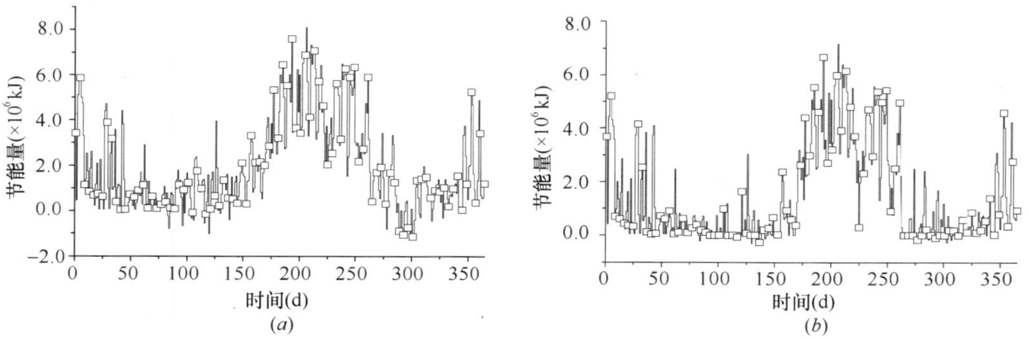

图 4-44 DCV 系统逐日节能曲线

(*a*) DCV 系统比定风量系统逐天节能量；(*b*) DCV 系统比 VAV 系统逐天节能量

由图 4-44 的全年逐日的节能性对比也可以看出，DCV 系统节能量最大在夏季，节能率最高在冬季。

对计算出来的逐日能耗在一年内累加计算，可得出 2002 年上海气象条件下三种系统的全年总能耗及 DCV 系统的节能率，见表 4-1。

地下商场 **2002** 年全年能耗结果　　表 **4-1**

	空调能耗（kJ）	风机能耗（kJ）	总能耗（kJ）		空调节能率	风机节能率	总节能率
DCV 系统	2.11×10^9	4.11×10^8	2.52×10^9	DCV 与定风量对比	22.80%	18.70%	22.20%
定风量系统	2.74×10^9	5.06×10^8	3.24×10^9	DCV 与 VAV 对比	19.10%	8.40%	17.50%
VAV 系统	2.61×10^9	4.49×10^8	3.06×10^9	VAV 与定风量对比	4.62%	11.30%	5.67%

2. 屏蔽门地铁站台的环境和节能效果分析

同地下商场一样，在建立起的屏蔽门地铁站台仿真模型中，需要给定的边界条件有：站台滞留人员、照明负荷系数、新风焓、新风温度、隧道内平均焓值、隧道内平均温度、屏蔽门渗入风量和屏蔽门泄露风量。初始条件有：站台内初始焓值、站台内初始温度、初始总风量和初始新风量。

以下将以广州的某一实际屏蔽门地铁站台作为实例进行相关的分析。

（1）计算条件

广州现有的屏蔽门地铁站台为典型的双线岛式站台，有效站台尺寸为 120m（长）×10m（宽）×4.8m（高）。列车远期运行为 30 对。站台屏蔽门采用上送上回的气流组织形式，设计送风量和新风量分别为 70000m^3/h 和 34000m^3/h，该站台的通风系统模型如图 4-45。

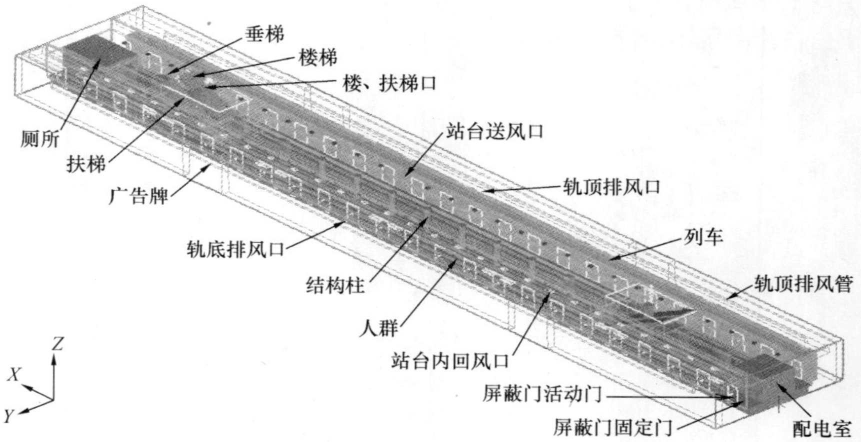

图 4-45　广州岛式屏蔽门地铁车站站台三维模型

地铁车站深埋地下，本身受地面室外气候影响较小；同时广州地区冬季温暖，站台内人员负荷较大，故不考虑采暖系统。冬夏季站台空气温湿度、CO_2 浓度均按照地铁车站规范要求进行设定[25]。空调机组送风机额定风量 73559m^3/h，全压 1870Pa，轴功率 49.67kW；回风机额定流量 47420m^3/h，功率 27.86kW，全压 1580Pa。送风机和回风机风量分别根据 CO_2 浓度和温度控制进行变频调节。空调季节采用最小新风空调；其他季节则最大限度利用室外冷源节能（air-side economizer）技术。

广州市全年气象条件如图 4-46 所示。每日运行时间为 05：00～24：00。站台内人流量、屏蔽门渗风量、漏风量与高峰期时间带、列车编组、车厢长度、发车间隔、停站时间等多种因素有关。根据相关研究成果[6,26]，上述参数确定如图 4-47 所示。

（2）空调季典型日能耗分析

空调季节分为最小新风空调和全新风空调两种工况，这里选取 2005 年 7 月 23 日（星期天）的结果进行分析。这一天的室外新风以及隧道内空气的焓、温度边界条件如图 4-48所示。

由图中可以看出隧道内温度和焓值都比室外空气高，符合地铁隧道内的实际情况。

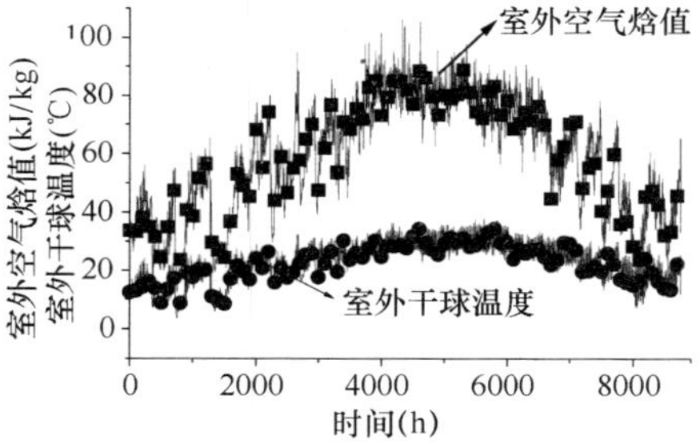

图 4-46 广州市全年气象参数

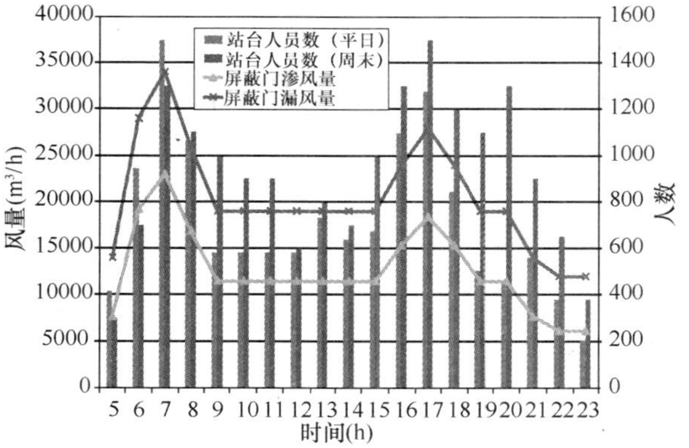

图 4-47 地铁站台内逐时人员数和渗漏风量

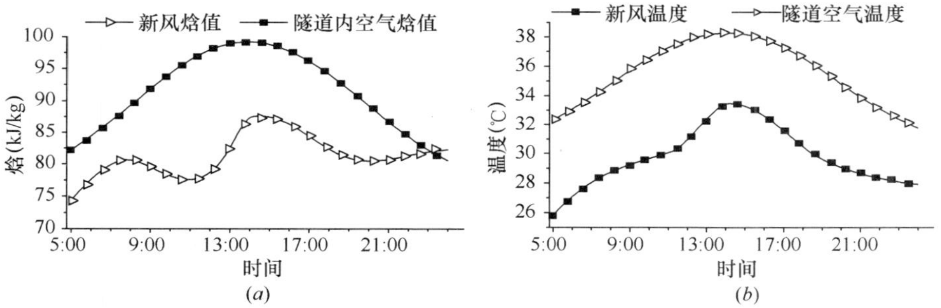

图 4-48 夏季空调日边界条件

(*a*) 7 月 23 日焓值边界条件；(*b*) 7 月 23 日温度边界条件

1）CO_2 浓度控制效果

由于室外焓值较高，系统运行在最小新风空调工况下，新风量由 CO_2 浓度控制。DCV 工况下室内空调新风量、CO_2 浓度变化曲线见图 4-49。

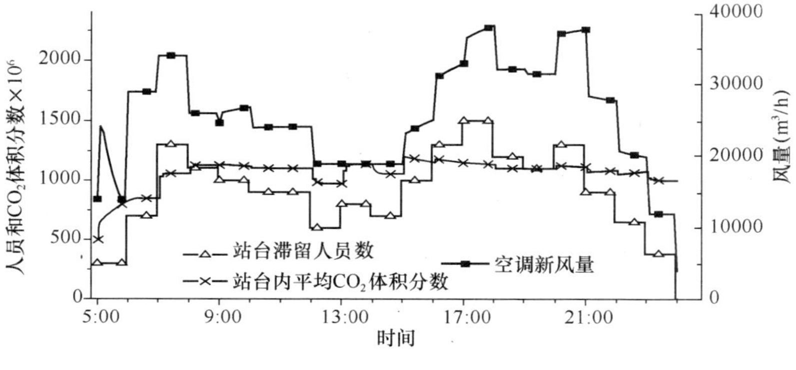

图 4-49 DCV 系统控制下人员、CO_2 浓度、新风量变化曲线

从图中可以看出，运用采用 PID 控制的 DCV 系统能够很好地控制屏蔽门地铁站台内空气品质，图中 CO_2 体积分数能够较好地稳定在 1100×10^{-6}左右，符合建立 PID 控制系

统的初衷。本次仿真干扰信号之一的人员波动函数选取了不同于地下商场的阶跃函数（见图 4-49），阶跃函数对控制系统稳定性的冲击较大，但是从结果来看，控制的效果比较理想，这说明了 PID 控制策略拥有较强大的调节功能。在 PID 控制下，空调新风量紧随站台滞留人员的变化而变化，在站台滞留人员较少时，空调新风量远低于设计条件下的 34000m³/h，这样新风冷负荷下降不少，能节省不少空调制冷量。

2）温度控制效果

DCV 系统是通过改变总风量的大小来控制室内温度，这和 VAV 系统是一致的，如果不发生工况的转换，DCV 系统的总风量以及站台内温度变化应该和 VAV 系统一样。这说明了 DCV 系统保留了 VAV 系统原有的优越性，并加入对新风量的控制，因而拥有广阔的应用前景。

PID 控制策略下 DCV 系统站台内平均温度和空调总送风量变化曲线如图 4-50 所示。

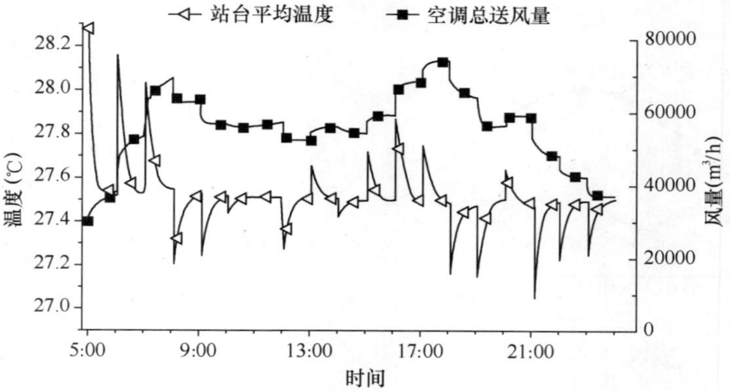

图 4-50　DCV 系统控制下温度、总风量

由于影响空调负荷变化的因素众多，其中最重要的是每小时发车对数以及站台滞留人员，而这些因素在仿真系统中是以小时为周期的连续不等幅阶跃。从温度变化的曲线来看，温度也是每小时发生一次脉冲，但是从总体上来说，温度在 27.5℃±0.5℃的范围内变化，满足不高于 28℃的设计指标，DCV 系统采用 PID 控制策略能够很好地控制站台内温度。同样，总风量也是以小时规律随站台滞留人员、小时发车对数变化而变化，一天内大部分时间都低于定风量系统的 70000m³/h，因此节能潜力很大。

站台内焓值和相对湿度变化见图 4-51。由图 4-51 可见，初始时刻焓值和相对湿度都比较高，等 DCV 系统运行时，相对湿度迅速下降，稳定在 66%～70%之间，稍微超出了地铁站台层 45%～65%的设计标准，这主要是车站滞留人员较多，散湿量较大的缘故。

3）典型日能耗分析

同地下商场一样，在建立 DCV 仿真模型的同时，建立定风量和 VAV 仿真模型，以便进行节能性对比。

三种系统的空调能耗见图 4-52，可见，DCV 系统的空调能耗在全天的绝大多数时间内都比其他两种系统低，节能明显。DCV 系统节能最大的时刻出现在 9：00～16：00 以及 21：00 以后，这两段时间都处于站台滞留人员波动函数的波谷地带，由 DCV 系统控制的新风量和总风量波动函数也处于波谷，能量消耗大大减少。可见屏蔽门地铁站台使用

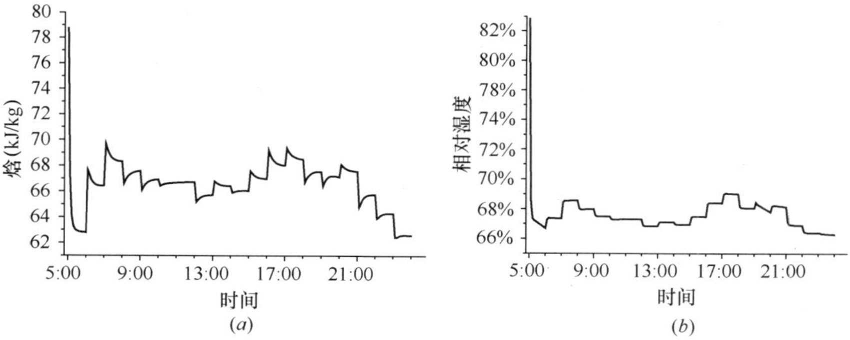

图 4-51 DCV 系统控制下的空气焓值和相对湿度变化曲线
(*a*) 焓值变化曲线；(*b*) 相对湿度变化曲线

DCV 系统节能大小主要取决于一天中人员波动状况，其次是室外气象参数。

三种系统的风机能耗对比见图 4-53，可以看出定风量系统风机能耗最大，DCV 系统次之，VAV 系统最小。DCV 系统与 VAV 系统总风量相等，而新风量 DCV 系统较小，但是风机能耗却较大，这是因为屏蔽门地铁站台取消了新风机，采用了回风机，新风量小而回风量大，回风机的能耗也变大的缘故。

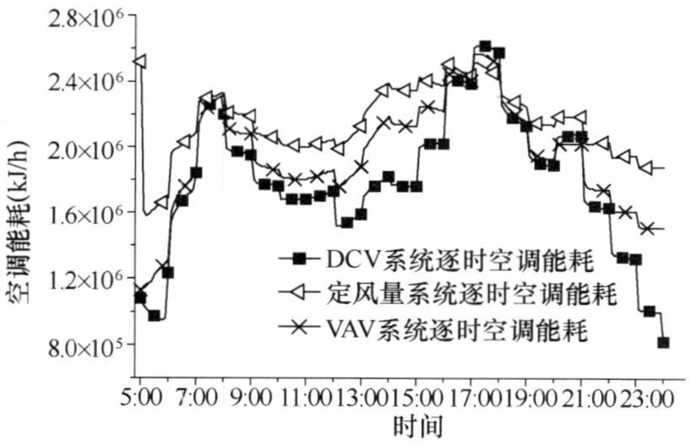

图 4-52 三种系统控制下逐时空调能耗变化曲线

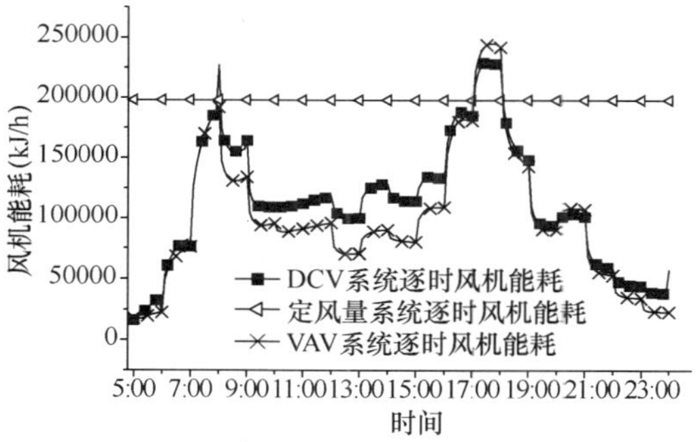

图 4-53 三种系统控制下逐时风机能耗变化曲线

2005 年 7 月 23 日的能耗及节能性见表 4-2。

地铁站台 **2005** 年 **7** 月 **23** 日能耗结果 表 **4-2**

	风机能耗（kJ）	空调能耗（kJ）	总能耗（kJ）		风机节能率（%）	空调节能率（%）	总节能率（%）
DCV 系统	2.15×10^6	3.43×10^7	3.64×10^7	DCV 与定风量对比	42.78%	16.05%	18.30%
定风量系统	3.76×10^6	4.08×10^7	4.46×10^7	DCV 与 VAV 对比	13.15%	7.69%	6.67%
VAV 系统	1.90×10^6	3.71×10^7	3.90×10^7	VAV 与定风量对比	49.43%	9.05%	12.46%

目前国内对地铁屏蔽门环控大系统的研究主要集中在利用变频风机的温控变风量系统，而通过笔者的仿真对比，发现在空调季节典型日，这种温控变风量系统比定风量系统

的节能 12.46%，确实有较大的节能潜力。而 DCV 系统是在 VAV 系统上的进一步改造，就此空调季节典型日而言，它比定风量系统节能达 18.3%，比 VAV 系统节能也达到 6.67%。

（3）全年能耗分析

采用与地下商场同样的方法，进行全年计算，得出 DCV 系统全年逐天空调能耗曲线，见图 4-54，可以看出，空调能耗受室外气象条件作用明显，空调能耗主要消耗在夏季，天气越热，能耗越高；在冬季，由于采用了全新风通风，空调能耗为零或只有极少的空调能耗。

图 4-55 为 DCV 系统全年逐日风机能耗曲线，从图中可以看出，风机能耗在夏季变化比较温和，因为在夏季主要采用最小新风空调工况和全新风空调工况，这两种工况主要由空调提供冷量，送风状态点恒定，所以每天的送风量变化不大；在冬季全新风通风，室内温度也由新风量控制，送风状态点即为室外空气状态点，由于室外气象条件每天变化不定，造成新风量每天的差异很大，所以风机能耗在冬季出现明显的振荡。

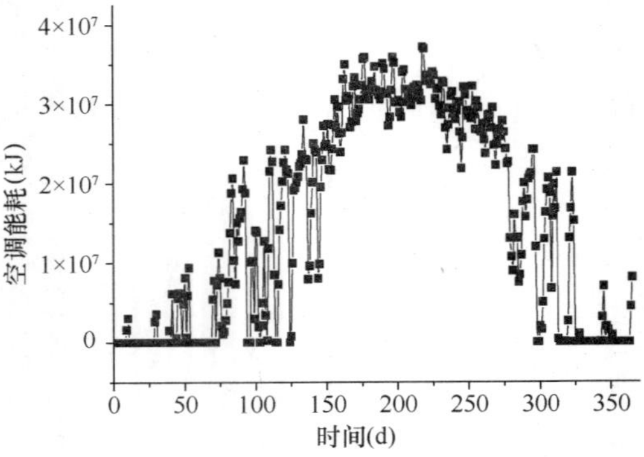

图 4-54　DCV 系统控制下逐日空调能耗

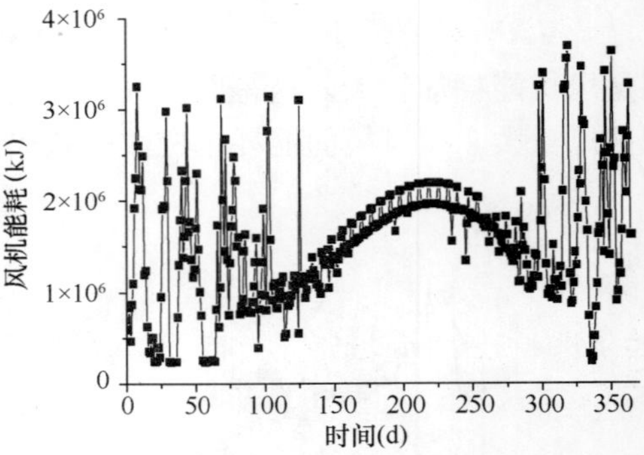

图 4-55　DCV 系统控制下逐日风机能耗

从图 4-56 中可以看出，DCV 系统的节能主要在空调季节实现，在冬季由于几乎没有空调能耗，虽然空调节能率相当高，但节能量却很少。

图 4-57 为 DCV 系统全年逐日风机节能量曲线，从图中可以看出，相比定风量系统，风机节能量相当明显，而对比 VAV 系统，DCV 系统风机的节能量在大部分时间内都为

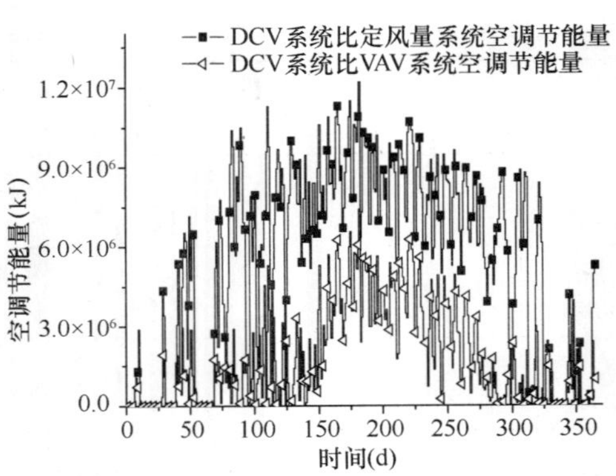

图 4-56　DCV 系统逐日空调节能曲线

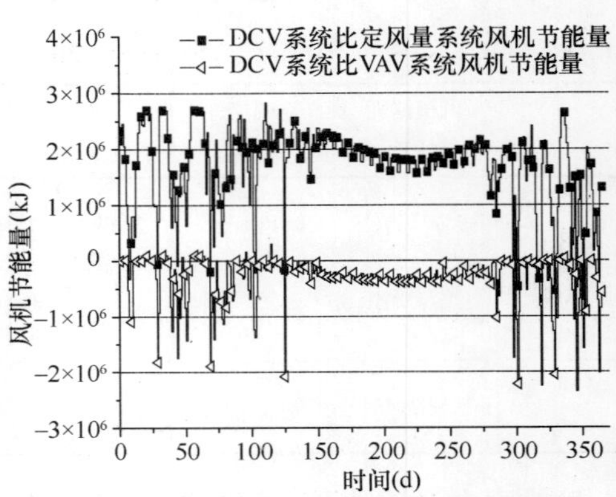

图 4-57　DCV 系统逐日风机节能曲线

负值，这是由于在屏蔽门地铁站台空调系统中取消了新风机和排风机，取而代之的是回风机。DCV 系统与 VAV 系统的总风量基本一致，但是新风量却在大部分时间内都比 VAV 系统小，这就造成了 DCV 系统的回风机能耗要高于 VAV 系统，因而体现为风机的负节能。

将全年的能耗汇总，得出如表 4-3 所示的结果，可以看出风机能耗在全年总能耗中大约占 10%，应该利用变频加以控制；DCV 系统比定风量系统节能 30.16%，比 VAV 系统节能 8.21%，具有相当的优势，在地铁站台空调设计时，应当加以考虑。

地铁站台 **2005** 年全年能耗结果　　表 **4-3**

	风机能耗（kJ）	空调能耗（kJ）	总能耗（kJ）		风机节能率（%）	空调节能率（%）	总节能率（%）
DCV 系统	5.61×10^8	5.50×10^9	6.06×10^9	DCV 与定风量对比	52.83%	26.57%	30.16%
定风量系统	1.19×10^9	7.48×10^9	8.67×10^9	DCV 与 VAV 对比	−24.17%	10.59%	8.21%
VAV 系统	4.52×10^8	6.15×10^9	6.60×10^9	VAV 与定风量对比	62.01%	17.87%	23.92%

综上，通过建立地下商场和岛式屏蔽门地铁站台仿真模型，给定仿真的边界条件和初始条件，进行仿真并分析得出：在地下商场和岛式屏蔽门地铁站台中采用 PID 控制策略的 DCV 模式，能很好地控制室内空气品质和热舒适度。在给定的条件下，就地下商场而言，DCV 系统比定风量系统全年节能 22.2%，比 VAV 系统全年节能 17.5%；就屏蔽门地铁站台而言，DCV 系统比定风量系统全年节能 30.16%，比 VAV 系统全年节能 8.21%。仿真结果进一步表明，在地下空间中应用 DCV 系统，能够最大限度地实现室内空气品质、热舒适性以及节能性的统一，所以建议在地下空间通风空调系统设计和改造中应该首要考虑 DCV 系统。

4.2 适用于城市地下空间的新型空调机组的开发

4.2.1 适用于城市地下空间的新型空调机组技术特性

城市地下空间的开发具有强大生命力，要使城市的地下空间得到合理利用，就必须为地下空间创造符合人员活动的环境，配备适宜的温、湿度控制、通风换气和采光照明等设施。而正如前文所述，地下空间具有与地表空气隔绝的人工环境，处于蓄热能力较强的土壤和岩石包围中的实际负荷特点[27]。因此，空调机组的负荷选择与运行方式制定上需要充分考虑地下建筑的以下特性：

（1）地下建筑的封闭性，难于进行自然通风。需要较大的室外新风，排除污染物，并满足室内卫生要求；

（2）空调机组送风风量大，风侧阻力低，降低风机能耗；

（3）可适应小热负荷，大湿负荷运行，最好可以热湿分开处理；

（4）具有与普通地面建筑不同的运行策略，能合理利用新风，抵消室内冷负荷，减少冷热源机组开机时间。

空调机组中表冷器风阻一般为 160～180Pa，而普通中效过滤器风阻一般为 60Pa 左右，因此，降低表冷器风阻，对于空调机组降低风机能耗和增大送风量具有较强的实用意义。

4.2.2　适用于城市地下空间的新型空调机组的开发与研究

根据上述设计思路，介绍和设计了相近的 3 种表冷器结构，该 3 种表冷器结构为：可开启式表冷器结构、旁通风阀表冷器结构及旋转旁通表冷器结构。将 3 种产品作为样本对其能耗、性能做对比试验，从中找出适用于地下建筑使用的空调机组的最佳方案。

针对地下建筑空调机组的使用要求，在新型空调机组的开发中考虑了以下措施：

（1）地下建筑冷热负荷较小，采用 4 排盘管表冷器设计，配以低密度的盘管翅片，减少送风阻力，达到大风量低风机能耗运行的目的。

（2）特殊的表冷器主体结构，通过工况的转换，在不需要使用表冷器的过渡季节，可以将空气旁通，绕过表冷器，减低空调机组的整体阻力，进一步减少风机能耗。

（3）根据室外环境参数、地下建筑负荷特性及舒适性要求，制定特殊的工况变换的运行策略，充分利用室外新风的冷、热量。

根据小负荷、大风量、小阻力的原则，介绍了 3 种符合地下空间要求的表冷器结构，分别为：可开启式表冷器结构、旁通风阀表冷器结构与旋转旁通表冷器。

1. 门式可开启表冷器

（1）表冷器的结构

门式可开启表冷器分为两个可以左右开启的门式外框，在外框上分别设置多个表冷器模块。表冷器模块进出水管，在左右门框上，分别汇接到对应的总进出水管后从机组内引出，水管的旋转部分以软性水管连接。左右门式表冷器体各成体系。该结构使表冷器可以打开，旁通无需处理的空气。其结构外观图 4-58、图 4-59 所示。

图 4-58　表冷器结构照片（关闭）

图 4-59　表冷器结构照片（开启）

（2）表冷器相关参数

表冷器的送风量取 7500m³/h，制冷量 56kW，供水、回水设计温度为 7℃/12℃。为了降低表冷器的过风阻力，设计时，选取阻力较小的参数，片距为 2.5mm，4 排管，盘管有效长度为1050mm，面排数22排。计算得出其他参数，如表4-4所示。

可开启式表冷器相关参数表　　表 **4-4**

名称	相关参数名称		参数值	备　注
旋转旁通型表冷器	设计参数	1. 风量 G（m^3/h）	7500	设计时选取
		2. 全热冷量 Q（kW）	56.0	设计时选取
		3. 进口水温 t_{w1}（℃）	7	设计时选取
		4. 出口水温 t_{w2}（℃）	12	设计时选取
	表冷器参数	翅片类型	波纹片	设计时选取
		片距（mm）	2.5	设计时选取
		排数	4	设计时选取
		面管数	22	设计时选取
		有效长度（mm）	1050	设计时选取
		同时进水管数	22	设计时选取
		水通断面积（m^2）	0.00419	由铜盘管直径决定
		迎风面积（m^2）	0.88011	设计时选取
		表面风速 V_y（m/s）	2.367	$V_y=\frac{风量(m^3/s)}{迎风面积(m^2)}$
		水流量（m^3/h）	9.6	$W=\frac{全热冷量(kW)}{C_p\cdot 进水温升(℃)}$
		水流速 ω（m/s）	0.64	$\omega=\frac{水流量(m^3/s)}{水通断面积(m^2)}$
		析湿系数（ξ）	1.908	$\xi=\frac{全热冷量(kW)}{显热冷量(kW)}$
		传热系数 K［W/（$m^2\cdot$℃）］	55.65	由盘管材料、盘绕形式及翅片形式等决定

（3）表冷器特性分析

该表冷器结构可以实现地下建筑在使用时大风量低风阻的要求。在过渡季节或特殊情况下，表冷器可以开启，使机组内流动介质无需从表冷器通过，减低机组的整体阻力。另外，配合合适的运行策略，也可以减低冷机开启的时间，节省冷源的能耗。较之旋转旁通型表冷器及旁通风阀表冷器，其表冷器在高度、长度方向上都不需要增加太多，开启前后面积增大的量也最多。

但是，由于该表冷器分为左右两部分，且各成体系，就需要有两个旋转机构，两套进出水机构。门式可开启表冷器结构为已有的专利产品[28]，在北京市地铁有工程应用实例[29]。

2. 旁通风阀表冷器

旁通风阀表冷器在设计思路同样采用了较宽的翅片片距、较少盘管排数来增大表冷器的过流面积，降低阻力。

（1）表冷器结构

该表冷器主体与普通表冷器无异，只是高宽比较小，在高度方向上设置一旁通风阀。旁通风阀直接设置在表冷器顶部框架上，与表冷器主体相连，降低了机组的漏风率。如表冷器的旁通阀可采用手动或自动开启方式。正常运行状态下，旁通风阀关闭，空气流经表冷器盘管，进行热湿处理；过渡季节时，旁通风阀开启，旁通无需处理的空气，减小机组阻力损失。其结构外观如图 4-60，图 4-61 所示。

图 4-60　表冷器结构照片（关闭）

图 4-61　表冷器结构照片（开启）

（2）表冷器相关参数

为了对 3 种表冷器的经济技术指标进行分析比较，除表冷器结构形式外，该表冷器在选取参数方面与可开启表冷器完全相同。其相关参数参见表 4-4。

（3）表冷器特性分析

该表冷器结构可以实现地下建筑在使用时大风量、低风阻的要求。同时在过渡季节或特殊情况下可以开启表冷器上端的旁通风阀，使机组内气流绕过表冷器，降低了机组的整体阻力，减小风机能耗。另外，该表冷器结构简单、故障率低、运行可靠、控制便捷。

但是，由于该表冷器只在高度方向上设置旁通风阀，在其开启的情况下旁通的过流面积并不是很大，降低阻力的效果有限。同时旁通风阀设置于表冷器上端，增加了机组的高度及生产成本。

3. 旋转旁通表冷器

表冷器可以绕中轴旋转，并根据需要对表冷器的旋转角度进行控制。

（1）表冷器结构

表冷器中间有一中空转动轴，用于支承表冷器的重量，并实现表冷器旋转功能。表冷器与其后挡水板连为一体，挡水板能与表冷器一同旋转。表冷器左右两端面为圆弧形，便于其在机组内旋转不与空调机组机体发生碰撞。正常运行状态下，表冷器面与空气流动方向垂直，对空气进行处理；在全新风工况下，该表冷器可旋转至与流动空气平行方向，旁通无需处理全部空气，减小机组阻力。结构外观见图 4-62、图 4-63。

图 4-62 表冷器结构照片（不旋转）

图 4-63 表冷器结构照片（旋转）

轴上端有一驱动齿轮，通过减速齿轮箱与驱动电机轴相连，使表冷器转动，变换工况。在旋转极限位置设有极限开关，用于限制表冷器的旋转角度。表冷器配水系统之集、分水管设于转轴中心。分水管为管径渐缩不等径管，集水管为管径渐扩的不等径管，用于冷媒水的均匀分流。冷水从分水管进入蛇形盘绕的表冷器盘管后，进入集水管，完成换热过程，其结构见图 4-64。

表冷器的进、出水接口通过可旋转法兰与分、集水管连接。法兰包括上、下外法兰及内法兰 3 部分组成，外法兰用于固定法兰主体并锁紧内法兰，内法兰可在外法兰内自由旋转。三法兰之间加垫低阻力的密封垫片，减小法兰旋转的阻力，同时锁紧法兰。接口可以以 360°自由旋转。其结构见图 4-65。上述相关设备已开发出样机，该空调机组的旋转旁通结构及配水系统已申请实用新型专利。

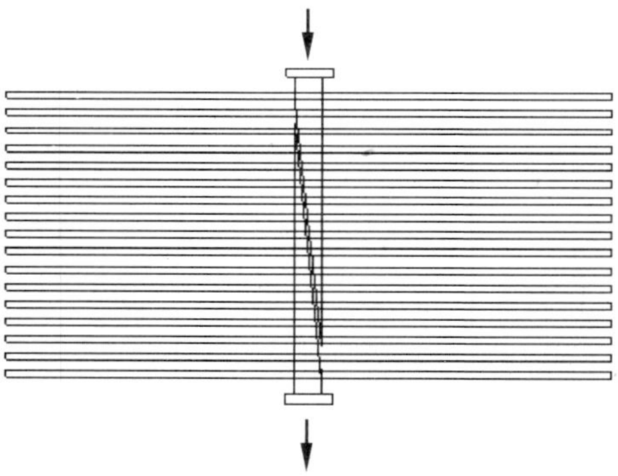

图 4-64 不等径进出水管

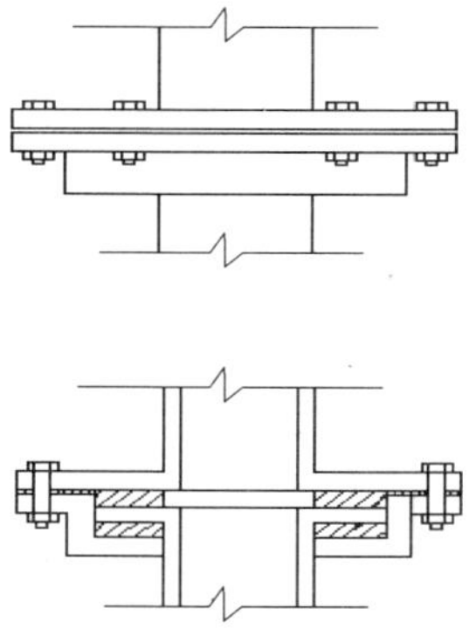

图 4-65 可旋转法兰

（2）表冷器相关参数

该表冷器在选取参数方面与上述两种表冷器完全相同。其相关参数参见表 4-4。

（3）表冷器特性分析

该表冷器使用了不等径进出水管均匀配水供水系统，换热更加均匀，热效率得到了相应的提升。同时在过渡季节或特殊情况下可以旋转表冷器，使机组内流动介质绕过表冷器，大大减低了机组的整体阻力。但是，由于表冷器需要旋转，在长度方向上需要为其提供旋转的空间，空调机组的整体长度有所增加。

4. 不同表冷器节能率的比较[30]

（1）等机组全压条件

试验用空调机组在表冷器段不开启情况下，以一定频率 F_1 下的机组出口固定位置上机组全压 H 为额定全压值，此时机组耗功率为 P_1；然后开启表冷器段，降低电机频率至 F_2，保持机组全压为额定全压值 H，此时机组耗功耗为 P_2。采用差值法计算在开启表冷器段情况下，保持机组全压所需要的耗功耗 P_2，进而计算节能率 α_1：

$$\begin{aligned}\alpha_1 &= \frac{P_1 - P_2}{P_1} \times 100\% \\ &= \frac{\Delta P}{P_1} \times 100\%\end{aligned} \tag{4-25}$$

记 α_1 为频率 F_1 下的节能率，其他频率类推。

（2）等送风量条件

等送风量条件与等机组全压计算方法相似。机组在表冷器段不开启的情况下，以一定频率 F_1 下的送风量为额定送风量 Q，记录此时机组耗功率 P_1；然后开启表冷器段，降低电机频率至 F_2，保持其送风量为 Q，记录此时机组耗功率 P_2。由于风机的输入频率是以 1Hz 为单位变化，其开启后的送风量 Q' 不一定正好等于 Q，故而采用差值方法计算在开启表冷器段的情况下，保持等送风量所需要的电机功耗 P'_2，进而计算节能率 α_1：

$$\begin{aligned}\alpha_1 &= \frac{P_1 - P_2}{P_1} \times 100\% \\ &= \frac{\Delta P}{P_1} \times 100\%\end{aligned} \tag{4-26}$$

记 α_1 为频率 F_1 下的节能率，其他频率类推。

经过计算得到两种基准条件下 3 种不同表冷器结构空调机组的节能率，见图 4-66 所示。

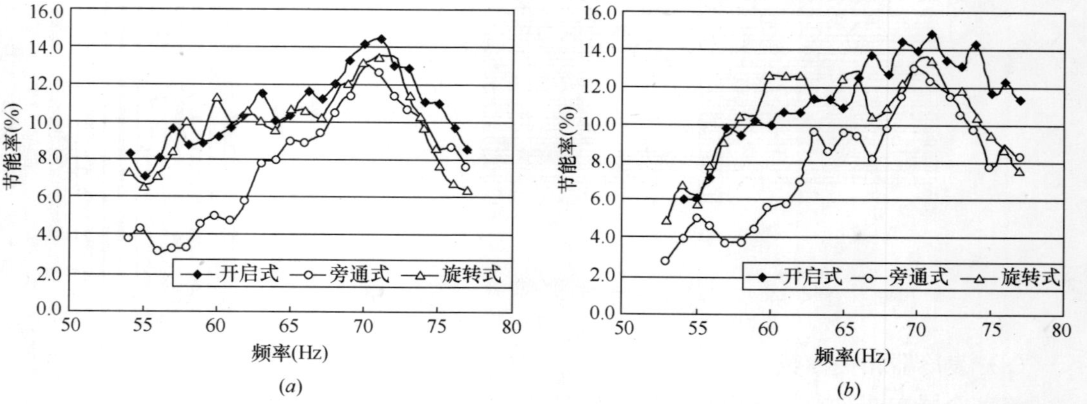

图 4-66　不同机组节能率比较

（a）等机组全压条件节能率；（b）等送风量条件节能率

由图可以看出：等机组全压条件下，节能率从 5%开始增加，在 72Hz 达到最大，最大节能率为 15%左右；等送风量条件下，节能率从 5%开始增加，在 70Hz 达到最大，最大节能率为 14%左右，两种基准条件下节能率的变化成大致开口向下的抛物线形。在上述基准条件下，可开启表冷器机组的节能率在大部分频率下都大于其余两种机组，旋转旁通表冷器机组次之，旁通风阀表冷器机组最小；在大部分频率区间，可开启表冷器机组与旋转旁通表冷器机组的节能率比较接近，在低频率区间，旁通风阀表冷器机组的节能率最小。

4.3 城市地下空间空气质量检测及净化技术的开发

开发和利用地下空间，必须根据其使用目的创造出不同安全、卫生（指标）要求的舒适环境，其中，保障空气质量是其必要条件。从空气质量方面看，城市地下空间具有如下特点：(1) 建筑结构相对封闭，需提供有组织新风；(2) 内部污染源多，空气质量差；(3) 多处于繁华地区，室外空气质量差。现有地下空间的现有空调系统设计主要基于热舒适性保障，而较少考虑其空气质量，许多工程中应用的空气净化设备仅为粗效过滤器，这些因素导致了地下空间内空气质量较差，加之人们在心理上对地下环境的负面印象，直接影响人们对地下空间环境的综合评价。长时间处于地下的人群易产生闷热、压抑、烦躁等不良感觉，并且某些疾病发病率也高于同类型地上建筑，因此，在设计建造地下建筑时，不仅要保证热、湿、声、光环境的舒适性，还需重视其内部空气质量的保障问题。

上述分析表明，开发地下空间空气质量检测及净化技术是城市地下空间环境质量保障关键技术的重要课题。本节将在第 3 章进行的典型地下空间空气质量调研数据基础上，明确地下空间特征污染物（主要需要去除的污染物）的种类和浓度现状，以此为依据研发适用于地下空间的空气质量检测及空气净化技术，重点阐述其设计思想和设计方法，以更好地进行工程应用。此外，还对净化设备的设置位置对净化效果和经济性的影响进行了探讨，给出了相关的设计安装原则。

4.3.1 地下空间空气质量检测及净化技术现状

1. 地下空间空气净化技术现状

目前，常用的室内污染物净化手段主要有污染源控制、通风稀释和复合净化 3 种[31]，其中污染源控制是最为根本的手段。但是，从第 3 章关于典型地下空间空气质量的调查分析结果可以看出，地下空间内污染物的种类较多，其污染源亦是多种多样，因此，单独通过该项手段对室内环境进行净化处理是难以实现的。目前以该方式去除污染物的常用方法是定期清洗过滤器和清洁风道，以清除其内部因通风系统长期运行导致的积灰和细菌污染源。此外，堵塞缝隙、在墙壁和地面涂防护涂料，亦是通过控制污染源的方式来降低室内氡气浓度的有效手段。

通风稀释是降低室内污染物浓度的有效途径。目前，在空调系统设计中，往往采用最小新风量，由前述调查结果可知，在现有的换气次数和新风比下，靠通风稀释来降低室内污染物浓度的效果并不明显。若仅为了稀释室内污染物而增加新风量又会导致空调系统的能耗增加，经济性变差。同时，当室外也存在某种污染源时，增加新风量反而会加剧该污染物对室内的污染。

复合净化是指在不改变当前空调系统形式及主要运行参数的条件下，在空调箱或风管中设置复合净化单元（段），或者在污染空间中单独设置复合净化器以除去污染物的技术手段。在复合净化单元（器）中，根据当前各类污染物的处理技术，按照一定的顺序设置具有不同功能的处理段，分别实现对空间中各类污染物的单独或联合处理，将其浓度控制在标准要求的限值范围内。目前地下空间内的污染物种类较多，采用单一的净化手段难以实现污染物的有效净化。因此，只有联合应用复合净化、污染源控制和通风稀释手段，才是实现各种污染物净化的最佳选择。由于污染源控制和通风稀释技术相对成熟，因此复合净化技术已成为目前的研发热点。

根据特征污染物的种类，可以将地下空间内的污染物分为 3 大类[32]：（1）可吸入颗粒污染物 PM_{10} 及无机有害小分子；（2）总挥发性有机化合物（TVOC）；（3）悬浮微生物，包括细菌、真菌和病毒。目前针对以上污染物，虽有诸多净化技术，但这些技术主要针对某种特定污染物的净化效果较好，因此，需根据不同净化技术的特点，进行有机组合以达到最佳的净化效果。

在舒适性空调领域，已有纤维过滤、静电除尘、活性炭吸附、等离子、负离子、光催化等净化方法[33]。各种净化方法的主要技术特点如表 4-5 所示。

由表中可以看出，每种净化技术都有一定的净化范围及净化特点。所谓复合净化单元（器）的设计并不是单个净化技术的简单叠加，而是通过不同净化技术的有机组合实现优势互补，最大限度地发挥每种净化技术优势的同时，还能相互弥补各自的不足。例如，目前许多学者将活性炭吸附与光催化技术结合，研制活性炭一纳米 TiO_2 复合光催化净化设备[51-53]，据文献分析，该技术不仅具有活性炭吸附和光催化技术的特点，同时活性炭的吸附作用又促进了光催化净化效率的提高，并减少二次污染物的产生；光催化还能使活性炭实现原位再生。这些技术对复合净化技术的发展都具有推动作用。

空气污染物常用净化技术及其特点　　表 4-5

	可净化污染物种类	优　点	缺　点
纤维过滤[34]	颗粒污染物、微生物、氡	价格低廉、安装方便	阻力与净化效率相关，中、高效过滤器阻力相对较大
静电除尘[35-37]	颗粒污染物、微生物	除尘效率高、除尘粒径范围广、压力损失小	投资高、集尘后放电效率下降、电场易击穿等
紫外线杀菌[38-41]	微生物	杀菌效率高、安全方便、不残留毒性、不污染环境、阻力小	动态杀菌效果相对较差
活性炭吸附[42,43]	除生物性污染物外的所有污染物	来源广泛、污染物净化范围较大、不易造成二次污染	存在饱和再生问题、阻力相对较大、无机物处理效果不好
等离子[44]	室内现有所有污染物	污染物净化范围较大	往往不能彻底降解污染物、产生其他副产物
负离子[45-47]	颗粒污染物、微生物	能加速新陈代谢、强化细胞机能、对于一些疾病有治疗功效	会产生大量臭氧、导致二次污染、沉积的尘埃对墙壁造成污染
光催化[48-50]	TVOC、微生物及其他无机气态污染物	净化范围广、反应条件温和、不存在吸附饱和现象、寿命长	相对于活性炭吸附而言，净化速率较慢，反应不完全，易导致二次污染

2. 地下空间空气质量检测技术现状

空气质量检测是利用科学的方法和标准的仪器，对被检测空间内的污染物进行测定、分析、评价和判断，并且准确记录。地下空间空气质量检测方法和评价标准主要依据《室内空气质量标准》GB/T 18883—2002、《民用建筑工程室内环境污染控制规范》GB/T 50325—2001 和《人防工程平时使用环境卫生标准》GB/T 17216—1998，其部分特征污染物（项目）的检测方法如表 4-6 所示[54-56]。

室内空气质量的检测方法　　表 4-6

污染物	检测方法	污染物	检测方法
一氧化碳 CO	仪器法：（1）不分光红外线法；（2）置换汞法（一氧化碳测定仪）；（3）气相色谱法；（4）电化学法	可吸入颗粒物 PM_{10}	仪器法：（1）滤膜称重法；（2）光散射法及查关测尘仪；（3）B 射线吸收法测尘仪；（4）压电晶体差频法（压电天平粉尘仪，model 3511）；（5）激光法测尘仪
二氧化碳 CO_2	化学法：容量滴定法。 仪器法：（1）不分光红外线法；（2）手持式 CO_2 测定仪（GM-70 型、TESTO—535 型）；（3）气相色谱仪	甲醛 HCHO	化学法：（1）AHMT 分光光度法；（2）酚试剂分光光度法；（3）乙酰丙酮分光光度法。 仪器法：（1）气相色谱法；（2）电化学法（便携式 4160 型现场甲醛测定仪）
二氧化硫 SO_2	化学法：（1）四氯汞盐溶液吸收法—盐酸付玫瑰苯胺比色法；（2）甲醛溶液吸收法（盐酸付玫瑰苯胺分光光度法）。 仪器法：库仑滴定法	氨 NH_3	化学法：（1）靛酚蓝分光光度；（2）纳氏试剂分光光度法；（3）离子选择电极法。 仪器法：（1）便携 1015 型现场氨测定仪；（2）袖珍式电化学原理氨测定仪
二氧化氮 NO_2	化学法：改进的 Sahzman 法。 仪器法：化学发光法	温度	（1）玻璃液体温度计；（2）热电偶温度计
氡 $222R_n$	仪器法：（1）闪烁瓶法测氡仪；（2）美国 1027 型测氡仪；（3）RCN—216 测氡仪	相对湿度	（1）毛发湿度计；（2）通风干湿表；（3）湿敏电容测导仪
臭氧 O_3	化学法：靛蓝三磺酸钠分光光度法。 仪器法：化学发光法	空气流速	（1）热球式风速仪；（2）手持式风速仪
总挥发性有机物 TVOC	化学法：耗氧量法。 仪器法：（1）气相色谱法；（2）光离子化检测器（PID）	新风量	示踪气体法
苯 C_6H_6 甲苯 C_7H_8 二甲苯 C_8H_{10}	气相色谱法	菌落总数	（1）撞击法；（2）沉降法
苯并（a）芘 B（a）p	仪器法：（1）高效液相色谱法；（2）纸层析（荧光分光光度法）		

由表 4-6 可知，室内空气质量检测方法主要包括化学分析和仪器分析 2 类方法[57]。化学分析法是指利用化学反应和它的计量关系来确定被测物质的组成和含量的一类分析方法，测定时需使用化学试剂、天平和一些玻璃器皿。

仪器分析法是基于与物质的物理或物理化学性质而建立起来的分析方法，该类方法通常是测量光、电、磁、声、热等物理量而得到分析结果，而测量这些物理量，一般要使用比较复杂或特殊的仪器设备，故称为“仪器分析”。仪器分析法主要有光学分析法、电化学分析法、色谱分析法、质谱分析法、核磁共振分析和放射化学分析法等。空气质量的分析仪器可根据是否能在现场显示检测结果分为现场仪器与实验室仪器两类，而现场仪器再由检测原理的差异分为传感器类与非传感器类。常见的非传感器类仪器有便携式气相色谱仪、基于光学分析法的分光光度计以及红外分析类仪表；传感器类仪器依据所使用传感器的种类多少分为单目标和多目标型，但其测量原理都是利用传感器获取对应气体浓度的电信号，经滤波放大、A/D 转换后，显示其浓度数据。

在地下空间工程中，需要可行的现场检测仪表或传感器，下面将重点介绍其发展现状。

（1）非传感器类现场检测仪器

1）便携式气相色谱仪：气相色谱仪是将色谱分离技术与气体检测器结合在一起的仪器，色谱技术具有优异的分离能力，气体探测器具有极高的灵敏度，两者有机结合，以其优越的性能应用于各个分析领域[57]。地下空间空气污染物中，挥发性有机物种类多且浓度相对较低，只有用气相色谱仪才能解决分别测定问题。应用于不同领域和对象的仪器配置不同，如测量室内挥发性有机污染物的气相色谱仪，则必须装备浓缩样品解吸装置，并带有氢火焰离子化检测器。便携式气相色谱仪自 20 世纪 80 年代开始得到迅速发展，在我国也逐渐得到应用。根据检测器的不同，便携式气相色谱分为氢火焰（FID）型、热导（TCD）型、光离子（PID）型等。

2）分光光度计类现场检测仪：分光光度计是利用物质分子对某一波长特征有强吸收特性，其吸收程度与溶液中物质浓度有定量关系，由此来测定溶液中该物质的含量[57,58]。空气中甲醛、氨、二氧化硫、二氧化氮等普遍采用可见光分光光度法，即利用这些物质在溶液中与显色剂形成有色分子，吸收与溶液颜色互补的可见光进行测定。其测量原理遵循朗伯一比耳定律，即吸光度与溶液光路长度和溶液浓度成正比。检测仪包括光源、透镜、单色器、吸收池和检测器及测量显示系统。

分光光度计可以检测所有种类的气体，由于不同波长的空白管吸光度不同，操作者要耗费很长时间调整不同波长时的空白管值，所以现场检测仪常使用双光束分光光度计来解决这个问题，一定波段的光通过采样后的溶液与空白管，用光电管或光电倍增管产生的电信号进行比较，得到样品浓度信息。该方法精确、可靠，但是仪器操作和保养的要求比较高，吸收池内的样品不能被污染，吸收池窗面不能玷污，单色器内干燥剂要经常更换，还需防止光电元件积尘。目前这类仪表的代表如吉大小天鹅仪器有限公司研制的 GDYK 系列。

3）红外线 CO 和 CO_2 测定仪：红外线是波长在 0.75～400μm 范围内的电磁波。红外线在传播过程中其辐射能量被物体吸收后容易被检测，这一特点就成为设计和制造红外线 CO 和 CO_2 气体分析仪的依据。我国已将非分散式红外分析仪作为测定公共场所和室内空气中 CO 和 CO_2 浓度的标准方法[57,58]。

便携式红外 CO 分析器即是根据比尔定律和气体对红外线具有选择性吸收原理设计而成的。代表仪器如 GXH-3011 便携式红外 CO 分析器。

CO_2 的吸收峰为 4.3μm，虽然附近有 4.6μm 的 CO 吸收峰，但是，环境中 CO_2 浓度较高，最低为 0.03%，CO 的干扰可忽略不计，选用滤光片的光学处理技术即可满足测量要求。分别用中心波长为 4.3μm 和 3.9μm 的滤光片获得测量光和参比光，将参比光和测量光交替通过测量室，用差示测量方法便可测出 CO_2 的吸光度。这种设计解决了仪器长时间工作的漂移和空气本底干扰成分的补偿问题，从而使仪器可以连续抽取环境空气进入测量室，得到环境空气中 CO_2 浓度随时间的变化。CO_2 测定仪由红外光源、带滤光片的切光轮、滤波室、测量室、红外线光敏电阻等构成，便携性好，检测速度快，但仪器需预热 15min 后，校准零点和量程后才能进行检测，其中零点校准气需采用室内空气依次通过氯化钙去除水分，钙石灰去除 CO_2 获得，校准量程需用 CO_2 标准气源，重复校准零点和量程 2～3 次至读数稳定后方可进行检测，故测试工作操作繁琐。

(2) 传感器类空气质量检测仪

经过 20 多年的发展，传感器类检测仪表在可测气体种类、测量范围、精度、选择性、稳定性和寿命等主要技术指标方面均有明显提高，尤其精度、稳定性与寿命指标，提高了几倍。多个国家已允许使用传感器类仪表进行室内空气质量检测[59,60]，如：美国环保署和日本建筑部已将电化学甲醛检测仪列为推荐方法之一，美国环保署和氡安全委员会已将便携式电子氡检测仪列为推荐使用方法，我国相关标准已允许氡、甲醛采用传感器类仪器进行检测。

气体传感器是通过对空间环境气体参数产生响应，并将其转化为可用输出信号的功能元件，是影响空气质量仪表性能的关键部分[61]。气体传感器按其检测原理可分为电化学传感器、红外传感器和离子化传感器，目前用于现场检测的气体传感器多为电化学传感器（或热化学传感器），是基于化学反应产生的电化学现象及根据化学反应中产生的各种信息（如光效应、热效应、场效应和质量变化）设计的精密而灵敏的探测装置[62]。

1) 现有空气质量现场检测仪表的结构

空气质量现场检测仪的组成分为硬件和软件两部分。

①硬件部分：包括气体传感器、检测点取样设备及放大器（进行传感器输出信号放大、抗干扰处理及信号传输）、电源及显示部分。电信号一般分连续量、离散量两种，实际上还可分成模拟量、开关量、脉冲量等，模拟信号传输已基本采用统一信号(4-20mADC)[63,64]。

利用气体传感器将测到的气体浓度转换为电信号，但大多数传感器产生的信号都很微弱，通常为 μV 或 mV 量级，必须用高输入阻抗的运算放大器对它们进行放大、进行滤波，以选取信号中一定频率范围的成分，去掉各种干扰和噪声。一般测量多种物质时，需采用多路开关对被测信号进行切换，使各路信号共用一个 A/D 转换器。转换后的数字信号送入单片机，单片机根据仪器的设定初值进行相应的数据运算和处理，并输出测量信息，必要时，还可向执行器输出控制信号。如室内某种污染物浓度超标，则输出报警信号。同时控制风机或启动空气净化装置，降低乃至清除污染气体，将其浓度控制在可接受范围内。

此外，检测仪表还可与 PC 机组成分布式测控系统，由单片机（下位机）采集各种测量信号和数据，通过串行通信接口将信息传送至 PC 机（上位机），由 PC 机进行更复杂的数据处理或全局监控。

②软件部分：单片机程序主要包括监控程序、接口管理程序和数据处理程序 3 大部分。监控程序面向仪器的键盘和显示器，实现人机对话任务；接口管理程序完成数据采集、数据存储、通信等任务；数据处理程序完成数据滤波、运算、分析等任务，是软件的核心。

目前，国内空气质量检测仪多以单片机作为处理芯片，整机的测控更趋完善，信号处理数字化，采用点阵液晶显示，不但可以显示数据，还可以中、英文显示各类信息，如开机自检、测量气体种类、气体浓度、自动校正、背景气体干扰的抑制等。

2）空气质量现场检测仪表的发展趋势

根据上述分析可以看出，目前的空气质量现场检测仪表虽然测量精度提高，但功能单一、通用性差、价格昂贵、适用性差，在一般的地下工程中难以大量推广应用。故需开发新型仪表，使之具有通用化、智能化、即插即用、多功能化和网络化特征[65-67]，以推进空气质量现场检测仪表的实用化进程。

①通用化：希望一种仪器能测试一大类气体，如光离子检测仪可测试所有挥发性有机物（TVOC），在进入未知危险环境时，也能对未知气体进行通用性检测。

②智能化：智能化是在实验室和工程现场采用气体浓度检测技术时始终追求的目标。

③传感器即插即用：将电化学有害气体敏感元件的重要数据如气体种类、特性、测量范围、编号及出厂日期、校正日期等写入微电子芯片，把这块电路与电化学有害气体敏感元件集成一体并带有统一规格的插头，将其插入仪表，开机后仪表自动读取这些参数并按相应参数工作，显示所测气体值和单位。这种仪表既可作为污染物浓度传感器，又可与 PC 机结合作为现场检测仪表使用。

④仪表多功能化：在传感器即插即用的基础上，一台仪器可实现多参数检测；或利用其主机可更换不同的传感器探头，实现多类气体检测，并能与其他气体检测器兼容，具有良好的通用性和经济性。

⑤网络和嵌入式互联网化。近年来，随计算机检测技术可靠性的提高和网络化技术的普及，危险源预警系统从过去的集中监测预警体系结构向多层分布式监控预警系统发展，故空气质量现场检测仪表也将接入监控预警系统而成为集中监管的发展方向。

由于地下空间污染物种类繁多，有效地检测（监测）各种污染物的浓度状态，对于保障地下空间空气质量，实现通风、空调系统以及空气净化装置高效运行都具有重要意义。

4.3.2　地下空间空气质量检测仪的开发

气体传感器现场检测方法是 2004 年颁布的《室内环境空气质量监测技术规范》HJ/T 167-2004[68]中新增的方法。它与化学分析法不同，该方法对数值精度要求并不很高，多为达到阈值报警的要求即可，且检测实时、操作简单[69]。目前，国内厂家不断引进和研发以气体传感器为基础的空气质量现场检测仪表。然而现有空气质量现场仪表在地下建筑空间的使用中暴露出两个问题：

（1）由于目前的传感器尚未能嵌入检测对象、量程等基本信息，仪表无法自动获知所配备传感器的技术参数，所以检测仪表与传感器均为固定搭配，不能随意调换，检测范围固化，对不同场合、不同检测对象的适应性差；

（2）仪表设计对地下建筑空间较为潮湿的环境特点考虑不足[70]。很多空气质量检测仪为了追求外型的简洁，将气体传感器与数据采集、控制单元集中在一起。在地下空间内使用时，相对湿度较高的潮湿空气流经传感器时，容易对仪表的控制电路造成锈蚀性伤害，影响了仪表准确性和寿命。

因此，需要研发克服上述问题的地下空间空气质量检测仪表，以保证其在地下空间安全、可靠工作。

1. 地下空间空气质量检测仪的技术要求和工作原理

（1）技术要求

为解决现有仪表存在的技术问题，研发了一种新型的地下空间空气质量检测仪，其研发目标的功能要求和技术特点如表 4-7 所示。该仪表适应技术发展的通用化趋势，提出气体传感器“即插即用”的总体设计方案，目的是让使用者能根据工程内污染状况的变化，通过人机交互方法，及时调整检测对象及其范围，实现多目标污染对象的动态检测。

地下空间空气质量检测仪的技术要求　　表 4-7

<table>
<tr><th>序号</th><th>功能或指标</th><th>功能说明</th><th>技术特点</th></tr>
<tr><td>1</td><td>量程</td><td>可以根据不同传感器修改参数设置</td><td rowspan="8">（1）便携式的独立仪表，具有气体浓度测量功能、历史浓度数据收发功能、标准气体校准、浓度显示功能，外围设备手动、自动控制功能；
（2）仪表通过自有的 RS485 通讯接口，随时嵌入工程智能化管理系统，成为在线监测仪表，并可作为现场控制中心；
（3）当室内气体污染浓度超过限值或生理性气体低于一定限值时，仪表报警，向工程智能化管理系统通报信息，并自动控制周边通风与空气净化设备</td></tr>
<tr><td>2</td><td>报警</td><td>能够设定不同传感器的上、下限，并可超限报警及自动控制继电器动作，启动空气净化相关设备</td></tr>
<tr><td>3</td><td>传感器</td><td>使用者根据需求自由选择，只要具备线性化电流输出特性即可</td></tr>
<tr><td>4</td><td>精度</td><td>校准前根据传感器自身而定，长期使用的现场校准每种传感器配备两瓶标准气，仪表提示操作者进行相关操作，校准工作完成后仪表精度取决于传感器特征曲线的线性度</td></tr>
<tr><td>5</td><td>响应时间</td><td>90%的读数（15s 内）</td></tr>
<tr><td>6</td><td>温度</td><td>根据各传感器的环境参数要求</td></tr>
<tr><td>7</td><td>电源</td><td>＋5V 和＋24V AC－DC 电源</td></tr>
<tr><td>8</td><td>远程通讯</td><td>RS485 接口</td></tr>
</table>

（2）工作原理

地下空间空气质量检测仪的设计方案是基于传感器输出特性的线性化实现的。气体传感器对地下空间环境参数产生的响应输出和气体浓度的输入往往是不可能呈线性关系的，而传感器特征曲线的线性度（非线性误差）是影响系统精度的重要因素[62]。为了减小非线性误差，实现系统输入输出特性直线化，即在满量程测量范围内灵敏度保持为常数，测量与传感器工作者在传感器设计和非线性校正器电路设计时，通过必要的技术手段，使绝大多数气体传感器信号做到不论传感器的原始输入输出响应曲线具有多么严重的非线性特性，均能自动地（按对应的反非线性算法）输出理想线性函数。可见，传感器输出特性线性化已在传感器的研制中得以实现，为“即插即用”检测仪的研发提供了基础条件。

为了使用者标定和处理数据的方便，传感器的标准信号输出一般为电流 0～10mA 或 4～20mA，电压 0～10V，0～5V 等。以常见的北京东方吉华公司的氧气检测探头 CGD—I—DO_2 为例，采用电化学传感器，主要参数：1）工作电压 24V DC；2）输出线性的 4～20mA 标准信号；3）测量范围为 0～30%；4）检测精度为±5%；5）零点漂移＜0.5% F.S./月；6）工作环境温度范围为－10～60℃。

从上述参数可以看出，由于现有气体传感器的输出信号多为标准化的电流输出，且零点漂移较小，因此，检测仪表在设计上欲适应各种不同气体传感器的“即插即用”，只需传感器满足线性标准化电流输出条件即可。其浓度计算公式如式（4-27）所示：

$$C=\frac{C_{max}-C_{min}}{I_{man}-I_{min}}\times(I-I_{min})+C_{min} \tag{4-27}$$

式中　C_{max}、C_{min}——分别为传感器最大和最小量程；

I_{max}、I_{min}——分别为传感器电流输出范围的最大和最小值；

I——为传感器检测时输出电流；

C——气体浓度。

将此算法固化在仪表存储器中，以单片机作为运算和输入、输出诸功能的控制核心，通过人机交互软件，将传感器类型、量程和单位输入仪表，即可让仪表自行适应传感器的输出特性，检测并显示被测对象的浓度状况。

2. 地下空间空气质量检测仪的设计

（1）总体构建方案

地下空间空气质量检测仪的总体结构如图 4-67 所示，主要由气体传感器及后端滤波放大电路、AVR ATmega128 微处理器、TCM 128×64LCD、JATG 调试接口、RS－485 芯片、AC－DC 电源、键盘电路、ULN2003 及继电器等部分组成。仪表壳体采用全封闭防潮设计，传感器接口、电源接口、通信接口、继电器接口均以航空电缆插座的形式布置在壳体侧面[71]。

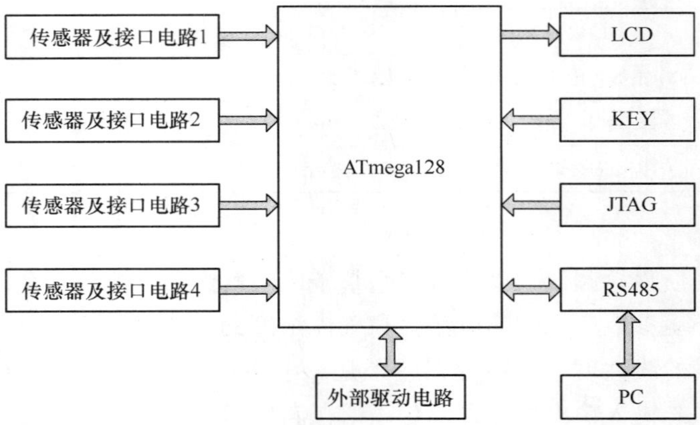

图 4-67　仪表总体构建方案

仪表设计具有如下结构和功能特点：

1）由传感器及接口电路组成气体检测模块，进行检测时，后端信号输出用屏蔽电缆线引出，接入航空电缆插头，输出电流信号通过接线端子接入平台端口，放大滤波后转换为电压信号后进入单片机 ADC 口；

2）由 AVRA Tmega128 微处理器作为嵌入式基本系统，对 ADC 口的输入信号进行 A/D 转换，分析处理数据并根据既定程序的计算公式转化为检测对象浓度、体积分数等，然后将数据显示到 TCM128×64LCD，存储到单片机 RAM 或传输到上位机；

3）由 TCM128×64LCD 显示主菜单、参数显示、浓度显示、校准操作、继电器控制等界面；

4）由 5 键式键盘实现人机对话，完成参数设置、校准、继电器动作的控制；

5）由 JATG 调试接口实现开发阶段和使用时的编程调试及修改；

6）由 RS—485 芯片及其电路完成单片机和 PC 的串行通信，用于浓度数据的上传和通信命令的传递；

7）由 ULN2003 及继电器组成外部驱动电路，控制外围设备（风机、空气净化设备）动作。

仪表开始检测前，使用者通过软件界面将气体传感器的种类、量程、单位及输出电流范围等参数输入单片机，单片机按输出特性线性方程计算得到检测对象浓度。由于电流信号输出可长距离传输且抗干扰能力强，气体检测模块在仪表 1km 距离外电流信号亦可进行几乎无衰减的传输，仪表接收信号经过数据处理后可通过 RS485 与上位机通信，进行数据保存及分析，即可实现现场检测和在线监测双重功能。

提高检测仪表的抗干扰性能至关重要。检测仪表的干扰源于低频到高频电磁波、元件的热噪声、晶体管的低频噪声、自激等，通过静电耦合、电磁耦合、共阻抗耦合等多种形式传播到仪表电路中，干扰信号一旦串入系统，轻则影响测量精度，重则导致仪表瘫痪。该仪表从电路板和仪表整体结构设计入手提高其抗干扰性能。在整体设计上，将单片机与传感器、外围设备在电气上实现隔离，防止串模干扰；在电源进线端加入去耦电容，消除各种高频干扰；将线路板上模拟地与数字地分开，在最后一点相连，最大程度降低干扰对测量精度的影响。

（2）器件选型及硬件设计

本仪表选用 ATmega128 16AU，它是基于 AVR RISC 结构的 8 位低功耗 CMOS 微处理器。该处理器具有较小的 64 引脚 TQFP 封装，极低的功耗和极小的体积，具有 64KB 静态 RAM、128KB 片内 Flash、8 路 10 位 ADC、多个内部中断、4 个 8 位或 16 位定时器/计数器、8 路输出的 PWM 单元等，片上资源特别适用于工业控制和仪器仪表等[72,75]。本设计选用该芯片，能够满足小型化、抗干扰、低功耗的要求。

仪表主要器件一览表　　表 4-8

器件	型　号	参　数	优　势
气体传感器	电化学、红外、离子化传感器	具备标准化线性输出	体积小、检测快速
显示屏	M12864-40A1—E	点阵型液晶，可显示 128×64 像素的图形或 4 行 16×16 像素的汉字	8 位数据总线和 8 条控制线，具有可编程能力，与单片机接口方便
电源	LH05—10B05	输出功率 5W，输出电压 5V/1000mA，效率 76%	低纹波、噪声；输出过载、短路保护；低功耗
	LH05—10B24	输出功率 5W，输出电压 24V/230mA，效率 76%	
壳体	铝合金壳体	尺寸：20cm×15cm×5cm	密封性、散热性好
接线端子	航空插座	2、4 孔插座	密封性、安全性好

该仪表的硬件电路部分主要由气体检测模块、A/D 转换电路、电源模块、液晶接口电路、键盘电路和通信模块构成，所用元器件如表 4-8 所示。

（3）气体检测模块

气体检测模块是地下空间空气质量检测仪的核心部件，包括气体传感器及接口电路。

气体传感器输出信号通过高质量电缆（屏蔽电缆或同轴电缆）引出，传输到仪表的传感器端口（航空插座）。使用屏蔽电缆是为了增强信号屏蔽效果，防止传输的电流信号受到电磁干扰。

本仪表前置电路由 4 部分组成：$I-U$ 变换电路、滤波电路、当电源关断时的脉冲保护电路以及数据采样缓冲电路。每路传感器后端信号输出均按此法处理，如图 4-68 所示。

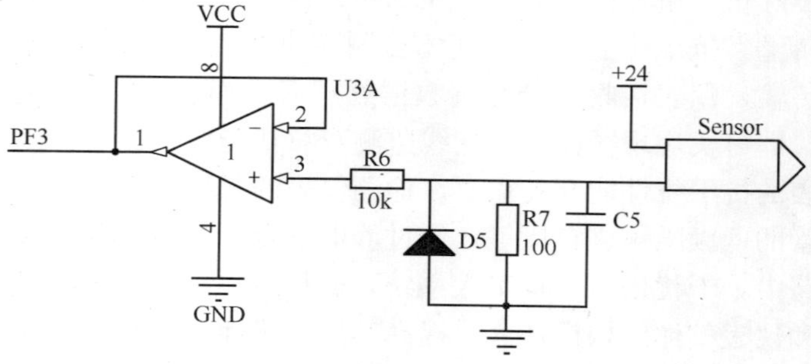

图 4-68　传感器接口电路

图 4-68 中所示 R7 为 100Ω 高精度电阻，用来检测气体传感器后端输出的电流实现 $I-U$变换，当检测对象的浓度在量程范围内变化时，传感器输出电流信号 I 范围为 4～20mA，进行 $I-U$ 变换后：

$$U_{+}=I\times 100 \tag{4-28}$$

式中，U_{+}的范围为 0.4～2V；C5 为输出滤波高频铝电解电容，用于抑制杂波干扰和电磁耦合干扰；D5 为 1N4007 二极管，单向导通电流，当电源关断，电路中产生较大的电脉冲时，对传感器电路进行过压保护；R6 为 10k 的高阻值常规电阻，主要防止传感器与传感器电路发生短路，大电流直接串入电路对运算放大器和单片机及其他元件造成破坏；U3A 为 LM258 芯片的 1/2，两个传感器端口共用一个 LM258 芯片，运算放大器的反相输入端直接连接其输出端 PF3，由运算放大器两输入端“虚短”得

$$U_{+}=U_{-}=U_{PF3} \tag{4-29}$$

$$U_{PF3}=I\times 100\Omega \tag{4-30}$$

PF3 端口直接接入单片机 ADC 端口，U_{PF3} 即输入单片机进行 A/D 转换的电压 V_{in}，范围为 0.4～2V，小于单片机内部参考电压 $V_{REF}=2.56$V 即符合要求。

这样，输入单片机的模拟电压信号与传感器检测模块后端输出的电流信号成正比，由于气体传感器输出特性为线性，那么模拟电压信号变化也为线性关系，仪表的浓度显示变化则与传感器输出的电流信号变化呈线性关系，可以用一次方程 $y(t)=ax(t)+b$ 来描，其中：$x(t)$ 是传感器输出信号；$y(t)$ 是仪表显示浓度；a，b 是常数。基于上述原理可知，浓度计算问题就转化为求解方程中常数 a，b 的问题。即

$$a=\frac{y_{max}-y_{min}}{x_{max}-x_{min}} \tag{4-31}$$

$$b=y_{min}-ax_{min} \tag{4-32}$$

输入气体传感器的相应量程范围 $y_{min}\sim y_{max}$ 和输出电流范围 $x_{min}\sim x_{max}$，即可计算出被测对象的浓度。如对于 EE10-T6 型温湿度传感器的温度测量而言，其量程为 0～50℃，输出

电流范围为 4～20mA，可得

$$a=\frac{y_{\max}-y_{\min}}{x_{\max}-x_{\min}}=\frac{50-0℃}{20-4\text{mA}}=3.125℃/\text{mA} \quad (4\text{-}33)$$

$$b=y_{\min}-ax_{\min}$$
$$=0-3.125(℃/\text{mA})\times 4\text{mA}=-12.5℃ \quad (4\text{-}34)$$

如果传感器输出信号 $x(t)=10$mA，对应解方程可得 $y(t)=18.75$℃。这样，根据传感器后端信号输出特性的线性化特点，即可方便地解决传感器浓度的显示问题。

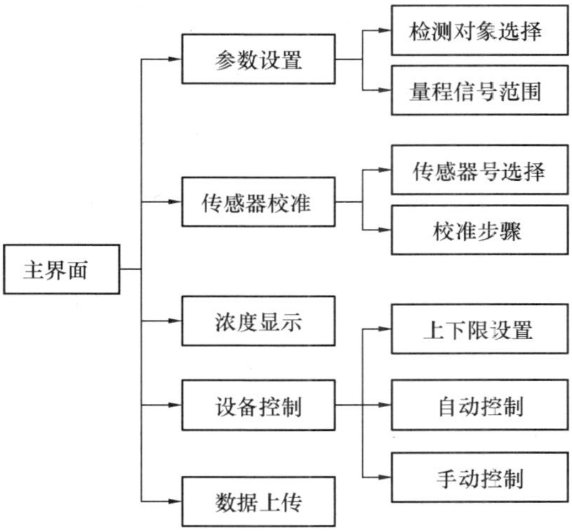

图 4-69　软件层次结构图

(4) 软件设计

1) 软件结构

地下空间空气质量检测仪的软件层次结构如图 4-69 所示。其功能主要包括：参数设置、浓度显示、传感器校准、设备控制和数据上传功能。

仪表软件的工作流程如图 4-70 所示。仪表开机后依次进行自检，程序初始化，单片机端口和相关函数变量赋初值，参数设置中选定每个传感器的检测对象、单位，设置检测量程和输入信号范围，如果需要校准，则用校准后的参数替代参数设置中的相关参数；传感器采样后，信号电流进入单片机 A/D 转换器，计算出浓度后显示在仪表浓度显示界面上，如果大量数据需要存储，则上传至上位机；在自动控制模式下，根据设定浓度的上、下限控制空气净化设备的运行状态，即当浓度超限时则启动空气净化设备，不超限则进入下一检测采样循环。

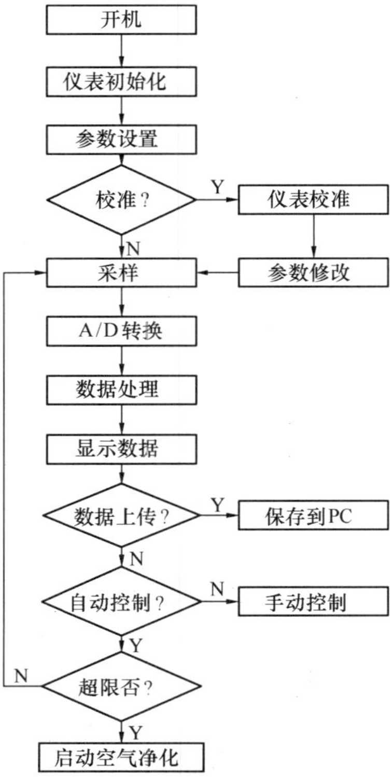

图 4-70　软件工作流程图

通过上述软件流程，指令硬件系统工作，实现了检测仪表的现场检测和在线检测功能，并可作为地下空间污染物的传感器使用，控制空气净化设备的自动运转。

2) 仪表界面和菜单功能

地下空间空气质量检测仪的操作界面内容与菜单功能如下：

主界面：系统开机初始化界面后，显示主界面，如图 4-71 所示，主界面的菜单有参数选择、传感器校准、浓度显示、设备控制和数据上传设置选项。

参数设置界面：参数设置界面如图 4-72，可以选择传感器号，选择后进入对应传感器的参数设置；参数设置界面链接的界面为检测对象选择界面和量程、信号范围设定界面，进入检测对象选择界面，如图 4-73所示，通过上、下、左、右方向键选择对应传感器的检测气体种类；进入如图 4-74所示的量程、信号范围设定界面，通过移动光标选择污染物单位并设置量程范围。所有参数修改完毕后系统自动保存数据并返回传感器选择界面。

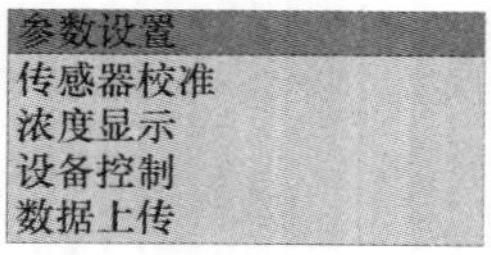

图 4-71　主界面

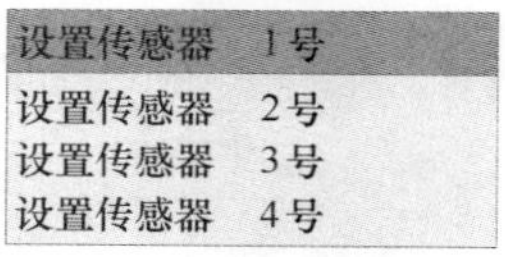

图 4-72　传感器选择界面

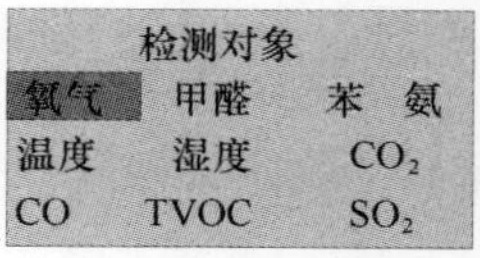

图 4-73　检测对象选择界面

传感器校准界面：进入传感器校准界面，如图 4-75 所示，移动光标输入标准气浓度值，监测仪自动校准并保存相关参数，校准结束后，返回主菜单[75]。

浓度显示界面：进入浓度显示界面，如图 4-76 所示，各传感器输出位置分别显示各自传感器检测的气体名称、浓度值和单位。

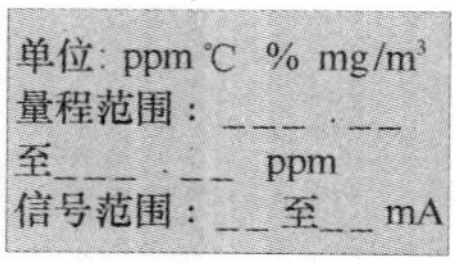

图 4-74　量程、信号范围设定界面

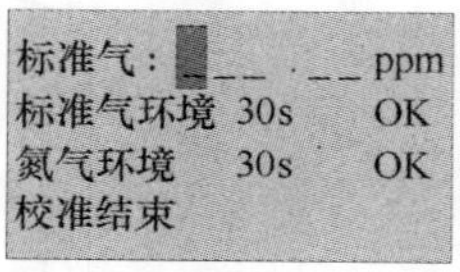

图 4-75　传感器校准界面

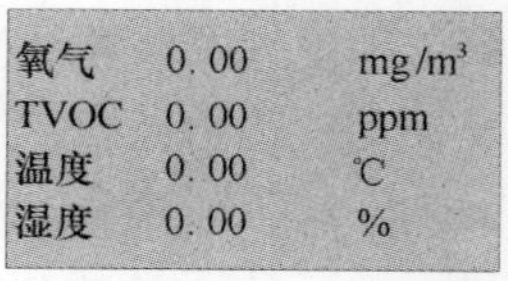

图 4-76　浓度显示界面

设备控制界面：进入设备控制界面，如图 4-77 所示，通过移动光标进入对应界面，设定各传感器报警的浓度上、下限值，如图 4-78、图 4-79 所示；在设备控制界面，如选择“自动控制”，则当传感器检测到浓度超出限定范围时，仪表立刻指令启动外围的空气净化设备。

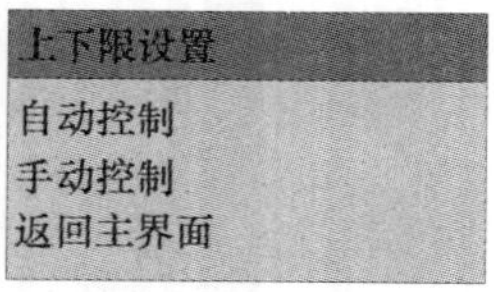

图 4-77　设备控制界面

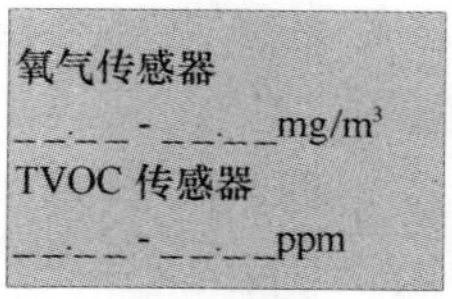

图 4-78　上下限设置界面

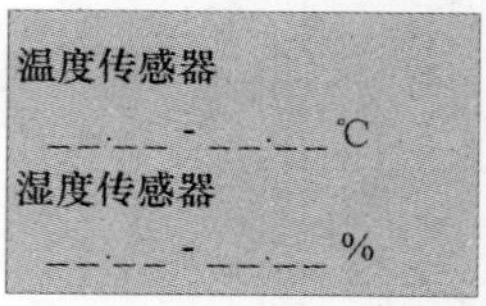

图 4-79　上下限设置界面

如选择“手动控制”，如图 4-80 所示，可人为启动继电器，控制空气净化设备的工作状态，该功能为控制系统的调试提供了方便条件。

数据上传界面：数据上传界面如图 4-81 所示。选择“上传即时数据”时，检测仪将检测数据即时上传至上位机；选择“上传历史数据”时，检测仪将单片机 EEPROM 内存储的短时间历史数据上传至上位机。上位机收到当前传感器检测的气体种类、浓度值和单位，进行储存、分析与管理。上位机的参数设置和浓度显示界面如图 4-82 和图 4-83 所示。通过编制的上位机软件也可指令和显示检测仪的工作状态，为检测仪的网络化控制提供了平台。

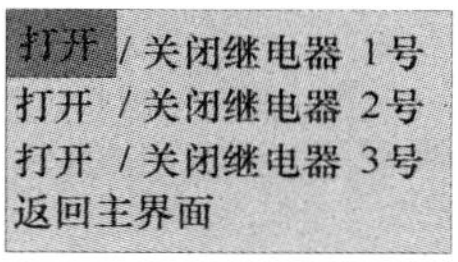

图 4-80 手动控制界面

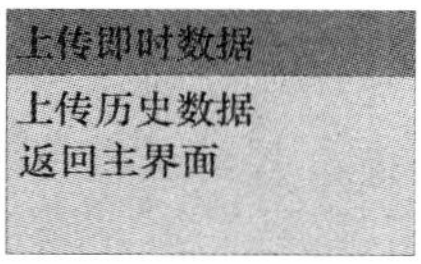

图 4-81 数据上传界面

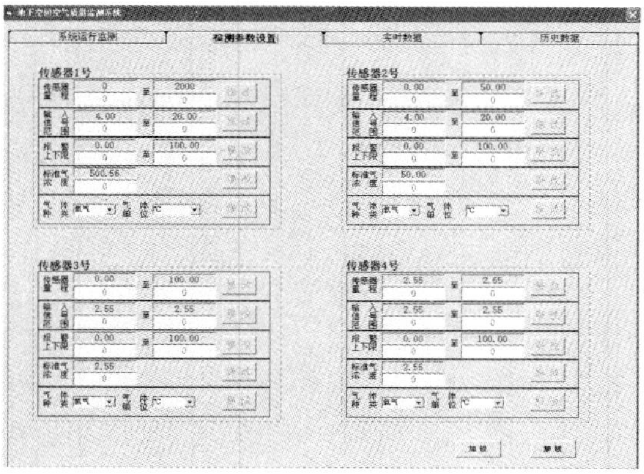

图 4-82 上位机参数设定界面

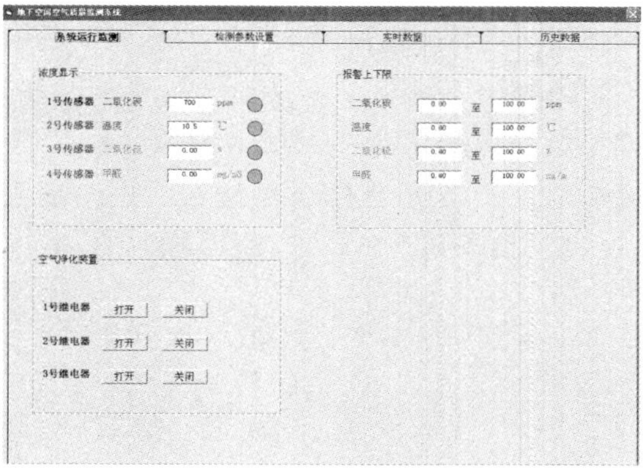

图 4-83 上位机浓度显示界面

3. 地下空间空气质量检测仪的标定和校准

在二标准值实时自校法[76-79]的基础上，提出了适于仪表现场精确标定和校准的新方法，制作了一种体积小巧的便携式气体检测校准箱模型，如图 4-84 所示。箱体尺寸为 40cm×30cm×20cm，整体框架由铝合金构成，各表面由钢化玻璃组成，铝合金采用焊接连接，钢化玻璃相互之间以玻璃胶粘合。箱体正面开有活门，顶部有两个端口，通过皮管连接风机和标准气体瓶，风机端口将箱体空间内气体抽出，端口下部为气体分布器，使注入气体尽量均匀分布于箱体内。图 4-85 为仪表检测箱的实物图。

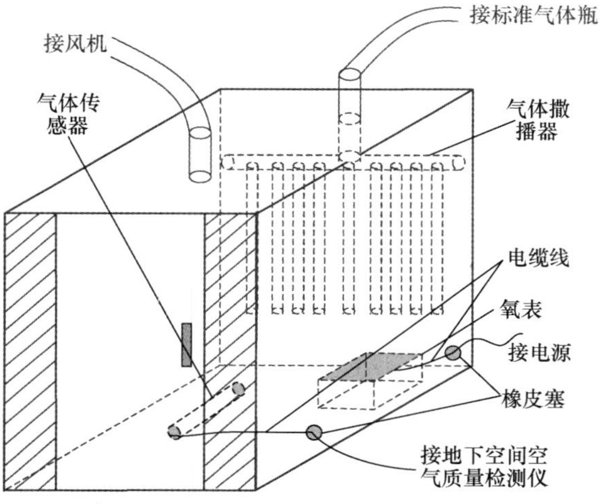

图 4-84 仪表检测校准箱结构图

图 4-85 仪表检测校准箱实物图

(1) 标准气—校准箱现场标定仪表的新方法

标定时，先启动风机，在风机抽出箱内空气的同时，打开标准气瓶阀门向箱体内充入标准气体（氮气，或者氮气与被测气体混合配成的标准气；如果标定对象为氧气探头，则以空气为标准气），用标准气体置换出箱体内的空气。通过氧气表，观测箱内氧气含量，根据氧气含量与箱内空气量的相关性，判断箱内空气的剩余情况。当氧表读数近似为零时，用橡皮塞塞住风机的皮管端口，标准气体瓶继续少量注入已知浓度的气体，观测地下空间空气质量检测仪的读数，稳定后关闭风机，并用橡皮塞塞住气体注入的端口，即得到一个稳定的气体环境。

当箱内为纯氮气环境时（氮气对绝大多数气体传感器为不敏感气体，即在氮气环境中的气体传感器无气体浓度响应输入，也就没有电信号输出），实际浓度 C_0 为零，仪表浓度读数记为 C_1；当注入一定浓度 C_R 的标准气体并稳定后，仪表浓度读数记为 C_2，可得：

$$\delta_1 = \frac{C_1 - C_1}{B} \times 100\% \tag{4-35}$$

$$\delta_2 = \frac{C_2 - C_R}{B} \times 100\% \tag{4-36}$$

$$\delta_3 = \frac{\delta_1 + \delta_2}{2} - 0.05\% \tag{4-37}$$

例如，某型甲醛传感器输出信号为线性电流输出，信号范围 4～20mA，量程为 0～20.00mg/m^3，地下空间空气质量检测仪内部 $I-U$ 变换的高精度电阻为 100Ω，标准气瓶中甲醛浓度 C_R 为 1.50mg/m^3。氮气环境中仪表显示浓度为 0.03mg/m^3，标准甲醛气体环境中仪表显示浓度为 1.46mg/m^3。根据式（4-35）～式（4-37）可得 $\delta_1=0.15\%$，$\delta_2=-0.2\%$，$\delta_3=-0.05\%$。根据对最大引用误差去掉正负号、选大不选小的检测仪表精度等级判定原则可知，在上述情况下，地下空间空气质量检测仪的精度等级 G 为 0.1 级。

(2) 标准气—校准箱现场校准仪表新方法

在仪表现场校准过程中，常常会遇到气体传感器出现了零点、灵敏度漂移问题，主要表现为两种情况：

①即使使用刚刚投入使用或无零点和灵敏度漂移的气体传感器，仪表读数仍不准确（这在仪表标定和使用过程中常常遇到）；

②对于刚刚投入使用或无零点和灵敏度漂移的气体传感器，仪表读数准确。但当长期使用的传感器出现零点和灵敏度漂移时，仪表读数不准确。

针对上述两种情况，分别提出了借助标准气和校准箱工具的现场校准新方法。

1) 通过无漂移的气体传感器校准仪表读数

这种方法针对上述情况①。如果气体传感器的输出信号准确，但仪表读数有偏差，这说明仪表出现了内部漂移问题。仪表内部信号输出图如图 4-86，气体传感器采集到的信号通过仪表的传感器接口输入仪表，电流信号经过高精度的 $I-U$ 变换电阻转换为电压，输入单片机的 A/D 端口。实际上，由于传递到单片机 A/D 端口的信号受到电路参数变化的影响，已不再是气体传感器输入仪表的电信号，原因是实现 $I-U$ 变换的高精度电阻的阻值会受到温度的影响而发生变化，但高精度电阻的阻值随温度变化很小，并且近似为线性。

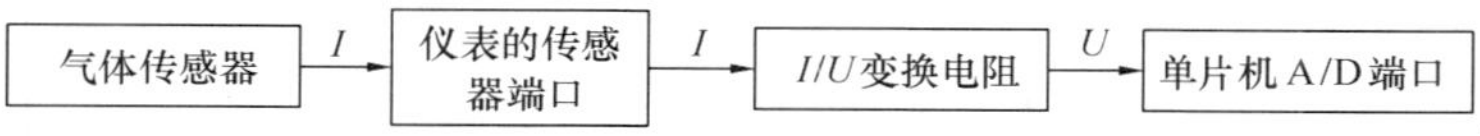

图 4-86　仪表信号传输图

校准方法：首先分别在箱体内创造氮气和标准气环境。当箱内为氮气环境时，无气体浓度响应输入，实际浓度 C_0 为 0，气体传感器输入到仪表传感器端口的为零位标准值 V_0，传递到单片机端口的零位值记为 V_1，仪表浓度读数记为 C_1；当注入一定浓度 C_R 的标准气体并稳定后，气体传感器输入到仪表传感器端口的为标准值 V_R，仪表浓度读数记为 C_2，传递到单片机端口的零位值记为 V_2。已知仪表显示的浓度值与已知的不符，即 $C_0 \neq C_1$，$C_R \neq C_2$，因为电路参数的变化使得 $V_1 \neq V_0$、$V_R \neq V_2$。由 $I-U$ 变换的高精度电阻阻值变化近似为线性可得：

$$V_1 = a_0 + a_1 V_0 \tag{4-38}$$

$$V_2 = a_0 + a_1 V_R \tag{4-39}$$

于是，可得出电路参数漂移致使输入单片机端口的信号漂移初始值 a_0，漂移系数 a_1。式中 V_0、V_R 是单片机 A/D 端口采集到的电信号，据此计算出 a_0、a_1。V_0、V_R 可由浓度计算公式（4-27）反推得到，此时 V_0 对应氮气环境下的传感器输出信号（I），V_R 对应标准气环境下传感器输出信号（I）。

检测时，按式（4-40）对输入单片机端口的信号 V 进行修正，得到还原后的信号 V_x，即为气体传感器输入仪表端口的信号

$$V_x = \frac{V - a_0}{a_1} \tag{4-40}$$

将 V_x 作为输入单片机端口的电信号值代入浓度计算公式即可实现校准。

2）使用出现漂移的传感器时仪表读数的校准

这种方法针对上述情况②。一般情况下，气体传感器使用或在空气中放置 3～6 个月后，都会出现漂移，主要是零点漂移和精度漂移，即零位值和灵敏度漂移，属于线性漂移。仪表在使用过程中经常会使用到已出现漂移的传感器，为使仪表显示准确的浓度，必须进行相应的校准。

此时，可假定仪表内部电路参数没有出现漂移或者仪表已经经过校准，漂移量全部来自气体传感器，则气体传感器输入到仪表传感器端口的电信号值与输入单片机端口的电信号值是正比例关系。

在上述的气体校准箱内，采用同样的方法获得真空环境和标准气环境。当箱内为近似真空时，无气体浓度响应输入，实际浓度 C_0 为 0，气体传感器输入到仪表传感器端口的为零位标准值 V_0，传递到单片机端口的零位值信号为 V_1，仪表浓度读数记为 C_1；当注入一定浓度 C_R 的标准气体并稳定后，气体传感器输入到仪表传感器端口的为标准值 V_R，传递到单片机端口的标准值信号为 V_2，仪表浓度读数记为 C_2。

如果仪表显示的浓度值与已知的不符，即 $C_0 \neq C_1$，$C_R \neq C_2$，说明气体传感器出现了漂移。此时，实际浓度 C_0、C_R 与传递到单片机端口的电信号 V_1、V_2 之间的对应关系，是漂移后的传感器的输入-输出特性，也是线性化的。

因此，使用 V_1、V_2 分别替代 V_{min}、V_{max} 代入浓度计算公式，得到：

$$C = \frac{C_{max} - C_{min}}{I_{max} - I_{min}} \times (I - I_{min}) + C_{min} = \frac{C_R - C_0}{I_2 - I_1}(I - I_1) + C_0 = \frac{C_R}{I_2 - I_1}(I - I_1) \tag{4-41}$$

式中　C_{max}——满量程值；

C_{min}——量程最小值；

I_{max}——传感器输出电流最大值；

I_{min}——传感器输出电流最小值；

C——检测的显示浓度；

I——检测时传感器后端输出电流。

校准结束后，仪表对该传感器的浓度计算采用新的公式即可得到准确的浓度值。

上述现场标定和校准新方法操作简便，对设备条件要求不高，不仅易于在工程现场应用，而且由于将气体传感器与单片机结合起来，在智能化软件的引导下进行自校准，使测量系统的固定系统误差与某些干扰因素所引起的可变误差得以排除，从而提高了测量系统的精度与稳定性。因此，不必再为每一个测量环节都进行高精度与高重复性、高稳定性标定，仅需采用低精度、低重复性、低稳定性的测量系统即可获得高精度的测量结果。

4. 地下空间空气质量检测仪的应用

基于前述设计思想、设计方法和标定方式，研发出地下空间空气质量检测仪，其实物如图 4-87 所示。本仪器适用于地下空间，是一种对多种空气环境参数同时进行现场检测与在线监测的仪表。

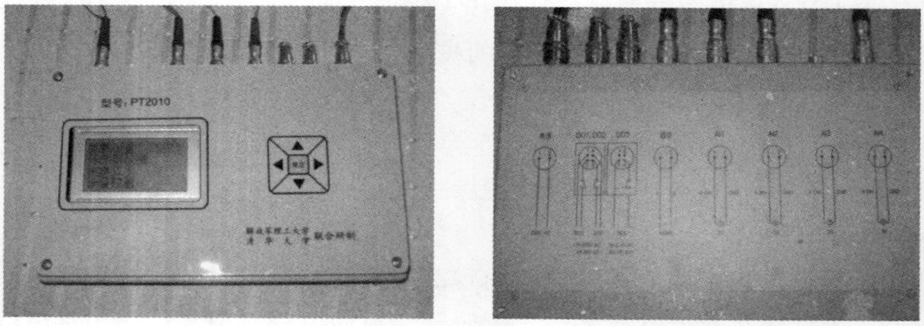

(a)　　(b)

图 4-87　仪表正面和背面

(a) 仪表正面；(b) 仪表背面

(1) 作为便携式仪表独立使用

仪表将低功耗单片机 ATmega128 作为嵌入式基本系统，将气体传感器与前置电路结合制成气体检测模块，用户根据检测对象的变化选择气体传感器，通过仪表面板上的按键完成对气体传感器技术参数的设定，仪表体积小巧，便于随身携带，具有气体浓度测试、收发历史浓度数据、标准气校准、浓度显示等功能。

(2) 作为在线监测和现场控制中心的仪表或传感器使用

仪表带有RS-485芯片及其电路，承担仪表与工程智能化控制系统的串行通信任务，将仪表的检测数据上传，同时接受工程智能化控制系统的通信命令。

仪表可用于现场控制中心，当室内气体污染浓度超过限值或生理性气体低于一定限值时，仪表报警，向工程智能化管理系统通报信息，并依靠仪表自带的由ULN2003及继电器组成的外部驱动电路，控制外围设备（风机、空气净化设备）的启停。其原理如图4-88所示。

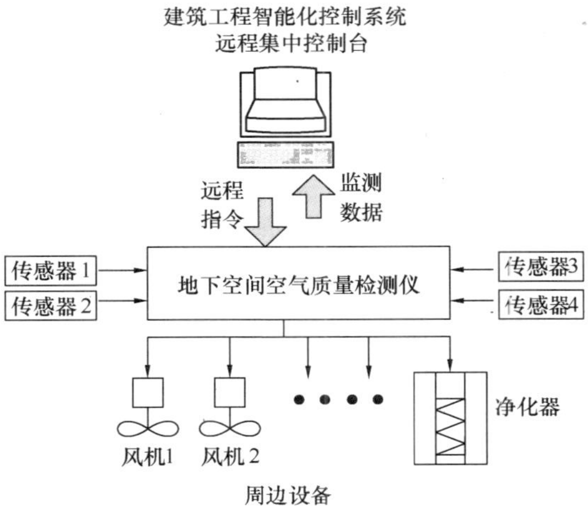

图4-88 仪表在线监测网络图

综上所述，该空气质量检测仪适用于地下空间，检测精确，抗干扰性强，可同时对多种空气环境参数的进行现场检测与在线监测。本仪表采用封闭防潮、散热性好的仪表壳体设计，对地下空间的环境温、湿度偏高特点有很强的适应能力。以可靠的高性能、低功耗单片机ATmega128作为嵌入式基本系统，根据气体传感器输出线性化的特点，采用将气体传感器与前置电路结合制成气体检测模块的方法，实现气体传感器在空气检测仪表上的“即插即用”。根据检测对象的变化即时更换气体传感器，通过仪表面板上的面膜按键完成对气体传感器的检测气体种类、量程范围、输出电流范围、浓度单位及报警上下限的设定后，即可进行检测，此设计使得仪表对所有可输出标准信号的气体传感器都具有适应性。另外，采用低通滤波整流电路和低纹波稳压电源，通过屏蔽电缆传输传感器输出的电流信号至仪表端口，有效地降低了耦合干扰，提高了仪表精度。

随着地下空间开发步伐的不断加快，空气质量检测装置具有广阔的应用和推广前景。该技术不仅适于地下潮湿空间，其检测系统也可直接用于地面建筑。

4.3.3 地下空间空气净化装置的开发

1. 地下空间空气净化装置的设计思想

在地下空间内部污染源散发强度一定的条件下，可以采用新风稀释和复合净化的方法，将空间内污染物浓度控制在规定的范围内。根据地下空间内部污染源特征的不同，复合净化装置可以安装在空调系统中，也可以作为单独的空气净化器使用，两种应用方式各有优点。空气净化器一般处理风量较小，空气净化能力有限，但是其使用位置灵活，可以将其放置在污染源附近提高净化效率。当安装在空调系统中时，可以作为空调箱中的一段，由于处理风量相对较大，净化能力较强，还可以对新风中的污染物进行净化，但是由于安装位置固定使得该净化段不能将污染物就近消除，净化效率相对较低。安装在空调系统中的复合净化段的净化效果不仅与该段的净化效率有关，还与空调系统换气次数有关，在污染源强度一定的条件下，增加换气次数可以降低对复合净化段净化效率的要求，进而降低复合净化段的阻力。在实际应用时，需结合换气次数和复合净化段阻力因素，对系统初投资及运行费用的影响进行综合考虑来确定。当换气次数一定时，空调系统中的复合净化段净化能力存在上限，当污染源的散发速率大于净化段的净化能力时，需借助局部空气净化器进行净化，以降低进入空气中的污染物浓度。

地下空间空气复合净化装置的设计需根据使用条件（气象条件、人员流动情况、使用时间特征等）、空调系统形式、污染源特征与现有空气净化技术特点进行综合确定。复合净化技术若要大量应用于实际工程，尚需达到以下几个方面的要求：（1）净化效率高，能够达到各种污染物的净化要求；（2）设备阻力小，对系统的风量及运行费用影响较小；（3）成本低、运行维护方便、长期运行安全可靠；（4）不产生二次污染，可以在有人的情况下进行净化处理。

为了达到上述要求，地下空间空气净化装置设计时需根据现有净化技术的具体特点进行合理组合，对于类似地下商场和地铁等人员相对密集的地下空间，图 4-89 所示流程是诸多可行的净化流程中比较合理的一种。

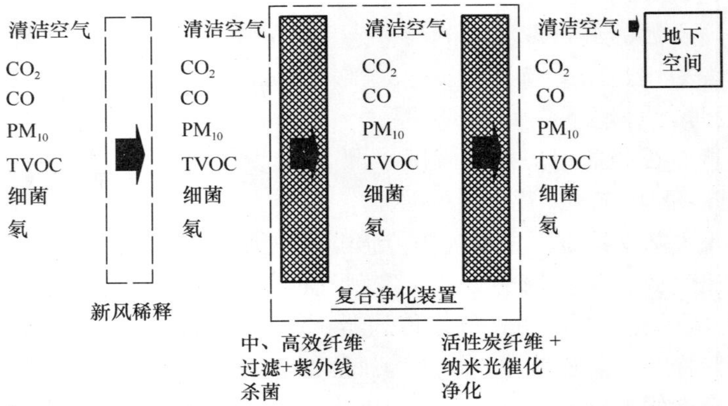

图 4-89　一种适用于地下商场和地铁的空气污染物复合净化流程

注：图中深色字体表示的内容为能够穿透的物质，浅色字体表示的内容为已被除去的物质。

图 4-89 所示的净化流程通过三步来实现地下空间内主要污染物的净化：（1）利用新风稀释空气中的 CO_2、CO 及氡等污染物；（2）通过中、高效纤维过滤器过滤掉 PM_{10}，同时进行紫外线杀菌处理，由于细菌一般附着在颗粒污染物上，因此将纤维过滤与紫外线杀菌技术结合，不仅提高了杀菌效率，同时还避免了过滤器表面细菌的滋生繁殖。若通过新风稀释未能将氡浓度降到标准要求，高效纤维过滤器可进一步对其过滤，使其达标；目前已研发出阻力较小的中高效纤维过滤产品[80]，为复合净化装置的研发提供了可行性；（3）采用活性炭纤维复合光催化技术去除空气中的甲醛和 TVOC，活性炭吸附与光催化技术结合提高了甲醛和 TVOC 的净化效率，同时延长了活性炭纤维的使用时间，同时该段还可以对空气进行杀菌处理。

对于地下停车库等人员稀少的地下空间，采用全面通风排除空气污染是最简便易行的方法。由于地下车库中人员较少，停留时间较短，全面通风势必要造成较大的能耗。许多情况下，为降低运行费用将通风机停止运行，导致了目前地下车库换气量不足、室内空气质量较差。为降低通风能耗，可适当减小通风量，但对于长期停留在地下车库内的工作人员，其工作区域宜采用复合净化等技术手段进行局部净化，这样既可以减少运行能耗，又提高了工作区域的空气质量。

2. 地下空间空气净化装置设计方法

地下空间复合净化装置的设计与安装和通风空调系统形式紧密相关，根据地下空间使用性质的不同，地下空间通风空调系统形式主要有带回风的全空气系统、风机盘管加新风系统以及机械排风系统。在地下空间内部污染源散发特性一定的条件下，合理设计复合净化装置对于降低初投资和运行费用，提高地下空间空气质量有重要意义。

复合净化装置的设计与通风空调系统形式紧密相关，图 4-90 为复合净化装置在地下空间应用的通用示意图。不同类型的通风空调系统形式可以根据对应净化参数的取值来区分，具体如表 4-9 所示，从而建立图 4-90 所示的适用于各种通风空调形式的通用复合净化理论模型。

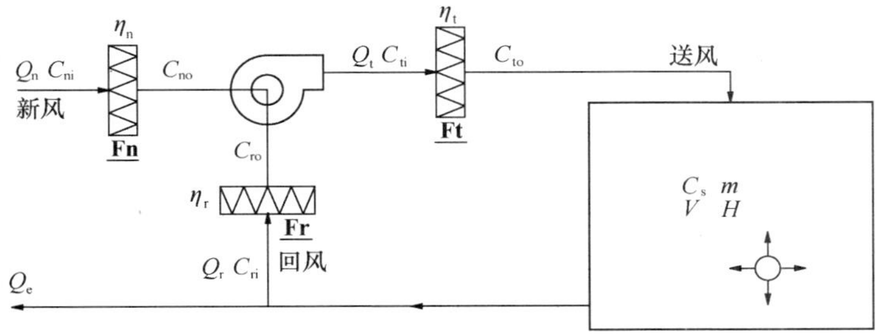

图 4-90 地下空间空气污染物的复合净化通用示意图

不同通风空调形式下对应参数 表 4-9

通风空调形式	新　风	回　风	送　风
全空气系统（一次回风）	$\eta_n=0$，$Q_n>0$	$\eta_r=0$，$Q_r>0$	$\eta_t=0$，$Q_t>0$
风机盘管加新风系统	$\eta_n=0$，$Q_n>0$	$\eta_r=0$，$Q_r>0$	$\eta_t=0$，$Q_t>0$
机械通风系统	$\eta_n=0$，$Q_n>0$	$\eta_r=0$，$Q_r=0$	$\eta_t=0$，$Q_t>0$
空气净化器	$\eta_n=0$，$Q_n=0$	$\eta_r=0$，$Q_r>0$	$\eta_t=0$，$Q_t>0$

以需要控制污染物浓度的整个地下空间为对象，建立污染物浓度控制方程，见式(4-42)：

$$V\frac{dC_s^{(k)}}{d\tau}=C_s^{(k)}Q_r(1-\eta_r^{(k)})(1-\eta_t^{(k)})+C_n^{(k)}Q_n(1-\eta_n^{(k)})(1-\eta_t^{(k)})+m^{(k)}V-Q_tC_s^{(k)} \tag{4-42}$$

式中 V——空间体积，m^3；

$C_s^{(k)}$——空间内污染物浓度，mg/m^3 或 cfu/m^3，其中 $k=1$ 表示可吸入颗粒污染物 PM_{10}，$k=2$ 表示 VOC 表征污染物甲醛，$k=3$ 表示细菌，下同；

$C_n^{(k)}$——新风污染物浓度，mg/m^3 或 cfu/m^3；

τ——时间，h；

Q_r——回风风量，m^3/h；

Q_n——新风风量，m^3/h；

Q_t——总风量，m^3/h；

$\eta_r^{(k)}$——回风过滤（净化）器 Fr 效率；

$\eta_t^{(k)}$——送风过滤（净化）器 Ft 效率；

$\eta_n^{(k)}$——新风过滤（净化）器 Fn 效率；

$m^{(k)}$——单位容积污染物散发速率，$(mg/(m^3 \cdot h))$ 或 $(cfu/(m^3 \cdot h))$。

由质量平衡关系可知下列等式成立：

$$Q_t = Q_n + Q_r \tag{4-43}$$

$$Q_n = Q_e \tag{4-44}$$

结合式（4-43）和式（4-44）对式（4-42）进行积分求解得到空间内污染物浓度变化的瞬态表达式为：

$$C_s^{(k)}(\tau) = \frac{\alpha}{\beta} - \left[\frac{\alpha}{\beta} - C_s^{(k)}(0)\right]e^{-\beta\tau} \tag{4-45}$$

其中，

$$\alpha = C_n^{(k)} rma + m^{(k)} \tag{4-46}$$

$$\beta = n[1-(1-r)b] \tag{4-47}$$

式（4-46）和式（4-47）中，r 为新风比，n 为换气次数，其值可以按下式计算：

$$r = \frac{Q_n}{Q_t} = \frac{q \cdot k}{n \cdot H} \tag{4-48}$$

$$n = \frac{Q_t}{V} \tag{4-49}$$

式中　q——新风量指标，$m^3/(h \cdot 人)$；

k——人员密度，人$/m^2$；

H——层高，m。

目前，大多数地下空间的通风空调的换气次数（送风量）是根据热湿处理环节确定。一般空调系统设计过程中，换气次数 n 主要取决于送风温差，对于商场一般在 5 次以上。

式（4-46）和式（4-47）中 a、b 的计算式如下：

$$a = (1-\eta_n^{(k)})(1-\eta_t^{(k)}) \tag{4-50}$$

$$b = (1-\eta_r^{(k)})(1-\eta_t^{(k)}) \tag{4-51}$$

由式（4-45）可知，地下空间内部稳态时污染物浓度表达式为：

$$C_s^{(k)}(\infty) = \lim_{\tau\to\infty} C_s^{(k)} = \frac{\alpha}{\beta} = \frac{C_n^{(k)} rn(1-\eta_n^{(k)})(1-\eta_t^{(k)}) + m^{(k)}}{n[1-(1-r)(1-\eta_r^{(k)})(1-\eta_t^{(k)})]} \tag{4-52}$$

式（4-52）即为复合净化装置设计的依据表达式，在设计时应首先确定地下空间的通风空调形式，并根据表 4-9 确定相应的参数取值，同时令 $C_s^{(k)}(\infty)$ 等于规范中规定的对应污染物浓度限值 $C_{sd}^{(k)}$。对于新建地下空间而言，设计时污染源散发强度可以根据地下空间使用性质由经验确定，对于既有地下空间也可以按照空间内部稳态时的污染物浓度 $C_s^{(k)}(\infty)$反算得到，如下式所示：

$$m^{(k)} = C_s^{(k)}(\infty)n[1-(1-r)(1-\eta_r^{(k)})(1-\eta_t^{(k)})] - C_n^{(k)}m(1-\eta_n^{(k)})(1-\eta_t^{(k)}) \tag{4-53}$$

在已知空间内稳态污染物浓度条件下，利用式（4-53）可以求得空间内污染物源散发速率 $m^{(k)}$。由式（4-52）知，在 $m^{(k)}$ 和其他参数一定的条件下，换气次数 n 越大，对应稳态下空间污染物浓度 $C_s^{(k)}(\infty)$ 越低。因此，可通过改变换气次数的途径使得空间污染物达标，根据标准中规定 $C_s^{(k)}(\infty) \leqslant C_{sd}^{(k)}$（污染物浓度限值），当 $C_s^{(k)}(\infty) = C_{sd}^{(k)}$ 存在最小换气次数 $n_{min}^{(k)}$，此时必须使得系统换气次数 $n \geqslant \max(n_{min}^{(k)})(k=1, 2, 3)$。

$$n_{min}^{(k)} = \frac{m^{(k)}}{C_{sd}^{(k)}[1-(1-r)(1-\eta_r^{(k)})(1-\eta_t^{(k)})] - C_n^{(k)}r(1-\eta_n^{(k)})(1-\eta_t^{(k)})} \tag{4-54}$$

由式（4-54）可知，净化器效率 $\eta_t^{(k)}$、$\eta_r^{(k)}$、$\eta_n^{(k)}$ 越大，$n_{min}^{(k)}$值越小，当 $\eta_t^{(k)}=1$ 时，$n_{min}^{(k)}$ 存在最小值为$\dfrac{m^{(k)}}{C_{sd}^{(k)}}$。而空调系统设计时，需综合考虑换气次数与净化器效率的取值对系统初投资和运行费用的影响。

在换气次数 n 一定的条件下，若 $m^{(k)} \geqslant n \cdot C_{sd}^{(k)}$，说明现有空调系统增加复合净化器已经达不到规范中规定的限值范围内。必须采用净化器辅助净化手段，使得式（4-55）成立：

$$n \geqslant \frac{m^{(k)}}{C_{sd}^{(k)}(1+\eta_m^{(k)}r_m)} \tag{4-55}$$

式中 $\eta_m^{(k)}$——净化器效率；

r_m——净化器风量与总风量的比值。

在式（4-55）中，若净化器为多台，则：

$$\eta_m^{(k)}r_m = \eta_1^{(k)}r_1 + \eta_2^{(k)}r_2 + \cdots\cdots \tag{4-56}$$

3. 设计算例

根据前述复合净化装置在地下空间内应用的理论模型，下面以某既有地下商场为对象，由于目前内部主要污染物均超标，要对其内部污染物进行复合净化，进行设计计算。表 4-10 为根据 3.4 节内容总结的目前地下商场内主要污染物浓度范围以及规范中规定的限值。

地下商场污染物现状及规范中限值　　　　表 **4-10**

污染物种类	当前通风、空调形式下污染物浓度调查结果	标准中规定污染物限值	相关标准
可吸入颗粒物 PM_{10}	0.5～1.5mg/m³	0.25mg/m³	《商场（店）、书店卫生标准》GB 9670—1996
甲醛等 TVOC	0.02～0.25mg/m³	0.12mg/m³	《商场（店）、书店卫生标准》GB 9670—1996 《人防工程平时使用环境卫生标准》GB/T 2017216—1998
微生物	5000～24000cfu/m³	4000cfu/m³	《人防工程平时使用环境卫生标准》GB/T 2017216—1998

根据表4-10得到基本计算条件如下：现有空调系统形式为一次回风全空气系统，其现有净化措施为在送风管道上加装初效过滤器，即新风段、回风段及送风段当前的净化效率为（符号含义参照式4-42）：$\eta_n^{(k)}=0$，$\eta_r^{(k)}=0$，$\eta_t^{(1)}=30\%$，$\eta_t^{(2)}=0$，$\eta_t^{(3)}=40\%$；新风中各污染物的初始浓度为：$C_n^{(1)}=0.4\text{mg/m}^3$，$C_n^{(2)}=0\text{mg/m}^3$，$C_n^{(3)}=3000\text{cfu/m}^3$；换气次数$n=8\text{h}^{-1}$，新风量指标$q=20\text{m}^3$/（h・人），人员密度$K=0.3$人/$\text{m}^2$，层高$H=3.6\text{m}$，送风量$Q_t=700\text{m}^3/\text{h}$；设计空间内各污染物浓度为：$C_{sd}^{(1)}=0.25\text{mg/m}^3$，$C_{sd}^{(2)}=0.12\text{mg/m}^3$，$C_{sd}^{(3)}=4000\text{cfu/m}^3$；目前空间内稳态污染物浓度为：$C_s^{(1)}(\infty)=0.6\text{mg/m}^3$，$C_s^{(2)}(\infty)=0.2\text{mg/m}^3$，$C_s^{(3)}(\infty)=7000\text{cfu/m}^3$。

设计计算过程可以按照以下几个步骤进行：

（1）新风比计算

根据式（4-48）计算得新风比$r=\dfrac{q\cdot k}{n\cdot H}=20.83\%$，新风量$Q_n=Q_t\cdot r=146\text{m}^3/\text{h}$，回风量$Q_r=Q_t\cdot(1-r)=554\text{m}^3/\text{h}$；

（2）污染物散发源速率计算

根据式（4-53）计算得各主要污染物的散发强度分别为：$m^{(1)}=1.67\text{mg/(m}^3\cdot\text{h)}$，$m^{(2)}=0.33\text{mg/(m}^3\cdot\text{h)}$，$m^{(3)}=26400\text{cfu/(m}^3\cdot\text{h)}$。

（3）最小换气次数校核计算

该部分计算的主要目的是考察能否在已知的换气次数下，在空调系统中增加复合净化器来解决地下空间内所有特征污染物的净化问题。令$\eta_t^{(k)}=1$，由式（4-54）知：$n_{\min}^{(1)}=\dfrac{m^{(1)}}{C_{sd}^{(1)}}=6.68\text{h}^{-1}$，$n_{\min}^{(2)}=\dfrac{m^{(2)}}{C_{sd}^{(2)}}=2.75\text{h}^{-1}$，$n_{\min}^{(3)}=\dfrac{m^{(3)}}{C_{sd}^{(3)}}=6.6\text{h}^{-1}$，由于$(n=8)\geqslant(\max(n_{\min}^{(k)})=6.68)$　$(k=1,2,3)$，说明在空调系统中增加复合净化装置可以使上述3种污染物的浓度在规范限值范围内，不需要辅助净化。

（4）复合净化装置的设置方案确定

考虑到新风污染物浓度$C_n^{(k)}$与污染物限值$C_{sd}^{(k)}$的相对关系，$C_n^{(1)}>C_{sd}^{(1)}$，$C_n^{(2)}<C_{sd}^{(2)}$，$C_n^{(3)}<C_{sd}^{(3)}$，因此在新风段只装设过滤装置，不进行杀菌和去除VOC，即$\eta_n^{(1)}>0$，$\eta_n^{(2)}=\eta_n^{(3)}=0$。由于三类污染物主要来自空间内部散发源（$m^{(k)}>0$，$k=1,2,3$），因此对回风段进行复合净化非常必要，即$\eta_r^{(k)}>0$（$k=1,2,3$）。对于送风段，$\eta_t^{(k)}=0$，是否采用相应的净化措施及其值的大小关系，需结合$\eta_n^{(k)}$、$\eta_r^{(k)}$从技术经济性角度综合确定。

（5）复合净化器功能段细化设计计算

由式（4-54）知，当控制空间内稳态污染物浓度$C_s^{(k)}(\infty)$为规范中规定的限值$C_{sd}^{(k)}$时，有下式成立：

$$\eta_t^{(k)}=1-\frac{C_{sd}^{(k)}n-m^{(k)}}{C_n^{(k)}nr(1-\eta_n^{(k)})+C_{sd}^{(k)}n(1-r)(1-\eta_r^{(k)})}=f(\eta_n^{(k)},\eta_r^{(k)})\tag{4-57}$$

根据公式（4-57），可以对复合净化装置各功能段的特征污染物净化效率进行计算分析。

1）PM_{10}的过滤方案计算

结合前面确定的基本参数，由式（4-57）计算所得结果如表4-11所示：

PM_{10}主净化器 *Ft* 效率 $\eta_t^{(1)}$ 与新回风净化器 *Fn*、*Fr* 效率 $\eta_n^{(1)}$、$\eta_r^{(1)}$ 对应关系　　表 4-11

新风＼回风	0	0.1	0.2	0.3	0.4	0.5	0.6	0.7	0.8	0.9	1.0
0	0.85	0.84	0.83	0.82	0.80	0.78	0.75	0.71	0.67	0.60	0.51
0.1	0.85	0.84	0.83	0.81	0.79	0.77	0.74	0.70	0.64	0.57	0.46
0.2	0.85	0.83	0.82	0.80	0.78	0.75	0.72	0.68	0.62	0.53	0.39
0.3	0.84	0.83	0.81	0.79	0.77	0.74	0.70	0.65	0.58	0.48	0.30
0.4	0.84	0.82	0.80	0.78	0.76	0.73	0.68	0.63	0.54	0.41	0.18
0.5	0.83	0.81	0.80	0.77	0.75	0.71	0.66	0.60	0.50	0.34	0.02
0.6	0.82	0.81	0.79	0.76	0.73	0.69	0.64	0.56	0.44	0.23	/
0.7	0.82	0.80	0.78	0.75	0.72	0.67	0.61	0.52	0.37	0.09	/
0.8	0.81	0.79	0.77	0.74	0.70	0.65	0.57	0.46	0.27	/	/
0.9	0.80	0.78	0.76	0.72	0.68	0.62	0.53	0.40	0.15	/	/
1.0	0.79	0.77	0.74	0.71	0.66	0.59	0.48	0.31	/	/	/

由表 4-11 中可以发现，当三个净化器效率在大于 60%时可以保证空间内 PM_{10}在规定的范围内，当只设置主净化器效率时，净化器对 PM_{10}的过滤效率应大于 85%。同时还发现，回风净化器 *Fr* 效率 $\eta_r^{(1)}$ 变化对主净化器 *Ft* 效率 $\eta_t^{(1)}$ 影响较大，因此选用较高效率的回风净化器有利于降低主净化器的要求。而新风净化器效率对主过滤效率的影响不大，新风净化器效率由 0 增至 100%，主净化器效率降低不到 10%，这与新风比和室外污染物浓度有关。综合考虑净化器处理的风量关系 $Q_t > Q_r > Q_n$，当确定三个净化器效率时应该使得新风净化器效率不要过大，回风净化器效率要大于主净化器效率。表中灰色标志的区域为可选择的参数范围。

2）VOC（甲醛为表征污染物）的净化方案计算

由于新风中甲醛浓度 $C_n^{(2)}=0\text{mg/m}^3$，因此在新风段中不设置甲醛的净化装置，即 $\eta_n^{(2)}=0$，式（4-57）变为：

$$\eta_t^{(2)} = 1 - \frac{C_{sd}^{(2)} n - m^{(2)}}{C_{sd}^{(2)} n(1-r)(1-\eta_r^{(2)})} = f(\eta_r^{(2)}) \tag{4-58}$$

结合前面确定的基本参数，由式（4-58）计算的结果，如表 4-12 所示。

主净化器 *Ft* 效率 $\eta_t^{(2)}$ 与回风净化器 *Fr* 效率 $\eta_r^{(2)}$ 对应关系　　表 4-12

$\eta_r^{(2)}$（%）	0.0	2.0	4.0.	6.0	8.0	10.0	12.0	13.0	14.0	15.0	16.0	17.0	17.5
$\eta_t^{(2)}$（%）	17.5	15.9	14.1	12.3	10.4	8.4	6.3	5.2	4.1	3.0	1.8	0.7	0

由表 4-12 可知，当回风净化效率 $\eta_r^{(2)}=17.5\%$时，主净化器效率 $\eta_t^{(2)}=0$。但在实际净化器设计时该组合未必是最优的方案，考虑到处理风量及初始浓度对吸附光催化降解效果

的影响，需令 $\eta_r^{(2)} > \eta_t^{(2)}$，因此，设计复合净化装置时，根据不同的净化技术可以从表 4-12中所计算的组合（灰色标志区域）中选择最优的设计方案。3）细菌的净化设计计算

由于新风中的细菌浓度 $C_n^{(3)} < C_{sd}^{(3)}$，因此新风段不设置杀菌功能，即 $\eta_n^{(3)} = 0$，式(4-57)变为：

$$\eta_t^{(3)} = 1 - \frac{C_{sd}^{(3)} n - m^{(3)}}{C_n^{(3)} nr + C_{sd}^{(3)} n(1-r)(1-\eta_r^{(3)})} = f(\eta_r^{(3)}) \tag{4-59}$$

根据式（4-59）结合前面确定的基本参数进行计算，计算结果如表 4-13 所示。

主净化器 *Ft* 效率 $\eta_t^{(3)}$ 与回风净化器 *Fr* 效率 $\eta_r^{(3)}$ 对应关系　　表 4-13

$\eta_r^{(3)}$	0	0.1	0.2	0.3	0.4	0.5	0.6	0.7	0.8	0.9	0.95	1.0
$\eta_t^{(3)}$	0.82	0.80	0.78	0.75	0.72	0.68	0.63	0.56	0.44	0.26	0.07	−0.12

由于主要细菌的污染源来自于空间内部，因此，回风过滤杀菌非常必要。由表 4-13 可以看出，当回风净化器效率较高时，主净化器的净化要求明显降低，当回风净化器的效率大于 95%时，则主净化器可以不用考虑细菌净化要求。由于 PM_{10} 和细菌均采用过滤的手段去除，因此二者存在一定的相关性，因此在净化器选型时需综合考虑。

（6）复合净化装置的功能结构设计

1）功能描述

新风净化器 *Fn*：过滤去除新风中 PM_{10} 及其他粒径大于 10μm 的悬浮污染物；

回风净化器 *Fr*：去除回风中的 PM_{10}、甲醛及 TVOC、杀菌；

送风管主净化器 *Ft*：去除送风中的 PM_{10}、辅助滤菌。

2）设计参数及其要求

①新风净化器 *Fn*

处理风量：$Q_n = 146m^3/h$，过滤前 PM_{10} 浓度 $C_{ni}^{(1)} = C_n^{(1)} = 0.4mg/m^3$，处理要求为：过滤效率 $\eta_n^{(1)} \geqslant 60\%$，即过滤后 PM_{10} 浓度 $C_{no}^{(1)} \leqslant C_{ni}^{(1)}$（$1-\eta_n^{(1)}$）$= 0.16mg/m^3$。该过滤段示意图如图 4-91 所示。

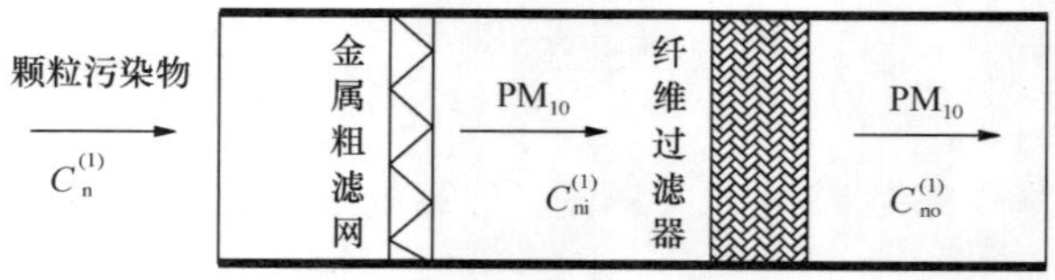

图 4-91　新风段净化装置示意图

②回风净化器 *Fr*

处理风量：$Q_n = 554m^3/h$，纤维过滤器和紫外杀菌灯处理 PM_{10} 以及细菌，活性炭纤维（ACF）＋光催化处理甲醛和 TVOC（以甲醛表征）；处理前各污染物浓度为：（PM_{10}）$C_{ri}^{(1)} = C_{sd}^{(1)} = 0.25mg/m^3$，（甲醛）$C_{ri}^{(2)} = C_{sd}^{(2)} = 0.12mg/m^3$，（细菌）$C_{ri}^{(3)} = C_{sd}^{(3)} = 4000cfu/$

m^3。处理要求，纤维过滤器对 PM_{10} 过滤效率 $\eta_r^{(1)}=70\%$，即 $C_{ro}^{(1)}\leqslant C_{ri}^{(1)}$（$1-\eta_r^{(1)}$）$=0.075mg/m^3$；过滤器滤菌效率 $\eta_r^{(1)}=97.7\%$，即 $C_{ro}^{(3)}\leqslant C_{ri}^{(3)}$（$1-\eta_r^{(3)}$）$=92cfu/m^3$；活性炭纤维（ACF）＋光催化处理效率 $\eta_r^{(2)}=17.5\%$，即 $C_{ro}^{(2)}\leqslant C_{ri}^{(2)}$（$1-\eta_r^{(2)}$）$=0.099mg/m^3$；该净化段示意图如图 4-92 所示。

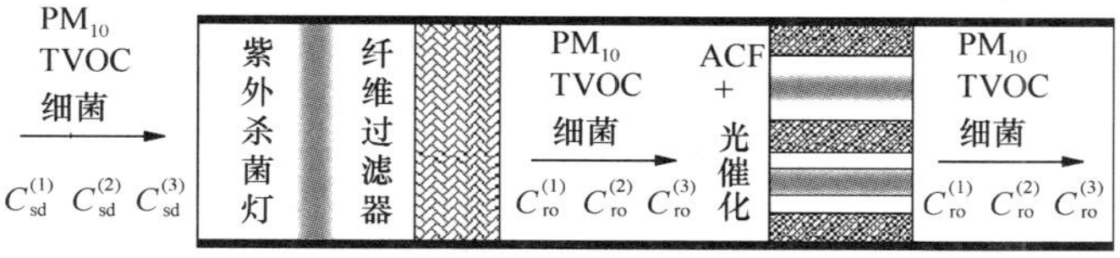

图 4-92　回风段净化装置示意图

③送风管处主过滤器 Ft

处理风量：$Q_t=700m^3/h$，主要功能为纤维过滤器进一步处理 PM_{10}，处理前 PM_{10} 浓度为：$C_{ti}^{(1)}=rC_{no}^{(1)}+$（$1-r$）$C_{ro}^{(1)}=0.0927mg/m^3$。处理要求，纤维过滤器对 PM_{10} 过滤效率 $\eta_t^{(1)}=56\%$，即 $C_{to}^{(1)}\leqslant C_{ti}^{(1)}$（$1-\eta_t^{(1)}$）$=0.0408mg/m^3$；该净化段示意图如图 4-93 所示。

图 4-93　送风段主过滤器示意图

4. 空气净化装置的应用分析

如前所述，改善地下空间内空气品质可采用新风稀释和复合净化两种方法，新风稀释不需要额外增加设备，但增加新风量往往会增加空调能耗，能耗增加值可能超过使用复合净化装置增加的能耗，因此需要在保证净化效果的基础上，合理评价两种方法的能耗，以选择更节能经济的方法。

另一方面，当采用复合净化方式时，必须考虑复合净化装置的安装问题，复合净化装置安装在不同的位置对污染物的去除效果是不同的。复合净化装置既可以安装在空调系统的风道（或空调箱）中，也可以放置在室内，而当放置在室内时，又可有多种不同的位置可供选择；此外，从地下空间常年运营过程看，可能出现多种不同的污染情形，例如：地下空间内污染物全面超标但超标程度较轻；局部区域污染物超标十分严重；局部区域污染物超标严重，其他区域超标但不严重；短时间内出现全面超标污染物，短时间内出现局部严重超标污染物等。针对上述不同的污染情形，复合净化装置安装什么位置比较高效，是需要进行讨论分析的。此外，复合净化装置的主要功能是能够同时处理多种污染物，而各种污染物的源通常处于不同的位置，具有不同的释放强度和浓度限值要求，这时复合净化装置应放置在什么位置，才能兼顾各种污染物的去除也是需要研究的问题。以地下商场为例，对不同改善环境的方案进行能耗分析，并给出一些基本的复合净化装置的布置原则。

（1）地下商场内不同空气品质保障措施的能耗比较

地下商场空调系统夏季新风量与地上商业建筑相同，只有 10%左右，当增加新风量用于稀释商场内污染物浓度时，会伴随较大的新风负荷，从而引起较大的空调能耗。而采用复合净化装置来去除污染物时，各净化段也会消耗一定的能量，如去除细菌一般采用紫外线杀菌，伴随着紫外灯的功耗；去除颗粒物 PM_{10} 需要用到中高效过滤装置，克服流动阻力需要风机耗能，其他净化环节也要消耗一定的能量。这两种方法哪种耗能更少，需要定量的分析才能确定。

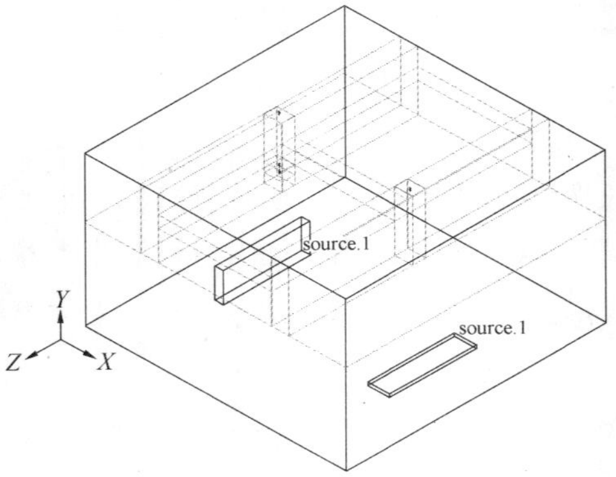

图 4-94　地下商场能耗比较的模型示意图

通过数值模拟和简化的能耗计算来比较分析两种方案的能耗水平。模拟采用室内空气流动的专业 CFD 软件 AIRPAK2.1 进行，取地下商场的一个销售柜台所在的区域作为研究区域（模型示意图见图 4-94），研究区域尺寸为 6m（长）×6m（宽）×3m（高）。空调形式为顶送顶回，送回风口各 1 个，新风比为 10%，空间换气次数为 $8h^{-1}$。以北京夏季室内外设计温度为标准，灯光按照 $16W/m^2$，人员密度按照 1 人/m^2，空调系统 COP 参照文献[81]，取较优值 3.0。模拟假定地下空间中同时存在甲醛和 PM_{10} 两种污染源，按照两污染源强度高、中、低 3 种工况（具体见表 4-14）分别进行模拟，针对每种工况，分别采取改变新风量和改变复合净化器净化效率的方式，模拟计算不同工况下使空间污染物保持在限值以下需要的新风量和复合净化器的效率水平，进而求出 2 种净化方案的能耗。能耗对比分析结果如图 4-95 和图 4-96 所示，其中复合净化装置能耗由净化段阻力引起风机能耗和紫外灯能耗组成，复合净化装置不同的净化效率对应不同的能耗，根据实验测试结果，对比分析时选取较大值为 0.3kW。

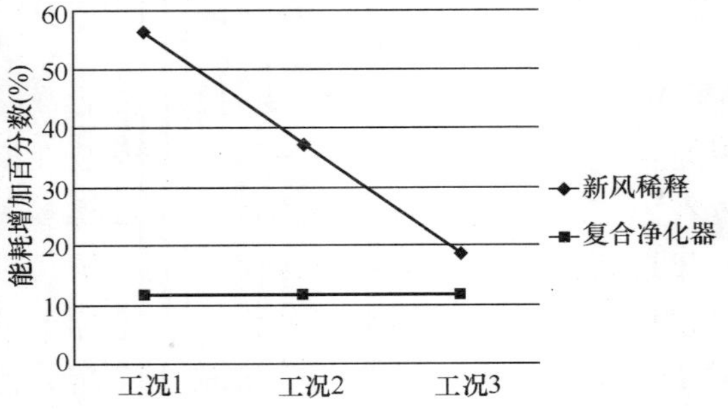

图 4-95　两种方案能耗增加比例

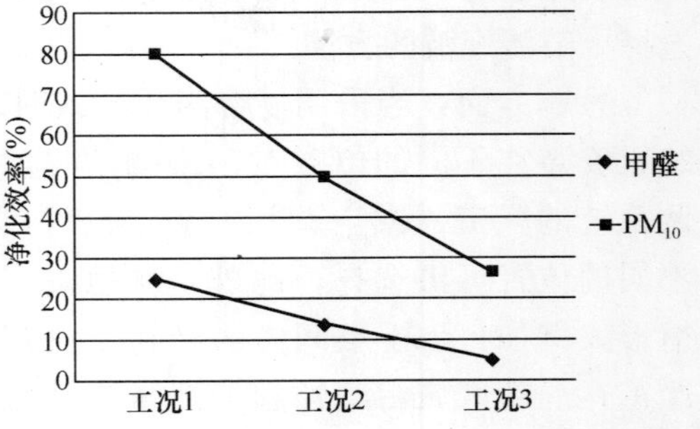

图 4-96　不同工况下复合净化装置的各段效率取值

不同工况下的源强度　　**表 4-14**

参　数	工况 1	工况 2	工况 3
PM_{10} 源强（g/s）	4.85×10^{-5}	3.2×10^{-5}	2×10^{-5}
甲醛源强（g/s）	8.65×10^{-6}	6.2×10^{-6}	4×10^{-6}

在表 4-14 中所示的三种不同污染源强度下，虽然比较时复合净化装置的能耗按照最大标准选取，但从图 4-95 中结果可以看出，采用复合净化装置去除污染物都比新风稀释要节能，而且从图 4-96 还可以看到，复合净化装置各净化段的最低效率可以随地下商场内污染源强度的不同进行相应的调整，当污染强度较低时，采用较低的净化效率也可以节省一定的能量。因此，通过以上算例可以看出，一般情况下采用复合净化方式比增加新风量的方式要节能。

（2）复合净化装置在风道或地下商场内部的一般布置原则

当复合净化装置在地下商场安装时，有多种方式可供选择，既可以安装在空调系统总风道中，也可以集中安装在商场内的某个局部位置，或者是分散布置多个小型号的复合净化装置等。在地下商场内部污染物散发特性一定时，复合净化装置安装位置不同对污染物的去除效果是有差别的，因此，下面针对几种典型的污染状况，模拟分析不同的复合净化装置安装位置对污染物去除效率影响，得出对应该污染物散发特性下较佳的安装位置。模拟分析以一个包括四个销售柜台区域大小的空间（模型图见图 4-97）为研究对象，对地下商场全年运营中可能出现的多种超标污染物状况进行数值模拟，模拟结果如图 4-98～图 4-103 所示[❶]，通过分析可以得到以下结论：

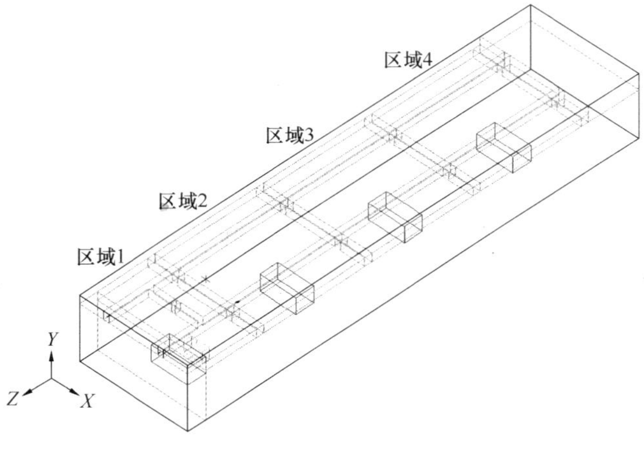

图 4-97　地下商场及空调系统中复合净化装置安装位置比较的模型示意图

1）当地下商场内大部分或全部区域污染物全面超标但超标程度较轻，将净化器安装在风道、室内某个局部位置或室内分散布置多个，都能有效去除污染物。模拟结果如图 4-98 所示，其中将 0～2m 高的模拟区域平均分为 4 个小区域作为关注区考察其平均污染物浓度，但是由于地下空间区域面积很大，净化器的尺寸必然很大，将净化器安装在室内某个局部位置是不现实的；分散安装固然可行，但需要很多个小净化器，既占据地下商场的空间，又影响美观。因此，在风道中安装复合净化装置将是最合适的方案；

2）从图 4-99 和图 4-100 可以看出，当地下商场内仅有局部区域污染物超标，且超标

❶ 图 4-99～图 4-103 中的区域 1 至区域 4，是指将整个模型空间沿 x 方向由左到右平均分为 4 个区域；图4-99～图 4-101 还考察了最左边区域 1 中靠近污染源的一块局部高浓度区域。

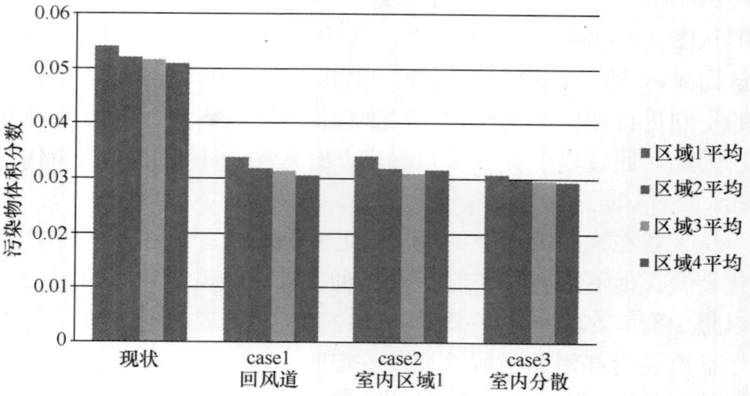

图 4-98　室内污染物全面超标时不同方案的去除效果

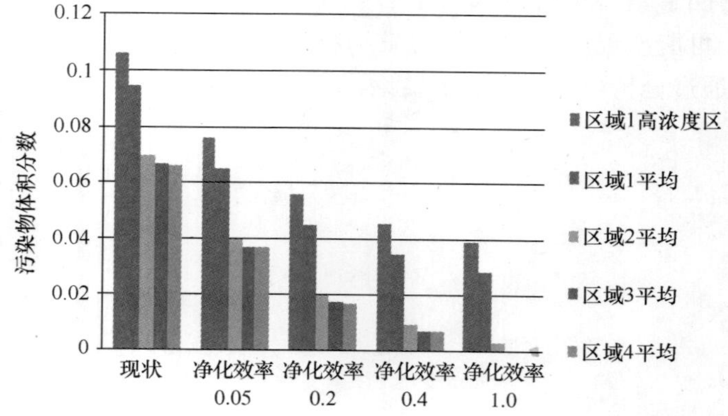

图 4-99　室内存在局部严重超标污染物时在
风道中安装复合净化装置的去除效果

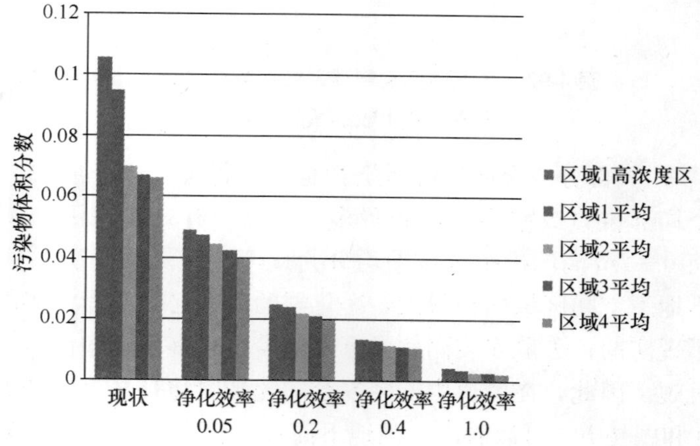

图 4-100　室内存在局部严重超标污染物时在
室内安装复合净化装置的去处效果

十分严重时，应该在局部超标区域就地设置复合净化装置，这样净化器能就近高效吸入污染气体进行净化处理，从而明显降低该区域内的污染物浓度，而将复合净化装置安装在总风道中的污染去除效率较低，不是理想的净化方案；

3）当地下商场内既有局部区域污染物超标严重，其他的大部分区域污染物也超标但不十分严重时，图 4-101 为 7 种不同净化方案的净化效果，由图中可以看出，此时应该采取组合净化方式，即在风道中加装复合净化装置，以去除大部分超标但不严重区域的污染物，而在局部超标区域摆放单独的净化器，来净化该区域严重超标的污染物，使整个空间的污染物水平有效降低至限值以下。如果采取在局部安装 1 台大净化器的方案或者分散布置几台小净化器的方案，也可以达到去除污染物的效果，但考虑到安装位置与美观因素，现实情况是不可行的。

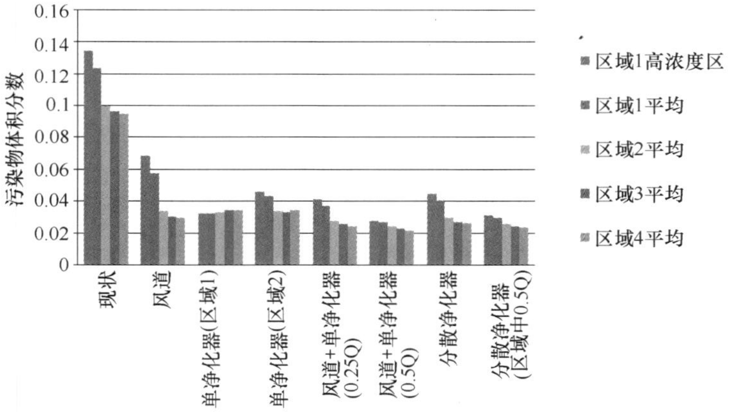

图 4-101 全区超标＋局部严重超标时不同净化器布置方案的去除效果

4）当地下商场内突然释放一定量的污染物，使得在短时间内形成一个全面超标的污染环境时，仅靠系统 10%左右的新风稀释，将需要很长的时间才能去除，而在这段时间内，污染物将保持高浓度，这样必然危害商场内部顾客和工作人员，这时仍然需要复合净化装置，由图 4-102 中模拟计算结果可以看出，复合净化装置安装在风道或在室内分散安装效果更好，考虑到实际中实施的可行性，将净化器安装在风道中最为合适；

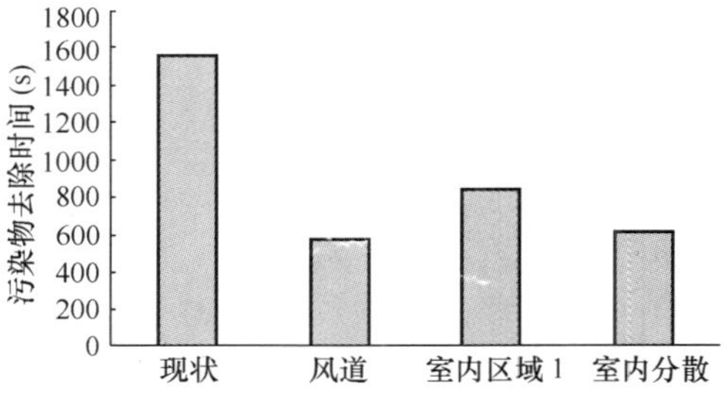

图 4-102 短时间在整个空间内污染物全面超标时不同净化器安装位置与污染物的去除时间关系

5）图 4-103 的分析结果表明，当地下商场在局部区域突然释放污染物形成一个超标的局部区域时，在风道中安装复合净化装置效果优于在超标局部区域安装复合净化器。原因可能在于虽然局部超标，但超标区域的污染物在净化器去除的过程中也会扩散到空间的其他区域，导致局部就地安装的净化器很难处理扩散到其他区域的污染物，因此总体去除时间将大于风道中安装净化器的去除时间。

（3）复合净化装置在室内的布置原则

由于地下空间中的污染物有很多种，各种污染物释放源所处的位置不同，因此净化器在局部布置时应该充分考虑多种污染物的去除，兼顾各种污染物的去除效果，这时复合净化装置不能只靠近其中的一种污染物源，否则其他污染物的去除效果将不能保障。通过对空间存在不同位置两个污染源时的一系列模拟分析（模型图见图 4-104），得到如下结论：

1）如图 4-105 所示，当两个污染源释放强度相同，且对两种污染物的限值要求相同时，复合净化装置应该放置在两污染源中间位置，这样净化器能兼顾两种污染物的去除，但是污染源的距离不应太远。如图 4-106 所示，当实际两污染源距离太远时，其中间区域内两种污染物的浓度都会很低，如果将净化器放置在此处，将导致处理污染物的量较少，对两种污染物的去除效果都会很差。这时如果将净化器仍放在此处，就需要增加循环风量或者提高净化效率，或者用两台净化器分别处理两个污染源而不再只使用一台净化器来处理。

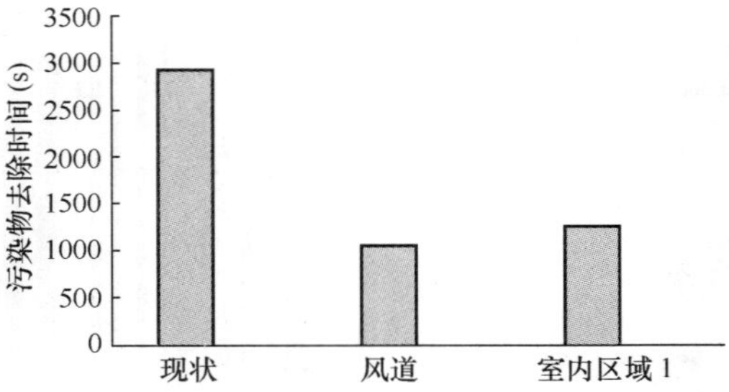

图 4-103　短时间在局部某区域污染物严重超标时不同净化器安装位置与污染物的去除时间关系

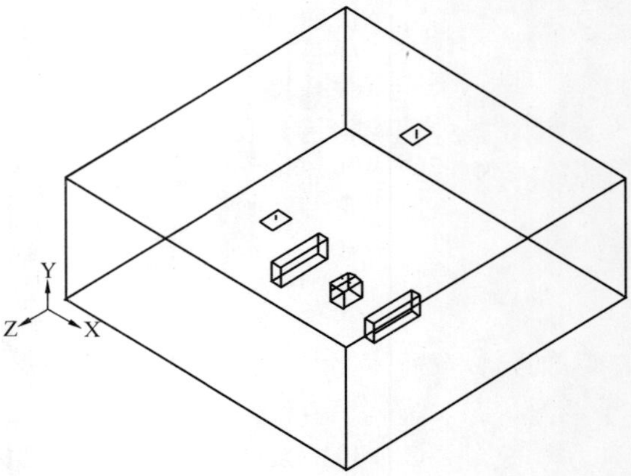

图 4-104　地下商场内部复合净化装置安装位置比较的模型示意图

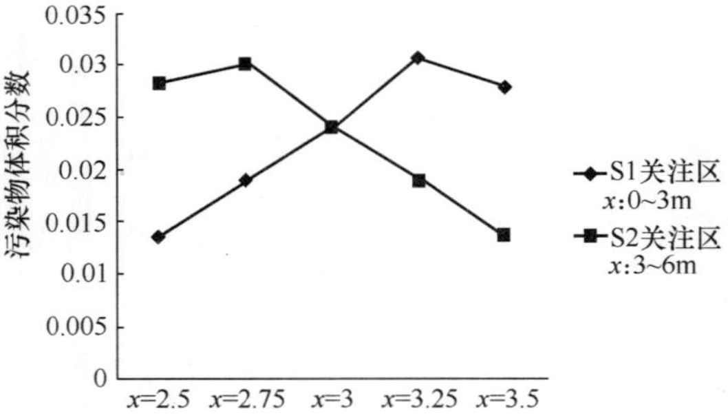

图 4-105　两污染源强度相同、距离较近时净化器处于不同位置的去除效果

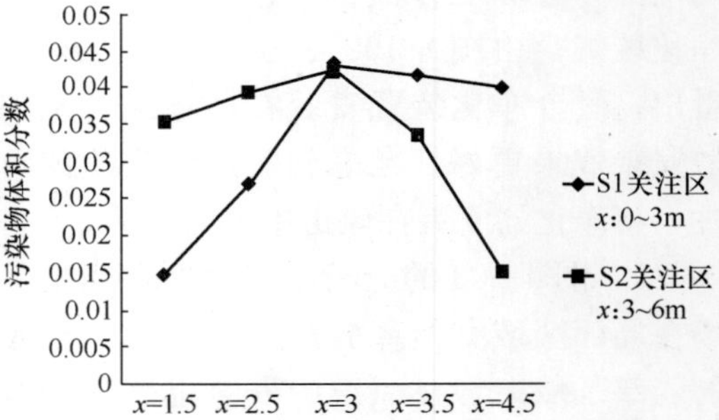

图 4-106　两污染源强度相同、距离较远时净化器处于不同位置的去除效果

2）如图 4-107 所示，在两种污染物的限值要求相同的情况下，如果一种污染源强于另一种污染源，那么复合净化装置应该安装在两污染源中间偏向强源的位置，这样能够重点去除强污染源释放的污染物，同时又可以兼顾弱污染源释放的污染物的去除。

3）当污染源强度相同，但是限值不同的时候，净化装置应该摆放在两污染源中间偏向限值要求严格的污染源侧，此时能够重点去除要求严格的污染物，同时兼有去除另一种污染物的净化效果。

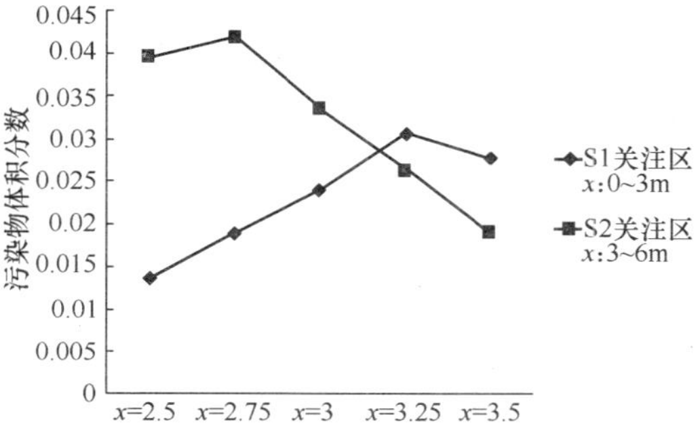

图 4-107 两污染源强度不同（S2强于 S1）、距离较近时净化器处于不同位置的去除效果

总之，对于空间内多种污染物并存的情况，复合净化器在室内摆放时需要兼顾多种污染物的去除，这样才能有效保障地下空间内的空气品质。

此外，尚需注意的是，复合净化装置的各功能段除共用同一循环风量外，其他参数是可以独立调节的，这样就能独立调节各功能段的净化效率，而不同的净化效率又将决定不同的能耗水平。因此，在实际使用复合净化装置时，宜从运行经济性角度出发，针对各种污染物污染状况合理设置各段的净化效率，以求在保障空间空气质量的同时，最大限度实现节能。

4.4 城市地下空间除湿及控制技术的开发

如第 2 章所述，地下空间的热湿环境区别于地上建筑的一个重要特征就是室内经常处于潮湿状态，湿度很大，影响人体舒适性，促进霉菌繁殖，损害人体健康。同时，除湿负荷在空调负荷中所占比重很大。此外，由于热湿比较小，除湿后往往还需要再加热，常规的除湿机调温功能较差，而恒温恒湿机又普遍存在重复耗能、控温控湿精度不能兼顾，送风温度可调范围内存在盲区等问题，明显不适用于地下空间。综上所述，如何在节能的同时更好地控温除湿是保证地下空间热湿环境的关键和难点。

4.4.1 几种除湿方式比较

1. 冷却除湿

湿空气被冷却到露点温度以下时，水蒸气会凝结析出，从而降低空气中的含湿量，实现对空气的除湿，这种方法称为低温露点除湿法、也称冷冻除湿法。由于盘管的表面温度低于空气的露点温度，掠过的空气被冷却，析出水分，含湿量降低，此时的空气接近饱和状态，如果此时直接把空气送入室内，会引起吹冷风的感觉，还有可能引起风口结露，可以将空气加热后再送入室内；在工业生产中的除湿，要求等温除湿时，也需要把除湿后的空气再加热。这种冷却再加热存在着极大的能源浪费。

冷却除湿形式简单，施工方便，是目前空调系统中应用最广泛的一种除湿方式，但冷却除湿受冷冻水温度限制，湿度控制能力受限，而且系统中存在潮湿表面，容易滋生细菌和霉菌，影响室内空气品质。

2. 液体吸收除湿

一些吸湿性溶液可以吸收空气中的水分，从而实现对空气的除湿，这种方法称为液体吸收除湿法，简称液体除湿。由于溶液除湿空调系统在去除室内潜热负荷上的优越性，近年来逐渐得到大家的广泛关注。

液体除湿系统一般包括除湿器、除湿剂再生器、蒸发冷却器、换热器、泵等设备。除湿器和再生器是液体除湿系统的核心部件，可以分为绝热型和内冷型两种形式。

3. 转轮除湿

有一些固体，比如常见的硅胶、分子筛、氧化铝、氯化钙等，具有大量孔隙，总的表面积非常大。各空隙内表面呈凹面，曲率半径小的凹面上水蒸气分压力比平液面上水蒸气分压力低，当被处理空气通过时，空气的水蒸气分压力比凹面上水蒸气分压力高，因此空气中的水蒸气向凹面迁移，由气态变为液态并释放出汽化潜热。用这些固体吸附剂吸湿的方法称为固体吸附法，又称为固体床吸附法，简称固体除湿。

固体除湿的设备有固定式和转轮式 2 种，固定式采用周期性切换的方法，实现间歇式的吸湿和再生。优点是系统设备简单，投资与运行费用低。缺点是除湿性能不稳定，其性能随着工作时间的加长而下降，工作周期完成后需要再生。该方法适用于除湿量小，露点温度低于 4℃的场合。

而转轮式除湿通过除湿轮的转动可以实现连续的除湿和再生，所以应用较广泛，其原理图及空气处理过程的焓湿图如图 4-108 所示。待处理的湿空气状态为 W，先经过前置表冷器等湿降温至状态 W_1 后，送入转轮除湿器，在转轮除湿器中水蒸气被固体干燥剂吸收，空气温度升高、湿度降低至 A 点。

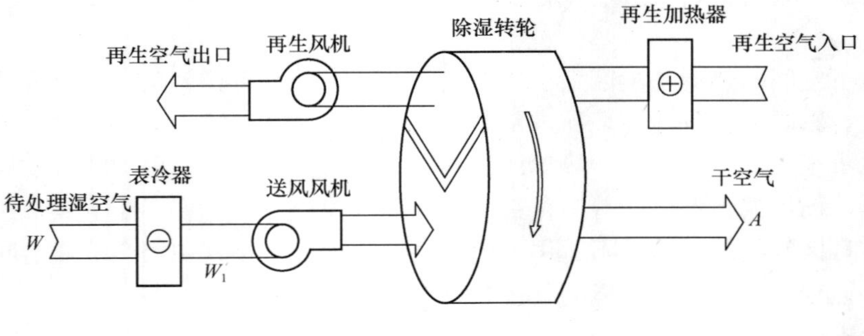

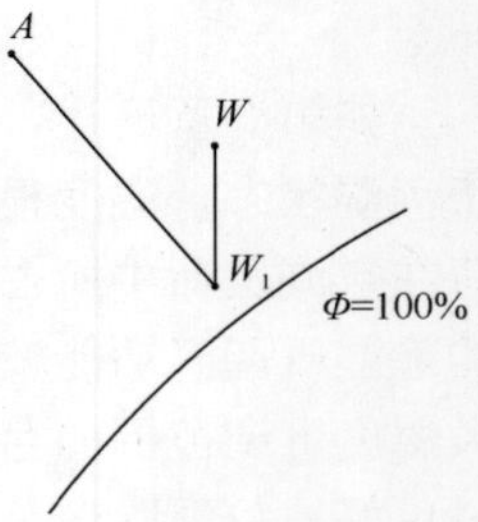

图 4-108　转轮除湿原理图及焓湿图

(*a*) 原理图；(*b*) 焓湿图

转轮除湿通过固体干燥剂的吸湿和再生能够将空气处理到低湿度，但由于转轮运行过程是动态的，期间混合损失大，而且该形式不能实现等温除湿过程，除湿过程释放的潜热使干燥剂温度升高，吸湿能力显著下降，整个过程的不可逆损失大，效率低。另外由于固体干燥剂的吸附特性，可能会使污染物附着在干燥剂表面，污染房间送风。

4. 膜除湿

膜法除湿就是利用除湿膜来除去空气中水分的方法。除湿膜一般是采用亲水性膜，由于温度越高，膜对水的吸附量越小，导致驱动气流侧膜表面的水分浓度小于处理气流侧膜表面的水分浓度，从而引起膜内水从处理侧表面向驱动气流侧表面扩散，这样一来处理空气中的水蒸气就不断地被吸附到处理气流侧表面，并向驱动气流侧扩散，然后在驱动气流侧表面被驱动气流解吸出来。这个过程不断进行，使处理空气中的水分不断降低，达到除湿的目的，这一原理也叫热渗透过程，水蒸气传递方向是逆水蒸气分压力方向进行的。膜两侧的温差越大，就越有利于水蒸气的渗透。

膜科学技术是一门新兴的高分离、浓缩、提纯、净化技术，随着膜技术的发展，它在除湿领域也得到研究和应用。膜的种类可以是有机膜、无机膜和液膜，膜的形态可以是平板式，也可以是具有很高填装密度的中空纤维式。膜法除湿可以分为压缩法、膜法全热回收、膜湿泵等。

(1) 压缩法：为了使水蒸气透过膜，必须在膜的两端产生一个浓度差，然后利用水蒸气与空气中其他成分在浓度差作用下选择性透过机理实现除湿。压缩法就是强制使水蒸气在膜两侧压差作用下从膜的一侧透过到另一侧，实现除湿。

(2) 膜法全热回收：用透湿膜做成全热交换器，也叫膜焓回收器。它是利用透湿膜作热湿交换媒介的空气—空气换热器。

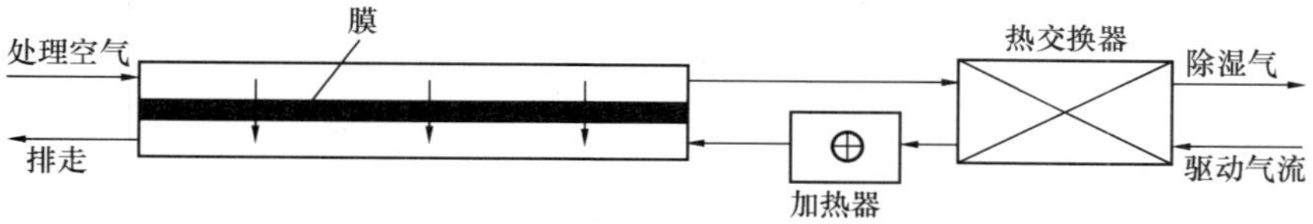

图 4-109 膜湿泵的原理

(3) 膜湿泵：在实际工程中，有时候要实现水蒸气由低湿气流向高湿气流的传递，即“湿泵”，主要靠膜两侧气流的温度差实现水蒸气由低湿气流向高湿气流的传播。其原理与以上方法相同。

4.4.2 溶液除湿空调原理

1. 溶液除湿机理

液体除湿过程是一个复杂的传热与传质过程，传热的推动力是空气和除湿溶液的温度差，而传质的推动力是空气中水蒸气的分压与溶液表面所形成的饱和蒸汽压之差，可用下式表示[82]：

$$\Delta p = \frac{1}{H}\int_0^H (p_v - p_s)\mathrm{d}h \tag{4-60}$$

式中 Δp——传质平均压差；

H——为除湿器入口和出口之间的距离；

p_v——为被处理湿空气的水蒸气分压；

p_s——为除湿溶液表面的饱和蒸汽分压。

由于空气中的水蒸气分压力高于溶液表面的饱和蒸气压，于是就实现了水蒸气由气相到液相的传递过程，这个过程可分为 3 个步骤：

步骤一：水蒸气由空气中扩散到气-液两相界面的气相一侧；

步骤二：水蒸气在气-液两相界面上凝结，并溶入溶液中；

步骤三：水由两相界面的液相一侧扩散到溶液中。

由于相界面和界面附近的流体流动状况与传质过程很复杂，人们对上述三步的认识不同，提出了各种不同传质模型来描述整个传质机理。但至今仍没有一个完美的理论能说明两流体相间在各种不同情况下的传质机理。在 1923 年 Whitman 提出的“双膜理论”是目前应用较为普遍的理论，该理论假定：

（1）在气液两相接触面附近，分别存在不发生对流作用的气膜和液膜，吸收组分必须以分子扩散方式连续通过两膜，因此传质速率主要决定于分子扩散；

（2）滞流膜的厚度随各相主体的流速和湍流状态而变，流速越大，膜厚度越薄。但一般认为膜的厚度极小，在膜中相界面上无溶质的积累，故吸收过程可以看作是固定膜的稳定扩散；

（3）在相界面上气、液两相呈平衡态，无扩散阻力；

（4）在两相主体中吸收质的浓度均匀不变，仅在薄膜中发生浓度变化，两相薄膜中的浓度差就等于膜外气液两相的平均浓度差。

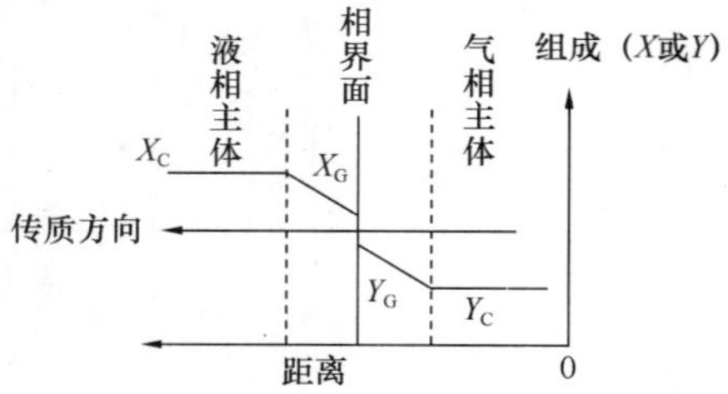

图 4-110　气液界面附近的浓度分布

根据以上假定，吸收过程中气液两相界面处的浓度分布如图 4-110 所示。可以认为混合气体中某可溶组分由气相溶入液相的过程首先是靠分子扩散穿过气膜到达界面，由于在此之前相界面上气相分子增加，破坏了平衡状态，于是使一部分分子转入液相，以达到新的平衡，液相分子再靠扩散，由相界面到达液层。如此连续进行，直到气液两相完全平衡，传质停止，此时再继续传质的条件是气相分压增加，或液相中该组分的浓度降低。但是，在这一理论的分析中并未考虑液体在除湿塔中的实际流动情况，只是假设溶液和空气的传质系数与湿塔壁中的一样，而在除湿塔中的流道是弯曲多变的，因而使液体和气体在流道壁面上形成很多涡流，这些涡流会冲击相界面，从而引起表面更新。此外还会由于相界面各点浓度、温度分布不均，产生上重下轻的条件，从而引发自发性的对流。这些自发性的相界面运动，一般都会加速相界面表面的更新速率，因而也会增加传质速率，这就是除湿塔作为一个除湿设备传质过程被大大强化的一个原因。

2. 除湿溶液特性

除湿剂的性能是影响除湿系统工作效果的关键因素，理想的除湿剂应具备的性质有[83-85]：有较高的溶解度，以减小除湿剂的耗用量；在除湿工作条件下有较低的蒸汽压，以增大与湿空气之间的推动力；在操作温度下除湿剂的黏度要低，以改善除湿塔内的流动状况，提高吸收速率，降低泵的功耗，减少传热阻力。

除以上因素之外，除湿剂还应尽可能无毒、无腐蚀、不易燃、不发泡、冰点低、价格便宜、并具有化学稳定性。

在液体除湿空调中，目前使用较多的除湿剂有氯化锂水溶液、氯化钙水溶液、溴化锂水溶液、乙二醇、三甘醇等。表 4-15 给出了几种常用吸湿剂的性能。

常用液体吸湿剂的物性　　表 4-15

	溴化锂溶液	氯化锂溶液	氯化钙溶液	乙二醇	三甘醇
常用露点（℃）	−10～4	−10～4	−3～−1	−15～−10	−15～−10
浓度（%）	45～65	30～40	40～50	70～90	80～96

续表

	溴化锂溶液	氯化锂溶液	氯化钙溶液	乙二醇	三甘醇
毒性	无	无	无	无	无
腐蚀性	中	中	中	小	小
稳定性	稳定	稳定	稳定	稳定	稳定
主要用途	空气调节 除湿	空调杀菌 低温干燥	城市气体 吸湿	一般气体 吸湿	空调、一般 气体吸湿

三甘醇是最早用于液体除湿系统的除湿剂，但是作为有机溶剂，黏度大、易停滞、易黏附于系统表面、易挥发、对人体有一定的危害[86]。溴化锂：极易溶于水、不变质、不挥发、不分解、无毒、吸湿能力强、有较强的腐蚀性。氯化锂：易溶于水、无毒、黏性小、传热性能好、易再生、稳定性好、吸湿能力大、有一定的腐蚀性、价格较高。氯化钙：吸湿性强，但溶液吸湿能力较小、对金属有腐蚀性、价格低廉。

三甘醇和乙二醇是有机溶剂，黏度较大，在系统中循环流动时会有部分滞留，黏附于除湿系统内表面，影响系统的稳定工作。因此限制了它的进一步使用，已经被金属卤盐溶液所取代。从上表可见，金属卤盐溶液 LiBr、$CaCl_2$、LiCl 均具有一定的腐蚀性，但塑料等防腐材料的使用，可以防止盐溶液对管道等设备的腐蚀，而且成本较低。盐溶液不像有机溶剂那样易挥发到空气中而污染室内空气，此外，盐溶液还具有除尘杀菌的功能，一定程度上有利于提高室内空气品质。因此，无论是单一除湿盐溶液，还是混合比例盐溶液都是较为优良的除湿剂[87-90]。

（1）溴化锂溶液

溴化锂是一种稳定的物质，在大气中不变质、不挥发、不分解、极易溶于水，常温下是无色晶体，无毒、无嗅，有咸苦味。溴化锂在20℃时的溶解度是同温下食盐的 3 倍左右。溴化锂溶液表面的蒸气压，如图 4-111 所示，其值远低于同温度下水的饱和蒸气压，表明溴化锂溶液具有很强的吸收水分的能力。溴化锂对金属的腐蚀比氯化钠、氯化钙等溶液要小，但仍是一种较强腐蚀性的介质。60%～70%浓度范围的溴化锂溶液在常温下易结晶，因而溴化锂的浓度使用范围一般不超过 70%。

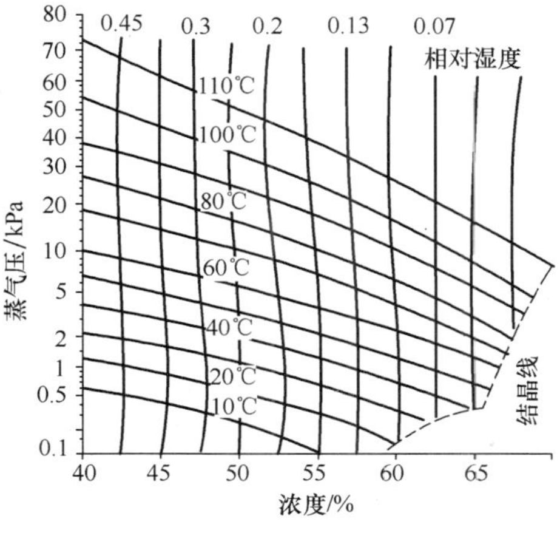

图 4-111　LiBr 溶液的蒸气压图

（2）氯化钙溶液

氯化钙溶液是一种无机盐，具有很强的吸湿性，吸收空气中的水蒸气后与之结合为水化合物。无水氯化钙呈白色、多孔，为菱形结晶块，略带苦咸味，熔点为 772℃，沸点为1600℃，吸收水分时放出熔解热、稀释热和凝结热，但不产生氯化氢等有害气体，只有在700～800℃高温时才稍有分解。氯化钙溶液表面蒸气压见图 4-112 所示，由图可见氯化钙表面蒸气压较高，因而吸湿能较差。此外，氯化钙还具有易结晶、对金属有较强的腐蚀等缺点，但是其价格低廉，来源丰富。

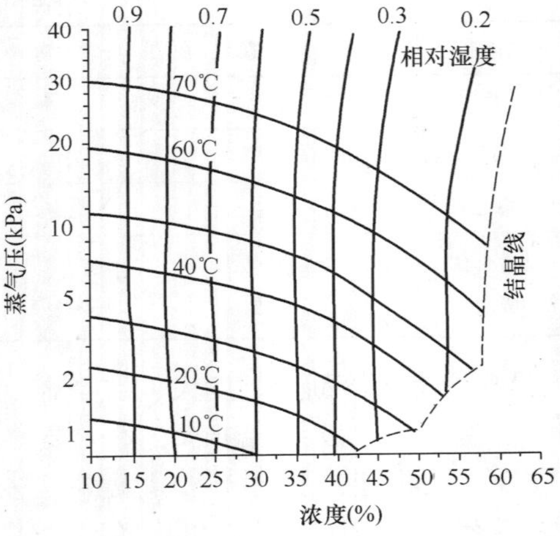

图 4-112　$CaCl_2$ 溶液的蒸气压图

(3) 氯化锂溶液

氯化锂是一种白色、立方晶体的盐，在水中的溶解度很大。氯化锂水溶液透明、无毒无臭、黏性小、传热性能好、容易再生、化学稳定性好。在通常条件下，氯化锂溶质不分解、不挥发、溶液表面蒸气压低（见图 4-113），吸湿能力大，是一种良好的除湿剂。氯化锂溶液结晶温度随溶液浓度的增大而增大，在溶液浓度大于 40%时，氯化锂溶液在常温即发生结晶现象，因此在除湿应用中，其浓度宜小于 40%。氯化锂对金属有一定的腐蚀性，钛和钛合金、含钼的不锈钢、镍铜合金、合成聚合物和树脂等都能承受氯化锂的腐蚀。

从图 4-111、图 4-112、图 4-113 可以看出，在相同的温度和质量浓度下，LiCl 溶液比 LiBr 溶液和 $CaCl_2$ 溶液的蒸气压低，因而在与所接触的湿空气达到平衡时，湿空气具有更低的相对湿度。但是，LiBr 和 $CaCl_2$ 溶液比 LiCl 溶液更容易再生；在实际的应用中，由于 LiBr 的溶解度大（见图中的结晶线），所以采用浓度较高的溶液（50%～60%）以取得比 LiCl 溶液更低的蒸气压；而 LiCl 溶液一般采用 30%～45%（受结晶的限制）的浓度范围来除湿，这时 LiCl 溶液的再生温度就比 LiBr 溶液低。再生温度低，可以更有效地利用太阳能或其他低温热源。

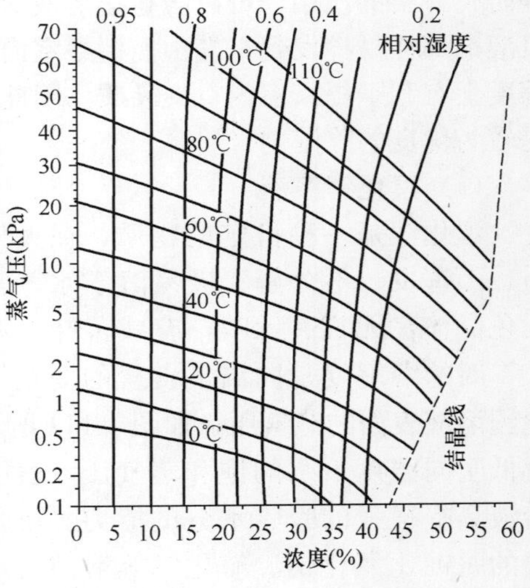

图 4-113　LiCl 溶液的蒸气压图

3. 溶液除湿-再生过程

除湿溶液和湿空气接触的过程中，溶液吸收空气中的水分，溶液自身浓度降低，除湿能力逐渐降低。这时候就需要把溶液浓度再次提高，这叫做溶液的再生。除湿和再生是一个完整的液体除湿循环过程[91]。

如图 4-114 所示，这是一个典型的除湿一再生过程中，除湿溶液在湿空气性质图上的变化过程。1→2 是溶液的吸湿过程，溶液和湿空气直接接触，由于溶液的表面蒸气压小于湿空气的水蒸气分压力，水蒸气就从空气向溶液转移，同时水蒸气的凝结潜热大部分也被溶液吸收。为了抑制溶液温升引起的吸湿能力下降问题，一般采用冷却的方式带走释放出的潜热或者采用较大的溶液流量；溶液吸收水蒸气后，浓度变小到达 2 点，而空气湿度达到要求后一般需进一步降温处理再送入室内。2→3→4 是溶液的再生过程。溶液被热水等低品位热能加热，当溶液表面蒸气压力大于空气水蒸气的分压力时，溶液中的水分蒸发到空气中，溶液被浓缩再生。

再生过程所需能量包括 3 部分：加热溶液使得其表面蒸气压高于周围空气的水蒸气分

压力所需的热量（2→3）；所含水分蒸发过程所需的汽化潜热（3→4）；溶质解吸附的热量，这一项比水的汽化潜热较小，由溶液物理性质决定。4→1 是溶液的冷却过程，所需能量取决于除湿剂的质量、比热容以及再生后和冷却到重新具有吸收能力之间的温差。通常在 2→3 的加热过程和 4→1 的冷却过程之间增加换热器，对进入再生器较冷的稀溶液和流出再生器较热的浓溶液进行热交换，回收一部分热量，可提高再生器的工作效率。一般在溶液系统中，除了风机、水泵等输配系统的能耗以外，所需投入的主要能量是用于除湿溶液的浓缩再生。

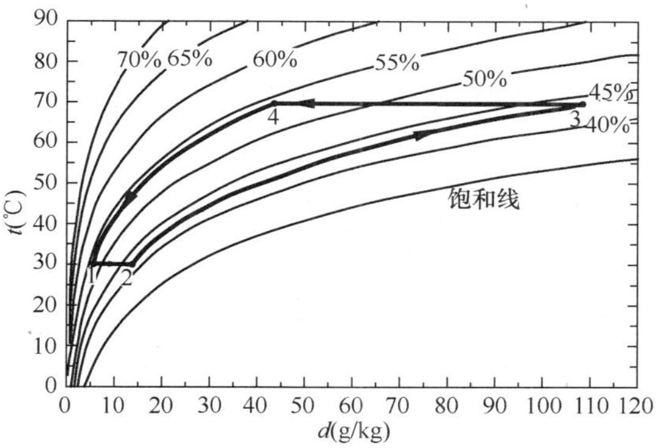

图 4-114　除湿-再生循环示意图（溴化锂溶液）

4. 溶液除湿设备

除湿器是液体除湿空调系统的核心部分，它和再生器通称为反应塔。除湿器主要有绝热型和内冷型两种形式。绝热型除湿器是指在空气和液体除湿剂的流动接触中完成除湿，除湿器与外界的热传递很小，可以忽略，除湿过程可近似看成绝热过程。如图 4-115（*a*）所示，除湿剂溶液从填料塔除湿器顶部喷洒而下，在塔内的填料层上以均匀薄膜的形式缓缓下流，被处理的空气从塔的下部逆流而上，与除湿溶液发生热质交换，从而完成除湿过程。绝热型除湿器具有比表面积大、能处理大流量湿空气、结构简单紧凑等优点，但由于填料塔型除湿器的压损大、除湿温升等缺点，其研究应用受到了一定的限制。

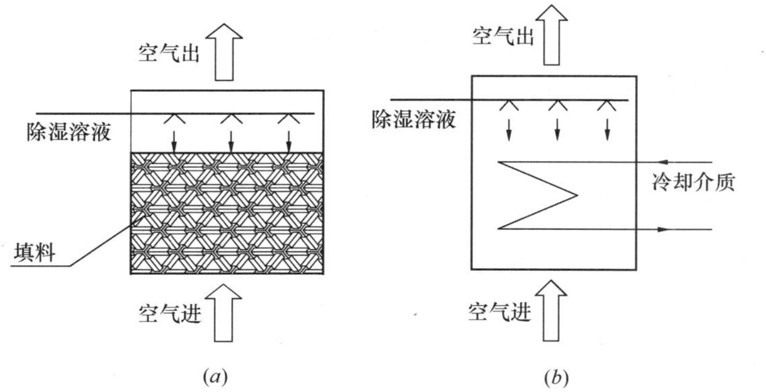

图 4-115　绝热型除湿器与内冷型除湿器示意图

（*a*）绝热型除湿器；（*b*）内冷型除湿器

内冷型除湿器如图 4-115（*b*）所示，是指在空气和液体除湿剂之间进行除湿的同时，被外加的冷源（如冷却水或冷却空气等）所冷却，从而带走除湿过程中所产生的热量（水蒸气被吸收所放出的吸收热），由于吸收过程的热量被带走，该除湿过程近似于等温过程。一般采用冷水盘管或冷却空气（都不与除湿溶液直接接触），将除湿过程释放出的部分潜热带走，抑制了除湿盐溶液的温升，提高了除湿效率。

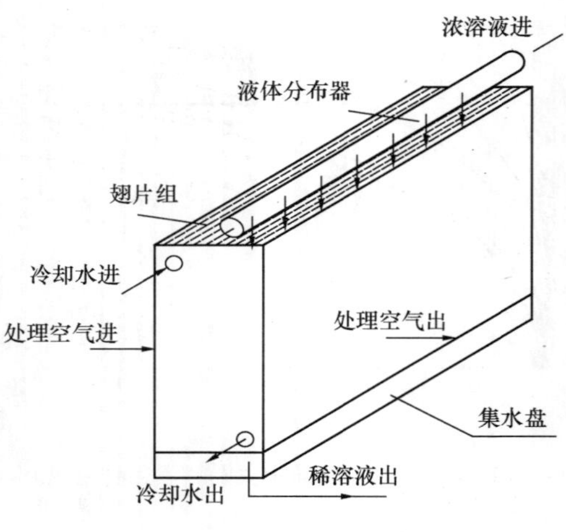

图 4-116　除湿器结构示意图

内冷型除湿器相对于绝热型除湿器，蓄冷能力比较强。但是冷却水或冷却空气的泄漏会影响内冷型除湿器正常工作，因此要求密封性要好，使得内冷型除湿器的制造工艺比绝热型除湿器复杂，如图 4-116 所示。常见的内冷型除湿器有：水冷型平板除湿器、波纹板冷却除湿器、交叉型板式除湿器等等。

5. 溶液再生设备

再生器是液体除湿空调系统的核心部件之一，由于溶液再生过程是除湿过程的逆过程，再生器和除湿器拥有类似的结构。常用的再生器有绝热型再生器和内热型再生器，根据其填料的形式又可细分为很多种。

绝热型再生器是指在空气和除湿溶液的接触过程中，再生器与外界的热传递很小或可以忽略，再生过程可近似看成绝热过程。绝热型再生器有喷淋塔和填料塔两种形式。喷淋塔的空气流动阻力较小，适合处理大风量的系统，其不足之处是气液接触面积较小，热质交换过程不完善。填料塔的气液接触面积较大，体积较小，但空气阻力稍大。图 4-117 给出了一种绝热型填料塔式再生器的结构形式，稀溶液从再生器顶部喷洒而下，在填料塔内的填料层上以均匀薄膜的形式缓缓下流，干燥的室外空气从塔的下部逆流而上，在塔内与除湿溶液发生热质交换。

内热型再生器中空气和液体除湿剂之间进行溶液再生的同时，被外加的热源所加热，用来补偿再生过程中所带走的潜热，该再生过程近似于等温过程。一般采用热水盘管或热空气，将再生过程释放出的部分潜热带走，抑制除湿溶液的温降，提高除湿效率。图 4-118显示的是一种内热型再生器。

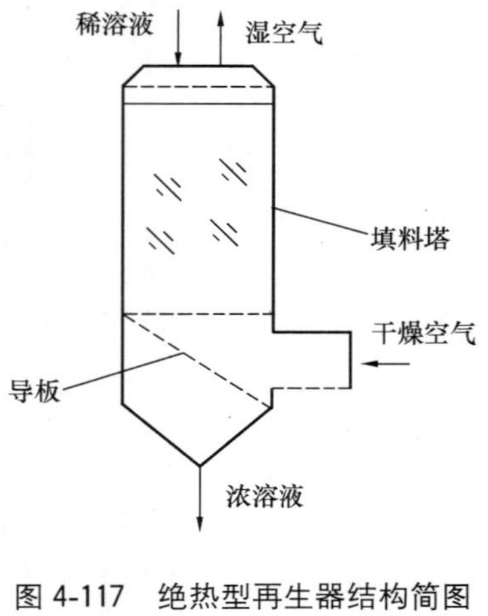

图 4-117　绝热型再生器结构简图

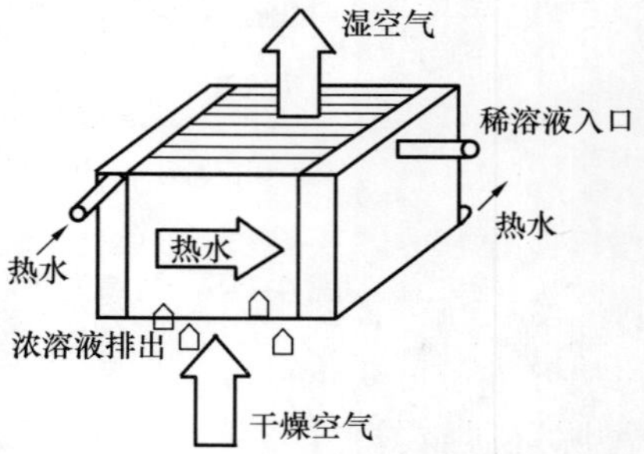

图 4-118　内热型再生器结构简图

溶液从再生器上部沿着平板往下流动，平板上的涂层使溶液均布于整个平板上，被处理的空气从下往上流动，在板间与溶液发生热质交换。热水管敷设于平板内部，用于补偿溶液中的水分蒸发而丧失的热量。

4.4.3 地下空间溶液除湿空调系统设计研究

1. 地下空间溶液除湿温湿度独立控制空调系统

(1) 新风溶液除湿实验系统构成

实验系统由一台液体除湿新风机组、一台组合式空气处理机组、干式风机盘管以及配套的冷水机组和蒸汽锅炉组成。实验室平面见图 4-119。

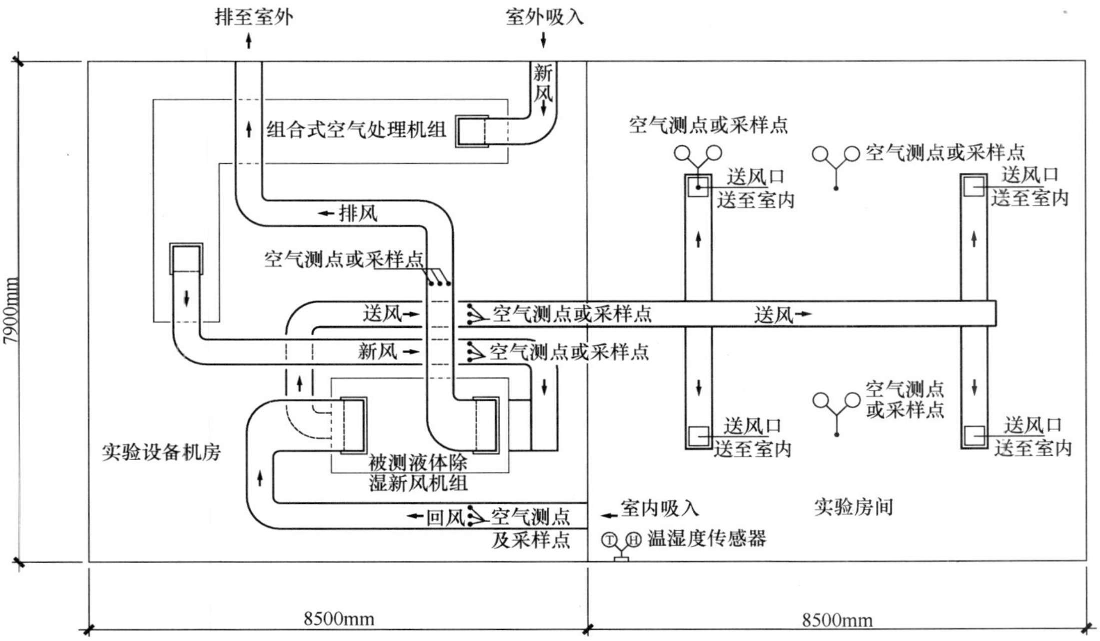

图 4-119 实验室平面布置图

组合式空气处理机组（见图 4-120、图 4-121）能对被处理空气进行降温、除湿、加湿、加热等多种处理，送出不同状态参数的空气，来模拟液体除湿新风处理机组所能处理的不同工况的“新风”。其运行与调节由配套的电脑控制台进行控制，控制台的操作界面见图 4-123 所示。液体除湿机组为热泵驱动型液体除湿新风处理机组[92]（见图 4-122），压缩机额定功率为 6.1kW，送/排风风量通过机组的变频器与变频风机进行调节与控制。新风通道的送风风量范围 0～4000m^3/h，再生通道的排风量范围为0～3200m^3/h。实验房间内设有风机盘管和冷辐射板等空气处理末端设备。

(2) 新风溶液除湿室内干工况空调实验系统设计

以广州地区为例，夏季湿热，冬季温暖，而春秋过渡季节潮湿。夏季室外空气焓值高，含湿量大，新风的潜热负荷大；过渡季节受海洋性气候的影响，空气潮湿。全年都有较大的湿负荷。

新风溶液除湿室内干工况空调实验系统将室外新风除湿处理后送入室内，让新风完全承担空调系统潜热负荷，而室内风机盘管只承担部分空调显热负荷，实现空气调节的温度和湿度分别独立控制。

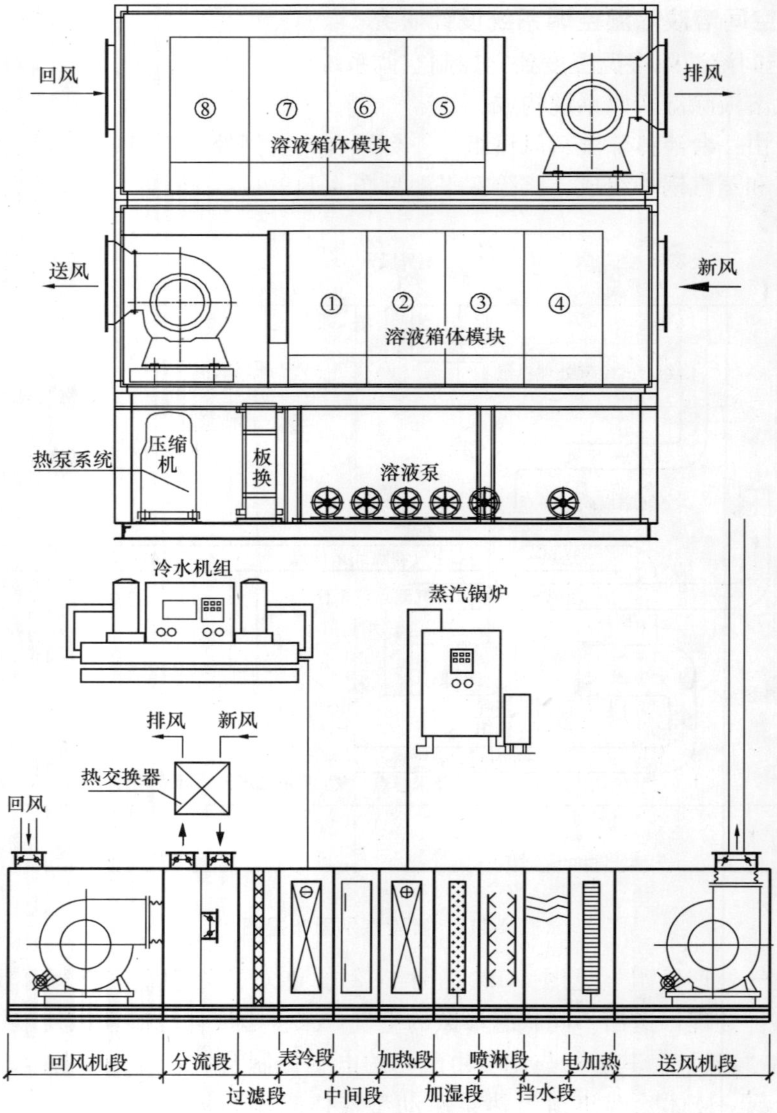

图 4-120　液体除湿实验方案图

1）室内外设计参数

室内外空气的设计状态参数[93]见表 4-16。

空气状态参数表　　　　表 4-16

夏季室外室内空气状态						
设计点	干球温度（℃）	相对湿度（%）	湿球温度（℃）	露点温度（℃）	焓值（kJ/kg）	含湿量（g/kg）
W	33.5	64.9	27.7	25.9	88.4	21.3
N	26.0	60.0	20.2	17.5	58.4	12.6

图 4-121 组合式空气处理机组

图 4-122 热泵驱动型液体除湿新风处理机组

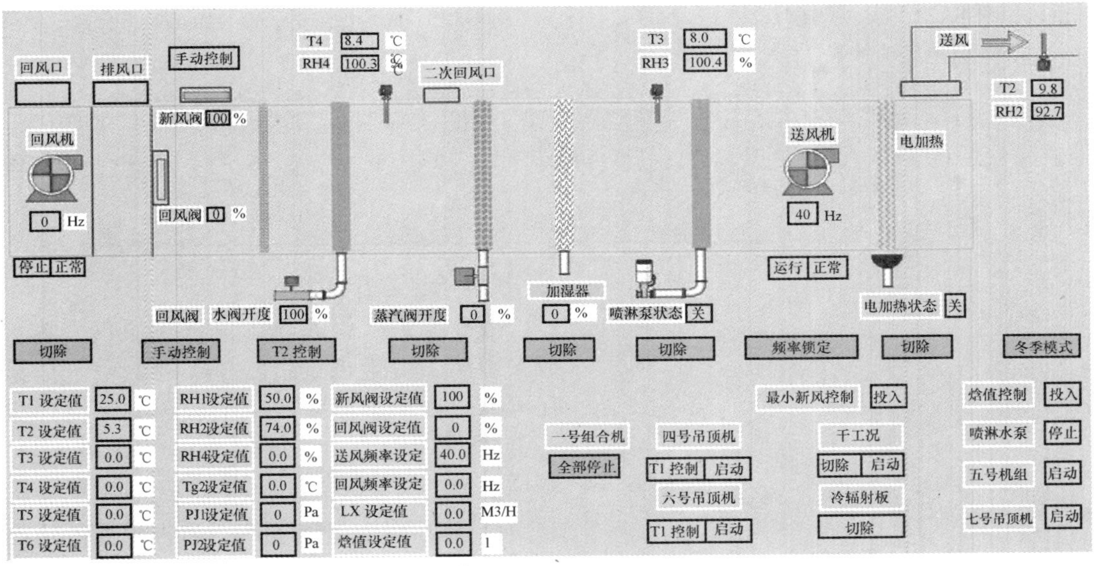

图 4-123 组合式空气处理机组控制界面

2）空调系统负荷

夏季空调计算冷负荷按逐时冷负荷最大值确定，计算湿负荷按室内散湿量的最大值确定。实例计算的室内冷负荷为 10983W，室内湿负荷 0.647g/s，热湿比 ε 为 16975。

3）新风除湿、室内风机盘管干工况设计及焓湿图

新风除湿后的空气状态与除湿溶液的温度有关，可以实现等温除湿、升温除湿和降温除湿。除湿设备按其在除湿过程中冷却与否分为两类：绝热型和内冷型。

绝热型液体除湿设备与外界的热传递很小，除湿过程可近似看作绝热过程，是等焓升温除湿过程。该过程如图 4-124 所示。由于夏季室外空气的焓值和含湿量本来就很高，采用绝热除湿方式处理空气后，空气温度较高，可以采用高温冷源冷却空气。

内冷型液体除湿设备在处理湿空气的过程中，由外加冷源带走除湿过程中所产生的热量，这个过程近似于等温过程，是等温减焓除湿过程，见图 4-125 所示。风机盘管干工况为等湿降温过程，见图 4-125。

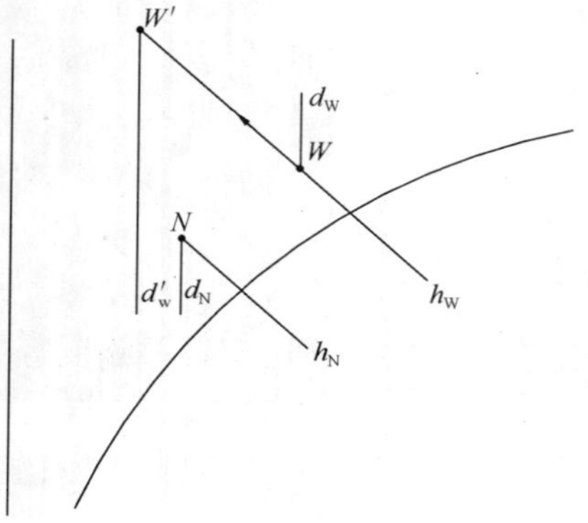

图 4-124　绝热型液体除湿设备的除湿过程

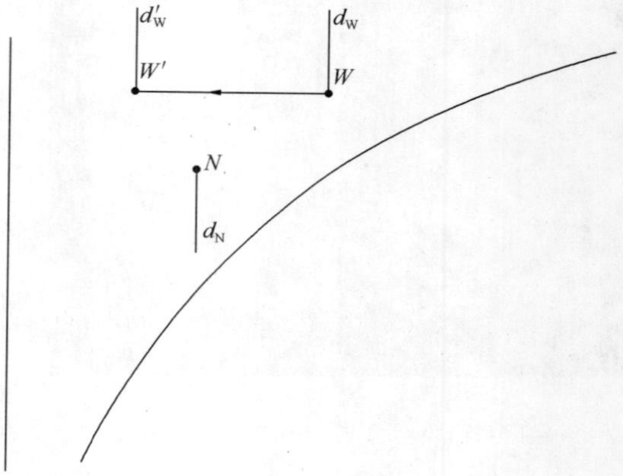

图 4-125　内冷型液体除湿设备的除湿过程

4）溶液等温除湿温湿度独立控制空调系统 i-d 图

除湿后的新风与风机盘管的送风一起共同完成空气调节任务，过程焓湿图见图 4-126。

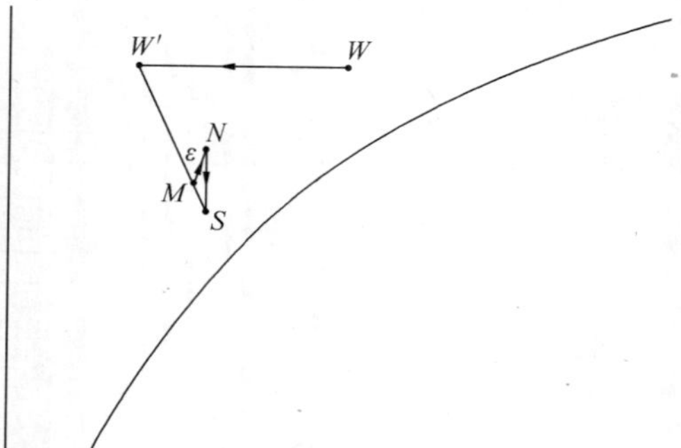

图 4-126　溶液等温除湿温湿度独立控制空调系统过程焓湿图

2. 三种溶液太阳能再生器性能对比

（1）集热型再生器

溶液再生过程的热源可以是燃气、热水或太阳能。由于再生过程中需要吸热，如果在再生过程中直接吸收太阳辐射热，就形成了集热型再生器。与封闭型再生器相比较，集热型再生器有以下优点：

1）屋顶将太阳能集热器和再生器的功能合二为一，不需要专门的集热器，节省了建造再生器的费用，也减小了溶液除湿机的体积；同时由于再生器对屋面的遮挡作用，也有效降低了建筑冷负荷；

2）太阳辐射直接加热稀溶液，提高了再生器效率，在较低的温度下就能再生；

3）溶液直接向环境空气蒸发，比闭式的再生器有更大的传质驱动势；

4）由于结构紧凑，除湿溶液的循环功耗减小。

（2）集热型再生器溶液再生过程和数学模型

除湿溶液液膜由吸收剂和被吸收物质水分组成，沿倾斜壁面流下（一般为 15°～30°）。吸收剂不具有挥发性，而被吸收物质可以被吸收或释放。液膜与低速流动的被处理空气相接触。溶液在集热板上流动时，太阳辐射首先穿透再生器的透明盖板并投射到太阳辐射吸收层上，吸收层吸收热量之后，将热量大部分以对流换热的形式传给流动着的液膜层，小部分以辐射的形式，透过透明盖板，传到外界。由于溶液和空气间存在温差和表面水蒸气分压力差，液膜层获得的热量，一部分以对流换热的形式传给空气，一部分弥补因水分汽化造成的能量减少。如果太阳辐射热刚好可以弥补液膜层能量的减少，那么再生将是一个近似等温的过程；如果太阳辐射大于液膜层能量的减少，那么多余部分就转化为溶液自身的内能，再生过程将是一个伴有升温的过程；反之，再生过程是一个降温的过程。另一方面，空气与溶液间的对流换热系数变化不大，这是因为对流换热系数主要取决于空气的流动状态和空气的物性。因此，空气和溶液换热的边界条件既非第二类边界条件，也不是第三类边界条件。空气层获得的显热和潜热也不能完全转化为自身的内能，它还要和玻璃盖板发生对流换热，将部分能量传至外界。

空气量、溶液流量、空气进口温度、湿度、溶液进口温度、浓度、太阳辐射强度等 7 个因素共同决定了溶液再生温度、再生速率以及太阳能利用系数。

集热型再生器结构如图 4-127 所示，溶液沿再生器吸热壁面流下，直接吸收太阳热量，由于溶液表面水蒸气分压大于空气的水蒸气分压，水分便从溶液向空气传递，溶液的质量分数升高，完成再生过程。

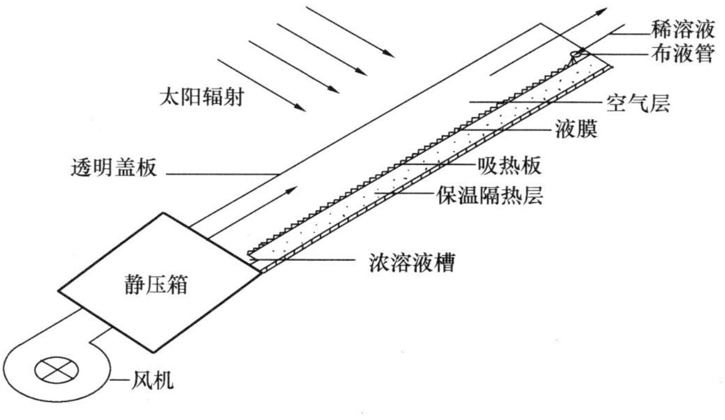

图 4-127　太阳能平板降膜再生系统结构

以流动的方向作为 x 轴的正方向。再生器吸热板背面包裹保温材料，与外界的热量传递很小，这部分热损失可以忽略不计。模型中再生器能量损失主要包括吸热板处的辐射热损失和透明玻璃覆盖处的对流热损失两部分。

为了简化这个复杂的降膜除湿过程，先做出下列的假定：

1）除湿溶液是牛顿流体，其物理性质稳定且不依赖于温度和浓度的变化；

2）单位时间所吸收的水蒸气质量与溶液的质量流量相比很小，因此可以假定流体下降过程中其液膜厚度和平均流速是恒定的；

3）在气液界面上，被处理空气和除湿溶液能达到热力学平衡；

4）由于液膜厚度很小，忽略降膜中的温度梯度。

针对再生器的长度 L，可以得出如下的能量平衡方程：

$$I\rho\alpha L - \varepsilon(T_s - T_0)L - m_s C_{ps}(T_{so} - T_{si}) - m_a C_{pz}(T_{ao} - T_{ai}) - \dot{m}h_{fg} = 0 \quad (4\text{-}61)$$

式中　I——太阳辐射强度，kW/m^2；

ρ——透明覆盖层的太阳辐射透过率；

α——吸收层的吸收率；

ε——热损失系数，可参照平板型太阳能热水器的热损失系数，kW/（m^2 · ℃）；

T_s——溶液的平均温度，$T_s=\dfrac{T_{si}+T_{so}}{2}$,℃；

T_{si}——溶液入口温度,℃；

T_{so}——溶液出口温度,℃；

T_a——空气的平均温度，$T_a=\dfrac{T_{ai}+T_{ao}}{2}$，℃；

T_{ai}——空气入口温度,℃；

T_{ao}——空气出口温度,℃；

T_0——环境温度,℃；

m——再生量，kg/s；

h_{fg}——水蒸气的汽化潜热，取 2501kJ/kg。

当空气流过单位面积的再生器时，有如下的平衡方程：

$$h_a(T_s-T_a)dx=m_aC_{pa}dT_a+h_s(T_a-T_0)dx \tag{4-62}$$

其中

$$\frac{1}{h_s}=\frac{1}{h_g}+\frac{1}{h_w} \tag{4-63}$$

由于透明盖板的导热热阻比它两侧的对流换热热阻小很多。为了便于分析，此处忽略了导热热阻。由传热学知识可知，对流换热系数 h 主要取决于流体的流动状态和流体的物性。因此可以认为液膜和气流之间的对流换热系数 h_a 与气流和玻璃盖板之间的对流换热系数 h_g 相等。即：

$$h_a=h_g \tag{4-64}$$

而 h_w 为自然对流外掠平板的对流换热系数可以按式（4-65）估算

$$h_w=5.7+3.8V \tag{4-65}$$

式中　V——环境空气的流速，m/s。

合并上述公式可得：

$$h_a(T_s-T_a)dx=m_aC_{pa}dT_a+h_a\frac{5.7+3.8V}{5.7+3.8V+h_a}(T_a-T_0)dx \tag{4-66}$$

由于水分蒸发，空气的水蒸气分压力由 P_{ai} 增加到 P_{ao}。水分蒸发量可用下式表达：

$$m=0.622\frac{m_a}{P_b}(P_{ao}-P_{ai}) \tag{4-67}$$

式中　P_b——标准大气压力，Pa。

当稀溶液流过再生器后，它的浓度由 ξ_{si} 增加到 ξ_{so}。在水分蒸发量、溶液进出口浓度和溶液流速之间有如下关系：

$$\frac{1}{\xi_{so}}=\frac{1}{\xi_{si}}\left(1-\frac{m}{m_s}\right) \tag{4-68}$$

定义平均再生传质系数为 β，则传质方程为：

$$m=\beta\cdot(P_s-P_a)\cdot L \tag{4-69}$$

除湿溶液表面水蒸气分压力 P_s 取决于除湿溶液种类、压力、温度和浓度。一般除湿溶液是在大气压力下进行讨论的，研究某种具体的除湿溶液时，其表面水蒸气分压力只是溶液温度 T_s 和溶液浓度 ξ_s 的函数。溶液的温度、浓度和表面蒸汽压之间有如下的关系，见式(4-70)：

$$\ln P_s=-\frac{h_{fg}}{R_q T_s}+B\xi_s+C_0 \tag{4-70}$$

式中 R_q——水蒸气的气体常数，kJ/(kg·K)；

B、C_0——常数，取决于溶液的种类。

以上各方程式组成了太阳能层流降膜再生系统的数学模型[94]。

(3) 影响再生器性能的主要因素

1) 除湿溶液性能

溶液的表面蒸汽压是其重要的物性参数，直接影响溶液的再生效果。从除湿的角度要求其除湿剂具有较低的蒸汽压，当溶液再生时，则希望其具有较高的蒸汽压。除了溶液的物性外，溶液与空气的气液接触形式、再生器的结构、气液流量比、室外气象条件等也是影响热质交换效果的重要因素。

2) 再生器的结构

再生器的透明盖板和吸热板的材料将影响溶液对太阳辐射热的利用程度，而再生器的长度、高度和倾角、液膜对吸热板的覆盖程度、空气流动的均匀程度、气液接触形式等都对溶液的再生量均有重要影响。按照再生器中溶液与空气接触方向的不同，可以将再生器分为顺流、逆流和叉流三种形式。顺流装置的热质交换效果最差，逆流装置的热质交换效果最优，叉流装置介于二者之间。

3) 空气和溶液的进口条件

太阳辐射强度，溶液的流量、浓度和温度，空气的流量、温度和湿度都对再生量有重要影响。对给定形式的再生器和太阳辐射强度，必然有一个最优的运行工况。

(4) 除湿溶液特性对再生性能的影响

再生过程中，除湿剂的特性对再生系统性能有重要影响，直接关系到系统的再生效率和再生温度。除湿剂的特性包括物理性质和热力学性质。太阳能液体除湿空调的除湿溶液应具有以下一些特性：化学性质稳定；在工作温度范围内不结晶；对碳钢和铜等金属材料具有低腐蚀性、无毒、传热性能好等性质。

除湿溶液的除湿性能可以用其表面水蒸气分压力的大小来衡量。因此，除湿溶液的蒸汽压是其最为关键的物理特性，是选择液体除湿剂时考虑的重要因素之一。另外，除湿剂的选择不仅要考虑其除湿效果，还要考虑其市场价格和带来的副效应，从而使其性价比最高。

(5) 除湿溶液的腐蚀性

$CaCl_2$、LiBr、LiCl 等都属于非氧化性卤素盐，其溶液对碳钢及铜材料具有一定的腐蚀性，溶液与材料表面接触时发生氧去极化腐蚀，即吸氧腐蚀。碳钢、紫铜等金属材料在这些卤素盐溶液中的腐蚀与溶液的 pH 值关系密切。当 pH 在 4～9 时，腐蚀速度几乎与 pH 值无关；而当 pH 值为 9～14 时，腐蚀速度大为降低；当溶液的 pH 超过 14 时，将重新引起腐蚀的加剧。并且，如果溶液的温度升高，这一过程会显著加速。

在相同的摩尔浓度下，三种溶液 pH 值的大小顺序是：LiBr＞LiCl＞$CaCl_2$。LiCl 是中性盐，溶液 pH 值为 7.0。$CaCl_2$ 溶液偏酸性，对金属的腐蚀性较大，温度升高时腐蚀更加剧烈。相同的温度下，LiBr 和 LiCl 溶液腐蚀性能大体相当。然而在再生过程中，由于 LiBr 溶液所需的再生温度比 LiCl 高，所以对设备的腐蚀较严重。

（6）除湿溶液选择

从前面的比较中可以看出，LiCl 溶液作为液体除湿剂最合适，但必须同时考虑溶液的成本因素。LiCl、LiBr 都比较贵，配制 55％的 LiBr 溶液所需要的费用是配制 40％的 LiCl 溶液的两倍左右。当然，$CaCl_2$ 的价格比前两者要低得多，但其除湿性能没有 LiCl 和 LiBr 好。

鉴于 LiCl 溶液的除湿性能优良，但价格较贵；而 $CaCl_2$ 溶液的价格低廉，但除湿性能欠佳，两者按 1∶1 的质量比混合可以达到除湿性和经济性最佳结合[90]。

（7）太阳能平板降膜再生实验

选择 $CaCl_2$ 溶液、LiCl 溶液和 1∶1 的 LiCl 与 $CaCl_2$ 混合溶液进行平板降膜太阳能再生实验研究。实验系统见图 4-128。实验研究了空气入口温度、含湿量、空气流量、溶液流量、溶液进口温度、进口浓度对再生量和再生器效率的影响。

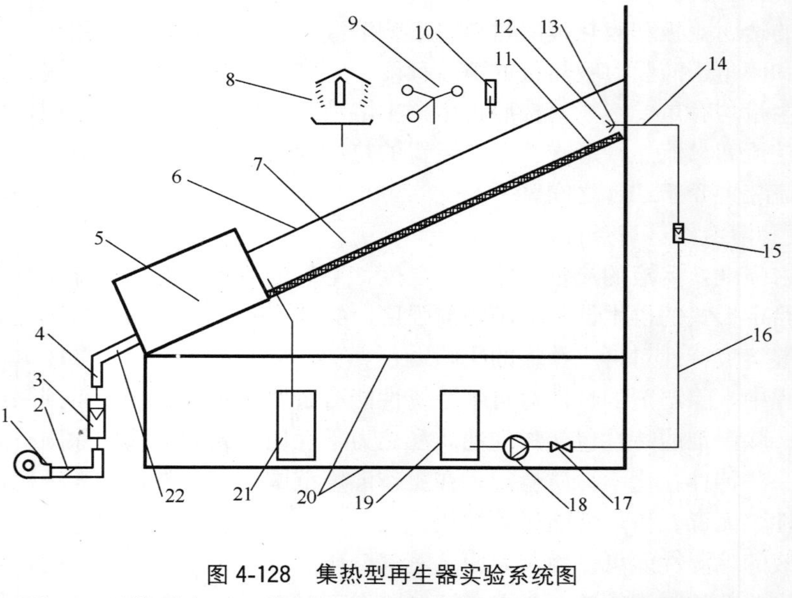

图 4-128 集热型再生器实验系统图

1—风机；2—风管调节阀；3—流量计；4—吸风风管；5—均压箱；6—玻璃盖板；7—空气间层；8—环境温度计；9—风速计；10—铜板表面测温计；11—吸热板；12—出口空气测温处；13—溶液喷嘴；14—冷水进口测温点；15—流量计；16—供水管；17—进水口阀门；18—泵；19—浓溶液桶；20—支座；21—稀溶液桶；22—进口空气测温处

实验结果表明：较低的溶液进口浓度和空气入口含湿量以及较高的溶液进口温度能够增加再生量和再生器效率；而空气入口温度升高时，再生量和再生器效率仅略有增加。$CaCl_2$ 溶液的再生性能最优，1∶1 混合溶液次之，LiCl 溶液的再生性能最差。综合除湿和再生性能考虑，1∶1 混合溶液是一种性价比较高的除湿溶液。

3. 除湿填料性能对比

（1）除湿填料概述

除湿器和再生器大多采用填料塔形式，而填料则是填料塔的核心构件。填料按照几何特点可以分为规整填料和散装填料[95]。

散装填料是指一粒粒具有一定几何形状和尺寸的颗粒体，一般以散装方式堆积在塔内，又称为乱堆填料或颗粒填料，其在填料塔内的排列是随机无规则的，易于用多种材质制造，装卸方便，对塔内件的制造、安装要求低，目前仍十分广泛地应用于分离过程。常用的散装填料有拉西环、十字格环、螺旋环、贝尔鞍型环、超级矩鞍、阶梯环、共轭环、英特派克、托泼派克和狄克松填料等，如图 4-129～图 4-131 所示。

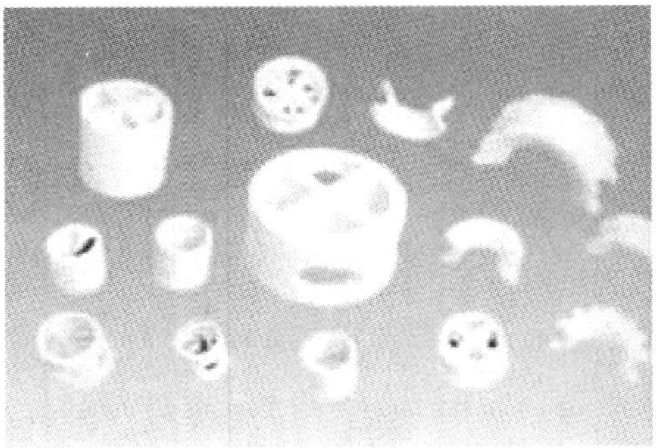

图 4-129　陶瓷散堆填料

图 4-130　金属散堆填料

图 4-131　塑料散堆填料

规整填料是指在塔内按均匀几何图形排布、整齐堆砌的填料。规整填料相对于散装填料而言，以其特定的规则几何形状，规定了气液流路，在提供较大气液接触面积的同时有效地降低了流体阻力。所以，现代填料塔内的填料以规整填料为主要型式。

规整填料的结构形式有波纹填料、格栅填料和脉冲填料等，而主要为波纹类型。新型规整填料有瑞士 Sulze 公司的金属丝网（Sulzerpacking）和金属孔板（Mellapak）波纹填料，美国 Koch 公司 Flexipac、美国 Glitsch 公司的 Gempak、德国 Montz 公司的 Montz 填料等。这些都是波纹形填料，由厚约 0.2mm 的金属板片制成，板片上冲有小孔，开孔率约 10%，其主要作用是增加气体的横向混合和液体的均匀分布。板上还有碾压的细纹或麻点，以增强液体对填料表面的润湿性。板片最后冲压成有一定倾角的波纹片。波纹与塔轴线的倾角通常有两种：X 型为 30°；Y 型为 45°。X 型比 Y 型阻力小，但效率较低，制成的波纹片组装成圆柱状填料盘。组装时相邻波纹片的波纹方向相反，从而在填料盘内部形成许多相互交叉对称的规则倾斜通道，提供大量的气液接触表面积，有利于气液均布和充分接触。相邻的填料盘紧密贴合，并互成 90°交叉安装在塔内，促进气体的径向混合。

规整填料的特点为：1）分离效率高。这种填料可根据需要制造成具有较大的比表面积，因此可提高单位高度的传递单元数，如金属丝网填料每米高的传递单元数可达 10 以上。2）通量及操作弹性大。规整填料允许的气、液通量较大，同时允许通量在较大的范围内变化。3）阻力压降小。即使在较大负荷下规整填料的压降也是比较小的，这是其显著特点。

(2) 除湿填料的形式与材质

填料塔中不同性能的填料，其润湿的难易程度不同，所能提供的气液有效接触面积不同，是影响溶液与湿空气热质交换效果的重要因素之一。

规整填料是一种在塔内按均匀几何图形排列，整齐堆砌的填料，它规定了气液流路，改善了沟流和壁流现象，压降可以很小，同时还可以提供更多的比表面积，在同等容积中可以达到更高的传质、传热效果。规整填料还由于其结构均匀、规则、对称，与散装填料具有相同的比表面积时，填料的空隙率更大，具有更大的通量，综合处理能力比散装填料塔大得多，因此以板波纹为代表的各种通用型规整填料在工业中得到了应用。

规整填料种类很多，根据其几何结构可以分为波纹填料、格栅填料、脉冲填料等，还可以根据材质的结构分为丝网波纹填料、板波纹填料和网孔波纹填料，即使同一类型，亦有各种规格，它们的比表面积、空隙率及几何尺寸都存在着差异。

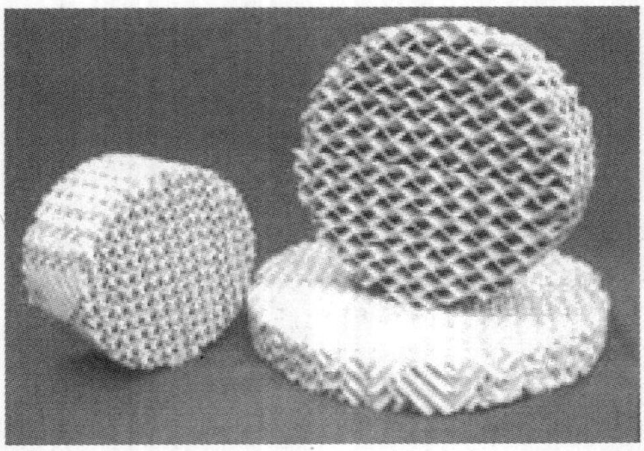

图 4-132　陶瓷规整填料

板波纹填料作为通用型的填料有很大的应用前景，其材质主要有金属、塑料和陶瓷 3 种。如图 4-132～图 4-134 所示。金属材质的板波纹填料虽然应用广泛，但是难以满足各种介质的要求，如对介质的耐腐蚀要求，而且选用贵重的金属，在工业上难以普遍应用。塑料板波纹填料和金属板波纹填料相似，具有大通量、低压降和高比表面积的特点，在扩大使用范围、减低能耗和提高效率上有较大的优势，同时塑料填料的耐腐蚀性能也较好。陶瓷填料具有良好的亲水性能，可以使填料的有效比表面积有很大提高，陶瓷的耐腐蚀性也很好，但由于陶瓷填料易碎，使用后期塔内填料碎片增加，使填料的压降上升、通量减小、效率下降。

(3) 除湿填料的尺寸

对于逆流除湿器而言，其高度和直径是影响其性能的重要尺寸参数[96]。影响叉流除湿器性能的尺寸参数有模块高度、厚度与宽度，模块体积直接影响除湿装置的投入，模块的高度、宽度和厚度的分配情况又直接影响模块的压降损失和传热传质效果。

图 4-133 金属规整填料

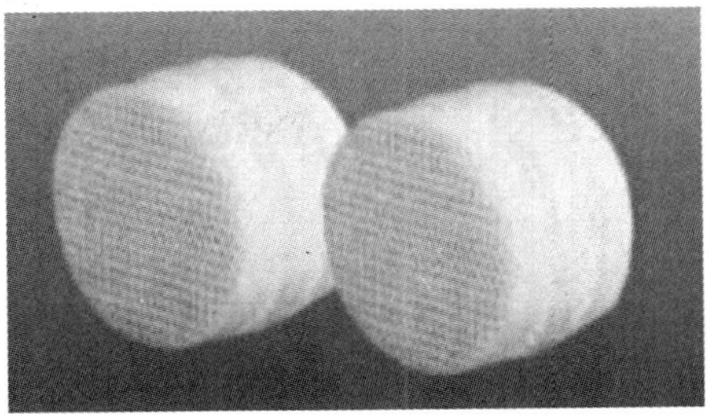

图 4-134 塑料规整填料

(4) 高效除湿填料的选择

填料作为除湿塔的核心构件，提供了气液两相传热和传质的表面，其传热传质效率直接关系到填料塔的操作性能，通过改变填料的结构形式可以提高溶液除湿系统的除湿效率。

高效率的填料必定有其优良的性能，以确保通过填料的气体和液体之间有较大的面积接触、均匀的流体分布和较低的阻力损失。选择填料时主要考虑以下的因素：

1) 比表面积。单位体积内填料层的填料表面积称为比表面积，用 σ 表示。填料的比表面积越大，所提供的气液传质面积越大，气液分布越均匀，表面的润湿性能越好，则传质效率越高。

2) 空隙率。单位体积填料层的空隙体积称为空隙率，用 ε 表示。填料的空隙率越大，则空气通过的能力越大，气流流动阻力越小，压降也越低。

3) 填料因子。将 σ/ε^3 称为填料因子，表征填料的流体力学性能。当填料被喷淋的液体润湿后，填料表面覆盖了一层液膜，σ 和 ε 均发生相应的变化，此时称 σ/ε^3 为湿填料因子，它表征实际操作时填料的流体力学特性，其值越小，表明流动阻力越小，液泛速度越高。

4) 其他。单位体积填料质量轻，造价低，并有足够的机械强度。

常用散装填料和常用规整填料的几何参数[97]见表 4-17 和表 4-18，几种常用填料综合性能评估[98]见表 4-19。

常用散装填料的几何参数（名义填料尺寸 50mm） 表 4-17

	陶瓷鲍尔环	塑料鲍尔环	塑料拉鲁环	陶瓷高流环	金属高流环	塑料诺派克环	陶瓷英特洛克斯
空隙率（m^3/m^3）	0.783	0.919	0.938	0.813	0.977	0.947	0.908
单位体积表面积（m^2/m^3）	116.5	111.1	95.2	86.7	92.3	86.8	122.0

常用规整填料的几何参数 表 4-18

	陶瓷鲍尔环（堆放）名义尺寸 50mm	塑料高流环（堆放）名义尺寸 50mm	金属拉鲁派克（YC-100）	金属脉冲填料（B1-100）	陶瓷脉冲填料（100）
空隙率（m^3/m^3）	0.754	0.916	0.945	0.828	0.979
单位体积表面积（m^2/m^3）	155.2	131.3	250	96.7	200

几种常用填料综合性能评估　　表 4-19

填　料	平均值	语言值	排　序
丝网波纹填料	0.8553	很好	1
孔板波纹填料	0.6104	相当好	2
金属英特洛克斯	0.5860	相当好	3
金属鞍形环	0.5720	相当好	4
金属阶梯环	0.5304	一般好	5
金属鲍尔环	0.5159	一般好	6
陶瓷英特洛克斯	0.4128	较好	7
陶瓷鞍形环	0.3794	略好	8
陶瓷拉西环	0.3585	略好	9

(5) 两种高效除湿填料实验研究

选用 450 型聚丙烯丝网波纹填料和 500Y 型孔板波纹填料，进行除湿性能实验研究。实验系统见图 4-135。在两者具有相同塔高、塔径和入口设计参数的情况下，内装 500Y 型不锈钢孔板波纹填料的除湿塔的除湿效率要低于内装 450 型塑料丝网波纹填料的除湿塔的除湿效率。

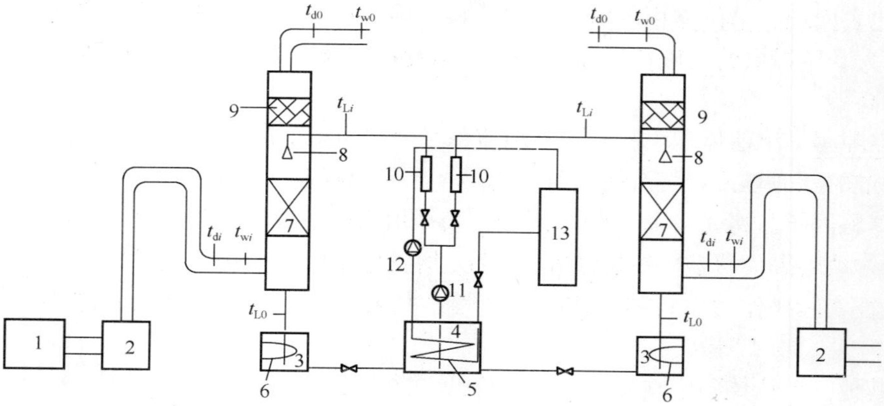

图 4-135　液体除湿填料性能对比实验系统图

1—空气处理箱；2—离心风机；3—稀溶液槽；4—浓溶液槽；5—冷却盘管；6—电加热器；7—填料；8—布液器；9—丝网除沫器；10—转子流量计；11—溶液泵；12—冷却水泵；13—低温恒温槽

500Y 型不锈钢孔板波纹填料和 450 型聚丙烯丝网波纹填料的几何特性见表 4-20 和表 4-21。

500Y 型不锈钢孔板波纹填料的几何特性　　表 4-20

型　号	比表面积 σ (m^2/m^3)	波纹倾角 (°)	空隙率 ε (%)	峰高 (mm)
500Y	500	45	92	6.3

450 型聚丙烯丝网波纹填料的几何特性　　表 4-21

型　号	材　质	网目数	峰高 (mm)	波纹倾角 (°)	比表面积 σ (m^2/m^3)	空隙率 ε (%)
450 型	聚丙烯、尼龙	40	6	30	450	97

4. 干工况风机盘管性能试验

新风溶液除湿结合室内干工况组成的温湿度独立控制空调系统是一种新型的空调方式，可以实现低品位热能利用、排风能量回收等，具有节能、提高室内空气品质的潜力。溶液除湿室内干工况温湿度独立控制空调系统中，经过除湿处理后的干冷新风带走夏季空调房间的全部潜热负荷和部分显热负荷，室内冷却设备仅承担室内部分显热负荷，室内设备承担的负荷大大减小。当前实际工程应用中，室内冷却设备大多采用传统的风机盘管机组，机组供水温度高于室内空气露点温度，机组处于干工况。与湿工况相比，由于盘管供水温度提高，供回水温差减小，供回水平均温度提高，传热温差减小等，风机盘管机组的供冷量也相应减少。实验研究得到的风机盘管机组在干、湿工况和多组进出水温、风量等条件下的供冷量及其影响因素分析，对设备的正确选型、干工况风机盘管机组的开发，以及换热器的优化设计均有一定的参考价值。

(1) 实验装置与实验方法

试验根据焓差法[99]原理进行。通过测量被测机组的送风口、回风口的空气焓差，测试风机盘管机组的供冷量，同时辅以水侧冷量测试，作为试验误差判断。试验装置包括：空气预处理系统、风路测试系统、水路测试系统及控制系统等，如图 4-136 所示。

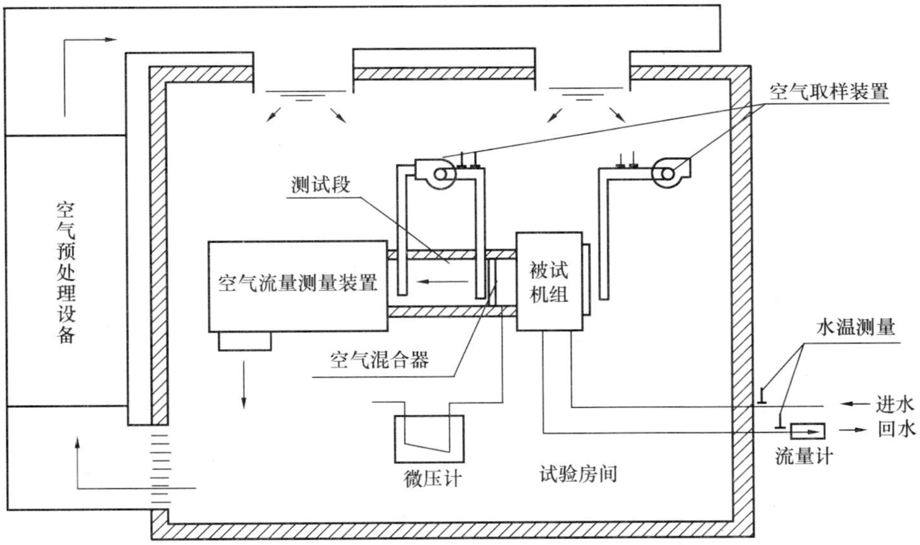

图 4-136　试验装置

空气预处理系统设有干蒸汽加湿管、干蒸汽加热管、水冷式表冷器，能实现任何空气处理过程，维持试验所需的室内设定空气状态。

风路测试系统由风量测试风洞及空气取样装置组成，主要包括静压室、流量喷嘴、穿孔板、小型排风机、取样风机及干湿球温度测量用 Pt100 电阻。小型排风机设于风路测试系统的出口，为风洞中空气的流动提供动力。静压室装有静压变送器，能根据风机盘管送风量要求，设定不同的机外静压。风机盘管的送风进入静压室后，首先经过穿孔板的均流作用充分混合，然后流过标准流量喷嘴，最后排入实验室内。静压室内穿孔板后设空气取样装置，送风的干、湿球状态被空气取样装置采集并传送到计算机中。标准流量喷嘴前后的静压差被直接传送到计算机进行风量计算。风机盘管的进风状态由风机盘管进风口处另一套空气取样装置采集。

水路测试系统由空气预处理装置的水路系统及被测机组的水路系统组成。实验室的冷、热源通过空气预处理装置水路系统将一定的冷量、热量及高温蒸汽输送到实验台，模拟出不同的室内环境。被测机组的水路上装有电磁流量计，测量范围为 0～6m³/h，测量精度为 0.5%，可根据设定的流量值控制设于该水路的变频水泵，调节被测机组所需要的水流量。机组供、回水温度采用 Pt100 电阻温度计，经过数据采集器即时采集数据并传送到计算机进行数据处理获得到供、回水温度。

被测机组的冷量可采用式（4-71）～式（4-74）计算：

$$Q_t = L_n \rho_n (i_{a.r} - i_{a.s}) \tag{4-71}$$

$$Q_n = L_n \rho_n C_a (t_{a.r} - t_{a.s}) \tag{4-72}$$

$$Q_1 = Q_t - Q_s \tag{4-73}$$

$$Q_s = W C_w (t_{w.h} - t_{w.g}) \tag{4-74}$$

式中　Q_t、Q_n、Q_1——风侧全冷量、显冷量、潜冷量，kW；

L_n——被测机组的送风量，m³/s；

ρ_n——湿空气密度，kg/m³；

C_a——空气的定压比热，kJ/（kg·℃）；

$i_{a.r}$、$i_{a.s}$——被测机组的回风焓值、送风焓值，kJ/kg；

$t_{a.r}$、$t_{a.s}$——被测机组的回风空气干球温度，送风空气干球温度，℃；

Q_s——水侧冷量，kW；

W——被测机组供水量，kg/s；

C_w——水的比热，kJ/（kg·℃）；

$t_{w.h}$、$t_{w.g}$——被测机组的回水温度、供水温度，℃。

按风机盘管机组性能测试标准工况[99]，设定室内空气干球温度为 27℃，湿球温度为 19.5℃，对应的相对湿度为 60%，露点温度为 15.45℃。稳定室内空气状态，改变供水温度、改变送风量，测试被测风机盘管机组的冷量。采用 3℃供回水温差，供水温度范围为 14～18℃，温度调整间隔 1℃。送风量按三档调节，额定值分别为 850m³/h、650m³/h、500m³/h，测试时控制送风量偏差在±20m³/h 之内，满足送风量不低于额定值 95%的要求。测试机组冷量时，分别同时测试风侧冷量和水侧冷量，二者相差 5%以内数据为有效，并且取二者的平均值作为机组的试验冷量。上述测试值与 7℃供水温度，5℃供回水温差的风机盘管机组标准工况冷量相比较，研究风机盘管冷量下降的幅度。

（2）试验结果分析与讨论

试验工况下室内空气露点温度为 15.45℃，供水温度为 14℃、15℃、16℃时，风机盘管出现湿工况。供水温度在 17℃以上时，盘管完全处于干工况。16～17℃之间是过渡区。

供水温度提高，风机盘管机组供冷量下降。供水水温在 14～16℃之间时，供水水温每上升 1℃，供冷量下降幅度约为 10%。17℃以后水温每上升 1℃，供冷量的下降幅度约为 17%。干式风机盘管最佳供水温度宜为 17℃。干工况时，送风量增加，被测机组供冷量增加。送风量每提高一档，供冷量增幅为 17%～25%。在较低的水温下，送风量增大，供冷量增加得越多。即在较低供水温度时，送风量对冷量的影响更显著。

与风机盘管标准工况相比，17℃和18℃供水，3℃供回水温差的实验工况盘管冷量分别下降62%和68%。冷量下降大约达到2/3。干盘管冷量显著减少，在目前采用普通风机盘管作干工况使用的工程应用中，需要准确计算负荷冷量和校核设备冷量，避免发生冷量不足。另一方面更重要的是，原有普通风机盘管冷量不能充分利用，换热设备的热强度不高，带来设备投资增加。因此，干式风机盘管应采用强化换热措施并重新优化设计，提高换热强度，以适应温湿度独立控制室内干工况空调系统对室内设备的要求。采用过去的普通风机盘管在干工况下使用是不经济的。

5. 平行流换热器作室内干工况设备研究

(1) 平行流式换热器结构

平行流式换热器（如图4-137、图4-138所示）是在管带式冷凝器的基础上通过变制冷剂单路进出或双路并串联为多流程进出设计而成。它同样采用扁管挤压技术、百叶窗翅片成型技术和真空焊接技术。扁管流道截面为矩形、三角形或圆形，内壁为光管或加内翅片。扁管间有波纹状、带百叶窗的翅片，但扁管不是弯成蛇行，而是每根截断的，两端各有一根集流管，制冷剂由管接头进入圆柱形或方形集流管，然后分流进入椭圆扁管，平行地流到对面的集流管，最后回到另一管接头。平流式换热器分为2种：一种是集流管不分段，制冷剂流动方向一致，称为单元平流式换热器；另一种为多元平流式换热器，多元平行流实际上是分流式换热器，多元平流式换热器集流管中有隔片打断，每段管子数不同。

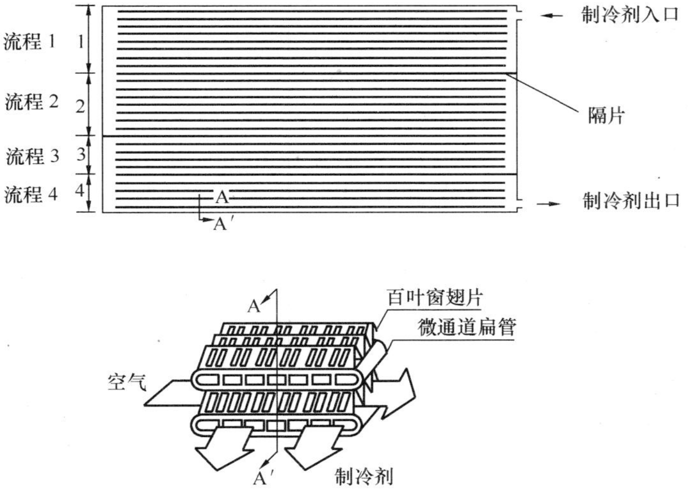

图4-137 平行流式换热器

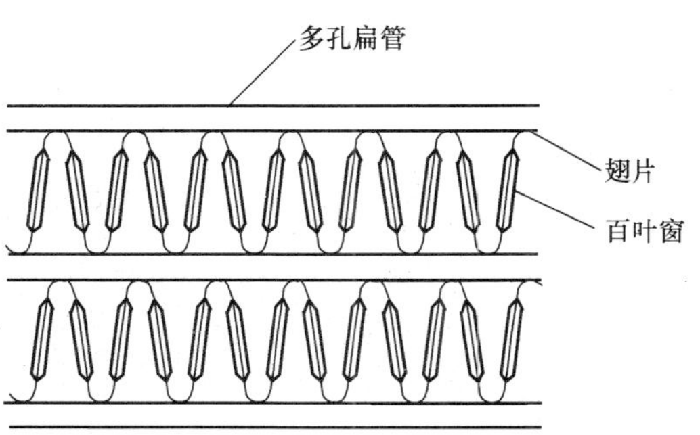

图4-138 平行流式换热器局部

平行流式换热器吸收了管带式换热器的各种新技术，例如减薄管子厚度，现在普遍使用2mm厚扁管，增加管内侧换热强度；减少扁管宽度尺寸，使空气侧阻力减小；百叶窗式翅片在空气流动方面有竖直的间断，形成了流体的剥离，增加了空气扰动，使空气侧换热系数增大 3 倍，采用较密的翅片排列，以增加空气换热面积。

平行流换热器其优点如下：1）与管带式相比提高了单位迎风面积和单位体积的换热能力，在相同迎风面积下，换热能力提高 30%；2）空气侧和冷媒侧流动阻力较小，在相同制冷剂流量下，制冷剂流动阻力仅是管带式的 1/5～1/3。

平流式的多孔扁管除用挤压成型办法拉制而成以外，还有用铝箔冲压而成的，冲压而成的扁管采用双面复合铝箔，冲压成型后，扁管中的孔并非是完全隔断的，形成换热器装配组合件后，在钎焊炉中，铝箔内表面的焊料熔化，才将各内孔封住，同时与外界完全隔断。用这种方法，由于壁厚可以做得很薄，所以减少了热阻。进一步提高了换热效率。平行流冷凝器虽然其基材铝成本较低，但由于铝的化学性质较为活泼，为延长其使用寿命，增加其耐腐蚀性，往往采用铝合金材料及对其表面进行喷锌处理等来防止其氧化，这些措施的采用将相应提高材料成本，同时，由于集流管加工工艺复杂及整个换热器焊接效率低下，故平行流换热器的成本仍然偏高。

目前平流式扁管有 16mm、18mm、20mm、22mm 等几种宽度规格，扁管厚度从 1.8～3mm不等，一般为 2mm，翅高一般为 6.6～9mm。

溶液除湿温湿度独立控制空调系统的室内设备工作在干工况下，仅承担部分显热负荷。传统风机盘管通过提高进水温度，使进水温度高于空气露点温度，实现干工况运行。由于传热温差减小，要除去室内部分显热负荷，需要加大换热器面积，从而加大风机盘管尺寸，增加设备投资，占用更多空间。平行流换热器是目前一种新型高效换热器，在空间受限的汽车空调中有成功应用。其高效紧凑，体积小，重量轻的特点同样适合在建筑空调中使用。

（2）平行流换热器与翅片管换热器对比实验

实验研究了平行流换热器与翅片管换热器的传热性能和管内外流动阻力性能。实验用换热器见图 4-139 与图 4-140，两换热器迎风面积相同。

图 4-139 翅片管换热器试验样件

图 4-140 平行流换热器试验样件

实验工况（见表 4-22）：室内空气干球温度 27℃，湿球温度 19.5℃，进水温度选为 16℃。在相同的风量、进风干湿球温度、水量、进水温度下，测量出风干湿球温度、出水温度，计算比较换热量以及单位体积换热量大小。保持水流量、进水温度、进风干湿球温度不变，调节风量，测试风量对换热量的影响，迎面风速对空气侧换热系数的影响以及风侧阻力随风速的变化。保持风量、进风干湿球温度、进水温度不变，调节水流量，测试水量对换热量的影响，水侧流动状态对水侧换热系数的影响以及水侧阻力随水流量的变化。

实　验　工　况　　　　表 4-22

水流量（m³/h） 迎面风速（m/s）		进水温度 16℃						
		0.1	0.3	0.5	0.65	0.8	1	1.3
	1.5	—	—	—	7g	—	—	—
	2	—	—	—	—	—	1	—
	2.5	—	—	—	8h	—	—	—
进风干球温度 27℃，湿球温度 19.5℃	3	1	2a	3b	4c	5d	6em	f
	3.5	—	—	—	—	—	—	—
	4	—	—	—	9i	—	—	—
	4.5	—	—	—	10j	—	n	—
	5.5	—	—	—	k	—	—	—

注：数字表示翅片管换热器试验序号，字母表示平行流换热器试验序号。

实验系统控制界面如图 4-141 所示。实验结果表明，在风侧水侧状态相同、换热量相

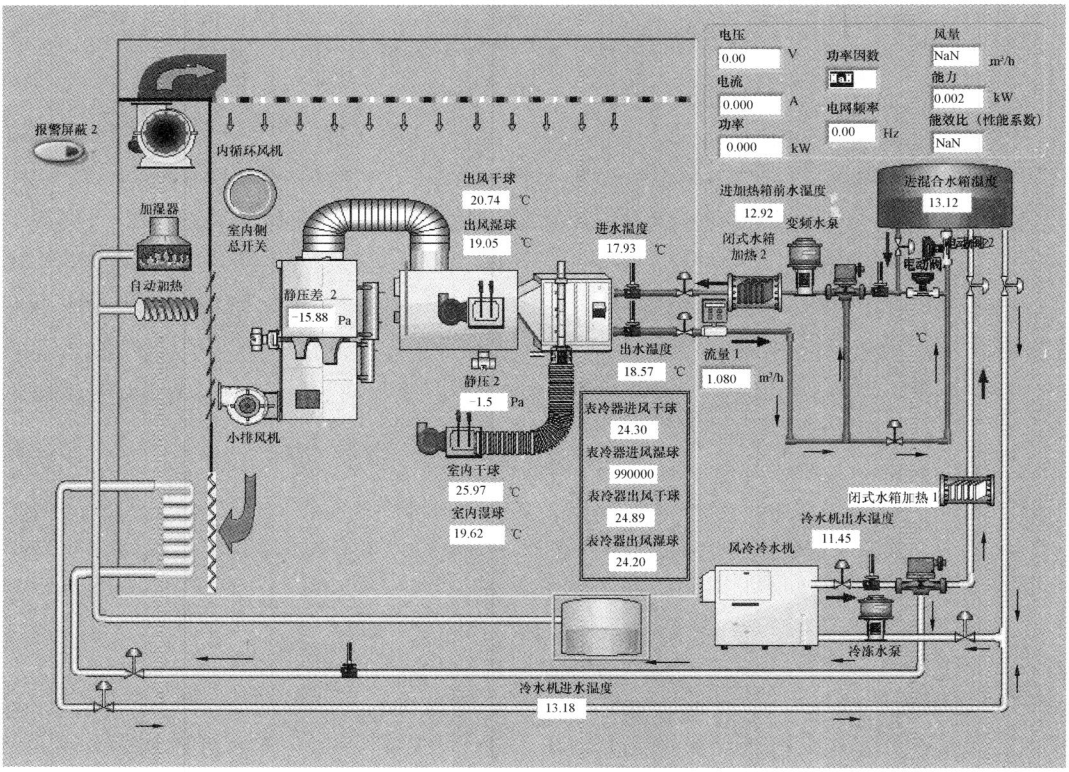

图 4-141　实验系统控制界面

同的情况下，平行流换热器的体积只有翅片管的 1/4。在试验的工况及流量范围内，平行流的总传热系数在 102.9～125.4W/（m^2·K），翅片管的总传热系数在 21.2～66.8W/（m^2·K）的范围。相同风速下，平行流的空气侧换热系数是翅片管的 1.7～2.2 倍，风阻差别不大。相同水流量下，平行流的水侧阻力是翅片管的 23%～35%。平行流换热器不论是从传热性能、阻力性能、体积、重量等各方面都优于翅片管换热器，是干盘管的更好选择。

4.4.4　地下空间溶液除湿空调系统工况划分

1. 地下空间溶液除湿空调系统全年工况划分

（1）室内温湿度参数的设计允许波动范围

为了充分利用室外天然冷源，有效实现节能目标，在保证室内热湿环境满足使用要求和满足一定调节精度的前提下，空调房间的热湿环境参数允许在一定上下限值构成的区域范围内波动。对于一般舒适性空调系统，室内温湿度参数的允许波动范围较大，夏热冬暖地区地下建筑夏季室内的设计温度不应高于 26℃，相对湿度在 40%～65%内，冬季室内的设计温度不应低于 18℃，相对湿度在 30%～60%内，可获得地下建筑空调系统热湿环境参数的控制范围，如图 4-142 所示。图中 t_{max} 为夏季室内温度设计上限值，t_{min} 为冬季室内温度设计下限值，φ_{max} 为相对湿度设计上限值，φ_{min} 为相对湿度设计下限值，N_1 为室内设计极热极湿状态点，N_3 为室内设计极冷极干状态点。

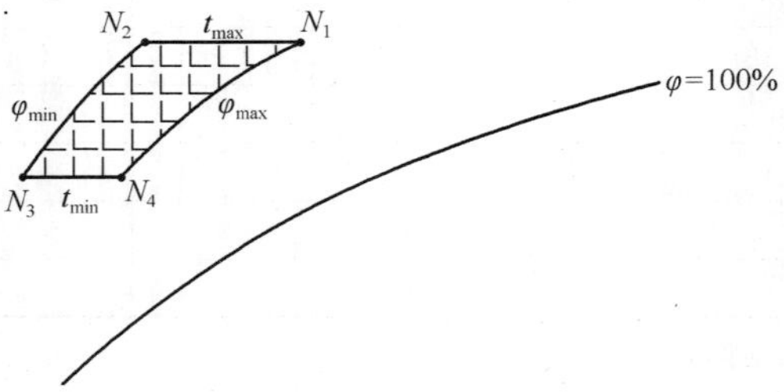

图 4-142　室内温湿度参数的允许波动范围

（2）"露点控制"调节五区划分法

"露点控制"调节五区划分法是建立在采用低温冷水处理空气的基础上，通过控制表冷器出口被处理空气的露点状态来控制新风的送风状态。以该方式处理新风时，推动势为表冷器盘管表面空气与附近被处理空气之间的焓差，故五区划分法是以几个典型空气状态点对应的等焓线作为不同工况区的分界线，结合室外气象包络线与饱和相对湿度曲线，将新风全年运行工况分为 5 个工况区（如图 4-143 所示），分别为：Ⅰ——冬季预热区，Ⅱ——冬季混风加热加湿区，Ⅱ——过渡季直接加热区，Ⅲ——过渡季降温区，Ⅳ——夏季降温除湿区。

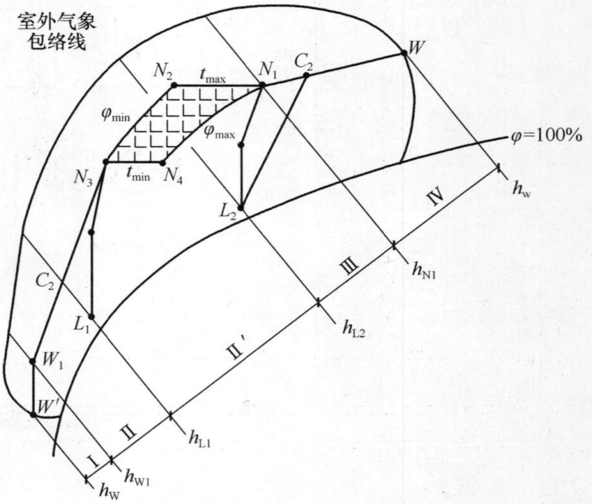

图 4-143　"露点控制"调节五区划分法

"露点控制"调节工况区划分原理视不同季节，将全年新风的不同状态均统一地处理到两个"露点"，分别为“冬季露点 L_1” 和 “夏季露点 L_2”。这种划分方式在全年运行时逻辑判断条件简单，控制转换条件容易实现，系统性能可靠，但在过渡季Ⅱ′、Ⅲ区室外气温和湿度均较低时，仍需先将被处理空气冷却至“露点”，为了控制室内环境的相对湿度，常需对冷却后的空气重新加热，甚至在Ⅳ区盛夏季节，仍要采取再加热调节措施，这样一来，不但不能利用室外天然冷源显热冷量，还造成大量人工冷热量相互抵消，能源浪费严重。

（3）“无露点控制”调节八区划分法

为了节省全年运行时处理室外新风的能耗，充分利用室外天然冷源，可以采用“无露点控制”调节的八区划分法。该法把被处理空气直接处理至所要求的送风状态，无再加热调节环节，避免了“露点控制”中冷热量的抵消，达到最大限度地节省全年运行能耗的目的。由于八区划分法将全年运行工况区域分得过细过多，在该调节法下运行的空调设备其控制系统相对较复杂，对人工冷热源的供冷、供热温度及空气处理手段等技术要求也相应提高，需要采用更精确的控制系统和制定更完善的空气调节控制方案，因此工程实际中很少使用。

（4）空调期与空调区

温湿度独立控制空调系统本质上是一种无露点控制，参考八区划分法，对夏热冬暖地区，室外新风工况可以划分为空调期、除湿期和自然通风期。

空调期为采用无能耗自然冷却的不间断通风方式不能达到室内热环境要求时，需人工制冷空调设备开启运行的天数，处于空调期内的新风工况区称为空调区，该区内室外新风的温度参数高于室内空气温度参数的设计上限值，形成了显热冷负荷。以 N_1 对应的等含湿量线为分界线，将空调期内的工况区分别为空调Ⅰ区——降温区或干冷区，空调Ⅱ区——降温除湿区（如图 4-144 所示）。空调Ⅰ区内仅有新风显热冷负荷，空气处理以降温为主要目的，除湿可不予考虑；空调Ⅱ区内既有新风显热冷负荷，也有新风潜热冷负荷，空气处理应将降温和除湿结合起来综合考虑。宜采用最小新风比送新风的运行方案。

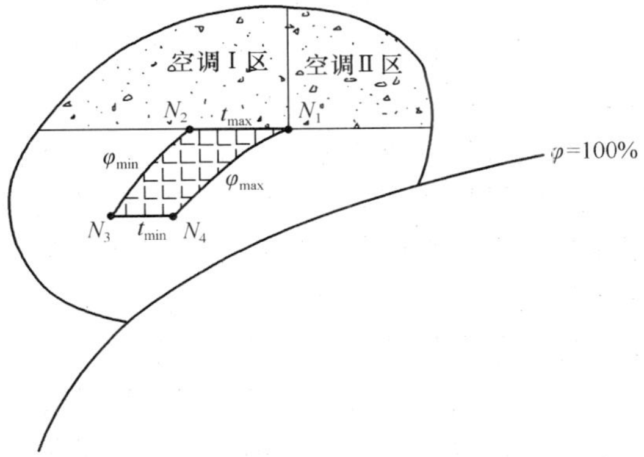

图 4-144　空调区示意图

（5）除湿区与除湿期

室外空气温度介于夏、冬两季室内设计温度之间，而相对湿度较高的时间持续较长是夏热冬暖地区的气候特点。仅采用除湿设备，无需降温即能将新风状态参数处理至设计允许波动范围内的天数为除湿期。以室内空气相对湿度设计上限值对应的等相对湿度线作为分界线，将不属于空调区内的新风工况点集划分为除湿区，如图 4-145 所示，除湿区内的新风具有潜热冷负荷，处理能耗主要为除湿所耗，应充分利用低温空气的显热冷量，空调系统在除湿期内应采用增大新风比送新风的运行方案。

（6）自然通风区与自然通风期

夏热冬暖地区冬季气温高，即使偶尔出现低温，时间也很短暂，基本无需考虑采暖。

直接采用无能耗自然冷却不间断通风方式即可达到室内热湿环境设计要求的天数为自然通风期。将非空调区以及非除湿区的新风工况点集统一划分为自然通风区（如图 4-146 所示）。由于室外气温低于冬季室内温度设计温度限值的总时间不长，空调系统可采用全新风送风或调整新风比送新风的运行方案。

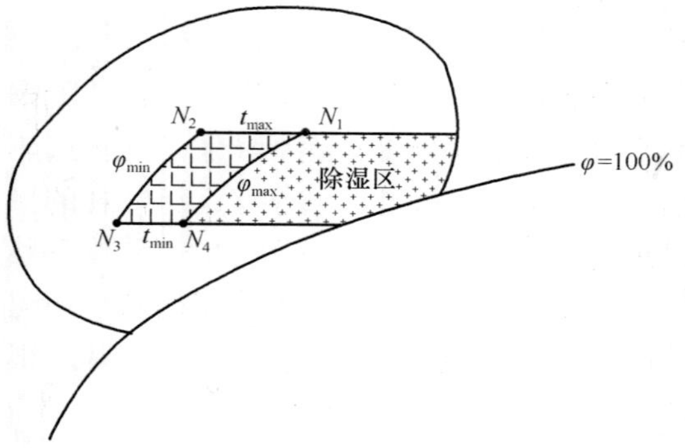

图 4-145 除湿区示意图

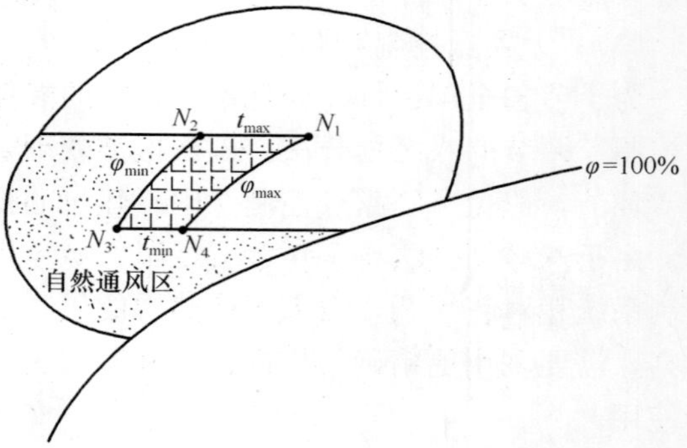

图 4-146 自然通风区示意图

2. 地下空间溶液除湿空调系统全年新风负荷

(1) 广州地区室外气象参数的分布特点

考虑到人体热舒适感觉和节能等要求，一般舒适性空调的夏季室内设计工况为温度 26℃，相对湿度 60%。空调房间室内送风状态点与室内设计工况点的送风温差一般为 5～10℃，送风口的气流速度应小于 0.3m/s。同时，最小新风量应保证能够满足人群对空气品质，室内燃烧所消耗的空气量或补偿排风（包括局部排风和全面排风）量，以及保持房间正压的要求。当所需新风量小于送风量的 10%时，为了确保卫生和安全，最小新风量按送风量的 10%计算。然而空调房间内的负荷除了与室内热湿源有关外，很大程度上取决于室外气象参数条件。在过渡季节，当室外新风状态点低于室内设计状态点时，空调系统可采用全新风的送风方式或利用全热回收设备达到节能和去除室内热湿负荷的目的。

根据广州地区典型气象年逐时气象数据[100]，从图 4-147 中可以看出，广州地区全年高湿，大部分室外逐时气象参数点分布在相对湿度 75%～100%之间。夏季高温高湿天气多；过渡季节低温高湿天气时间长，高温低湿天气极少；冬季持续时间短，低温低湿天气较少。由室外逐时气象参数点的分布密度可以知道，夏季和除湿过渡季节室外气象参数主要分布区域集中在 22.2～30.1℃，79.6%～98%之间，冬季相对集中分布区域在 10.1%～14.8℃，50.5%～78.1%之间。

对于空调系统而言，广州地区全年湿负荷大，对除湿设备的湿度控制能力有相对较高的要求。广州地区夏季高温高湿天气（即室外空气焓值高于室内设计点焓值 58.4kJ/kg）时间值长达 4602h 以上。此时，对于一般的舒适性空调应充分利用回风和全热回收设备，采用最小新风量，降低空调能耗。在低温高湿的过渡季节，应灵活应用房间设计温湿度允许波动范围和人体热舒适感觉实时状况，合理利用除湿设备和新风全热回收设备。由于广州地区高温低湿的天气极少，且分布区间不广，可直接采用室内干式风机盘管降温的方式达到室内热舒适条件。冬季时间较短，极端低温低湿天气状况几乎没有，一般采用直接加热的方式达到室内热舒适条件，只有在少数天气下和对室内热舒适状况要求较高的场所采

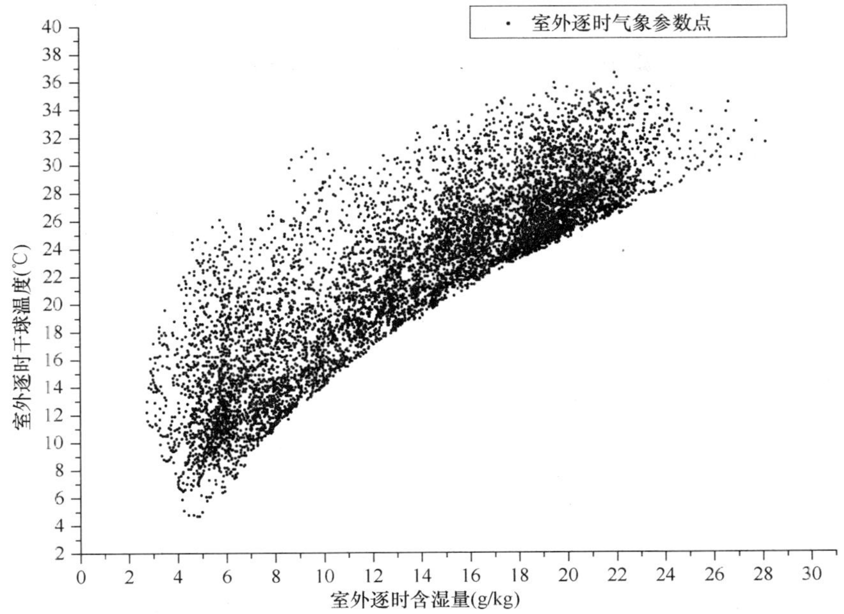

图 4-147 广州地区典型全年逐时气象参数分布图

用加温加湿的方式处理新风。

(2) 室外空气温度的变化特点

广州地区气候温暖潮湿，年平均气温在 22℃左右，具有典型的夏热冬暖地区气候特征。图 4-148 为广州市月平均室外干球温度分布图，图 4-149 为室外干球温度频数分布

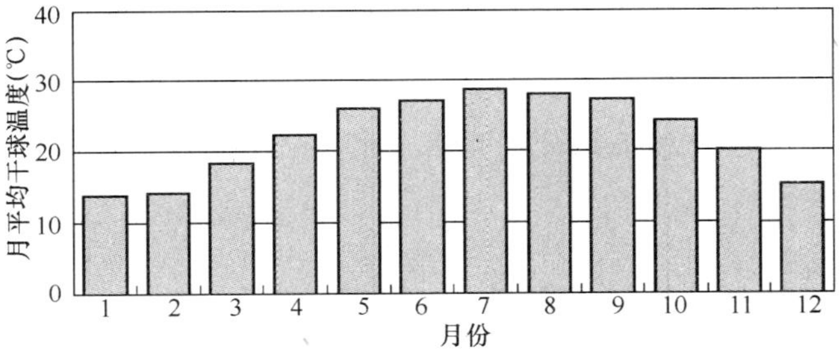

图 4-148 月平均室外干球温度分布图

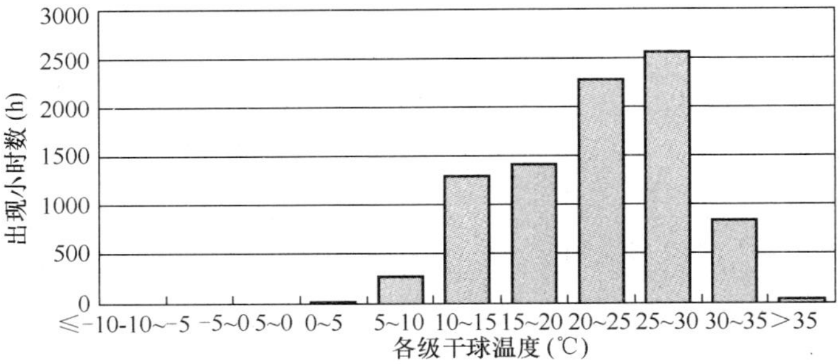

图 4-149 室外干球温度频数分布图

图。从图中可以看出，夏季时间长（一般为 5～9 月），典型气象年室外空气温度大于 25℃的时间在 3702h 以上，最热月为 7 月、8 月，平均气温可达到 28～28.8℃。冬季累年最冷月平均温度为 13℃（近几年上升为 13.7℃），大部分时间气温在 10℃以上，最冷月为 1 月、2 月，平均气温为 13.9～14.2℃。

由于太阳辐射、大气和地面蓄热的影响，室外空气温度一天内呈近似正弦周期性变化，这种变化离地面越近越明显。日最高温度一般出现在午后 14:00～15:00，此时太阳辐射虽然开始减弱，但地面获得的太阳辐射热量仍多于地面辐射失去的热量，地面储存的热量继续增加，直到太阳辐射热量开始少于地面辐射失去的热量时，地面温度达最高值。夜间地面热量散失，气温降低，直到日出前地面储存热量减至最少，最低气温一般出现在凌晨 4：00 左右。广州地区极端最高温度为 39.1℃，最低温度为 0℃。由于室外气温受大气、洋流、太阳辐射等因素的影响，日变化和小时变化大，且难以准确预计，空调室外设计工况的判断对空调系统运行方案的选择而言是关键性的因素之一。

（3）室外空气湿度的变化特点

广州地区全年高湿，属热湿气候，年均降雨量为 1982.7mm，平均相对湿度为 68%。从图 4-150 中可以看到一年中有两个阶段空气相对湿度较大。第一个阶段为 3 月、4 月，这是广州一年中的雨季。空气的平均温度只有 20℃左右，但空气的相对湿度在 83%以上。

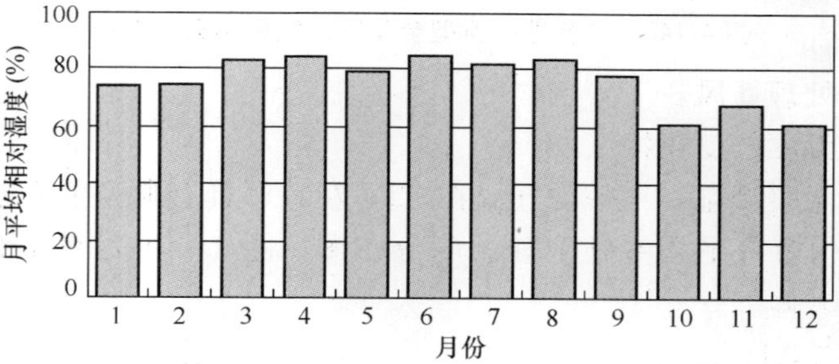

图 4-150 月平均室外相对湿度分布图

这段时间多为阴雨天气，空气湿度高导致人体舒适度下降，金属制品锈蚀程度加剧，人们的生产和生活都受到一定程度的影响。第二个阶段为 6 至 8 月，属于广州的夏季，在这段时间里，由于太阳辐射较强，气温较高，水分蒸发强烈，空气的相对湿度仍在 80%以上。图 4-151 为广州地区月平均室外空气含湿量分布图。从图中可以看出，广州地区一年中空气含湿量最高的月份为 7 月。1 月～7 月，空气含湿量逐月增加，7 月之后逐月递减。图 4-152 为室外含湿量频数分布图。由室外含湿量频数分布图可知，广州地区室外空气含湿量高于夏

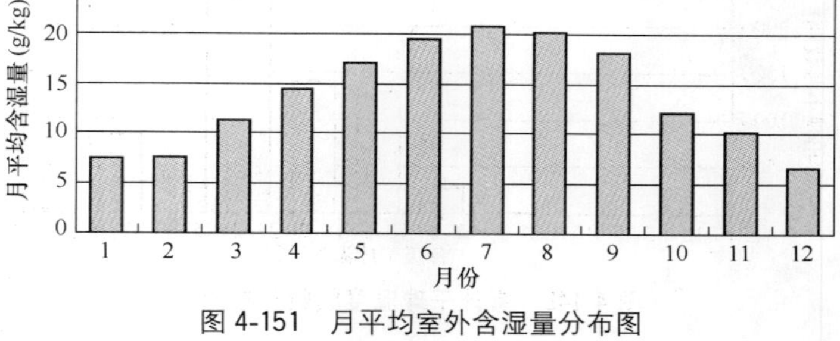

图 4-151 月平均室外含湿量分布图

季室内设计点含湿量（12.6g/kg）的时间值长达5135h，约占全年时间的58.6%。

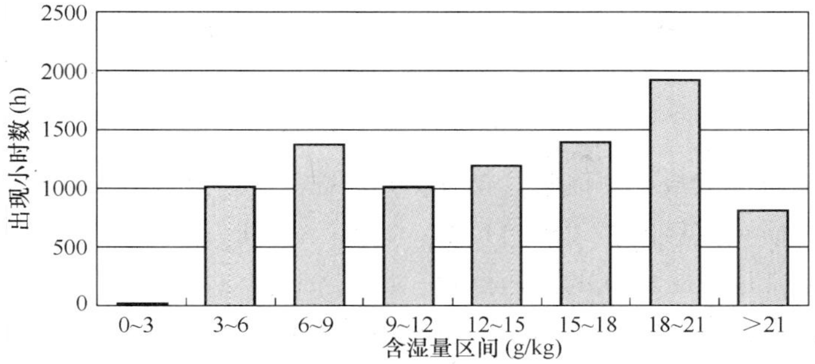

图 4-152　室外含湿量频数分布图

在室外气象参数中，空气温度和湿度参数往往是独立变化的，不同参数进入高峰期甚至出现峰值的时刻不一定同步。较高的空气温度会加大地面水分的蒸发量，提高空气含湿量。这种影响往往很缓慢，存在一定的滞后性，致使一天内的空气含湿量变化不大。然而在一定的含湿量范围内，空气温度与相对湿度成反比关系，这就使得室外空气相对湿度表现出与温度相反的周期性规律。一般情况下相对湿度晚上较高，白天由于太阳辐射作用温度升高，相对湿度下降。

（4）新风负荷计算

在温湿度独立控制空调系统中，为了全面分析新风负荷的特点，将新风逐时负荷分成新风显热负荷和潜热负荷分别计算。

1）新风度时数和湿时数

新风度时数用符号 $(CDH)_i$ 表示，指第 i 小时室外空气的干球温度与室内设计干球温度的差值，量纲为［℃·h］。新风湿时数用符号 $(CWH)_i$ 表示，指第 i 小时室外空气的含湿量与室内设计含湿量的差值，量纲为［(g/kg)·h］[101]。新风湿时数是计算新风潜热负荷的基础。由于对新风负荷构成的分析是为了研究新风处理能耗的大小，所以只对新风需要消耗能量的过程进行分析，即对室外空气参数高于（或低于）设计参数的小时数进行分析。因此，在计算新风度时数和湿时数时将对应负荷为负的小时数设定为零。

以夏季为例，新风度时数和湿时数的计算公式如下：

$$(CDH)_i=\begin{cases}(t_{W,i}-t_{N,i})\tau_i & (t_{W,i}>t_{N,i})\\ 0 & (t_{W,i}\leqslant t_{N,i})\end{cases} \tag{4-75}$$

$$(CWH)_i=\begin{cases}(d_{W,i}-d_{N,i})\tau_i & (d_{W,i}>d_{N,i})\\ 0 & (d_{W,i}\leqslant d_{N,i})\end{cases} \tag{4-76}$$

式中　$(CDH)_i$——新风度时数，℃·h；

$(CWH)_i$——新风湿时数，(g/kg)·h；

$t_{W,i}$——第 i 小时室外空气的干球温度，℃；

$t_{N,i}$——第 i 小时室内空气设计干球温度，℃；

$d_{W,i}$——第 i 小时室外空气的含湿量，g/kg；

$d_{N,i}$——第 i 小时室内空气设计含湿量，g/kg；

τ_i——小时数，$\tau_i=1$。

夏季新风显热负荷和潜热负荷的计算公式分别为：

$$q_s = c_{p,a}\sum_{i=1}^{n}(CDH)_i \tag{4-77}$$

$$q_l = 0.001r\sum_{i=1}^{n}(CWH)_i \tag{4-78}$$

式中　q_s——单位质量流量的新风显热负荷，(kJ·h)/kg；

q_l——单位质量流量的新风潜热负荷，(kJ·h)/kg；

$c_{p,a}$——常温常压下干空气的定压比热，取 1.01kJ/(kg·℃)；

r——单位质量水在常温常压下的汽化潜热，取 2441kJ/kg；

n——空调期小时数，h。

2）新风负荷潜热比

新风负荷潜热比（VLHR）是指新风潜热负荷与同一时期新风总负荷的比值，用来分析新风总负荷中潜热负荷所占比例，计算公式如下：

$$VLHR = \frac{q_l}{q_l + q_s} \tag{4-79}$$

（5）新风负荷分析

根据以上新风负荷计算方法和广州地区典型气象年逐时气象参数，计算得全年各月的新风显热冷负荷和潜热冷负荷，结果如表 4-23 所示。广州地区气候温和，月平均气温在 13.9～28.8℃之间。5～9 月新风显热负荷主要为冷负荷，7 月份为最热月，新风冷负荷最大，为 2371.8（kJ·h）/kg。12 月至来年 2 月是广州地区的冬季，这段时间新风显热负荷主要为热负荷。过渡季节的新风显热负荷较低，4 月份是全年最低月，仅为129.3kJ·h/kg。广州地区全年高湿，需要加湿的天气环境较少。3～11 月是夏季和过渡季节，新风潜热负荷较大。潜热负荷最高月为 7 月，可达 12775kJ·h/kg。冬季潜热负荷明显减少，最低月 12 月仅为 802.8kJ·h/kg。由图 4-153 和图 4-154 可知，4～11 月新风负荷潜热比都在 0.8 以上，其中 4 月最高，达 0.984。从 12 月进入冬季开始，新风负荷潜热比骤降至 0.244，直至来年 3 月才开始回升。由于潜热负荷占新风总负荷的比例较大，新风总负荷的全年变化规律与潜热负荷基本相同。

全年各月新风显热和潜热负荷汇总表　　表 4-23

		1月	2月	3月	4月	5月
新风显热负荷 q_s（kJ·h/kg）		3313.2	2883.0	1574.6	129.3	1011.4
新风潜热负荷 q_l（kJ·h/kg）		1464.6	1498.6	4727.8	7921.6	9984.0
新风总负荷 q_s+q_l（kJ·h/kg）		4777.8	4381.7	6302.3	8050.9	10995.5
新风负荷潜热比 $VLHR$		0.306	0.342	0.750	0.984	0.908
6月	7月	8月	9月	10月	11月	12月
1231.7	2371.8	1707.0	1391.6	628.8	675.9	2494.0
10097.0	12775.0	11723.3	9681.4	2934.4	3014.8	802.8
11328.7	15146.8	13430.4	11073.0	3563.2	3690.7	3296.9
0.891	0.843	0.873	0.874	0.824	0.817	0.244

注：夏季室内设计工况点：26℃，40%～65%；

冬季室内设计工况点：18℃，30%～60%。

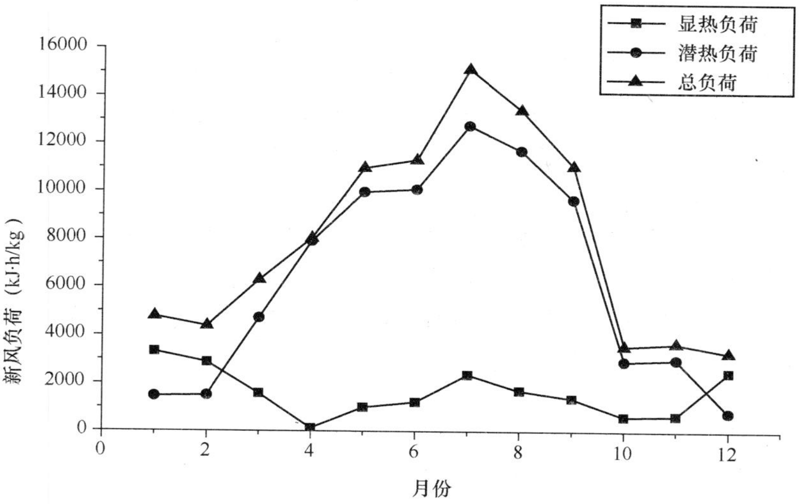

图 4-153　广州地区全年各月新风显热和潜热负荷变化曲线

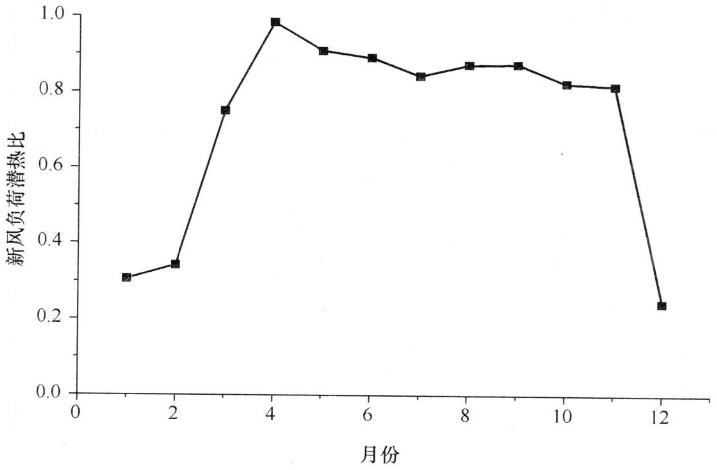

图 4-154　广州地区新风负荷潜热比年变化曲线

4.4.5　溶液除湿空调系统的室内空气品质

1. 液体除湿对室内空气品质的影响

在液体除湿空调处理新风的过程中，一方面，被处理空气与溶液在填料内接触，夹带了一定量的溶液液滴，被送入室内，使室内空气存在一定量的除湿溶液离子成分。会对室内空气品质产生负面影响，对人体健康构成威胁。另一方面，除湿溶液喷洒在填料表面的同时，能对空气中气溶胶粒子起到洗涤去除作用。洗涤作用能减少空气气溶胶粒子浓度，达到净化空气的正面效果。同时空气带液由于夹带的是小液滴，又会使被处理空气的气溶胶粒子浓度增加。

（1）液沫夹带

在一般情形下，除湿填料塔中因气流速度较小，气体中的带液量少。但当喷淋装置有严重溅液现象，或操作气速过大时，气体中就带有较多的雾滴。为此，须在除湿塔的液体喷淋装置以上加装除雾器，以减少空气的带液量。但是除雾器并不能完全有效地除去出口空气的液滴，因为实际中的除雾器效率不可能达到 100%，如丝网除沫器只可有效除去 3μm 以上的液滴，折板除雾器只能除去 50μm 的液滴等[102]。既使采用对雾沫捕捉效率达到 99.9%的玻璃纤维过滤器，仍有粒径为 0.3μm 的飞沫会被空气流带走[103,104]。

（2）湿式除尘

气溶胶是指任何物质的固体微粒或（和）液体微粒悬浮于气体介质（通常指空气）中所形成的、具有特定运动规律的整个分散体系。这个分散体系有两部分组成：其一，是被悬浮的微粒物，称为分散相；其二，是承载微粒物的气体，称为分散介质。所以，气溶胶是包含分散相（微粒物）和分散介质（气体）二者在内的统一整体。按粒径分类，气溶胶粒子可分为降尘、悬浮颗粒物、可吸入颗粒物、胸部颗粒物、可呼吸性颗粒物等。

1）降尘（dust fall）

降尘一般是指粒径大于 30μm 的较大尘粒，在空气中由于重力作用沉降相当快，所以称为降尘，但在静止空气中 10μm 以下的颗粒物也能沉降。

2）悬浮颗粒物（suspended particulate matter，SPM）

悬浮颗粒物是指分散和悬浮在空气中的液滴或固体颗粒物的总体。大气中 SPM 的粒度分布主要与其物理和化学形成过程有关，其粒径范围从几纳米到几百微米。美国环保局规定，粒径小于 100μm 的悬浮颗粒物（SPM）称为总悬浮颗粒物（TSP）。SPM 粒度分布具有明显的双峰形。以 1～2.5μm 为界，分别代表细颗粒物和粗颗粒物。

3）可吸入颗粒物（inhalable particulates，IP）

可吸入颗粒物是指能通过口鼻吸入的那部分悬浮颗粒物。可吸入颗粒物粒径范围与头部附近的风速、方向以及个体的呼吸速率（次/min）和呼吸量（ml/次）等有关，没有确定的上切割点粒径和 50%切割粒径（$D50$），因此严格来说把粒径小于 10μm 的颗粒物称作 IP 是不规范的。但在实际运用中，却也通常将 PM_{10} 称作可吸入颗粒物。

4）胸部颗粒物（thoracic particulates，TP）

胸部颗粒物是指 IP 中能穿透咽喉进入肺部的颗粒物。TP 的上切割（upper cutoff）粒径为 30μm，即粒径大于 30μm 的颗粒物不能穿过咽喉部。TP 的 50%切割粒径为 10μm，即如果有两个粒径为 10μm 的颗粒物，将只有一个能穿透咽喉部。具有上述特性的可吸入颗粒物采样器称为 PM_{10} 采样器（上切割粒径 30μm，$D50=(10\pm1)$ μm，$d_g=1.5\pm0.1$）。

5）可呼吸性颗粒物（respirable particulates，RP）

可呼吸性颗粒物指 IP 中能透过非纤毛气道（指肺泡部分）的那部分颗粒物。对健康人群而言，RP 上切割粒径为 12μm，$D50=4$μm；但对于高危人群（儿童、年老体弱和有心部疾病的人）而言，RP 上切割粒径 7μm，$D50=2.5$μm。根据上述特性设计的呼吸性颗粒物采样器，分别称为 PM_4 采样器和 $PM_{2.5}$ 采样器。因此，对健康成年人的 RP 称为 PM_4，高危人群的 RP 称为 $PM_{2.5}$。

气溶胶粒子的大小、形态和组成成分与健康密切相关，上述不同粒径的气溶胶粒子对人体健康的作用有所不同。粒径较大（大于 30μm）的降尘很少能进入呼吸道，故对人体健康危害较小，粒径大于 10μm 的颗粒大部分被阻拦在上呼吸道（鼻腔和咽喉部）中，而粒径小于10μm的颗粒能穿过咽喉部进入下呼吸道，特别是粒径小于2.5μm的颗粒可以通过人体屏障，沉积在肺泡，甚至经过肺换气进入人体血液循环系统到达其他器官，因而会对人体的健康构成较大的危害。

2. 空气中溶液离子浓度检测

当前国内尚未制定空气中溶液离子的检测相关标准，一般来说可采取浓缩采样技术，使空气中带液离子转换为水中待检离子，再对其水样进行痕量分析。

（1）微量 Li^+、Ca^{2+} 和 Zn^{2+} 阳离子分析方法

1）原子吸收光谱法（AAS）

原子吸收光谱法又称原子吸收分光光度法，简称原子吸收法（AAS）。该法以特定波长的共振线作为辐射源，通过被测样品产生的基态原子蒸汽对特定波长共振线的吸收，其吸收强度与样品所含某种元素浓度存在着一定的定量关系，由此求得样品中某元素的含量。是仪器分析中最重要的测试手段之一。常用的原子光谱分析法是火焰原子吸收分光光度法 FAAS 和石墨炉原子吸收分光光度法 GFAAS。

2）原子发射光谱法（AES）

AES 法是利用样品受到激发后发射出光谱的波长及强度对样品进行定性及定量分析的方法，目前常用的是电感耦合等离子体-原子发射光谱法（Inductively Coupled Plasma Atomic Emission Spectrometry，简称 ICP-AES）。它是多元素定性、定量分析的主要方法，广泛应用于化学化工、环境检测及生物样品等分析领域。

ICP-MS 是 20 世纪 80 年代发展起来的新的分析测试技术，它以独特的接口技术将 ICP-MS 的高温（7000K）电离特性与四极杆质谱计的灵敏快速扫描的优点相结合而形成一种新型的元素和同位素分析技术。它是目前进行痕量和超痕量分析的常用方法之一。

（2）微量 Br^- 或 Cl^- 阴离子分析方法

1）离子色谱法（IC）

离子色谱法（IC），是 20 世纪 70 年代中期发展起来的一项新的液相色谱技术，主要用于离子型化合物的分析，基本原理是基于固定相对流动相（试样）中离子的保留时间不同，峰面积不同和标准相对应而建立的定量分析方法。其特点是方法简单、准确度高、速度快、样品用量少，线性范围宽（0.02～400mg/L）适用于微量、痕量组分的测定。该方法以其广泛的适用范围，分离柱效高，检测方法方便、快捷，是众多领域检定阴离子的首选方法。

2）离子选择性电极法

离子选择性电极是一类具有薄膜的电极，能够从含有多种离子的溶液中选择性地测量某一特定的离子活度。它所产生的电位与溶液中被测离子活度的对数呈线性关系。其中测 pH 值的玻璃电极就是具有氢离子专属性的一类典型的离子选择性电极。此外，离子选择电极还可以测定氢离子以外的其他离子。离子选择性电极是一种简单、快速、能用于有色和浑浊溶液的非破坏性分析工具，它不要求复杂的仪器，可以分辨不同离子的存在形式，能测量到低至几微升的样品，十分适用于野外分析和现场自动连续监测。与其他分析方法相比，它在阴离子分析方面特别具有竞争能力[105]。

（3）检测方法比较

4 种金属离子检测方法比较[106-109]如表 4-24 所示。

金属离子检测方法比较表 表4-24

方法类型		FAAS	GFAAS	ICP-AES	ICP-MS
检出限		部分元素较好；0.×～×××ng/mL	部分元素较好；0.00×～×ng/mL	大部分元素很好；0.0×～××ng/mL	大部分元素非常好；0.00×～×ng/mL
最适合分析元素数		每个样品测定1～3个元素	每个样品测定1～3个元素	每个样品测定5～20个元素	每个样品测定4个以上的元素
适合分析范围		0.0×～××μg/mL	0.0×～××μg/mL	0.0×～×××μg/mL	0.0×～××ng/mL
样品分析能力		每个样品每个元素约2min	每个样品每个元素3～4min	每个样品所有元素2～6min	每个样品所有元素小于5min
线性动态范围		10^2～10^3	10^2～10^3	＞10^5	＞10^5
精密度	短期	0.1%～1%	0.5%～5%	0.3%～1%	1%～3%
	长期（4h）	—	取决石墨管的使用次数	＜3%	＜5%
干扰情况	光（质）谱干扰	几乎没有	少	多	少
	化学（基本）干扰	多	多	几乎没有	中等
	电离干扰	有一些	很少	很少	很少
	同位素干扰	无	无	无	有
总固体溶解量		0.5%～3%	＞20%	2%～25%	0.1%～0.4%
可测元素数		＞68	＞50	＞73	＞75
样品用量		多	很少	中等	少
半定量分析		不能	不能	能	能
同位素分析		不能	不能	不能	能
日常操作		较为容易	较为容易	较为容易	较为复杂
试验方法开发		容易	需要专业技术	需要专业技术	需要专业技术
常用气体		乙炔	氩气	氩气	氩气
仪器运行费用		低	中等	中等	高
仪器购买费用		低	中等/高	中等/高	昂贵

上述四种分析方法的检出限见表4-25。

四种分析方法的金属离子检出限（单位：ng/mL） 表4-25

元素	FAAS	GFAAS	ICP-AES	ICP-MS
Li	1	0.3	0.3	0.027
Ca	1	0.04	0.02	0.5
Zn	1	0.003	2	0.035

（4）分析方法选择

1）微量 Li^{+}、Ca^{2+} 和 Zn^{2+} 阳离子的分析方法选择

对于单一成分的除湿盐溶液来说，如仅用溴化锂或氯化锂溶液作为除湿系统的除湿剂，待测的金属阳离子就相对单一；同时水样中待测离子浓度为 μg/mL 数量级，无论从经济性和实用性来说，选择火焰原子吸收光谱法（或火焰原子发射光谱法）都较为合适。

对于混合成分的除湿盐溶液来说，如氯化锂和氯化钙混合溶液，或氯化锂和氯化锌混合溶液，待测阳离子成分为 2 种或者 2 种以上，同时检测经费比较充裕的情况下，选择 GFAAS 法或 ICP-AES 法均为合适。

如果混合成分的除湿盐溶液中金属阳离子总类超过 4 种时，水样中待测离子浓度为 0.×～×ng/mL 数量级；而且样品的数量也相当大，检测费用相当富裕的情况下，选用 ICP-MS 是较为合适的。

2）微量 Br^{-} 或 Cl^{-} 阴离子分析方法选择

测定水样中无机阴离子的传统方法有离子选择电极法、分光光度法和比色法等。采用这些方法时，样品的测定容易受到水体中其他阴离子和金属离子的干扰，样品前处理过程较繁琐，测定误差较大，并且这些离子不能同时测定，需用不同方法对其逐个进行分析。与传统分析方法相比，离子色谱法（IC）的突出优点是同时分析多种组分，样品前处理简单，测定快速、准确、灵敏度高，在国际上已先后被有关权威机构接受为标准检测方法。因而离子色谱法是测定水样中微量 Br^{-} 或 Cl^{-} 阴离子的首推方法。

3. 空气中气溶胶粒子浓度检测

气溶胶粒子浓度可分为个数浓度、质量浓度和相对质量浓度 3 种形式。个数浓度指以单位体积空气中含有的气溶胶粒子个数表示的浓度值，单位为粒/cm^3、个/m^3，多应用于空气洁净技术领域，无尘室、超净工作间等超低浓度环境和需要气溶胶的个数浓度来解释种种现象的气象学领域。质量浓度指以单位体积空气中含有的气溶胶粒子质量表示的浓度，单位为 mg/m^3 或 μg/m^3，用于一般的大气气溶胶粒子研究领域。相对浓度是指与气溶胶粒子的绝对浓度有一定对应关系的物理量数值，作为相对浓度使用的物理量有光散射量、放射线吸收量、静电荷量、石英振子频率变化量等。

对个数浓度的测定方法主要有 2 种：化学微孔滤膜显微镜计数法和光散射式粒子计数器法。在洁净环境含尘浓度的测定中，用滤膜显微镜计数法测量个数浓度是个数浓度测定法的最基本方法，其原理是将微粒捕集在滤膜表面，再使滤膜在显微镜下成为透明体，然后观察计数，分试样样品采集、显微镜观察和粒子计数两个过程，属捕集测定法。光散射式粒子计数器的原理是用光照射浮游粒子，粒子将引起入射光的散射，球形粒子引起的光散射强度可由 Mie 的光散射理论式计算，被测粒子的散射光强与含各种粒径的聚苯乙烯标准粒子的散射光强相比较，得到不同粒径粒子的个数浓度。光散射法可直接得到测量数据，但气溶胶粒子重叠、标准粒子与被测粒子的折射率不同，以及粒子带有电荷会造成误差；对于浓度较高的粒子，几乎所有的计数器都是随粒径的变小而计数率变低。

气溶胶粒子质量浓度的测定，经常使用的方法有滤膜称重法、光散射法、压电晶体法、电荷法、β 射线吸收法等。现对光散射法的原理为：光散射测尘仪测量质量浓度的原理和光散射式粒子计数器的原理类似，是建立在微粒的 Mie 散射理论基础上的。光通过气

溶胶粒子时，对于数量级与使用光波长相等或较大的颗粒，光散射是光能衰减的主要形式。光散射测尘仪属浮游测定法，可以实时在线监测空气中气溶胶粒子的浓度，根据气溶胶粒子性质预先设定转换系数 K 值，可以现场直接显示质量浓度（mg/m^3），体积小、重量轻、操作简便、噪声低、稳定性好、可直读测定结果，可以存储以及输出电信号实现自动控制，适于公共场所卫生及生产现场粉尘等场合和大气质量监测中使用。

4. 检测与主观实验结果

选择火焰原子发射光谱法对空气中锂离子浓度进行检测分析。选择光散射粒子计数器法对新/送风管，回/排风管气溶胶粒子个数浓度进行检测分析；选择光散射测尘仪对送风口及室内气溶胶粒子的质量浓度进行检测分析。同时进行了背景测试与主观调查实验。

实验结果表明：送风空气的气溶胶粒子个数浓度小于室外新风空气，即正面的净化作用大于负面的带液作用；不同风量工况不同测点空气中，Li^+ 浓度值均远远小于标准限值 $70\mu g/m^3$，其中最小值为 $0.189\mu g/m^3$，最大值仅为 $1.812\mu g/m^3$，初步断定其不会对人体健康带来危害；不同空气流量下，送风口及室内空气中 PM_{10} 浓度平均值均小于《室内空气质量标准》的限值 $0.15mg/m^3$，初步断定其不会对人体健康带来危害。

对室内环境中温度、相对湿度、甲醛、二氧化碳、照度、噪声等参数进行检测，排除“背景测定指标”的影响。主观调查实验结果表明：在 15 秒钟停留时间后，空气异味感觉程度和不新鲜感觉程度均比较显著。接近 80％的受试人员认为，“送风方式带入”是空气异味感来源的主要原因。室内空气不可接受率为 25％，大于 ASHRAE Standard 62-2001 标准（不大于 20％），由此判断室内空气是不可接受的；在 15～45min 停留时间后，上述两种感觉平均感受程度明显下降。70.8％的受试人员认为此时空气无异味，因此未做异味来源判断。室内空气不可接受率为 4.2％，此时的室内空气是可接受的。

第5章 城市地下空间噪声控制技术

5.1 城市地下空间的声学分类

地下空间的声学设计在国外、尤其是欧美等国家越来越受到重视，在地铁站等人员密集的地下空间中，正确、适宜的声学设计不仅可以给使用者提供舒适的声环境，更能保证在紧急情况下公共广播系统高效率地发挥引导人员快速、安全疏散的作用。我国的地下空间同国外相比，在建筑防火设计、人防设计等方面具有一定的特殊性，例如对不同功能地下空间的防火分区、防护单元面积的限制以及相应的构造要求等，因此展开适合我国地下空间特点的声学研究，是促进其安全快速发展、良性循环的重要技术保障之一。

室内声学环境一般来说主要与两个声学指标有关，即背景噪声和混响时间，不同空间有着不同的声学指标要求，因此从建筑声学的角度对空间加以合理的分类，是进行声学设计的基础。下面结合对室内声学设计有影响的几方面因素，主要针对地下公共空间加以归纳、分类。

5.1.1 按建筑空间形态分类

由于地下空间无须考虑建筑立面、建筑体量等对城市街景的影响，因此在相关法规与技术条件允许的情况下，地下公共空间形式与尺度方面所受的制约比地上建筑少，呈现出更加多样化的态势，主要体现在平面形式与三维尺度两个方面。

地下公共空间的平面形状可分为两大类——单一几何体和组合体。单一几何体一般有矩形、扇形、圆形等平面形式；组合体是由若干个单一几何体组合而成，包括“T”形、“L”形、“H”形等。其中有的平面形式会带来明显的声学缺陷，如圆形平面具有声爬行和声聚焦两个突出的缺点，矩形和扇形一定程度上也存在声能分布不均的现象，这是在设计中应尽量避免的。

地下公共空间的三维尺度一方面是指空间的绝对容积，一方面是指空间长、宽、高3个方向尺度的相对比例。空间长、宽、高的相对比例关系会对其内部声学特性产生不同的影响，因此根据三维尺度的比例可以将地下公共空间大致分为3种类型：一是“点”空间，即指长、宽、高尺度较为接近、差距不是很大的空间；二是长空间，指长度大致为宽和高6倍以上且宽和高尺度相差不应过大的空间[1]；三是扁平空间，即长、宽的尺度约为高度6倍以上的空间。当然，这并不是说空间三维尺度的比例关系能够精确到某一固定数值，并严格以此来判定空间类形。

例如，比较常见的地下商业街空间，其平面形式有“一”字形、“L”形、“T”字形等多种形式，但其三维空间尺度则较为规律：层高大多都在5m左右，宽度方向一般为20m左右，而长度则基本在100m以上，甚至达到400～500m或更长，因此从三维尺度的比例关系上看属于长空间类型；又如，大、中型地下停车库的平面形式以规则的矩形居多，其室内净高一般为 4m 左右，而长、宽两个方向的尺寸则基本在 30m 以上，从三维尺度的比例关系上看属于扁平空间类型。图 5-1（*a*）、图 5-1（*b*）、图 5-1（*c*）分别为“一”字形地下长空间（高度为 5m）、扁平地下空间（高度为 4m）和“L”形地下长空间（高度为 4m）。

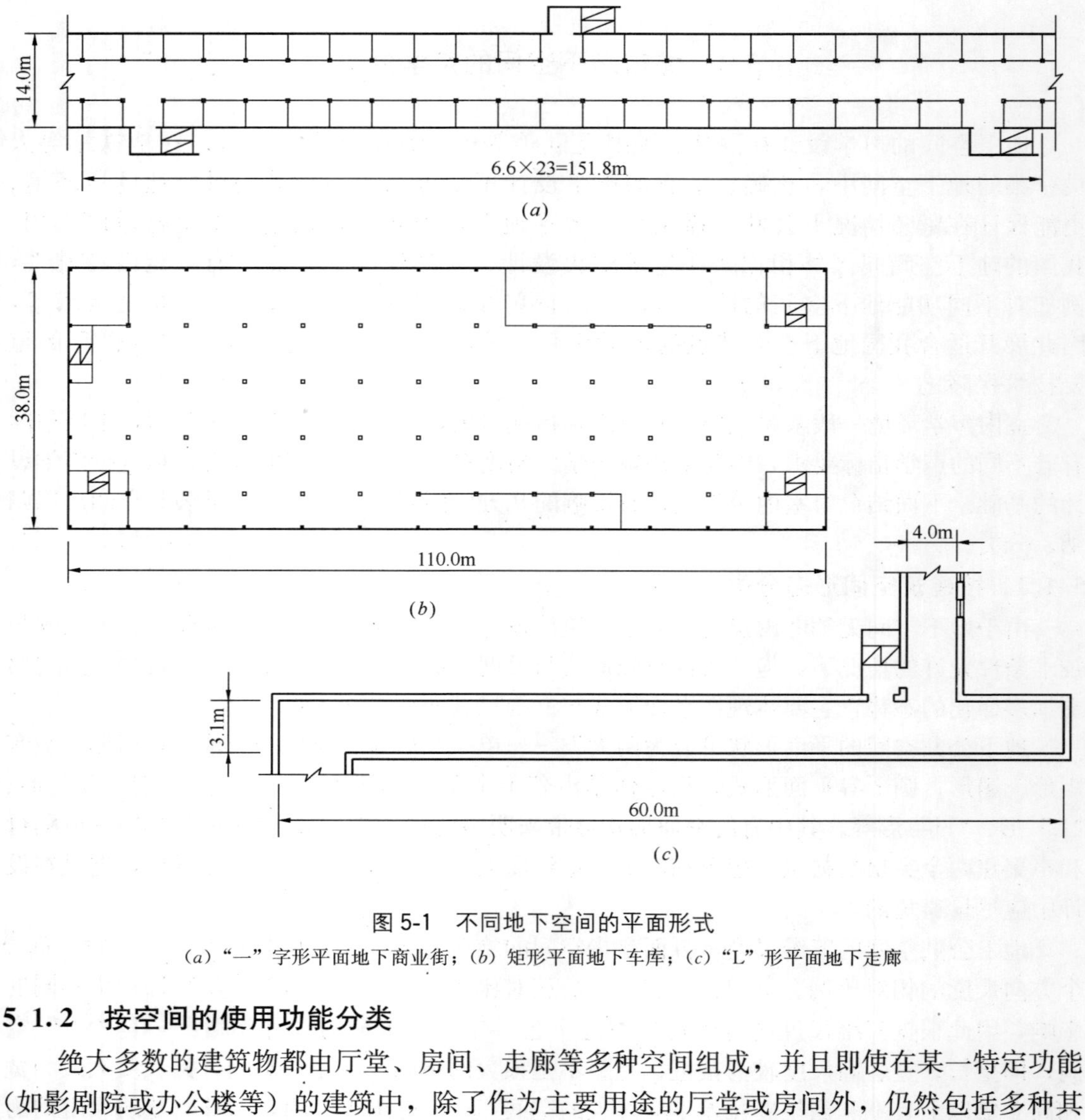

图 5-1　不同地下空间的平面形式

（*a*）“一”字形平面地下商业街；（*b*）矩形平面地下车库；（*c*）“L”形平面地下走廊

5.1.2　按空间的使用功能分类

绝大多数的建筑物都由厅堂、房间、走廊等多种空间组成，并且即使在某一特定功能（如影剧院或办公楼等）的建筑中，除了作为主要用途的厅堂或房间外，仍然包括多种其他用途的辅助空间，因此应针对每一空间的具体功能，根据其对声学指标的不同要求加以分类。

5.1.3　影响声学分类的其他因素

虽然按上述空间分类方法可以把大多数地下公共空间加以典型、有效的分类，并进行有针对性的设计，但在此过程中还应注意以下几方面因素对室内声学效果带来的影响：

（1）地面、顶棚等围护界面有凹陷或凸出。空间形体的局部变化会导致这些位置的声学效果也与其他部位有差异，这需要进行更深入、细致的研究才能确定，因此在设计时应给予足够的关注。

（2）防火卷帘。地下公共空间的使用功能决定了其平面尺寸较大，通常被划分为若干个防火分区（根据我国现行的防火规范规定，地下室的防火分区面积从 $500m^2$～$4000m^2$ 不等），为了不影响平时的使用，经常用防火卷帘代替防火墙，只有发生火灾等紧急情况时，防火卷帘才降至地面。从声学的角度讲，此时的声场状况与平时完整大空间时是有较大差异的，因此应急广播应考虑紧急情况下的声学效果。

（3）结构构件的影响。在大空间中，结构的梁、柱等构件必然存在，这些构件自身的尺寸及相互的间距因个体设计不同而差异较大，因而对声场的影响也不尽相同，这需要在设计中根据具体情况加以分析、判断。

（4）人体、家具等的影响。在同样尺寸的大空间中，家具的数量与使用者的人数对吸声量的影响很大，一般着装的人体对中频（500～1000Hz）的平均吸声量为 5 赛宾[2]，而家具因材质及样式的不同带来的声学影响也有一定差异。这类因素在商业、餐饮、观演等人员密度较大空间中的作用尤其不可忽视。

（5）室内建筑装饰材料的影响。声波在室内传播，在撞击到围护界面表面的材料上后，都会产生声能的吸收、反射、透射 3 种效应。通过装饰材料的合理运用，既能控制背景噪声，又能使声音分布均匀，保证适宜的响度、清晰度以及丰满度。常用的多孔吸声材料主要有玻璃棉、岩棉、开孔泡沫塑料、长绒地毯、窗帘等，高效的反射材料包括木板、石膏板、金属板、瓷砖和玻璃等，但不同的构造处理对材料声学性能的影响很大[3]。根据与声学相关的装饰材料的运用，地下公共空间大致可分为 3 类：一类是空间容积不大并对语言清晰度要求较高的空间，采用大量吸声材料作为饰面材料，并采用一些特殊吸声构造、吸声体，如播音室、会议室等；另一类是空间容积较大并对音质的丰满度有一定要求的空间，在采用吸声材料的同时会运用声扩散体来获得均匀分布的声场，如演播厅、影剧院、音乐厅等，这两类空间属于声学空间；还有一类就是基本从使用功能及装饰效果出发，在声学方面未做刻意处理，如商业、餐饮类空间等，多是依靠商品、家具以及人体吸声，在室内装饰上多采用便于清洁、维护的石材、涂料、金属等材质，这类空间我们可以称之为非声学空间[4]。

综上所述，可以看出地下公共空间的使用功能在影响分类的因素中占了主导地位，通常是根据功能确定空间的形体、尺度，并通过建筑声学材料与构造对声学指标加以矫正、调整。

从声场特性的角度看，其实并无绝对的地下与地上之分，主要还是由于三维尺度等影响因素，决定了空间的声场特性。只不过地下空间一般由于经济、技术等方面的制约条件，其挖掘深度有限，因此在常见的地下空间实例中，通常呈现建筑平面尺度大而高度相对较小，即所谓的长空间与扁平空间较为多见。这两类空间一般为不扩散声场，与理想的扩散声场不同，其声能衰变不遵循指数定律，声压级随着与声源距离的加大而呈非线性持续衰减，混响时间则是随着与声源距离的加大而呈增长趋势[5]，尤其在空间围合界面吸声系数较小的情况下，混响时间的控制将成为声学设计的重点（详见本章 5.2 小节）。

5.2　城市地下空间声场及声源的调查分析

声学问题在地下空间中广泛存在，而地下空间的声场特点又与地上空间有很大不同，亟待进一步深入研究。3.5.2 节中围绕听觉环境进行了主观感受调查，本节则从地下空间声场及声源的客观规律出发进行详细的调查分析。

5.2.1　城市地下空间声场的测试方法

1. 声场客观调查的仪器类型、设置及测试指标

现场测量时所采用的声源设备为无指向扬声器系统。该仪器的特性在于其发出的信号为白噪声，并具有无指向性特点。在 12 面体音箱上，每个面上设置有 D=10cm 的动圈扬声器，保证音箱在所测频率范围内有良好的指向性，同时获得均匀的频率响应。

对现场测量数据的记录采用声级计收集数据和用 MP3 现场录音两种方法同时进行。声压级测量采用的仪器是 Norsonic121 声学分析仪、HS-3671、声望 801 声学分析仪，仪器在测量时设置为"慢"响应，并在测试前采用校准仪和标准声源校准，误差允许范围为 0.3dB 以内；混响时间现场数据收集采用型号为 DQ-109S 的 MP3 进行录音，用 01dB 软件[6]对采集的音频文件进行分析，同时使用 Norsonic 声学分析仪来记录混响时间。测量时保证测量位置离墙面和其他主要反射面不小于 1m，距地面 1.2～1.5m；测试时间均为夜间 22：00 至凌晨 5：00。

声场客观调查的测试指标包括该声场的声压级和混响时间。对于声压级的测量按照计权声压级进行测试，按等时间间隔测量瞬时 A 声级、C 声级和 1/3 倍频程声压级，时间间隔为 5s。通常为了保证精度，将对人影响很小的低频率和高频率阶段的声压级去掉，只保留 125～4kHz 范围的数据。但本节为了更加直观地表达声压级的变化，保留了部分低频和高频的数据，并对同一个点的 C 声级和 A 声级分别进行测试。对于混响时间的测量采用满足测试要求又相对准确、并简单易行的截断法。

2. 声场客观调查的地点

(1) 哈尔滨石头道地下商业街

哈尔滨石头道地下商业街如图 5-2 与图 5-3 所示，中间为走廊，两侧为隔断式商业店铺，宽度 15.3m（包括店铺），高度 5m。测试点被均匀分布在整条商业街的走廊中，测试点 R1～R23 的距离为 145.2m。其平面形态特点是长度尺寸远远超过其宽度，高度与宽度接近，属于典型的长空间。

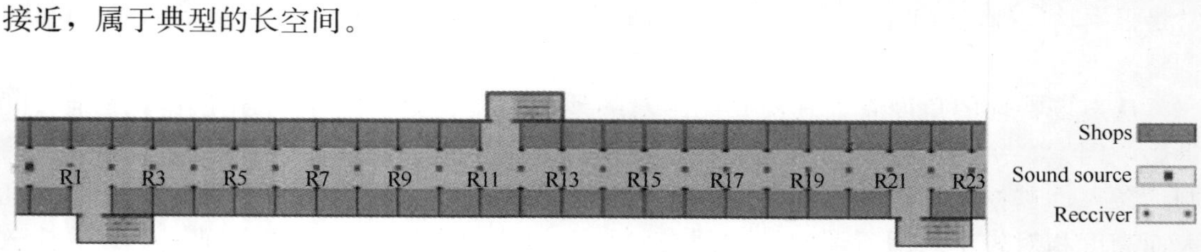

图 5-2　哈尔滨石头道地下商业街平面图及测试点位置

(2) 哈尔滨工业大学建筑学院地下走廊

哈尔滨工业大学建筑学院地下走廊如图 5-4 所示，测试点 R1～R15 约为 62m，测试

图 5-3 哈尔滨石头道地下商业街实景及测试现场照片

点 R16～R40 约为 100m，宽均为 3.1m，高均为 4.5m，其平面形态特点是两个方向的地下走廊形成 90°的交接，各自的长度远大于高度和宽度的 6 倍，符合长空间的定义[7]。本测试为突出其平面形态特点，采用在一侧走廊端头设置声源。

（3）哈尔滨工业大学二校区地下车库

哈尔滨工业大学二校区地下车库，位于校园家属区内，其平面尺寸为 110m×38m，如图 5-5 与图 5-6 所示，其平面形态特点为长度、宽度尺度均较大，并大于高度，属于前文空间分类中扁长空间形态。本测试将声源布置在一端部中间位置，沿长度方向按柱列分布均匀布置两排测试点 R1～R10 和 R11～R20 共 20 点。

5.2.2 城市地下空间声场测试结果分析

1. 哈尔滨石头道街地下商业街

（1）声压级分析

地下商业街的声压级分布如图 5-7 所示。声压级在 50～200Hz 频率范围内随频率的增加有明显的加强趋势，之后趋于平稳，如图 5-7（*a*）所示。声压级沿着长度方向持续衰减，在 100m 的范围内，衰减在 20～30dB（A），在低频可以看到明显的波动，如图 5-7（*b*）所示。

（2）混响时间分析

图 5-8 所显示的是混响时间不同频率各点的分布情况，可以看出随着距离的增加混响时间有一定的变化，但并不显著。混响时间大概在 1～1.3s 范围内。

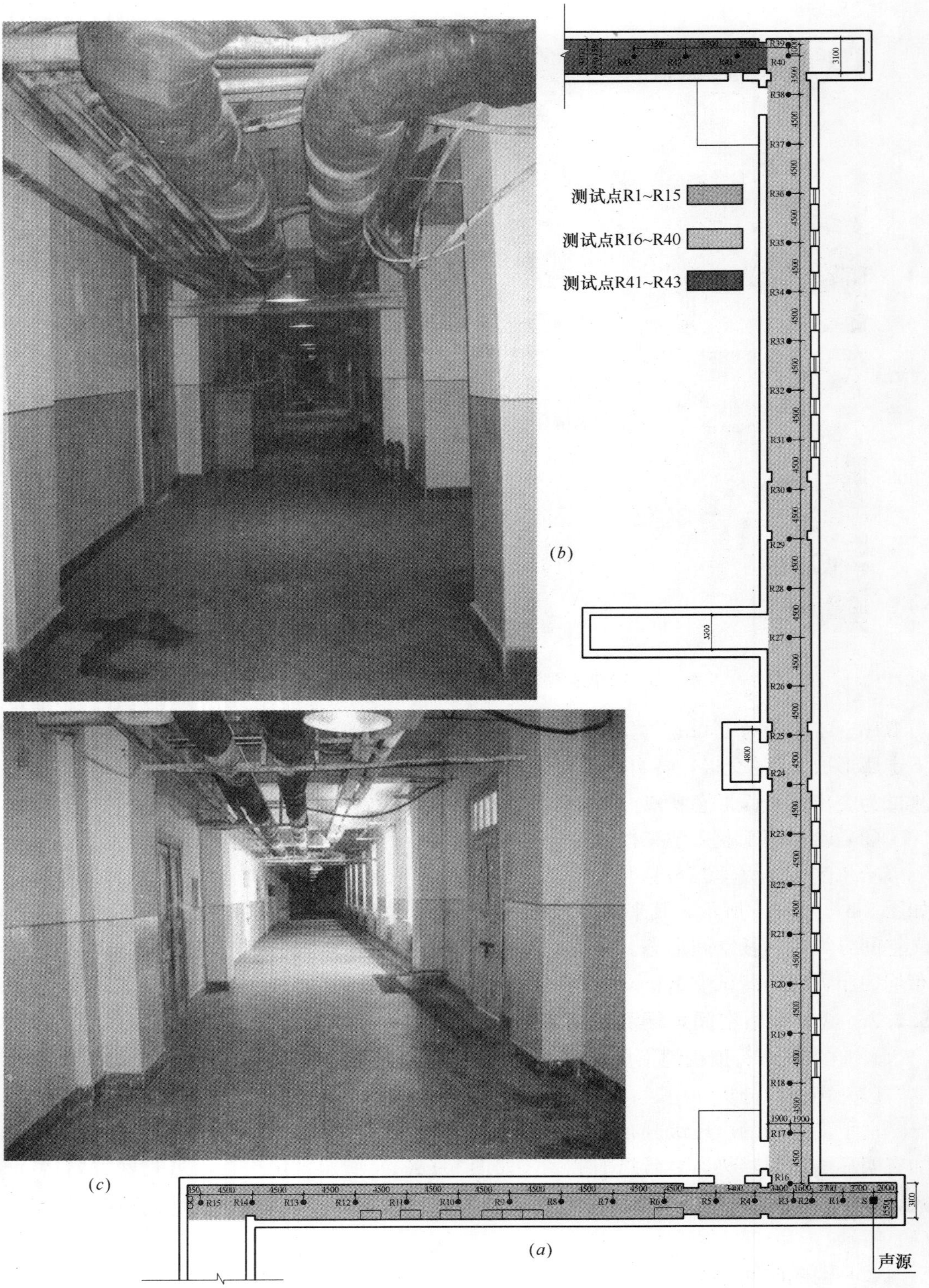

图 5-4　哈尔滨工业大学建筑学院地下走廊

(a) 平面与测试点位置图；(b) R1～R15 测点实景；(c) R16～R40 测点实景

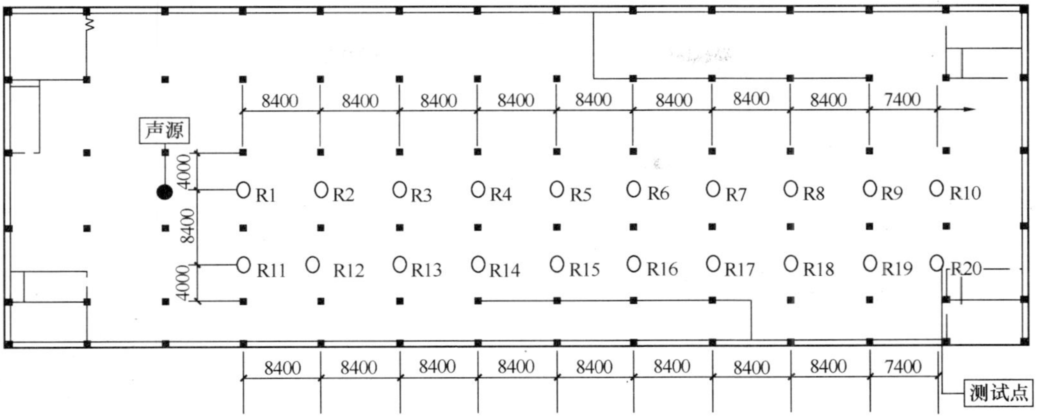

图 5-5 哈尔滨工业大学二校区地下车库平面及声场测试点分布图

图 5-6 哈尔滨工业大学二校区地下车库现场实测场景

2. 哈尔滨工业大学建筑学院地下走廊

(1) 声压级分析

1) 声压级各频率各点分布

图 5-9 所显示的是声压级各频率各点的分布情况。可以看出，近场由于声源的特性，50～200Hz 频率范围内声压级随频率的增加有明显的加强趋势，大约在 200Hz 左右达到最大值；在 200～5kHz 频率范围内声压级随频率的增加无明显的变化；随着与声源距离的增加，声压级的变化相对平缓，表明声音在低频衰减的程度比在高频衰减的程度小得多。因此，在高频 5～8kHz 范围内声压级随频率的增加有明显的减弱趋势。

2) 声压级随距离衰减曲线

图 5-10 中 (*a*) 和 (*b*) 图是测试点 R1～R15 所有频率声压级随距离衰减的曲线。从图中可以看出声压级从 R1～R15 点随着距离衰减呈平缓的非线性下降趋势；图 5-10 中 (*c*) 和 (*d*) 图是测试点 R16～R39 所有频率声压级随距离衰减的曲线。从图中可以看出，随着距离的衰减声压级在 50～400Hz 虽然有波动，但是仍呈非线性的下降衰减趋势，而在 500Hz～8kHz 之间则是从高到低渐趋平缓的平滑曲线。

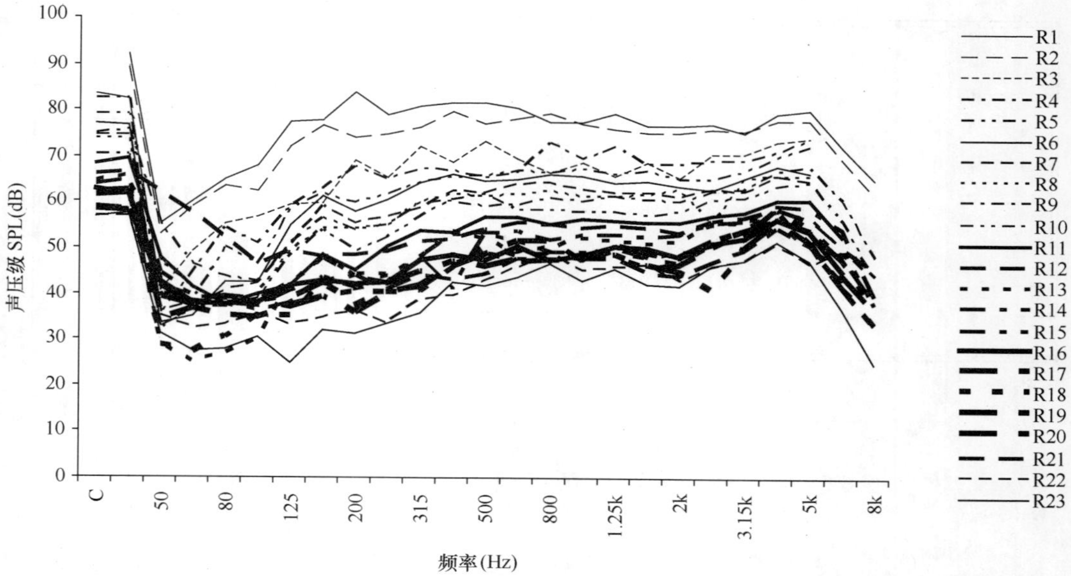

(*a*)

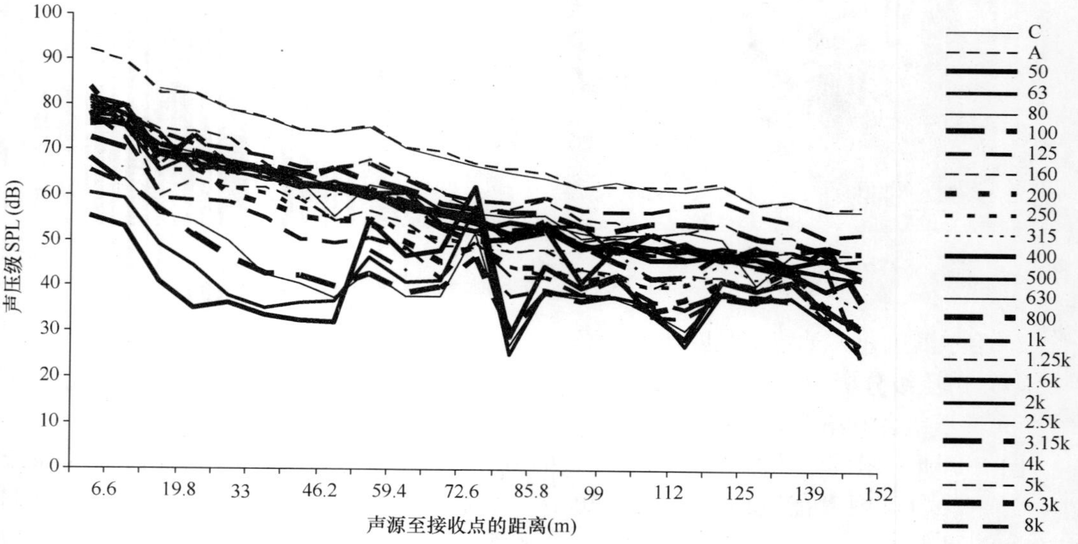

(*b*)

图 5-7　地下商业街声压级分布图

(*a*) 各频率各点分布图；(*b*) 随距离衰减曲线图

(2) 混响时间分析

1) 混响时间各频率各点分布

图 5-11 所显示的是混响时间各频率各点的分布情况。可以看出，在 80～250Hz 频率范围内混响时间随频率的变化有较大的波动，这在低频中是非常典型的变化。大约在 125Hz 左右达到最大约为 5s，在 250Hz 时减小至 2s 左右；在 200Hz～3.15kHz 频率范围内混响时间随频率的变化较为平和，随频率的增加混响时间呈缓慢减小趋势，其范围约在

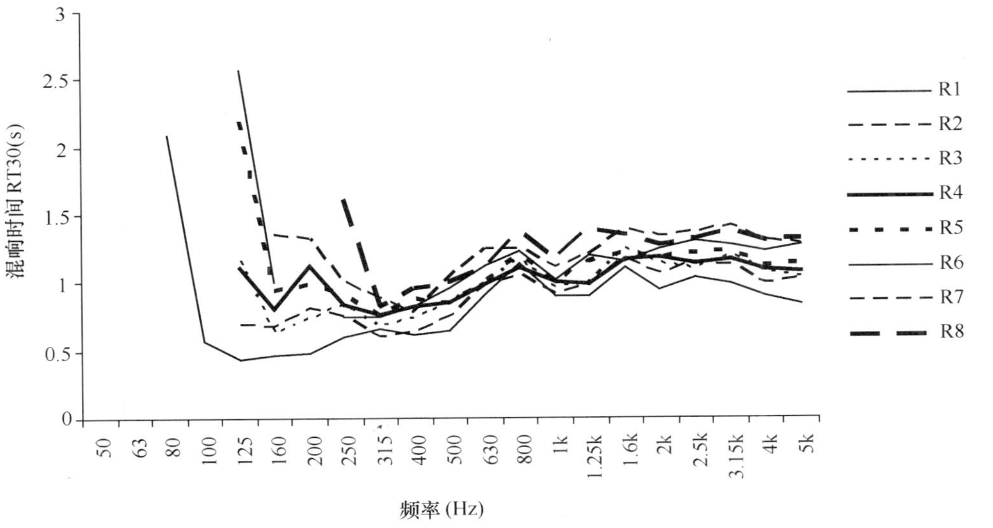

(*a*)

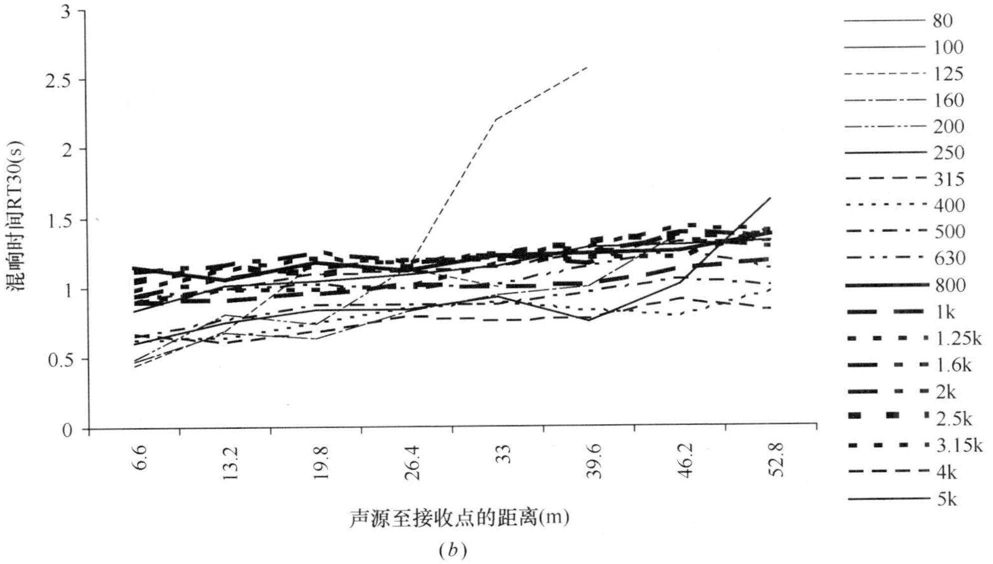

(*b*)

图 5-8 地下商业街混响时间分布图

(*a*) 各频率各点分布图；(*b*) 随距离变化曲线图

1.75～1.25s 之间；在 3.15～5kHz 频率范围内混响时间随频率的变化较为明显，随频率的增加混响时间呈减小趋势，其范围约在 1.25～0.3s 之间。

2) 混响时间随距离衰减曲线

图 5-12 中 (*a*) 和 (*b*) 图是测试点 R1～R15 所有频率混响时间随距离变化的曲线。在 50～250Hz 频率范围内混响时间随距离的变化有异常的波动，与事先对低频变化的预测结果相同；在 250～400Hz 频率范围内混响时间随距离的变化虽有波动，但波动明显减小，范围在 0.8s 之间；在 500Hz～4kHz 频率范围内混响时间随距离的变化虽还有波动，

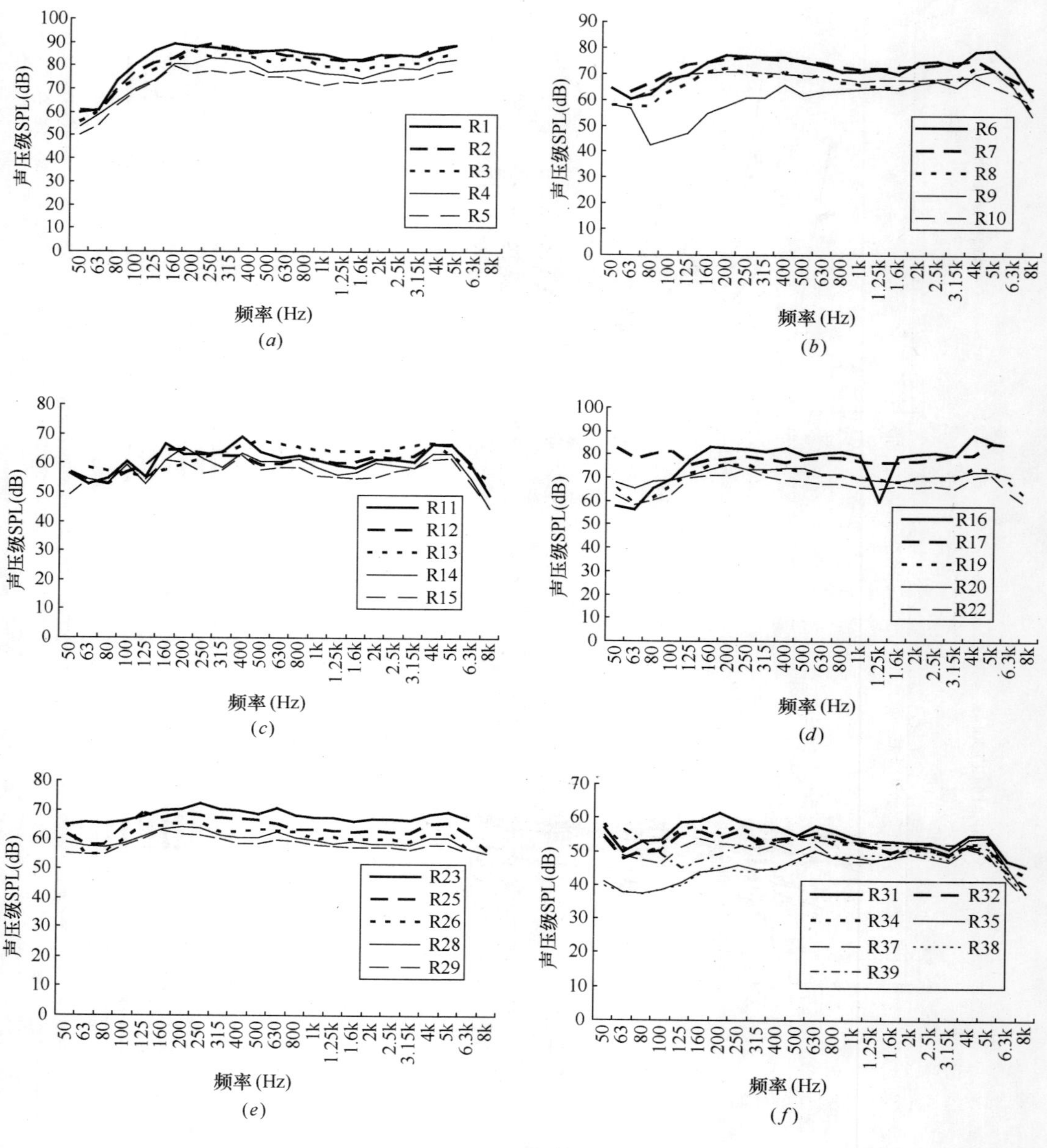

图 5-9　声压级各频率各点分布图

但波动进一步减小，波动范围在 0.5s 之间；在 5～8kHz 频率范围内混响时间随距离的增加呈下降趋势，范围在 0.5s 之间。

从上述的分析可以看出：虽然根据长空间声学理论，混响时间应该随距离的增加先是显著增加，达到某一最大值后，又缓慢减少[5]。但是，在此走廊长空间中，可能由于端墙面的反射使得混响时间随距离的增加而变化的趋势更为缓慢。图 5-12 中（*c*）和（*d*）图是测试点 R16～R39 所有频率混响时间随距离变化的曲线。从图中可以看出测试点 R16～R39 与测试点 R1～R15 频率混响时间随距离变化的特性基本相同，只是波动范围更小；从一些频率的衰减曲线中可以看出混响时间增加。

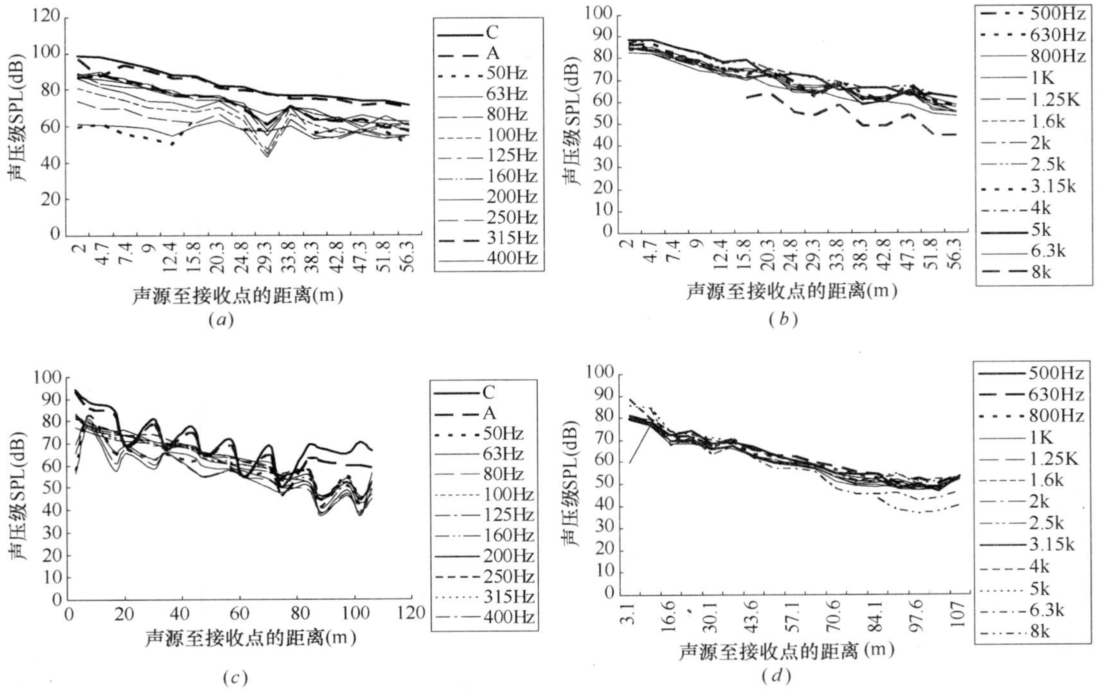

图 5-10　声压级随距离衰减曲线图

(a) R1～R15；(b) R1～R15；(c) R16～R39；(d) R16～R39

3) 典型的衰减曲线

通过对地下走廊这类长空间的混响时间特性的分析，得出了典型的衰减曲线，其衰减的过程是非线性的，与扩散声场明显不同，这种现象可能是地下走廊空间的特定宽高比及其墙面对声的反射所造成的。

通过对哈尔滨工业大学建筑学院地下走廊现场测试结果的分析，可以得出：地下长空间中声压级的衰减曲线明显呈曲线而非线性，与在扩散声场中有根本的区别；混响时间随距离的增加先是显著增加，达到某一最大值后，又缓慢减少，衰变曲线呈明显非线性。

3. 哈尔滨工业大学二校区地下车库

(1) 声压级分析

图 5-13 所显示的是声压级各频率各点的分布情况。图 5-13 (a) 中 R1～R5 点在频谱和距离两方面声压级都呈现出明显变化趋势，R6～R10 点在各频率声压级接近，在某些频率出现交叉。

对不同频率声压级随距离衰减曲线进行分析。图 5-14 显示的是 R1～R10、R10～R20 点随距离变化呈现出的声压级衰减情况，各频率各点走势相近，逐渐降低的趋势明显；声压级随距离衰减过程中局部点在低频和高频处出现波动曲线，但不影响大的变化趋势。数据中出现两个特例：图 5-14 (a) 中 R6 点在 315Hz 时的声压级值为 72.24dB (A)，低于 R10 的 73.32dB (A)，还有几个点也有相似变化比如 R8 点，多出现在中低频范围；图 5-14 (b) 各点在 1.6kHz 和 2kHz 的衰减曲线几乎重合。图 5-14 (c) 中显示的是 C 计权、A 计权条件

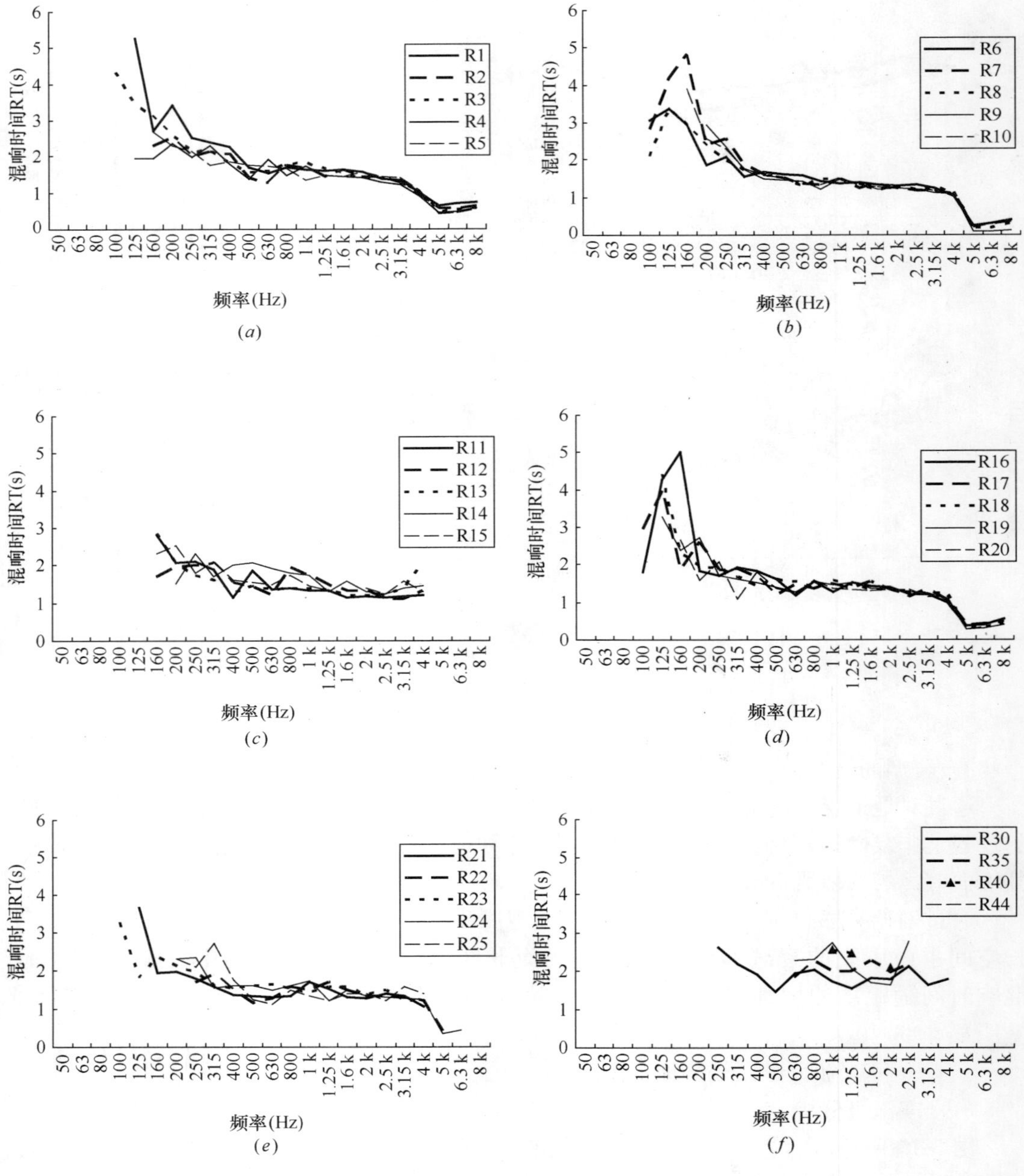

图 5-11　混响时间各频率各点分布图

下的各测试点随距离变化声压级衰减曲线，清晰地表达出 C 计权频谱平均值比 A 计权平均值高出 5～10dB，动态范围变化的规律满足 C 声级高于 A 声级的一般规律[8]。

（2）混响时间分析

对于混响时间的测量分析，首先考虑各频率各点的声音衰减。图 5-15 显示的是各频率不同测试点的混响时间，从图 5-15（*a*）中可以看出在声场内部声音反射衰减的时间较长，普遍持续在 9～12s 的时间段内，其规律是从低频到高频需要的时间渐短，整个曲线

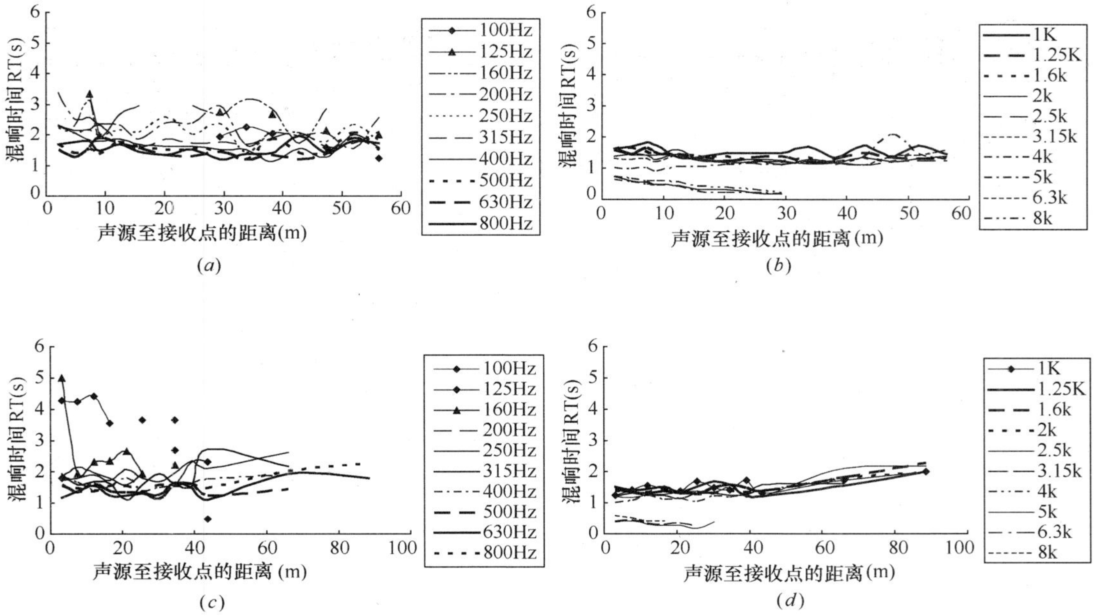

图 5-12　混响时间随距离变化曲线图

(*a*) R1～R15；(*b*) R1～R15；(*c*) R16～R39；(*d*) R16～R39

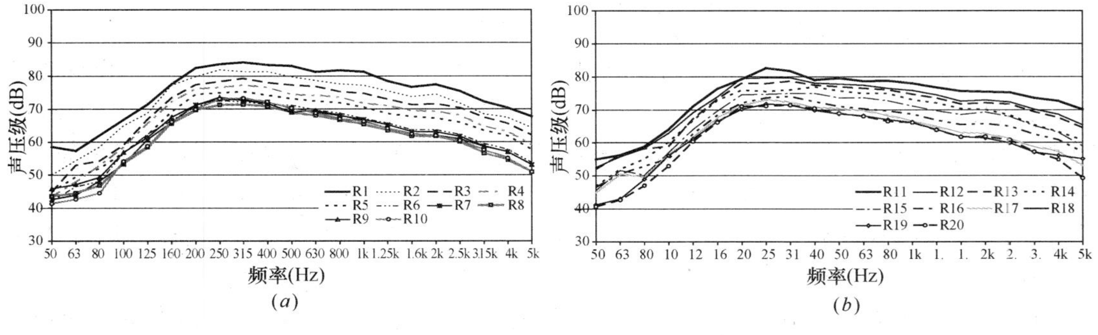

图 5-13　声压级各频率各点分布图

(*a*) R1～R10；(*b*) R11～R20

图形按照这个趋势逐渐平缓变化，在低频出现驼峰变化较大，最大差值达到 4s，高频处走势相同趋向平缓，最大差值 1s 左右。

而图 5-15（*b*）是与图 5-15（*a*）相同的测试点，声源相同录音工具不同，所表现的混响时间曲线衰减趋势相近，混响时间集中在 9～14s 的时间段内，但两者也存在较大差别：首先，图 5-15（*a*）中曲线有局部“跳跃”，集中在低频局部区域，而图 5-15（*b*）中跳跃点较多，各频率段都有；其次，图 5-15（*a*）只有在低频各测试点差值较大，而图 5-15（*b*）中不仅在低频处各测点最大差值达到 5s，在高频

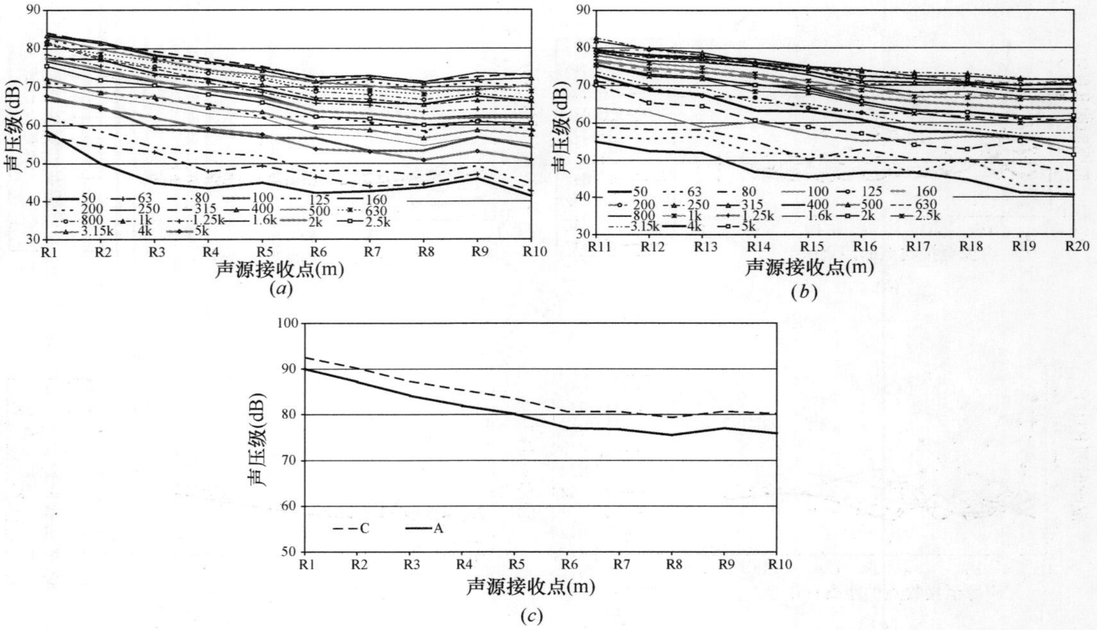

图 5-14　声压级随距离衰减曲线及不同计权声压级曲线图

（a）R1～R10；（b）R11～R20；（c）A&C

处也有 4.5s 左右。

图 5-15（c）是与图 5-15（a）并列的测试点，所表现的混响时间曲线衰减趋势相近，R15、R20 点曲线变化较大，在中频处出现较大起伏变化。

混响时间的测量分析，还应考虑各点随距离的变化。图 5-16 显示的是随距离不同各接收点的混响时间变化曲线，其特点是随着接收点至声源距离的增加，混响时间也稍变长，符合扁平空间中混响时间随接收点到声源距离的增加而变长的特征[9]，但亦有扩散声场的特点。图中还可以看出声场内部声音反射衰减的时间较长，普遍持续在 2～14s 的时间段内。R5 点在各个频率都是整个曲线的峰值，是这组测试点中的典型点。

通过对混响时间特性的分析，得出了典型的衰减曲线。图 5-17（a）是声音在低频时的衰减变化过程，图 5-17（b）是高频时的衰减变化，图 5-17（c）、5-17（d）是声音在高频衰减过程中具有非线性特征的混响衰减曲线。

5.2.3　不同平面形态地下空间的声环境特征比较

在进行声场客观调查的地点选取时，为了便于分析不同平面形态地下空间的声环境特征，所选取的调查场所其平面形态不尽相同，各具特色。哈尔滨石头道地下商业街呈“一”字形平面，哈尔滨工业大学建筑学院地下走廊呈“L”形平面，而哈尔滨工业大学二校区地下车库呈矩形平面；其中地下商业街和走廊属于长空间，地下车库为扁平空间。下文将选取有代表性的低频（160Hz）、中频（500Hz 和 1kHz）、高频（2kHz）的测试数据进行整理分析，从声压级和混响时间两个方面对这 3 种不同平面形态地下空间的声环境特征进行比较。

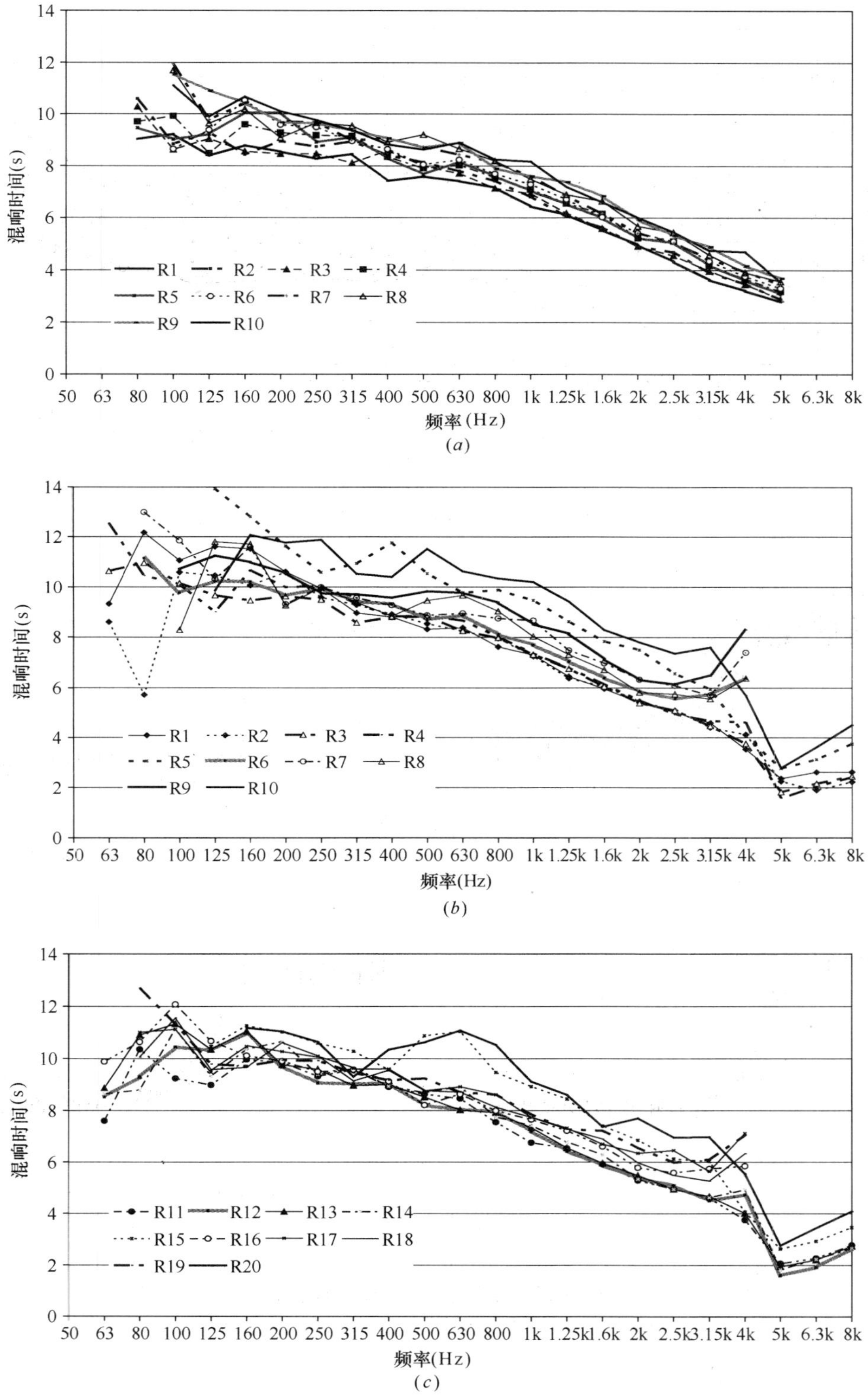

图 5-15 不同频率各接收点的混响时间变化曲线图

(*a*) 声场内接收点 R 随频率变化的混响时间曲线（Nor121：R1～R10）；(*b*) 声场内接收点 R 随频谱变化的混响时间曲线（Mp3：R1～R10）；(*c*) 声场内接收点 R 随频谱变化的混响时间曲线（Mp3：R11～R20）

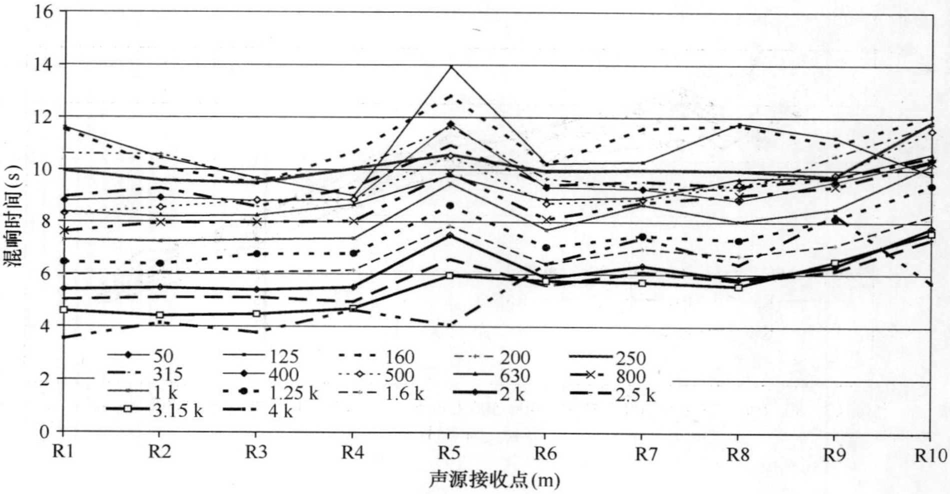

图 5-16　随距离衰减的混响时间变化曲线图

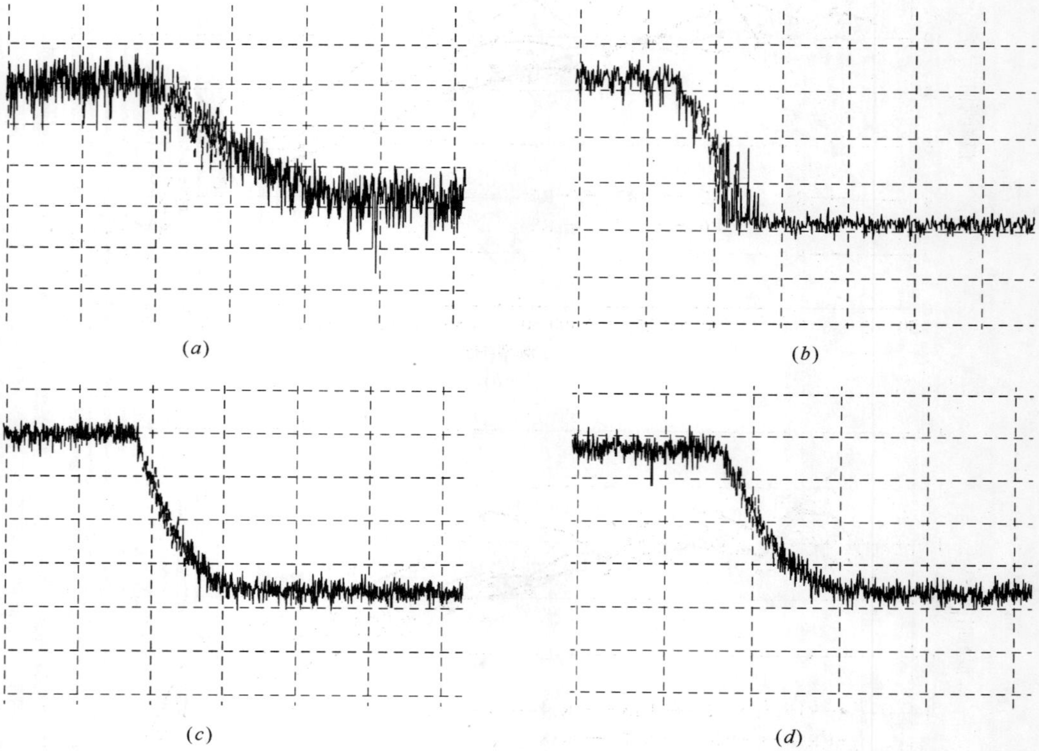

图 5-17　典型混响时间衰减曲线图

(a) R4 (200Hz)；(b) R10 (6.3kHz)；(c) R13 (3.15kHz)；(d) R13 (4kHz)

1. 声压级的比较

从图 5-18 中可以看出，在 3 种不同平面形态空间中的声压级的分布趋势非常相似，都是随着测点离声源的距离加大声压级逐渐降低，在矩形平面空间和“L”形平面空间中声压级的衰减速度要慢些，表明在这些地下空间中顶棚和四周墙面都是强反射面，对声音的吸收很小，声音在狭窄的界面反射、不扩散，仅有空气吸收少量声能，引起声压级少量衰减，在“一”字形平面空间中声压级的衰减速度相对快些，尤其低频衰减的速度更快，这可能与测试的商业街空间中两侧的摊床物品吸收声能有关，而且摊床的门面在夜间采用薄膜遮挡铺面，由于薄膜吸收低频的原因[10]，使低频声能被吸收较多。

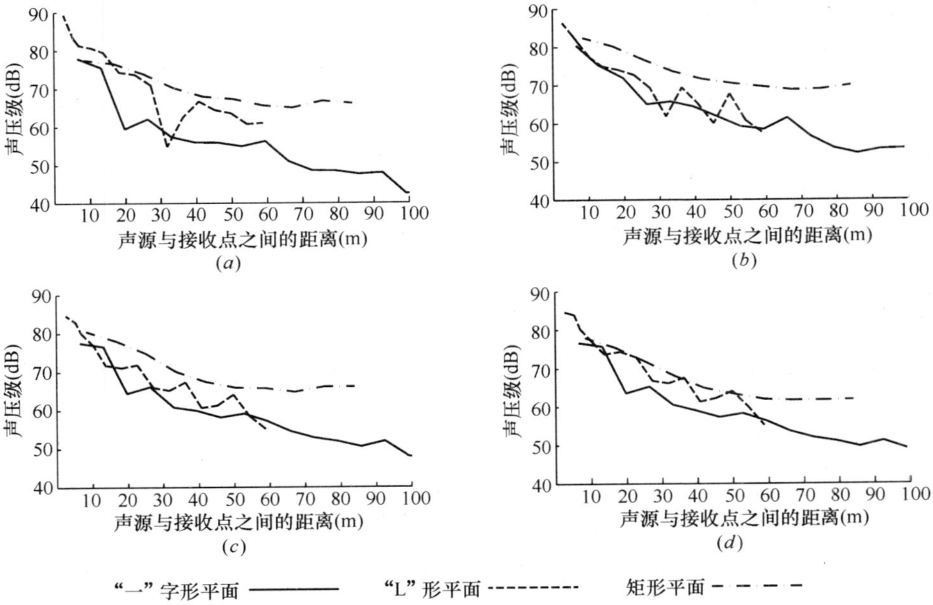

图 5-18 三种平面形态声压级（SPL）的分布图

(a) 160Hz；(b) 500Hz；(c) 1kHz；(d) 2kHz

2. 混响时间的比较

通过对比分析发现：三种平面形态空间的混响时间变化有较大的差异，如图 5-19 所示。“L”形平面空间的混响时间变化很小，“一”字形平面空间的混响时间随测试点距声源距离加大变长，且增长幅度最快，在矩形平面形态空间中混响时间非常长，在纵横两个方向混响时间都是随测点距离增加而变长，接近 10s 的混响时间会使任何声音的清晰度都很低。在 3 个空间中低频的混响时间要更长些，这将直接影响空间内的清晰度，使得广播扬声系统的作用受到很大干扰，这是因为地下空间中顶棚和四周墙面内饰面都具有强反射性能，对声能的吸收很小。

测试数据及图表表明：地下空间由于声音的强反射致使其内部声压级衰减较慢，即使经过较长的衰减距离仍然能保持较高的声压级水平，将会在地下空间中形成很大的噪声影响，但是同时也反映出在地下空间设计中选择语言广播扬声系统时不需要具有较高的放大功率[11]，“一”字形地下空间的声压级衰减较快，在设置广播扬声系统时扬声器的间距应较其他两种形态空间要小些；随着距离的增长，三种平面形态地下空间内部的混响时间却是逐渐增长，尤其是“一”字形长空间增长最快，而且在所有的地下空间中低频的混响时间都保持较高的水平，这将影响地下空间的语言清晰度[12]，对地下空间内部广播扬声系统播音效果非常不利，在扁平空间中混响时间最高达到 8s 以上，根本无清晰度而言，在

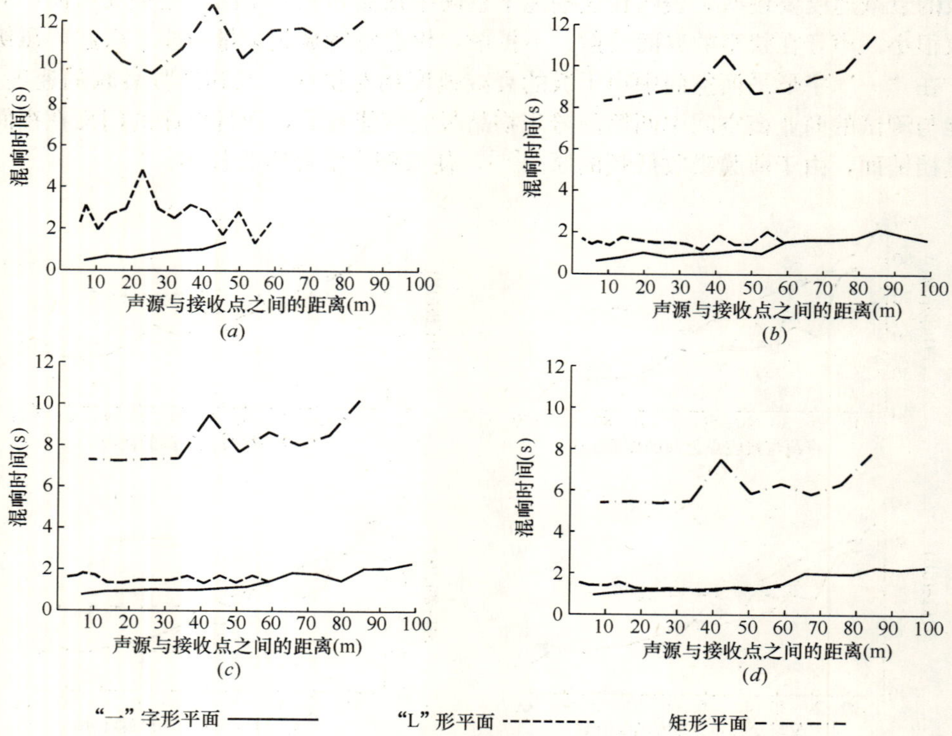

图 5-19　三种平面形态混响时间分布图

(a) 160Hz；(b) 500Hz；(c) 1kHz；(d) 2kHz

这类形态的地下空间中必须考虑控制混响时间，合理选择和布置吸声材料等声学设计手段。

总之，通过对地下空间的实际测试结果看出，在地下空间的建筑设计上应特别注意不同形态空间声学状况的特殊性，在音质设计上充分考虑各种空间中声压级的分布及混响时间的特征，选择合理的吸声材料以保证语言清晰度及声环境舒适性方面的要求。

5.2.4　典型城市地下空间的声源分析

声源分析是声环境研究中重要的组成部分之一，其目的在于通过现场调研归纳出地下空间中的声源种类，并对调研结果进行分析找出地下空间的主导声源，再根据分析结果对地下空间的声环境提出相应的设计对策。地下商业空间是最为常见、典型的城市地下空间，声源种类多、声环境复杂、声舒适度要求较高，因此本节选取哈尔滨和巴黎地下商业空间做为声源调研与分析的对象，通过对调研结果的分析和比较，得出相应的声环境设计对策。

1. 哈尔滨地下商业街声源调研

(1) 调研地点及方法

哈尔滨市的地下商业街开发较早，规模也较大，在国内具有一定的代表性。通过实地考察，将调研地点选择为哈尔滨红博地下广场和金街地下商业街。主要原因如下：1) 红博广场位于哈尔滨市繁华的商业中心地带，总面积超过 $6\times10^4m^2$，商场内人流量大，是一个超大综合地下商贸中心，商业定位较高，其空间变化丰富，平面形状是典型的组合体，如图 5-20 所示；2）金街是中国最早利用人防工程进行平战结合的成功典范，被誉为“全国人防地下商业第一街”，服装商品辐射东北三省、内蒙古以及俄罗斯等远东地区，是远近闻名的批发零售大市场，商业定位略低，其平面形状是典型的“一”字形，空间形态较为单一，如图 5-21 所示。

采用现场发放问卷的调研方法，调研对象为地下商业街的顾客，将调研时间选择在星期天客流量大的时段，做问卷调研的同时进行了声压级测量。调查的主要问题为：1）“请写出您此刻最先听到的声音”，目的是考察地下商业空间的主导声音；2）“请写出您此刻还能听到的声音”，目的是考察地下商业空间的声源种类。调研共选用了 10 名调查员，根据商业街的空间特点，在每个商场布置 10 个调研点来发放问卷，商场总体布局如图 5-20 和图 5-21（调研点位置如图中数字所示）。在 2 个调研地点共得到 139 份有效问卷。

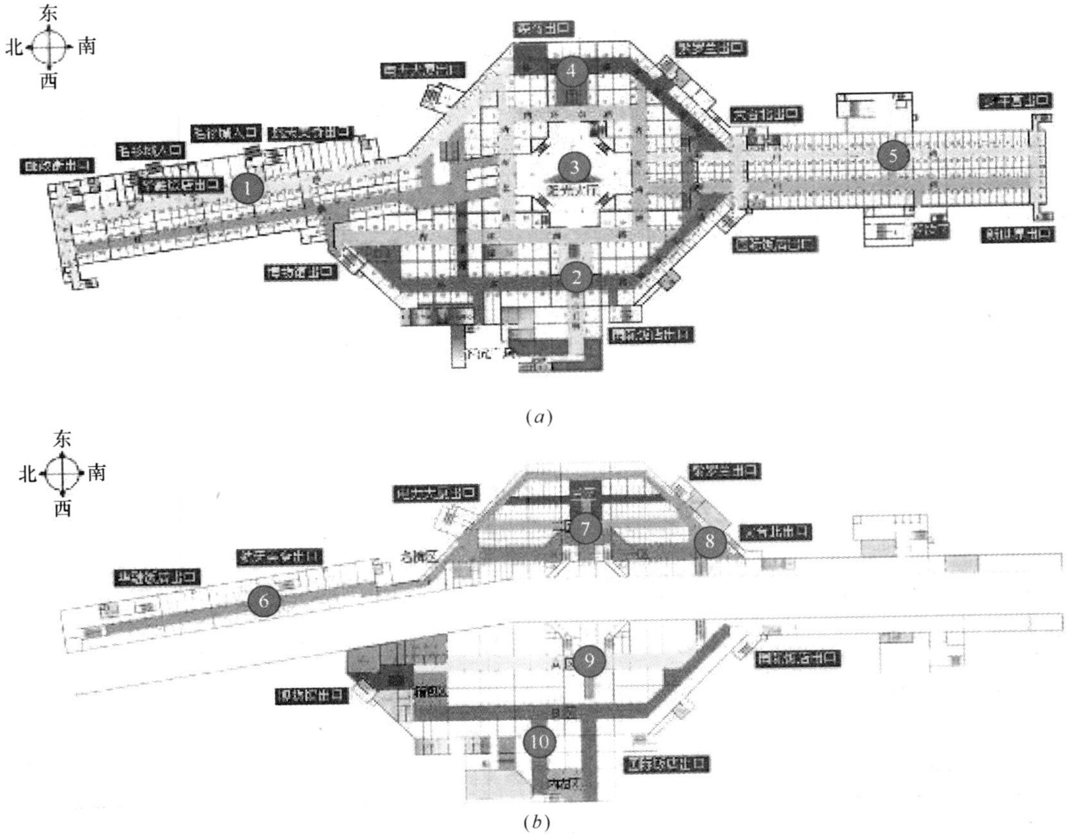

图 5-20 红博广场平面及声源调研布点图

(a) 地下一层；(b) 地下二层

（2）调研结果

如表 5-1 所示，红博广场和金街最先听到的声音的统计结果是共有 15 种声源，相同的声源有 8 种，分别是：广播声（播音员）、顾客之间的交谈声、顾客与商家之间的讨价还价声、广播中的音乐声、吵闹声，扶梯运行的声音、商家的叫卖声、脚步声（不含高跟鞋）。

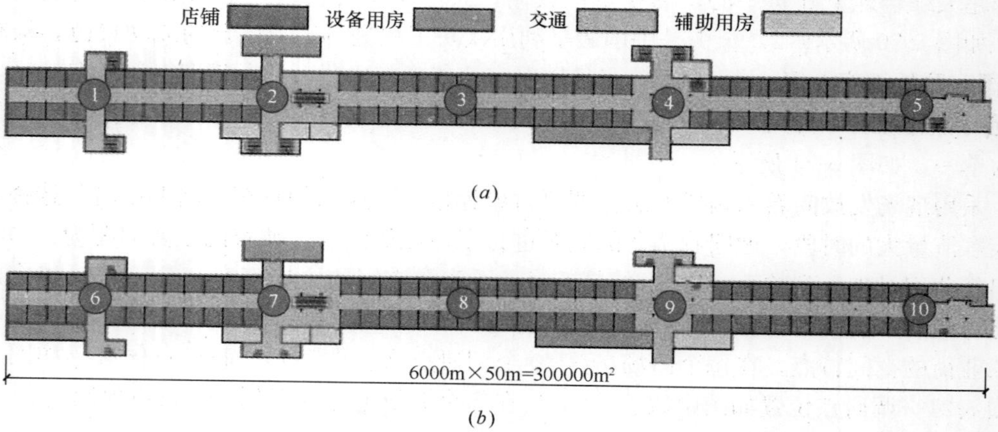

图 5-21　金街平面及声源调研测试布点图
（a）地下一层；（b）地下二层

红博广场和金街最先听到的声源种类比较　　表 5-1

红博广场		金街	
最先听到的声源种类	问卷中出现次数	最先听到的声源种类	问卷中出现次数
广播声（播音员）	22	广播声（播音员）	2
顾客之间的交谈声	19	顾客之间的交谈声	30
顾客与商家之间的讨价还价声	6	顾客与商家之间的讨价还价声	3
广播中的音乐声	6	广播中的音乐声	5
吵闹声	4	吵闹声	5
扶梯运行的声音	3	扶梯运行的声音	1
商家的叫卖声	2	商家的叫卖声	4
脚步声（不含高跟鞋）	1	脚步声（不含高跟鞋）	2
商家店铺的音响声	3	空调设备运行的声音	11
电视声	1	摆放货物的碰撞声	1
塑料袋的摩擦声	1		
尖叫声	1		
缝纫机运行的声音	1		

将红博广场和金街调研问卷只出现一次的最先听到的声源剔除，然后将声源按出现的百分比排列绘制成图 5-22，可以看出：有 6 种声源是相同的，不同的是红博广场中有扶梯运行的声音和商家店铺的音响声（红博广场档次较高，很多店铺都有自己的音响设备），金街中有空调运行的声音（金街由于建设年代较早，空调设备可能存在老化的问题，噪音较大）。总的来说，虽然红博广场和金街这两个地下商业街有着诸多的不同，但空间的主导声源基本相同。

对声源种类的统计结果是：红博广场有 39 种声源，金街地下商业街有 29 种声源，相同的声源有 28 种，共计 40 种声源。分别将红博广场和金街中 15%以上的被调查者听到的声源，按出现次数占问卷数百分比绘制成图 5-23。通过比较可以看到红博广场和金街中 15%以上的被调查者听到的声源均为 11 种，有 10 种相同，不同的是红博广场中穿高跟鞋的脚步声和金街中空调设备运行的声音。这说明地下商业空间中就声源种类来讲，尽管出现的次数有一定程度的不同，但是主要的声源种类是相对固定的。

红博广场声压级测量共选择了 4 个位置，地下一层和地下二层各 2 处，分别为问卷调查中所布的点 2、点 5、点 7、点 8，测量时间为早上 8：44 到 9：21，这段时间为红博广场营业时间中客流量较为平均的时间段。在金街，由于地下二层客流量相对较少，因此将测量地点都选择在地下一层，分别为问卷调查中所布的点 4（地下一层中间位置的休息区）和点 5（商业街尽头靠近出口的位置），测量时间为上午 10：05 到 10：45，与红博广场相同，这段时间也是金街营业时间中客流量较为平均的时间段，基本上可以代表商场平时的声环境状况。测量结果详见表 5-2，可以看出其声压级变化范围约为 66～88dB（A）。

红博广场和金街声压级测量结果　　表 5-2

测量位置	声压级 dB（A）	测量时间	测量位置	声压级 dB（A）	测量时间
红博点 2	73.8	08：40	红博点 5	88.2	08：44
	70.6	08：43		71.8	08：47
	73.3	08：46		76.0	08：50
	75.8	08：49		78.9	08：53
	72.5	08：52		78.8	08：56
	72.5	08：55		77.5	08：59
红博点 7	88.1	09：06	红博点 8	71.9	09：06
	68.1	09：09		71.1	09：09
	68.1	09：12		66.9	09：12
	71.8	09：15		68.4	09：15
	70.4	09：18		70.7	09：18
	67.8	09：21		67.5	09：21
金街点 4	73.2	10：05	金街点 5	69.5	10：35
	72.2	10：07		69.1	10：37
	68.8	10：09		69.5	10：39
	77.2	10：11		72.6	10：41
	70.2	10：13		74.7	10：43
	75.8	10：15		73.4	10：45

2. 巴黎地下商业街声源调研

（1）调研地点及方法

在法国将调研的城市选择为巴黎，原因是巴黎的商业发达，大型综合商贸中心众多。

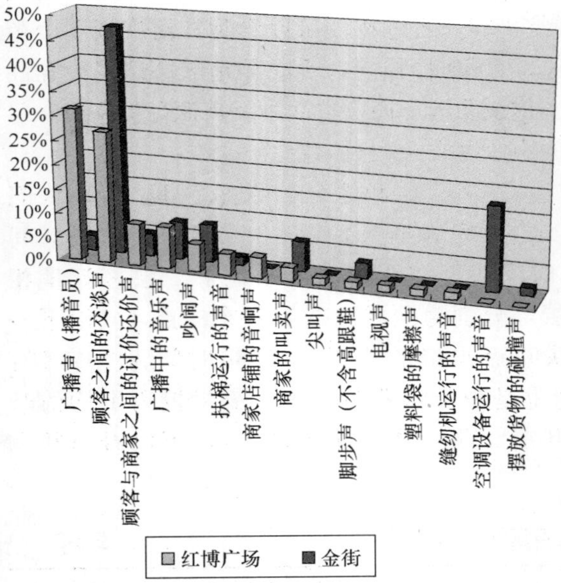

图 5-22 红博和金街最先听到的声音有效百分比

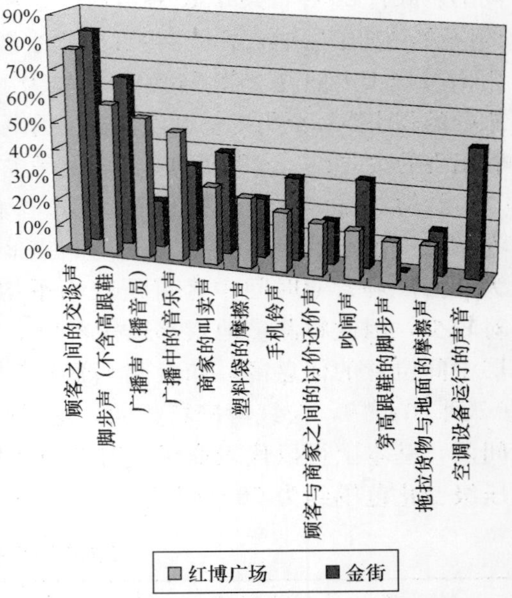

图 5-23 红博和金街声源分类图

调研地点选择在其十三区著名的大型商贸中心 Italie2 的地下一层，如图 5-24 所示，因其空间形式与国内调研地下商业街相仿，便于比较研究，同时它功能繁多、声源多样，声音环境非常有特色，具有一定的典型性和代表性。

图 5-24 巴黎地下商场 Italie2 实景照片

由于在法国的地下商场对进行现场问卷调研有严格的限制，无法进行大样本的现场问卷调研，因此使用了现场由调研员记录声源和声景录音，然后回到实验室听音，填写问卷的方法来得到地下商业街存在的声源。

法国商场平时的午休时间为中午 12：00 点到下午 2：00，此时人流量较大，周六人流量亦较大（法国商场周日不营业）。而人流量大时更容易准确得到地下商场存在的各类声源，所以选择了商场平时午休的时间和周六在商场进行现场调研，声景录音的时间亦是选择平时接近午休时间进行。

现场调研共有 3 名调查员，记录听到的不同时间段的声源。由于商场的空间形态与哈尔滨金街相同，是典型的“一”字形，因此 3 名调研员等距离一字排开同时记录。声景录音选择地下商业街有特色的三个点，采用 4 声道的三维麦克风录音，对声景录音的 3 点分别进行了 A 声级和 C 声级以及其峰值的测量。实验室听音的问卷设计集中在人们对地下商业街的声景评价、感受，最先听到的声音，声源种类等，问卷共 16 份。

(2) 调研结果

统计最先听到的声源种类为 8 种，分别是：说话声、脚步声、广播中的音乐声、小孩哭闹玩耍声、面包店柜台开关声、婴儿哭声、警铃声、商店传来的音乐声。

通过现场记录和听音问卷的结果，一共得到巴黎地下商业街的声源 32 种，分别为：脚步声、说话声、小孩叫声、收钱时钱币的声音、纸袋塑料袋摩擦的声音、高跟鞋的声音、广播中的音乐声、门禁警铃声（药店设置了门禁，音像店亦是）、面包店里餐具碰撞声、广播声、门开关声、咖啡店里机器打泡沫的声音（嘶嘶声）、小货物推车吱扭声、打喷嚏声、笑声、咳嗽声、滑板吱扭声（有男孩玩滑板）、讲电话声（交谈声小，接电话音量变大）、口哨声、拍手声（小孩子）、对讲机说话声、尖利的鞋蹭地声、小孩子转动玩具机器的声音、手机铃声、钥匙碰撞声、鞋子上配链碰撞声、小孩推车滚轮声、货物等重物落地的声音、衣架声、矿泉水瓶声、拖拉行李声、付款台扫描仪声。

表 5-3 为巴黎地下商业街声压级测量结果。可以看出巴黎地下商业街高峰时间的声压级峰变化范围约为 63～73dB。C 声级高于 A 声级约 3～7dB，说明其低频成分较多。

巴黎地下商业街声压级测量结果　　表 5-3

	声压级 dB（C）	声压级 dB（A）	时间
点 1	71	65	11：44
	71	63	11：45
	69	64	11：49
点 2	68	65	11：55
	70	66	11：59
	Max=73	Max=73	12：02
点 3	72	67	12：07
	Max=75	Max=72	12：09

3. 声源比较分析

表 5-4 比较了中法地下商业空间主导声源（最先听到的声源）及主要声源种类，可以看出两国地下商业街的主导声源存在较大差异，除顾客之间的交谈声、脚步声（不含高跟鞋）、广播中的音乐声外，其余均不相同。声源种类也存在较大差异，中国有 40 种，而法国有 32 种（由于受篇幅所限，表 5-4 仅列出一些主要的声源）。两国差异的原因主要有以下几点：首先，两国地下商业街的功能组成存在差异，比如在法国地下商业街的咖啡馆传来的杯盘碰撞声、面包店开关面包柜台的声音、理发店传来的吹风机的声音、警铃声等都是由其特定的功能所产生的；其次，两国的人文环境存在差异，比如法国的商家不会进行叫卖，其商品价格也是固定的，而中国的商家习惯通过叫卖声来招揽顾客，并且价格有一定的商量余地；第三，两国在生活习惯上存在差异，比如法国人出门购物大都自带小推

车，并且习惯使用硬币，因此其地下商业街可以听到小推车车轮的声音以及硬币找零的声音，而这些声音在中国的地下商业街较少见。

中法地下商业空间主导声源及主要声源种类比较　　表 5-4

主导声源（最先听到的声源）		主要声源种类	
中国	法国	中国	法国
顾客之间的交谈声	顾客之间的交谈声	顾客之间的交谈声	顾客之间的交谈声
脚步声（不含高跟鞋）	脚步声（不含高跟鞋）	脚步声（不含高跟鞋）	脚步声
广播种的音乐声	广播中的音乐声	广播中的音乐声	广播中的音乐声
广播声（播音员）	商店传来的音乐	广播声（播音员）	商店传来的音乐
顾客与商家之间的讨价还价声	关门声（面包店柜台开关声）	顾客与商家之间的讨价还价声	面包店里餐具碰撞声
商家的叫卖声	婴儿哭声	商家的叫卖声	门禁警铃声
吵闹声	警铃声	吵闹声	小孩叫声
扶梯运行的声音	小孩哭闹玩耍声	塑料袋的摩擦声	
		拖拉货物与地面的摩擦声	
		手机铃声	

从声压级测量的结果来看，两国地下商业街也存在一定差异。金街的最高声压级为 77dB（A），红博广场的最高值则为 88dB（A），而巴黎地下商业街最高值为 73dB（A），金街和红博广场的声压级范围约为 66～88dB（A），而巴黎则为 63～73dB（A）。需要说明的是，巴黎的声压级是在客流高峰时段测定的，而红博广场和金街均是在平均客流量情况下测定的，即使是这样，前者的声压级亦远低于后者，说明中国的地下商业街更为嘈杂，存在改进的空间。

5.3　城市地下空间声环境的主观评价特征

城市地下空间声环境是地下建筑内部环境，如前文所述直接与人们的生理和心理健康相关。地下空间封闭的特点决定了其声环境特性与地上建筑有所差别，做为地下空间的主要空间类型，以长空间和扁平空间为主的地下商场与地下商业街的形式存在，其声环境具有鲜明的声学特性[1]（见本章 5.2 小节）。为进一步进行地下空间噪声控制研究，首先以地下商业空间为例对其声环境特性做主观评价研究，主要内容包括基于地下、地上商业空间声环境评价比较得出的城市地下空间声环境主观评价特性，据此进一步对城市地下空间声环境的主观响度与满意度进行评价，以及社会、行为等典型影响因素分类和其对声环境评价的影响性与相关性。

5.3.1　城市地下空间声环境的主观评价特征

地下商业街是具有显著特点的地下商业空间，其声环境具有地下空间声环境的典型性和代表性，同为商业空间的地上商场在空间和声环境方面与地下商场既有共性又存在差异。本节通过对地下、地上商场声环境的研究，对地下、地上商场进行声音识别和声环境评价，并以商场整体声环境和分层、分空间声环境为分类，对声环境满意度进行评价分析，最终以研究地下空间声环境主观评价特性为目的。

研究采用调研问卷和测试仪器在现场获取实地数据的方法。其中，关于地下空间声环境的主观感受调查在 3.5.2 节中已有记述，但二者的目的不同，故调查具体内容也不相同。调研问卷结构包括问候语、背景资料、调研主要内容三部分，按照循序渐进的方式依次提问。受访者基本资料包括性别、职业、年龄等；商场声环境的基本情况涉及到受访者的听音类别、听音基本感受、声环境满意程度等。声音感受评价设置成定距变量，划分为 5 个等级：很满意、满意、还算满意、不满意和很不满意[13,14]，并且为获取完整的调研信息，方便受访者填答，背景资料设置成单项选择，声环境评价设计为分级量表形式，各案例受访者数量如表 5-5 所示。背景噪声采用 A 计权等效声级 L_{Aeq}，在对受访者进行调研问卷填答的同时进行 L_{Aeq} 测量，或者是调研问卷填写完毕后立刻进行测量，保证主观调研的心理感受与客观测量同步。

调研问卷内容框架 表 5-5

内容	选择与量化信息	
问候语	调研单位、调研目的、主要内容、致谢……	—
背景资料	性别、年龄、教育、职业、月收入、逛商场的频率……	—
听音类别	音乐声、设备声、人发出的声音……	—
听音感受（舒适度）	1. 很舒服，2. 舒服，3. 还算舒服，4. 不舒服，5. 很不舒服	高级→低级
声环境评价（满意度）	1. 很满意，2. 满意，3. 还算满意，4. 不满意，5. 很不满意	高级→低级

地上、地下商场声音识别与评价通过因子分析如图 5-25 所示。研究发现商场声环境中音乐声是主要成分。声源识别分为两类，第一类是音乐声，非音乐声即设备声及人发出的自然声为第二类；对于音乐声的评价介于“舒适”和“很舒适”之间，对于空调等设备声和人发出的自然声的感受分别为“不舒服”、“很不舒服”。在音乐声因子中地上商场的主要声源是音乐声，地下商场是喷泉等其他声音和音乐声；非音乐因子中地上商场扶梯滚动声为主要声源，而地下商场则是空调风机声。

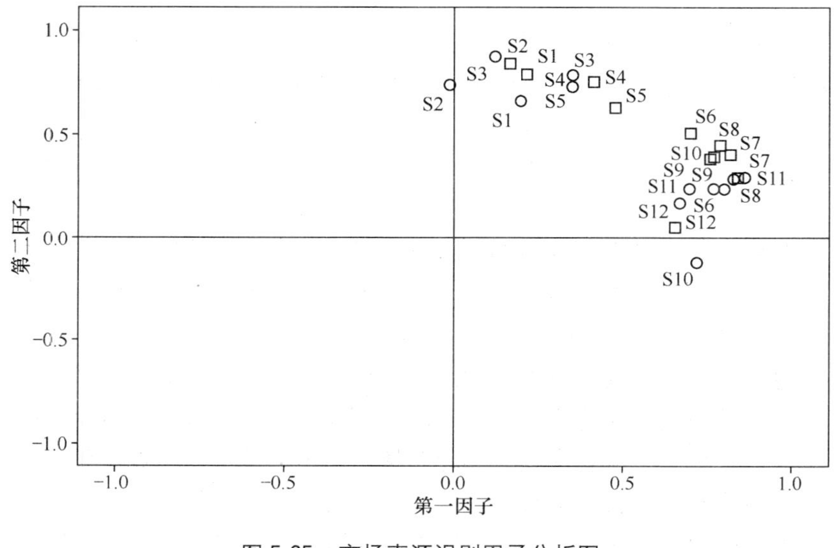

图 5-25 商场声源识别因子分析图

○—地上商场 □—地下商场

S1—整体背景音乐；S2—专卖场音乐；S3—广播系统声；S4—电子屏幕广告声；S5—手机铃声；S6—风幕声；S7—扶梯声；S8—电梯声；S9—空调声；S10—交谈声；S11—走路声；S12—其他声音

对声音评价方面地上商场略优于地下商场，各级评价频次均高出5%～10%左右，地下商场对音乐声需求高于地上商场，对“舒适”的评价而言，地下商场比地上商场高出10%。

图5-26所示为地下、地上商场声环境满意度的评价曲线。地上商场1和2空间形式与空间大小不同，对声环境满意度的评价也存在某些差异，即对较为开阔空间的声环境满意度略高，这种规律还可以通过地下商场场所3和4的评价曲线检验，地下综合商场声环境满意度评价优于地下商业街；而地下综合商场与地上中庭商场的近似趋势也说明这点，同时也说明商场所处地上或地下位置对于声环境满意度的评价影响不大，而应考虑商场空间、环境和其他多种影响因素。

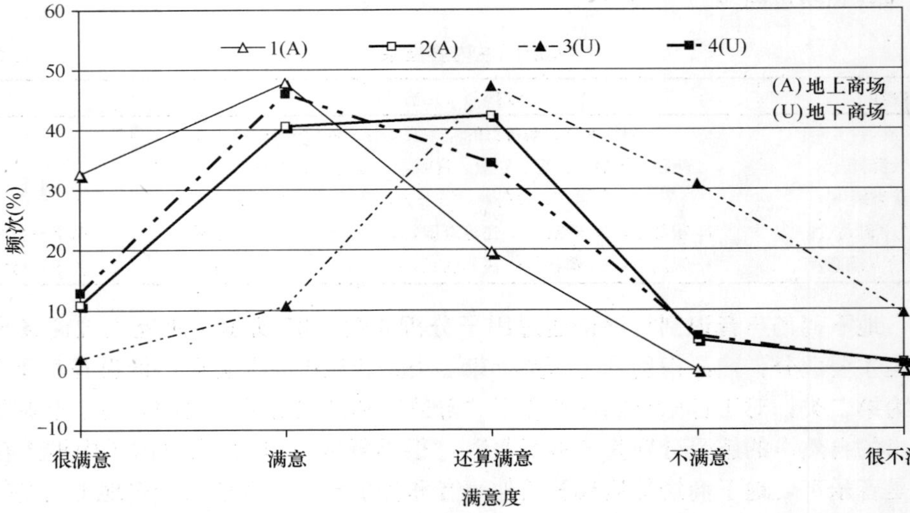

图5-26　商场声环境满意度评价图

研究还发现地上、地下商场声环境满意度评价与等效声级有较强的相关性。商场所处地上或地下位置对声环境满意度评价影响不明显，商场空间规模、商业功能、消费定位、客流量等是声环境满意度评价的主要影响因素。空间开敞、环境较好则满意度评价也较好；消费定位较高的商场满意度评价优于消费定位较低的商场，而客流量多的商场评价满意度低于客流量少的商场。

地下、地上商场声环境满意度评价如图5-27中（*a*）和图5-27（*b*）所示。其中，图5-27（*a*）是商场不同楼层客观测试声级L_{Aeq}与主观声满意度关系比较分析曲线，图5-27（*b*）是商场不同楼层客观测试声级L_{Aeq}与主观声满意度关系比较。整体声环境满意度评价地上商场好于地下商场，但仅考虑整体满意度评价不够全面，还应分别从不同楼层和空间类别角度考虑。对不同楼层评价比较研究得出，商场测试声压级L_{Aeq}与评价声环境满意度之间存在相关性，且相关系数随中庭商场地下楼层到地上楼层（从低层到高层）变化，取值由低变高，即不同楼层比较地上楼层声环境满意度评价好于地下楼层，较高楼层优于较低楼层；不同类型空间评价比较是L_{Aeq}与评价声环境满意度之间存在相关性，从商业街入口到内部营业空间、从综合商场休息空间到喷泉区，空间变化相关判定系数值越高相关性越强，并且扁平空间内对声环境满意感受好于长空间内的感受，营业空间对声环境满意感受则不如其他空间。

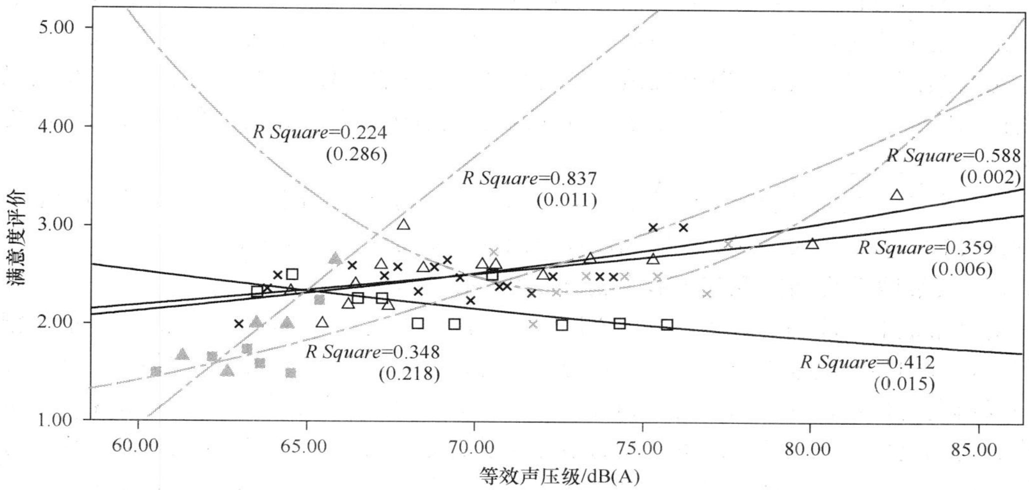

(*a*)

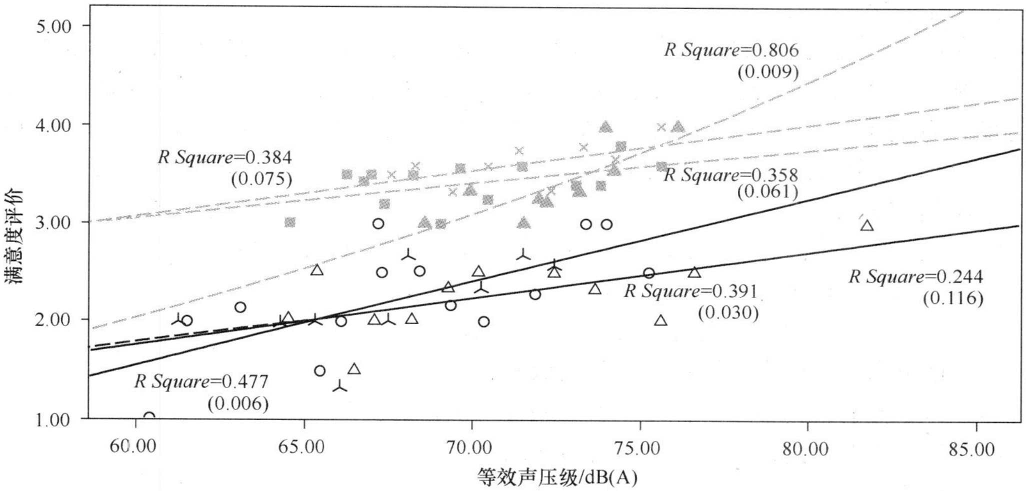

(*b*)

图 5-27 地下地上商场声环境满意度评价分析

(*a*) 商场不同楼层客观测试声级 L_{Aeq} 与主观声满意度关系比较分析，采用曲线回归分析，

R Square 为判定系数，括号内为显著性水平。

1—✕地下一层■地上一层▲地上三层；2—✕地下一层△地上三层□地上五层

(*b*) 商场不同楼层客观测试声级 L_{Aeq} 与主观声满意度关系比较，采用曲线回归分析，

R Square 为判定系数，括号内为显著性水平。

3—✕入口▲主营业空间■副营业空间；4—○喷泉区△营业区⅄休息区

影响地上、地下商场声环境评价的受访者，其背景因素从社会因素（包括年龄、职业、教育）、经济因素（包括个人收入和家庭收入）以及商场倾向因素（包括选择原因、频率、停留时间）3 个方面考虑。研究表明，总体来说地上商场声环境满意度评价受受访者背景因素的影响程度小于地下商场，地上地下商场评价都与收入、年龄背景因素具有相关性，而教育、走入商场原因和停留时间等因素则只对地下商场的评价有影响。

地上商场的收入因素与声环境满意度评价相关性大于地下商场，这与地上商场的消费定位高于地下商场相吻合；在地下商业街中停留时间是影响声环境满意度的主要因素，这可能也与其消费定位较低有关；而地下商场与地上商场在年龄和收入方面对声环境满意度评价的影响都较大，说明不管是地上商场还是地下商场如果消费定位接近，则对声环境的满意度评价也接近。

上述评价研究结果表明，以地下商业空间为代表的地下空间声环境具有不同于地上空间的独特特性，因此需要对地下空间声环境做进一步的评价与分析。

5.3.2　城市地下空间主观响度和声舒适度的调查方法

对城市地下空间的声音环境进一步评价，采用主观调查的方法，主观调查一般是指通过发放调查问卷来收集受访者的主观感受。首先，针对典型的城市地下空间——地下商业街声景研究的特点，开展调研的基础工作，包括提出相应的研究假设，选择典型的地下商业街作为调查地点，在这些地下商业街中开展了实地访谈；其次，在主观调查方面，进行了调研问卷的设计，包括问卷的内容设置和量表的选择，并且在试调查的基础上对问卷的信度和效度进行了分析。

研究假设是研究者根据经验事实和科学理论对所研究问题的规律或原因做出的一种推测性论断和假定性解释，是在进行研究之前预先设想的、暂定的理论。在文献综述里，我们可以看出国内外的声景研究内容虽然纷繁复杂，但是都离不开对声音、听者、空间和环境之间的关系的研究。基于此，对于地下商业街的声景研究，提出以下 4 项研究假设。

假设 1：地下商业街的声景评价与声音的性质有关。具体内容包括：

（1）主观声景评价与地下商业街内的声压级有关；

（2）主观声景评价与听者的主观声压级有关；

（3）地下商业街的声景评价与声音组成有关；

（4）地下商业街的声景评价与声音清晰度有关；

（5）地下商业街的声景评价与声音持续时间有关；

（6）地下商业街的声景评价与声音快慢有关；

（7）地下商业街的声景评价与声喜好有关。

假设 2：地下商业街的声景评价与听者的主观特征有关。具体内容包括：

（1）主观声景评价与听者的年龄有关；

（2）主观声景评价与听者的性别有关；

（3）主观声景评价与听者的职业有关；

（4）主观声景评价与听者的收入有关；

（5）主观声景评价与听者的消费水平有关；

（6）主观声景评价与听者的受教育水平有关；

（7）主观声景评价与听者在地下商业街内的行为有关；

（8）主观声景评价与听者在地下商业街停留的时间有关；

（9）主观声景评价与听者对地下商业街环境的态度有关。

假设 3：地下商业街的声景评价与空间的性质有关。具体内容包括：

（1）主观声景评价与地下商业街的空间形式有关；

(2) 主观声景评价与地下商业街的空间感受有关；

(3) 主观声景评价与地下商业街的空间用途有关。

假设 4：地下商业街的声景评价与环境的性质有关。具体内容包括：

(1) 主观声景评价与地下商业街的温度有关；

(2) 主观声景评价与地下商业街的湿度有关；

(3) 主观声景评价与地下商业街的视觉环境有关；

(4) 主观声景评价与地下商业街的季节有关。

地下商业街声景研究的取样地点选定为黑龙江省哈尔滨市，其原因主要有以下 3 条：

(1) 特殊的地理位置，决定了哈尔滨地下商业街具有独特的历史背景；

(2) 广泛的空间类型，为地下商业街的声景调查提供了得天独厚的基础条件；

(3) 复杂的人群构成，为地下商业街声景的主观调查提供了保证。

在保证空间类型和人群构成差异性的基础上，选取了哈尔滨具有代表性的 5 个地下商业街作为取样地点，如图 5-28 所示。其中，石头道地下商业街、秋林地下商业街和乐松地下商业街属于“街道型”，火车站地下商业街和红博世纪城地下商业街属于“广场型”。

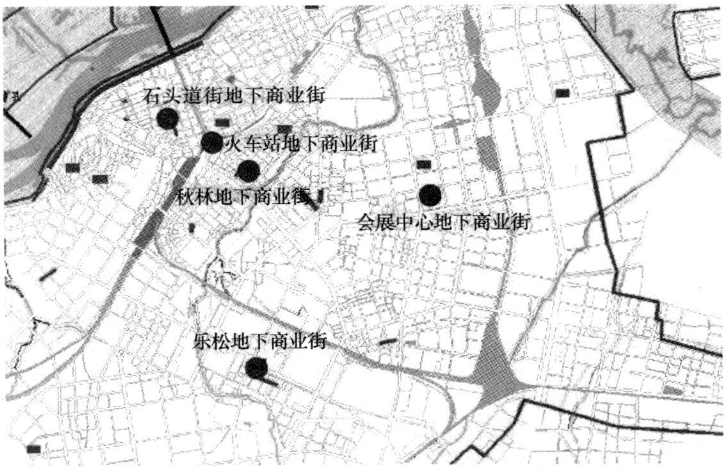

图 5-28 取样的地下商业街分布

实地访谈的目的是在研究假设和地点取样的基础上，与拟调查的人群进行交谈，以便从受访者处对研究信息进行细化和补充，为问卷设计做准备。实地访谈的内容是通过对受访者的询问，了解各地下商业街内声音的组成，收集声音的评价结果。

对于访谈内容而言，针对研究假设 1，访谈内容设计了让受访者列举出在地下商业街内听到的声音，至少填写 3 项，并简单说明对这些声音的感受；针对研究假设 2，访谈内容设计了让受访者说明来地下商业街的目的和频率，并要求受访者概述其年龄、收入和文化程度；针对研究假设 4，让受访者回答地下商业街的声环境受哪些因素的影响，并且认为哪一项影响最大。

地下商业街声景问卷的题目是在实地访谈结果基础上，从人、声音、环境三个方面提出的，如表 5-6 所示。

问卷的问题设置以及问题提出的目的　　表 5-6

	相关问题	设置的目的
环境	对声音环境的满意程度如何？ 对光线效果的满意程度如何？ 对温度的满意效果如何？ 对湿度的满意效果如何？ 对视觉的满意效果如何？	了解地下商业街内部的整体环境情况，明确声音环境在地下商业街环境中所处的位置 了解主观声压级的感受
声音	地下商业街的内部环境哪一项最重要？ 感觉地下商业街内的声音的大小如何？ 在地下商业街内是否听到回声（混响）？ 在地下商业街中还想听到什么声音？	
	对某几个声音的清晰度评价？	了解地下商业街内声音的清晰度
	对某几个声音的声喜好评价？	补充在访谈中没有考虑到的声音
	对某几个声音的频率的评价？ 对某几个声音的高低的评价？ 对某几个声音的烦恼度评价？	了解地下商业街内每一种声音的主观感受
听者	性别	了解性别差异对声音主观评价的影响
	年龄	了解年龄差异对声音主观评价的影响
	职业	了解职业差异对声音主观评价的影响
	学历	了解学历差异对声音主观评价的影响
	来地下商业街的目的	了解行为差异对声音主观评价的影响
	逛地下商业街的人数	了解人数差异对声音主观评价的影响
	来地下商业街的次数	对结果进行筛选，提高问卷的信度
	在地下商业街内停留的时间	

主观响度和声舒适度的研究和评价主要是基于心理学和社会学的研究范畴。在自然科学中，很多领域的衡量标准已经非常精确，比如用声级计可以准确测量出某一点的声压级。而心理学和社会学的测量手段要相对模糊一些，主要依靠的是量表（scale）来进行测量。

量表是一种具有结构强度顺序的测量工具，其中全部陈述或项目都是按照一定的结构顺序来安排的，以反映出所测量的概念或态度所具有的不同程度。在调查中，较为常见的量表有鲍格达斯社会距离量表（Bogardus Social Distance Scale）、语意差异量表（semantic differential）和里克特量表（Likert Scaling）。选择里克特量表进行测量，其优势在于：

（1）量表容易设计，对描述词语的要求仅限于没有逻辑错误；

（2）使用范围比其他量表要广，可以用来测量其他一些量表所不能测量的某些多维度的复杂概念或态度；

（3）通常情况下，里克特量表比同样长度的量表具有更高的信度；

（4）里克特量表的五种答案形式使回答者能够很方便地标出自己的位置。

在里克特量表的基础上，分别建立了声音量表、基本信息量表和环境量表，分别见表 5-7、表 5-8 和表 5-9。

声　音　量　表　　　　表 5-7

问　题	量 表 设 置
对某个声音的清晰度评价 在地下空间中是否听到回声	5. 很清晰，4. 清晰，3. 一般，2. 不清晰，1. 很不清晰
对某个声音的舒适度评价	5. 很舒适，4. 舒适，3. 一般，2. 不舒适，1. 很不舒适
对某几个声音的节奏（频率）评价	5. 很快，4. 较快，3. 一般，2. 舒缓，1. 很舒缓
对主观响度评价	5. 很吵，4. 较吵，3. 一般，2. 安静，1. 很安静
对主观声舒适度的评价	5. 很舒适，4. 舒适，3. 一般，2. 不舒适，1. 很不舒适

基本信息量表　　　　表 5-8

问　题	量 表 设 置
职业	14. 其他，13. 无业待业，12. 退休，11. 家庭主妇，10. 管理人员，9. 个体经营，8. 学生，7. 干部，6. 教师，5. 技术人员，4. 服务人员，3. 军人，2. 工人，1. 农民
性别	2. 女，1. 男
年龄（岁）	7.＞65，6.55～64，5.45～54，4.35～44，3.25～34，2.18～24，1.＜17
学历	5. 大学以上，4. 大专，3. 高中、中专、技校，2. 初中，1. 小学
月收入（元）	6.＞5000，5.4000～5000，4.3000～4000，3.2000～3000，2.1000～2000，1.＜1000
来地下商业街的目的	4. 购物，3. 随便逛逛，2. 路过，1. 等人
来地下商业街的频率	5. 经常（2～3 日来 1 次），4. 有时（1 周左右来 1 次），3. 偶尔（1 个月左右来 1 次），2. 基本不（1 年左右来 1 次），1. 第一次
来地下商业街的时段	3.9：00～11：59（上午），2.12：00～14：59（中午），1.15：00～17：59（下午）
在地下商业街中停留的时间（小时）	5.＞4，4.3～4，3.2～3，2.1～2，1.＜1
来地下商业街的季节	4. 秋季，3. 夏季，2. 春季，1. 冬季

注：在调查时年龄与收入均按照实际情况填写，在分类研究时按照以上量表中的等级分类。

环　境　量　表　　　　表 5-9

问　题	量 表 设 置
地下商业街照明的舒适程度 地下商业街温度的舒适程度 地下商业街湿度的舒适程度 地下商业街视觉的舒适程度	5. 很舒适，4. 舒适，3. 一般，2. 不舒适，1. 很不舒适
声音环境、光线效果、湿度、温度、美观性哪一项最为重要	5. 声音环境，4. 光线效果，3. 湿度，2. 温度，1. 美观性

为检验问卷的信度和效度，在 2007 年 8 月进行了预调查，从 5 个测量地点，共回收了问卷 279 份，其中有效问卷 245 份。通过这些预调查样本对问卷的信度和效度进行了检验。

信度即可靠性。它指的是采用同样的方法对同一对象重复进行测量时，其所得结果相一致的程度。换言之，信度是指测量结果的一致性和稳定性。

根据误差的来源不同，信度可以分为以下几种：再测信度、复本信度、折半信度和 Cronbach α 信度。其中，再测信度需要对同一组人群进行重复测试，而地下商业街的人群流动性大，所以不适合用再测信度；复本信度需要同时制作 2 套问卷让受访者作答，费时费力，也不适合于地下商业街的调查；折半信度和 Cronbach α 信度系数的检验方法，均适用于本次调查。目前大多数的社会调查均采用 Cronbach α 信度系数的计算方法，因为 Cronbach α 信度系数的计算结果更准确地反映实际信度。Cronbach α 信度系数的计算公式见式（5-1）：

$$\alpha = [K/(K-1)] \times \left[1 - \sum (s_i^2)/s_{\text{sum}}^2\right] \tag{5-1}$$

式中　s_i^2——第 k 个测项方差；

s_{sum}^2——各个测项方差的总和。

根据 Cronbach α 的计算公式，得到环境因子信度 $\alpha_1 = 0.715$，声音因子信度 $\alpha_2 = 0.882$。有关文献认为 Cronbach α 的取值＞0.5～0.6 即认为信度可信；Cronbach α 的取值在 0.8 以上则表明调查表有较高的内在一致性。由此认定问卷的信度满足调查的要求。

效度也称作测量的有效度或准确度。它是指测量工具或测量手段能够准确测出所要测量的变量的程度，或者说能够准确、真实地度量事物属性的程度。在评价测量的效度时，一般采用表观效度、准则效度和结构效度作为标准。

对于结构效度而言，一般采取因子分析的方法，来验证结构内的各因素是否相关。因子分析分为两个步骤。首先需要进行 KMO（Kaiser-Meyer-Qlkin）检验。当 KMO 检验达到标准之后，就可以进行因子分析，因子分析中不小于 6 个因子的方差贡献率≥35％，就说明结果效度可以。KMO 值的计算公式见式（5-2）：

$$\text{KMO} = \left(\sum \sum r_{ij}^2\right) / \left(\sum \sum r_{ij}^2 + \sum \sum a_{ij}^2\right) \tag{5-2}$$

式中　r_{ij}——相关系数；

a_{ij}——偏相关系数。

KMO 检验是比较相关性和偏相关性的大小，取值范围在 0～1 之间。KMO 值在 0.9 左右时效果最佳，0.7 以上时效果一般，0.6 时效果较差，0.5 以下时不适合做因子分析。

地下商业街声景问卷中，KMO 检验结果是 0.71，可以进行因子分析。因子分析的结果是前 6 个因子的方差贡献率和总贡献率如表 5-10 所示，方差贡献率大于 35％，证明问卷的结果效度满足要求。

因子分析结果　　表 5-10

前 6 个因子的方差贡献率（％）						总和（％）
14.29	8.08	7.56	6.87	5.29	5.14	47.23

问卷的结构效度是可以衡量的，表观效度却很难量化，然而，表观效度从很大程度上影响被访者对问卷内容的理解，所以对于改善表观效度采取以下几个方面措施：

（1）咨询相关专家，调整问卷问题。通过声学、统计学、心理学和建筑学专家的指导对问卷的相关问题进行调整。比如对于相对专业的“混响”一词，在问卷中改用“是否听见回声”或“声音持续的时间”来代替。对于问卷的结构也进行了调整。把受访者容易填答的问题，如受访者的基本信息和环境的评价放在前几个问题，把受访者难填答的与声音清晰度、节奏等问题放在问卷的最后。

（2）测量填写时间，精简问卷内容。受访者在填写问卷时，会有一个能忍耐的时间，超过这个时间，所填写内容的准确度就会降低，并且可能造成未完成的废卷数量增加。在网上进行了投票调查，其中问题是“如果有人需要您的帮助在地下商业街中填写一份关于环境的调查问卷，您可以忍耐的时间”，选项、投票数和所占的百分比如表5-11所示。从表5-11中可以看出，能容忍填写时间在10min之内的人占投票人数的96%。

为了节省受访者的填写时间，把相关的问题合并在一起。在调查中发现对于“声音的节奏”的填写中，95%以上的人选择了量表中的2～4的选项值，只有5%的人选择了1或5的选项值，所以在修改中把量表的范围值改为1～3三个选项值。

随机抽取52个人填写修改后的问卷，填写的时间和所占的百分比如表5-12所示。从表5-12可以看出在10min内完成问卷的人数占98.1%，这表明问卷可以在绝大多数人的忍耐时间以内完成。

填写时间的投票数和所占的百分比

表5-11

选　项	投　票　数	所占的百分比
A. 5min以内	45	59.2%
B. 5～10min	28	36.8%
C. 10～15min	3	4.0%
D. 15min以上	0	0

问卷的填写时间和所占的百分比

表5-12

填写时间	完成问卷的人数	所占的百分比
A. 5min以内	29	55.8%
B. 5～10min	22	42.3%
C. 10～15min	1	1.9%
D. 15min以上	0	0

确定调查问卷之后，在2007年冬季到2008年秋季的4个季度中，分别从5条地下商业街共回收有效问卷2800余份，各调查地点对应的样本数量见表5-13。

调查地点与样本容量　　表5-13

地　点	秋　林	石头道	乐　松	火车站	红　博
样本（份）	459	598	629	446	690

主观响度和声舒适度研究的主观调查是围绕研究假设中主观响度和声舒适度与声音、使用者、空间和环境的关系展开的。在调查问卷的设计中，包含了研究假设、实地访谈、内容设置和量表选择等步骤。信度和效度的分析证明，调查问卷是具有较高的信度和效度的。科学的问卷设计、合适的样本量为以下的分析研究奠定了基础。

5.3.3 城市地下空间的主观响度和声舒适度研究

本小节在主观响度和声舒适度的主观调查和客观测量的基础上，首先对声音与主观响度和声舒适度的关系进行了研究；其次，对使用者与主观响度和声舒适度的关系进行了研究；再次对空间与使用者与主观响度和声舒适度的关系进行了研究；最后对环境与使用者与主观响度和声舒适度的关系进行了研究。

1. 声音与主观响度及声舒适度的研究

（1）等效A声级与主观响度

图 5-29 表示等效 A 声级与主观响度拟合而成的一次曲线图，其中横坐标对应的是实测的等效 A 声级，纵坐标对应的是同一位置的主观响度（1-很低，2-低，3-一般，4-响，5-很响），相关系数用 R^2 表示。为了减少主观误差，低于 10 份主观响度判断的测点，没有在图中标注出来。以石头道和火车站地下商业街为例，从图中可以看出，测量的等效 A 声级与主观响度之间的相关系数 R^2 均在 0.6 以上，显著性水平 $p<0.001$，这表明两者具有很强的相关性，并且随着等效 A 声级的提高，主观响度的感受也随之提高。秋林、会展和乐松地下商业街内等效 A 声级与主观响度的关系也与之类似。

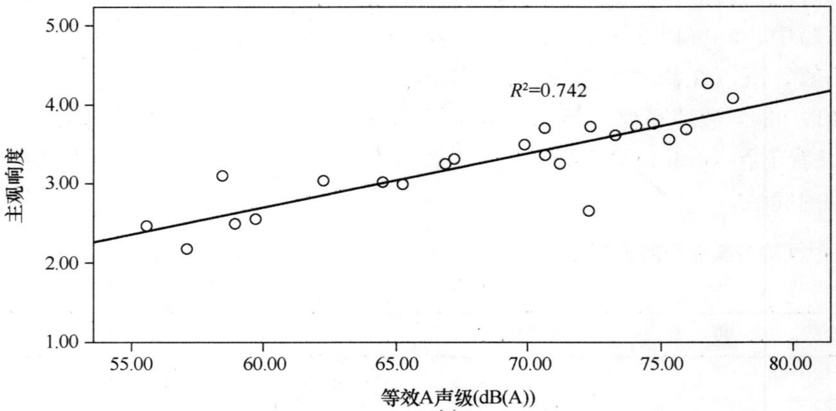

(a)

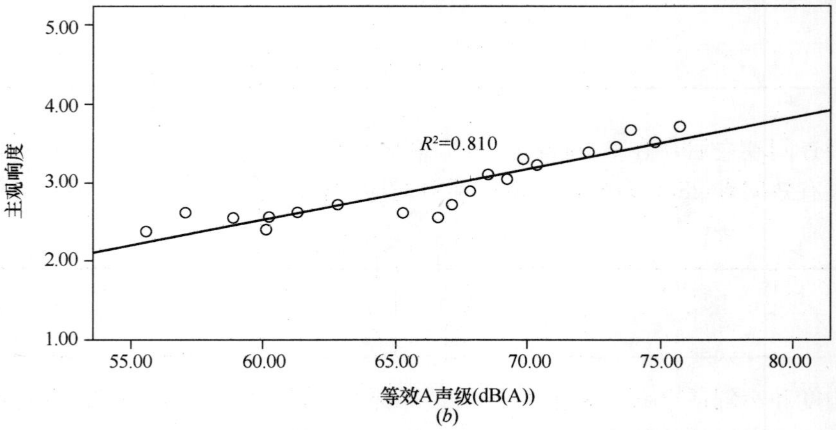

(b)

图 5-29　声压级与主观声压级的回归曲线图（相关系数为 R^2）

（a）石头道街地下商业街；（b）火车站地下商业街

（2）等效 A 声级与主观声舒适度

图 5-30 中表示等效 A 声级与主观声舒适度的回归曲线图，其中横坐标对应的是等效 A 声级，纵坐标对应的是主观声舒适度（1-很不舒适，2-不舒适，3-一般，4-舒适，5-很舒适），相关系数用 R^2 表示。从图 5-30 中可以看出，相关系数 R^2 均在 0.600 以上，显著性水平 $p<0.001$，这表明两者具有很强的相关性。在地下商业街中，随着声压级的增大，主观舒适度均以“抛物线”形式变化，即在声压级相对较低和相对较高时，主观舒适度均呈下降趋势。其原因可能有以下几点：

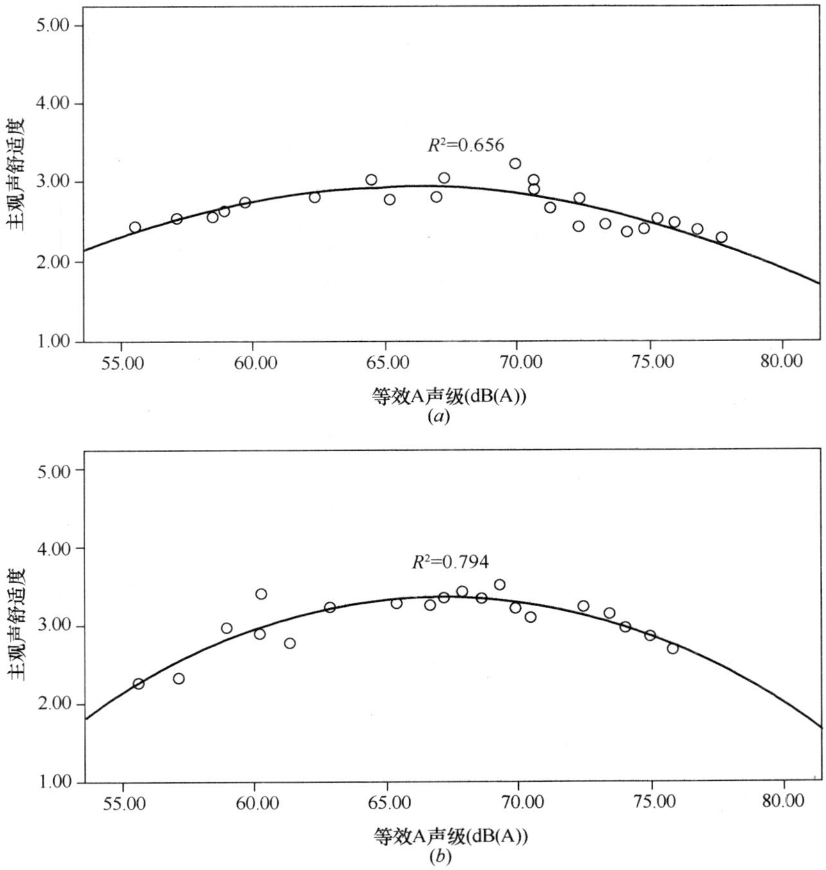

图 5-30 声压级与主观舒适度的回归曲线图（相关系数为 R^2）

（a）石头道街地下商业街；（b）火车站地下商业街

1）声源组成因素。造成声压级相对较低的原因，一般是因为商场无背景音乐或播放的背景音乐声很低。在这种情况下，其他声源的声音就相对比较明显。例如与石头道地下商业街相对比，在火车站地下商业街中，由于背景音乐声很低，交谈声、脚步声和空调噪声就比较明显。其中背景音乐声、空调噪声和脚步声的舒适度如表 5-14 所示。从表 5-14 中可以看出，人们对背景音乐声的主观声舒适度高，而对空调声和脚步声的主观声舒适度低。这可以从某种程度上解释为何在等效 A 声级较低时，主观声舒适度也低。

背景音乐声、空调声与脚步声的舒适度　　表 5-14

	舒适和很舒适	一般	不舒适和很不舒适
背景音乐声	41.2%	40.3%	18.5%
空调声	12.4%	42.7%	44.9%
脚步声	14.1%	43.4%	42.5%

2）心理感觉因素。对于地下商业街这种商业空间而言，商业氛围是必不可少的，安静的环境反而会给人的心理感觉带来一定负面影响，正如在调查中，一位女士所言“我不喜欢在冷冷清清的地方逛街，我喜欢热闹的感觉”。

（3）主观响度与主观舒适度

图 5-31 中表示主观响度与声舒适度的回归曲线图，其中横坐标对应的是主观响度（1——很低，2——低，3——一般，4——响，5——很响），纵坐标对应的是主观声舒适度（1——很不舒适，2——不舒适，3——一般，4——舒适，5——很舒适），相关系数用 R^2 表示。从图 5-31 中可以看出，拟合关系的相关性也较强，R^2 在 0.300 以上（$p<0.001$）。与实测的等效 A 声级和主观声舒适度的拟合曲线相似，主观响度与主观声舒适度的拟合曲线也是呈现“抛物线”的趋势，这表明在主观响度偏高和偏低时，主观声舒适度均降低。造成这个结果的原因是由于声压级与主观响度和声舒适度的关系决定的。

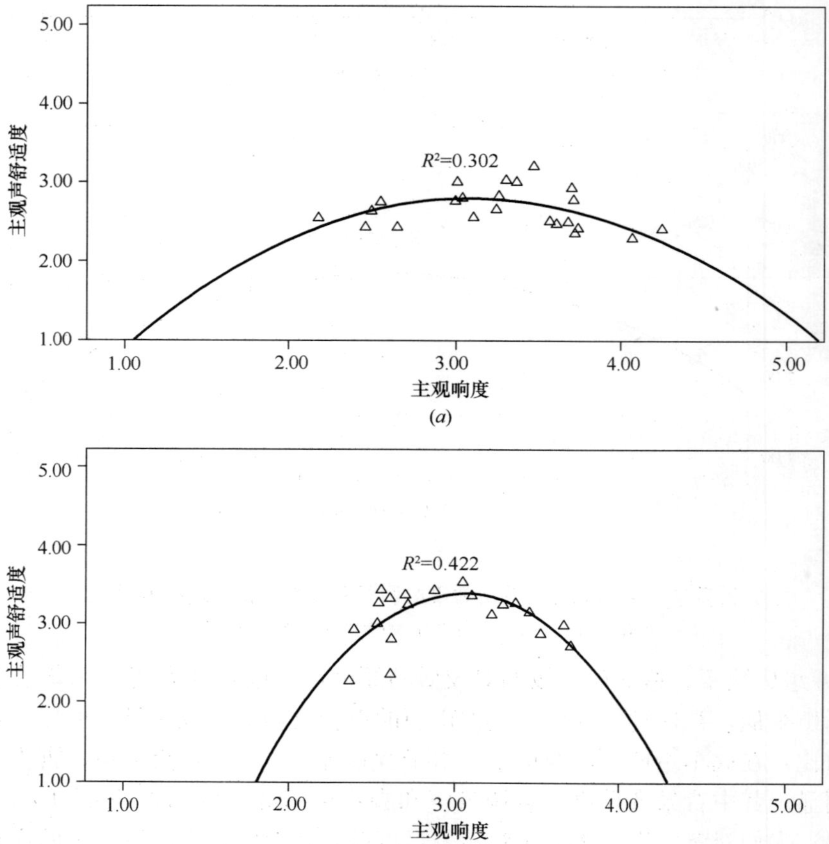

图 5-31　主观声压级与主观舒适度的回归曲线图（相关系数为 R^2）

（*a*）石头道街地下商业街；（*b*）火车站地下商业街

2. 使用者社会特征与主观响度及声舒适度的评价

（1）性别因素

大量的研究结果表明，性别对主观响度和声舒适度的影响并不显著[15,16]，但是这些研究成果都是基于城市中室外空间的。而对地下商业街这一类室内空间而言，性别与主观响度和声舒适度的关系还是未知的，因此，对地下商业街内使用者性别与主观响度和声舒适度的关系进行了研究。

由独立样本的T检验计算出5个地下商业街使用者的主观响度（1——很低，2——低，3——一般，4——响，5——很响）和主观舒适度（1——很不舒适，2——不舒适，3——一般，4——舒适，5——很舒适）在性别上的平均差（mean difference）和显著性水平，其中，四个地下商业街的使用者性别就主观响度的显著性水平小于0.05，仅有火车站地下商业街，两者在$p \leqslant 0.05$的水平上的平均差为-0.24。与性别和主观响度的关系相类似，在大多数地下商业街中主观声舒适度在性别上的平均差也不显著，仅在石头道地下商业街中，在$p \leqslant 0.05$的水平上存在-0.19的平均差。由此可见，在地下商业街中，性别差异对主观响度和主观声舒适度的影响总地来说很小（见表5-15）。

主观响度和声舒适度在性别上的平均差　　表5-15

地　点	性别/主观响度 平均差/显著性水平	性别/主观声舒适度平均差/显著性水平
石头道	0.05/0.47	−0.19/0.02（*）
火车站	−0.24/0.02（*）	−0.15/0.13
秋林	0.13/0.09	−0.05/0.60
会展	0.01/0.88	−0.07/0.26
乐松	0.00/0.91	0.03/0.37

注："*"与"**"分别表示显著性水平，"*"代表$p \leqslant 0.05$，"**"代表$p \leqslant 0.01$。

（2）年龄因素

在城市声景的研究中发现，使用者的年龄与主观响度和声舒适度存在相关性。有趣的是，Nilsson和Berglund的研究发现，这种相关性在室外空间中比较明显，而在室内声环境中，年龄差异几乎对主观响度和声舒适度没有影响。为了验证Nilsson和Berglund的结果，对地下商业街中使用者的年龄段（<17，18～24，25～34，35～44，45～54，55～64，>65）与主观响度和主观声舒适度的关系进行了研究。

由调研结果统计出五个地下商业街使用者的年龄段与主观响度和声舒适度的相关系数和显著性水平，其中年龄段与主观响度和声舒适度的相关计算方式为卡方检验，相关系数为Gamma。在调查的全部地下商业街中，使用者的年龄与主观响度的显著性水平均小于0.05，这表明年龄与主观响度不存在相关性。相应地，年龄与主观声舒适度的显著性水平也小于0.05，这表明两者亦不相关（表5-16）。这个结论与Nilsson和Berglund的研究结果相吻合。当然另外一个可能的原因是在地下商业街中18～44岁之间的人群占总数的70%，而小于17岁和大于55岁的人所占比例各为5%，这种年龄过于集中的情况也可能会使结果不显著。

年龄段与主观响度和声舒适度的相关性　　表5-16

地　点	年龄段与主观响度 相关性/显著性水平	年龄段与主观声舒适度 相关性/显著性水平
石头道	−0.06/0.25	−0.03/0.54
火车站	0.08/0.17	−0.01/0.90
秋林	0.10/0.07	−0.01/0.87
会展	−0.01/0.87	−0.05/0.19
乐松	−0.02/0.74	0.09/0.06

注："*"与"**"分别表示显著性水平，"*"代表$p \leqslant 0.05$，"**"代表$p \leqslant 0.01$。

（3）学历因素

由调研结果统计出 5 个地下商业街中使用者的学历与主观响度和主观声舒适度的相关系数和显著性水平（表 5-17），其中学历（1——小学，2——初中，3——高中、中专和技校，4——大专，5——大学及以上）与主观响度和声舒适度的相关计算方式为卡方检验，相关系数为 Gamma。在大多数地下商业街中，使用者的学历与主观响度的相关性不显著，仅石头道地下商业街中在 $p \leqslant 0.01$ 的水平上存在 0.20 的相关。而学历与主观声舒适度的关系在调查的所有地下商业街中，显著性水平均很高（$p \leqslant 0.01$），并且均为负相关，这表明随着学历的提高，主观声舒适度下降。

学历与主观响度和声舒适度的相关性　　表 5-17

地点	学历与主观响度 相关性/显著性水平	学历与主观声舒适度 相关性/显著性水平
石头道	0.20/0.00（* *）	−0.32/0.00（* *）
火车站	0.06/0.34	−0.41/0.00（* *）
秋林	0.07/0.20	−0.39/0.00（* *）
会展	0.04/0.39	−0.45/0.00（* *）
乐松	0.05/0.17	−0.40/0.00（* *）

注：“*”与“* *”分别表示显著性水平，“*”代表 $p \leqslant 0.05$，“* *”代表 $p \leqslant 0.01$。

（4）收入因素

由调研结果统计出 5 个地下商业街使用者的收入水平（<1000、1000～2000、2000～3000、3000～4000、4000～5000、>5000 元）与主观响度和声舒适度的相关系数和显著性水平（表 5-18），其中收入水平与主观响度和声舒适度的相关计算方式为卡方检验，相关系数为 Gamma。在调查的五个地下商业街中，使用者收入与主观响度存在相关性，相关系数在 0.10～0.40 之间，显著性水平 $p \leqslant 0.01$，这表明随着收入的增加，地下商业街中使用者的主观响度也随之提升。和收入与主观响度的相关性相比，收入与主观声舒适度的相关性更强，相关系数的绝对值在 0.35～0.55 之间，显著性水平 $p \leqslant 0.01$。收入与主观声舒适度成负相关，这表明随着使用者收入的增加，对主观声舒适度的感觉下降。

收入与主观响度和声舒适度的相关性　　表 5-18

地点	收入与主观响度 相关性/显著性水平	收入与主观声舒适度 相关性/显著性水平
石头道	0.38/0.00（* *）	−0.45/0.00（* *）
火车站	0.12/0.00（* *）	−0.44/0.00（* *）
秋林	0.21/0.00（* *）	−0.52/0.00（* *）
会展	0.30/0.00（* *）	−0.51/0.00（* *）
乐松	0.26/0.00（* *）	−0.37/0.00（* *）

注：“*”与“* *”分别表示显著性水平，“*”代表 $p \leqslant 0.05$，“* *”代表 $p \leqslant 0.01$。

3. 空间类型因素与主观响度及声舒适度的评价

本小节在等效 A 声级的情况下对比各个空间主观响度和主观声舒适度的差异。将等效A声压从小到大分别取了55dB、65dB和75dB 3个声压级点，相关的采集数据在±2dB之间，观察主观响度和主观声舒适度的差异情况，如图5-32所示，其中主观响度（1——很低，2——低，3——一般，4——响，5——很响），主观声舒适度（1——很不舒适，2——不舒适，3——一般，4——舒适，5——很舒适）。

从图5-32（*a*）中可以看出，等效A声级在55dB和65dB时，主观响度的变化并不大，在各地下商业街中，主观响度差异在0.2～0.7之间，而在75dB时，主观响度的平均值要明显高于65dB时的主观响度，在各个地下商业街中，主观响度差异在1.2～1.6之间。这表明在等效A声级较低时，声压级的变化对主观响度影响不大，等效A声级较高时，声压级的变化对主观响度影响是很大的。需要指出的是，等效A声级在55dB时，以火车站和会展地下商业街为代表的“广场型”地下商业街在主观响度平均值要明显高于其他3个“街道型”地下商业街，差异在0.3～0.5之间。而等效A声级在65dB时，“广场型”地下商业街与“街道型”地下商业街在主观响度上几乎没有差异。等效A声级在75dB时，“广场型”地下商业街中的主观响度低于“街道型”地下商业街，但是这种差异并不明显，差值仅在0.1～0.3之间。以上的结果表明，在等效A声级相同并且相对较低的情况下，在“广场型”的地下商业街内主观响度感觉较高。在等效A声级相同并且较高的情况下，在“街道型”地下商业街内主观响度感受较高。一个可能的原因是，等效A声级较低的情况一般出现在商场顾客较少的时候，广场型的地下商业街显得空旷，所以回声更明显。而等效A声级较高时，街道型地下商业街的尺度比广场型的小很多，所以让人在心理上感觉响度略高一些。

从图5-32（*b*）中可以看出，等效A声级在65dB时，主观声舒适度较在55dB和75dB时要大。等效A声级在55dB时，“广场型”地下商业街中的主观声舒适度明显要比“街道型”地下商业街的主观声舒适度高，差异在0.4～1.0之间。等效A声级在65dB时，“广场型”地下商业街的主观声舒适度比“街道型”的高，但是差异明显变小了，仅在0.1～0.7之间。而等效A声级在75dB时，“广场型”地下商业街与“街道型”地下商业街在主观声舒适度上的差异比65dB时还小，仅在0.1～0.5之间，并且秋林地下商业街的主观声舒适度要高于火车站和会展地下商业街。以上结果表明，等效A声级相同并且较低的情况下，“广场型”地下商业街内的主观声舒适度要高于“街道型”地下商业街。随着等效A声级的提高，这种差异逐渐减弱，并且在等效A声级较高的情况下，“广场型”地下商业街与“街道型”地下商业街在主观声舒适度上并没有明显差异。其原因可能是，当主观响度较低的情况下，广场型的地下商业街尺度上让人们感觉更舒适，而随着声压级的提高，这种舒适感的作用与噪声比起来，就显得微不足道了。

4. 环境因素与主观响度及声舒适度的评价

（1）温度因素

为了研究温度对听者的主观响度和主观声舒适度的影响，进行了2组讨论。首先是比较实测温度与主观响度和主观声舒适度的关系。实测温度按从小到大划分为5段，即10℃以下、10～15℃、15～20℃、20～25℃和25℃以上。5个地下商业街的实测温度段与主观响度和主观声舒适度的相关系数和显著性水平如表5-19所示，其中实测温度段与主观响度和声舒适度的相关计算方式为卡方检验，相关系数为Gamma。

从表5-19中可以看出，在大多数地下商业街中，实测温度与主观响度的关系不显著，

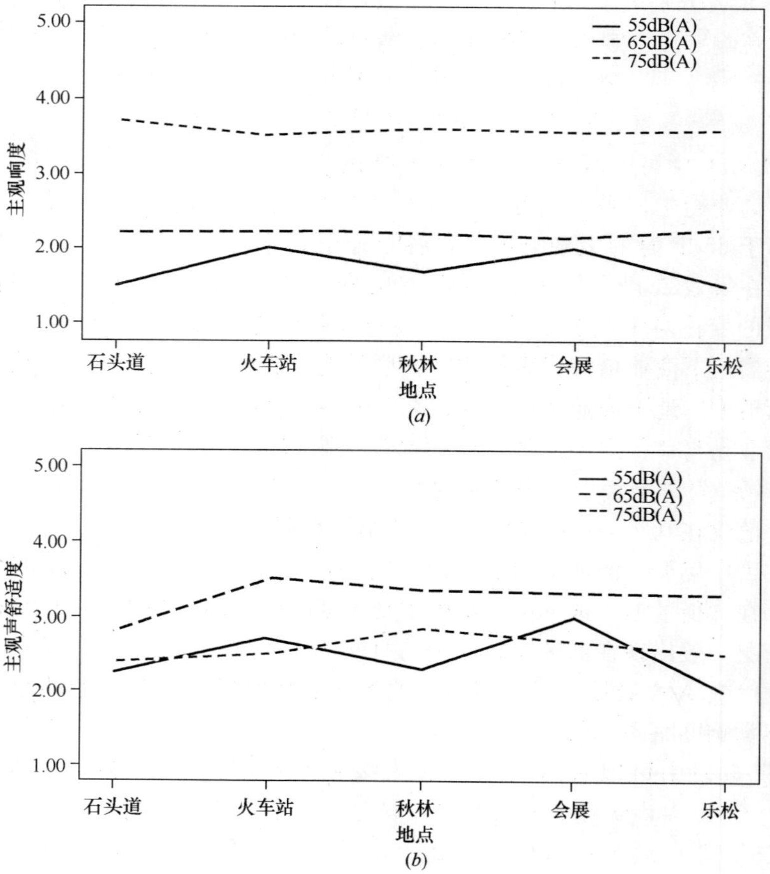

图 5-32　空间类型与主观响度和主观声舒适度

只有秋林地下商业街在 $p \leqslant 0.01$ 的水平上，存在－0.11 的相关性。这些结果表明实测温度与主观响度基本不相关。实测温度与主观声舒适度的相关性在石头道、会展和乐松地下商业街中在 $p \leqslant 0.01$ 和 $p \leqslant 0.05$ 的水平上存在 0.13、0.09 和 0.07 的相关性，在另外的两个地下商业街中关系不显著。虽然实测温度与主观声舒适度的相关性较主观响度而言在更多的地下商业街内相关性显著，但是这种相关性非常微弱。

实测温度与主观响度和声舒适度的关系　　表 5-19

地　点	实测温度/主观响度	实测温度/主观声舒适度
	相关性/显著性水平	
石头道	－0.02/0.59	0.13/0.00（**）
火车站	0.01/0.73	0.04/0.23
秋林	－0.11/0.01（**）	0.05/0.22
会展	－0.01/0.73	0.09/0.03（*）
乐松	－0.06/0.06	0.07/0.04（*）

注："*"与"**"分别表示显著性水平，"*"代表 $p \leqslant 0.05$，"**"代表 $p \leqslant 0.01$。

为了进一步比较温度与主观响度和声舒适度的关系。对温度的主观感受和主观响度和声舒适度的关系进行了研究。为了方便与主观响度和声舒适度相比较，把温度的主观感受划分为5个等级，即很不舒适、不舒适、一般、舒适和很舒适。5个地下商业街的温度的主观感受与主观响度和主观声舒适度的相关系数和显著性水平如表5-20所示，其中温度的主观感受与主观响度和主观声舒适度的相关计算方式为卡方检验，相关系数为Gamma。

从表5-20中可以看出，在调查的5个地下商业街中，温度感受与主观响度在 $p\leqslant 0.01$ 的水平上存在−0.10到−0.40的相关性，这说明随着温度感受的提高，主观响度随之下降。相应的，在调查的五个地下商业街中，温度感受与主观声舒适度在 $p\leqslant 0.01$ 的水平上存在0.20～0.50的相关性。这表明随着温度感受的提高，主观声舒适度随之增强。很有意思的是，温度感受与主观响度和声舒适度的相关性要远大于实测温度与主观响度和声舒适度的相关性。一个可能的原因是，地下商业街属于室内空间，虽然在不同的季节以及不同的时段，温度会有增减，但是这种温度的变化对于室外温度的变化而言是微不足道的。而且由于季节更替，人们的衣着不同，对于地下商业街内实际温度的感受也不同。例如夏季时，地下商业街内某处温度为20℃时，穿着T恤的人会感觉“很凉爽”，而冬季时，地下商业街内此处温度为8℃时，穿着羽绒服的人会感觉“很热”。相比之下，温度的感受更能体现出使用者对于温度的确切评价，所以相关性要比实际温度的相关性强。

温度感受与主观响度和声舒适度的关系　　表5-20

地　点	实测温度感受/主观响度	实测温度感受/主观声舒适度
	相关性/显著性水平	
石头道	−0.35/0.00（＊＊）	0.36/0.00（＊＊）
火车站	−0.34/0.00（＊＊）	0.22/0.00（＊＊）
秋　林	−0.20/0.00（＊＊）	0.37/0.00（＊＊）
会　展	−0.19/0.00（＊＊）	0.32/0.00（＊＊）
乐　松	−0.30/0.00（＊＊）	0.42/0.00（＊＊）

注：“＊”与“＊＊”分别表示显著性水平，“＊”代表 $p\leqslant 0.05$，“＊＊”代表 $p\leqslant 0.01$。

（2）湿度因素

为了研究湿度对听者的主观响度和主观声舒适度的影响，进行了2组讨论。首先，是比较相对湿度与主观响度和主观声舒适度的关系。由于不同的地下商业街内相对湿度差异较大，而每个地下商业街内相对湿度变化不大，所以对各个地下商业街内相对湿度和对应主观响度和声舒适度平均值进行相关性比较。5个地下商业街的相对湿度与主观响度和主观声舒适度的相关系数和显著性水平如表5-21所示，其中，相对湿度与主观响度和主观声舒适度的相关计算方式为皮尔逊相关，相关系数为 R。

从表5-21中可以看出，在调查的5个地下商业街中，有4个地下商业街的相对湿度与主观响度的关系在 $p\leqslant 0.01$ 的水平上显著，只有石头道地下商业街中，相对湿度与主观响度不显著。很有意思的是，在火车站和乐松地下商业街中，相对湿度与主观响度存在−0.29和−0.33的负相关，而在秋林和会展地下商业街中，相对湿度与主观响度存在0.30和0.26的正相关。相应的，在调查的五个地下商业街中，相对湿度与主观声舒适度的关系也在 $p\leqslant 0.01$ 的水平上显著，并且在石头道、火车站和乐松地下商业街中分别存在 0.16、0.35 和 0.23 正相关，而在秋林和会展地下商业街中存在−0.32 和−0.33 的负相关。对此结果目前还没有找到一个合理的解释。

相对湿度与主观响度和声舒适度的关系　　表 5-21

地　　点	相对湿度与主观响度	相对湿度与主观声舒适度
	相关性/显著性水平	
石头道	−0.10/0.11	0.16/0.01（* *）
火车站	−0.29/0.00（* *）	0.35/0.00（* *）
秋　林	0.30/0.00（* *）	−0.32/0.00（* *）
会　展	0.26/0.00（* *）	−0.33/0.00（* *）
乐　松	−0.33/0.00（* *）	0.23/0.00（* *）

注："*"与"* *"分别表示显著性水平，"*"代表 $p \leqslant 0.05$，"* *"代表 $p \leqslant 0.01$。

其次，是比较湿度的主观感受与主观响度和主观声舒适度的关系。湿度的主观感受划分为 5 个等级，即很不舒适、不舒适、一般、舒适和很舒适。五个地下商业街湿度的主观感受与主观响度和主观声舒适度的相关系数和显著性水平如表 5-22 所示，其中湿度的主观感受与主观响度和主观声舒适度的相关计算方式为卡方检验，相关系数为 Gamma。

从表 5-22 中可以看出，在调查的 5 个地下商业街中，有 4 个地下商业街中湿度感受与主观响度在 $p \leqslant 0.01$ 的水平上存在−0.40～−0.20 的相关性。表明在这些地下商业街中，随着湿度的舒适感增强，主观响度降低。只有会展地下商业街中，湿度感受与主观响度的关系不显著。湿度感受与主观声舒适度在所有调查的地下商业街中均在 $p \leqslant 0.01$ 的水平上显著，相关性在 0.20～0.40 之间。这表明随着湿度舒适度的增强，主观声舒适度也随之提高。

湿度感受与主观响度和声舒适度的关系　　表 5-22

地　　点	湿度感受与主观响度	湿度感受与主观声舒适度
	相关性/显著性水平	
石头道	−0.30/0.00（* *）	0.31/0.00（* *）
火车站	−0.33/0.00（* *）	0.23/0.00（* *）
秋　林	−0.32/0.00（* *）	0.24/0.00（* *）
会　展	−0.08/0.09	0.21/0.00（* *）
乐　松	−0.24/0.00（* *）	0.23/0.00（* *）

注："*"与"* *"分别表示显著性水平，"*"代表 $P \leqslant 0.05$，"* *"代表 $P \leqslant 0.01$。

5.4　城市地下空间声场模拟及计算方法

运用可靠的声场仿真软件进行城市地下空间的声学设计，能够较为准确地预期各种主要声学参数，是不可或缺的设计方法之一。不同的声场仿真软件具有自身的优越性及局限性，只有扬长避短才能充分发挥其作用。

厅堂仿真技术的最终目标是通过仿真获取听音位置的房间脉冲响应和声学参数，并尽可能逼真地重现该位置的声场效果。基于各种算法的建筑声学仿真软件，能够模拟出房间内给定声源时某一位置的客观参数（如混响时间 RT、早期衰变时间 EDT、语言传输指数 STI 和房间脉冲响应），为室内语言清晰度评价和预测带来方便。以下几个小节是利用不同声学仿真软件对城市地下空间声场模拟与计算的实例。

5.4.1 基于语言清晰度的城市地下空间声场模拟与计算

如前文所述，地下商业街是最常见、典型的城市地下空间类型，声环境复杂，本小节以地下商业街为例，通过声学仿真软件模拟与计算的方法，研究城市地下空间语言清晰度的问题。

从建筑声学的角度看地下商业街属于长空间，主要特点是内部的人员密度较大，顾客与售货员以及顾客相互之间存在着大量的近距离语言交流，因此其声环境不仅要保证 PA 系统的语言清晰度，而且还要保证近距离交谈的语言清晰度，以保证使用者在突发状况下获得有效的疏散指示，并使购物者获得良好的心理与生理舒适度。研究地下商业街语言清晰度，就会涉及到其中人群分布的模拟研究。如何模拟地下商业街中快速流动的人群，这是首要问题。作为地下商业街最主要的动态因素，它所涉及的除了人体尺寸及相关声学参数外，还要考虑如何模拟人群在地下商业街中的分布方式和人群活动交谈所形成的背景噪声，并且大量人群的聚集必然导致地下商业街中混响时间的变化。最能影响语言清晰度的相关因素就是室内的背景噪声与混响时间，如何综合考虑这两大因素对地下商业街进行语言清晰度的影响，并找出语言清晰度与这两者的关系就是本小节研究的主要内容。

目前，语言清晰度的主要客观指标有 STI（Speech Transmission Index）、RASTI（Room Acoustics STI）、STIPA（STI for Public Address Systems）[17]、AI（Articulation lndex）[18]等，其中 STI 理论是目前最为广泛应用的测量和预测语言清晰度的标准，被列入很多国家的标准规范，其取值范围从 0～1（0 表示完全不能听懂、1 表示可以全部理解）[17]。

1. 地下商业街语言清晰度模拟的基础调研

（1）语言清晰度模拟基础数据收集

经过大量实地探查，选取了哈尔滨国贸城地下商业街作为实测声环境调研对象。哈尔滨国贸城始建于 1992 年，是大型平战结合人防工程，分上下 2 层，使用面积 22470m^2。国贸城地下商业街地处城市商业中心地带，人流量巨大。由于建设时期较早，室内顶棚未安置广播系统，其室内声环境基本不受电声干扰，非常适合作为人流量对地下商业街语言清晰度影响研究的调研实测对象。

1）商业街空间声环境调研

国贸城商业街平面、剖面如图 5-33、图 5-34 所示，长、宽、高分别为 224.2m、18.4m、3.4m。国贸城以经营服装为主，室内大部分墙面基本被衣物所覆盖，因此在查找墙面吸声系数时，以织物的吸声系数为准，空间各主要壁面的面积及材质如表 5-23 所示，相应的吸声系数如表 5-24[19]所示，编号与表 5-23 对应。

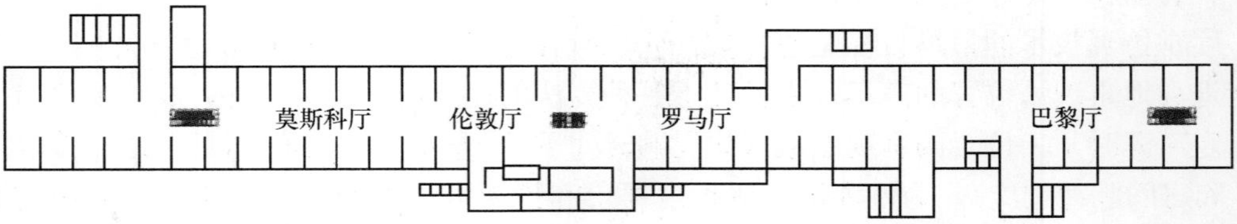

图 5-33　哈尔滨国贸城地下商业街地下二层平面示意图

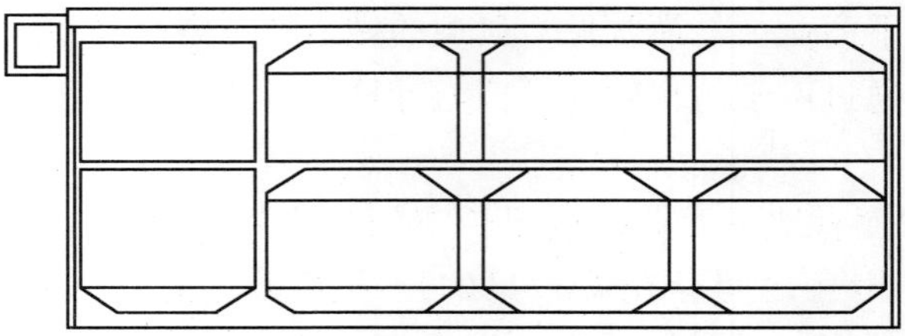

图 5-34　哈尔滨国贸城地下商业街剖面图

国贸城地下商业街各壁面材质表　　表 5-23

编　　号	建筑部位	材　　质
1	墙体	织物
2	地面	大理石
3	吊顶	石膏板
4	柱	大理石
5	洞口	60%吸声量
6	楼梯	大理石

国贸城地下商业街壁面材质吸声系数表[19]　　表 5-24

频率 编号	63Hz	125Hz	250Hz	500Hz	1000Hz	2000Hz	4000Hz	8000Hz
1	0.01	0.01	0.01	0.01	0.01	0.02	0.02	0.02
2	0.01	0.01	0.01	0.01	0.01	0.02	0.02	0.02
3	0.40	0.30	0.25	0.20	0.10	0.10	0.15	0.15
4	0.03	0.03	0.04	0.03	0.03	0.06	0.08	0.08
5	0.01	0.01	0.01	0.02	0.02	0.02	0.03	0.03
6	0.05	0.05	0.10	0.10	0.10	0.07	0.02	0.10

2）测试方法

测试系统声源由一部 BSWA801 声级计、HMI41 温湿度仪以及一部数码相机组成。BSWA801 声级计用来测量并记录地下商业街的背景噪声声压级，HMI41 温湿度仪测量地下商业街内部空间的温度及湿度，数码相机拍摄测量期间 BSWA801 声级计所在区域内人群流动状况。测试地点为国贸城商业街地下二层，温、湿度测点的布置如图 5-35 所示。

由于地下商业街面积过大，不可能对整条商业街进行完整的声压级及人流量的测量，所以在进行声压级及人流量测量时，截取国贸城地下商业街伦敦厅的一段作为测量区域，测点布置如图 5-36。测量人员手持声级计探头稳定在 R1 点距地面约 1.5m 高的位置上，进行读数记录，每组数据由 BSWA801 声级计以 10s 为间隔自动记录倍频程数据组成。在声级计自动记录的同时，测量人员使用数码相机开始在 C1 点以 10s 为间隔拍摄测量区域内的照片，以备后期整理测量区域内人流量变化情况。

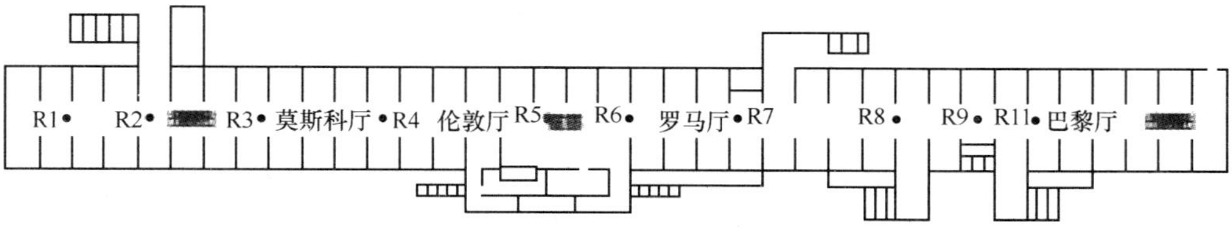

图 5-35　温、湿度测量布点示意图

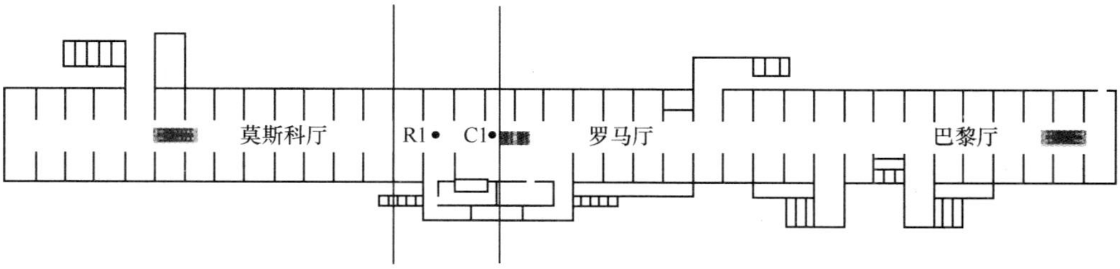

图 5-36　声压级及人群密度测量布点示意图

（2）语言清晰度模拟基础数据整理

通过对哈尔滨国贸城地下商业街的实地调研测量，得到背景噪声声压级数据以及人流量变化情况照片共 94 组，经过人工筛选后得到有效数据及照片 63 组，通过人工清点的办法，数出 63 张有效照片拍摄中的人群数量。为方便后期量化分析人流量与背景噪声的关系曲线以及建立人群分布模型，将统计出的人群数量除以测量区域面积，得到国贸城地下商业街人群密度，并根据拍摄与测量的时间点，将人群密度与商业街背景噪声声压级进行匹配，据此绘制背景噪声（A 声级）随时间变化的曲线（图 5-37）与人群密度随时间变

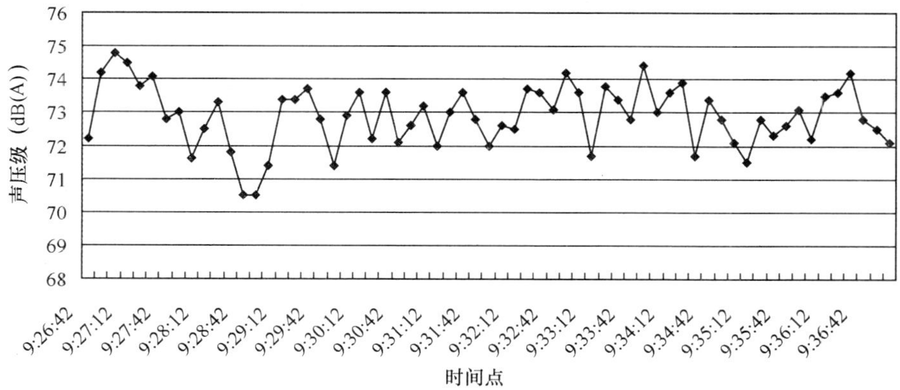

图 5-37　背景噪声（A 声级）随时间变化的曲线

化的曲线（图 5-38）。

通过对以上数据及照片的分析发现哈尔滨国贸城地下商业街的声环境具有如下特点：

1）在无广播系统等干扰声存在的情况下，其背景噪声主要是由流动人群的语音与脚步声组成，测量最大值为 74.4dB（A），最小值为 70.5dB（A）。地下商业街正常营业时段，人群密度变化量较大，统计得出最大值为 0.43 人/m²，最小值为 0.24 人/m²。从背景噪声（A 声级）随时间变化的曲线（图 5-37）与人群密度随时间变化的曲线（图 5-38）对比来看，两种曲线变化趋势十分相近，可初步推测人群密度与地下商业街内部的背景噪声具有较强的相关性。

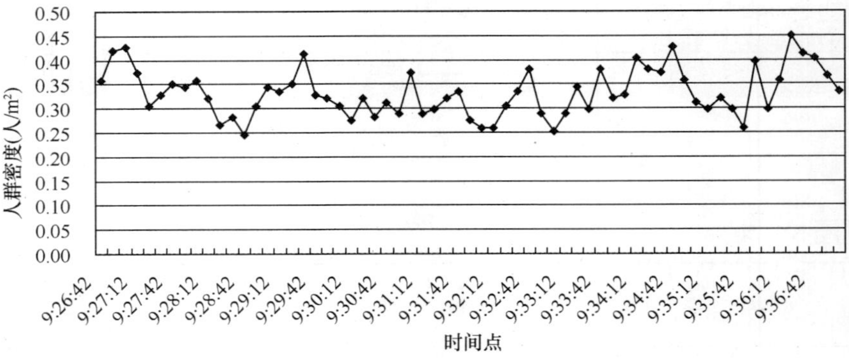

图 5-38　人群密度随时间变化的曲线

2）根据伊林公式，室内温湿度是影响混响时间的因素之一，但是由于设有通风空调设备，地下商业街内部温、湿度在实测中处于相对稳定的状态。

2. 地下商业街人群建模研究

（1）人体模型建立

1）标准人体模型尺寸

此处研究的对象为哈尔滨地区地下商业街人群，所以人体身高数据取自最新人口身高普查黑龙江省人均身高——174.5cm，根据身高查阅中国成年人人体标准（GB 10000—88），确定人体各部位尺寸，如表 5-25 所示。

标准人体模型身体各部位数据　　表 5-25

身高	胸围	腰围	臀围	臂长	腿长	肩高	眼高
174.5cm	94.4cm	85.9cm	94.8cm	58.6cm	89.2cm	143.5cm	164.3cm

2）标准人体模型建模及优化

依照表 5-25，使用 3dsMAX 软件即可进行人体建模。建模方式分为 2 种：一种是精细建模，即利用 3dsMAX 的自带建模功能生成一个面数极多、细节部位极多的人体模型；二是简化模型，利用体块大小、体积与各部位基本相同的矩形块体替代身体各个部分，组成一个简化的人体模型。本节将利用 ODEON 软件模拟探讨人体模型的不同精细程度对于模拟计算结果的影响。实验中选取三种相同体型的模型，在同一房间内分别建立简化模型、精细模型以及中等精细模型，通过比较相同房间模型中各人体模型的模拟计算的差值，来分析人体模型精细度和计算准确性的关系。在 3dsMAX 中分别建立人体精细模型以及简化模型，复制精细模型，使用3dsMAX自带的mutlires命令精简模型的面数，经过调整，发现将面减少到原面数的30%的时候，可以在使用较少面数的情况下保证模型精度，得到中等精细模型（图5-39）。

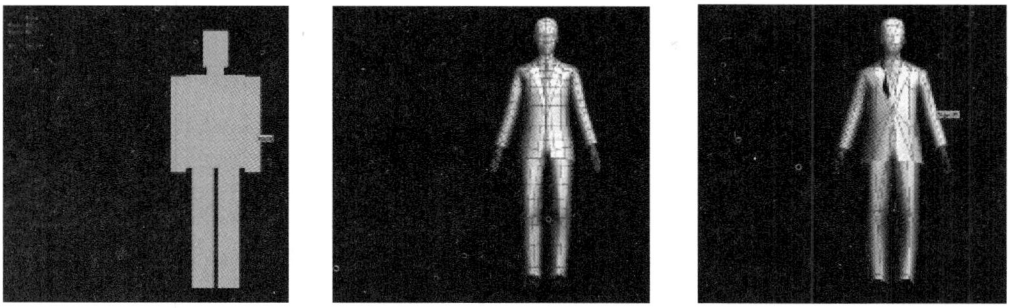

图5-39　简化模型、精细模型及中等精细模型效果图

（a）简化模型　面数84面；（b）精细模型　面数3186面；（c）中等精细度模型　面数703面

建立一个长宽高分别为10m、6m、3.8m的房间模型，将3种不同精细度的模型以前后间距1m、左右间距1.5m的排列方式，平均布置到房间内，进行简单的分层之后导入ODEON。在模型导入ODEON的步骤中，简化模型导入时间为30s，导入后文件大小为118k；中等精度模型导入时间为5min，导入后文件大小为1114k；精细模型导入时间为17min，导入后文件大小为2940k。3种模型导入ODEON之后，房间及人体模型统一使用表5-26所列吸声系数，声源及接收点布置如图5-40，声源使用声功率级为114dB（A）的粉红噪声。将3种模型加入工作后，进行模拟，经过数据对比其结果十分相似，而建模耗时、导入时间以及文件大小却相差很大。结果表明：模型愈精细，并不一定能得到更准确的模拟结果。所以综合考虑效率和模拟精度，本小节最终选定简化模型作为理想的人体模型。

房间及人体模型吸声系数表　　表5-26

频率	63Hz	125Hz	250Hz	500Hz	1000Hz	2000Hz	4000Hz	8000Hz
房间	0.05	0.05	0.1	0.1	0.1	0.07	0.02	0.02
人体	0.18	0.18	0.33	0.44	0.42	0.46	0.37	0.37

（2）人群分布模型建立

如何模拟地下商业街中的人群分布情况是地下商业街语言清晰度模拟的重要一环，人群作为地下商业中最主要的动态因素，扮演着活动的吸声体和反射体的角色，大量吸声体与反射体在地下商业街的分布情况直接关系到地下商业街的混响时间以及声场分布。通过对哈尔滨国贸城地下商业街的照片分析来看，人群在商业街的分布基本呈现出杂乱无序的状态，因此在建立地下商业街人群分布模型时，使用人体模型随机分布的方式是合理的模拟方法。ODEON软件由于自身不具备随机模型分布的功能，因此必须借助3dsMAX的功能来实现人群的随机分布。

首先，建立简单的空间模型，在3dsMAX中导入建立好的简化人体模型。然后在空

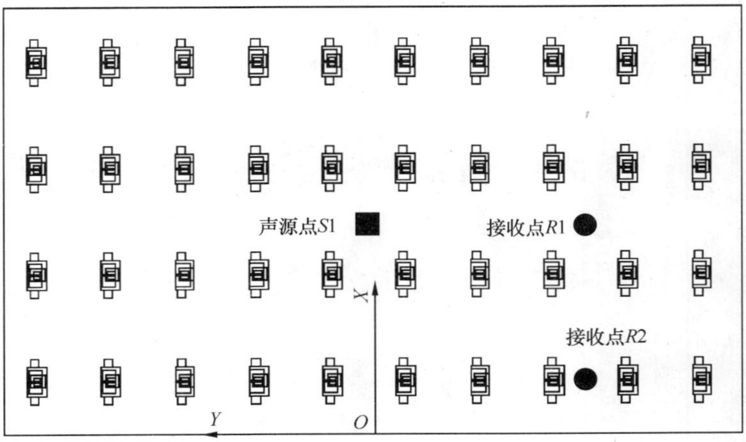

图 5-40　声源及接收点布置图

间模型的地面上将人体模型随机分布 20 个，将生成的模型（图 5-41）存为 DXF 格式后导入 ODEON，即可获得 ODEON 界面下地下商业街人群随机分布的模型。

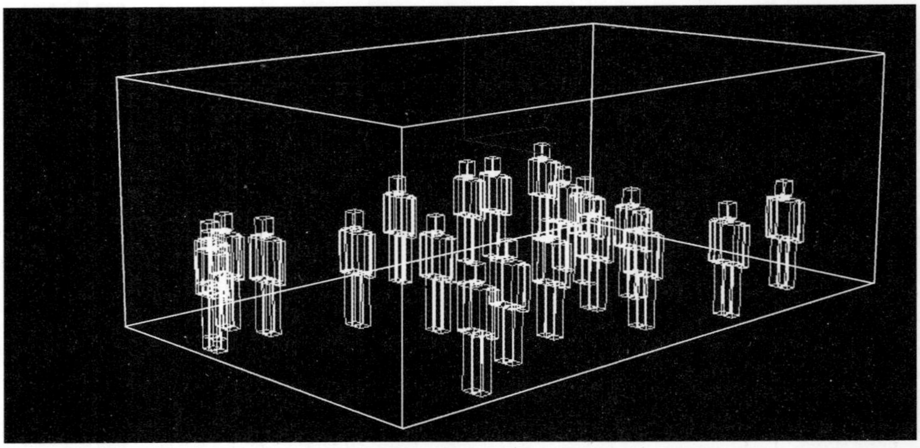

图 5-41　使用随机分布方式（scattered）生成的人群分布模型效果图

3. 地下商业街语言清晰度模拟分析

（1）模拟方法

通过对哈尔滨国贸城地下商业街的调研所得数据，使用人体声学模型与人群分布模型建立的方法，得到 63 组不同人群密度情况下的哈尔滨国贸城地下商业街模型，进行简单的图层分组后，将所有模型导入 ODEON。根据国标《客观评价厅堂可懂度的“RASTI”法》（GB/T 14476—93），STI 测量声源应是由一个安装在合适壳体中的声源产生的，壳体尺寸与人头大小相当。声源应置于厅堂中真实发话人头部的位置，参考轴指向发话方向。测试信号电平应调节到参考语言声级为 60dB（A）。在附加测量时，也可以选用其他的参考语言声级，它可以是从待测厅堂中距发话人唇部前 1m 距离处实际测量的真实发话人的等效 A 计权声压级。因此在模拟声源的选择上，使用 ODEON 自带的 Tlknorm 声源，模拟人在正常发话时的声功率，接收点置于声源点参考轴指向发话方向 1m 处，声源及接收点离地高度均为 1.5m。

根据哈尔滨国贸城地下商业街调研所得的吸声系数表 5-24 和表 5-26，对 63 组国贸城地下商业街模型各个面和人群赋予相应的吸声材料。将已经依据人群密度匹配好的国贸城地下商业街的 63 组背景噪声频谱填入 ODEON ROOM SETUP—Background Noise（for STI calculationonly）参数选项中（图 5-42），以达到模拟地下商业街背景噪声的目的。建立工作组，模拟计算得到 63 组不同人群密度下，地下商业街的混响时间（RT30）与 STI（表 5-27）。

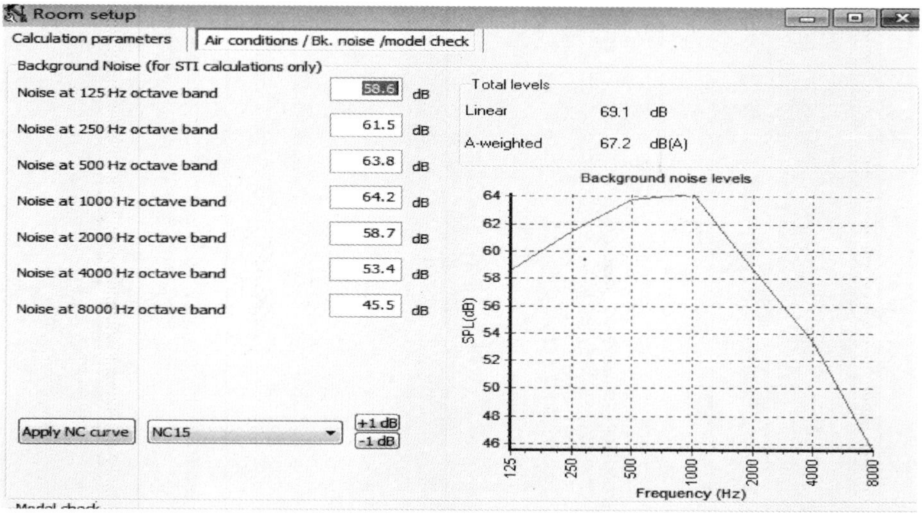

图 5-42 声源及测点布置平面图

地下商业街的混响时间（RT30）与 STI 模拟结果数据　　表 5-27

密度（人/m²）	STI	混响时间（s）						
		125Hz	250Hz	500Hz	1000Hz	2000Hz	4000Hz	8000Hz
0.36	0.25	1.19	0.87	1.16	1.31	1.26	1.10	0.05
0.42	0.27	1.10	0.85	1.13	1.36	1.30	1.16	0.71
0.43	0.21	1.19	0.84	1.13	1.40	1.32	1.03	0.61
0.37	0.23	1.22	0.79	1.28	1.64	1.47	1.00	0.58
0.31	0.22	1.24	0.85	1.17	1.45	1.47	1.04	0.60
0.33	0.24	1.24	0.87	1.26	1.53	1.51	1.04	0.57
0.35	0.26	1.23	0.82	1.15	1.33	1.28	1.20	0.56
0.34	0.24	1.23	0.83	1.14	1.33	1.34	1.01	0.54
0.26	0.27	1.18	0.87	1.29	1.54	1.44	1.08	0.62
0.36	0.26	1.22	0.79	1.12	1.42	1.30	0.96	0.60
0.45	0.25	0.87	0.60	0.91	1.23	1.27	0.89	0.52
0.26	0.27	1.25	0.88	1.32	1.42	1.45	1.03	0.62

续表

密度（人/m²）	STI	混响时间（s）						
		125Hz	250Hz	500Hz	1000Hz	2000Hz	4000Hz	8000Hz
0.41	0.23	1.23	0.82	1.18	1.32	1.10	0.95	0.54
0.40	0.27	1.23	0.75	1.14	1.29	1.22	0.98	0.58
0.37	0.28	1.19	0.81	1.22	1.50	1.43	1.04	0.59
0.30	0.28	1.21	0.86	1.15	1.34	1.42	1.03	0.54
0.34	0.29	1.16	0.78	1.10	1.39	1.30	1.02	0.52
0.36	0.28	1.22	0.82	1.37	1.74	1.51	1.09	0.62
0.32	0.25	1.19	0.85	1.30	1.69	1.41	1.06	0.59
0.28	0.26	1.21	0.84	1.24	1.34	1.34	1.00	0.59
0.24	0.29	1.24	0.92	1.27	1.63	1.54	1.09	0.64
0.31	0.30	1.23	0.80	1.23	1.81	1.55	1.07	0.54
0.34	0.28	1.20	0.85	1.20	1.44	1.38	1.04	0.57
0.34	0.23	1.26	0.78	1.16	1.27	1.26	0.97	0.56
0.35	0.26	1.14	0.81	1.13	1.25	1.19	1.08	0.68
0.41	0.26	1.22	0.84	1.14	1.43	1.30	0.98	0.56
0.33	0.27	1.17	0.81	1.07	1.19	1.12	0.94	0.55
0.32	0.30	1.24	0.87	1.26	1.53	1.51	1.04	0.57
0.31	0.26	1.24	0.81	1.14	1.34	1.32	0.96	0.54
0.27	0.26	1.24	0.83	1.35	1.70	1.50	1.08	0.63
0.32	0.28	1.19	0.85	1.22	1.44	1.38	1.18	0.61
0.40	0.26	1.21	0.86	1.24	1.39	1.27	0.98	0.58
0.31	0.19	1.27	0.84	1.22	1.54	1.50	1.10	0.54
0.34	0.24	1.22	0.86	1.21	1.49	1.37	0.99	0.58
0.38	0.24	1.18	0.76	1.06	1.23	1.20	0.93	0.56
0.29	0.21	1.25	0.87	1.31	1.52	1.41	0.99	0.61
0.25	0.21	1.30	0.88	1.19	1.46	1.43	1.11	0.59
0.29	0.28	1.22	0.88	1.27	1.57	1.48	1.02	0.55
0.34	0.23	1.21	0.88	1.22	1.44	1.35	1.06	0.60
0.30	0.21	1.24	0.80	1.16	1.48	1.36	0.99	0.53
0.27	0.21	1.25	0.90	1.18	1.53	1.31	1.03	0.58
0.32	0.21	1.20	0.82	1.16	1.39	1.23	0.91	0.53
0.33	0.23	1.22	0.83	1.20	1.36	1.36	0.93	0.56
0.40	0.27	1.17	0.79	1.23	1.56	1.41	1.03	0.53
0.38	0.23	1.21	0.83	0.98	1.12	1.14	0.88	0.55

续表

密度（人/m^2）	STI	混响时间（s）						
		125Hz	250Hz	500Hz	1000Hz	2000Hz	4000Hz	8000Hz
0.37	0.29	1.23	0.79	1.08	1.25	1.21	0.91	0.56
0.43	0.24	1.16	0.80	1.11	1.27	1.30	1.11	0.55
0.36	0.25	1.24	0.82	1.25	1.51	1.37	1.06	0.56
0.31	0.28	1.25	0.83	1.14	1.33	1.28	1.03	0.62
0.30	0.29	1.27	0.79	1.31	1.53	1.45	1.04	0.60
0.32	0.29	1.22	0.78	1.11	1.36	1.30	1.04	0.60
0.30	0.29	1.22	0.81	1.24	1.52	1.32	0.98	0.57
0.30	0.25	1.23	0.79	1.22	1.30	1.24	1.15	0.55
0.32	0.25	1.18	0.86	1.18	1.30	1.22	0.97	0.56
0.34	0.27	1.10	0.85	1.13	1.36	1.30	1.16	0.71
0.27	0.26	1.25	0.84	1.32	1.64	1.45	1.13	0.60
0.26	0.27	1.28	0.92	1.25	1.59	1.52	1.07	0.62
0.31	0.26	1.03	0.67	0.99	1.31	1.31	1.02	0.58
0.29	0.26	1.17	0.80	1.13	1.35	1.32	1.12	0.55
0.37	0.21	1.28	0.80	1.23	1.49	1.42	1.00	0.59
0.29	0.27	1.24	0.87	1.26	1.53	1.51	1.04	0.57
0.28	0.23	1.24	0.87	1.35	1.63	1.53	1.14	0.56

（2）模拟数据分析

通过对哈尔滨国贸城地下商业街正常营业状态下的实地调研测量和模拟计算，收集了分析人流量与语言清晰度（STI）关系所需要的必要数据。本节采用社会科学统计软件SPSS对所收集的人群密度、背景噪声（A声级）、混响时间（T30）以及语言清晰度（STI）四者的数据进行相关性分析，进而绘制回归曲线。

相关性分析项目分为四种：人群密度与背景噪声的相关性分析，人群密度与混响时间的相关性分析，背景噪声与语言清晰度的相关性分析，以及混响时间与语言清晰度的相关性分析。分析结果如表5-28～表5-35。

背景噪声（A声级）与语言清晰度的相关性分析　　表5-28

回归方程	相关分析					方程参数	
	R^2	F	$df1$	$df2$	Sig	常数	$b1$
线性	0.621	86.879	1	53	0	79.679	27.041

背景噪声（A声级）与人群密度的相关性分析　　表5-29

回归方程	相关分析					方程参数	
	R^2	F	$df1$	$df2$	Sig	常数	$b1$
线性	0.149	10.714	1	61	0.002	70.436	7.391

混响时间（250Hz）与人群密度的相关性分析　表 5-30

回归方程	相关分析					方程参数	
	R^2	F	$df1$	$df2$	Sig	常数	$b1$
线性	0.073	4.487	1	57	0.039	0.921	—

混响时间（500Hz）与人群密度的相关性分析　表 5-31

回归方程	相关分析					方程参数	
	R^2	F	$df1$	$df2$	Sig	常数	$b1$
线性	0.128	8.393	1	57	0.05	1.413	0.671

混响时间（1000Hz）与人群密度的相关性分析　表 5-32

回归方程	相关分析					方程参数	
	R^2	F	$df1$	$df2$	Sig	常数	$b1$
线性	0.116	7.491	1	57	0.08	1.771	1.028

混响时间（2000Hz）与人群密度的相关性分析　表 5-33

回归方程	相关分析					方程参数	
	R^2	F	$df1$	$df2$	Sig	常数	$b1$
线性	0.093	5.849	1	57	0.019	1.580	0.691

混响时间（4000Hz）与人群密度的相关性分析　表 5-34

回归方程	相关分析					方程参数	
	R^2	F	$df1$	$df2$	Sig	常数	$b1$
线性	0.081	5.021	1	57	0.026	1.177	0.433

混响时间（8000Hz）与人群密度的相关性分析　表 5-35

回归方程	相关分析					方程参数	
	R^2	F	$df1$	$df2$	Sig	常数	$b1$
线性	0.118	7.657	1	57	0.008	0.759	0.565

通过表 5-28 至表 5-35，可知人群密度与混响时间（250～8000Hz）和背景噪声、背景噪声与语言清晰度均具有较强的相关性，进而可以绘制人群密度与背景噪声、混响时间的回归曲线，以及背景噪声与语言清晰度的回归曲线（图 5-43）。通过回归曲线可知各个因素之间相互影响的趋势：背景噪声随人群密度增大而增大，而语言清晰度随着背景噪声增大而减小；各频率混响时间与人群密度呈正态分布。

通过分析 SPSS 得出的回归曲线可以发现，语言清晰度的变化趋势与由人群密度造成的声压级变化趋势相反，同时发现混响时间与语言清晰度无相关性。但是根据 STI 计算原理，语言清晰度与背景噪声和混响时间具有很强的相关性，基于以上的疑问，可推测在地下商业街中人群作为发声体带来的背景噪声声压级升高对于语言清晰度的影响，远远大于人群作为吸声体带来的混响时间降低对语言清晰度的影响。

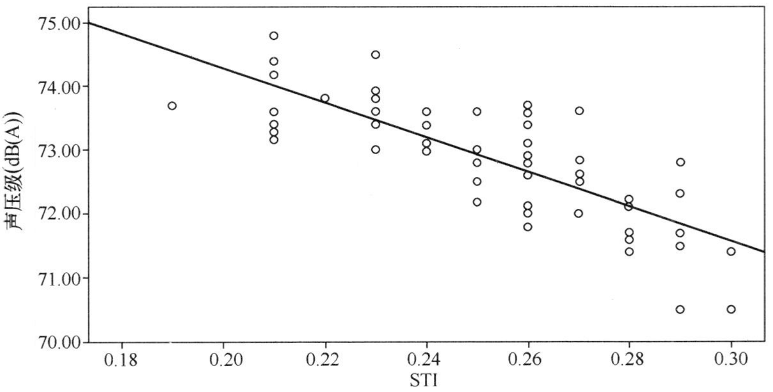

图 5-43 语言清晰度与背景噪声的回归曲线

(3) 推论验证

基于以上的推测，将利用 ODEON 验证推测的正确性。首先以哈尔滨国贸街地下商业街空间为基础建立人群密度从 0～0.8 人/m² 的商业街模型，然后分别模拟背景噪声（A 声级）为 30dB、50dB 和 70dB 情况下的语言清晰度与混响时间的关系。结果如表 5-36。

背景噪声不同时人群密度、混响时间（RT30）与语言清晰度（STI）数据列表　表 5-36

密度（人/m²）	STI（70dB(A)）	STI（50dB(A)）	STI（30dB(A)）	混响时间（s）						
				125Hz	250Hz	500Hz	1000Hz	2000Hz	4000Hz	8000Hz
0	0.22	0.76	0.87	1.37	1.14	1.73	2.05	1.95	1.41	0.68
0.1	0.23	0.76	0.88	1.36	1.09	1.56	1.84	1.75	1.28	0.68
0.2	0.23	0.77	0.89	1.29	0.94	1.38	1.66	1.55	1.21	0.67
0.3	0.23	0.78	0.9	1.24	0.94	1.37	1.82	1.55	1.16	0.63
0.4	0.23	0.78	0.9	1.2	0.79	1.18	1.36	1.23	1.12	0.72
0.5	0.23	0.78	0.91	1.14	0.79	1.06	1.32	1.05	0.97	0.97
0.6	0.23	0.78	0.91	1.19	0.74	0.94	1.11	1.04	0.98	0.57
0.7	0.23	0.79	0.93	1.11	0.66	0.89	0.96	0.97	0.89	0.48
0.8	0.23	0.79	0.93	1.12	0.67	0.98	1.08	1.02	0.82	0.53

通过表 5-36 可以看出，地下商业街模型的混响时间随着人群密度的改变而改变，而背景噪声为 70dB（A）的情况下，人群密度在 0.1～0.8 人/m² 变化时，语言清晰度始终保持固定值 0.23；背景噪声为 50dB（A）的情况下，人群密度在 0.3～0.6 人/m² 变化时，语言清晰度保持固定值 0.78；背景噪声为 30dB（A）的情况下，语言清晰度始终随着混响时间的降低而增加，因此可以推测当信噪比升高时，混响时间与 STI 的相关性也将随之提升。

由于人群的排列方式以及人体吸声系数的取值变化也会影响地下商业街的混响时间，因此为进一步完善推论的可靠性，设定背景噪声为 70dB（A）和 30dB（A），人群密度为 0.8 人/m² 条件下，分别建立人群集中在一侧（模型编号 M1）和人群集中在两侧（模型编号 M2）的分布模型（图 5-44），以及两种极端人体吸声系数——全吸收（模型编号 M3）与全反射（模型编号 M4）状态下的商业街模型，观察这 4 种模型模拟出的语言清晰度的差异。

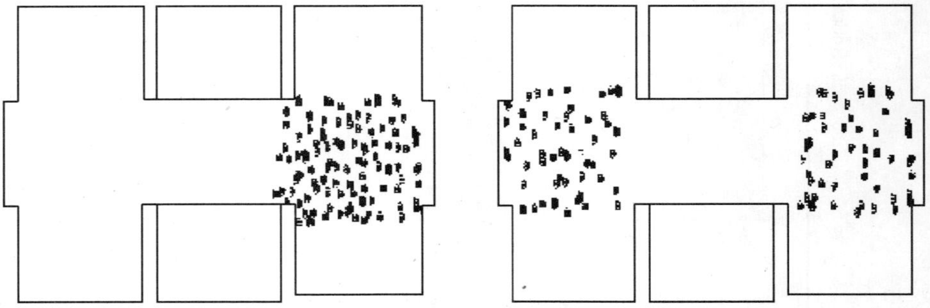

图 5-44　两种人群集中分布的模型

(a) 人群集中在一侧分布模型编号 M1；(b) 人群集中在两侧分布模型编号 M2

通过模拟得到的数据所示，在背景噪声为 30dB（A）的情况下，改变人群分布的方式以及改变人体的吸声系数对语言清晰度都有较大的影响，而在背景噪声为 70dB（A）的情况下，4 种模型模拟得出的语言清晰均为 0.23，即无论如何改变人群的分布方式与人体的吸声系数都无法对语言清晰度造成影响（详见表 5-37 和图 5-45）。

背景噪声为 30dB（A）和 70dB（A）时四种模型混响时间（RT30）与语言清晰度（STI）数据列表

表 5-37

模型编号	STI (30dB(A))	STI (70dB(A))	STI	混响时间（s）						
				125Hz	250Hz	500Hz	1000Hz	2000Hz	4000Hz	8000Hz
M1	0.88	0.23	0.88	1.18	0.93	1.38	1.76	1.60	1.28	0.58
M2	0.86	0.23	0.86	1.29	1.02	1.49	1.83	1.72	1.42	0.64
M3	0.96	0.23	0.96	0.76	0.64	0.8	0.95	0.76	0.62	0.37
M4	0.84	0.23	0.84	1.42	1.22	1.23	1.25	1.26	1.19	0.75

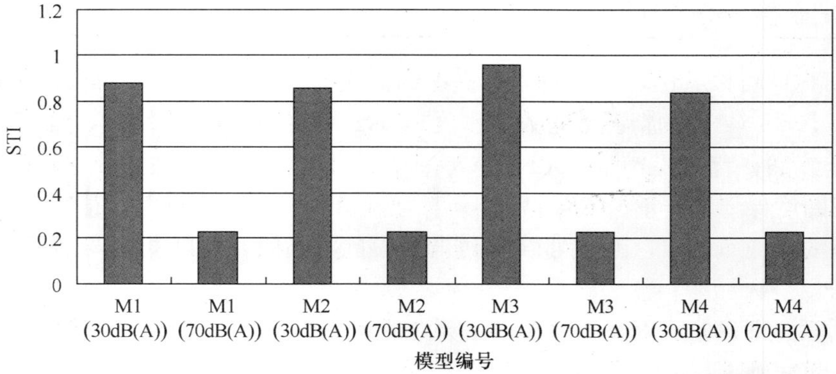

图 5-45　背景噪声为 30dB（A）和 70dB（A）条件下四种模型语言清晰度对比图

经过以上模拟试验证明，最后得出结论：在背景噪声声压级相对于声源声压级较高时，即信噪比较低这一前提条件下，“在地下商业街中，人群作为发声体带来的背景噪声声压级升高对于语言清晰度的影响，远远大于人群作为吸声体带来的混响时间降低对语言清晰度的影响”的推论是成立的；同时，如果地下商业街信噪比达到一定程度时，混响时间对于语言清晰度的影响将会逐渐增大。

5.4.2 地下特殊空间低频声学模拟及计算

在综合化地下空间中，有一类特殊空间，它联系平面的各功能分区，担负不同使用空间的转换功能，作为组织交通的节点，或兼做公共的活动空间。此类空间具有人流大、声源种类多、空间形式多样等特点，不仅特殊空间内的声环境复杂，也会对与其相通的其他空间内的声环境产生一定的影响，因而，有必要对此类空间的声传播进行研究，寻其规律，分析其影响因素，能够对特殊转换空间的声环境进行有效的预测。

1. 有限元分析软件 COMSOL 的验证

有限元法是将弹性连续体离散成为有限个单元的一种近似数值解法。近些年来，随着计算机硬件和软件的不断发展，有限元软件也得到了大幅度提高，并逐步应用在室内声学方面。由于不同频率对有限单元网格划分的精度要求有很大的差别，因此要对软件进行有效性分析。

首先应用软件模拟自由声场下的声传播规律，分别建立了 3 种坐标（球坐标、柱坐标、直角坐标）下的自由声场，分析测点的声压及声压级的分布情况，并与理论计算值（由计算公式得出）进行比较。其次，同样在自由声场的情况下，验证软件是否能够满足平方反比定律。结果表明软件能够很好地模拟低频声的传播，并基本满足自由声场下的平方反比定律。

2. 模拟方法

有限元法进行室内声场模拟有以下几个步骤：模型建立、声源设定、界面条件、有限单元划分、其他参数设置、模型求解。

（1）模型建立。随着软件技术的不断发展进步，有限元软件已具有自建模型的界面及相应的建模工具，如模型较为复杂，还可借助于 CAD、Matlab 等软件来建立模型，并通过导入接口，将已建好的模型导入，大大简化了基本模型的建立过程。

（2）声源设定。建筑声学的测试中常用的是无指向声源，来作为点声源。因此，进行模拟时，声源参数的设定主要是根据无指向声源的测试参数而选择的，并模拟距声源 2m 处测点的频谱与 12 面体无指向声源的技术参数进行比较，在 150Hz 以下的低频范围拟合较好。

（3）界面条件。对于自由声场的设定，是在模拟空间外设定一个附加区域（入射声波完全被吸收而无反射的区域），以此来模拟远场的声压为 0；对于全吸声界面的设定，是将界面的声压设为 0；对于其他材质的界面设定，可通过输入界面阻抗的方法来进行设定。

（4）有限单元划分。不同的频率对有限单元的划分要求是不同的，同时也受到计算机硬件水平的制约，因此有必要对各频率有限单元划分尺寸进行分析。根据软件提供的资料可知，对于建筑声学每个波长划分 10～12 个单元是比较精确的模拟，同时结合模型的尺度及拟要分析的频率综合分析。

为了验证不同有限单元尺寸的影响，在 5m×5m×5m 的自由声场内进行比较，见图 5-46 所示。当有限单元尺寸（h _ max）为 λ/5 时，模型的划分比较粗糙，与理论计算值的差异较大。而其他 3 种情况的模拟精度有明显提高，与理论计算值的平均差值在 0.2dB 左右。同时，考虑到计算机硬件及计算时间的考虑，确定有限单元划分尺寸为 λ/10。

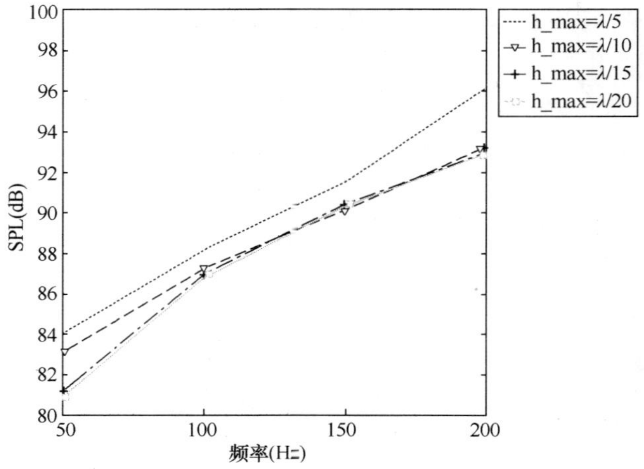

图 5-46　f＝50～200Hz 时，不同有限单元划分的声压级模拟结果

研究证明，通过合理地选择应用模式和单元，有限元法可以用于分析室内声场的低频声分布，模拟流程图见图 5-47。

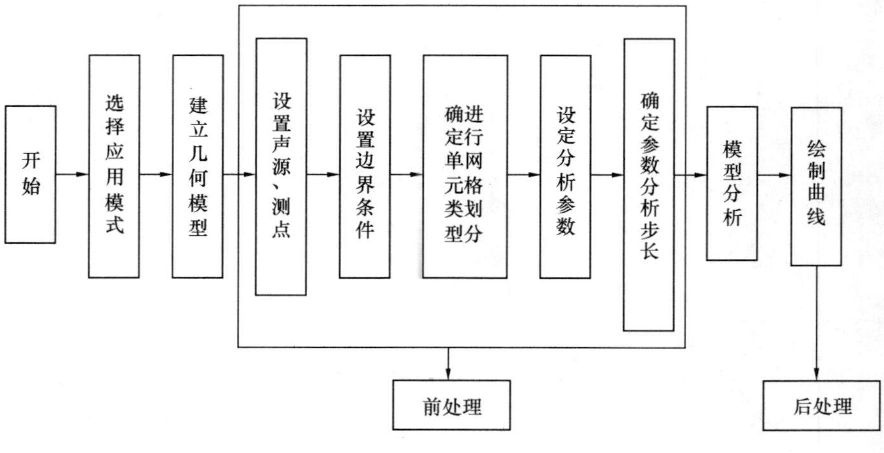

图 5-47　模拟流程图

5.4.3　地下空间电声系统声场模拟及计算

在地铁站、地下商业街等这类混响时间长、人员高度密集的地下公共空间，语言清晰度的优劣显得尤为重要，是声学设计的核心内容之一，它不仅仅关系到使用者正常的语言交流，而且直接影响电声系统（主要包括公共广播扩声系统）能否将关键信息清晰准确地传达给每个听众。从建筑声学的角度看，地下空间的语言清晰度与背景噪声以及混响时间有着最为密切的关系，而对于在电声系统下的混响时间，除了与空间

固有的声学特性有关外，还在很大程度上受到声源（即扬声器）特性的影响，因此恰当的声源系统设计，是地下空间电声系统语言清晰度的必要保障之一。下面将通过声学软件 ODEON（9.2Auditorium 版本）模拟来研究扬声器的指向性对地下长空间电声系统 STI 的影响。

1. 模拟参数的设置

主要包括模型的空间尺度、围合界面的吸声系数、声源与接收点的位置以及 ODEON 中的一些参数设置等。

根据地下长空间常见的三维尺度关系，暂设定长空间的宽度为 3m、高度为 4m、长度为 150m 左右。长度方向的两个端墙设为 100%吸声，地面、顶棚及两纵向侧墙面的吸声系数均为 0.05（63Hz、125Hz、250Hz、500Hz、1kHz、2kHz、4kHz、8kHz）。声源距地高度为 3.5m，接收点距地高度为 1.5m，平面位置详见图 5-48。

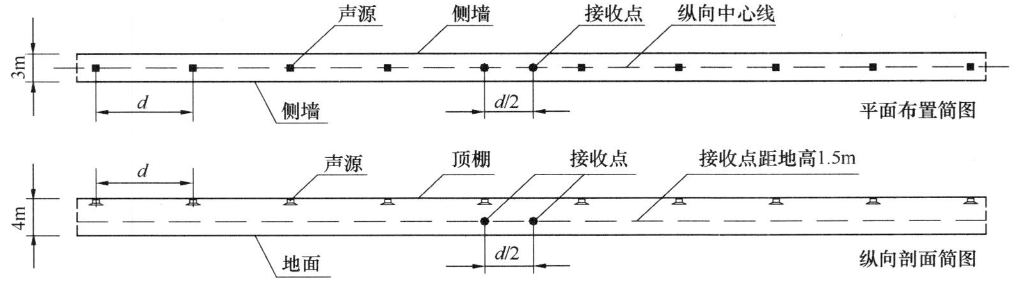

图 5-48 声源与接收点示意图

图 5-48 中，*d* 为扬声器（组）的平面间距，各扬声器按等距布置。接收点一是在中央声源的正下方，一是在两相邻声源中间的位置。为了比较扬声器指向性对 STI 的影响，在 ODEON 声源数据库中添加了 CLFgroup 官方网站提供的四种扬声器，其语言频响范围内主要频率上的水平指向性基本相近，垂直指向性参数详见表 5-38。

扬声器垂直指向性参数表 表 5-38

声源编号	倍频程主要频率的垂直辐射角				备　注
	500Hz	1kHz	2kHz	4kHz	
S1	180°	180°	110°	56°	天花式扬声器
S2	104°	83°	43°	24°	小型声柱
S3	86°	41°	22°	9°	小型声柱
S4	47°	25°	9°	8°	小型声柱

对于声柱来说，其水平方向的指向性与单只扬声器相比没有变化，而垂直方向的指向性在不同程度上要优于水平方向，因此将上述声源垂直面的指向性作用于长空间的纵向上，水平面的指向性则作用在长空间的横断面上。

在 ODEON 软件的 Point Source Editer 中，将上述四种声源从 63Hz～8kHz 的 6 个中心频率在轴向 10m 处的声压级均设为 65dB（A），由于扬声器与接收点的垂直高度分别为 3.5m 和 1.5m，因此位于扬声器正下方的接收点 R2 处的直达声声压级可达到 77dB（A）

以上，位于 2 个扬声器之间的接收点 R1 处的直达声声压级会略有下降；在 Room Setup 中将各频率背景噪声均设为 60dB（A），即在有背景噪声干扰的条件下进行模拟，更接近现实中长空间的使用情况。以上设定能够满足《火灾自动报警系统设计规范》中关于信噪比的规定。

2. 模拟结果的对比与分析

首先，将声源平行于顶棚布置，各声源的垂直辐射轴与地面呈 90°夹角。分别模拟计算声源 S1、S2、S3 在 5m 等距、10m 等距、15m 等距和 20m 等距布置的情况下，两个接收点 R1（两相邻声源中间的位置）和 R2（中央声源的正下方）处的 STI 值，其中 R1 处的 12 个对比数据见图 5-49，R2 处的 12 个对比数据见图 5-50。

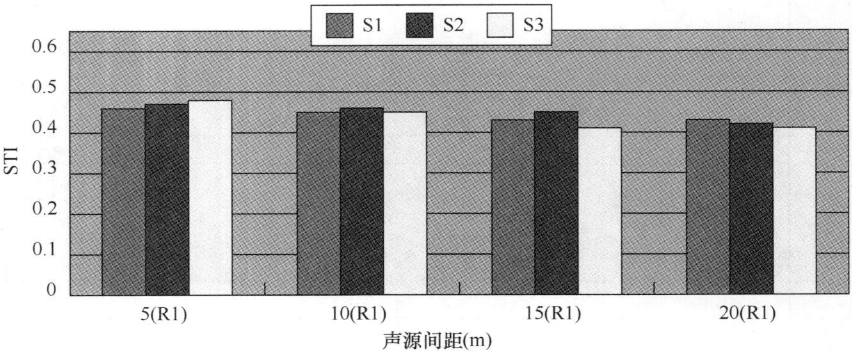

图 5-49　接收点 R1 处 STI 数据对比图

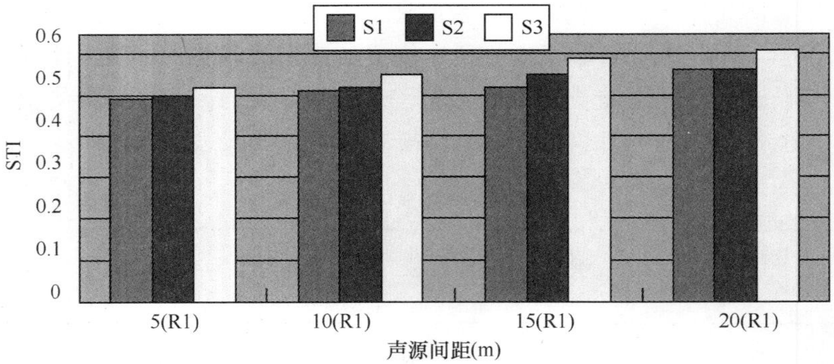

图 5-50　接收点 R2 处 STI 数据对比图

经过对比分析可以发现：在声源正下方的接收点 R2 处，其 STI 值随着声源指向性的增强而增大；而位于两声源之间的接收点 R1 处，其 STI 值的变化范围并不大、并且变化趋势不明显。这充分表明，指向性强的声源声能更为集中，在其有效辐射范围之外的区域直射声能衰减很快。为了充分发挥指向性声源的优势，需要尽量扩大其在接收高度（距地面 1.5m）水平面上的有效辐射范围，因此应调整声源垂直辐射轴与地面的夹角，同时将两个（组）指向性扬声器沿空间长度方向背靠背安装，形成一定夹角的“V”字形，则更有利于声场获得较好的均匀度，布置方式详见图 5-51。

上述布置方式中，角度 α 的确定主要取决于扬声器的垂直指向性参数，在本节中假定

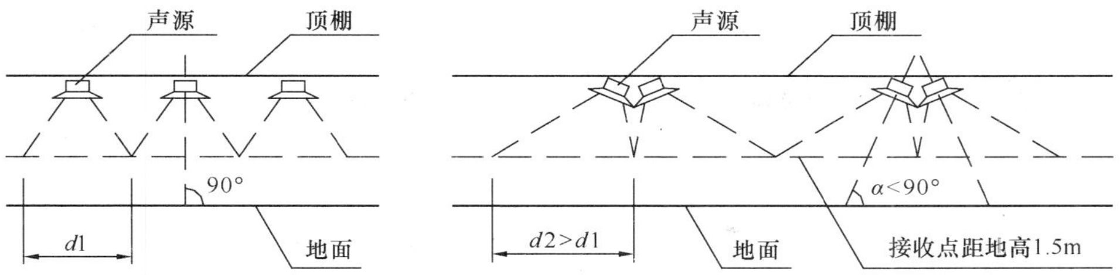

图 5-51 扬声器倾斜角度示意图

了 65°和 45°两种倾斜角度（见图 5-52 和图 5-53），同时选择指向性较强的声源 S3 和 S4 分别做为 ODEON 中的模拟声源。

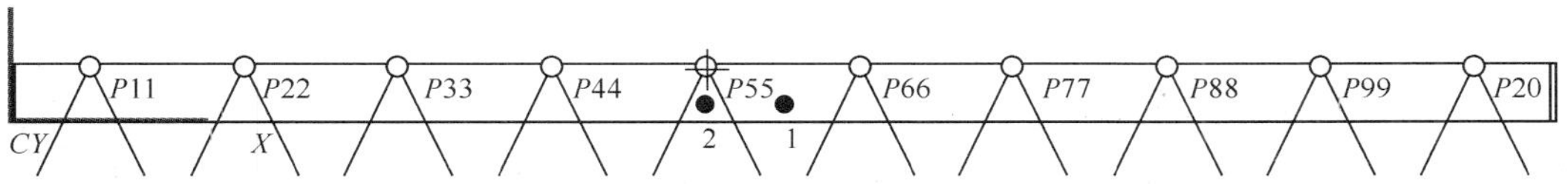

图 5-52 ODEON 模拟声源倾斜 65°

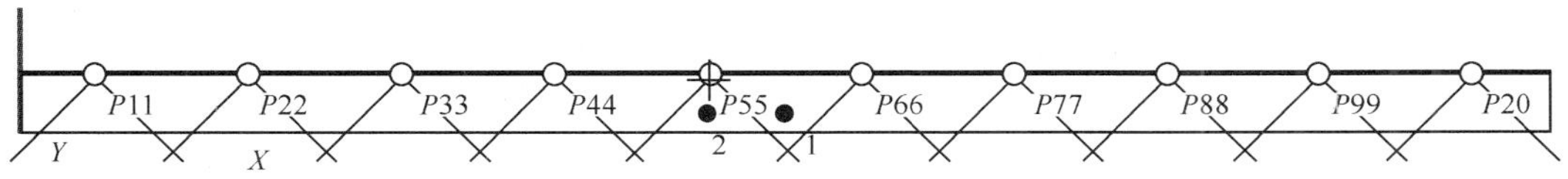

图 5-53 ODEON 模拟声源倾斜 45°

将声源 S1 垂直辐射及 S3、S4 倾斜角度辐射时各种情况下的 STI 模拟值列表 5-39 和表 5-40 对比。

声源不同布置方式 STI 模拟值　　表 5-39

接收点	声源间距	S1（90°）	S3（65°）	S3（45°）	S4（65°）	S4（45°）
R1	5m	0.46	0.49	0.51	0.51	0.52
	10m	0.45	0.47	0.49	0.48	0.50
	15m	0.43	0.43	0.45	0.44	0.46
	20m	0.43	0.44	0.46	0.44	0.46
R2	5m	0.49	0.50	0.49	0.52	0.51
	10m	0.51	0.52	0.48	0.55	0.46
	15m	0.52	0.52	0.47	0.55	0.49
	20m	0.56	0.56	0.50	0.58	0.52

声源不同布置方式 R1 与 R2 处 STI 差值　　表 5-40

声源间距	S1（90°）	S3（65°）	S3（45°）	S4（65°）	S4（45°）
5m	0.03	0.01	0.02	0.01	0.01
10m	0.06	0.05	0.01	0.07	0.04
15m	0.09	0.09	0.02	0.11	0.03
20m	0.13	0.12	0.04	0.14	0.06

从表 5-40 中可以看出，当指向性声源 S3、S4 设置为倾斜一定角度时，其在接收点 R1 处的 STI 值均有上升的趋势，与声源 S1 相比具有明显的优势；从表 5-41 中可以看出，当声源 S3、S4 倾斜角度为 45°时，声场的均匀度较好，尤其是接收点 R1 处的 STI 值相对于 S1 有明显提高。

从上述表格中观察发现，对于声源 S1 布置间距越小时，声场均匀度越好，同时接收点 R1 处的 STI 值也相对较好，那么是不是在更近的布置间距下，其 STI 值会进一步提高呢？因此对于声源 S1 布置间距为 2.5m 等距时进行模拟，其 R1 和 R2 处的 STI 值分别为 0.46 和 0.47，可以看出过分加密声源 S1 的布置间距，只能提高声场的均匀性，但 STI 值反而会由于相邻声源的互相干扰而下降。因此无论声源 S1 的布置方式怎样，与指向性声源 S3、S4 相比，声场内的 STI 值均有一定差距，声源指向性对 PA 系统 STI 的积极影响是显而易见的。

5.4.4　地下空间空调系统声场模拟及计算

地下空间的空调系统与地上建筑相比，有其固有的特殊性，不能像地上建筑那样可以通过门窗来补充新风，因此，进行地下空间空调系统的设计是必要的。通过实地测试及问卷调查发现，空调风口噪声对人们生理和心理都有很大的影响；同时需要注意的是，空调系统的声源不唯一，分布情况较为复杂；另外空调设备属于固定的大型设备之一，一旦安装后不能随意拆卸、更换，因此对于地下空调系统噪声环境的预测和分析尤为重要。声学仿真软件的发展已达到了比较成熟的阶段，设计者不但可以“看”到声场的布局，也可让使用者提前“听”到声场的声环境。因此借助于声学仿真软件来进行地下空间空调系统的模型，分析其影响因素，并提出相应的设计策略是行之有效的方法。

地下空间空调系统声场的模拟主要有以下 3 个方面：一是送风方式的设定，二是噪声源的设定，三是界面材质的设定。前两方面主要是空调系统的组成方式决定的，常用的空调系统有集中式、半集中式、分散式等，由于空调设备和风管的设置不同，从而导致了送风方式、噪声源分布情况的不同。

1. 送风方式设定

在地下长空间空调设计中，为达到室内合适的温湿度及风速要求，通过合理布置送回风口的位置来形成良好的气流组织，送回风方式根据送风口在空间中的位置来定义，经总结在地下长空间中主要有侧送风、顶部送风、地板送风 3 种送风形式，每种送风形式根据回风口位置不相同又可归纳为多种形式。侧送风、顶送风和地板送风各可分为 2 种送风方式，共 6 种送回风方式（如图 5-54 所示），每个风口都是一个噪声源。

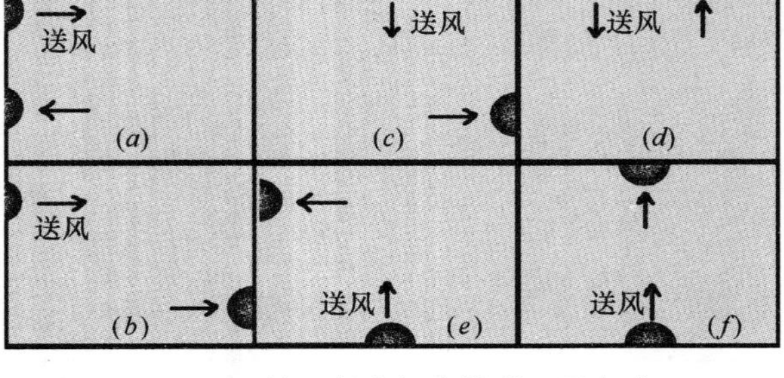

图 5-54　地下长空间中的送回风方式

2. 噪声源设定

地下空间空调系统的噪声源主要由 3 部分组成，即通风机噪声、风管噪声、风口噪声；这些噪声可通过空气直接传播，也可使楼板、相邻的墙体等结构构件产生共振发声，同时风管和水管中的噪声能够通过管道壁辐射传声。由此可见，空调系统的噪声源组成较为复杂，且有多种传播途径。为了能够使模拟数据更有效，对现有的典型地下空间的空调系统噪声进行了实测，在实测中发现，除63Hz外，其他频率（1/3倍频程）的声压级均超出了NR-45的噪声标准；回风口的噪声级明显比送风口的大。为了便于整个模拟工作的进行，假定6种送回风方式的送风口噪声级相等，回风口的噪声级相等，根据声压级与声功率级公式的关系推出声压级的数值，获得噪声源的参数。

3. 材质设定

各种吸声材料的吸声效果迥异，因此吸声材料在声学设计和模拟中是一个重要的因素。实测中发现，空调噪声在低、中、高频均有一定程度的影响，因而在吸声材料的选择上，也应考虑到对各频率的吸收，并比较不同的吸声材料组合形式对空调噪声的吸声效果。选用2种具有代表性的吸收材料：对高频声吸收效果较好的多孔吸声材料—超细玻璃棉、对低频声吸收效果较好的共振吸声结构—穿孔五合板。

5.5　城市地下空间噪声控制技术及设计策略

噪声的危害无需在此赘述，我国现行的环境噪声标准主要包括《声环境质量标准》GB 3096—2008，是针对城市中的居住区、商业区、工业区等5大类功能区的声环境以及噪声限值做出相应规定；《工业企业设计卫生标准》GBZ 1—2002，其中对工作场所中的噪声声级卫生限值以及噪声接触时间做出了明确规定；《民用建筑隔声设计规范》GBJ 118—88，适用于城镇范围内新建及改、扩建的住宅、学校、医院及旅馆等四类建筑中主要用房的隔声减噪设计；《剧场、电影院和多用途厅堂建筑声学设计规范》GB/T 50356—2005，规定了上述对音质要求较高的建筑空间的体型设计、混响时间、噪声限值等各项技术指标；另外，在体育建筑、广播录音播音室、图书馆以及办公建筑等相关设计规范中均有关于室内噪声标准的规定。

目前我国较为常见的地下空间分别为地下停车库、地铁站以及地下商业建筑，上述相关规范中并没有对这3类有代表性的地下空间进行噪声控制等方面的声学规定。上述3类地下空间虽然属于非声学空间，但是经试验、调研数据表明（详见本章5.2小节），如果缺乏恰当的声学设计或处理，无论是在使用者的主观声学感受方面，还是在客观的语言清晰度方面，都存在着较为严重的问题。这些声学问题不仅会影响使用者的身心健康，更为重要的是当发生紧急情况时，如果应急广播不能清晰地被听到，则会危及到使用者生命财产的安全。因此，基于主观和客观两个方面的声学需求，对这些地下空间室内噪声的控制技术及相应的声学设计策略展开研究是十分必要的。

5.5.1　基于不同类型的地下空间声学设计策略

本节将分别对地下停车库、地铁站以及地下商业建筑这3类有代表性的地下空间的噪声控制技术进行研究与探讨。

1. 地下停车库

目前我国很多城市大量建设住宅小区和高层公共建筑，其规划设计中大多包括地下停车库。一般来说，建设在住宅小区中的地下停车库顶部上方为厚度达0.5m以上的覆土层，这样的设计可以不增加地面建筑密度、充分保证地面绿化面积；另外，一些大型公共建筑（尤其是大型商场、高层办公楼等）的地下室也经常被设计为地下停车库，可以有效地弥补地面停车空间不足的问题，缓解地面的交通压力。

图 5-55（*a*）为独立式的地下停车库剖面示意图，其顶部为室外空间，在覆土层上可进行地面绿化；图 5-55（*b*）是利用商业建筑的地下室做为地下停车库，其顶部为室内商业空间。地下停车库的平面面积至少会在几千平方米以上，并且由于布置方式的限制，空间形态不能过于狭长。同时，出于经济造价以及土方量的考虑，地下停车库的层高一般在 4～5m 左右，其空间形态即为前文提到的扁平空间，是较为典型的不扩散声场。

地下停车库的室内净高度与一些公共建筑相比，虽然不算高，但由于其平面尺度较大，因此从空间容积的角度看，还是比较巨大的；另外由于其室内空间的各内表面大都是混凝土或砂浆抹面，吸声系数很小，因此室内的声能衰减极其缓慢，混响时间很长，会严重影响语言清晰度。但由于经济性的要求，不可能运用过多的吸声材料来消除车库内的混响声，因此地下停车库中的应急广播系统，应采用警铃声、而非语言声，同时配合其他视觉上的提醒与指示，以满足紧急状况下的安全疏散。

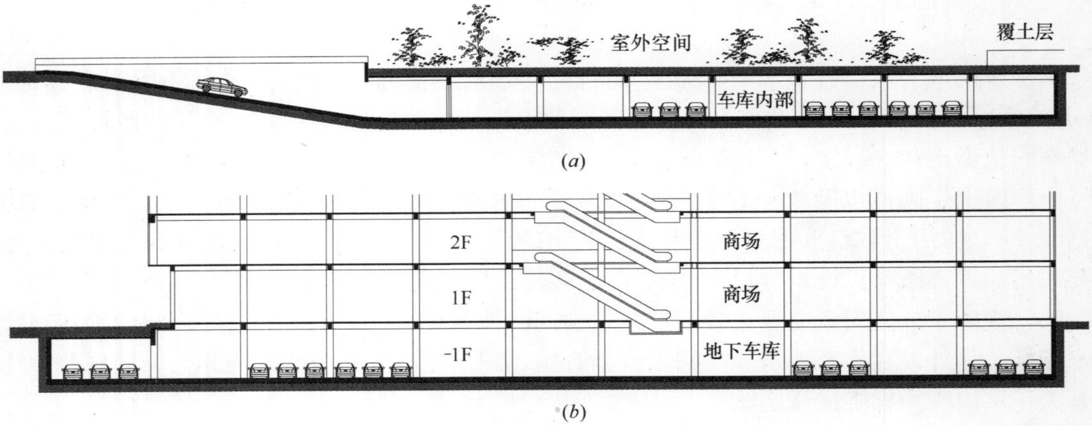

图 5-55　地下车库剖面示意图

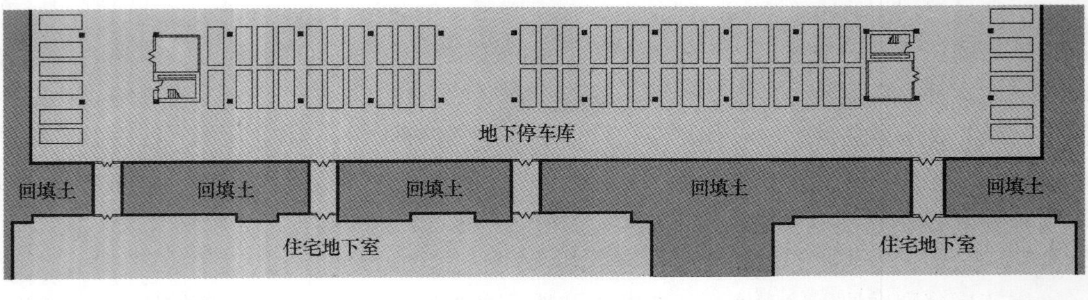

图 5-56　地下停车库与住宅地下室的平面关系示意图

在噪声控制方面，是要控制地下停车库内部空间的噪声水平，二是要控制其对相邻建筑空间的噪声干扰。地下停车库与相邻建筑的关系主要可以分为 3 个类型：

（1）独立型

地下停车库与周围的建筑在室内没有联系，平面空间完全独立。这类地下停车库全部或大部分埋入土壤中，顶部上方为室外空间，即在 6 个方向上与其他建筑均无空间或功能上的直接联系，剖面可参见图 5-55（a）。

由于空间的独立性，车库内部的噪声几乎不会对其他建筑空间产生干扰，但在设计中需要注意的是车库出入口的处理，以免对外部空间形成噪声源。地下停车库的出入口分为汽车疏散出入口和人员安全出入口两类：车行出入口的数量与车位数有关，一般每个地下停车库设置 1～2 个，采用坡道的形式将室外地面与车库地面相连接；人行出入口按国家规范规定，在设有火灾自动灭火系统时每 4000m^2 设置 2 个由地下车库直接通往室外地面空间的疏散楼梯，并应采用封闭楼梯间的形式[20]。首先，在确定车行出入口的位置时，应尽量临近基地的外部交通道路或基地内部的主要交通道路，并且应尽量远离住宅、医院、旅馆等对声环境要求较高的建筑，如距离较近时，应在坡道上方设置封闭式的隔声雨棚，在车道内侧墙面上增设吸声板，并避免将开口部位正对主要门窗。其次，应选择隔声性能好的车库门和防火门，并应具有自动闭门装置。另外，坡道不应过陡，并应铺筑低噪声防滑面层。

（2）毗邻型

地下停车库与相邻建筑的地下室相连，一般是与周围的住宅地下室通过走廊相连见图 5-56，地下停车库的顶部上方为室外空间，局部剖面见图 5-57 和图 5-58。这类地下停车库的噪声通常会通过走廊传播到住宅地下室，进而影响到居室空间，因此除了在出入口的处理方式上参照独立型的设计要求外，还要处理好走廊处的隔声。通常出于防火设计的要求，会在走廊的一端设置满足耐火要求的防火墙和钢制防火门，以使地下车库和住宅地下室的防火分区独立；为了提高隔声效果，应在走廊的另一端再设置一道隔墙和密闭性较好的门，形成类似"声闸"的形式，同时两道门均应具有自动关闭装置。通常一道门的空气隔声量在 20dB（125Hz～4kHz 倍频程中心频率平均隔声量）左右，200mm 厚空心砌块墙体的空气隔声量可达 45dB（计权隔声量与 A 计权交通噪声频谱修正量之和）[21]以上，因此用双层门、墙的构造形式，可以大大提高隔声效率，减小对相邻地下空间的噪声干扰。

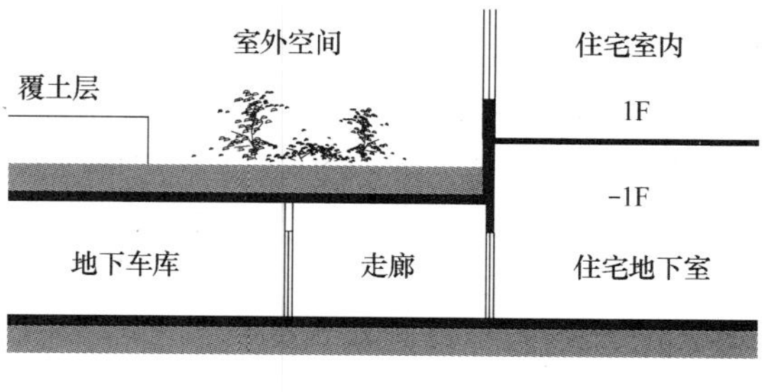

图 5-57　走廊处剖面示意图

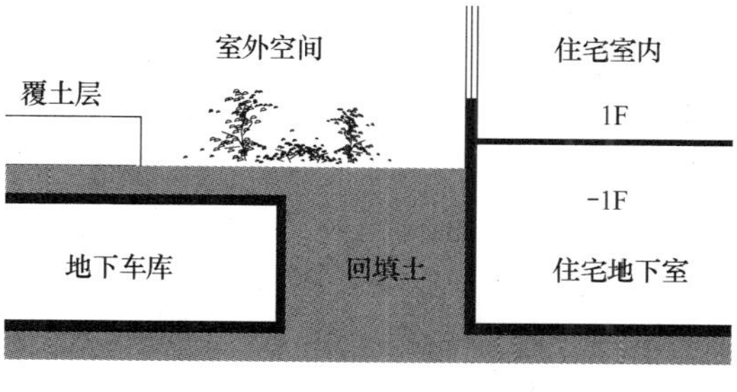

图 5-58　其他位置剖面示意图

（3）附建型

地下停车库是地面建筑的地下室（或是其中的一部分），即车库正上方为地面建筑的室内空间，剖面可参见图 5-55（b），这类地下停车库对其上层建筑室内空间的噪声干扰相对较大。根据《建筑隔声评价标准》GB/T 50121—2005 中的规定，200mm 厚钢筋混凝土楼板（含双面抹灰）的空气隔声量约达 50dB（计权隔声量与 A 计权交通噪声频谱修正量之和）[21]，因此如果车库上部的空间为商场、餐饮等对安静程度要求不高的公共空间时，可不做其他的隔声处理；但如果上部为住宅、会议等对安静程度要求较高的空间时，楼板的空气隔声量最好能达到70dB（同上），此时应在车库的顶棚下做隔声吊顶。隔声吊顶要求有良好的密封性，吊顶板上不应开设孔洞，同时应采用弹性吊钩。另外，应优先选择面密度较大的材料，同时还应具有良好的防潮、耐火、保温及吸声的性能，以满足地下空间的特殊要求。实际上，隔声吊顶必须在所有的梁、板下连续安装以防止“声桥”的出现，因此会占用较大的空间高度，并且造价也相对较高。因此，在建筑空间布局上，应尽量不在地下停车库的正上方安排安静程度要求高的房间，如在局部位置实在无法避免时，可考虑在该房间的地面用弹性垫块架空、再铺设一层混凝土板，即双层楼板的构造形式。并且，应尽量减少地下停车库与上部空间的竖向穿越管线，当必须敷设时，应在管道井中集中敷设并有可靠的隔声措施。

2. 地铁站

为了缓解地面的交通压力，目前我国很多城市都已经或正在建设地铁工程，其主要功能是提供候车空间并集散乘车人流，一些主要的地铁换乘站也经常与地下商场等其他功能的空间共同构成复杂的地下综合体。目前，我国许多新建的地铁站通常都分为站厅、站台两层空间：站台是列车到达、乘客候车的空间；站厅则位于站台上层，是联系站台与地面的交通转换空间，两层空间由几组楼梯和自动扶梯做为竖向交通联系。

地铁站中的噪声源主要可以分为两大类：一类是“规律性噪声”，比如空调、自动扶梯等设备噪声，列车制动、运行等交通噪声。这类噪声在地铁站开放运营的时间内是始终存在的，并且在一般情况下产生的声压级相对稳定，比如设备噪声基本是稳态的，而列车虽然从进站到出站噪声级变化范围很大，但每一次都是相同的规律，声压级的峰值也非常接近，这类噪声一般不随客流量发生变化。还有一类是“随机性噪声”，主要是与人相关的声音，包括交谈声、脚步声等，这类噪声随着客流量的变化，动态范围比较大。在对北京和平西桥地铁站的声学测试中得到以下数据：在没有列车进出站、客流量很小的情况下，地铁站内部空间的噪声主要来自设备运行，声压级一般在50～55dB（A），在有电视屏幕的位置可达70dB（A）；在没有列车进出站、客流量较大的情况下（早8：00～晚8：00），室内噪声约在73～78dB（A）；在列车进站、出站过程中，在站台候车区（有封闭式自动屏蔽门）的最大声压级约达85dB（A）。上述数据与上海、北京等城市部分地铁站噪声情况的相关研究结果较为接近，具有一定的代表性。通过对地铁站中主要的3种噪声源（设备噪声、列车噪声和交谈噪声）的频谱分析看出，后两种噪声的峰值均出现在500Hz附近，是地铁站噪声控制的重点内容。

目前我国的地铁站根据功能和规模大致可以分为3个类型：

（1）单一功能型

这类地铁站仅起到最简单的交通功能，不涉及换乘或与其他功能的地下空间连通。这类地铁站数量多，但单体规模有限，一般每层公共部分的建筑面积为2000m^{2}左右，客流量相对较少。图5-59和图5-60分别是这类地铁站中较为常见的站厅和站台平面示意图。可以看出，这类地铁站的交通流线简洁清晰：地面—站厅—站台—上车—下车—站台—站厅—地面，并且无论是站厅还是站台的楼梯位置都较为醒目、便于到达，因此在安全疏散方面更为直接、快速。由于客流量较小，这类地铁站声环境受人流、广播、火车频次等的影响也较小，因此声压级变化随着火车的进出站呈现出明显的规律性。

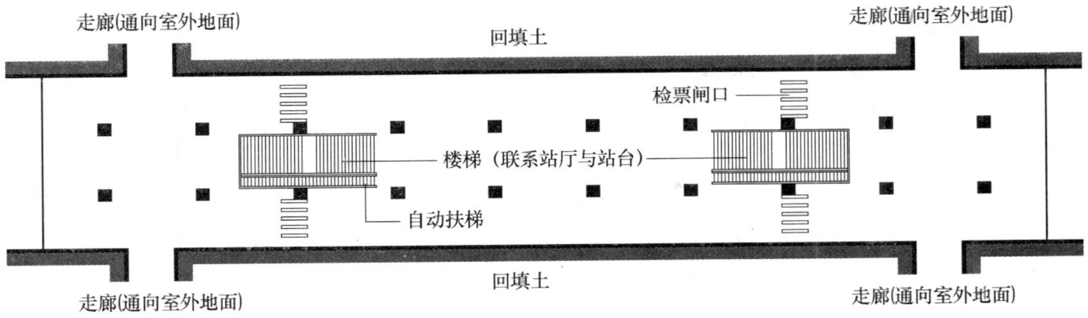

图 5-59 地铁站厅（地下一层）平面示意图

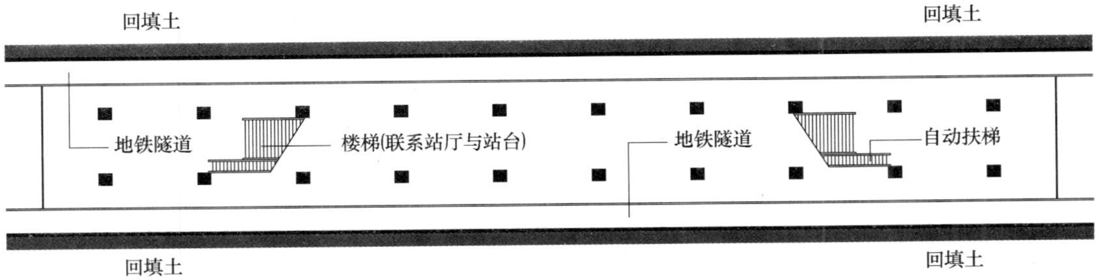

图 5-60 地铁站台（地下二层）平面示意图

（2）交通枢纽型

这类地铁站即所谓的地铁换乘站，是若干条地铁线路的交汇处。换乘车站一般根据地铁线网规划、线路敷设方式、地上及地下周边环境、换乘量的大小等因素，有同车站平行换乘、同站台平面换乘、站台上下平行换乘、站台间的“十”字形、“T”形、“L”形、“H”形换乘及通道换乘等多种形式[22]，因此建筑规模较大，并且平面与剖面设计相对复杂。我国一些城市的大型地铁换乘站建筑面积超过上万平方米，高峰时每小时客运量高达十几万人次以上，这类地铁站的设计出发点是安全、高效、快速、便捷。通过实地调研发现，由于换乘站客流量全天都比较大，因此地铁站内的声源种类更为复杂，受客流量的影响，换乘站内的车次也比较频繁，广播报站次数增多，因此换乘站内的声压级呈现极大的不规律性，在全天任意时间段内，声压级均不会因为火车的进出站而呈现明显的规则性的变化。

（3）复合功能型

指地铁站与其他功能的地下空间（如商场、饮食店等）相邻，形成大规模的地下综合体，这类地铁站多位于商业或商务中心区，客流密度较大，并且乘客滞留时间较长。

对于不同类型地铁站的噪声控制技术主要有以下几个方面：

首先，对于列车噪声应以隔声为主，吸声为辅。目前，我国大部分地铁站使用了屏蔽门，主要可以降低地铁空调环控系统的能耗，同时还起到了一定的隔声降噪作用。根据对上海地铁一号线徐家汇站的某研究数据显示，在安装屏蔽门前后，站台上的列车噪声最大下降了 18dB（A）[23]，基本相当于普通单层门窗的隔声量，而用于轨道交通的全封闭隔声屏隔声量一般可达 30dB（A）（计权隔声量与 A 计权交通噪声频谱修正量之和）以上；由此可见，地铁屏蔽门的材质构造与密闭性需要从声学的角度进一步改进和提高，以加大其隔声性能。另外，站台区域的列车隧道内表面应铺贴吸声材料（如超细玻璃棉毡等耐火且500Hz 中高频吸声性能好的材料），以降低隧道内的混响声。

其次，应该根据站厅和站台的具体情况，进行有针对性的声学设计。一般来说，如果大空间各围合界面的吸声系数都很小的话，声能衰减非常慢，混响声会严重影响语言清晰度。地铁站内部空间的墙面、地面出于使用方面的需求，通常采用强度大、光滑耐磨、易清洁的装饰材料，这类面层材料的吸声系数一般都很小，因此在吊顶的装修设计中，应选用适当的声学材料或构造，来达到吸声降噪、控制混响、提高声场均匀度的作用，尤其是在空间容积大、形态复杂、客流量大的地铁站，将声学设计视为建筑设计必不可少的一部分，并与室内装修较好地结合，才能达到预期的综合效果。考虑到各材料吸声降噪能力和综合性能，穿孔铝板是较为适宜的地铁站吊顶材料，并且板材背面应贴有多孔吸声材料，如吸声矿棉、纤维吸声纸、密桉树脂泡沫材料、吸声羊毛和棉纤维等；同时，为了提升穿孔铝板对声音的扩散能力，穿孔铝板可以设计为折型板或曲型板等形式，还可通过交错布置的方式来提升其扩散能力，以达到更好的吸声降噪的效果。

再次，应该组织更合理的公共广播系统，避免设计过于程式化。我国地铁站公共广播系统的扬声器布置方式比较单一，一般布置在顶棚位置，且距离轨行区和公共区交界处0.5～1m。地铁站室内净高约为 4m，吊顶距离顶棚大约 1m，方便在顶棚布置各种设备管线。因此，我国地铁站内扬声器一般布置在距离地面 3m 处，所以收听距离应为 1.5m 左右。由此可见，扬声器的布置间距应为 3m 左右，也就是说一个扬声器的有效覆盖距离约为 3m。目前我国地铁岛式站台宽度从 6m 到 14m 不等，侧式站台宽度约为 3.5～4m，可见：在侧式站台中，每侧布置一列扬声器可以基本满足扬声器覆盖范围的要求；但是在平面宽度比较大的岛式站台中，仅仅在轨行区和公共区临界处布置 2 列扬声器势必会导致中间区域的乘客无法有效地接收到来自广播的信息，应在中间加设一列扬声器，以保证中间区域乘客可以有效地接收到广播信息。同时，通过扬声器的位置与朝向的调整可以对声音的指向性进行控制，以达到提高语言清晰度的作用。

最后，应注意细部设计。比如，在联系站厅和站台的自动扶梯、楼梯处设置围合墙体，并在楼梯间内侧的墙体铺贴吸声材料，不仅有助于减小自动扶梯设备噪声对周边的影响，在一定程度上还可以避免站厅和站台之间的噪声干扰，并且利于紧急情况时的安全疏散（见图 5-61 和图 5-62）。

总体来说，地铁站是对安全性要求非常高的地下公共空间，而准确有效的声学设计是其重要保障之一。然而在我国，对于非声学公共建筑、尤其是地下公共空间的声学设计，始终缺乏强制性的条文规定以及细致有效的设计指导，这一方面的空白亟待填补。

3. 地下商场

地下商场，或称地下商业空间，在 5.1 节中曾从建筑声学的角度对其对进行分类。基于空间形态的差异，主要分为“街道型”和“广场型”两类。当高度大致相同时（地下商场的室内净高通常在 4m 以内、层高在 5～6m 之间），“广场型”地下商场属于扁平空间，“街道型”地下商场属于长空间。从地下商场与地上建筑的剖面关系上看，基本可以分为独立型（见图 5-63）与附建型（见图 5-64）两大类。一般来说，“街道型”地下商场通常为独立型的地下空间，而“广场型”地下商场则大部分是附建式的地下空间，即地上商业建筑的地下室部分。

图 5-61　自动扶梯处的隔墙

图 5-62　楼梯处的隔墙

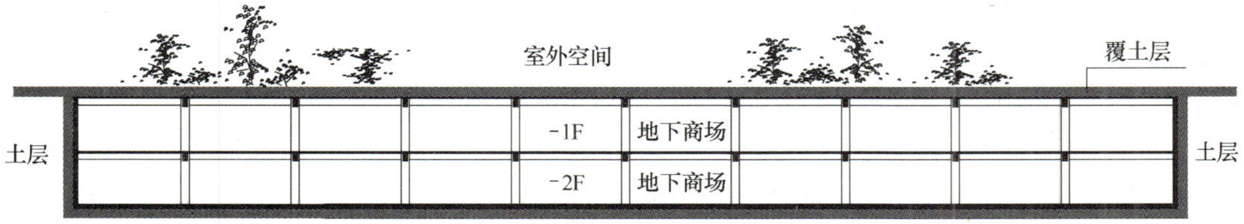

图 5-63　“独立型”地下商场剖面示意图

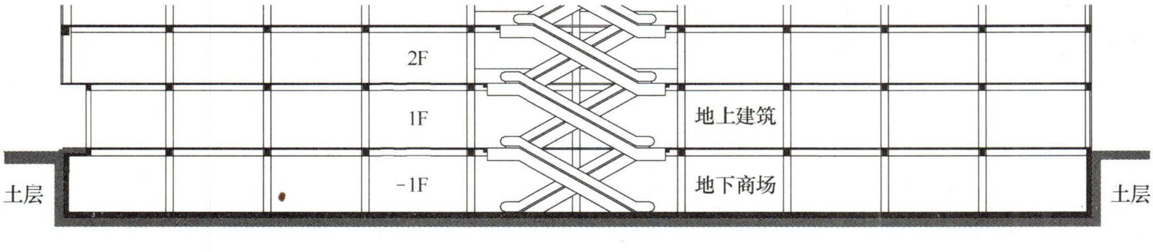

图 5-64　“附建型”地下商场剖面示意图

地下商业空间的人员密度较大，其使用主体是选购商品的顾客，并且相当一部分购物者都是 2 人或 2 人以上结伴而来，顾客与售货员以及顾客相互之间存在着大量的近距离语言交流，因此地下商业空间内部的声环境不仅要保证 PA 系统的语言清晰度，而且还要保证近距离交谈的语言清晰度；同时还应把背景噪声的声压级控制在一定的水平，既不会对使用者的身体健康产生不良影响，又能使购物者获得良好的心理与生理舒适度。

地下商场的空间尺度一般都比较大，容易带来混响时间过长的声学缺陷；另外如果室内装饰材料的吸声性能较差，空间内部的声能在各围合界面间多次反射而不衰减，也会导致混响声能对语言清晰度的影响。总体来说，地下商场内部的噪声控制措施可以从以下几个方面考虑：

(1) 结合商品的展示与销售形式适当分隔小空间。目前，很多地下商场采用按品牌划分销售空间的业态形式，一般采用玻璃或其他一些轻质隔断围合成若干半封闭的独立小空间，这种方式在一定程度上起到了隔声以及控制混响的作用，部分地改变了由空间形态与尺度决定的声场特性。

（2）结合室内装修合理地运用吸声材料。地下商场的天花吊顶是室内装修处理的重点，为了达到较好的视觉造型效果，目前使用较多的为纸面石膏板和铝镁合金等金属材质的吊顶。从声学的角度看，大部分吊顶的材质及构造吸声性能都较差，应兼顾艺术性与实用性，更多地运用各类穿孔吸声板做为面层材料，或是在装饰性吊顶内粘贴矿渣棉等无机纤维状多孔吸声材料，尤其应优先选用语言声频率范围内吸声性能好的材料，以达到吸声降噪的目的。

（3）做好设备的隔声、吸声降噪处理。很多人在主观上都对地下空间抱有偏见，为了营造舒适的购物环境，地下商场的通风、空调系统负担着重要的作用，通常会带来以低频为主的设备噪声，由于存在声能衰减缓慢这样的声场特性，地下商场应该采用更严格、更全面的方式来控制设备噪声。从设备的选择、机房的布局、管道的设计等多角度做好隔声、消声、吸声的措施，保证设备运行的低噪和高效。

（4）对中庭等容易产生声学缺陷的部位进行合理的声学设计与处理。附建型的地下商场通常会结合自动扶梯、观光电梯等组织一处或多处中庭空间，通过引入天然光的方式使室内环境更自然，同时形成上下各层竖向上的连通空间，有助于削弱地下空间的封闭感。在中庭部位的声学设计中，应避免产生声聚焦等声学缺陷，同时应避免在中庭部位出现大功率、高分贝的噪声源，并尽量在中庭的围合界面采用吸声材料，减弱混响声对语言清晰度的干扰。

（5）针对声源的设计对策

通过对空间的设计和材料的选择来营造良好的声环境，比如调整空间的形状和比例，使用一些吸声效果好的材料，来降低地下商业街的整体声压级及混响。同时通过控制、设计或增加声源种类，来提高地下商业空间的声环境质量，使其具有多样性及趣味性，减少人们在地下空间中的压抑感。可以有针对性地削弱一些人们不喜欢的声音，而保留人们喜欢的、有意义的声音[24]。当然，需要注意不要因为增加声源种类而使地下空间声压级增加，而显得更为嘈杂。在此基础上可以适当地引入声景设计，利用人们喜好自然的室外环境的特点，来提升地下商业街的声景品质[25]。通过引入自然声，比如流水声和鸟叫声，来屏蔽人们不喜欢的一些声音，比如空调运行声等，与此相应，在空间设计时加入与所引入的自然声相配套的景观元素，如室内喷泉，做到有声可听、有景可循。例如有的商家在店铺门口放置可以发出鸟叫的装饰，引入了鸟鸣声，削减了人们在地下封闭环境中感觉不到自然而带来的不舒适的焦躁感。

综上所述，地下空间的声环境质量一方面会影响使用者的心理和生理的健康，另一方面直接决定了地下空间的安全性，关系到使用者的生命财产得以有效保障，因此对人员密度较大的地下空间必须予以合理、必要的声学设计与处理。在我国，必须形成严谨有效的设计、施工、验收规范以及相关行政法令，并且应制定可操作性强的技术措施与指南。基于建筑声学的角度，各类不同地下空间的噪声控制策略除前文所述外，在设计中还应注意以下两个方面：

1）地下空间的容积控制

常见的地下空间通常平面规模较大，由此决定了其空间容积也比较庞大。由大容积带来的声学问题不必赘述，因此在建筑设计中应重视这一问题。在建筑平面的设计中，通常很少出现空间浪费的情况，但在确定建筑层高时，应尽量以最经济的尺度合理解决必要的功能需求。在满足室内空间净高的前提下，压缩钢筋混凝土梁以及设备管线所占的高度能够有效地减小地下空间的容积。事实上，通过建筑、结构以及各设备专业的配合，这一点并不难做到，只是做为一项普通的建筑工程设计，目前声学设计并没有被纳入到考虑范畴，设计者自然缺乏这方面的主动意识。因此在规模较大的地下空间设计中，应优先考虑诸如无梁楼盖、设备管线穿梁等有利于节约空间高度的技术，而不应仅仅局限于程式化的、粗放型的设计模式。

2）平面与剖面的功能布局

地下空间中难以避免地会出现大量的设备用房，如最常见的空调机房、水泵房等，这些设备用房内的噪声等级相对较高，会波及到相毗邻的空间。对于地下建筑，隔声是最有效的噪声控制措施之一，因此在规划平面与剖面的功能布局时，应该将设备用房等“噪声源”空间尽量独立成区，或与楼梯间、管道井等辅助空间相邻，尽量远离主体功能空间，尤其是应避免贴邻或位于对安静程度要求较高的空间的正上方或正下方。利用声能在不同功能空间因距离而形成的自然衰减，是最为经济有效的噪声控制措施。因此在地下空间的建筑设计中，合理地安排不同使用功能的空间在平面与剖面中的位置，对于获得良好的室内声环境来说起到了事半功倍的作用。

5.5.2 地下特殊空间声学设计策略

地下特殊空间的平面形式较为复杂，常见的形式是作为交通转换的空间与走道相连的形式（如图 5-65 所示）。根据声源位于走道空间、转换空间 2 种情况进行分析，探讨走道内声源对转换空间声场的影响，以及走道几何尺寸对转换空间声场的影响。

为了分析平面形式和尺寸对转换空间声场的影响，在模型外设置附加区域，并设定为远场声压为 0；声源距近端墙均为 5m，以避免端墙反射的影响；分析的频率范围为 50～200Hz，步长为 50Hz。

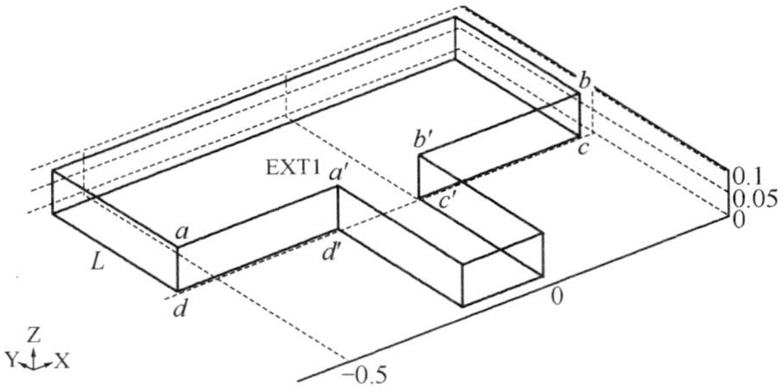

图 5-65　与走道相连的转换空间

1. 声源位于走道空间

转换空间尺寸一定时，当走道内的声源距 $a'b'c'd'$ 平面 60m 左右时，开始对转换空间的声环境有明显的影响，并随着声源向转换空间移动，影响程度加大。若转换空间的尺寸加大，会逐渐降低走道内声源的影响，声压级会在 $a'b'c'd'$ 平面处产生突增，随后再衰减。

2. 声源位于转换空间

为了分析走道的存在与尺寸的影响，建立 5 个模型，图 5-66 为模型的平面形式：(*a*) 为单一的空间，(*b*) 为带一走道的转换空间，(*c*) 与 (*b*) 相比将走道的宽度加宽 1 倍，(*d*) 与 (*b*) 相比将走道的长度加长一倍，(*e*) 为带二走道的转换空间。模拟的目的是要分析，走道的存在及其平面尺寸变化对转换空间内声场的影响。

图 5-67 为各转换空间声压级分布的模拟分析结果。从中可知，由于所测试的主要频

率为 50Hz、100Hz，因此过道/走廊的存在并未对转换空间的声压级分布产生过大的影响，这主要是因为低频时声波波长较大；但当过道/走廊的宽度加宽或是长度增加后，由于进入其内的声能增加，因此声压级衰减略微增加，如图 5-67（*c*）、图 5-67（*d*）所示；若增加过道/走廊的数量（如图 5-67（*e*）所示），转换空间内声压级衰减有略微增加。

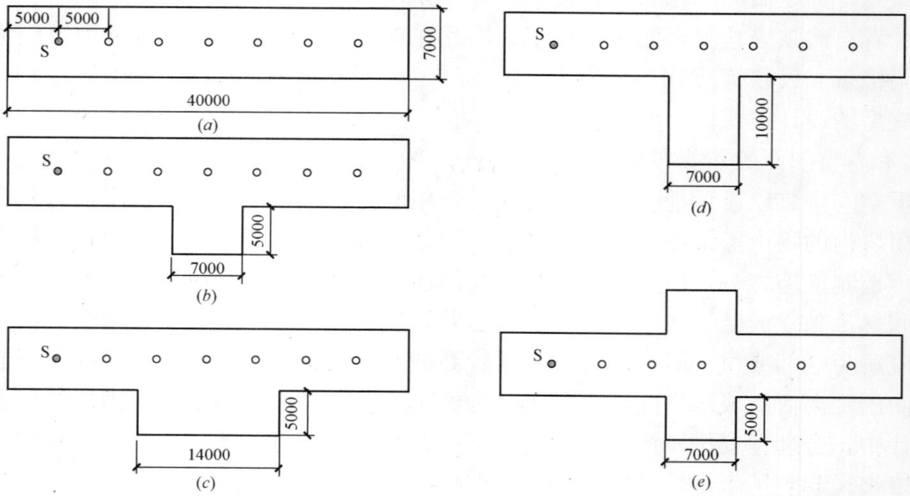

图 5-66　转换空间模型平面图

（*a*）单一空间平面图；（*b*）带一过道/走廊的转换空间平面图；（*c*）带一加宽过道/走廊的转换空间平面图；（*d*）带一加长过道/走廊的转换空间平面图；（*e*）带二过道/走廊的转换空间平面图

综上所述，走道的存在对于与其相连的转换空间内的声场有一定的影响，尤其当声源位于走道空间内，对转换空间声场有加强的作用。

5.5.3　城市地下空间公共广播系统的设计技术

公共广播（Public Address，简写 PA）系统属于扩声音响系统的一个分支，是涉及电声、建声和乐声三种学科的边缘科学。目前公共广播系统还没有统一的国际标准，我国长期以来在相应的工程设计、应用和实施的过程中，主要参考的是相关国标《火灾自动报警系统设计规范》GB 50116—2007 和行业标准《民用建筑电气设计规范》JGJ 16—2008 中的部分条文规定，但是根据 2008 年 5 月信息产业部电子工程标准定额站《公共广播系统工程技术规范》（报批稿）中的内容：公共广播是指由使用单位自行管理的、在本单位范围内为公众服务的声音广播，用于进行业务广播、背景广播和紧急广播等；公共广播系统（Public Address System）是指为公共广播覆盖区服务的所有公共广播设备、设施及公共广播覆盖区的声学环境所形成的一个有机整体。公共广播包括三个方面的内容：紧急广播（Emergency Broadcast）是指应对突发公共事件（包括自然灾害、事故灾难、公共卫生事件及社会安全事件，如火警、地震、重大疫情传播和恐怖袭击等）而发布的广播；业务广播（Business Announcement）主要是指需要被全部或部分听众认知的日常广播，包括发布通知、新闻、信息、语声文件、寻呼、报时等；背景广播（Background Broadcast）主要为渲染环境气氛，包括背景音乐和各种场合的背景音响（包括环境模拟声）等。其中特别指出，当公共广播系统有多种用途时，紧急广播应具有最高级别的优先权。系统应能

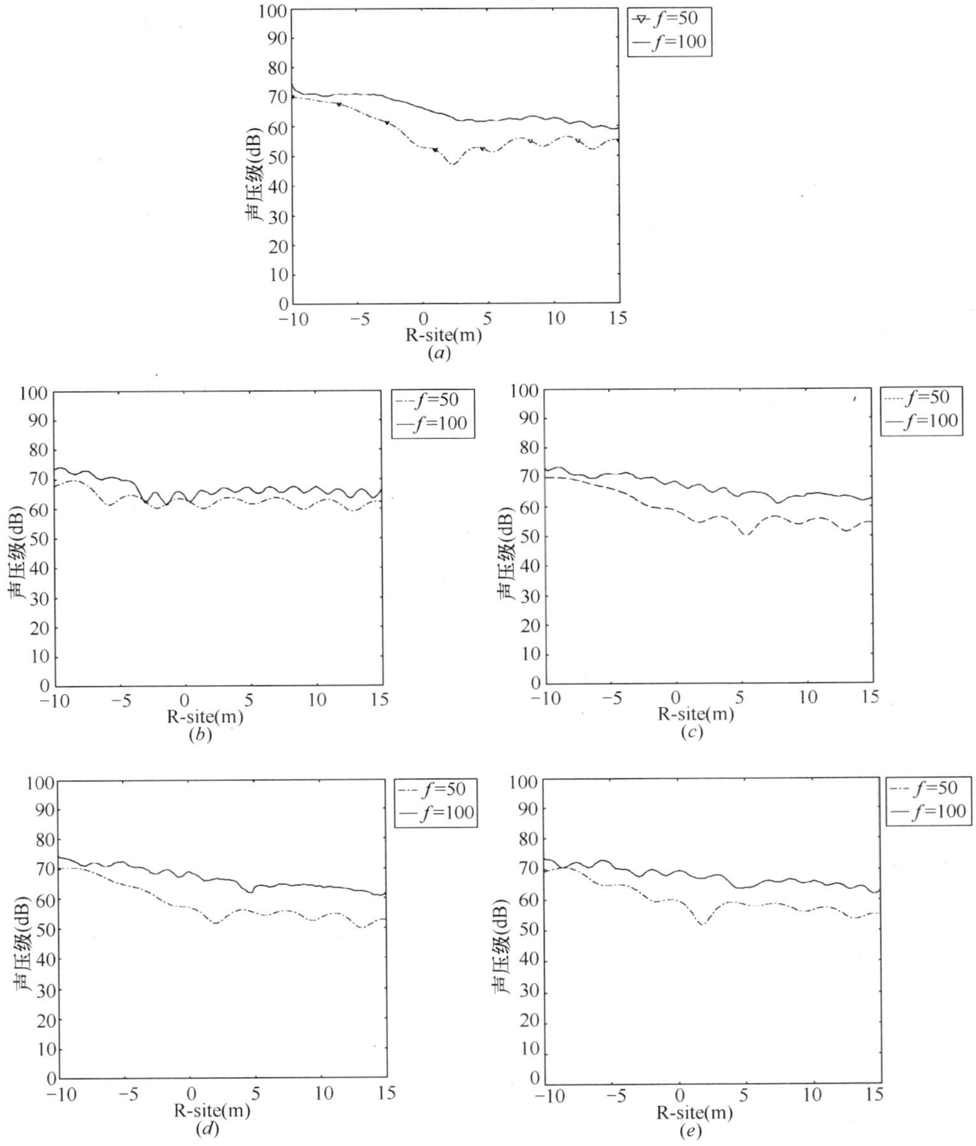

图 5-67　各转换空间声压级分布情况（f=50Hz、100Hz）

（a）f=50Hz、100Hz 时，单一空间内声压级分布情况；（b）f=50Hz、100Hz 时，带一过道/走廊转换空间内声压级分布情况；（c）f=50Hz、100Hz 时，带一加宽过道/走廊转换空间内声压级分布情况；（d）f=50Hz、100Hz 时，带一加长过道/走廊转换空间内声压级分布情况；（e）f=50Hz、100Hz 时，带二过道/走廊转换空间内声压级分布情况

在手动或警报信号触发的 10s 内，向相关广播区播放警示信号（含警笛）、警报语声文件或实时指挥语声，其应备声压级应等于或大于 86dB，并以现场环境噪声为基准，信噪比应等于或大于 12dB，STIPA 值应等于或大于 0.55[26]。

从本质上说，室内空间的公共广播系统主要是通过建声、电声设计来控制和改善房间的音质，因此在进行设计时，为了获得必要的语言清晰度，首先应该对空间的建筑声学特性有充分的了解，并综合考虑扬声器设备的主要性能和布置方式。如果空间的建筑声学设计不合理，则很难得到良好的语言清晰度；而声学特性良好，但扬声器的选择和布置方法不当，同样也得不到预期的效果。根据空间的功能布局、平面体型、空间高度等因素，广播系统的扬声器布置方式可分为集中式、分散式和混合式 3 种方案。

1. 集中式

集中式扬声器系统顾名思义是把一组（或多组）扬声器集中安装在声场中同一个固定位置上，为了能发挥大功率远场辐射的优势，需要较高的悬挂高度，在剧场、体育馆等大型空间内一般采用这种方式较多，但对于高度不足的狭长空间显然是不适用的。

2. 分散式

分散式扬声器系统适用于高度不高而无法采用集中供声的大型或狭长空间，以及功能结构被分为几部分的空间，另外对于难以获得好的语言清晰度的混响时间较长的大型空间，也可采用分散式的布置方式。分散式的扬声器系统有两种常见形式：一种是以单独的天花板式扬声器为供声单元，另一种是以壁装的小功率声柱或音箱为供声单元。分散式布置的扬声器系统能获得均匀的声场，并由于扬声器与听众之间的距离很近，可保持较高的直达声与混响声的声能比，所以在混响时间较长的条件下也能获得较高的清晰度。

3. 混合式

混合式布置的扬声器系统是在集中式布置的基础上，再分散布置辅助扬声器对局部区域进行补声，这里不做过多的阐述。

综上所述，可以看出地下空间公共广播系统中的扬声器适宜采用分散式的布置方式，至于具体的设备选型、安装方式以及安装间距等则会直接影响到地下空间的语言清晰度。

对于公共广播系统的语言清晰度来说，较高的直达声是保障，因此对于天花板或吊顶不是很高的长空间，基于安装方便及便于隐蔽等原因，可以考虑天花板式扬声器。而如果空间高度较大时，则应考虑将扬声器安装在侧墙或柱子上，并适当控制安装高度，尽量减小扬声器和听众的直达距离，以获得较高的声场质量。

同时，根据《火灾自动报警系统设计规范》GB 50116—2007 中对火灾应急广播（属于紧急广播中的一种）系统的规定，设置在民用建筑公共场所内的扬声器，每个额定功率不应小于 3W，其数量应能保证从一个防火分区的任何部位到最近一个扬声器的距离不大于 25m，走道内最后一个扬声器至走道末端的距离不应大于 12.5m；在环境噪声大于 60dB 的场所设置的扬声器，在其播放范围内最远点的播放声压级应高于背景噪声 15dB。可以看出，在规范中虽然部分考虑了声场内信噪比的问题，但总体来说并没有从专业的声学角度出发做出相应的详细规定，尤其是对于建筑的具体功能、空间尺度、乃至扬声器性能等广播系统语言清晰度的主要影响因素均未有相应规定。因此，展开有针对性的声学研究，才是保障地下空间公共广播系统（尤其是紧急广播系统）能够高效率发挥作用的关键。

在实际使用过程中，地下公共空间内部广播系统的语言清晰度问题是至关重要的，其广泛使用的客观指标评价指标即为 STI。由于功能的不同，地下空间的三维尺度、内部的背景噪声、围合界面的吸声系数等会有一些差异，这些都会对语言清晰度产生影响。

如前文所述，长空间内公共广播的扬声器系统适宜分散式布置，其工作模式为多声源，此时声场内的语言清晰度主要取决于信噪比和多声源状态下的混响时间。背景噪声直接关系到信噪比，但是除了部分设备噪声可以尽量降低外，其声压级水平更多地来自于空间的使用者，这不是能够人为控制的。关于混响时间的影响因素，主要有空间的容积（包括三维尺度的比例关系）、围合界面的吸声系数、扬声器的指向性及安装间距等参数。在上述影响因素中，诸如空间的三维尺度必须满足使用功能的基本需要，因而不能为了控制混响时间而一味缩小；再比如围合界面的吸声系数，可以根据需要适当地运用吸声材料，但应考虑经济性和适用性，不能造成过度的浪费，更主要的是过多的吸声会导致信噪比减小，使 STI 值降低反而给语言清晰度带来负面影响[1]。由此可见扬声器系统的指向性设计以及与之匹配的布置间距、安装高度与组合方式等，才是降低地下空间混响时间从而提高 STI 的较为有效的途径。从声学角度看，增强扬声器系统的指向性，可以改善覆盖区域，增强直达声，从而提高语言的清晰度。从传输频率范围看，如果把扬声器的频率范围控制得比较窄，没有低频辐射，则不会激发低频混响，但是对于语言传输已基本满足要求。从辐射声功率来看，如果扬声器的辐射功率比较小，则声能可以很快衰减，不足以激发室内的混响，因而能够克服长混响对语言清晰度的干扰。小功率的声柱通常可以较好地满足上述条件。

我国目前关于地下空间公共广播系统的设计规范缺乏针对性和严谨性，目前在设计中，几乎完全套用规范条文，并没有进行深入的声学分析与设计。事实上，做为整体设计的一部分，公共广播系统既有共性的设计要求需要遵循，更应该结合个体建筑进行有针对性的设计，就像每一栋建筑的平面、立面设计几乎都不重复、都具有个性化特征，公共广播系统的设计也应该更多地考虑到不同建筑空间内部声场特性的差异，进行相应的个体设计，才能保证其高效发挥应有的作用。

5.5.4 城市地下空间空调系统噪声控制技术

通过对 6 种送风方式下直达声的模拟（如图 5-68 所示，图中送风方式的定义见图 5-54）发现，地板送风 1、地板送风 2 这两种送风方式对长空间中人的活动范围的噪声影响比较大，声压级在 57～52dB（A）之间变化，对整个空间的影响范围大，所以这两种方式从噪声直达声的角度不值得提倡，除非风口噪声处理的很小。此外，侧送风 2 这种送风方式，对接受平面的声压级从 70dB（A）变化到 58dB（A）然后再变化到 60dB（A），影响范围广，所以声压级对声空间的影响比较大，送回风口的布置方式也不值得提倡。

顶送风 2 这种送风方式噪声级由 70dB（A）逐渐衰减到 57dB（A），而侧送风 1 空间中的噪声级由 70dB（A）衰减到 56dB（A）以下，且有半面声压级小于 56dB（A），而顶送风 1 平面的声压级由 59dB（A）衰减到 55dB（A）。从这 3 种送风方式可以看出，顶送风 2 在接受平面中的噪声级比较大，比侧送风 1 的影响面积大。所以，从直达声角度可知，顶送风 1、2 和侧送风 1 各有利弊，但都优于地板送风 1、2 和侧送风 2。

通过对地下空间空调系统的模拟分析，并结合实测及问卷调查数据提出了以下设计策略。

1. 送风方式

送风方式（见图 5-54）优先选用顶送风的两种方式和侧送风 1。从 6 种送风方式的直达声和混响声模拟结果可以看出，地板送风的 2 种方式与侧送风 2 共 3 种方式，对地下空间的声环境影响范围大且噪声压级大，在空调设计的过程中应尽可能不使用，如果要使

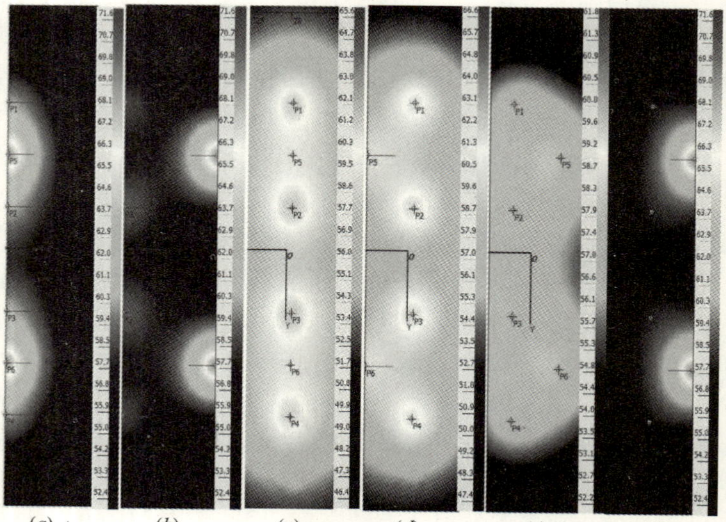

图 5-68 6 种送风方式的直达声噪声级平面模拟图

用，必须控制风口的风速，以减少气流噪声。而顶送风的 2 种方式和侧送风 1 共 3 种方式可以根据需要选择使用，顶送风 1 这种送风方式在现代地下商业街中使用比较广泛，顶送风 2 与侧送风 1 的直达声的噪声级范围都对长空间中噪声源所在半面影响大，因此，对于一些地下建筑长空间，若长度方向上的半面的人的活动范围小，则可以把风口布置在此面的墙壁上，这样会对另一半的噪声级的影响减小。

2. 吸声材料

应根据空调噪声的频率声压级特性进行吸声材料的布置。由混响声的倍频成线性声压级的特点看出，地下空间中空调噪声的声压级中既有低频又有高频，又从顶送风 1 的几种吸声材料简单组合的吸声降噪模拟结果中可知，要对长空间的空调噪声做良好的处理，在选择吸声材料的时候，若噪声中高频噪声居多，则整个空间需布置的高频吸声材料要多于低频吸声材料；若空调噪声中低频声居多，则相应的低频吸声材料多一些。并且既要布置高频材料又要布置低频材料，同时，由吸声材料面积的变化曲线图可知，整个空间中的高、低频材料面积分别在达到一定值后，对吸声效果不是很显著，所以合理搭配高、低频材料的面积是控制空调噪声的重点。

在地下空间中的空调噪声，若长空间的噪声标准高和经济条件允许，可以根据空调噪声的特性选取高效的高低频吸声材料，对长空间的壁面和顶棚做吸声材料的均匀布置。若一般情况，只需顶棚、墙壁大面积集中布置吸声材料。对于顶送风 1 这种风口的布置方式，若要小面积的布置吸声材料，布置在顶棚两边位置的效果较好。对于像侧送风 1 这种送、回风口都位于壁面上的噪声源，可以把高频吸声材料布置在顶棚上，而墙壁可以用任意材料，这样对整个地下长空间的降噪效果最好。

3. 风口指向性

根据模拟结果可以看出，所有的指向性噪声源都比无指向声源对地下长空间的噪声级影响小，并且在这些指向性噪声源中，所有风口同指向角度与不同指向角度对长空间的声场影响是不同的。

在同指向角度的声场中，因风口的指向的差异性，形成了声场的复杂性。镜像角度的风口产生的噪声级并非一样，这与送回风口的个数与噪声源声压级的大小有关系。当风口的指向角度在 48°～90°之间变化时，包括 90°，在长空间长度方向上产生的声场都比较均匀平缓。在所研究的 20°～90°范围的同指向角度噪声源，发现 20°的指向比别的指向好。在不同指向角度的声场中，由折线图随角度的变化规律可以清楚的看出，角度越大，噪声曲线图越平缓，角度越小，在长空间中产生的噪声越小。

在风口指向设计中，我们提倡上面分析中图 5-68 中（*c*）这种指向布置方式，再优化其角度指向，能有效降低噪声。但有时候为了方便，可能对送风口和回风口的指向为同一角度，假如想使长空间中长度方向上研究点的噪声级差距不大，所有风口都与顶棚形成 90°的夹角，这样的噪声级曲线会比较平缓。

当然，风口指向水平夹角不能无限小，除了降低噪声外，应尽量地满足暖通空调的气流组织要求。所以，此类送风口和回风口的不同角度指向噪声源，应合理调节与顶棚的夹角。

第 6 章　城市地下空间采光及照明设计技术

6.1　城市地下空间采光及照明设计现状

对人们的工作来说，天然光比人工光照明具有更高的视觉功效，根据我国天然光和人工光视觉功能比对试验表明，人们在天然光下的视觉功效比人工照明高 5%～20%。因此，利用自然采光可以大大降低照明能耗。除此之外，照明还直接影响着人的生命节律的变化，对人的生理、心理都有重要的影响。在白天，眼睛能否接收到足够的光线对于人的生物钟有着重要影响。如果照度水平不够高时，则会产生注意力不集中，降低工作效率及身体舒适性，同时还可能产生疲倦感和反应迟缓等现象。因此，加强对于城市地下空间的采光及照明设计研究，对于为地下空间工作人员创造舒适、愉悦、健康的工作环境具有重要的现实意义。

当前建筑向地下空间的发展与人类对于光的需求成为了所有设计人员所必需面临和解决的矛盾。因此，自然采光的设计对改善地下建筑环境具有多方面的作用，不仅仅局限于满足人的生理需求层次。传统采光法主要是通过利用不同类型的建筑窗户进行采光的方法；近年来，随着采光技术的不断发展，则出现了可以利用集光、传光和散光等装置及其配套的控制系统将自然光传送到需要照明部位的采光法。

然而，大部分的地下建筑没有阳光的射入，很难觉察气候变化，无法直接把握时空，视觉环境与心理环境的相互影响，易使人们在地下空间中会产生闭塞感和心理压抑感。这就需要通过利用人工照明来创造一个舒适的城市地下空间光环境。当前，随着自动控制技术、寻址技术，以及调光技术的出现，使在地下空间创造舒适、愉悦、健康的照明环境成为了可能。然而，目前鲜有关于地下空间照明的研究，且相关标准体系滞后，国内外均未建立较为完善的城市地下空间光环境评价标准体系，这就使得城市地下空间的照明设计很难满足实际需要。在 3.5 节中，视觉环境评价体系作为地下空间环境质量综合评价体系的一部分已初步地建立起来，6.2 节将在此基础上进行拓展。

6.2　城市地下空间光环境评价体系

6.2.1　城市地下空间光环境评价原则

城市地下空间光环境评价是城市地下空间系统工程的重要组成部分，它应用系统工程的评价技术对地下空间光环境的优劣做出描述。为了使评价更合理更具科学性，评价指标体系的建立应遵循一些基本原则。只有这样，才能使行动和目标保持一致，也才能建立更加科学、合理、有效的评价指标体系。基于城市地下空间光环境的特点，城市地下空间光环境评价指标体系设计应遵循以下原则。

1. 指标体系的系统性原则

指标体系的设计既要全面和综合，又要避免指标体系过于复杂，避免指标之间出现重复现象。设计指标体系时要把城市地下空间看成一个系统，从整体去把握各个影响因素，全面、综合地反映被评价对象的整体情况。同时也要注意指标体系的结构，弄清影响因素间的联系和区别。指标体系应能全面反映被评价对象的综合情况，从中抓住主要因素，既能反映直接效果，又能反映间接效果，以保证综合评价的全面性和可信度。

2. 指标体系的科学性原则

指标体系的科学性要求选取的指标客观、合理，同时要求对评价对象有深入了解，要有一定的专业知识。评价指标体系必须有科学的理论依据，能充分反映城市地下空间光环境的多样性和复杂性。

3. 指标体系的可操作性原则

设计的指标既要符合理论要求，又要符合实际操作需要。考虑数据的可获得性，建立的指标体系宜简洁明确，容易理解并易于在实际工作中得以实现。指标尽可能采用通用的名称、概念与计算方法，有利于和国内外相似城市或地区的比较。如果评价指标设置简洁、明了、操作性很强，一方面使得评估人员易于接受，更易于在实际评价领域中应用；另一方面，由于在指标设置上不存在歧义，又可以杜绝在指标口径问题上理解的不一致性。

4. 指标体系的可测性原则

建立指标体系的目的是为评价方法服务，评价指标体系要能够测量，无论是定性指标还是定量指标，在评价方法中都要以数量的形式进行表示，所以要求评价指标具有可测性，要易于数据的收集，这样更有利于实际应用。

上面总结了城市地下空间光环境评价指标体系的设计原则，每一种原则都具有代表性。但光环境评价指标体系的建立是一个复杂的过程，不仅需要评价者有良好的敬业精神和专业知识，同时要求评价者具有很强的综合分析问题的能力，有很好的领悟力。在遵循以上原则的基础上，还要不断对建立的评价指标体系进行反复研究，经过不断筛选确定最合理的城市地下空间光环境评价指标体系。

6.2.2 城市地下空间光环境评价要素

优良的光环境质量由以下五个要素构成：适当的照度水平、舒适的亮度分布、宜人的光色和良好的显色性、没有眩光干扰、正确的投光方向与完美的造型立体感。

1. 照度水平

(1) 照度

为特定的用途选择适当的照度时，要考虑的主要因素有：视觉功效、视觉满意程度、经济水平和能源的有效利用。

视觉功效是人借助视觉器官完成作业的效能，通常用工作的速度和精度来表示。增加作业照度（或亮度），视觉功效随之提高，但达到一定的照度水平后，视觉功效的改善就不明显了。

而就视觉满意程度而言，根据相关研究表明，大部分受测者在高对比度情况下认为最佳照度水平为1000lx，而在低对比度情况下则为1800lx。在更高的照度水平下（5000～10000lx），虽然视觉功效提高，但满意度则开始减小。

在实际应用中，无论根据视觉功效还是视觉满意角度选择照度，都要受到经济条件和能源供应的制约。所以，综合上述三方面因素确定的照度标准往往并不是理想的，而只能是适当的折衷的标准。

北美照明学会（IESNA）2000 年将推荐照度值分为三类，七级。第Ⅰ类是简单的视觉作业和定向要求。主要是指公共空间；第Ⅱ类是普通视觉作业，包括商业、办公、工业和住宅等大多数场所；第Ⅲ类是特殊视觉作业，包括尺寸很小、对比度很低，而视觉效能又极其重要的作业对象。表 6-1 列出了 IESNA 推荐的各级照度值。

IESNA 推荐照度分级　　表 6-1

类　别	级　别	项　　目	照度（lx）
Ⅰ	A	公共空间	30
	B	短暂访问和简单定向	50
	C	进行简单视觉作业的工作空间	100
Ⅱ	D	高对比度、大尺寸的视觉作业	300
	E	高对比度、小尺寸的视觉作业或低对比度、大尺寸的视觉作业	500
	F	低对比度、小尺寸的视觉作业	1000
Ⅲ	G	进行接近阈值的视觉作业	3000～10000

（2）照度均匀度

室内照明并非越均匀越好，适当的照度变化能形成比较活跃的气氛。但是，工作岗位密集的房间也应保持一定的照度均匀度；室内照明的照度均匀度通常以一般照明系统在工作面上产生的最小照度与平均照度之比表示，它不应小于 0.7；工作房间中非工作区的平均照度不应低于工作区平均照度的 1/3；直接连通的两个相邻工作房间的平均照度差别也不应大于 5：1。

2. 亮度分布

室内的亮度分布是由照度分布和表面反射比决定的。视野内的亮度分布不适当会损害视觉功效，过大的亮度差别会产生不舒适眩光。

作业区内的亮度比。与作业贴邻的环境亮度可以低于作业亮度，但不应小于作业亮度的 2/3。此外，为作业区提供良好的颜色对比也有助于改善视觉功效。

非工作房间，特别是装修标准高的公共建筑厅堂的亮度分布，往往根据室内环境创意决定，其目的是突出空间或结构的形象特征，渲染环境气氛或是强调某种装修效果。这类光环境亮度水平的选择和亮度图式的设计也要考虑视觉舒适感。

3. 光色和显色性

光源的颜色质量包含光的表观颜色及光源显色性能两个方面。

（1）光的表观颜色（色表）。

光源的色表可以用色温或相关色温描述，光源色表的选择取决于光环境所要形成的氛围。我国照明设计标准按照国际照明委员会 CIE 的建议将光源的色表分为 3 类，并提出典型的应用场所，见表 6-2。

光源的色表类别　　表 6-2

色表类别	色　　表	相关色温（K）	应用场所举例
Ⅰ	暖	＜3300	客房、卧室、病房、酒吧、餐厅
Ⅱ	中间	3300～5300	办公室、阅览室、教室、诊室、机加工车间、仪表装配
Ⅲ	冷	＞5300	高照度场所、热加工车间，或白天需补充自然光的房间

人对光色的爱好同照度水平有对应关系，图 6-1 给出了各种照度水平下，不同色表的荧光灯照明所产生的一般印象。光源的色温影响照明的气氛：色温低，感觉温暖；色温高，感觉凉爽。一般色温＜3300K 为暖色，3300K＜色温＜5300K 为中间色，色温＞5300K 为冷色。光源的色温应与照度相适应，即随着照度增加，色温也应相应提高。否则，在低色温、高照度下，会使人感到酷热；而在高色温、低照度下，会使人感到阴森的气氛。

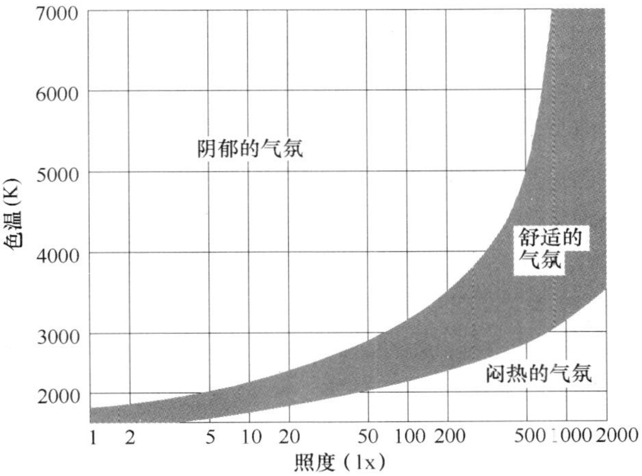

图 6-1 照度色温和房间气氛的关系

（2）光源显色性能

为特定的用途选择适当的照度时，要考虑的主要因素有：

照明光源对物体色表的影响，是由光源的光谱功率分布所决定的。显色性用显色指数（CRI）定量地表示。CIE 显色指数是 14 种特殊规定的颜色中的任一种色样，在等测光源下的颜色与在参照光源下的颜色一致程度的度量。用特殊显色指数 R_i（$i=1\sim14$）表示有关单个色样在被测光源下的显色程度，前 8 个色样的显色指数（$R1\sim R8$）的平均值称为 CIE 的一般显色指数，用 Ra 表示，数值范围 0～100。CIE 将灯的显色性能分为 4 类，作为评估室内照明质量的指标，见表 6-3。

光源显色性分类　　表 6-3

显色指数（Ra）范围	色　表	应用示例：优先采用	应用示例：容许采用
Ra≥90	暖	颜色匹配	
	中间	医疗诊断、画廊	
	冷		
90＞Ra≥80	暖	住宅、旅馆、餐馆	
	中间	商店、办公室、学校、医院、印刷、油漆和纺织工业	
	冷	视觉费力的工业生产	
80＞Ra≥60		工业生产	办公室、学校
60＞Ra≥40		粗加工业	工业生产
40＞Ra≥20			粗加工业、显色性要求低的工业生产、库房

4. 眩光

如果灯、灯具或者其他区域的亮度比室内一般环境的亮度高得多，人们就会感受到眩光。眩光产生不舒适感，严重的还会损害视觉功效，所以工作房间必须避免眩光干扰。

（1）直接眩光

它是由灯或灯具过高的亮度直接进入视野造成的。眩光效应的严重程度取决于光源的亮度和大小、光源在视野内的位置、观察者的视线方向、照度水平和房间表面的反射比等诸多因素，其中光源的亮度是最主要的。

CIE1995 年提出用 UGR 作为评定不舒适眩光的定量指标。UGR 计算方法综合了 CIE 和许多国家提出的眩光计算公式并加以简化，同时，其数值对应的不舒适眩光的主观感受与英国的眩光指数一致，见表 6-4，因此这一方法得到了世界各国的认同。

UGR 值对应不舒适眩光的主观感受　　表 6-4

UGR	不舒适眩光的主观感受	UGR	不舒适眩光的主观感受
28	严重眩光，不能忍受	19	轻微眩光，可忍受
25	有眩光，有不舒适感	16	轻微眩光，可忽略
22	有眩光，刚好有不舒适感	13	极轻微眩光，无不舒适感
		10	无眩光

其中，照明场所统一眩光值的计算公式如式（6-1）所示：

$$UGR = 8\lg \frac{0.25}{L_b} \sum \frac{L^2 \omega}{p^2} \tag{6-1}$$

式中　L_b——背景亮度，cd/m^2；

L——每个灯具的发光部分在观察者眼睛方向上的亮度，cd/m^2；

ω——每个灯具的发光部分对观察者眼睛形成的立体角，sr；

p——每个单独的灯具偏离视线的位置指数（Guth 位置指数）。

UGR 不舒适眩光评价方法的应用有以下限制条件：

1）UGR 适用于简单立体房间的一般照明设计，不适用于间接型照明和发光顶棚的不舒适眩光评价；

2）灯具发光部分对眼睛形成的立体角在 $0.1sr > \omega > 0.0003sr$ 的范围内；

3）灯具为双对称配光或全对称配光，规则布置；

4）观测位置通常在纵向或横向两面墙的中点，视线水平、朝前看。

（2）反射眩光和光幕反射

它们是由光泽表面镜面反射的高亮度造成的，呈现在作业区以外的称为反射眩光，它对视觉造成干扰。在作业本身呈现的镜面反射与漫反射的现象称为光幕反射，它使作业固有的亮度对比减弱，视觉功效降低。

避免反射眩光和光幕反射的有效措施有：

1）正确安排照明光源和工作人员的相对位置，使视觉作业的每一部分都不处于、也不靠近任何光源同眼睛形成的镜面反射角内；

2）加强从侧面投射到视觉作业上的光线；

3）选用发光面大、亮度低、宽配光，但在临界方向亮度锐减的灯具（如蝙蝠翼型配光的灯具）；

4）顶棚、墙和工作面尽量选用无光泽的浅色饰面，以减小反射的影响。

5. 阴影和造型立体感

一个房间的照明能使它的结构特征及室内的人和物清晰，而且令人赏心悦目地呈现出来，这个房间的整体面貌就能美化。为此，照明光线的指向性不宜太强，以免阴影浓重，造型生硬；灯光也不能过于漫射和均匀，以免缺乏亮度变化，致使造型立体感平淡无奇，室内显得索然无味。

“造型立体感”这个词用来说明三维物体被照明表现的状态，它主要是由光的主投射方向及直射光与漫射光的比例决定的。对造型立体感的主观评价主要依靠心理因素，不过以下两种物理指标可供照明设计人员预测造型效果。

1）垂直照度与水平照度之比（E_v/E_h）：在主视线方向上 E_v/E_h 至少要达到 0.25，获得满意的效果则需要达到 0.40～0.50；

2）平均柱面照度与水平照度之比（E_c/E_h）：平均柱面照度是位于一点的一个极小圆柱体曲面上的照度，假定圆柱体的轴线是垂直的，其高度与直径均趋于无穷小。它实际上是空间一点在各方向上垂直照度的平均值。

当只有自上而下的直射光时，$E_c=0$，$E_c/E_h=0$；而当光线仅来自水平方向时，则 $E_h=0$，$E_c/E_h\to\infty$；唯有 $0.3\leqslant E_c/E_h\leqslant 3$ 的条件下，可获得较好的造型立体感。

6.2.3 城市地下空间光环境评价方法

城市地下空间光环境评价法对于结论模式的简化主要体现在 3 个方面，即评价项目选择、评价机制和结果等级划分。

1. 评价项目选择（见表 6-5）

评价项目的选择可采用 DelPhi 法来进行选择。专家小组应依据地下空间场所的功能要求及评价时间投票确定评价项目的内容与数量，最终入选项目其得票率不应低于 50%。其中专家小组应由建筑室内视觉环境设计与研究方面的专业人士组成，成员不应少于 5 人。

确定评价项目的综合统计表　　表 6-5

专家编号 / 评价项目	1	2	3	……	n	总计	是否作为评价项目
S1							
S2							
S3							
…							
Sm							

注：1. 表中空格由专家打“勾”即可。

2. 本标准中评价项目 Sm 可代表照度、亮度等评价项目。

2. 评价机制

评价机制的核心就是合理体现权重。权重作为一种评价机制，反映了评价指标的重要程度和获取它的难度。评价项目的权值表征该项目对视觉环境质量的影响程度，由建筑室内视觉环境设计与研究方面的专业人士组成的专家组填写表 6-6 来确定，其中专家组成员不应少于 5 人。

评价项目权值确定表　　表 6-6

评价项目	项目影响程度	影响程度得分 (n)	所得票数 P_n	权重平均得分 (a_m)	权重 (Q_m)
S1	较大	3			
	一般	2			
	较小	1			
S2	较大	3			
	一般	2			
	较小	1			
…	较大	3			
	一般	2			
	较小	1			
Sm	较大	3			
	一般	2			
	较小	1			

表中权重平均得分 a_m 按式（6-2）计算。

权重得分 a_m 按式（6-2）计算如下：

$$a_m = \frac{\sum_{n=1}^{3} P_{mn} \times n}{\sum_{n=1}^{3} P_{mn}} \tag{6-2}$$

式中　a_m——第 S_m 个项目的权重平均得分；

P_{mn}——第 S_m 个项目的第 n 级影响程度的所得票数。

权重 Q_m 按式（6-3）计算如下：

$$Q_m = \frac{a_m}{\sum_{1}^{m} a_m} \tag{6-3}$$

式中　Q_m——某一个项目的权重（精确到小数点后 2 位）；

a_m——第 S_m 个项目的权重平均得分。

3. 结果等级划分

首先从评价现场的实际用户中随机选出 10 人以上组成用户评价小组，由从事视觉环境设计或研究的有关专业人员 3 人以上组成专业评价小组。两个小组采用同样的评价方法独立执行现场评价任务。评价小组的每个成员使用评价问卷（表 6-7）对评价现场的视觉状况独立进行观察与判断，根据各评价项目的实际状态给出评分。在进行现场评价的同时还应记录以下内容：评价场所及用途，评价日期及时间，评价人，评价时的天气条件及照明条件，现场外观特征或现场照明，以及相关视觉环境参数测量结果。

评 价 问 卷 表 6-7

请利用这个问卷评价一下这个室内的视觉环境状况。
请先对室内做一次总的观察，然后任选一个工作位置就座，逐项填写问卷。
请从这个室内的实际用途出发进行判断。根据自己的观察与感受，请确定每个项目所处等级。最好加注具体意见。

评价场所： 评价时间： 评价人：

评 价 项 目	评 价 等 级	选 择 投 票	具 体 意 见
S1	优		
	良		
	一般		
	较差		
	差		
S2	优		
	良		
	一般		
	较差		
	差		
S3	优		
	良		
	一般		
	较差		
	差		
…	优		
	良		
	一般		
	较差		
	差		
Sm	优		
	良		
	一般		
	较差		
	差		

分别统计每个评价小组评价人员的投票分布，利用评分系统（见表 6-8）计算各个项目评分及视觉环境指数。用户评价小组的评价结果与专业评价小组的评价结果分别作为基本数据与参考数据提供给有关决策工作使用。

评　分　系　统　　表 6-8

评价场所：　　　　　　　　评价时间：

评价项目	项目权值（Q_m）	评价等级（n）	等级分值（P_n）	所得票数（V_{mn}）	项目评分（S_m）	视觉环境指数（S）
S1		优	100			
		良	80			
		一般	60			
		较差	40			
		差	20			
S2		优	100			
		良	80			
		一般	60			
		较差	40			
		差	20			
S3		优	100			
		良	80			
		一般	60			
		较差	40			
		差	20			
…		优	100			
		良	80			
		一般	60			
		较差	40			
		差	20			
Sm		优	100			
		良	80			
		一般	60			
		较差	40			
		差	20			

项目评分 S_m 按式（6-4）计算如下（计算结果四舍五入取整数）：

$$S_m = \frac{\sum_{n=1}^{5} P_n V_{mn}}{\sum_{n=1}^{5} V_{mn}} \tag{6-4}$$

式中　S_m——第 m 个评价项目的评分，$20 \leqslant S_m \leqslant 100$；

$\sum_{n=1}^{5}$——对该项目 5 个评价等级求和；

P_n——第 n 个等级代表的分值；

V_{mn}——第 m 个评价项目第 n 个等级所得票数。

视觉环境指数 S 按式（6-5）计算如下（计算结果四舍五入取整数）：

$$S = \sum_{1}^{m} S_m Q_m \tag{6-5}$$

式中 S——视觉环境评价指数，$20 \leqslant S \leqslant 100$；

$\sum_{1}^{m}$——对 m 个评价项目求和；

S_m——第 m 个评价项目的评分；

Q_m——第 m 个评价项目的权值。

评价结果包括各个评价项目的单项评分和视觉环境指数，各项评分及视觉环境指数越小，视觉环境存在的问题越大，视觉环境质量越差。视觉环境指数与质量等级对应关系见表 6-9。

视觉环境指数与质量等级对应关系　　表 6-9

视觉环境指数 S	$90<S\leqslant100$	$70<S\leqslant90$	$50<S\leqslant70$	$30<S\leqslant50$	$20\leqslant S\leqslant30$
质量等级	优	良	一般	较差	差

6.3 城市地下空间采光设计研究

近年大量的地下商场、博物馆、车库以及交通设施的建成，大大提高了土地资源的利用效率，但同时也为环境控制方面带来了诸多的问题。从光环境角度而言，由于地下建筑缺乏与外界的联系，没有阳光的射入，缺少自然光，使人很难觉察自然环境的变化，无法直接把握时空。容易使人们由于缺乏与外界的联系而产生视觉上的封闭感和心理上的压抑感。甚至还会影响人的生命节律以及造成心理抑郁等诸多心理问题。在进行地下空间光环境设计时，应利用地下空间采光及导光技术，充分利用天然光，从而构建适宜的地下空间光环境，提高空间光环境质量，有利于地下空间工作人员的身心健康。

6.3.1 城市地下空间充分利用天然光的意义

从功能上讲太阳光最大的用途就是建筑的自然光照明，随着城市化进程的发展，城市地下空间开发利用已经成为提高城市容量、缓解城市交通、改善城市环境的重要手段。我国地下空间的建筑面积迅速发展，以北京为例，目前北京地下空间建成面积已达到 $3000\times10^4m^2$；全市地下空间今后平均每年将增加建筑面积约 $300\times10^4m^2$，占总建筑面积的 10%，到 2020 年北京市地下空间建成面积将达到 $9000\times10^4m^2$，人均拥有面积达到 $5m^2$[1]。根据资料统计，在办公、商业等几种类型的建筑中，其总能耗的 30%～60%是供给照明用的，因此，在地下空间建筑面积快速发展的同时，充分利用天然光对于节约能源、保护环境起到了积极的作用。

阳光是万物生长之源泉，太阳光是全光谱辐射，可在人的肌体内产生维生素等多种营养物质，而且人类本来就是昼光性的，在长期的工作生活中熟悉了天然光每日及季节性的变化规律，具有在明亮的白天进行活动，在黑暗的夜晚休息的习惯，形成了与天然光变化相对应的一些生物周期现象。生物周期是指具有周期性变化的人类心理、生理现象，生物周期是人体内部对于外在的昼夜变化的一种内在表现，它像钟一样工作，保持着昼夜的节律，随着季节的变化昼夜的时间延长或缩短，人体内部的生物钟也随之而变化。生物周期受光的影响特别强烈，光线的强度、光谱分布及人们接受光线照射的时间都可以影响或改变人类的生物周期。

图 6-2 显示了与人体每天作息规律密切相关的激素及人体机能生命现象，都和明暗交替与循环有着一致的步调，形成大概以 24h 为循环周期的概日周期。如图可以看到随着天然光照度的昼夜变化人体内的应激激素、褪黑激素、觉醒水平和体温都呈现出以 24h 为周期的变化规律。

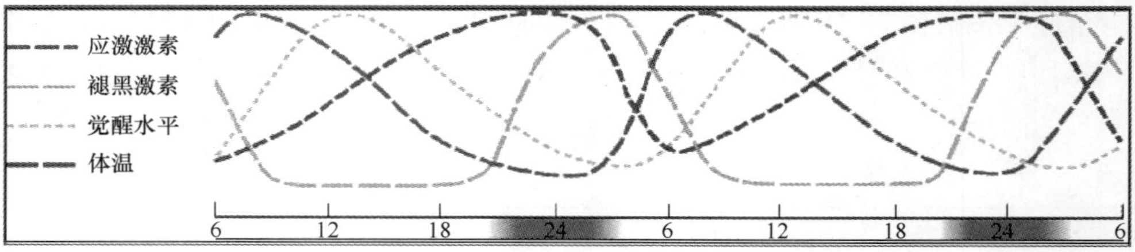

图 6-2　人体某些生命现象的概日周期示意图

同时，不仅仅是照度，色温也是影响人类生物周期变化的重要因素，随着时间和季节的变化，天然光的照度和色温表现出明暗及冷暖的周期变化，如图 6-3 所示，天然光的色温一天中随时间和天气状况的不同在 2000～15000K 之间变化，早晚日出日落时色温较低天空呈现红色，正午天空偏白色，夏季或秋季晴朗的蓝色天空色温最高。人类的生物周期即与这种变化规律相吻合。相关研究试验表明，作为人体生理反应的清醒水平在高色温照明下变得亢奋（如图 6-4 所示），同时在高照度、高色温的照明条件下，人体会明显呈现出抑制褪黑激素的分泌和核心体温降低的现象，而人体内部系统所接受到的昼夜变化的信息正是由褪黑激素通过血液循环系统传递到人体的各个器官的。

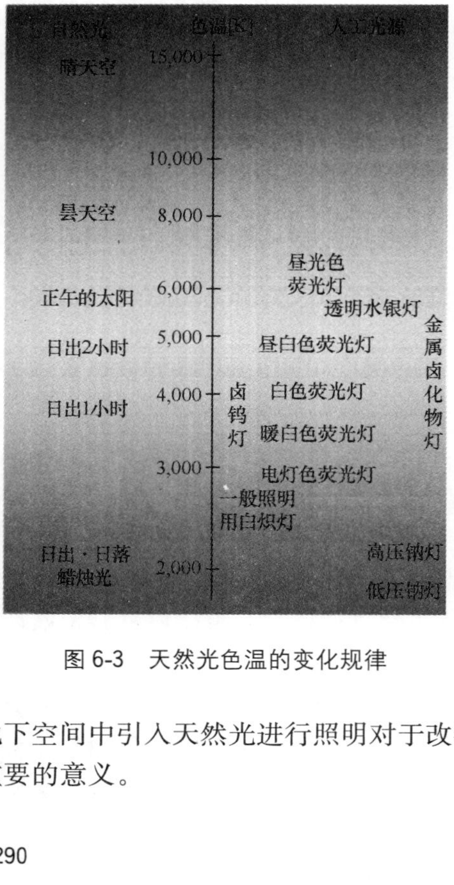

图 6-3　天然光色温的变化规律

对于长期工作在地下空间的人们来说，当无法直观感受到天然光的变化且室内照明效果一成不变时，固定不变的照明效果将导致缺少昼夜变化的光照信息，这时人体生理系统的工作周期就会大于 24h，人们的应激反应、睡眠/清醒周期、觉醒水平、体温等的周期都发生了改变，从而影响到人们的工作生活质量和健康状况。所以，在地下空间中引入天然光进行照明对于改善地下空间的生理环境、保证人们的身体健康有着重要的意义。

同时，除了节能和生理环境之外，心理环境也是地下空间环境控制的重要内容，所以对于人类而言，由于人类对外界的感知80%都来源于视觉系统，昼夜变化最明显的现象即为光的明暗变化。光的时间变化、亮度水平和光谱不仅可以影响人类的生命节律，同时光环境质量还对人类的知觉、视觉系统产生影响，进而影响到人类的社会活动和工作效率，如图6-5所示。人眼对于任何视觉对象的识别都受到5种因素的影响，即视觉对象的尺寸大小、亮度、亮度对比、颜色对比及观察者本身视网膜成像质量。一般来讲，视觉对象的尺寸越大、亮度越高、亮度和颜色对比度越强，人们的识别速度和作业效率就会越高，但是现有的研究成果表明照度和亮度对比度和工作效率之间并非线性递增的关系，如图6-6所示，当照度或对比度达到一定值以后，工作效率的增长比较缓慢甚至会造成工作效率降低。所以工作场所的照度设计应该从照度、作业效率、安全性、经济性等多方面综合考虑。

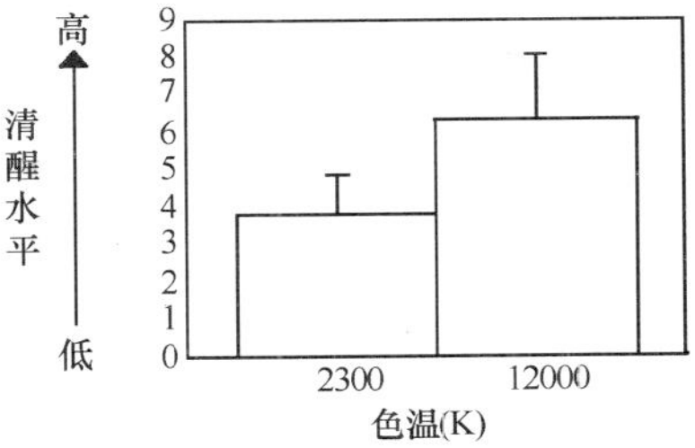

图6-4 色温对清醒水平的影响

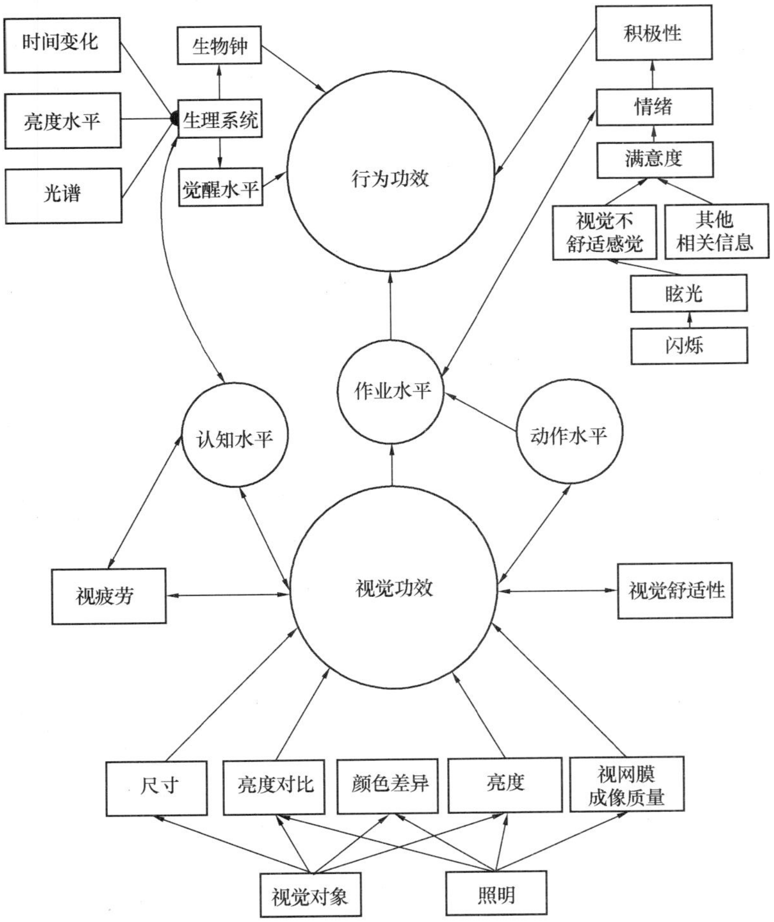

图6-5 光环境对人类行为活动影响因素分析图

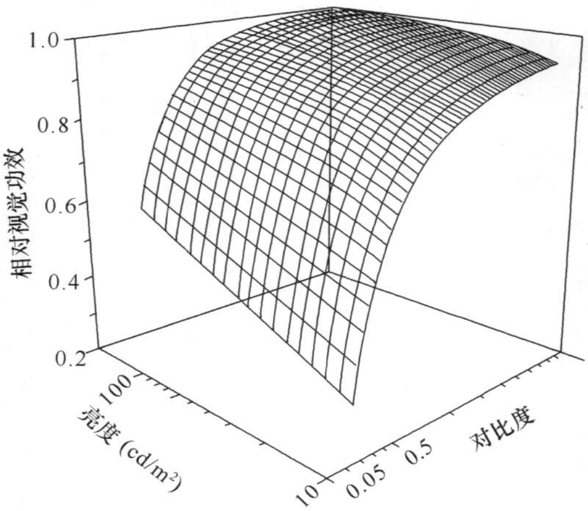

图 6-6　视觉功效与亮度和对比度关系

光环境可以通过对舒适性和情绪的影响左右人们的判断力和行为能力，从而影响人们的工作效率。当我们身体内部的定时系统所预测的室外亮度水平与输入的感觉和视觉资料相矛盾时，往往会令人产生不愉快的感觉，当地下空间所提供的人工照明不能补偿人们长期无法获得外界光照变化的信息时，不仅会造成生物周期的混乱，而且会使人们产生消极的反应。个体之间年龄、性别、爱好等因素的不同，使得光环境对其情绪的影响程度也有所差别。自上世纪 60 年代起国外大量专家学者对于光环境如何对情绪及舒适性产生影响，以及人们对天然光和人工光用于照明的偏好进行了调查研究，不同的研究结果总结见表 6-10。

表 6-10 从 7 个不同的方面将人们对天然光和人工光的偏好进行了对比，从结果可以看出绝大多数人们偏向于利用天然光进行照明。人们需要天然光线，不仅是因为它的照度和光谱性质，还包括与天然光联系在一起的户外景色。人们希望在室内空间能观赏太阳光照射之下的户外景色[2]。人们通过与外界的景观联系不仅可以掌握天气和时间的变化，还可以缓解人们的抑郁、紧张的情绪，这样就可以相对减少人们在工作中的压力，提高工作效率。

人们对天然光与人工光偏好的对比情况表　　表 6-10

项　　目	天然光	人工光	没区别	没感觉
使心情舒畅	88%	3%	3%	6%
使室内环境舒适	79%	0%	18%	3%
对身体健康有利	73%	3%	15%	8%
对视觉健康有利	73%	9%	9%	9%
显色性	70%	9%	9%	12%
提高工作效率	49%	21%	27%	3%
提高精细工作的质量	46%	30%	18%	6%

在天然光可以提供足够的照度水平、没有眩光和光幕反射、没有强烈的光影变化影响人们的工作时，天然光通常都是人们在日间优先选择的照明方式，除了视觉功效方面的要求外，还取决于人们在生理和心理方面对天然光的需求。在地下空间中充分利用天然光不仅可以节约能源，保护环境，更重要的是可以改善地下空间的建筑环境、生理和心理环境，保证长期处于地下空间的工作者的身体健康。所以在进行地下空间光环境设计时，应利用地下空间采光及导光技术，充分利用天然光。当无法利用天然光进行照明时，人工照明的设计应在照度、颜色、色温、视觉感受等各方面充分模拟天然光中对于人体生理和心

理健康有益的因素，从而构建地下空间适宜的光环境，提高地下空间光环境质量，从而有利于地下空间工作人员的身心健康。

6.3.2 适用于城市地下空间的被动式天然采光方式

被动式采光法是通过或利用不同类型的建筑窗户进行采光的方法。根据采光窗的种类不同可以归纳为侧窗和天窗两类。

1. 侧窗与高侧窗采光法

对于地下空间建筑，这种采光方式的利用受到建筑形式、地形等条件的制约，多用于半地下室地下空间、依附于坡地的台阶式地下建筑、覆土式窑洞侧墙采光及竖井侧窗采光等。根据地下空间的开发形式和侧窗的利用方式不同，天井式和下沉式广场的地下空间侧墙采光也属于此类。

比较常见的地下空间的侧窗与高侧窗采光方式是，在半地下室高出地面部分（约占半地下室高的1/3）的外墙上开设侧高窗采光，或沿地下室外墙开设与地面相通的采光井，并朝向采光井开窗以获取自然光线，如图6-7所示。此种地下建筑自然采光形式适用于地下仓库、车库或某些业务办公等空间，此类空间通常附建于主体地面建筑，并且对自然采光在照度及视觉环境艺术上的要求不高。

居住建筑、文化建筑、商业建筑等对自然光照度和室内视觉环境要求较高的公共建筑，通常也会采用天井和下沉广场等对地下空间利用侧窗采光的方式进行天然光照明。

天井式采光方式是地下建筑围绕一个与地面相通的下沉式小庭院或天井布置，并朝向庭院天井开设大面积的玻璃门窗以摄取自然光线。下沉庭院式地下建筑面积和规模都不大，较适于中小型文化娱乐或教学等使用功能的要求。我国传统的下沉式窑洞，又称天井窑院或地坑窑院就是利用下沉庭院进行采光的一种古老的居住建筑类型，这种住宅位于黄土高原地势比较平坦的地带，由于没有可直接利用的地形条件，故先从地面挖一个坑，形成一个下沉的庭院，再由庭院四周人工形成的黄土陡崖向里挖洞，形成窑洞。窑洞的采光口都朝向庭院，利用下沉庭院进行采光，如图6-8所示。

图6-7 采光井采光

图6-8 下沉式窑洞

大型公共建筑通常利用下沉广场的方式对建筑的地下部分进行采光，其原理与下沉天井和下沉庭院相同。下沉式广场常用于城市中面积较大的外部开敞空间如：市中心广场、站前交通广场、大型建筑门前广场及绿化广场等，使地面的一部分“下沉”至自然地面标

图 6-9　西单地下商场下沉广场

高以下，一般为 4m 左右。下沉式广场使广场空间呈现正负、明暗、闹静、封敞等空间形态的变化。沿下沉式广场周边布置的地下建筑朝向下沉广场开设大面积玻璃采光门窗，或设通透的柱廊，使广场周边的地下空间与广场开敞的空间融为一体。这样，地下空间得到自然采光，人们通过下沉式广场进入地下空间，在很大程度上减少了地上、地下空间的差异感。采用下沉式广场的地下建筑多为购物、文娱、休闲、步行交通等多功能公共活动类型。图 6-9 为北京市西单文化广场中的下沉广场，下沉广场的设置不仅丰富了城市空间，也为广场周边的地下部分进行天然采光提供了条件。

2. 天窗采光法

天窗采光，又称顶部采光。它是在房间或大厅的顶部开窗，将自然光引入室内。这一采光方法在工业建筑、公共建筑（如博展建筑和建筑的中庭采光）应用较多。由于应用场所不同，天窗的形式不一。对于地下空间建筑采光法，根据不同的建筑功能，通常意义上天窗形式主要有矩形天窗、锯齿形天窗、平天窗、横向天窗、下沉式（或称井式）天窗，如图 6-10 所示。

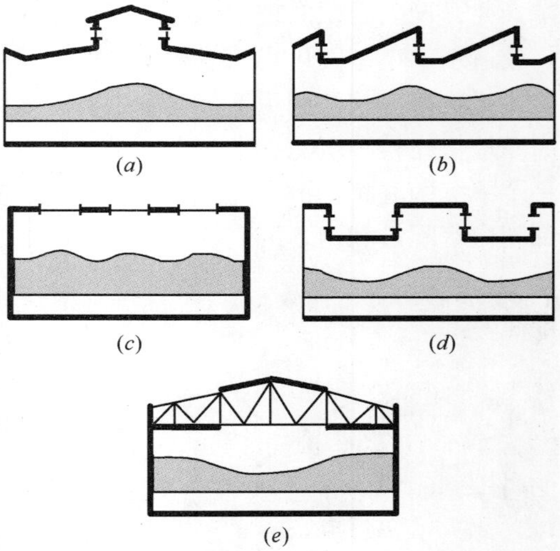

图 6-10　天窗采光的开窗形式

（*a*）矩形天窗；（*b*）锯齿形天窗；（*c*）平天窗；（*d*）横向天窗；（*e*）井式天窗

（1）矩形天窗（图 6-10（*a*））

具有高侧窗特点，采光系数平均值可达 5%。窗口如为南北朝向，直射阳光不易进入室内。

（2）锯齿形天窗（图 6-10（*b*））

为单侧采光天窗，由于有倾斜的顶棚反光，因而采光效率比矩形天窗高 15%～20%，采光系数平均值可达 7%。在北半球，窗口如朝北，可避免阳光直接射入室内，有利于控制室内温湿度和避免眩光。

（3）平天窗（图 6-10（*c*））

用平板玻璃作成平面形式或用合成材料作成壳体形式的天窗。平天窗构造简单，布置灵活，采光效率比矩形天窗高两倍以上，在各类建筑中广泛采用。但平天窗处于水平位置，应采取适当的遮阳措施，防止阳光直射室内。

（4）横向天窗（图 6-10（*d*））

直接在屋架垂直面上安设窗扇，可节省天窗架，降低建筑高度，节省建筑费用。横向天窗的采光效率同矩形天窗近似，但施工较复杂，屋顶整体刚度较差。

(5) 其他天窗

包括井式（下沉式）天窗（见图 6-10（*e*））、避风天窗等，一般不装玻璃，采光系数不超过 1%，采光效率较低，主要用于需要通风良好的车间[1]。

按照结构、位置以及同屋顶的关系，天窗的形式又可概括为天顶型、凸起型和凹陷型 3 类。天顶型天窗是在屋面上直接开设采光口，安装透光材料的天窗，如图 6-10 中的平天窗。凸起型天窗是指突出在屋面之上的天窗。做法是在屋顶承重结构上设立天窗架，上搁天窗屋面板，侧设窗口构件，如图 6-10 中所示的矩形天窗。凹陷型天窗是指凹陷于屋顶承重结构空间内的天窗。做法是将部分屋面下沉于屋架下弦上，在上下屋面高差处开口，用以通风和采光，通称下沉式天窗。下沉式天窗按下沉部位，可分为纵向下沉式天窗、横向下沉式天窗和井式天窗，如图 6-10 中所示的横向天窗、井式天窗和锯齿形天窗。

天顶形天窗是应用最多最基本的天窗形式。天顶形天窗的基本形式主要有图 6-11 所示的拱形、双坡形、锥形等。随着地下建筑和窗体结构的发展，尤其是大型地下公共建筑的发展，天窗的应用和形式根据建筑的功能和规模的不同越来越多元化。

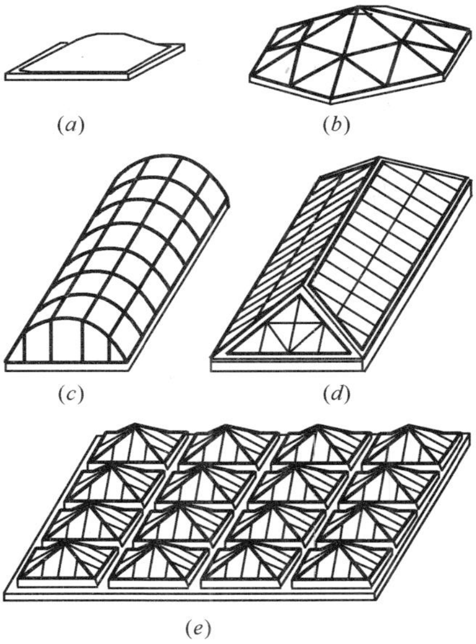

图 6-11　天顶型天窗的形式

（*a*）采光罩；（*b*）多角锥形天窗；（*c*）拱形天窗；（*d*）双坡形天窗；（*e*）方锥形块状天窗

图 6-12 和图 6-13 为日本大阪长掘地下街的波浪形天窗的室外和室内的实景照片。长掘地区是大阪中心城区最为繁华的地区之一，长掘地下街是日本在 20 世纪 90 年代建造的少数地下街之一，是一条连接四条地铁线路车站，并将商业、停车、人行过街等设施整合为一体，成功实现地区性人车立体分流的大型地下综合体。其地下分为 4 层，建筑面积 $8.2\times10^4\text{m}^2$，是迄今日本最大规模的商业街。历史上，长掘街所在地，曾有一条流淌不息的河流，所以在天窗形式的设计中选取了水的寓意，在宽 11m 的公共地下步行道的上方，设置了 8 个天窗呈波浪形连接在一起，并且在玻璃顶上制造了流淌不息的“河水”，如图 6-13 所示。屋顶上的“河流”加上地下不时看到的水的各种形态，设计者通过高超的手段告诉人们这里的历史，人们走在地下街上，能目不暇接地移步换景，不容易感到疲劳。可见，随着窗体技术的进步地下建筑的天窗可以结合各种设计寓意而发展出各种不同的形式。

3. 地下中庭共享空间式

地下中庭共享空间是由大型多层地下建筑综合体的各层、各相对独立的功能空间围合并垂直叠加而形成的直通地面的中庭空间，其顶部所覆盖的大型采光穹顶，一般由空间网架加上采光玻璃面构成，既能躲避风雨、烈日、严寒等恶劣气候的影响，又能使中庭空间充满阳光，并能使围绕中庭的地下空间在一定程度上摄取自然光线。

图 6-12　大阪长掘地下街波浪形天窗外景[2]

图 6-13　大阪长掘地下街波浪形天窗内景

地下建筑完全在地表面以下，自然会在设计及使用上带来许多难题，然而这些难题并不构成绝对的障碍，通过精心设计和技术革新是可以克服的，中庭的应用就是解决难题的有效途径之一。通常中庭所营造的空间在地下建筑中是最富有变化、引人入胜、宽松雅致和更接近自然化的空间，很容易形成地下建筑的中心标志物，并构成了地下建筑的主要形象。对于层数少、平面体量相对较大的地下建筑，更需要一个中心开放的“核心”空间，来改善地下建筑方向感差、缺乏刺激的问题及缓和地下建筑内部的局促感，使地下建筑的内部空间有拓延、有发展，容易让人感受到地下建筑的外形特征和体量的存在。中庭空间很好地解决了地下建筑封闭隔绝、视觉信息缺乏、空间形体单一、可读性差及缺乏自然环境和天然光线的渗透等问题。因此，地下建筑的中庭成为一个包含了人、活动及自然要素的，多样的、发展的、激励人心的景观空间源泉[3]。

对大型深层地下建筑综合体而言，中庭起着接受阳光和光通道的作用；中庭内大量种植的花草树木、叠石、流水以及喷泉等建筑小品在阳光的照耀和光影的变幻中，构成了生机勃勃的“地下立体”花园。同时，由于中庭周围各层功能空间在水平方向延伸扩展并交汇到中庭开阔空间，沿垂直方向向上与地面开敞空间融合，使整个地下空间结构形成深远、立体而丰富多变的层次。地下中庭共享空间设计是改善大型、大深度地下建筑综合体内部空间环境的重要手段。

图 6-14 为哈尔滨红博世纪广场地下商业街的阳光中庭，该阳光大厅的地面建筑总高度 35m，从地平面开始，由球形网架、四个肋、主杆、金色雪花 4 部分组成。设计寓意是：金色雪花，代表了北国城市哈尔滨的风貌与繁荣；圆球，代表了哈尔滨市经济、文化、科技、教育的结晶，也象征着哈尔滨-天鹅项下的珍珠；玻璃台阶，象征着哈尔滨建设蒸蒸日上；绿色寓意着“可持续发展”的哈尔滨经济；钢球与立柱构成字母“H”，是黑龙江、哈尔滨和红博广场汉语拼音与英文的第一个字母。该阳光大厅所在的位置是沙俄东正教圣·尼古拉教堂的原址，该教堂于 1900 年 12 月 18 日竣工，是木构教堂的精品，也是沙俄在中国所建造的最重要的教堂。教堂的设计方案在俄国首都圣彼得堡完成，经沙皇尼古拉二世批准修建，以沙皇的名字命名，故名“圣·尼古拉”，于“文革”期间被拆除。该阳光大厅下陈列着圣·尼古拉教堂的模型，作为对于历史的纪念。商业街的中心大

厅里充满阳关和自然光的空间氛围更能吸引人们驻足休息和停留，人们在这里不仅可以放松心情也能感受历史和现代所带来的心灵冲击和体会。

图 6-15 为巴黎卢浮宫入口中庭，这一著名的方案将卢浮宫 3 个主要的活动路线集中在中庭的地下层，并且在中庭的地面建造了一座大型的玻璃金字塔，作为罗浮宫主要入口，这样可以直接利用金字塔入口进入地下层，然后前往不同的展览区参观。玻璃金字塔顶将阳光引入地下层，并且该区作为休憩空间，可以使游客在此稍作休息或整理心得，欣赏玻璃顶外的卢浮宫主体建筑，使人们在光影变换中体会百年建筑的魅力。

图 6-14 哈尔滨市红博世纪广场地下商业街中庭

图 6-15 巴黎卢浮宫入口中庭

由以上两个例子可以看出，地下建筑的中庭不仅可以成为空间的中心，在某种意义上也可以成为一个建筑或一种历史文化的集中体现和展示场所，不仅在空间形式，在文化意义角度成为一个体验和交流的中心，成为设计者展示设计意图的有力载体。在实际工程中，天然采光在地下空间中的处理手法也是多种多样的，究竟选用何种方式应该根据建筑功能、形式，所在城市中的位置，以及与周边其他城市设施的关系进行设计，以满足不同的要求，创造出多种多样的地下空间天然采光的形式。

以上介绍的几种采光方式是抵消地下建筑中不良反应的最有效的途径。但这些模式仅限于用在直接位于地表之下的建筑，即使是近地表的结构，如果地面是用作道路等功能，也无法放置天窗和中庭，这时就需要依赖主动式采光手段。

6.3.3 适用于城市地下空间的主动式天然采光方式

在很多情况下，地下空间是完全隔绝的，因此无法利用侧窗和天窗采纳自然光，这就需要主动太阳光系统将自然光通过孔道、导管、光纤等传递到隔绝的地下空间中。主动太阳光系统的基本原理是根据季节、时间计算出太阳位置的变化（太阳高度角，方位角），采用定日镜跟踪系统作为阳光收集器，并采用高效率的光导系统将自然光送人深层地下空间需要光照的部位。目前已有的主动式自然采光方法主要有镜面反射采光法、利用导光管导光的采光法、光纤导光采光法、棱镜组传光采光法、光电效应间接采光法等 5 类。

1. 镜面反射采光法

所谓镜面反射采光法就是利用平面或曲面镜的反射面，将阳光经一次或多次反射，送到室内需要照明的部位。这类采光法通常有 2 种做法：一是将平面或曲面反光镜和采光窗的遮阳设施结合为一体，既反光又遮阳；二是将平面或曲面反光镜安装在跟踪太阳的装置上，作为定日镜，经过一次或二次反射，将光线送到室内需采光的区域。

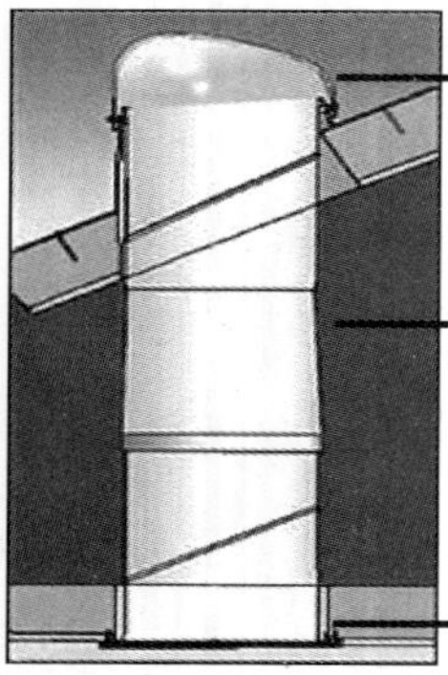

图 6-16　导光管系统示意图

2. 利用导光管导光的采光法

用导光管导光的采光方法，具体做法随系统设备形式、使用场所的不同而变化。整个系统实际上可归纳为阳光采集、阳光传送和阳光照射 3 部分，如图 6-16 所示。阳光收集器主要由定日镜、聚光镜和反射镜 3 大部分组成；阳光传送的方法很多，归纳起来主要有空中传送、镜面传送、导光管传送、光纤传送等；阳光照射部分使用的材料有漫射板、透光棱镜或特制投光材料等，使导光管出来的光线具有不同配光分布，设计时应根据照明场所的要求选用相应的配光材料。

由于该类型导光管系统可以将天然光引入到建筑大进深、无窗或地下空间，为人们提供舒适的照明光环境以及具有非常大的节能潜力，在能源日益紧张的今天，日益受到社会的重视。大量应用于商店、学校、体育场馆以及地下停车场的照明中，图 6-17 为不同地下功能空间中导光管的具体应用。

图 6-17　导光管在建筑中的具体应用

3. 光纤导光采光法

光纤导光采光法就是利用光纤将阳光传送到建筑室内需要采光的部位。此法是结合太阳跟踪，透镜聚焦等一系列专利技术，在焦点处大幅提升太阳光亮度，通过高通光率的光导纤维将光线引到需要采光的地方。光纤导光的基本原理如图 6-18 所示。

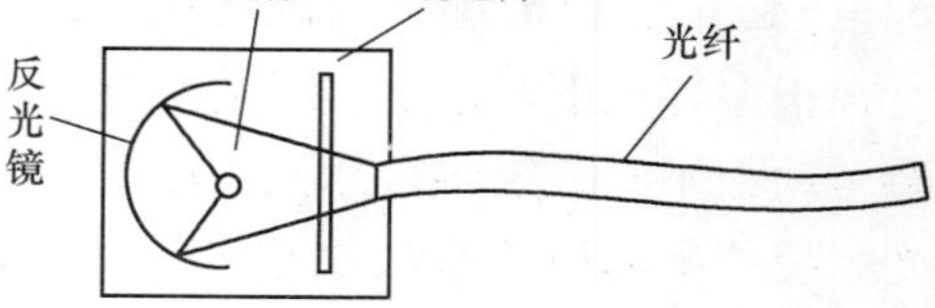

图 6-18　光纤导光的基本原理

光纤导光采光的核心是导光纤维（简称光纤），在光学技术上又称光波导，是一种传导光的材料。这种材料是利用光的全反射原理拉制的光纤，它具有线径细（一般只有几十个微米，而 $1\mu m=10^{-6}m$，比人的头发丝还要细）、重量轻、寿命长、可绕性好、抗电磁干扰、不怕水、耐化学腐蚀、光纤原料丰富、光纤生产能耗低，特别经光纤传导出的光线基本上具有无紫外和红外辐射线等一系列优点，以致在建筑照明与采光、工业照明、飞机与汽车照明以及景观装饰照明等许多领域中推广应用，成效十分显著。

利用光纤照明具有以下特点：

（1）光线柔性传播；

（2）满足不同环境下对光色彩的需求；

（3）通过光纤尾件的设计和安装，照明从抽象化转变为形象化；

（4）光纤照明实现了光电分离；

（5）光纤照明系统光色柔和，没有光污染；

（6）发出无红外线和紫外线的冷光。

4. 棱镜传光的采光方法

棱镜传光采光的主要原理是旋转两个平板棱镜，产生四次光的折射。受光面总是把直射光控制在垂直方向。这种控制机构的原理是当太阳方位角、高度角有变化时，使各平板棱镜在水平面上旋转。当太阳位置处于最低状态时，两块棱镜使用在同一方向上，使折射角的角度加大，光线射入量增多。另外，当太阳高度角变大时，有必要减少折射角度。在这种情况下，在各棱镜方向上给予适当的调节，也就是设定适当的旋转角度，使各棱镜的折射光被抵消一部分。当太阳高度最大时，把两个棱镜控制在相互相反的方向。根据太阳位置的变化，给予两个平板棱镜以最佳旋转角。被采集的光线在配光板上进行漫射照射。为实现跟踪太阳的目的，对时间、纬度和经度进行数据的设定，操作是利用无线遥控器来进行的。驱动和控制用电由太阳能蓄电池供应，不需要市电供电[4]。

5. 光伏效应间接采光照明法

光伏效应间接采光照明法（简称光伏采光照明法），是利用太阳能电池的光电特性，先将光转化为电，而后将电再转化为光进行照明，而不是直接利用自然采光的照明方法。其具有以下优点：

（1）节能环保；

（2）供电方式简单、规模不影响发电效率；

（3）寿命长，维护管理简便，可实现无人操作；

（4）相对综合成本低，节约投资；

（5）安装不受地域限制，规模可按需确定，太阳能电池供电特别适用于解决无电的山区、沙漠、海上及高空区域的用电问题，应用领域广。

总之，在地下空间设计中，应尽可能多地考虑自然光线的引入。在条件允许的情况下，采用被动式采光法，充分利用自然光线；在条件相对较差的情况下，利用现有技术手段，采用主动采光法，将自然光通过孔道、导管、光纤等传递到隔绝的地下空间中。充分满足工作、生活在地下空间的人们对自然光的渴望。

同时我们应该认识到，地下建筑的光环境设计，与空间功能以及建筑的体量、埋深、地面条件等因素息息相关。对于大部分地下建筑而言，只能实现局部天然采光或是完全依赖于人工光照明，在这种完全封闭的情况下，人们不能通过日光变化、气候变迁以及人们对周围环境的观察和经验来把握时空；天然光随着时间，地点的变化而对人类内分泌系统、生命节律系统的影响也受到严重的干扰，而导致工作人员工作效率下降，身体健康受损，影响了地下建筑战略功能和经济效能，所以在精确分析自然光相对于人工光给人体带来的生理及心理影响的基础上，通过合理设计，使用人工光有效地模拟天然光环境的特点，以构建地下空间适宜的光环境，是地下建筑光环境研究的难点和重点之一。

6.4　城市地下空间照明设计研究

6.4.1　城市地下空间照明设计的原则

1. 合理选择照度标准值

新的《建筑照明设计标准》GB 50034—2004 修订了原标准的低、中、高三档照度范围值，根据 CIE 新照度标准的规定，只规定一个固定的照度标准，其照度值基本与国际标准接轨。为了节约电能，在照明设计时，应根据工作、生产、学习和生活对视觉的要求确定照度，具体说要根据识别对象大小、亮度对比以及作业时间长短、识别速度、识别对象是静态和动态、视看距离、年龄大小来确定照度。在新照明标准中，根据视觉工作的特殊要求以及建筑等级和功能的不同，不论满足几种条件，按照度标准值分级只能提高或降低一级的规定，选用照度值，贯彻“该高则高”或“该低则低”的原则。此外，还规定了设计的照度值与照度标准可有±10 的误差，使照度标准值的选择具有一定灵活性。

2. 合理选择照明方式

（1）尽量采用混合照明

在照明要求高，但作业密度又不大的场所，若只装设一般照明，会大大增加照明安装功率，因而不节能，应采用混合照明方式，即用局部照明来提高作业面的照度，以节约能源，在技术经济方面是合理的。

（2）采用分区照明

在同一场所不同区域有不同照度要求时，为节约能源，贯彻所选照度在该区“该高则高”和“该低则低”的原则，应采用分区一般照明方式。

（3）采用加强照明

在高大的房间或场所可采用一般照明与加强照明相结合的方式，在上部设一般照明，在柱子或墙壁下部装壁灯照明，比单独采用一般照明更节能。

（4）采用高强度气体放电灯（HID 灯）的间接照明

因 HID 灯光通量大、发光体积小，在低空间易产生照度不均匀和眩光。利用灯具将光线投向顶棚，再从顶棚反射到工作面上，没有照度不均匀、眩光和光幕反射等问题，照明质量提高，也不失为一种节电的照明方式。

3. 严格执行照明功率密度值

为了照明节能，在新修订的照明设计标准中，专门规定了各种建筑房间或场所的最大允许照明功率密度值（W/m^2），作为建筑照明节能的评价指标。当房间或场所的照度高于或低于该标准规定的照度时，为了节电，其照明功率密度应根据标准中所规定的数值按比例增减。在新标准中规定了居住、办公、商业、旅馆、医院、学校和工业建筑的照明功率密度值。除居住建筑外，其他建筑的照明功率密度均为强制性条文。

4. 推广使用高光效光源

选择电光源首先要满足照明设施的使用要求，如所要求的照度、显色性、色温、启动、再启动时间等；然后要考虑使用环境的要求，如使用场所的温度、是否采用空调、供电电压波动情况等；最后根据所选用光源一次性投资费用以及运行费用，经综合技术经济分析比较后，确定选用何种光源为最佳。

各种光源的光效、显色指数、色温和平均寿命等技术指标见表 6-11。

各种电光源的技术指标 表 6-11

光源种类	额定功率范围（W）	光效（lm/W）	显色指数（Ra）	色温（K）	平均寿命（h）
普通照明用白炽灯	10～1500	7～25	95～99	2400～2900	1000～2000
卤钨灯	60～5000	14～30	95～99	2800～3300	1500～2000
普通直管形荧光灯	4～200	60～70	60～72	全系列	6000～8000
三基色荧光灯	28～32	93～104	80～98	全系列	12000～15000
紧凑型荧光灯	5～55	44～87	80～85	全系列	5000～8000
荧光高压汞灯	50～1000	32～55	35～40	3300～4300	5000～10000
金属卤化物灯	35～3500	52～130	65～90	3000/4500/5600	5000～10000
高压钠灯	35～1000	64～140	23/60/85	1950/2200/2500	12000～24000
高频无极灯	55～85	55～70	85	3000～4000	40000～80000
发光二极管（LED）	任　意	55～70	65～90	全系列	25000～35000

由表 6-11 可知，高压钠灯光效最高，主要用于对显色指数要求不高的场所道路照明；金属卤化物灯，室内、外均可应用，一般为低功率，用于室内层高不太高的房间；荧光灯光效和金属卤化物灯光效大体水平相同，在荧光灯中尤以稀土三基色荧光灯光效最高；高压汞灯光效较低；而卤钨灯和白炽灯光效为最低。

（1）尽量减少白炽灯的使用量

白炽灯因其安装和使用方便，价格低廉，目前在国际上及我国的生产量和使用量仍占照明光源的首位，但因其光效低、能耗大、寿命短，应尽量减少其使用量。在一些场所应禁止使用白炽灯，无特殊需要不应采用 100W 以上的大功率白炽灯。如需采用，宜采用光效较高的双螺旋灯丝白炽灯（光效提高 10%～15%）、充气白炽灯、涂反射层白炽灯或小功率的高效卤钨灯（光效比白炽灯提高 1 倍）。以紧凑型荧光灯取代普通用白炽灯光效可提高 4～6 倍。

（2）推广使用细管径 T8、T5 荧光灯和紧凑型荧光灯

荧光灯光效较高，寿命长，节约电能。目前应重点推广细管径 T8（26mm）、T5（16mm）荧光灯和各种形状的紧凑型荧光灯以代替粗管径（38mm）荧光灯和白炽灯，细管径（=26mm）直管形三基色 T8 和 T5 荧光灯，光效高（比 T12 粗管径荧光灯光效高 60～80%）、寿命长（12000h 以上）、显色性好（Ra>80），适用于高度较低（4～4.5m）的房间。美国已于 1992 年禁止销售 40W 粗管径 T12（38mm）荧光灯。

（3）逐步减少高压汞灯的使用量

因其光效较低，显色性差，不是很节能的电光源，特别是不应随意使用能耗大的自镇流高压汞灯。

（4）积极推广高光效、长寿命的金属卤化物灯和高压钠灯。

金属卤化物灯光效可达 90lm/W，寿命达 1×10^4h；高压钠灯的光效达 120lm/W 以上，寿命 12000h 以上。对于一些商店营业厅，可采用 35W、70W 等小功率金属卤化物灯。

(5) 可采用白炽灯的场所

1) 要求瞬时启动和连续调光的场所。除了采用白炽灯外，采用其他光源要做到瞬时启动和连续调光较困难，且成本较高时应采用白炽灯。

2) 防止电磁干扰要求严格的场所。因为采用气体放电灯会产生高次谐波，造成电磁干扰。

3) 开关灯频繁的场所。因为气体放电灯开关频繁时会缩短灯的寿命，每开关 1 次，可缩短寿命 2～3h。

4) 照度要求不高、点灯时间短的场所。因为在这种场所，使用白炽灯也不会消耗大量电能。

5) 对装饰有特殊要求的场所。如使用紧凑型荧光灯不合适时，也可采用白炽灯。

(6) 应急照明用光源

应急照明用电光源要求瞬时点燃且很快达到标准流明值，常采用白炽灯、卤钨灯、荧光灯作为应急照明用光源。它们在正常照明因故断电后迅速启动点燃，且可在几秒内达到标准流明值；对于疏散标志灯可采用发光二极管 (LED)，而采用高强气体放电灯达不到上述要求。

(7) 光源的显色指数

应根据照明房间或场所对识别颜色要求和场所特点选用相应显色指数的光源。显色要求高的场所，Ra 不应低于 90；在长期有人工作的房间或场所，其 Ra 不应小于 80；对于 6m 以上的场所显色要求低或无要求的场所，可采用 Ra 小于 80 的光源。

(8) 选用符合能效评价值的光源

目前我国已制定了双端荧光灯、单端荧光灯、自镇流荧光灯、金属卤化物灯以及高压钠灯的能效标准，在选用照明光源时，应选用其能效等级为评价值的光源，以满足节能的要求。

(9) 扩大发光二极管 (LED) 的应用

LED 的特点是寿命长、光利用率高、耐振、温升低、低电压、显色性好和节电。目前的 LED 的光效已接近 100lm/W，在室内已有应用，具有广阔的应用前景。有条件时应扩大发光二极管 (LED) 的应用。

5. 推广使用节能镇流器

由于普通电感镇流器的自身功耗大，系统的功率因数低，以及启动电流大等缺点，同时又有温度高和在市电电源下有频闪等效应，但其价格较低，寿命较长，从表 6-12 看出，普通电感镇流器的功耗大于节能型电感镇器和电子镇流器。

各种镇流器的功耗比较表　　表 6-12

灯功率 (W)	镇流器功耗占灯功率的百分比 (%)		
	普通电感	节能型电感	电子型
20 以下	40～50	20～30	<10
30	30～40	<15	<10
40	22～25	<12	<10
100	15～20	<11	<10

续表

灯功率（W）	镇流器功耗占灯功率的百分比（%）		
	普通电感	节能型电感	电子型
150	15～18	<12	<10
250	14～18	<10	<10
400	12～14	<9	5～10
1000以上	10～11	<8	5～10

（1）采用电子镇流器，使灯管在高频条件下工作，可提高灯管光效和降低镇流器的自身功耗，有利于节能，并且发光稳定，消除了频闪和噪声，有利于提高灯管的寿命。目前我国的自镇流荧光灯大部分采用电子镇流器。

（2）T8直管形荧光灯应配用电子镇流器或节能型电感镇流器，不宜配用功耗大的传统电感镇流器，以提高光效；T5直管形荧光灯（大于14W）应采用电子镇流器，因电感镇流器不能可靠启动T5灯管。

（3）根据有关资料，当采用高压钠灯和金属卤化物灯时，宜配用节能型电感镇流器，它比普通电感镇流器节能；这类光源的电子镇流器尚不够稳定。对于功率等于150W的高压钠灯和金属卤化物灯配用电子镇流器，可以节能。但功率等于250W时，使用电子镇流器不一定节能。

（4）选用符合能效评价值的镇流器

目前我国已制定了双端荧光灯、单端荧光灯、自镇流荧光灯、金属卤化物灯以及高压钠灯镇流器的能效标准，在选用镇流器时，应选用其能效等级为评价值的镇流器，以满足节能的要求。

6. 采用高效率灯具

（1）选用配光合理的灯具

选择合理的灯具配光可使光的利用率提高，达到最大节能的效果。灯具的配光应符合照明场所的功能和房间体形的要求，在宽而矮的房间宜采用宽配光的灯具；在高大（高度6m以上）的场所宜采用窄配光的深照型灯具；在不高的房间采用广照型或余弦型配光灯具。房间的体形特征用室空间比（RCR）来表示，根据RCR选择灯具配光形式可由表6-13确定。

（2）选用高效率灯具

一般情况下不同的灯具类型，其光效率是不同的。通常在满足眩光限制要求的条件下，应优先选用开启式直接型照明灯具，不宜采用带漫射透光罩的包合式灯具和装有格栅的灯具，前者的效率比后者的效率高20%～40%。从节能角度出发，室内灯具的效率不宜低于70%，要求反射罩具有高的反射比。

室空间比与灯具配光形式的选择　　表6-13

室空间比（RCR）	灯具的最大允许距高比（L/H）	选择的灯具配光
1～3（宽而矮的房间）	1.5～2.5	宽配光
3～6（中等宽和高的房间）	0.8～1.5	中配光
6～10（窄而高的房间）	0.5～1.0	窄配光

（3）选用光利用系数高的灯具

选择灯具所发出的光应尽可能多射向工作面，这表明灯具的光利用率高，亦即灯具的利用系数高，可节约电能。灯具的光利用系数取决于灯具效率、配光形状、房间各表面的颜色装修，反射比以及房间的体形。一般情况下，灯具效率高，其利用系数也高。灯具的配光应适应其房间体形（RCR），则其光的利用系数高，如宽而矮的房间（RCR 小），则应选择宽配光的灯具；如果房间的体形高而窄（RCR 大），则可选用窄配光的灯具。如果房间各表面采用浅色的装修，则其光利用系数也大；反之，则小。

（4）选用高光通量维持率的灯具

灯具在使用过程中，由于灯具中的光源的光通量随着光源点燃时间的增长，其发出的光通量下降，同时灯具的反射面由于受到尘土和污渍的污染，其反射比不断下降，从而导致反射光通量的下降，这一切使灯具的效率降低，所消耗的能源量不变，但其发出的光通量较初始光通量减少，造成能源的浪费。目前为了提高灯具的光通量维持率一般采取如下的措施：

1）被动的方法，即将灯具的反射罩和保护罩用石英玻璃（SiO_2）涂膜，铝反射罩表面经过阳极氧化处理，或镀红外反射膜等，防止老化和积尘，提高灯具的反射能力，从而提高灯具的效率。

2）主动的方法，即在灯、灯具反射面或保护罩上镀光触媒膜，从灯或太阳来的350～400nm 的光射到光触媒上，与膜面上所积的油污等有机物进行氧化还原反应，将有机物分解成水或碳酸气体，进而除去附在油污上的砂尘无机物。但是应指出的是低压钠灯和 LED 灯，因无紫外辐射，无光触媒效应，高压钠灯具有显著的光触媒效应。

3）采用活性炭过滤器。密闭式灯具在点燃时，由于灯具内温度升高，而使灯具内气体加热膨胀，内压增加，灯具内空气可由灯具的任一小室气隙排出，在灯具内的灯关闭时，可通过小室气隙吸进外部的空气，同时将外部脏物和空气一起吸进，污染灯具内部，为防止灯具内的污染，在灯具上专设小通气孔，孔中安装活性炭过滤器，吸收外部的脏物，减少灯具被尘土污染，提高灯具的光通量维持率。经过运行数年后，不带过滤器比带过滤器密闭灯具的反射比下降约 15％。

（5）尽可能选用不带光学附件的灯具

灯具的附件常用包合式的玻璃罩、格栅、有机玻璃板和棱镜等，这些附件对灯具起改变配光、减少眩光以及免受外部的损伤等。这些部件使灯具的光输出下降，降低灯具光效率，在同样的照度水平条件下比无附件灯具的光输出下降更多，从而使用电量增加。

（6）采用空调和照明一体化灯具

现今一些集中式的空调设备，大都在顶棚采用嵌入式的荧光灯具照明，而荧光灯的能量只有 25％变为可见光，用于办公室的照明，而 75％以辐射的形式传向空间。如果采用空调与照明相结合的灯具，夏季通过灯具的空气将热量带到顶棚空间，用风机将 60％热空气排到室外，从而减少空调制冷量 20％，但从管道需补充新鲜空气，最后可以达到节约 10％电能的效果。冬季，将灯产生的热量送到室内，可减少供热量。总之，可减少供暖和制冷设备的容量，减少用电量。此外，由于空调和照明一体化，使天棚美观，照度和空气分布好，隔墙可灵活布置，由于环境温度适当，可使荧光灯的光输出增加，提高室内照度，减少镇流器的故障。

目前空调照明器的构造有2种类型：

1）直接冷却式空调照明器，回风直接通过灯及镇流器，可以使灯具装置冷却，能有效发挥照明和空调的特性。

2）间接冷却式空调照明器，灯同风道分开，中间隔一层，可以使灯适当冷却，能很好地发挥空调和照明的特性。

7. 照明配电及控制节能

（1）过高的电压将使照度过分提高，会导致光源使用寿命降低和能耗过分增加，不利节能；而过低的电压，使照度降低，影响照明质量。照明灯具的端电压不宜大于其额定电压的105%；一般工作场所不宜低于其额定电压的95%。

（2）气体放电灯配电感镇流器时，应设置电容补偿，以提高功率因数到0.9。有条件时，宜在灯具内装设补偿电容，以降低线路能耗和电压损失。

（3）三相配电干线的各相负荷宜分配平衡，最大相线负荷不宜超过三相负荷平均值的115%，最小相线负荷不小平均值的85%。

（4）照明配电干线和分支线应采用铜芯，分支线截面不应小于1.5mm^2，有利于用电安全，提高可靠性，同时降低线路电能损耗。

（5）公共建筑和工业建筑的公共场所，宜采用集中控制，为了节能，宜按建筑使用条件和天然光状况分区、分组控制。

（6）旅馆的每套或每间客房应装设独立的总开关，控制全部照明，并宜采用钥匙或门卡锁式节能开关。

（7）每个照明开关所控光源数不宜太多。每个房间的灯开关数不宜小于2个（只设1只灯的除外）。

（8）分户计算用电量，有利于节电。建立照明运行和维护管理控制。

6.4.2 不同功能地下空间照明设计标准

1. 光源标准

照明光源现行标准包括性能标准、安全标准和能效标准，如下：

（1）《单端荧光灯性能要求》GB/T 17268—1998；

（2）《单端荧光灯的安全要求》GB/T 16843—1997；

（3）《双端荧光灯性能要求》GB/T 10682—2002；

（4）《双端荧光灯的安全要求》GB/T 18774—2002；

（5）《普通照明用自镇流荧光灯性能要求》GB/T 17263—2002；

（6）《普通照明用自镇流荧光灯的安全要求》GB/T 16844—1997；

（7）《荧光高压汞灯泡》QB/T 2051—1994；

（8）《高压钠灯泡》GB 13259—1991；

（9）《单端金属卤化物灯》GB 18661—2002；

（10）《家庭和类似场所普通照明用卤钨灯的安全要求》GB 14196.2—2002；

（11）《家庭和类似场所普通照明用钨丝灯的安全要求》GB 14196.1—2002；

（12）《普通照明灯泡》GB 10681—89；

（13）《卤钨灯》GB/T 14094—1993；

（14）《自镇流荧光灯能效限定值及能效等级》GB 19044—2003；

（15）《双端荧光灯能效限定值及能效等级》GB 19043—2003；

（16）《单端荧光灯能效限定值及节能评价值》GB 19415—2003；

（17）《高压钠灯能效限定值及能效等级》已报批；

（18）《单端金属卤化物灯能效限定值及能效等级》编制中。

（1）荧光灯

包括双端荧光灯、单端荧光灯和普通照明用自镇流荧光灯。

1）性能标准

《单端荧光灯性能要求》GB/T 17268—1998、《双端荧光灯性能要求》GB/T 10682—2002 和《普通照明用自镇流荧光灯性能要求》GB/T 17263—2002。双端荧光灯、单端荧光灯和自镇流荧光灯的主要性能要求如表 6-14～表 6-19 所示。

双端荧光灯的光通量、光通维持率和寿命　　表 6-14

<table>
<tr><th rowspan="2">工作类型</th><th rowspan="2">标称功率（W）</th><th colspan="3">初始光通量额定值（lm）</th><th colspan="2">光通维持率（不低于，%）</th><th rowspan="2">额定寿命（h）</th></tr>
<tr><th>RR，RZ</th><th>RL，RB</th><th>RN，RD</th><th>2000h</th><th>70%寿命</th></tr>
<tr><td rowspan="21">交流电源频率带启动器预热阴极荧光灯</td><td>4</td><td>110</td><td>130</td><td>130</td><td rowspan="4">76</td><td rowspan="4">70</td><td rowspan="4">5000</td></tr>
<tr><td>6</td><td>210</td><td>260</td><td>260</td></tr>
<tr><td>8</td><td>310</td><td>380</td><td>380</td></tr>
<tr><td>13</td><td>650</td><td>800</td><td>800</td></tr>
<tr><td>15</td><td>560</td><td>610</td><td>630</td><td rowspan="5">83</td><td rowspan="17">75</td><td rowspan="5">7000</td></tr>
<tr><td>15（550）</td><td>700</td><td>780</td><td>800</td></tr>
<tr><td>18</td><td rowspan="3">960</td><td rowspan="3">1110</td><td rowspan="3">1150</td></tr>
<tr><td>19</td></tr>
<tr><td>20</td></tr>
<tr><td>30</td><td>1720</td><td>2025</td><td>2100</td><td rowspan="6">87</td><td rowspan="6">8000</td></tr>
<tr><td>36</td><td rowspan="3">2400</td><td rowspan="3">2650</td><td rowspan="3">2760</td></tr>
<tr><td>38</td></tr>
<tr><td>40</td></tr>
<tr><td>58</td><td rowspan="2">4080</td><td rowspan="2">4780</td><td rowspan="2">5000</td></tr>
<tr><td>65</td></tr>
<tr><td>80</td><td>4620</td><td>5440</td><td>5650</td><td rowspan="4">83</td><td rowspan="4">7000</td></tr>
<tr><td>85</td><td>5110</td><td>6300</td><td>6525</td></tr>
<tr><td>100</td><td>6010</td><td>7185</td><td>7380</td></tr>
<tr><td>125</td><td>7515</td><td>8700</td><td>8860</td></tr>
<tr><td rowspan="2">快速启动荧光灯</td><td>20</td><td>760</td><td>885</td><td>920</td><td rowspan="4">—</td><td rowspan="4">72</td><td rowspan="4">3000</td></tr>
<tr><td>40</td><td>2000</td><td>2120</td><td>2200</td></tr>
<tr><td rowspan="2">瞬时启动荧光灯</td><td>20</td><td>760</td><td>885</td><td>920</td></tr>
<tr><td>40</td><td>2000</td><td>2120</td><td>2200</td></tr>
</table>

续表

工作类型	标称功率（W）	初始光通量额定值（lm）			光通维持率（不低于，%）		额定寿命（h）
		RR，RZ	RL，RB	RN，RD	2000h	70%寿命	
高频预热阴极荧光灯	14	1045	1140	1140	85	75	8000
	16	1050	1200	1200			
	21	1800	2025	2100			
	28	2350	2470	2470	87		10000
	32	2500	2650	2760			
	35	3250	3350	3450			
	39	2760	2925	2925			
	54	3930	4200	4200			
	80	5500	5850	5850			

单端荧光灯的光通量 表 6-15

灯的类别	标称功率（W）	光通量额定值（lm）		光通维持率（不低于，%）	额定寿命（h）
		RR，RZ	RL，RB，RN，RD	2000h	
双管类	5	230	240	80%	6000
	7	350	380		
	9	540	580		
	11	820	880		
	18	1120	1200		
	24	1600	1700		
	28	1930	2050		
	36	2510	2670		
	40	2910	3000		
	55	3970	4100		
四管类	10	560	600		
	13	840	890		
	18	1120	1200		
	26	1680	1780		
六管类	13	840	890		
	18	1120	1200		
	26	1680	1780		
	32	1930	2080		
	42	2540	2730		

续表

灯的类别		标称功率（W）	光通量额定值（lm）		光通维持率（不低于，%）	额定寿命（h）
			RR，RZ	RL，RB，RN，RD	2000h	
方　形		10	590	630	80%	6000
		16	960	1050		
		21	1270	1380		
		28	1800	1850		
		38	2600	2630		
环形	D29* D32*	22	980	1115		
		32	1560	1835		
		40	2225	2580		
	D16*	22	1710	1800		
		40	3000	3200		
		55	3800	4000		

注：＊D29、D32、D16 是表示管径的尺寸。

普通照明用自镇流荧光灯的光通量、最低光效、光通维持率和寿命　　表 6-16

功率范围（W）	光通量（lm）	光效（lm/W）		2000h 时光通维持率不低于	额定寿命（h）
		RZ，RR	RL，RB，RN，RD		
5～8	生产厂家宣称	36	40	80%	6000
9～14		44	48		
15～24		51	55		
25		57	60		

各类三基色荧光灯的显色指数初始值　　表 6-17

色　　调	代表符号	一般显色指数	相关色温（K）	色度容差 SDCM
F6500（日光色）	RR	80	6430	5
F5000（中性白色）	RZ		5000	
F4000（冷白色）	RL	82	4040	
F3500（白色）	RB		3450	
F3000（暖白色）	RN	84	2940	
F2700（白炽灯色）	RD		2720	

灯电源电流中谐波含量极限值　　表 6-18

谐波次数（n）	基波频率下输入电流的百分数表示的最大允许谐波电流（%）	谐波次数（n）	基波频率下输入电流的百分数表示的最大允许谐波电流（%）
2	2	7	7
3	30λ	9	5
5	10	11～39	3

注：“λ”表示线路功率因数

谐 波 限 值　　表 6-19

谐波次数 (n)	每瓦允许最大谐波电流 (mA/W)	最大允许谐波电流 (A)	谐波次数 (n)	每瓦允许最大谐波电流 (mA/W)	最大允许谐波电流 (A)
3	3.4	2.30	9	0.5	0.40
5	1.9	1.14	11	0.35	0.33
7	1.0	0.77	$13\leqslant n\leqslant 39$	$3.85/n$	$0.15\times 15/n$

2）安全标准

《单端荧光灯的安全要求》GB/T 16843－1997、《双端荧光灯的安全要求》GB/T 18774－2002 和《普通照明用自镇流荧光灯的安全要求》GB/T 16844－1997。双端荧光灯、单端荧光灯和自镇流荧光灯的主要安全要求项目及内容见表 6-20。

荧光灯的主要安全项目及内容　　表 6-20

项　目	双端荧光灯	单端荧光灯	自镇流荧光灯
标　志	a）来源标志； b）标称功率或其他表征灯特征的标志		a）来源标志； b）额定电压和电压范围； c）额定功率； d）额定频率
灯头的机械要求	扭矩值（N·m） 灯头　加热前　加热后 G5　0.5　0.3 G13　1.0　0.6 R17d　1.0　0.6	拉力（N）　扭矩（N·m） 灯头　（加热前） GR8，G10q　80 GR10q　40 其他　3	灯头　扭矩值（N·m） B22d　3 E27　3 灯的质量不超过 1kg； 灯与灯座之间的弯矩不超过 2N·m。
互换性	灯头尺寸符合 GB 2799	灯头尺寸符合 IEC61-1	灯头尺寸符合 IEC61-1
绝缘电阻	2MΩ	0.5MΩ	4MΩ
介电强度	50Hz、1500V，历时 1min 无闪络或击穿现象		HV（220～250V）：4000V BV（100～120V）：2U＋1000V 历时 1min 无闪络或击穿现象
可能会意外带点的部件	与带电部件绝缘的金属部件不得带电； 除灯头插脚外，带电部件不得突出灯头的任何部位		
耐热与防火	灯头的绝缘部件应具有耐热性能，在标准规定的温度下历时 168h，不影响安全性能； 灯头的绝缘部件应具有耐异常高温和防燃烧性能，试验后压痕用灼热丝试验检验。		样品放入加热箱，灯的外部防触电绝缘部件和固定带电部件的绝缘部件应具有耐热性，球压直径不超过 2mm； 防火与防燃性用灼热丝试验检验
灯头温升 Δt（＝）	G5、G13、2G13 灯头：95k W4.3x8.5d 灯头：55k	2G13 灯头：95k GR8 灯头：16W：45k 28W：35k GR10q 灯头：16、21W：45k 16、28、38W：35k 其他灯头：75k	E27 灯头：120k B22d 灯头：125k
灯头爬电距离	符合 IEC61-1 要求	符合 GB2799 的要求	
异常条件			6 种异常条件下不降低灯的安全性能

3）能效标准

《单端荧光灯能效限定值及节能评价值》GB19415—2003 将单端荧光灯能效等级分为能效限定值及节能评价值 2 个级别，见表 6-21；《普通照明用双端荧光灯能效限定值及能效等级》GB19043—2003、《普通照明用自镇流荧光灯能效限定值及能效等级》GB19044—2003 将普通照明用荧光灯能效等级分为 3 级，见表 6-22～表 6-23。

单端荧光灯能效限定值及节能评价值　　表 6-21

灯的类别	标称功率（W）	初始光效（lm/W）			
		RR、RZ		RL、RB、RN、RD	
		能效限定值	节能评价值	能效限定值	节能评价值
双管、四管、多管和方形	5～7	41	51	44	54
	9、10、13	50	60	54	64
	11（双管）	67	74	72	80
	16～26	56	62	60	66
双管、方形	28	62	69	66	73
多　管		54	64	58	68
环　形	22	44	58	51	62
	32	48	68	57	72

注：引自《单端荧光灯能效限定值及节能评价值》GB 19415—2003。

双端荧光灯能效等级　　表 6-22

标称功率（W）	初始光效（lm/W）								
	能效等级（色调：RR、RZ）			能效等级（色调：RL、RB）			能效等级（色调：RN、RD）		
	1	2	3	1	2	3	1	2	3
14～21	75	53	44	81	62	51	81	64	53
22～35	84	57	53	88	68	62	88	70	64
36～65	75	67	55	82	74	60	85	77	63

注：1. 引自《普通照明用双端荧光灯能效限定值及能效等级》GB 19043—2003；

2. 表中 1 级：目标能效限定值；2 级：节能评价值；3 级：能效限定值。

自镇流荧光灯能效等级　　表 6-23

标称功率（W）	初始光效（lm/W）					
	能效等级（色调：RR、RZ）			能效等级（色调：RL、RB、RN、RD）		
	1	2	3	1	2	3
5～8	54	46	36	58	50	40
9～14	62	54	44	66	58	48
15～24	69	61	51	73	65	55
25～60	75	67	57	78	70	60

注：1. 引自《普通照明用自镇流荧光灯能效限定值及能效等级》GB 19044—2003；

2. 表中 1 级：目标能效限定值；2 级：节能评价值；3 级：能效限定值。

（2）高强度气体放电灯

1）性能和安全标准

高强度气体放电灯包括高压汞灯、高压钠灯和金属卤化物灯。高压汞灯目前只有参照IEC60188制定的行业标准QB/T 2051《荧光高压汞灯泡》，它规定了功率为50～1000W的涂有荧光粉玻壳的高压汞灯的基本参数和技术要求。它属于光效较低的一种高强度气体放电灯。高压钠灯和金属卤化物灯光效较高、使用范围广。1980年国际电工委员会制定了IEC662《高压钠灯》标准。1991年国家质量监督局发布了国家标准GB 13259《高压钠灯泡》，该标准参照采用了IEC662标准，规定了35～1000W高压钠灯的尺寸、外观、偏离度、牢固度以及耐温、耐潮、耐震和过电压性能等安全要求，性能要求包括光电参数和寿命，其主要电参数与IEC662基本一致。目前金属卤化物灯的现有国家标准是GB 18661—2002《单端金属卤化物灯（175～1500W钪钠系列）》，该标准的制定是根据国内金属卤化物灯的实际情况，同时参照美国国家标准ANSIC78.1300系列标准和IEC61167标准，规定了175～1500W钪钠系列单端金属卤化物灯的技术要求，其中包含安全要求和性能要求。这类产品主要是在引进的美国生产线上生产的，带有辅助启动电极，并与LC顶峰超前式镇流器配套使用的金属卤化物灯，其他类型的金属卤化物灯的标准仍在考虑之中。

1999年国际电工委员会颁布了IEC62035《放电灯（荧光灯除外）--安全要求》标准，我国正在根据该标准制定我国国家标准，标准生效后，所有涉及到的气体放电灯的安全要求按照此标准执行。

2）能效标准

《高压钠灯能效限定值及能效等级》GB19573、《金属卤化物灯能效限定值及能效等级》GB 20054将照明用光源能效等级分为3级，见表6-24、表6-25。

高压钠灯能效限定值及能效等级　　表6-24

额定功率（W）	最低平均初始光效值（lm/W）		
	能效等级		
	1级	2级	3级
50	78	68	61
70	85	77	70
100	93	83	75
150	103	93	85
250	110	100	90
400	120	110	100
1000	130	120	108

注：引自《高压钠灯能效限定值及能效等级》GB 19573—2004。

金属卤化物灯能效限定值及能效等级　　表6-25

额定功率（W）	最低平均初始光效值（lm/W）		
	能效等级		
	1级	2级	3级
175	86	78	60
250	88	80	66

续表

额定功率（W）	最低平均初始光效值（lm/W）		
	能　效　等　级		
	1 级	2 级	3 级
400	99	90	72
1000	120	110	88
1500	110	103	83

注：1. 引自《金属卤化物灯能效限定值及能效等级》GB 20054—2006；
2. 表中 1 级：目标能效限定值；2 级：节能评价值；3 级：能效限定值。

(3) 半导体发光二极管（LED）

普通照明用半导体发光二极管（LED）的国家及行业标准如表 6-26 所示。

中国普通照明用 LED 国家标准及行业标准　　表 6-26

国家标准或计划项目编号	项目名称	标准性质	采用国际标准
20070403-Q-607	灯的控制装置第 14 部分： LED 模块用直流或交流电子控制装置的特殊要求	强　制	IEC61347-2-13：2006Ed. 1. 0
GB 19651. 3—2008	杂类灯座第 3 部分： LED 模块用连接器特殊要求	强　制	IEC60838-2-2：2006
GB/T 24824—2009	普通照明用 LED 测试方法	推　荐	CIE127：1997
GB/T 24825—2009	普通照明 LED 模块用直流/交流电子控制装置性能要求	推　荐	IEC62384：2006 Ed. 1. 0
20079261-T-607	道路照明用 LED 灯	推　荐	
GB/T 24826—2009	普通照明用 LED 灯和 LED 模块术语和定义	推　荐	IEC62504
GB 24819—2009	普通照明用 LED 模块安全要求	强　制	IEC62031
GB/T 24823—2009	普通照明用 LED 模块性能要求	推　荐	
20079285-T-607	普通照明用电压＞50V 自镇流 LED 灯安全要求	强　制	IEC62560
20079286-T-607	普通照明用自镇流 LED 灯性能要求	推　荐	
20079297-T-607	装饰照明用 LED 灯	推　荐	
Q2005-036T	普通照明用发光二极管性能要求	推　荐	

2. 光源附件标准

(1) 荧光灯用电子镇流器标准

1) 性能和安全标准

目前执行的电子镇流器的国家标准有两项：《管形荧光灯用交流电子镇流器一般要求和安全要求》GB 15143—1994 和《管形荧光灯用交流电子镇流器性能要求》GB/T 15144—2009。GB 15143 等同采用 IEC60928，对荧光灯电子镇流器提出了 13 项技术要求，包括标志、接线端子或引出线、接地装置、爬电距离和电气间隙、防止意外接触带电部件的措施、防潮和绝缘、介电强度、异常状态、螺丝载流件与连接、耐热和耐火性能等。GB/T 15144等效采用 IEC60929，标准规定了启动特性、流明系数、线路功率、功率因数、电流谐波、耐久性等 14 项技术要求。2000 年国际电工委员会发布了 IEC61347-1 和 IEC61347-2 系列标准，其中 IEC61347-1 将荧光灯用交流、直流、电感、电子镇流器、启动装置（辉光启动器除外）和钨丝灯交直流电子降压转换器等灯的控制装置，其一般要求和安全要求的共性部分归并在一起形成《灯的控制装置第一部分：一般要求和安全要求》IEC61347-1 标准，而其特殊要求分别在 IEC61347-2-1～11 中规定。荧光灯电子镇流器的特殊安全要求在 IEC61347-2-3 中规定。国家标准 GB15143 将根据 IEC 标准进行修订。

2）能效标准

《管型荧光灯镇流器能效限定值及节能评价值》GB 17896 将荧光灯镇流器能效等级分为限定值及节能评价值 2 个级别，见表 6-27。

管型荧光灯镇流器能效限定值与节能评价值　　表 6-27

功率（W） BEF 值		18	20	22	30	32	36	40
电感型	限定值	3.154	2.952	2.770	2.232	2.146	2.030	1.992
	评价值	3.686	3.458	3.248	2.583	2.461	2.271	2.152
电子型	限定值	4.778	4.370	3.998	2.870	2.678	2.402	2.270
	评价值	5.518	5.049	4.619	3.281	3.043	2.681	2.473

注：引自《管型荧光灯镇流器能效限定值及节能评价值》GB 17896—1999。

（2）高强度气体放电灯镇流器标准

1）性能和安全标准

高强度气体放电灯镇流器的标准包括：《放电灯（管形荧光灯除外）用镇流器的一般要求和安全要求》GB 14045—1993（等效采用 IEC60922）、《荧光高压汞灯泡用镇流器性能要求》QB/T 2052—94（等效采用 IEC60923）和《高压钠灯泡用镇流器性能要求》GB/T 15042—1994（等效采用 IEC60923）和《单端金属卤化物灯 LC 顶峰超前式镇流器性能要求》QB/T 2511—2001（等效采用 ANSIC78.1300 系列标准）。

2）能效标准

《高压钠灯用镇流器能效限定值及节能评价值》GB 19574、《金属卤化物灯用镇流器能效限定值及能效等级》GB 20053 将此两类照明用光源镇流器能效等级分为 3 个级别，见表 6-28、表 6-29。

高压钠灯用镇流器能效限定值及节能评价值　　表 6-28

额定功率（W）		70	100	150	250	400	1000
BEF	能效限定值	1.16	0.83	0.57	0.340	0.214	0.089
	目标能效限定值	1.21	0.87	0.59	0.354	0.223	0.092
	节能评价值	1.26	0.91	0.61	0.367	0.231	0.095

注：引自《高压钠灯用镇流器能效限定值及节能评价值》GB 19574—2004。

金属卤化物灯用镇流器能效限定值及能效等级　　表 6-29

额定功率（W）		175	250	400	1000	1500
BEF	能效限定值	0.514	0.362	0.233	0.0958	0.0638
	目标能效限定值	0.488	0.344	0.220	0.0910	0.0606
	节能评价值	0.463	0.326	0.209	0.0862	0.0574

注：引自《金属卤化物灯用镇流器能效限定值及能效等级》GB 20053—2006。

3. 灯具标准

(1) 性能和安全标准

有关灯具的标准国际电工委员会已经出版了 19 个 IEC 标准，分别为 IEC60598-1 和 IEC60598-2-1～10 及 IEC60598-2-17～25，其中 IEC60598-1《灯具的一般要求与试验》为灯具标准中最基础的标准，它包括机械、电和热等各方面的要求，规定了灯具的基本要求，及灯具的分类、防触电保护、接地、泄漏电流、绝缘电流和介电强度、爬电距离和电气间隙、材料及元件的耐久性和热试验、灯具上使用材料的耐热、耐燃、防起火等安全要求和试验方法。其他每一个具体的产品标准都应与这个标准一起使用。

目前这些国际标准大部分都转化为国家标准，而且都等同采用。国家标准与 IEC 标准的等同采用关系如表 6-30 所示。

灯具国家标准与 IEC 标准的对应关系　　表 6-30

序号	国家标准号	标准名称	采用关系	对应的国际标准
1	GB 7000.1—2002	灯具的一般要求与试验	等同	IEC60598-1：1992
2	GB 7000.2—1998	应急照明灯具安全要求	等同	IEC60598-2-22：1990
3	GB 7000.3—1996	庭院用可移式灯具安全要求	等同	IEC60598-2-7：1992
4	GB 7000.4—1996	儿童感兴趣的可移式灯具的安全要求	等同	IEC60598-2-10：1987
5	GB 7000.5—1996	道路和街道照明用灯具安全要求	等同	IEC60598-2-3：1993
6	GB 7000.6—1996	内装变压器的钨丝灯灯具的安全要求	等同	IEC60598-2-6：1994
7	GB 7000.7—1997	投光灯具安全要求	等同	IEC60598-2-5：1979
8	GB 7000.8—1997	游泳池和类似场所用灯具安全要求	等同	IEC60598-2-18：1993
9	GB 7000.9—1998	灯串安全要求	等同	IEC60598-2-20：1996
10	GB 7000.10—1999	固定式通用灯具安全要求	等同	IEC60598-2-1：1979
11	GB 7000.11—1999	可移式通用灯具安全要求	等同	IEC60598-2-4：1997
12	GB 7000.12—1999	嵌入式灯具安全要求	等同	IEC60598-2-2：1996
13	GB 7000.13—1999	手提灯安全要求	等同	IEC60598-2-8：1996
14	GB 7000.14—2000	通风式灯具安全要求	等同	IEC60598-2-19：1981

(2) 灯具效率标准

《建筑照明设计标准》GB 50034—2004 要求在满足眩光限制和配光要求条件下，应选用效率高的灯具，并符合下列规定：荧光灯灯具的效率不应低于表 6-31 的规定；高强度气体放电灯灯具的效率不应低于表 6-32 的规定。

荧光灯灯具的效率　　表 6-31

灯具出光口形式	开敞式	保护罩（玻璃或塑料）		格栅
		透明	磨砂、棱镜	
灯具效率	75%	65%	55%	60%

高强度气体放电灯灯具的效率　　表 6-32

灯具出光口形式	开敞式	格栅或透光罩
灯具效率	75%	60%

4. 照明标准

(1) 照明标准值

1) 办公建筑

办公建筑照明标准值应符合表 6-33 的规定。

办公建筑照明标准值　　表 6-33

房间或场所	参考平面及其高度	照度标准值 (lx)	UGR	Ra
普通办公室	0.75m 水平面	300	19	80
高档办公室	0.75m 水平面	500	19	80
会议室	0.75m 水平面	300	19	80
接待室、前台	0.75m 水平面	300	—	80
营业厅	0.75m 水平面	300	22	80
设计室	实际工作面	500	19	80
文件整理、复印、发行室	0.75m 水平面	300	—	80
资料、档案室	0.75m 水平面	200	—	80

注：引自《建筑照明设计标准》GB 50034—2004。

2) 商业建筑

商业建筑照明标准值应符合表 6-34 的规定。

商业建筑照明标准值　　表 6-34

房间或场所	参考平面及其高度	照度标准值 (lx)	UGR	Ra
一般商店营业厅	0.75m 水平面	300	22	80
高档商店营业厅	0.75m 水平面	500	22	80
一般超市营业厅	0.75m 水平面	300	22	80
高档超市营业厅	0.75m 水平面	500	22	80
收款台	台　面	500	—	80

注：引自《建筑照明设计标准》GB 50034—2004。

3) 旅馆建筑

旅馆建筑照明标准值应符合表 6-35 的规定。

旅馆建筑照明标准值　　表 6-35

房间或场所		参考平面及其高度	照度标准值 (lx)	UGR	Ra
客　房	一般活动区	0.75m 水平面	75	—	80
	床　头	0.75m 水平面	150	—	80
	写字台	台　面	300	—	80
	卫生间	0.75m 水平面	150	—	80
中餐厅		0.75m 水平面	200	22	80
西餐厅、酒吧间、咖啡厅		0.75m 水平面	100	—	80

续表

房间或场所	参考平面及其高度	照度标准值（lx）	UGR	Ra
多功能厅	0.75m 水平面	300	22	80
门厅、总服务台	地　面	300	—	80
休息厅	地　面	200	22	80
客房层走廊	地　面	50	—	80
厨　房	台　面	200	—	80
洗衣房	0.75m 水平面	200	—	80

注：引自《建筑照明设计标准》GB 50034—2004。

4）公用场所

公用场所照明标准值应符合表 6-36 的规定。

公用场所照明标准值　　表 6-36

房间或场所		参考平面及其高度	照度标准值（lx）	UGR	Ra
门　厅	普　通	地　面	100	—	60
	高　档	地　面	200	—	80
走廊、流动区域	普　通	地　面	50	—	60
	高　档	地　面	100	—	80
楼梯、平台	普　通	地　面	30	—	60
	高　档	地　面	75	—	80
自动扶梯		地　面	150	—	60
厕所、盥洗室、浴室	普　通	地　面	75	—	60
	高　档	地　面	150	—	80
电梯前厅	普　通	地　面	75	—	60
	高　档	地　面	150	—	80
休息室		地　面	100	22	80
储藏室、仓库		地　面	100	—	60
车　库	停车间	地　面	75	28	60
	检修间	地　面	200	25	60

注：引自《建筑照明设计标准》GB 50034—2004。

5）城市轨道交通

城市轨道交通各类场所正常照明的标准值见表 6-37。

城市轨道交通各类场所正常照明的标准值　　表 6-37

类别	场　所	参考平面及其高度	照度（lx）	统一眩光限值（UGR_L）	显色指数（Ra）	备　注
车站	出入口门厅/楼梯/自动扶梯	地　面	150		80	考虑过渡照明
	通　道	地　面	150		80	
	站内楼梯/自动扶梯	地　面	150		80	

续表

类别	场　所	参考平面及其高度	照度(lx)	统一眩光限值（UGR_L）	显色指数(Ra)	备　注
车站	售票室/自动售票机	台　面	300	19	80	
	检票处/自动检票口	台　面	300		80	
	站厅（地下）	地　面	200	22	80	
	站台（地下）	地　面	150	22	80	
	站厅（地面）	地　面	150	22	80	
	站台（地面）	地　面	100	22	80	
	办公室	台　面	300	19	80	VDT 工作应注意避免反射眩光
	会议室	台　面	300	19	80	
	休息室	0.75m 水平面	100	19	80	
	盥洗室、卫生间	地　面	100		60	
	行车/电力/机电/配电等控制室或综控室	台　面	300	19	80	VDT 工作应注意避免反射眩光
	变电/机电/通号等设备用房	1.5m 垂直面	150	22	60	
	泵房、风机房	地　面	100	22	60	
	冷冻站	地　面	150	22	60	
	风　道	地　面	10		60	
线路	隧　道	轨平面	5		60	注意避免直接眩光
	地面/高架线	轨平面	5		60	
	道岔区	轨平面	20		60	
		混凝土梁轨平面	100		60	有监控需要时
控制中心	中央控制室	台　面	300[a]	19	80	VDT[b] 工作应注意避免反射眩光
	计算机房	台　面	500	19	80	VDT 工作应注意避免反射眩光
	会议室	台　面	300	19	80	
	办公室	台　面	300	19	80	VDT 工作应注意避免反射眩光
	档案/资料室	台　面	200	22	80	
	设备间	地　面	150	22	60	
	盥洗室、卫生间	地　面	100		60	
车辆段	车场线	轨平面	5		60	
	试车线、道岔区	轨平面	10		60	
	停车列检库	地　面	100	22	60	
	检修坑	地　面	100		60	

续表

类别	场　　所	参考平面及其高度	照度(lx)	统一眩光限值（UGR_L）	显色指数(Ra)	备　　注
车辆段	检修库、静调库	地　面	200	22	60	另加局部照明
	调机库、工程车库	地　面	100	22	60	另加局部照明
	洗车库	地　面	100	22	60	
	信号控制室	台　面	300	19	80	VDT 工作应注意避免反射眩光
	一般件检修间	0.75m 水平面	200	22	80	另加局部照明
	精密检修间	0.75m 水平面	300	22	80	另加局部照明
	试验室	台　面	300	22	80	另加局部照明
	压缩空气站	地　面	150	22	60	
	一般件仓库	0.75 水平面	100	22	60	
	段内道路	地　面	5		40	

a. 中央控制室照度标准值为控制区照度标准值，中央控制室屏前区应视屏幕方式适当降低照度。
b. VDT（visual display terminal）视频显示终端。
注：引自《城市轨道交通照明》GB/T 16275—2008。

（2）照度均匀度及房间表面反射比

作业面邻近周围的照度可低于作业面照度，但不宜低于表 6-38 的数值；作业区域内的一般照明照度均匀度，不应小于 0.7，而作业面邻近周围的照度均匀度不应小于 0.5；房间或场所内的通道和其他非作业区域的一般照明照度值，不宜低于作业区域一般照明照度值的 1/3。

作业面邻近周围照度　　表 6-38

作业面照度（lx）	作业面邻近周围照度值（lx）	作业面照度（lx）	作业面邻近周围照度值（lx）
750	500	300	200
500	300	200	与作业面照度相同

注：邻近周围指作业面外 0.5m 范围之内。

长时间工作的房间，其表面反射比宜按表 6-39 选取。

工作房间表面反射比　　表 6-39

表面名称	反　射　比	表面名称	反　射　比
顶　　棚	0.6～0.9	地　　面	0.1～0.5
墙　　面	0.3～0.8	作业面	0.2～0.6

（3）眩光限制

《建筑照明设计标准》GB 50034—2004、《城市轨道交通照明》GB/T 16275—2008，其眩光限制是采用限制最小遮光角和统一眩光等级（UGR），详见表 6-40 和式（6-6）。直接型灯具的遮光角不应小于表 6-40 的规定。

直接型灯具的最小遮光角　　表 6-40

光源平均亮度（kcd/m^2）	遮光角（°）	光源平均亮度（kcd/m^2）	遮光角（°）
1～20	10	50～500	20
20～50	15	500	30

CIE 统一眩光等级（UGR）按式（6-1）计算。

有视觉显示终端的工作场所照明应限制灯具中垂线以上等于和大于 65°高度角的亮度。灯具在该角度上的平均亮度限值宜符合表 6-41 的规定。

灯具平均亮度限值　　表 6-41

屏幕分类，见 ISO9241-7	Ⅰ	Ⅱ	Ⅲ
屏幕质量	好	中等	差
灯具平均亮度限值	$1000cd/m^2$		$200cd/m^2$

注：1. 本表适用于仰角小于等于 15°的显示屏；
2. 对于特定使用场所，如敏感的屏幕或仰角可变的屏幕，表中亮度限值应用在更低的灯具高度角（如 55°）上。

（4）光源颜色

室内照明光源色表可按其相关色温分为 3 组，光源色表分组宜按表 6-42 确定。

光源色表分组　　表 6-42

色表分组	色表特征	相关色温（K）	适用场所举例
Ⅰ	暖	<3300	客房、卧室、病房、酒吧、餐厅
Ⅱ	中间	3300～5300	办公室、教室、阅览室、诊室、检验室、机加工车间、仪表装配
Ⅲ	冷	>5300	热加工车间、高照度场所

长期工作或停留的房间或场所，照明光源的显色指数（Ra）不宜小于 80。在灯具安装高度大于 6m 的工业建筑场所，Ra 可低于 80，但必须能够辨别安全色。

（5）照明维护系数

在照明设计时，应根据环境污染特征和灯具擦拭次数从表 6-43 中选定相应的维护系数。

维　护　系　数　　表 6-43

环境污染特征		房间或场所举例	灯具最少擦拭次数（次/年）	维护系数值
室内	清洁	卧室、办公室、餐厅、阅览室、教室、病房、客房、仪器仪表装配间、电子元器件装配间、检验室等	2	0.80
	一般	商店营业厅、候车室、影剧院、机械加工车间、机械装配车间、体育馆等	2	0.70
	污染严重	厨房、锻工车间、铸工车间、水泥车间等	3	0.60
室　外		雨篷、站台	2	0.65

(6) 照明节能标准

1) 办公建筑

办公建筑照明功率密度值不应大于表6-44的规定。

办公建筑照明功率密度值　　表6-44

房间或场所	照明功率密度（W/m²）		对应照度值（lx）
	现　行　值	目　标　值	
普通办公室	11	9	300
高档办公室、设计室	18	15	500
会议室	11	9	300
营业厅	13	11	300
文件整理、复印、发行室	11	9	300
档案室	8	7	200

2) 商业建筑

商业建筑照明功率密度值不应大于表6-45的规定。

商业建筑照明功率密度值　　表6-45

房间或场所	照明功率密度（W/m²）		对应照度值（lx）
	现　行　值	目　标　值	
一般商店营业厅	12	10	300
高档商店营业厅	19	16	500
一般超市营业厅	13	11	300
高档超市营业厅	20	17	500

3) 旅馆建筑

旅馆建筑照明功率密度值不应大于表6-46的规定。

旅馆建筑照明功率密度值　　表6-46

房间或场所	照明功率密度（W/m²）		对应照度值（lx）
	现行值	目标值	
客　房	15	13	—
中餐厅	13	11	200
多功能厅	18	15	300
客房层走廊	5	4	50
门　厅	15	13	300

4) 城市轨道交通

城市轨道交通照明功率密度值不应大于表6-47的规定。

5) 设装饰性灯具场所，可将实际采用的装饰性灯具总功率的50%计入照明功率密度值的计算。

6) 设有重点照明的商店营业厅，该楼层营业厅的照明功率密度值每平方米可增加5W。

照明功率密度值 表 6-47

类别	场所	照明功率密度/（W/m²）		对应照度（lx）
		现行值	目标值	
车站	出入口门厅/楼梯/自动扶梯	10	9	150
	通道	10	9	150
	站内楼梯/自动扶梯	10	9	150
	站厅（地下）	12	10	200
	站台（地下）	10	9	150
	站厅（地面）	11	9	150
	站台（地面）	10	8	100
	售票室	11	9	300
	办公室	11	9	300
	会议室	11	9	300
	休息室	7	6	100
	盥洗室、卫生间	7	6	100
	行车/电力/机电/配电等控制室或综控室	11	9	300
	变电/机电/通号等设备用房	8	7	150
	泵房、风机房	7	6	100
	冷冻站	8	7	150
控制中心	计算机房	18	15	500
	中央控制室	11	9	300
	会议室	11	9	300
	办公室	11	9	300
	档案/资料室	8	7	200
	设备间	8	7	150
	盥洗室、卫生间	7	6	100
车辆段	停车列检库	5	4	100
	静调库、临修库、检修库	8	7	200
	调机库、工程车库	5	4	100
	洗车库	5	4	100
	信号控制室	11	9	300
	一般件检修间	8	7	200
	精密检修间	12	11	300
	试验室	11	9	300
	压缩空气站	8	7	150
	一般件仓库	5	4	100

注：引自《城市轨道交通照明》GB/ T 16275—2008。

6.4.3 地下空间天然光与人工光相结合的设计方法研究

1. 概述

天然光作为大自然馈赠于人类的宝贵财富，是一种取之不竭、用之不尽的绿色能源，同时也是人类长期进化过程中最为适应的光源，在相当长的历史阶段，天然光都是日间室内、外的主要照明光源，但是随着工业革命后人工照明装置效率的不断提高，天然采光在建筑中一度被人忽视。近年来伴随着能源危机、环境恶化等问题的不断出现，才又日益引起了世人的关注。近年来研究表明，长期在人工照明环境下工作将会影响人的身体健康，而通过在建筑内采用天然光进行照明可以保证用户身心舒适，并提高工作的效率[1]。

长期以来侧窗以其结构、形式、清洁维护简单，可为用户提供良好的视野等优势，一直是建筑采光的主要方式。但由于侧面采光导致的室内亮度分布不均导致的窗眩光等诸多问题，从而使得它在进深比较浅的住宅以外很难得到较好的利用；而对于地下空间等难以开窗的建筑空间，它则更是很难得到应用。因此，如何利用天然光，在大进深的空间或者地下、无窗空间为用户创造舒适的室内光环境成为了当前采光设计的一个重要技术难题和挑战。导光管技术和光导纤维技术无疑成为了当前该领域的研究重点。根据光线的内部全反射原理开发的光导纤维技术，虽然具有线径细、重量轻、寿命长等一系列优点，但是受到截面面积的限制，导致其能传送的光通非常有限，此外其昂贵的成本，也限制了导光纤维使用，特别是大面积推广。

而导光管技术的出现无疑为人们合理利用天然光资源开辟出新的途径，特别是近十几年，伴随着导光管技术的快速发展，大量具有可推广性的导光管产品不断涌现，使得导光管在居室、商店、学校、运动场所、厂房等不同空间得到广泛应用。据 CIBSE 的 Building Journal（2003 年 9 月）发表的调查表明，截止到该文章发表之日，全球已安装了大约三百万套导光管产品。

导光管是一种通过通道将光线传导至建筑工作场所各个部位的装置。导光管系统主要由集光器或发光装置（大功率 HPS），导光筒，以及漫射器 3 部分组成。最早的导光管是由俄国的契科列夫于 19 世纪 70 年代制造完成的，但是第一个导光管专利却是美国人 Willam Wheeler 于 1881 年在美国获得的。1880 年在《电》杂志上刊出了弗·尼·契科列夫的论文，阐述了自己的思想并记录了他进行的实验：“借助于具有反射表面的玻璃、棱镜、平面镜和管道的组合装置把一个集中的强光源分散成许多小光源的光学方案”[2]。

与契科列夫同时进行类似研究的还有美国的 M. T. Neal、W. R. Lake、Molera. Cebrian 及 W. Wheeler，这一时期的导光管研究人员所提出的光的输送理念是通过导光管内部一系列光学器件如透镜和反射镜来实现的。不可否认，他们的工作对导光管的发展起了极大的推动作用。直到 1965 年，一位名叫布赫曼的学者才对导光管作为光输送工具，或沿其整个长度的照明，提出了非常重要的发展理念。他的观点的主要内容是：将导光管的内侧部分地镜面化，使光源发出的光经过反射从开口的侧面输出，这就是狭缝导光管的原始模型。近年来导光管技术发展日益引起人们的关注，根据传输原理的不同，导光管主要有：金属反射型导光管、非金属反射型导光管、透镜组型导光管以及棱镜式导光管，其具体特点见表 6-48[3]。

导光管分类及特点　　表 6-48

导光管类型	特　点
金属反射型导光管	这种导光管虽然效率相对较低，但是由于其低廉的价格，而能够在一些对于效率要求不是非常高的场所得到广泛使用

续表

导光管类型	特　点
非金属型导光管	实验表明仅仅依靠非金属材料的部分反射，其效率非常低，往往通过使用薄膜来克服，从而使得非金属反射型导光管具有比较高的效率。但是这种装置造价却非常昂贵，因此目前很难得到大量推广
透镜组型导光管	这种导光管主要是利用的光线的折射原理，它由一系列的光学透镜组成，这种导光管需要很多价格昂贵的透镜，因此现在主要在一些光学仪器设备上使用
棱镜型导光管	这种导光管主要是利用的光线由密介质进入疏介质时出现的内部全反射原理（与光导纤维同理）开发的。这种导光管效率非常高，但对于光线入射角有较高的要求（入射方向与管口法线夹角不大于 27.6°），因此多用于人工光导光管或需要与太阳跟踪系统结合使用，造价最为昂贵

2. 被动式天然光导光技术的现状分析

棱镜型导光管的发明者，CIE TC 3-30 的主席 Lorne Whitehead 曾经于 1998 年总结了导光管技术在天然采光的应用研究状况，作者认为棱镜型导光管由于对光线入射角有较高的要求，因此多用于人工光导光管或需要与太阳跟踪系统结合，从而限制了这种产品在被动天然采光技术领域的应用；而同时作者认为利用金属反射型导光管采光技术只适用于低照度要求的场所[4]。然而近年来，伴随着高镜面反射率金属材料的不断出现，大大促进了金属反射型导光管在采光领域的应用[5]。

天然光导光技术的目的是收集天然光，并利用合理的技术将其传送到需要的空间进行照明。金属反射型导光管系统主要由集光器、导光筒以及漫射器 3 部分组成（如图 6-19 所示）。集光器的作用是让尽可能多的天然光进入，同时防止灰尘、雨和紫外线的侵入；导光筒的作用是传输天然光，将光线传输到需要的场所；漫射器的作用是将光分布到室内，为空间提供照明。

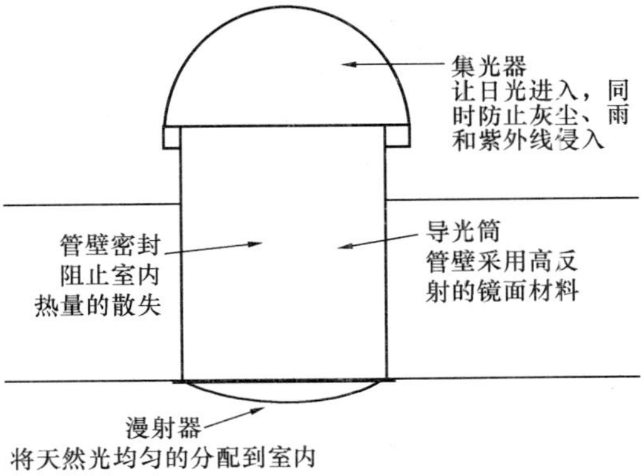

图 6-19　导光管系统原理图

1986 年 Zastrow 和 Wittwer 通过实验分析了三棱柱型导光筒的传输效率。并通过理论计算，分析了长度为 0.12m，边长为 0.01m，内壁反射比为 0.95 的三棱柱型导光筒的效率为 0.296。这与实验测得效率（0.32）基本吻合，从而第一次通过数学方程的形式描述了影响导光管性能的主要参数，见式（6-6）：

$$T = 2\int_0^{2\pi} \cos\theta R^{L\tan\theta/d(eff)} \sin\theta \mathrm{d}\theta \tag{6-6}$$

式中　θ——入射光线的入射角；

R——导光筒材料反射比；

L/d——导光筒的高宽比（aspect ratio）。

到 20 世纪 90 年代中期，天然导光技术逐步得到认同，并开始商业化，从而进一步推动了导光管技术研究的发展，研究人员采取各种技术措施不断提高导光筒的传输效率。与此同时，在天然采光导光设计中缺乏标准的方法来评估这种系统短期和长期的性能，以及急需性能模型来分析计算实际照明效果的情况也引起了很多研究人员的关注[6]。很多研究人员开展了关于导光管计算方法的研究，继 Zastrow 等人之后，Edmonds 和 Swift 分别独立完成了关于影响导光管传输效率的理论研究工作，目前关于导光管的主要分析理论模型主要有以下几种，见表 6-49[7]。

各种天然光导光设计方法对比表　　表 6-49

方法名称	优　　势	不　　足
Luxplot	只需要输入室外照度，以及房间和导光管的尺寸参数 能够计算导光管的光通及室内照度 对于所计算的导光管的数量及室内面积没有限制 能够计算导光管不同弯曲角度下的传输效率 基于大量实测分析	作为一种简化方法未考虑太阳高度角及天空条件的影响 只能用来计算特定的导光管类型（然而可以通过较小的修改来计算其他的类型的导光管） 未分别考虑集光器、漫射器等因素的影响
Zhang-muneer	考虑了太阳高度角以及天空条件等因素的影响，从而可以分析不同季节/时间的采光结果 能够计算导光管弯曲角度下的传输效率（30°） 能够适用于其他导光管类型的计算分析 易于通过表格化实现大规模计算	只是通过测量了两种长度的导光管的采光效果归纳出来经验性公式，从限制了其在不同长度导光管效果分析的推广 要求计算者熟悉和了解相关产品、专业知识 只适用于某种特定的集光器和漫射器
Sky Vision	能够独立、精确地进行计算 能够对各种产品进行分析包括传统的顶部采光 能够在各种天空模型下进行分析、计算（如 CIE 全阴天空） 能够以图、表的形式输出计算结果	需要详细地了解产品技术性能 最多能够同时分析、计算 9 个导光管 不能自由选择室外照度条件 输出结果为计算区域的平均照度，而不能分析某个位置的照度值
Carter	能够进行导光管的光通量和室内照度计算 虽然不能独立计算室内照度分布，但可以使用现有照度计算方法分析 考虑由于导光管弯曲带来的光通损失	只是通过测量了两种长度的导光管的采光效果归纳出来经验性公式 对于导光管初始光通量的测量/分析等知识，对一般用户来说较难理解
Tsangrassoulis	理论框架能够应用于相关研究中 适用于各种导光管形式的分析计算	需要了解导光筒、集光器以及漫射器的性能或对其进行合理模拟，因此不能独立分析导光管的传输效率 需要了解标准室外照度数据

而这些方法通过实际的测试调研，结果证明了它们的合理性，见表 6-50。

几种主要分析方法与实测结果对比表　　表 6-50

样　本	测量结果	Sky Vision	CIE 方法	Liverpool
1	0.90	0.89	0.89	0.99
2	0.90	0.89	0.79	0.84
3	0.50	0.64	0.42	0.41
4	0.35	0.28	0.43	0.42
5	0.50	0.59	0.39	0.52

3. 存在问题及发展展望

被动式天然光导光技术的不断发展，为建筑，特别是无窗、地下建筑的采光设计提供了更为灵活的技术手段。而近年来，在该领域内国内外开展了广泛的研究工作，其中特别是关于导光管的传输性能方面取得了丰硕成果，也进一步为指导天然光导光设计实践提供了技术支持，并取得了较好的实际效果，但是目前该技术尚不完善，当前的研究主要集中在导光筒的光学传输性能上，且很少将各地光气候差异予以考虑，至于集光器、漫射器等装置均做了简化，因此应进一步开展关于相关研究，具体说来主要有以下几个方面：

（1）漫射器设计，当前人们照明设计已经从数量要求逐步向质量要求转变，为人们创造舒适的天然光环境也成为了采光设计的重要任务，就漫射器而言主要有提高光线透过效率，合理控制出射光强以及防止眩光等技术问题仍需解决；

（2）集光器设计，主要是通过采用棱镜材料，并借鉴非图像光学（non-imaging optics）相关理论优化集光器形式从而改善集光器设计，将有助于提高太阳光收集效率；

（3）导光管性能评价，导光管的传输性能受到太阳高度角、天空亮度等诸多因素影响，因此，结合全年天然光气候数据定量评价导光管性能也成为该领域的重要研究课题。

6.5 城市地下空间照明设计案例

6.5.1 工程特点及技术方案选择

本工程为北京奥运中心区地下车库导光管系统，是由北京新奥集团有限公司委托中国建筑科学研究院、北京市建筑设计研究院及北京科博华建材有限公司等单位对该系统进行了相关研究，并开发出应用于地下车库的大型导光管系统，以保证地下空间的光环境质量，并达到节能的目的。

本工程位于奥林匹克公园中心区内，为一地下车库，地下一层车库的地面标高为－4.5m，覆土层的厚度为2.25～3m。由于覆土层厚，光的传输距离要达到3～4m，照明面积大（柱距为8.4m），采用传统的采光方式难以将天然光引入该地下空间，故考虑采用导光管系统以改善该地下车库的光环境。

6.5.2 技术方案选择

工程的设计不仅要满足地下空间的采光和照明节能要求，还需要与景观环境协调，故导光管系统工程设计要与地下车库建筑结合为一体。由于各导光管之间的间距大，为满足照度水平和均匀度的要求，导光管技术方案选择了大型导光管系统，并使用了导光管系统与人工照明相结合的技术方案，通过与人工照明的有机结合将不仅可以大大节省空间用电，降低运营费用还可以提高地下空间的光环境质量。

该工程应用的大型导光管系统与以往国外应用的小尺寸导光管系统有很大的区别。为了保证该系统的性能稳定，并达到最终的采光和节能效果，在导光管系统的设计上需要对关键技术进行研究，在加工制作和安装方面需要采取一系列特殊的工艺技术。由于大型导光管系统在国内外无应用实例，因此，结合现有的研究成果，通过计算机模拟及实验等技术手段辅助导光管系统的设计和应用。

通过分析计算，最终确定了管径为1.2m，长度为3.85m和3.35m两种系统。集

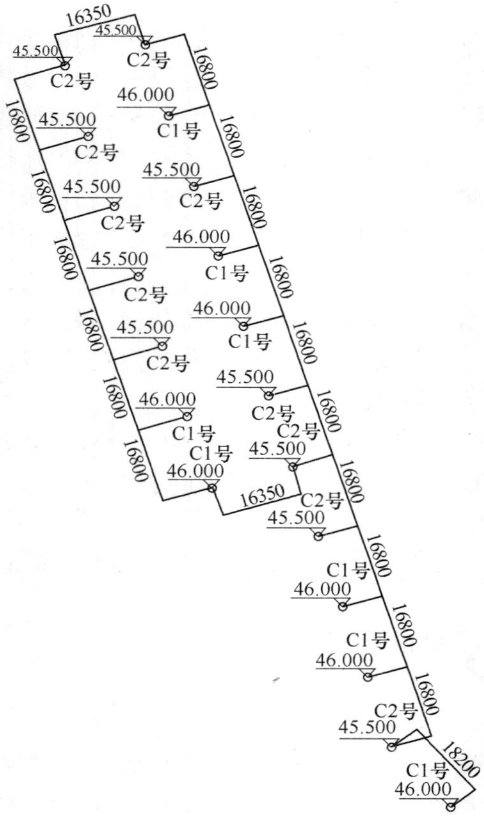

图 6-20　导光管布置图

光器材料透射比为 0.89，管壁反射比为 0.96，漫射器材料透射比为 0.88，经计算得到，两种导光管系统的效率分别为 0.579 和 0.593。

根据工程的实际情况，由于各导光管之间的间距较大（16.8m），只依靠天然采光难以满足照度水平和均匀度的要求，因此，在方案设计中需要考虑将人工照明与导光管系统相结合，对该工程的导光管-人工照明系统进行了优化设计，提出适合该工程的具体实施方案，以达到节约能源的目的。

导光管布置位置如图 6-20 所示。以下对导光管系统和人工照明系统分别进行了设计。

1. 设计说明

（1）设计依据

《建筑照明设计标准》GB 50034—2004，《建筑采光设计标准》GB/T 50033—2001。

（2）天空模型

在采光设计中依据的是 CIE 规定的传统全阴天空模型，其天空相对亮度分布符合式（6-7）：

$$L_\theta = L_z \frac{1 + 2\sin\theta}{3} \tag{6-7}$$

式中　L_z——天顶亮度；

L_θ——与地面成 θ 角的天空亮度。

（3）设计目标

根据《建筑照明设计标准》GB 50034—2004 中的规定，车库的地面照度应达到 75lx。

（4）导光管系统设计

车库中共采用了长度为 3.35m 的导光管系统 C2 号 11 套，长度为 3.85m 的导光管系统 C1 号 9 套，如图 6-20 所示。每套导光系统为一个柱距（8.4m×8.4m）的区域提供照明，同时在每套导光系统周围设置人工照明装置，并根据天然光状况利用光电控制来逐步开启人工照明。

（5）照明系统设计

该部分的人工照明用于为导光管不能照射到的区域提供照明，是常开的。在夜间不能利用天然光时，也能单独满足照度达到 75lx 的要求。导光管及照明灯具的布置如图 6-21 所示。

2. 采光效果模拟设计

管长为 3.85m 和 3.35m 的导光管系统为一个照明单元（8.4m×8.4m）提供照明，

其地面平均采光系数分别为0.37%和0.38%。当室外水平照度为20000lx时，车库地面的照度分布如图6-22所示。

其效果如表6-51所示。

导光管采光效果　　表6-51

平均照度（lx）	最小照度（lx）	最大照度（lx）	最小/平均照度
76	34	120	0.45

因此，当室外水平照度超过20000lx时，不需要提供人工照明，天然采光可以满足车库照明的需要。

3. 人工照明效果模拟设计

一个照明单元内（8.4m×8.4m）的人工照明系统的照明效果如图6-23、表6-52所示。

照明系统的照明效果　　表6-52

平均照度（lx）	最小照度（lx）	最大照度（lx）	最小/平均照度
76	48	105	0.63

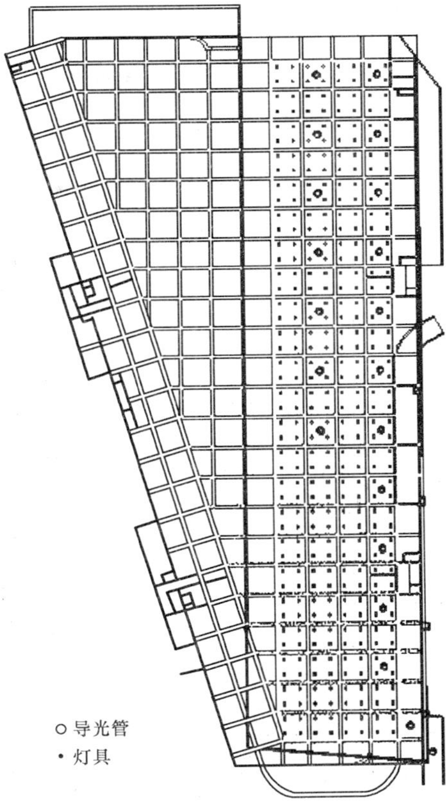

图6-21　照明方案布置

4. 照明控制策略

为充分利用天然光，达到照明节能的目的。根据室外天然光照度水平的不同，划分为4种控制模式，利用光电控制器根据照度水平对人工照明进行不同的控制。照度分级及控制模式见表6-53。

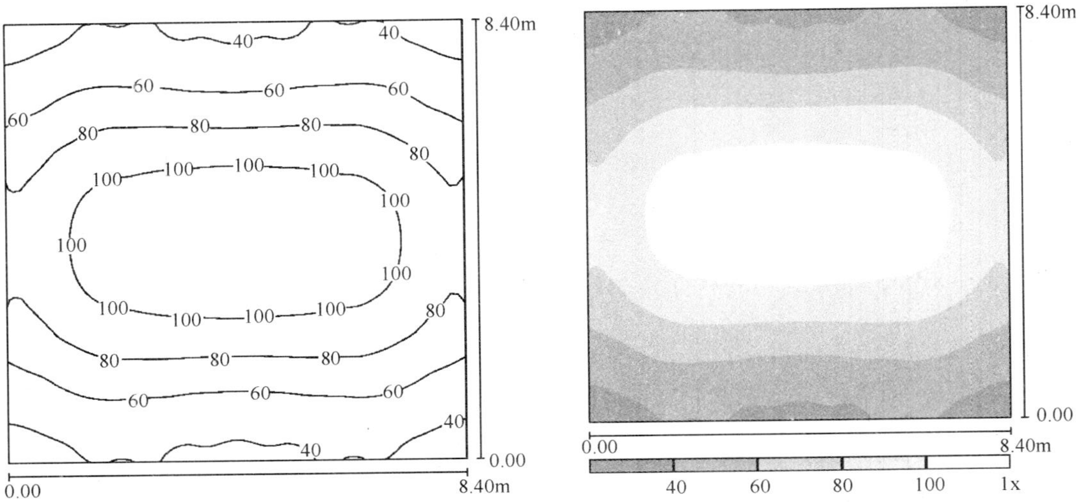

图6-22　导光系统的采光效果

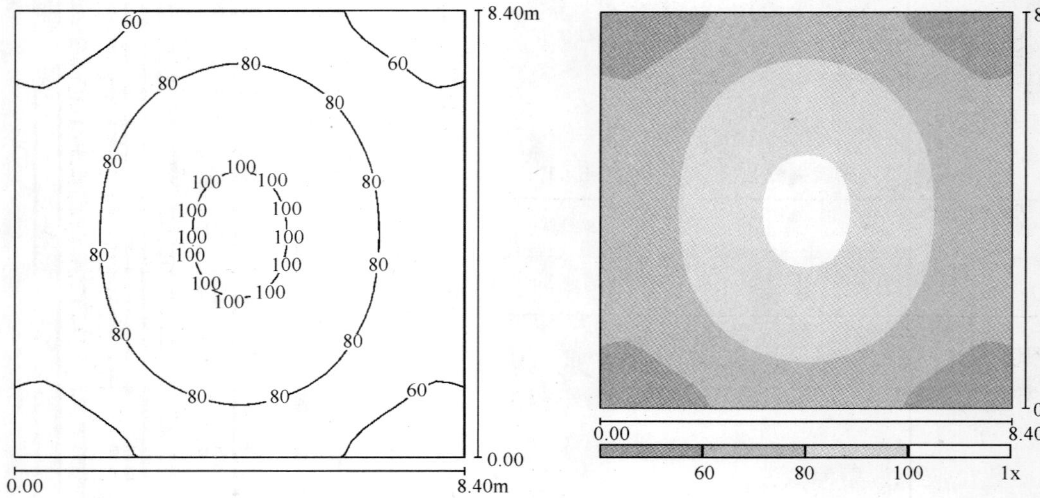

图 6-23　照度分布

照度分级及控制模式　　表 6-53

控制模式	照度水平（lx）	人工照明	控制模式	照度水平（lx）	人工照明
1	＜5000	全开	3	10000～20000	开启 1/3
2	5000～10000	开启 1/2	4	＞20000	全关

根据室外天然光的状况，及时开关人工照明，以达到节约能源的目的。

模式 1 条件下，人工照明全开，其照度分布见图 6-23。

模式 4 条件下，完全依靠天然采光，其照度分布见图 6-22。

当模式 2 和模式 3 时，开启部分光源即可满足照明要求，其照度分布见图 6-24。

在不同控制模式下，照度的计算结果如表 6-54 所示。由表 6-54 可见，在各种控制模式下，均能满足车库照明的要求。

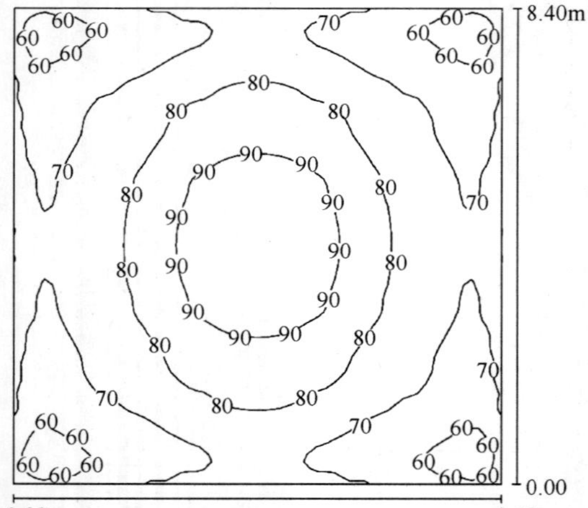

模式 2 的照度分布（开启 1/2 人工照明）

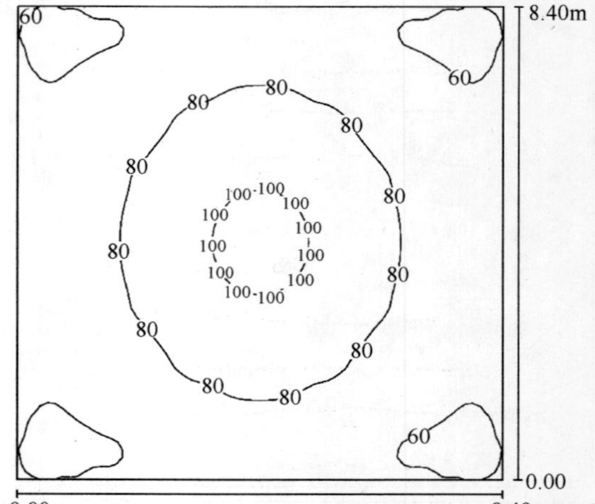

模式 3 的照度分布（开启 1/3 人工照明）

图 6-24　不同控制模式下的照明效果

不同控制模式下的照明效果 表 6-54

控制模式	平均照度（lx）	最小照度（lx）	最大照度（lx）	最小/平均照度
1	76	48	105	0.63
2	75	55	99	0.73
3	75	53	105	0.71
4	76	34	120	0.45

5. 全年天然光可利用时数分析

我国的天然光资源丰富。以北京地区为例，全年室外水平照度在 5000lx 以上的时间平均为 3707h。天然采光技术在我国有着巨大的利用、开发潜力。合理使用导光管技术将天然光引入地下空间进行照明，对于减少照明用电，缓解我国用电紧张，特别是白天用电高峰期的用电紧张问题具有重要意义。

根据《建筑照明设计标准》GB 50034—2004 中的规定，车库的地面照度应达到 75lx。利用《建筑采光设计标准》GB/T 50033—2001 中关于北京地区室外临界照度和天然光利用时数的资料，该导光管系统的采光效果及天然光利用情况如表 6-55 所示。

采光及照明效果分析 表 6-55

照度标准（lx）	平均采光系数（%）	室外临界照度（lx）	室内平均照度（lx）	天然光利用时数（h）
75	0.37/0.38	5000	18.5	—
		10000	37	—
		20000	74	8

6. 全年动态能耗分析

在采光设计时，是按照全阴天空进行采光设计，但是天然光随着时间的变化剧烈，其全年的采光效果是一个动态变化的过程，需要对采光—照明系统进行全年的模拟分析。

利用北京市的天然光气候数据数据，对导光管工程的全年照明及节能效果进行了动态分析，见图 6-25。

根据以上分析，该工程每年可节约照明用电 24472 度。由于采用了导光管系统，人工照明时间减少，相当于延长了人工照明系统的使用寿命，减少了更换和维护照明设备的费用。

6.5.3 导光管系统施工技术的研究

为保证系统的性能要求，并达到安全、适用、美观、大方，防水密闭，连接牢靠，抗冲击能力强，便于维修等要求，需要在加工制作以及施工阶段提供相应的技术保证。同时，由于该工程应用的导光装置为大型导光管系统，与以往应用的小尺寸导光管系统有很大的区别。为了保证工程质量和最终效果，在加工制作和安装方面

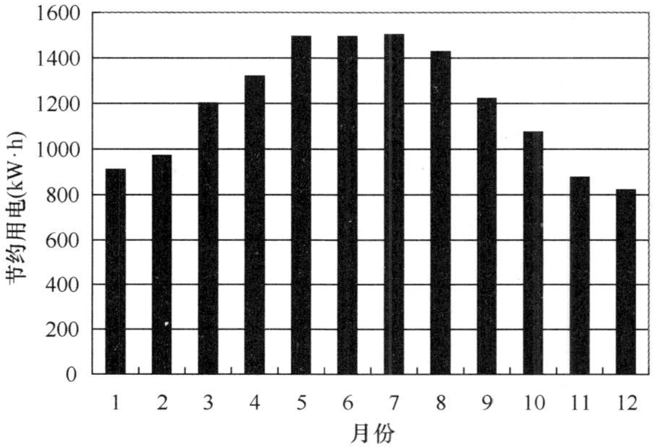

图 6-25 全年照明节能情况

需要采取一系列特殊的工艺技术，主要体现在以下几个方面：

（1）保证系统强度，确保安全；

（2）加工时确保导光管不变形；

（3）安装时控制精度，保证整体结构的稳定性与可靠性；

（4）合理设计节点，确保防水性能良好，防止渗水并保证结构的可靠性。

首先，在原材料的选择上，材料的光学性能应满足上述模拟分析的要求；另外，为保证系统稳定和安全，所用的 PC 板材料，以及膨胀螺栓、镀锌卡具、螺丝、铝合金衬筒、铝合金框等附件的强度等应满足国家标准的要求。

图 6-26　导光管样品照片

为了使导光管与车库混凝土结构及车库顶板防水紧密结合，保证防水密闭，连接牢固。应对其各节点进行细部设计，使其与地下车库建筑结合为一体，并具有防水，防尘，抗冲击能力强等特点以及满足便于维修的要求。

为了验证该做法的有效性，制作了导光管样品，如图 6-26 所示，并对其防水、防尘性能进行了测试。

该导光管的规格为管径 760mm，长度为 800mm，测试结果如下：透光折减系数为 0.61（5 级），防护等级为 IP65。测试结果表明：该样品的光学性能及防水防尘性能指标均能满足使用要求。

在施工阶段，为了保证整体结构的稳定性与可靠性，以尽可能延长其使用寿命。为了保证系统安全、耐用及功能性，在加工制作和安装时，采用了铝制衬筒支撑导光管，保证其强度；安装时使用筒箍进行定位，保证其不变形；施工时使用氩弧焊，以控制焊接的精度；在节点处理上使用了柔性防水卷材以防止渗水。

6.5.4　实际测量结果

为了检验系统的性能，对导光管工程的实际采光效果进行了实测。选择了 2 个柱网进行测试，表 6-56 是全阴天时的测量结果。

全阴天采光实测结果　　表 6-56

场　所	平均照度值（lx）		室外照度（lx）	采光系数平均值（%）	采光均匀度
柱网 1	实测值	54.6	14392	0.38	0.50
	换算值	76.0	20000		
柱网 2	实测值	65.8	16960	0.39	0.50
	换算值	78.0	20000		
设计计算值（单个柱距）		75	20000	0.38	0.45

表 6-56 中同时给出了计算结果，可以看到，计算和实测结果符合的很好。这说明最终的采光效果与预期目标一致。同时，对晴天也进行了测试，测量时间选在了 6 月份中午

前后进行，在室外照度达到 95551lx 的情况下，室内照度达到了 670lx，大大超出了所需的照度标准。

从现场实际效果来看，室内采光效果很好，令人满意。如图 6-27 所示。

图 6-27 室内实际效果

6.5.5 项目总结

针对奥运中心地下空间的特点，研制了大型天然导光管系统，并用于中心区地下车库工程，解决了地下车库的采光问题。

(1) 该项目为国内首例大型导光管工程，该系统的研发、设计和加工制作都在国内完成，具有自主知识产权。

(2) 该课题结合工程实践，在设计方法和施工技术上进行了创新，使系统的性能和耐久性得到了保证。

(3) 实测和计算结果一致，说明地下车库的最终采光效果达到了预期的设计要求。

(4) 该导光管系统的节能效果显著。奥林匹克公园中心区地下车库安装了 19 套导光管，导光管内径 1.2m，是国内口径最大的导光管。单套导光管系统可为 $70m^2$ 的车库提供照明，其全年可利用的太阳光时数为 3707h。按照明功率密度为 5 W/m^2 计算，每套导光管全年可节约 1288 度电，地下车库 19 套导光系统全年可节约 24472 度电。

天然导光系统可用于各类场所的昼间照明，尤其是可以应用于传统采光方式难以使用的场所，如地下空间或无窗建筑。该导光管系统具有节能、环保、舒适的优点，不仅可节约大量的照明用电，进而减少温室气体的排放，而且提供了舒适的自然光线，改善了室内光环境，对人体健康大有益处。

第 7 章　城市地下空间节能控制与能量管理系统

7.1　建筑能耗分项计量

人类利用天然洞穴已有悠久的历史，远在人类能够建造房屋之前，就已经开始利用它遮风挡雨，借以生存[1]。世界各国在城市中建造地下空间已经有 100 多年的历史，在二次世界大战后得到比较快的发展。近年来，兴建地下建筑的国家越来越多，规模越来越大，应用范围越来越广。我国从 20 世纪 80 年代中期以后，一批原有的用于战备的人防工程开发或改造成平时可以使用的各种设施，如地下商场、地下街、地下娱乐场、高层建筑地下室等。近 10 年来，城市已经有很多的地下轨道交通、地下街等地下空间。随着城市经济的发展，对城市土地资源的需求也越来越大，发展和利用好地下空间已经成为城市发展的必然趋势。

7.1.1　分项能耗数据的采集

分项计量系统通过对建筑能耗的实时计量、分析，全面清楚地了解建筑内的能耗。通过比较分析建筑能耗数据，得到建筑当前所存在的问题，并提出相应的解决方案。分项计量系统（见图 7-1）可以实现如下作用：

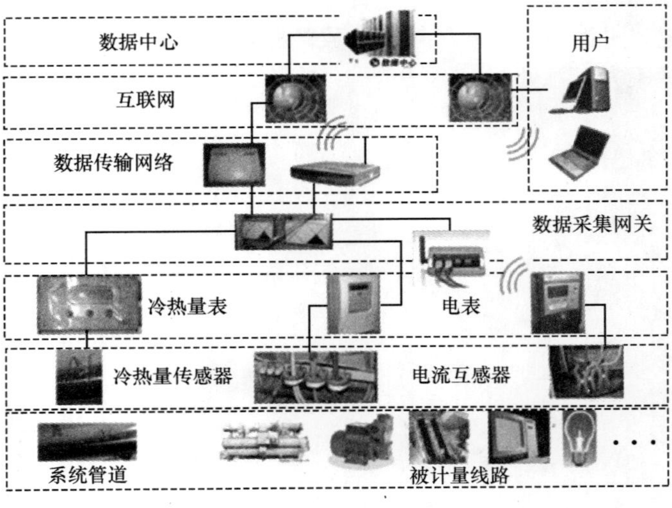

图 7-1　分项能耗采集架构示意图

（1）逐时分析建筑能耗，促进行为节能；

（2）发现不合理的设备运行模式，找出节能潜力，实现控制运行节能；

（3）计算得到部分设备的运行效率，实现设备运行节能；

（4）为节能改造项目提供准确的节能效果评价；

（5）合理评价各个建筑的用能水平；

（6）实时计量建筑用能情况，提供用能基础数据。

能耗数据采集指标——根据建筑用能类别，分类能耗数据采集指标为 6 项，包括：

（1）电量；

（2）水耗量；

（3）燃气量（天然气量或煤气量）；

（4）集中供热耗热量；

（5）集中供冷耗冷量。

其他能源应用量，如集中热水供应量、煤、油、可再生能源等。

分类能耗中，电量分为 4 项分项，包括照明插座用电、空调用电、动力用电和特殊用电。电量的 4 项分项是必分项，各分项可根据建筑用能系统的实际情况灵活细分为一级子项和二级子项，是选分项，其他分类能耗不再分项。

（1）照明插座用电

照明插座用电是指建筑物主要功能区域的照明[2]、插座等室内设备用电的总称。照明插座用电包括照明和插座用电、走廊和应急照明用电、室外景观照明用电，共 3 个子项。

照明和插座是指建筑物主要功能区域的照明灯具和从插座取电的室内设备，如计算机等办公设备，若空调系统末端用电不可单独计量，空调系统末端用电应计算在照明和插座子项中，包括全空气机组、新风机组、空调区域的排风机组、风机盘管和分体式空调器等。

走廊和应急照明是指建筑物的公共区域灯具，如走廊等的公共照明设备。

室外景观照明是指建筑物外立面用于装饰用的灯具及用于室外园林景观照明的灯具。

（2）空调用电

空调用电是为建筑物提供空调、采暖服务的设备用电的统称。空调用电包括冷热站用电、空调末端用电，共 2 个子项。

冷热站是空调系统中制备、输配冷量的设备总称。常见的系统主要包括冷水机组、冷冻泵（一次冷冻泵、二次冷冻泵、冷冻水加压泵等）、冷却泵、冷却塔风机等和冬季有采暖循环泵（采暖系统中输配热量的水泵；对于采用外部热源、通过板换供热的建筑，仅包括板换二次泵；对于采用自备锅炉的，包括一、二次泵）。

空调末端是指可单独测量的所有空调系统末端，包括全空气机组、新风机组、空调区域的排风机组、风机盘管和分体式空调器等。

（3）动力用电

动力用电是集中提供各种动力服务设备（包括电梯、非空调区域通风、生活热水、自来水加压、排污等，不包括空调采暖系统设备）用电的统称。动力用电包括电梯用电、水泵用电、通风机用电，共 3 个子项。

电梯是指建筑物中所有电梯（包括货梯、客梯、消防梯、扶梯等）及其附属的机房专用空调等设备。

水泵是指除空调采暖系统和消防系统以外的所有水泵，包括自来水加压泵、生活热水泵、排污泵、中水泵等。

通风机是指除空调采暖系统和消防系统以外的所有风机，如车库通风机，厕所排风机等。

（4）特殊用电

特殊区域用电是指不属于建筑物常规功能的用电设备的耗电量，特殊用电的特点是能耗密度高、占总电耗比重大的用电区域及设备。特殊用电包括信息中心、洗衣房、厨房餐厅、游泳池、健身房或其他特殊用电。

7.1.2　能耗数据采集方法

能耗数据采集方式包括人工采集方式和自动采集方式。

通过人工采集方式采集的数据包括建筑基本情况数据采集指标和其他不能通过自动方式采集的能耗数据，如建筑消耗的煤、液化石油、人工煤气、汽油、煤油、柴油等能耗量。

通过自动采集方式采集的数据包括建筑分项能耗数据和分类能耗数据。由自动计量装置实时采集，通过自动传输方式实时传输至数据中转站或数据中心。

7.1.3　能耗监测系统

能耗监测系统由数据采集子系统、数据中转站和数据中心组成。

数据采集子系统由监测建筑中的各计量装置、数据采集器和数据采集软件系统组成。数据中转站接收并缓存其管理区域内监测建筑的能耗数据，并上传到数据中心。数据中转站可不具备处理分析数据和永久性存储数据的功能。分项能耗数据的采集频率为每 15min 1 次到每 1h 1 次之间，数据采集频率可根据具体需要灵活设置。数据中转站向数据中心上传数据的频率为每 6h 1 次，上传数据为本数据中转站管理区域内各监测建筑原始能耗数据的汇总。数据中心所上传的数据为建筑逐时分类能耗数据和分项能耗数据。建筑逐时分类能耗数据和分项能耗数据是对各监测建筑原始能耗数据按照 1h 的时间间隔进行汇总和处理后的数据。

7.1.4　能耗数据处理方法

1. 数据有效性验证

计量装置采集数据一般性验证方法：根据计量装置量程的最大值和最小值进行验证，凡小于最小值或者大于最大值的采集读数属于无效数据。电表有功电能验证方法：除了需要进行一般性验证外还要进行二次验证，其方法是：两次连续数据采读数据增量和时间差计算出功率，判断功率不能大于本支路耗能设备的最大功率的 2 倍。

2. 分项能耗数据计算

各分项能耗增量应根据各计量装置的原始数据增量进行数学计算，同时计算得出分项能耗日结数据，分项能耗日结数据是某一分项能耗在一天内的增量和当天采集间隔时间内的最大值、最小值、平均值；根据分项能耗的日结数据，进而计算出逐月、逐年分项能耗数据及其最大值、最小值与平均值。当电表有功电能出现满刻度跳转时，必须在采集数上增加电表的最大输出数，保证计算处理结果的正确性。

3. 各类相关能耗指标的计算方法

建筑总能耗为建筑各分类能耗（除水耗量外）所折算的标准煤量之和，即：建筑总能耗＝总用电量折算的标准煤量＋总燃气量（天然气量或煤气量）折算的标准煤量＋集中供热耗热量折算的标准煤量＋集中供冷耗冷量折算的标准煤量＋建筑所消耗的其他能源应用量折算的标准煤量。

总用电量＝Σ 各变压器总表直接计量值；

分类能耗量=Σ各分类能耗计量表的直接计量值；

分项用电量=Σ各分项用电计量表的直接计量值；

单位建筑面积用电量=总用电量/总建筑面积；

单位空调面积用电量=总用电量/总空调面积；

分类能耗量直接计量值与总建筑面积之比，即：单位面积分类能耗量=分类能耗量直接计量值/总建筑面积；

分类能耗量直接计量值与总空调面积之比，即：单位空调面积分类能耗量=分类能耗量直接计量值/总空调面积；

分项用电量的直接计量值与总建筑面积之比，即：单位面积分项用电量=分项用电量直接计量值/总建筑面积；

分项用电量的直接计量值与总空调面积之比，即：单位空调面积分项用电量=分项用电量直接计量值/总空调面积；

建筑各分类能耗（除水耗量外）所折算标准煤量之和，即：建筑总能耗=总用电量折算标准煤量+总燃气量（天然气量或煤气量）折算标准煤量+集中供热耗热量折算标准煤量+集中供冷耗冷量折算标准煤量+建筑所消耗的其他能源应用量折算标准煤量[3]。

能耗数据传输系统由数据采集子系统、监测建筑到数据中心（或数据中转站）传输子系统、数据中心（或数据中转站）到上一级数据中心传输子系统等部分组成。数据采集子系统包括监测建筑中各计量装置、数据采集器和数据采集通道。

7.1.5 系统连接方式

计量装置和数据采集器之间应采用符合各相关行业智能仪表标准的各种有线或无线物理接口。对于电能表，参照行业标准《多功能电表通信规约》DL/T 645—1997 执行。对于水表、燃气表和热（冷）量表，参照行业标准《户用计量仪表数据传输技术条件》CJ/T 188—2004执行。数据采集器应使用基于 IP 协议承载的有线或者无线方式接入网络。数据中转站、数据中心和部级数据中心应使用专线方式接入传输网络，并具有固定 IP 地址或者网络域名。

7.1.6 数据采集器功能要求

1. 数据采集

数据采集器应支持根据数据中心命令采集和主动定时采集两种数据采集模式，且定时采集周期可以从 10min 到 1h 灵活配置。一台数据采集器应支持不少于 32 台计量装置设备的数据采集。一台数据采集器应支持同时对不同用能种类的计量装置进行数据采集，包括电能表（含单相电能表、三相电能表、多功能电能表）、水表、燃气表、热（冷）量表等。

2. 数据处理

数据采集器应支持对计量装置能耗数据的解析。数据采集器应支持对计量装置能耗数据的处理，具体包括：

（1）利用加法原则，从多个支路汇总某项能耗数据；

（2）利用减法原则，从总能耗中除去不相关支路数据得到某项能耗数据；

（3）利用乘法原则，通过典型支路计算某项能耗数据。

根据远传数据包格式，在数据包中添加能耗类型、时间、楼栋编码等附加信息，进行数据打包。

3. 数据存储及远传

数据采集器应配置不小于 16MB 的专用存储空间，支持对能耗数据 7～10d 的存储。数据采集器应将采集到的能耗数据进行定时远传，一般规定分项能耗数据每 15min 上传 1 次，不分项的能耗数据每 1h 上传 1 次。在远传前数据采集器应对数据包进行加密处理。如因传输网络故障等原因未能将数据定时远传，则待传输网络恢复正常后数据采集器应利用存储的数据进行断点续传。数据采集器应支持向多个数据中心（服务器）并发送数据。

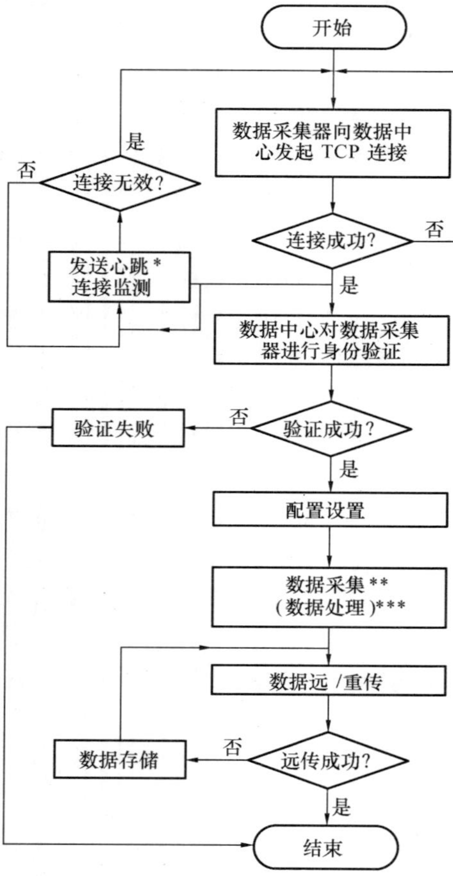

图 7-2　数据采集器和数据中心通信过程

4. 配置和维护

数据采集器应具有本地配置和管理功能。同时支持接收来自数据中心的查询、校时等命令。支持对数据采集子系统故障的定位和诊断，并支持向数据中心上报故障信息。对于故障计量装置的更换不能影响数据采集器其他部分的正常工作。数据采集器应具备自动恢复功能，在无人值守情况下可以从故障中恢复正常工作状态。

数据采集器应符合国家和行业的相关电磁兼容性标准要求。平均无故障时间（MTBF）应不小于 30000h。应使用低功耗嵌入式系统，功率应小于 10W，不应使用基于 PC 机的系统，见图 7-2。

7.1.7　数据传输过程和通信协议

1. 计量装置和数据采集器之间的传输

计量装置和数据采集器之间采用主-从结构的半双工通信方式。从机在主机的请求命令下应答数据采集器是通信主机，计量装置是通信从机。数据采集器应支持根据数据中心命令和主动定时向计量装置发送请求命令两种模式。计量装置和数据采集器之间应采用符合各相关行业标准的通信协议。对于电能表，参照行业标准《多功能电表通信规约》DL/T 645—1997 执行。对于水表、燃气表和热（冷）量表，参照行业标准《用户计量仪表数据传输技术条件》CJ/T 188—2004 执行[4]。支持 Modbus 开放式协议，参照国家标准《基于 Modbus 协议的工业自动化网络规范》GB/T 19582—2008 执行。对于无行业通信标准的计量装置，可使用数据采集器支持的其他协议。

2. 数据采集器和数据中心之间的传输

数据远传应使用基于 IP 协议的数据网络，在传输层使用 TCP 协议。数据远传时数据中心建立 TCP 监听，数据采集器不启动 TCP 监听，数据采集器发起对数据中心的连接，TCP 建立后保持常连接状态不主动断开，数据采集器定时向数据中心发送心跳数据包并监测连接的状态，一旦连接断开则重新建立连接。TCP 连接建立后，数据中心应对数据采集器进行身份认证。数据采集器和数据中心中间传输的数据和命令应进行加密。身份验证完成后，数据中心通过心跳包对数据采集器进行授时，并校验数据采集模式。在主动定时发送模式下，当网络发生故障时，数据采集器应存储未能正常实时上报的数据，待网络连接恢复正常后进行断点续传。当因计量装置或数据采集器故障未能正确采集能耗数据时，数据采集器应向数据中心发送故障信息。

7.1.8 建筑电能分项计量设计及安装

用电分项计量系统采用的电能表主要采用电子式、精度等级为1级及以上的有功电能表，不考虑无功电能表。按测量电能类别分类中的三相三线系统，一般用于不接地系统中。目前一般办公建筑的接地大多数采用TN-S系统，电能表采用三相四线，但在医院等特殊区域会采用IT系统，即不接地系统，电能表采用三相三线，这种情况须特别注意。

电能表分类如表7-1所示。

接入线路的方式和测量的电能量类别表　　表7-1

接入线路方式	测量电能量类别		
	单　相	三相三线	三相四线
直接接入式	有　功	有功及无功	
经互感器接入式	有　功	有功及无功	

按工作原理可分为机电式和电子式。按测量电能的准确度等级分为0.2级、0.5级、1级等。按结构形式可分为分体式和整体式。

分项计量改造不应改动供电部门计量表的二次接线，不应与计费电能表串接。明确分项计量设计的基本原则，分项计量决不能影响计费系统的正常工作。应充分利用现有配电设施和低压配电监测系统，结合现场实际合理设计分项计量系统所需要的表计、计量表箱和数据采集器的数量及安放位置。

有些既有建筑已经设置了低压配电监测系统，实施时应优先考虑利用原有系统，当原有配电监测系统设置的表计满足分项计量系统要求时，可利用原有系统，采用合理形式将配电监测系统数据纳入到分项计量系统中。当原有配电监测系统设置的表计无远传功能时，更换或增加符合本导则要求的具有远传功能电能表。这样可以大大减少设置表计和数据采集器的数量。

设计图纸应齐全，应能指导施工人员正确施工，至少应包括以下内容：

（1）设计说明：计量系统设计的原则、范围、原计量状况、改造前后计量系统状况、表计和设备选用说明；

（2）改造前后配电系统原理图；

（3）配电设备和计量系统设备布置图；

（4）低压配电系统表计安装位置一次线示意图：图中应含有出线开关额定容量、互感器变比、供电回路名称、表计位置及编号等内容；

（5）表箱内表计的安装布置、数据采集器传输接线图；

（6）表计接线原理图、低压柜端子布置图；

（7）电缆清册：包括供给表计的电压、电流回路线缆以及信号传输线缆；

（8）设备材料表：计量系统所需的表计、表箱、CT、数据采集器及所有安装所需材料；

（9）数据采集器接线图。

由于每栋楼的配电系统千差万别，增加的用电分项计量是在原有系统上进行改造，因此必须特别注意设计图纸的完整性和正确性，设计图纸是施工验收的重要依据。设计图纸中应注意将原有设备及线缆与新增设备及线缆用不同符号分开，设备材料表也分别罗列。

应合理设置分项计量回路，以下回路应设置分项计量表计：

（1）变压器低压侧出线回路；

（2）单独计量的外供电回路；

（3）特殊区供电回路；

（4）制冷机组主供电回路；

（5）单独供电的冷热源系统附泵回路；

（6）集中供电的分体空调回路；

（7）照明插座主回路；

（8）电梯回路；

（9）其他应单独计量的用电回路。

以上配电回路是一般常见的配电方式，所供电设备为单一功能。而有些回路配电是将不同类别的用电设备混合一起，这样就给分项计量带来困难，这时需要根据楼宇配电情况灵活配置，使配置的分项计量系统尽可能正确真实地反映各分项能耗，又将其配置成本控制在预算的合理范围内。

如有些建筑配电时在低压侧设计几条照明插座主出线回路，每相分配至几个层配电箱，这种型式在主出线回路设置三相电能表即可满足要求。而另外一些建筑的配电设置不很清晰，没有单独分出照明插座回路，而是直接设置一路供电至层配电箱，从层配电箱中采用放射型式直接敷设至户配电箱，当建筑层数很多时，如果要非常准确地计量某分项耗电量则需要设置很多电能表，这样造价很高。此时应采用选择标准层计量的方法，即在功能相同、面积相差不多的层中，挑选具有代表性的 2～3 层进行计量。

若变压器数量为 2 台，则均设置多功能电能表。若变压器数量＞2 台，则选择负载率最高的以照明为主的变压器和以空调为主的变压器各 1 台，安装 2 块多功能电能表，其余变压器安装普通三相电能表[5]。

应根据建筑物所配变压器数量考虑设置多功能电能表数量，设置多功能电能表的变压器应是负载率最大且长时间投入运行，负载率低于 20％的变压器原则上不设置多功能电能表，考虑到分项计量系统的成本，当变压器数量超过 2 个时，最多设置 2 块多功能电能表，其他设置普通电能表。谐波电流虽然并不一定增大有功功率，但谐波会使电流有效值增大，从而使真功率因数下降，而这部分增加的能耗只能在线缆和设备中通过发热的方式消耗掉。

三相平衡设备应设置单相普通电能表，照明插座供电回路宜设置三相普通电能表。一般风机、水泵等 380V 供电的用电设备都是三相平衡设备，这种设备运行时每相电流大小基本一样，变化很小，其消耗的总电能可以用单相电能表数据乘以 3 而得到。而照明插座主回路不是三相平衡回路，需要设置三相电能表。总额定功率小于 10kW 的非空调类用电支路不宜设置电能表。如此设置的目的是限制表计设置的数量，尽量减少分项计量成本。

但若小于 10kW 的回路是具有代表性的典型回路，对分项计量数据有非常重要意义，则根据需要设置。

当无法直接安装电能表时，应采用附录 2 中提供的加法或减法原则，间接获取电耗数据。其他无法直接获取电耗数据的回路均应采用间接获取的方法。

有些建筑配电系统比较符合分项计量系统的要求，如低压侧设计几条照明插座主出线回路，每相分配至几个层配电箱，这种型式可以在主出线回路设置三相电能表即可满足要求。电梯回路包括消防电梯，电梯支路少于 3 路，则应全部计量；否则按垂直梯、扶梯两种类型电梯支路各抽取 1 常用支路计量。特别要注意暖通空调系统的附泵电耗数据的采集，当配电回路可以分离出附泵电耗时，采用直接装电能表的方法，如附泵与其他设备共用一条配电回路时，需要进行分离。

7.1.9 建筑电能计量装置性能参数

电能表的精确度等级应不低于 1.0 级。普通电能表应具有监测和计量三相（单相）有功功率和无功功率或电流的功能。多功能电能表应至少具有监测和计量三相电流、电压、有功功率、功率因数、有功电能、最大需量、总谐波含量功能。电表中没有考虑尖、峰、谷、平和正、反向电能的功能，是因为设置的能耗分项计量系统在总则中已经明确是不涉及任何收费和结算的计量系统，因此很多涉及收费的参数不予考虑。没有要求电能正反向功能主要是考虑低压配电系统中基本没有产生反向电能的设备。要求具有最大需量计量的功能是为了了解建筑物一个月内平均功率的最大值，便于今后的能耗分析。

具有数据远传功能，至少应具有 RS-485 标准串行电气接口，采用 MODBUS 标准开放协议或符合《多功能电能表通信规约》DL/T 645—1997 中的有关规定。

考虑这两种协议是因为目前电表大多数采用 MODBUS 协议和《多功能电能表通信规约》。之所以没有采用其他开放协议，是为了减少同一网络中各种协议互相转换带来的难度和系统不稳定性。

7.1.10 建筑电能分项计量安装要求

采用电流互感器接入的低压三相四线电能表，其电压引入线应单独接自该支路开关下口的母线上，并另行引出，禁止在母线和电缆连接螺丝处引出。零线不得断开，采用叉接方式接入零线端子。电能表的零线采用叉接的原因是不使零线断开，因为零线剪断后接入电能表的零线端子时，容易发生接线不良或断零线故障，这样电气设备承受的电压就由 220V 变为 380V，烧毁电气设备严重时会造成火灾事故[6]。电压、电流回路 U、V、W 各相导线应分别采用黄、绿、红色单股绝缘铜质线，中性线应采用黑色单股绝缘铜质线，并在导线上加装与图纸相符的端子编号，导线排列顺序应按正相序自左向右或自上向下排列。电流互感器从输出端直接接至接线盒或接线端子，中间不宜有任何辅助接点。电流互感器二次回路导线截面按式（7-1）进行选择，不宜小于 2.5mm²。

$$A \geqslant 0.9L/(S_{2N} - 25Z_m) \tag{7-1}$$

式中 A——电流互感器二次回路导线截面，mm^2；

L——二次回路导线单根长度，m；

S_{2N}——电流互感器二次额定负荷，VA；

Z_m——计算相二次接入电能表电流线圈总阻抗，Ω。

同一组的电流互感器应采用制造厂、型号、额定电流变比、准确度等级、二次容量均相同的互感器。采用固定单一变比是为了防止发生互感器倍律差错。电流互感器进线端的极性符号应一致。对低压配电安装的互感器提出具体要求。互感器进线端极性要求一致是为了保证该组电流互感器一次及二次回路电流的正方向。电流互感器二次回路应安装接线端子，变压器低压出线回路宜安装接线盒。在原配电柜（箱）中加装时，电能表下端应加有回路名称的标签，二只三相电能表相距的最小距离应大于80mm，单相电能表相距的最小距离应为30mm，电能表与屏边最小距离应大于40mm。单独配置的表箱在室内安装时宜安装在0.8～1.8m的高度（安全距离内可清楚观察电量参数）。电能表安装必须垂直牢固，表中心线向各方向的倾斜不大于1°。数据采集器施工安装应符合《自动化仪表工程施工及验收规范》GB 50093中的规定。

7.1.11 建筑电能分项计量校验和比对

电能表安装后应使用在检定有效期内的三相功率表，对各电能表所在支路进行测量校核，进行校验时支路负载率应在80%以上，校核时间=1h，两者误差应在5%内。校验是为了检查安装电能表回路采集数据是否准确、真实、有效，同时还可以根据数据对比判断采集数据的正确性、合理性。应比对所有变压器高压侧电能表计量之和与低压侧电能表计量之和，其值应在变压器合理损耗范围之内，比对时间=1h。根据变压器损耗的合理范围，可以判断变压器低压侧电能表采集的耗电数据是否准确。应比对变压器低压侧电能表数值与其引出支路上所有电能量之和，其值应合理，比对时间=1h。变压器低压侧电能表数值应大于该变压器母线下引出的支路上所有电能表所计电量之和，应在正常用电时段进行。若支路上没有全部安装电能表，则可采用间隔10min读取支路上各电能表数值并测量该支路功率因数的办法，累计1小时内各支路耗电量总和，并与变压器低压侧电能表数值比较。应比对安装电表的各支路所带设备实测耗电量与各设备铭牌额定功率之和，实测耗电量应等于各设备铭牌额定功率之和，比对时间=1h。对安装电表的各支路，读表获得某一小时的电量 Q，再调研该支路所带的第 i 个设备是否处于运行状态，校核式(7-2)是否满足：

$$Q \leqslant \sum_{i} W_i \cdot T_i \tag{7-2}$$

式中 W_i——第 i 个设备铭牌额定功率；

T_i——若该设备处于运行状态时 $T_i=1$，否则 $T_i=0$。

施工验收应由专业检测机构完成对本项目的检测，并出具检测报告，检测内容除包含一般常规项目检测外，还应包含校验和比对，合格后方可进行工程项目验收。对安装完毕的楼内所有计量装置功能进行检查，确保每栋建筑的分项计量装置符合要求，只有每栋建筑的计量装置都符合要求才能保证数据中心能够得到合格有用的数据。

用于测量及显示水流经热交换系统所释放或吸收热量的仪表。整体式热量表由流量计、一组配对温度传感器和积算仪所组成不可分解的整体热量表。组合式热量表由流量计、一组配对温度传感器和积算仪等部件组合而成的热量表。在同一个热量表上，分别用来测量热交换系统的入口和出口温度的一对计量特性一致或相近的温度传感器。计算仪接收来自流量传感器和配对温度传感器的信号，进行热量计算、存储和显示系统所交换的热量值的部件。

7.1.12 建筑冷、热计量表性能要求及其分类

热量表性能应符合《热量表》CJ 128的相关规定。热量表分为整体式、组合式两种形式。热量表流量测量装置根据测量方式的不同主要分为电磁及超声波、机械和压差3大类。常用的流量计包括：电磁流量计、超声波流量计、机械流量计如涡轮流量计、涡街流量计，压差流量计如孔板流量计和锥形流量计。热量表温度测量装置按测温方式可分为接触式和非接触式两大类。接触式测温装置比较简单、可靠，测量精度较高；但因测温元件与被测介质需要进行充分的热交换，需要一定的时间才能达到热平衡，所以存在测温的延迟现象，同时受耐高温材料的限制，不能应用于很高的温度测量。非接触式装置测温是通过热辐射原理来测量温度的，测温元件不需与被测介质接触，测温范围广，不受测温上限的限制，也不会破坏被测物体的温度场，反应速度一般也比较快；但受到物体的发射率、测量距离、烟尘和水汽等外界因素的影响，其测量误差较大。在楼宇温度计量装置中，常用接触式的热电偶温度计或热电阻温度计，以便于实现自动采集。

热量表按工作温度分为3种类型，见表7-2。

热量表类型　　表7-2

类　型	温度（℃）	压力（MPa）
中温型	4～95	1.6
高温型	4～150	2.5
低温型	2～30	1.6

7.1.13 建筑冷、热量分项计量的设计

供热采暖空调水系统的冷、热量应采用热量表计量。供热采暖空调水系统热量表宜设置在分集水器总管道上，对于未设置分集水器或总管不具备安装条件的系统，应在系统主管或各分支管处设置热量表。热量表的设置原则是满足对系统总供冷及供热量进行计量，热量表入口宜配置过滤装置，供热采暖系统宜设在一次侧。热量表工作温度及压力应满足供热采暖空调水系统温度及压力条件，应根据工作流量和最小流量合理选择流量计口径。选择流量计口径时，首先应参考管道中的工作流量和最小流量（而不是管道口径）。一般的方式为：使工作流量稍小于流量计的工程流量，并使最小流量大于流量计的最小流量。根据流量选择的流量计口径与管道口径可能不符，往往流量计口径要小，需要安排缩径，也就需要考虑变径带来的管道压损对热网的影响，一般缩径最好不要过大（最大变径不超过两档）。也要考虑流量计的量程比，如果量程比比较大，可以缩径较小或不缩径。流量计选择时，应考虑系统水质的影响，合理选择流量计类型。因为不同测量原理的流量计对水质有不同的要求。如电磁式流量计要求水有一定的导电性，超声波式流量计受水中悬浮颗粒影响，而机械式流量计要求水中杂质少，通常需要配套安装过滤器。温度传感器宜采用铂电阻温度传感器。如果温度传感器和积算仪组成一体，也可采用其他形式的温度传感器。温度传感器应经过测量选择配对，并配对使用。除压差流量计外，其温度计插孔宜设置于流量计下游规定的位置上，以避免对入口流速分布造成干扰。热量表应有检测接口或数据通信接口，但所有接口均不得改变热量表计量特性。热量表必须具有检测接口或数据通讯接口，接口形式可为RS-485或无线接口，采用M-BUS协议或符合《户用计量仪表数据传输技术条件》CJ/T 188的规定。为便于维护维修，选用的仪表品种和规格应尽量少，以提高备品的通用性和互换性。热量表应具有断电数据保护功能，当电源停止供电时，热量表应能保存所有数据，恢复供电后，能够恢复正常计量功能。热量表应抗电磁干

扰，当受到磁体干扰时，不影响其计量特性。热量表应有可靠封印，在不破坏封印情况下，不能拆卸热量表。

7.1.14　建筑冷、热量分项计量的安装

热量表在安装前应进行检查和校验，以达到装置本身精确度等级的要求，并符合现场使用条件。校验方法和质量要求应符合国家仪表专业标准或仪表使用说明书的规定。应遵循城镇建设行业标准《热量表》CJ 128—2007 中附录 B、附录 C、附录 D、附录 E 和附录 F 的要求。流量计在管道上的安装应避免对管道产生附加的安装压力。必要时，设置支架（座）。流量计安装应易于拆卸更换。流量计的安装位置及方式应符合设计与产品安装要求。根据流量计选型和要求在正确位置安装流量计；根据生产厂家提供的数据，保证前后直管段要求；根据生产厂家提出的安装要求而采取保护性措施，诸如改善水质、安装过滤器、设置托架等。

温度传感器的安装应符合以下规定：

（1）温度传感器与管路的连接，应采用密封螺纹连接，螺纹规格应符合国家的相关标准；

（2）传感器布置的位置应能反映被测介质的平均温度，避免布置在死区；

（3）传感器和介质应具备充分良好的换热条件，插在管道中应有足够的插入深度宜（1/2～2/3）D。安装时，传感器应迎着介质流动方向，至少与介质流向成 90°角，切勿与被测介质形成顺流；

（4）应减少传感器与周围物体（或环境）的热交换；

（5）测温传感器的安装应便于仪表工作人员的检修。减少传感器与周围物体（或环境）的热交换方法是减少外露部分，并进行适当保温，保证安装部分的密封性，尤其是负压导管的测温，应避免外界冷空气进入。

7.1.15　建筑冷、热量分项计量的验收

热量表安装应符合设计及产品说明书的安装要求，且符合国家现有施工质量验收规范的要求。热量表单体校验应合格；系统运行时，热量表示值正常。温度计量装置应具有计量单位提供合格的检定报告，满足相应精度的要求，示值显示无异常；流量计量装置应具有计量单位提供合格的检定报告，满足相应精度的要求，示值显示无异常。热量表数据传输应正常，并符合设计要求，能实现远传功能，满足相应精度的要求，示值显示无异常。

7.2　城市地下空间用能系统分析与能耗诊断技术

在能源消耗中，建筑能耗占很大的比重。在欧美一些发达国家，建筑能耗大约占全国能耗的 30％左右；我国建筑能耗约占全国总能耗的 11.7％。随着我国国民经济的发展和人民生活质量的提高，以及气候的变化，将使建筑能耗进一步增加，而空调能耗一般要占到整个建筑能耗的 40％以上，因此空调系统的节能对于降低建筑能耗有重要作用，其经济和社会环境效益十分明显[7]。

随着城市化水平的不断提高，城市空间拥挤、交通阻塞、环境恶化、资源匮乏等问题愈演愈烈。而且在考虑到美观、采光等因素以后，在很多已经密集开发的地区很难有向高空发展的机会，而只能被迫向地下发展，这已经成为增强城市功能、改善城市环境的必要

手段。城市地下空间利用是城市发展到一定阶段而产生的客观需求。同时，一个国家或城市所处的自然地理环境和地缘政治环境对其开发利用地下空间的动因、重点、规模、强度等都有一定的影响，这些因素构成地下空间发展的背景和条件。

有人说："19 世纪是桥梁的世纪，20 世纪是高层建筑的世纪，而 21 世纪则是人类开发利用地下空间的世纪。"因此，在可持续发展的进程中，地下空间的开发利用将处于关键地位，越来越多的活动将会转入地下，并被认为是解决越来越严重的土地紧缺、环境污染、交通阻塞、能源浪费、防灾安全等的战略方向[8]。

城市地下空间的很多优点，特别是关于环境保护方面的优点是不能用简单的经济价值来衡量的。在地下空间技术上已经取得了巨大进步的同时，人类对地下生活的观念和舒适性还处在初级阶段，人们在决策过程中对地下空间的认识是有缺陷的，特别是在它和地面建筑的效益比较上。因此，在对城市地下空间进行效益分析时不仅要考虑一个完整的生命周期内的费用，同时还应当考虑到地下空间能够带来的各种环境效益、防灾效益以及社会效益。

开发利用地下空间具有以下几个方面的优势：促进城市土地的高效利用并达到改善城市环境的目的；促进城市的美化；促进城市的可持续发展；节约能源；保持良好的气候条件和安全目的[9]。地下空间良好的热稳定性使其具有冬暖夏凉的特性，大大减少了对采暖和空调的依赖，从而减少了能耗。据预测，地下建筑比地面建筑可节省热能 25%～80%[10]。另外，合理开发浅层半地下空间不但可以扩大建筑面积、提高土地的利用率，还能达到节能的效果。

7.2.1 城市地下空间用能设计及运行通病分析与改善的策略

目前，在城市地下空间的利用中，属于有人活动的场所主要有 3 大类型：地下车库、地铁、地下商场及商业街。为了保证这些空间内人类的正常活动，势必要设置相应的空调通风和电气照明系统，形成一定的用能现象。目前，国内外对于城市地下空间用能现状的研究远远落后于地面建筑，因此有必要对其进行系统的研究。

1. 地下车库

与地面建筑相比，地下车库具有一定的特殊性：地下车库一般处于封闭或半封闭状态，气密性较好，与太阳光线和自然空气基本上处于隔离状态，且停放在其内部的汽车排放出大量对人体有害的废气，因此要保持地下车库良好的空气品质，必须得依靠机械通风等手段，人工创造和控制地下车库内的空气环境。地下车库如通风不畅，汽车发动机启动、运行时产生的 CO 等有害气体难于及时、有效地排出，将会影响车库内人员的健康，也容易造成油蒸汽积聚而引起爆炸。从某种意义上讲，地下车库内有无良好的通风，也是预防火灾发生的一个重要条件[11]。

(1) 通风系统形式

目前，一部分地下车库是利用自然通风，这对节约能源和投资都是有利的。但是，地下车库（特别是大空间地下车库）的自然通风效果往往不好，造成诸多地下车库室内环境问题，因而目前大多数地下车库还是建议采取机械通风方式。

另外，现有地下车库的通风换气系统属于混合通风方式，此种方式由于送入室内的新鲜空气不能与车库内的空气（含有污染物的空气）充分混合，常导致排风的污染物浓度低于工作区的污染物浓度，通风效率比较低，相当于浪费了部分的风机能耗。

鉴于以上不利因素，目前常采用的通风系统有以下几种形式：

1）喷流诱导通风系统

诱导式通风是不采用大风道进行机械通风的一种新型通风方式。该系统是利用小口径的高速风管，选配特别设计的喷嘴（此喷嘴为可人工转向调节定位的球型风口），以高速喷出的射流诱导周围大量的空气，使射流边界上的空气不断地被卷入射流，射流的范围和流量不断地随射程的增加而增加，射流的速度则随射程的增加而逐渐减少，在有效射程内，由下一台诱导器继续上述循环，这样，使空气按着指定的方向和区域流动，最后由排风机排出室外。该系统利用物理特性诱导空气，故可以节省电能，降低运行成本。采用诱导通风后，车库内气流组织效果好，有害气体滞留的现象可以减轻甚至避免。

由于该系统混合效果较好，故 CO 的最高浓度在排风机吸入口处，可以将 CO 探测器安装在靠近风机吸入口的地方，通过自动控制送、排风机的导流叶片或变频器来改变风量，更利于节能[12]。

2）变频技术

变频技术，是一种可根据污染物传感器测得的污染物浓度而自动控制自身的开启、变速，从而实现通风系统的智能化控制及自动化管理的控制技术。在地下车库的进出口设置车流量传感器来检测进出车库的汽车数目，这样的好处是可以进行预判断，并把结果提前通知给中央控制器（PCD）。在某些特殊点上安装 CO 浓度传感器：在车库排风口进口前的风道内安装 CO 气体传感器；在车库中央区域位置 1.7m 高度处（呼吸区域，因为根据车库气流组织模拟分析可以得出此区为 CO 积聚区）位置安装 CO 气体传感器。

该种方法根据车库内 CO 浓度来实时控制通风系统。当车库中 CO 浓度发生变化时，需要的风量随之变化，这可以通过变频式风机来实现，即通过改变风机中感应电机的转速进而改变风机的风量，以满足所需排风量的要求。采用这种控制方式，车库内 CO 浓度将被很好地控制在允许浓度范围内。它拥有定风量控制和间歇性控制这两种通风控制方案无法比拟的优点：管理方便；自动化程度高；节能效益巨大；延长设备的使用寿命；具有较高的灵活性和可操作性。变频调速控制方法在保证车库内空气质量的前提下，同时也收到了更好的节能效果。

3）调整射流诱导风机的送风方向

结合南京市某人防地下车库诱导通风系统的实测数据，利用计算流体力学（CFD）技术对地下车库的气流分布现状做了数值模拟和分析，得出以下结论：对于原本就采用射流诱导通风系统组织地下车库内通风的建筑，尽量不改变原有通风系统的设置，通过调整射流诱导风机的送风方向，将新风诱导至工作区域，通过减少通风量来降低风机的运行能耗，到达节能的效果[13]。

4）排风风机为双速风机

目前常用的排风风机为双速风机：高速运转的排风量按换气次数 $n=6$ 次/h 选取，低速运转的排风量则为满足非高峰使用时间的需要[14]。

（2）诱导通风系统的控制——智能型诱导通风系统

为了准确地减少系统开启时段，同时不影响通风效果，使诱导通风系统比传统的换气方式更节省电能，一种新型的技术方法应运而生：智能型诱导通风系统。该通风系统通过自动感受污染物浓度、自动开启相应诱导风机、满足关闭条件自行关闭诱导风机等诸多自控方式达到节约能源、有效组织气流，既满足了地下车库内环境卫生标准的要求，又满足防火规范对排烟的要求。

其工作原理为：智能型诱导通风风机是通过污染物质感受器及程序控制器自行开关。当任意一台智能型诱导通风风机感测到的污染物质浓度超过设定值（污染物质在汽车库中的最大允许浓度 80ppm）时，智能型诱导通风风机开启将污染物吹散，使之低于设定值（污染物质允许浓度 30ppm），此时其他位置的智能型诱导通风风机及送排风机不工作。当任意一台智能型诱导通风风机感测到的污染物质浓度超过设定值（80ppm）时，智能型诱导通风风机开启，但一定时间内无法将污染物质浓度降至设定值（30ppm）以下，说明整个通风换气空间的污染物质浓度已经较高，已无法实现将污染物质继续吹散稀释的作用，此时整个通排风系统开始工作，在污染物质浓度降至设定值（30ppm）以下后，继续工作 600s 然后停止。

智能型诱导通风系统由于配备了风机、喷口、程序控制器、电磁接触器、变压器、污染物质感受器，它使诱导通风风机可根据污染物质感受器感测到的汽车库中的污染物质浓度而自动控制自身的开启，实现诱导通风系统的智能化控制及自动化管理，从而在保持良好通风效果的前提下减少开启时段，并且局部点污染物质由局部点诱导通风风机稀释。由于减少开启诱导通风风机的台数，从而节省耗电量并延长设备使用寿命；通过集中控制器，当个别诱导通风风机发生故障时能及时发现，从而不影响车库的通风效果，使诱导通风系统的优势得以充分发挥[15]。

在诱导通风风机进风端加装温度感受器，在温度超标或有突然温升时，温度感受器会将信号传至集控器中，由集控器切断所有已在运行的诱导通风风机的电源，在延时一定时间后再进入自控状态。

然而，研究表明，地下车库使用诱导通风系统的过程中，也发现存在不少问题。由于无法了解到汽车尾气发生的具体时间、位置及总量等参数，因此，现有诱导通风系统是凭管理人员的经验对诱导通风系统及主排风风机进行开关控制。

对于地下车库来说，汽车尾气的污染物质发生有其不连续性及尖峰负荷明显等特点，这使得现有诱导通风系统的优势并未被很好地体现出来，其主要原因是：诱导通风系统拥有高效的换气方式，如何准确地减少系统的开启时段同时不影响通风效果，使其比传统换气方式更加节省电能，这是管理人员凭经验管理难以做到的；诱导通风系统具有分布点均匀的特点，可快速稀释较为集中的汽车尾气，不必为排放部分点的污染物而开启全部通风设备，但是现有诱导通风系统尚无法对污染物质的发生进行有效、准确的追踪，灵活地自动控制个别风机的开启，所以为了确保通风效果只能采用连续开启的办法。但地下停车库中主要处理的污染物质为汽车尾气，在汽车尾气发生的局部点的有害物质浓度大于有关部门的允许值，但平均到整个汽车库空间内有害物质的浓度就很低了。

因此使用诱导通风系统的连续开启来排放汽车尾气进行全面的通气换气，显然也会造成很大的能量浪费及机械设备的磨损[15]。

(3) 通风量的确定

采用换气次数法确定总送风量的方法不可取。换气次数即通风量与房间容积的比值，如地下空间的高度增加，则房间容积增大、空调系统总风量也相应增大，而此时室内空调冷负荷却基本不变（不考虑传热的变化，这一部分负荷影响很小），这显然是不合理的。

并且，对于民用建筑地下汽车库通风换气量的确定方法是：现今通常的做法一般采用换气次数法计算这一通风换气量，即排气量取为不小于 6 次/h，进气量取为不小于 5 次/h，这种方法尽管应用起来较为简单方便，但并没有考虑到不同用途民用建筑地下汽车库的使用特点，以及地下汽车库不同时间的使用特点。因而这种方法计算出的通风换气量与实际需要之间往往存在着较大的偏差，这样可能造成通风系统设置投入和使用上的浪费[14]。

基于以上原因，目前普遍采用的是稀释浓度法。采用此方法存在的主要问题是车库内 CO 的排放量。对其做一个动态的分析之后，得到的通风量会比其他估算指标得出的数值更准确可靠。通过计算混合气体的有效相对密度及流体力学中的汇流分析，说明了个别传统标准也存在着不完善性，建议采用上排风。

所谓稀释浓度法是指按将有害物浓度稀释到国家室内卫生标准所需的全面通风换气量来确定。通过实验（表 7-3）分析得出：将汽车排出的 CO 稀释到容许浓度时，NO_x 和 C_mH_n 远远低于它们相应的允许浓度。也就是说，只要保证 CO 浓度排放达标，其他有害物即使有一些分布不均匀，但也有足够的安全倍数保证将其通过排风带走[16]。

汽车（日本）发动机的排气组成及容许浓度（ppm）　　表 7-3

成　分	测定数	汽油内燃机		稀释 140 倍时的浓度	容许浓度
		平　均	范　围		
一氧化碳	59	1390	30～45600	100	10
二氧化碳	59	5000	2100～120000	357	500
氧　气	59	1.256	2.082		
氮氧化物	59	15	0.080～2.082	0.107	2.5
甲　醛	59	<0.20	<0.20～2.50	0.0014	0.5
铅		7	0.030～12.190	0.005	0.015～0.020

2. 地铁

地铁是一个大型狭长的地下空间，除各站出入口的通风与大气沟通以外，可以认为地下铁道基本上是与大气隔绝的。地铁在建成投入运营的初期是冬暖夏凉，但随着地铁客流量和行车密度的增加，加上设备的运转及连续的照明，使地下空间产生大量的热量和有害气体，如不采取相应的措施，将导致其环境不断恶化。因此，在城市兴建地铁初期就必须考虑其相关因素，设计一个合理的地下环控系统，这对保证地铁正常运营，控制洞体温升，为乘客提供适宜的乘车环境是非常重要的。地铁运营过程中，环境控制系统（简称环控系统）的用电量占了相当大的比重。特别是带有空调的环控系统，尽管其投资仅占车站总投资的 8%～10%，但其用电量却占到整个地铁耗电量的 40%～50%。因此如何在环控系统的设计、设备选型、运行等许多环节上进行进一步优化，找到一些可行的节能措施和途径将对地铁的经济运行具有十分重要的意义[17]。

（1）空调系统形式

现有地铁空调系统主要采用全空气系统，它虽然可以满足系统功能要求，但是在技术，特别是经济的合理性上存在极大的问题，尤其在地铁车站为暗挖型式，矛盾更为突出[18]。全空气系统的缺点主要表现在：需设置较大的空调通风机房，占用宝贵的地下空间，增加了地铁的土建费用；此外，由于全空气系统一般都兼顾排烟工况，为使某房间发生火灾时，系统能由正常的空调通风工况转换为排烟工况，风管的分支设置得比较多，相应设置的电动转换阀门也比较多，造成管道过多地交叉重叠，控制过于繁琐。

为了克服以上缺点，地铁空调系统可以采用空气—水系统，此种系统易于实现分区、分组控制，可以根据负荷情况灵活调节运行，使运转经济合理；由于用冷冻水代替了冷却后的空气送入使用区，利用了水的蓄冷量比空气大的特点，可以相应地节省冷媒的传输能耗。当然在使用中要注意风机盘管的冷凝水处理，以及给水和回水的设置给结构防水带来的麻烦。

在广州地铁 2 号线的通风空调系统设置中，在江南西站这个形式独特的暗挖车站中首次采用了空气—水空调系统，并且经过实践运营证明取得了成功。它的基本做法是：将风机盘管布置在车站的非有效利用空间内，空调冷冻水直接送入盘管，新风则通过专用风管送入车站。当通风工况时，新风直接送入车站公共区，而在空调季节新风则通过转换，送入风机盘管与车站回风区的空间，先行混合后再一起进入风机盘管进行冷却处理，而后送入车站公共区，风机盘管的凝结水则被引入行车隧道的排水明沟，并以蒸发冷却的方式降低隧道温度，充分加以利用[18]。

通过对组合式空调机组和风机盘管加新风两种不同形式的通风空调方案在技术、经济等各方面的分析与比较（见表 7-4），可以看出，北方城市地铁的通风与空调系统采用空调箱方案闭式运行，是比较合适的。该方案成熟可靠，且利于设备选型、运营管理、节约能耗、控制可靠[19]。

技术经济比较表　　表 7-4

比较项目		空调机组	风机盘管加新风
初投资	环控系统设备（万元）	1250	1000
	供电系统设备（万元）	50	80
	土建初投资（万元）	0	−260
小计（万元）		1300	820
运行费	空调能耗（万 kW·h）	146	120
	空调电费（万元）	83	62

（2）空调冷却水系统

目前常规的地铁车站空调冷却水降温采用常规的冷却塔降温，但是冷却水泵只是简单将冷却水从地下车站提升到地面冷却塔进行降温散热；而且在全新风空调工况和非空调工况，地铁车站的空调回风中所承载的冷量和动能以及轨顶、轨道排风中所承载的动能和压能没有被回收利用，即被排放到外界大气中，造成了能量浪费。

因此，地铁车站的水系统中冷却水系统的降温形式，应由原来使用冷却塔降温改为选用高速对喷式喷水室，使冷却水被车站回/排风冷却降温，这样不仅可以节能，还可以减少购买冷却塔的费用和冷却塔的日常管理维护费用[20]。

回/排风实现冷却水降温的工作原理如图 7-3 所示。

（3）空调冷源

以往，在国内地铁设计中，一般是每个车站单独设置制冷站，并多采用螺杆式制冷机

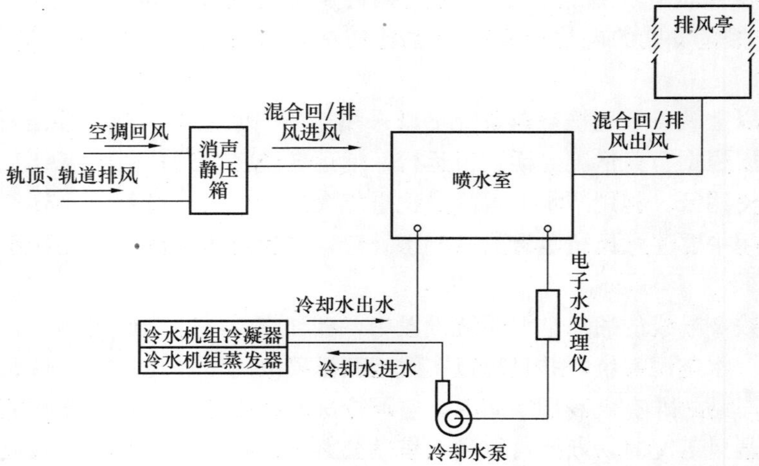

图 7-3　冷却水降温工作原理图

组。这样，虽然可以做到各个车站独立控制，发生故障时不会互相影响，但是不仅增加了初投资，而且后期运行过程中，也增大了电能消耗。因此，目前采用比较多的冷源方式是集中制冷站和冰蓄冷技术。

集中制冷站是利用大型冷水机组生产冷水，通过输水管路输送到各个分散用户。集中制冷站目前已在广州地铁中应用。在集中制冷站内设置大功率离心式冷水机组，与螺杆式相比可以将 COP 值从 4.5 提高到 5.1，可减少约 13.3%的冷冻机功率。但是由于供回水管线长，需要增加水泵功率。经分析估算，水泵增加的功率和冷冻机减少的功率相比相差不大[17]。

在集中制冷站中采用冰蓄冷集中供冷技术，可以充分利用闲置的电力资源，节约高峰用电量，从而可以节省投资、降低运行费用、改善环境。而冰蓄冷技术是利用低谷电力制冰来供应尖峰空调冷负荷。地铁车站空调系统的用电负荷大多集中在白天用电高峰时段，在地铁车站空调系统中考虑采用冰蓄冷技术，将具有积极的节能意义[17]。

（4）开闭式及屏蔽门系统

我国现有的地铁或正在设计、建设阶段的地铁，有些地区可以采用屏蔽门系统，但却采用了开闭式系统，不仅造成了初投资上的浪费，还增加了运行费用及空调用电量，导致了很大的能源浪费[21]。因此，为提高地铁服务水平、改善乘车环境、保证乘客安全，可以在地下车站的站台设置屏蔽门，通过在地铁车站的站台候车区与行车轨道之间设置屏蔽门装置，将地铁车站与区间隧道从空间上分隔开来，将车站和区间分隔成两个不同的空气环境区域[19]。

在地铁工程设计中，空调通风系统是采用屏蔽门系统还是开闭式系统，要进行综合考虑，能够采用屏蔽门系统的地区尽量采用此系统，尽管在初投资上屏蔽门系统增加了排热通风系统，使设备初投资增加，但是其土建投资大大节省，两者综合还是节省费用，并且屏蔽门系统比开闭式系统节省运行费用且屏蔽门系统空调用电量减少，不难看出屏蔽门系统具有一定的节能效果。屏蔽门模式车站空调系统的冷负荷仅为闭式运行系统的22%～28%[21]。

以天津地铁二期工程2号线为例，两种空调通风系统在空调季、非空调季及排热风机三方面的运行费用的比较，详见表7-5。

两种空调通风系统运行费用比较表 表7-5

系统名称	空调季运行费用/元	非空调季运行费用/元	排热风机的运行费用/元	一年运行费用总计/元
开闭式系统	585144	217728	0	802872
屏蔽门系统	314798	134266	177408	626472

开闭式系统和屏蔽门系统在设备初投资及对土建造价的影响上给予比较，详见表7-6。

两种空调通风系统在土建和设备初投资上的比较表 表7-6

系统名称	空调通风系统方面	土建方面			总初投资（万元）
	设备初投资（万元）	车站长度（m）	土建指标（万元/m）	土建造价（万元）	
开闭式系统	750	211	50	10550	11300
屏蔽门系统	1179	200	50	10000	11179

从上述比较的结果可以看出：在一年的运行费用上，屏蔽门系统比开闭式系统节省费用17.64万元，而且屏蔽门系统空调用电量减少近300kW，不难看出，屏蔽门系统具有一定的节能效果。在初投资上，尽管屏蔽门系统增加了排热通风系统，与开闭式系统相比，使设备初投资增加429万元，但屏蔽门系统比开闭式系统节省土建投资550万元。因此，在总初投资上，屏蔽门系统比开闭式系统节省费用121万元。

有人提出了一种结合屏蔽门系统和闭式系统优点的系统形式——开式空气幕系统。顾名思义，开式即区间隧道的排热仍利用活塞风与室外交换空气来进行，同时用无形的空气幕取代固定有形的屏蔽门。该系统的优点在于利用了屏蔽门的优点，减少了列车刹车入侵站台的发热量、列车空调冷凝器入侵站台的发热量、车站与区间的热交换及列车活塞风入侵站台的发热量；同时避免了屏蔽门潜在的危险性，也避免了采用屏蔽门可能使列车停靠站台的准确性降低，从而降低了车辆本身的造价。利用空气幕代替屏蔽门，造价比屏蔽门降低了约1/3～1/4。该系统最明显的特点在于降低了环控机房的面积及利用空气幕，从而减少了一次投资费用；又因冷负荷低，装机容量小，也减少了二次运行费用。该系统在日本东京某地下车站采用，隔热效果为22.2%[22]。

（5）地铁活塞风

由于地铁活塞风对地铁热环境有着重要的影响，随着列车一列列地驶过，车站周期性地得到活塞风带来的热量以及吸入室外空气的热量，车站内的冷负荷逐步升高。运行产热量和列车空调设备产热量，列车行驶时生成的活塞风将这部分热量带入下一个车站，而下一个车站中的空调冷空气受到正压作用，通过地铁站进、出口排放到室外，造成能量的浪费；而对于列车驶离的上一个车站，由于活塞风带走一部分空调冷空气，车站内形成负压，室外空气通过地铁站进、出口进入车站内，增大了车站内的冷负荷。

经过测试上海地铁车站内活塞风的情况，分析了所得的数据，结果表明，活塞风对车站内的气流组织产生了巨大影响，列车进站时，活塞风绝大部分进入站台，活塞风竖井基本不起作用；列车出站时，从室外吸入的空气会使站厅层内门厅处的温度瞬间升高（夏季）或降低（冬季）4～6℃；仅在过渡季节可以利用活塞风竖井引入室外新风，减少能耗[23]。

由于活塞效应不需要其他任何形式的能量输入，依靠空气动力自身，进行空气流动和循环。因此，合理、有效地利用活塞风来与外界空气进行交换以排除余热和余湿，对于节能是有显著效果的。在开式系统和屏蔽门系统中，利用这种不需要附加动力的空气流动形式对地铁隧道进行通风，对调节隧道内空气温度起到很好的作用。

有研究表明，当列车在隧道内运行时，列车处于不同位置，活塞风的变化情况和列车的运行速度有关。得到的结论是：列车匀减速行驶，部分车身驶出隧道的过程，随着列车逐渐驶出隧道，对活塞风的影响也越来越小。活塞风依靠惯性仍然可以保持一定的速度，但是下降的趋势已经不可避免。因此，合理控制列车的运行速度对于利用活塞风是有效的[24]。

（6）通风系统

地铁环境控制采用通风系统时，一般都按地铁运行所需的最大风量来选择通风机，并采用风阀来调节通风量。但室外空气的温、湿度不仅随季节变化，而且在一天内随时间发生变化，地铁车站的客流量、设备的发热量也随时间而变，即使白天正常运行通风，由于地铁运行的特点，其早、晚高峰期的客流量和列车发车频率都比平时要高得多，因此热负荷和相应的通风量也比平时要大得多，这样使得很大一部分运行时间内地铁风量过大，即使采用风阀调节风量也并不能完全满足地铁环境控制的需要，且会造成很大的能量浪费[25]。

基于以上原因，地铁通风系统可以采取下面2种措施：

1）风机变风量运行

地铁采用通风空调多功能设备集成系统。其中风机采用变频调速技术，并且在实际中采用合理的控制方式和运行模式，可以在空调季节根据地铁内部空间热负荷在不同运营时间的变化，实现系统的变风量运行；在通风季节能够实现在采用表冷器旁通降低系统阻力的同时，也可以根据地铁内部空间热负荷在不同运营时间的变化，实现系统的变风量运行。这些手段都可以保证实现系统运行时节省大量的运行能耗[18]。

通过对地铁公共区的夏季标准日热负荷进行分析计算，进而确定一天的逐时通风量，控制地铁风机按照时间程序作分级运行（即采用变频风机），根据热湿负荷的变化来调节风机的转速进而调节送、排风量，不仅可以满足人员的热舒适性要求，而且有很好的节能效果[23]。

2）采用进排风组合式离心风机

以北京市地铁为例，集进、排风机于一体的“进排风组合式离心风机”，比风扇的效率要高得多，它所采用的外转子电机的效率、风机本身的效率还可进一步提高。高效风机的使用将降低能耗，节约运转成本。该种新型组合式离心风机使运动密闭空间在环境压力变化条件下实现室内恒通风量和恒压控制成为可能，对解决目前高速列车和民航客机上存在的室内恒通风量、恒压控制技术以及噪声屏蔽难题具有重要意义。

综上所述，地铁设计人员为了最大限度地节约能耗，将自控系统和变频技术应用到空调系统和隧道通风系统当中，从一定程度上达到了节约能耗的目的。

（7）热环境改变问题

地铁是缓解城市交通紧张的有效工具。但在地铁长年运营过程中，由于客运量增加、地下水位下降、区间隧道壁面的吸热作用逐年减退等原因，造成了地下空间的温度逐渐升高。这是地铁建设和空调系统设计面临的地铁系统热环境问题。由于这些原因的存在，使得空调系统的负荷增加，从而使能耗增加。

3. 地下商场

商业建筑不仅仅是购物与营销的场所，而且与人们的生活密切相关。随着生活水平的提高，人们停留在商业建筑的时间也随之增加。于是，商业建筑室内环境的研究也就被提上日程。舒适的室内环境既能使商家获得可观的商业利润，又能使顾客享受到愉悦的社会公共环境。

地下商场空调属于一般性公共场所舒适性空调，其空调通风设计中，人员密度、新风量、负荷标准等参数的选取及控制方法的选用是否妥当，直接涉及空调系统的经济性、合理性和适用性[20]。地下商场空调负荷是确定空调系统送风量和空调设备容量的基本依据。地下商场与普通商场在负荷计算方面既有相同之处又有其自己的特点，即冷负荷虽然也是由围护结构、灯光照明、人体散热和散湿以及新风负荷 4 个部分组成，但各项有其自身特点，以上海浦东某中心广场的地下商场为例计算，围护结构占 4%，灯光照明占 15%，人体散热及散湿占 35%。地下建筑由于土壤的蓄热特性，使得大地具有一定的温度调节能力。相对空气而言，土壤的温度相对稳定，全年温度波动小。在夏季能保持相对稳定的低于地面的温度，冬季保持相对稳定的高于地面的温度。根据测定，10m 深的温度相当于该地区的全年平均气温，在大多数情况下比气温高 1～2℃，且不受季节影响，这对于空调来讲是有利的[27]。

气流组织是影响热舒适性的重要因素，直接影响到室内的温度场、速度场和污染物的分布。良好的气流组织可以满足人们对舒适环境的要求，同时也是在较高温度下最简便的节能手段[28]。

（1）余热及废热利用

地下商场即使是在冬季也有大量的余热存在，这是地下商场的特征之一，在南方地区尤甚。而现有的地下商场，多数排风没有热回收、直接排向室外空间，造成很大的能源浪费。有些甚至还存在气流短路现象，排风排出后随即进入了新风采风口，既增加能耗也降低了新风品质。

因此，为了节能，用冷凝器冷却水为热源用于空调系统二次加热有一定的可行性。而且，地下商业建筑由于要引入大量的室外新鲜空气，相应的排风量较大。空调负荷中新风负荷占很大的比例，合理地回收排风能量是很有力的节能措施。因此可以采用热回收器，冬季时将室内排风与室外新风换热之后再排走，有效利用排风中的热量将新风预热，节省了再热能耗。在有条件的情况下应考虑设置全热交换器，夏季回收冷量，冬季回收热量，以减少能量消耗。

（2）新风量的选取及运行调节

地下商场的空调系统设计中，设计人员没有考虑在过渡季时采用全新风或增大新风比的运行方式，造成能源的浪费。但是目前也有很多地下商场存在着换气次数明显不足、新风量供给不够的问题，造成商场内人员普遍有偏热、憋闷、干燥的感觉。通过测试表明，

CO_2 浓度偏高，即使开启所有新风机，系统以最大量全新风运行，也不能满足舒适度的要求。由于地下商业建筑冬季负荷比地面建筑小得多，其主要负荷来自新风，它的空调过渡季较长，因此空调系统应该考虑使用全新风的可能，以达到节能的目的。

以长沙市某地下商场过渡季节室内环境的实测为例（本实测试对象位于长沙市中心，总共两层，研究对象主要是地下二层的商场，该商场主要以超市为主体，还包括一个休闲小吧，实际营业面积为 6000m^2），调试前后温湿度和 CO_2 浓度的对照分析见图 7-4～图 7-6，结果表明：在设计初始阶段对于新风量的选取，对气候类似长沙的夏热、冬冷地区的商场，空调设计时应按过渡季节全新风降温要求计算新风量[29]。

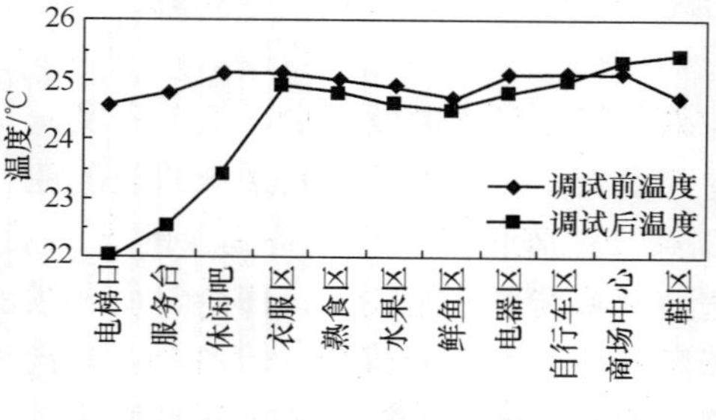

图 7-4　调试前后温度分布

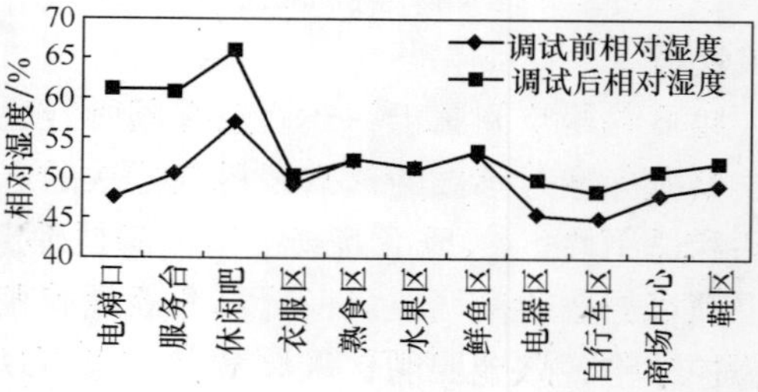

图 7-5　调试前后相对湿度分布

在地下商场中，空调系统的排风设计不合理，由于地下建筑的封闭性强，会造成空调系统运行时室内静压过高，新风补充不进来。这样在过渡季节就无法实现全新风运行，造成空调能耗增加，甚至连最小新风亦可能无法保证。由于商场的客流量变化很大，其相应的负荷变化也很显著，因此，在空调系统中设置新风调节装置，结合地下商场的排风兼排烟系统，使新风量可以由 0 变化到 100%，便于在客流量变化时及时调整新风量供给，以节省能耗。同时，充分利用自然供冷，当供冷期间出现室外空气焓值小于室内空气焓值时，应采用全新风运行，这不仅可以缩短制冷机的运行时间，减小新风耗能量，同时可以改善室内环境的空气质量[7]。

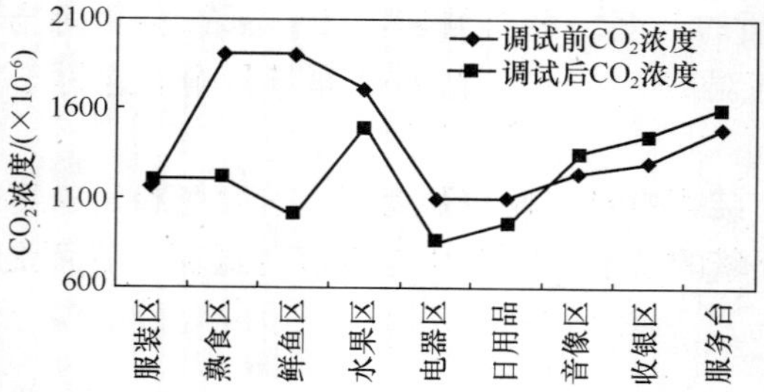

图 7-6　调试前后 CO_2 浓度分布

地下商场内唯一变化的发热因素就是人，因此可以在总风量不变的情况下，用送风温差作为讯号来自动调节新风阀门和回风阀门的开度，以达到间接控制 CO_2 浓度的目的，同时节省空调用能量。当人员高峰时，新风阀全开，回风阀关闭；当逗留在商场的人数减少时，热负荷减少，送风温差减小，发出讯号，自动关小新风阀门，开启回风阀门[26]。采用全新风通风方式来取代空气调节，既大大改善室内空气的品质，还大量节省空调能耗。增设全新风通风系统的技术处理很简单，对照图 7-7，关闭回风门，全开新风门，利用原系统送风机作为全新风系统的进风机；加大新风进风道断面尺寸，保证新风取风口处的空气清洁；同时将原排风机变为双速控制，低速为空调系统运行状态，高速为全新风通风系统运行状态[26]。

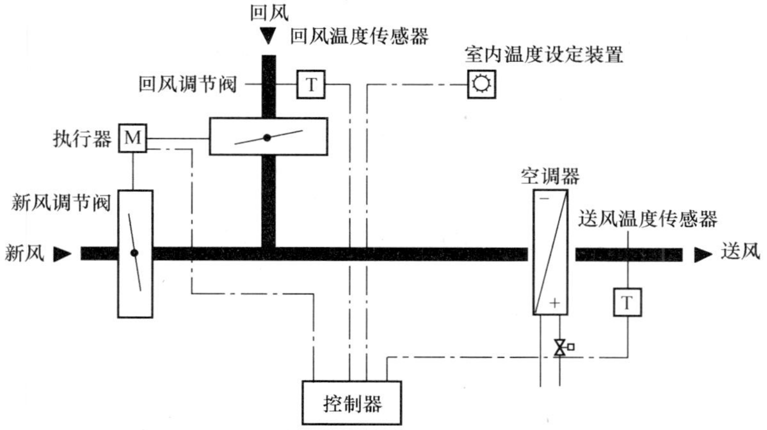

图 7-7 送风温差自动控制新风量

(3) 照明及采光

在地下商场的照明设计中，合理运用光源的特性，可为广大消费者营造舒适的光环境并烘托商业气氛。如何采用优质高效的照明器材，达到多方面的良好效果，在照明设计中应给予足够的重视。现在很多的地下商场都没有外窗，不能采用自然光。为了能尽可能地充分获得自然光线，设计人员要在地下建筑的布局上打破传统的布置方式，最大限度地减少封闭部分，增加开敞部分。常用的方法是室内的顶部设置天窗或部分玻璃屋顶、侧窗、天井等，减少照明能耗。

(4) 空气处理方式

目前普遍采用一次回风定风量系统另加独立的排风系统。其优点是：维护保养方便；过渡季节可以利用全新风消除室内余热余湿，减少冷水机组的运行时间；可以对新风、回风进行初效、中效两级空气过滤处理，使室内空气达到卫生标准；气流组织合理，噪声易于控制。然而在人员密度较高的地下商业建筑中采用一次回风定风量系统，存在着室内相对湿度不易保证的缺点。这是因为地下商业建筑夏季热湿比较小，室外空气经过空调器的降温、降湿处理后，相对湿度一般要想达到 80%以下，送风温度就必须提高，才能满足湿度控制的要求。

随着国内地下商场、地下商业街的发展，这些场所空调用电负荷的迅速增加给城市供电电网施加了巨大的压力，特别是峰谷期的用电不均衡现象更为突出。此外，为了克服一次定风量系统的缺点，能有效均衡用电峰谷的冰蓄冷技术在我国逐渐发展起来。

由于单纯的冰蓄冷空调工程的初投资费用较常规空调工程高出许多，而采用冰蓄冷结合低温送风技术则能使初投资费用得以大大降低，甚至可能低于常规空调工程。由于送风温差较大的情况下，送风温差对室内气流运动的影响很大，在送风量减少的情况下，低温送风系统室内的气流运动也可以达到常规送风系统的水平[27]。因此，在地下商业建筑采用冰蓄冷低温送风空调系统已经成为业内人士越来越关注的一种节能形式。

对于大型地下商场以及类似的地下公共建筑（娱乐场所、餐厅），为了使技术经济比较更加合理，完全可以采用互补集中式与半集中式空调系统优势的综合系统形式，不仅可以使空调机房与主风管占用的建筑面积适中，且完全可以按建筑实际情况合理选择。另外，还减少了冷水机组等水系统设备的运行时数，既用新风节省了能源，又延长了设备寿命。同时，还增加了空调系统使用的可靠性和灵活性：在负荷较小时可单独使用空调器或风机盘管，冷水机组不停机，然而可卸载运行。

在人员密度较高的地下商业建筑中，存在着室内相对湿度不宜保证的缺点。因此，可以采用二次回风系统，利用二次回风提高送风温度，或者利用冷水机组冷凝器的冷却水加热送风来提高送风温度，以降低送风温差。这两种方法均可以在不增加电加热或以蒸汽、热水为介质的加热设备的基础上，达到降低室内相对湿度的目的。不仅可以有效利用冷却水的余热，而且能降低冷却塔的负荷，是一种有效的节能措施（然而由于二次回风系统较复杂且控制要求繁琐，一般较少采用）。

（5）其他

1）预冷预热

在对商场建筑物进行预冷、预热时，应当视具体的情况以确定系统设备的运行情况。例如，夏季早晨室外气温较低且空气新鲜，而室内温度较高，则可以利用空调新风机及消防排烟系统对商场内进行抽、送风一定的时间，不但可以降低室温，减少空调负荷从而达到节能的目的，而且可以提高商场内的空气品质。在冬季，可定时连锁控制新风调节装置和风机，在对建筑物进行预热时，把新风阀门全部关闭，停止取用室外新风，既可减少设备容量，又可减少取入新风加热的能量消耗[7]。

2）防止过冷和过热

夏季室温过冷或冬季过热，不仅增加能耗，而且不利于人体舒适，应当随时掌握商场内的客流量变化及室外气温的变化情况，适时开停相关设备，减少系统热负荷，从而降低机组的耗电量和末端设备的耗电量。

3）机组运行调节

夏季每日下午 14：00、15：00 点，室外气温较高，此时应当密切注意机组的运行情况，及时调整机组的运行，不要等到室内温度明显上升，热负荷过大才增开机组，这样不但容易损坏设备，同时增加能耗。由于土壤的蓄热作用，在 19：00～21：00 商场内的热负荷也较大，此时也应适时调整机组的运行。

4）水质问题

重视冷冻水、冷却水质，必须使水质达到规定的要求，保证蒸发器和冷凝器内不结垢，无污染，以免影响蒸发器和冷凝器的换热效果而增加主机的耗电能。

4. 其他

城市总体公共空间布局，是透过公共空间的分布及组成形态所表现出来。城市地下公共空间的总体布局属于城市后期的建设，是在城市性质与规模都已定位，地面的总体公共空间布局形成后，才透过城市总体规划发展出来。合理开发浅层半地下空间不但可以扩大建筑面积，提高土地的利用率，还能达到节能的效果（充分利用地温冬暖夏凉的特性）。

（1）新风预热

1）能量回收

采用能量回收装置，如能量回收式新风换气机，将新鲜的室外空气送入室内，同时将室内污浊的气体排出室外，机器内设置热交换器，将排出的空气与送进来的空气进行冷热交换。这样不仅实现了换气，还节省了空气预热的能耗，具有70%以上的能量回收率，达到了节能的目的，使保温换气成为现实[21]。

以长春站南北广场地下通道为例，进行节能效果计算和经济分析，一方面，我们可以看出能量回收所创造的经济收益是非常可观的；另一方面，根据地区分布的地理位置的不同，空调季与采暖季能量回收的比例也不同。在冬季比较寒冷的地区，采暖季能量回收比空调季多；在夏季比较炎热的地区，空调季能量回收比采暖季多。无论怎样，能量回收带来的经济效益是不容忽视的[21]。

2）一次回风再热系统

地下建筑内宜优先采用一次回风再热系统。由于调温降湿机既能吸收室内热湿负荷，又可以对送风加热，常温下运行时所耗电能也低于固体与液体吸湿装置，因而它是地下建筑中最常采用的一种空气热湿处理设备。而且地下建筑中调温降湿机夏季常按风—水冷方式运行。由于机组夏季进风温度高，故其冷却减湿性能良好，开机2h后室内空气相对湿度可以稳定在60%以内。又因为室内具有一定的蓄热、蓄湿能力，停机数小时内可避免室内空气饱以及围护结构表面结露。因此，为便于管理和减少能耗，地下公共建筑内的空调系统亦可按间歇方式运行。根据一些工程实际经验，即使夜间相对湿度回升至90%～95%，室内商品几年内不致出现水解、老化、锈蚀和变质现象。而在过渡季节，当室外气温低于25℃后，为避免室内人员感到闷热，宜相应降低室内与人员出入口的温度，此时除采用全新风外，尚需降低机器露点温度[30]。

3）热风热管装置

对于平时长期使用的地下工程，采用热风热管装置进行采暖、通风、去湿是一种比较理想的节能新装置。热风热管装置由燃烧室、散热排管、暖风箱、热管换热器4部分组成，其工作原理为：室外新风与房间内回风汇合进入热管换热器吸热段，再经散热排管、暖风箱、送风管道、送风口，将热空气送入各房间，达到采暖、通风、去湿的目的；燃料燃烧后的高温烟气与散热排管内的空气进行热交换，然后烟气进入热管换热器放热段放热，当烟气温度降到150℃左右时，再经处理后排入大气。该装置具有耗煤量小，热效率高，节约能源的特点[31]。

4）无风管送风

地下建筑采用无风管送风可以节省电能，减少投资。在无恒温恒湿要求的一般防空洞地下建筑中，这种方法能够保证南方高温高湿地区洞内空气的新鲜，但是这种方式只在重庆市两个地下工程中得到实际应用，仍有待进一步考察[32]。

（2）地道风

针对地道风使用中出现的问题，提出以下解决措施：

1）冬季为了维持洞内的温度，可以利用地道的换热作用加热新风；

2）在我国过渡季节甚长的地区，由于地道出口新风的干湿球温度常达18～22℃，当室外空气温度低于20℃时还需要借空调设备来消除室内余热余湿，而无法利用新风来吸收室内冷负荷，因此，在过渡季节很长的地区不宜采用地道风[30]；

3）对于地道中空气质量不佳，空气污染严重的问题，可以通过采用空气洁净设备来对被污染的空气进行净化处理，使其达到洁净的标准；另外，需加强维护管理。

4）对于临近建筑的有毒有害气体侵入地道的问题，可以在地道和建筑兴建的时候，

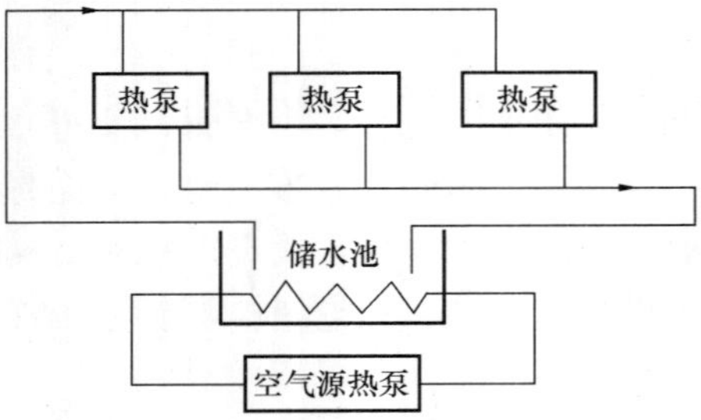

图7-8　空气源热泵与水源热泵复合循环系统图

加强围护结构的防护作用，尽量减少甚至杜绝有毒有害气体的侵入。

（3）热泵空调系统

如图7-8所示，采用空气源—水源复合热泵空调系统，使得地下建筑中循环水保持在一个稳定合适的温度，且不失为一条解决地下建筑高能耗问题的途径。地下建筑水源热泵空调机组的出水进入储水池中，而储水池则连接空气热源热泵，当水源热泵空调系统出水温度超出正常范围时，启动空气源热泵调节水温，使水温保持在一定的范围，避免效率的降低[33]。这种系统对于严寒地区不一定适用。

7.2.2　城市地下空间与地面建筑用能系统设计和运行差异性

1. 热湿负荷的差异

要使城市地下空间的开发利用具有强大的生命力，推动地下空间的利用和发展，吸引人们从地上走入地下，首要条件是要保证地下空间的热湿环境和空气质量符合人的生存和活动要求，为人们在地下营造一个理想的健康舒适的生活和活动环境。通风空调系统对地下建筑内部环境的优劣起着重要的作用，而合理地确定地下建筑热湿负荷是设置通风空调系统的基础。由于地下空间与地面建筑所处的环境不同，人们长期生活在地面，已经适应了地面的环境条件，要使人们乐于进入地下空间，就必须提高并使地下空间内部环境质量接近地面建筑。因此，必须采取有效措施，为地下空间内部创造适宜的热湿环境，保证良好的空气品质，使各种污染物降低到允许范围，建立起比较完善的内部环境保障体系。

（1）热负荷的差异

室内热湿负荷是空调设计风量、空调系统以及空调设备容量确定的原始依据。地下建筑由于自身的特点，其热湿负荷的计算与地面建筑有所不同。地下建筑一般蓄热性能良好，当夏季温度较高的室外空气被送入地下洞室，与岩壁接触进行换热，将自身热量传递给岩壁，从而使壁温逐渐升高，同时自身也达到温降的效果，温度提高了的壁表面向岩体内部传热，由于岩石的较大热容性与其热惰性，使其各层的温度变化有一定的衰减与延迟。这样当冬季温度较低的室外空气进入时，由于岩壁温度较空气温度高，岩壁又将热量传递给室内空气，使空气温度得以升高。正是由于地下洞室壁体的这一特性使其具有天然空调的功效，从而为地下建筑进行通风空调的优化设计提供了可能，但同时它也使热负荷的计算复杂化。

在传统的地下建筑通风空调设计中，热负荷计算只考虑冬季和夏季两个静态工况，有些将壁面吸放热量作为安全余量来考虑而不计入负荷中，这样的计算无疑缺乏准确性，给制冷空调设备容量的选取带来浪费。此外，由于设备选择偏大，时常处于低效工况运行状态，造成过多的能耗[34]。地面建筑中的住宅建筑各项空调负荷中，围护结构所占的比重很大，因此围护结构的保温隔热性能应该尤其注意；对于地面高层住宅建筑，由于随高度的增加，室外风速会明显增大，围护结构外表面换热系数也有显著提高，但是新建住宅一般具有良好的热工性能，总传热系数影响较小，对于空调负荷的影响可以完全忽略不计。

地下建筑与地面建筑相比较，主要有两个特点：①地下建筑的围护结构（被覆结构和基岩或土壤）“无限厚”（深埋）或大部分“无限厚”及局部有限厚（浅埋）；②地下建筑具有遮蔽性，与地表阳光隔绝，受外界空气流动影响较小，洞内平均风速较低[35]。地下建筑的这些特点，决定了其内部环境有着自身的特点。主要表现在地下建筑围护结构冷热负荷均比地面建筑少，具有蓄热能力强、热稳定性好、温度变化幅度小等特点。“冬暖夏凉”是对地下建筑热工性能的高度概括，这一特点也为合理利用天然资源，进行地下建筑通风空调的优化设计提供了可能。地面建筑围护结构的冷热负荷直接受气温的变化而变化，而地下建筑则不完全如此。地下建筑温度的变化既受气温的影响，又受埋深的影响。地温随着深度的增加而衰减和延迟，到达一定深度后则为一个常数。浅埋地下建筑在－3.0～－5.0m 范围内，夏季的初始温度是较低的，而且地下建筑均不计太阳辐射热，因此，地下建筑的围护结构冷热负荷均比地面建筑少。据国外某些文献记载，地下建筑冬季采暖空调耗热量有的约为地面同类型工厂的 10％，国内有的工程也进行了比较，约为地面同类工程的 5％～12％[34]。

1）地下车库热负荷

根据《汽车库设计规范》的要求，车库需保证一定的温度，以利于冬季启动汽车和车库内管道不被冻坏。车库的采暖设计温度按 5℃设计，车库耗热量主要包括围护结构耗热量和通风耗热量两部分。

2）地铁热负荷

地铁环境控制系统中，空调负荷计算与地面建筑不同，采用冰蓄冷后，其负荷计算具有其自身的特点。在地铁运营中，环境控制是十分重要的，尤其是温度控制。列车消耗的所有能量，隧道和车站内的照明、电梯、售票机等耗电设施的能损以及乘客的散热全部散发在隧道和地下车站内，形成大量的热量，必须及时排除，以保证地铁环境温度在要求的范围内。环境控制的主要手段是空调和通风。因此，如何确定地铁的空调负荷是设计的关键所在。地铁空调负荷中的热量构成见表 7-7。

地铁空调负荷中的热量构成　　表 7-7

得热量	失热量	得热量	失热量
列车电能消耗（车内空调和设备）	空气流动带走	车站设备、照明	水分蒸发并被空气带走
外界空气流动带入	传入地层	车站人员散热	

地铁的空调系统设于车站，其空调参数依对象的不同而确定。车站部分的温度、湿度按照满足乘客的舒适性确定，隧道根据列车和设备的要求确定。空调负荷计算以车站为主要对象。专用的计算程序对于闭式运行的地铁环控系统，其空调负荷的主要特点是，列车运行和车载设备所消耗的电能转化为热量后由列车活塞风带入车站，列车进站时制动系统所产生的热量大部分散发于车站内，这部分负荷构成地铁空调负荷的主体，约占车站总空调负荷的 60％～70％[36]。这部分负荷与列车速度、隧道阻塞比、隧道及车站的空间形状、车站至地面通道的空气流动阻力、列车制动回收率等因素有关，精确计算十分繁琐，通常要采用估算的方法。

地铁空调负荷的另一个重要特点是，当采用即时制冷方式时，新风参数应按最大客流时刻的室外气象参数计算，这与地面建筑完全不同。

3）地下商场热负荷

地下商场空调负荷是确定空调系统送风量和空调设备容量的基本依据。地下商场与普通商场在负荷计算方面既有相同之处又有其自己的特点，即冷负荷虽然也是由围护结构、灯光照明、人体散热及散湿以及新风负荷四个部分发组成，但各项有其自身特点：通过围护结构传热可近似认为是稳定的，并且没有太阳的辐射得热，因此围护结构所产生的负荷占总负荷的比例很小；此外对于地下商场而言，不管室外天气情况如何，只要是营业时间，都须开灯，照明负荷也可认为是基本不变的；商场人流较密集，人体散热及散湿的取值取决于室内环境的温湿度和人员数量，新风负荷的多少也取决于室内设计参数和室内人员数量。据此不难看出，地下商场的空调负荷主要取决于室内设计参数的确定和人员的数量。

地下商场与地面商场相比，冷负荷减少不多，但冷负荷分布有较大差别。当地下商场埋深大于1.0m时，对于舒适性空调而言，由于围护结构散热量占总散热量的比例很小，故可忽略不计[37]。

（2）湿负荷的差异

由于地下工程受到岩石（或土壤）的包围，空间封闭、通风率低，地下建筑围护结构表面散湿，又不受太阳的照射，因此比地面建筑潮湿，并且容易造成空气不新鲜、噪音大和照度不足等问题，特别是地下工程的潮湿问题对工程的正常使用影响很大。

地下建筑和地面建筑相比，最大的特点就是潮湿。这是由地下建筑本身的特点和内部湿源的特点来决定的。

地下建筑由于其“无限厚”（深埋）或大部分“无限厚”及局部有限厚（浅埋）的围护结构，使工程内部表面温度和空气温度常年较稳定，受外界天气变化影响小。当工程内部存在湿源时，湿源散发到空气中会使空气含湿量和相对湿度迅速上升，甚至接近饱和。地下建筑的遮蔽性使其和外界隔绝，使得大部分工程内部往往风速较小，不能用相对湿度较小的空气来取代相对湿度较高的空气，难以把工程内部潮湿的空气排走，造成了工程内部的潮湿。

对地面建筑来说，建筑内部的湿源散发到空气中，同样也会使空气含湿量和相对湿度上升。但由于地面建筑受到外界天气、空气运动的影响，能够很容易地把这些相对湿度较高的潮湿空气排走，取而代之的是相对湿度较低的空气，因此不容易造成潮湿。正是由于流动空气的这种运输湿的能力，使得工程内部积水、湿表面不断地向空气中散湿，又不断地被空气流动带走，最终这些积水和湿表面消失，这就是蒸发的过程。而在地下建筑中，有些局部积水，湿表面由于长时间处在相对湿度较高的空气环境中，使得这些积水和湿表面很难蒸发掉，长时间的聚集在地表或者物体表面上，留下浸湿的痕迹，甚至发霉、长出青苔[38]。

另一个造成地下建筑在夏季潮湿的主要原因是：热湿空气进入工程内部后，导致工程内部空气相对湿度升高，局部壁面或物体表面有冷凝水析出。这一个特点也是地下建筑所独有的。地下建筑与地面建筑不同，由于埋于地下，不受室外天气日温度波动的影响，壁面和坑内空气温度常年较稳定，约等于当地年平均气温。在夏季，室外空气往往具有温度较高、相对湿度较小、含湿量大的特点。这样的热湿空气进入地下工程以后，极有可遇到低于空气露点温度的壁面、物体表面或者空气，以致在表面有冷凝水析出，空气中出现白雾。冷凝水的析出又进一步加剧了坑内的潮湿。而对于地面建筑，在正常情况下，室内的壁面温度和物体表面温度受室外天气的影响，不会低于室外热湿空气的露点温度。热湿空气进来以后，不会有冷凝水的析出，更不会出现白雾。相反，这种热湿空气因为温度高，相对湿度又较低，很容易就把湿物体烘干。

综上分析可得，造成地下建筑潮湿的原因主要原因有二：1）地下建筑内部风速小，通风组织差，空气流通不顺畅，不能把工程内部潮湿的空气尽快带走；2）地下建筑常年稳定的壁面温度，在夏季经常低于空气的露点温度，很容易造成空气中的水蒸气冷凝析出，造成地下建筑的内部潮湿[38]。

因此，地下工程的防潮、除湿处理十分必要。地下工程防潮，就是设法控制造成工程内部潮湿的湿源；除湿，就是采用一些有效的措施降低坑内湿度。地下工程的防潮、除湿，就是要设法创造一个相对湿度在75％以下的空气环境（在没有恒湿要求的工程，这可以满足绝大多数人员和设备的基本要求）。地下工程的防潮、除湿对于暖通专业来说，属于空气调节的范围。如何做好地下工程的防潮、除湿，使内部空气的湿度符合要求，是地下工程在平时维护、生产使用中要解决的一个主要矛盾。

本书第2章中给出了地下建筑的负荷计算方法，可供参考。

2. 围护结构的差异

在室内热湿环境的创造过程中，建筑围护结构和空气之间的传热传质起着重要的作用。与地面建筑相比较，地下建筑的一个显著特点，是它的围护结构（被覆结构和基岩或土壤）“无穷厚”（深埋）或大部分“无限厚”及局部有限厚（浅埋）。这是构成地下建筑传热过程区别于地面建筑的一个重要条件。在“无穷厚”的建筑墙体的热、湿传递过程中，伴随地下建筑物内部的空气流动，使温度场、湿度场及空气流动场耦合在一起相互作用。

地下建筑壁面传热的计算是采暖、通风和空气调节系统设计的一项重要依据，它不仅影响到采暖通风和空气调节系统设计的投资和设备的选择，而且还直接涉及到采暖通风和空气调节设施的实际运行效果。如有些地下建筑的采暖、通风和空气调节的设计因没有充分考虑壁面的热工特性，使得工作区温度偏低，相对温度偏高，负荷增大，给设备的选择带来了不必要的浪费。为了使暖通设计更加符合地下建筑的特点，使地下建筑内的热工环境满足工艺要求，对地下建筑壁面的动态传热研究就显得尤为重要。

地下建筑受进风温度、通风班制、通风量、生产班制、埋深、洞室尺寸和几何形状等因素的影响，围护结构的传热过程是一个比较复杂的、不稳定的传热过程，但随着使用时间的增长，恒温传热过程逐步趋于稳定，年波动传热过程逐步进入准稳定状态。

深埋恒温地下建筑，准稳态时外围护结构的传热量按式（7-3）计算。

$$Q_1 = KF\ (t_{nc} - t_o)m \tag{7-3}$$

式中　Q_1——外围护结构传热量，W；

K——外围护结构传热系数，W/(m^2·℃)；

F——外围护结构传热面积，m^2；

t_{nc}——地下建筑内空气恒温温度，℃；

t_o——年平均地温，℃；

m——壁面传热修正因数，贴壁衬砌时宜取 1.00，离壁或衬套结构时，周围为土壤宜取 0.86，周围为岩石宜取 0.72。

浅埋单建式恒温地下建筑，准稳态时外围护结构的传热量按式（7-4）计算。

$$Q_1 = (t_{nc} - t_o)2al\ (h + b)\ (1 - t_{pb}) \pm al\theta_d\ (b\Theta db_1 + 2hy\Theta db_2) \tag{7-4}$$

式中　l，h，b——分别为地下建筑的长、高、宽，m；

a——内壁面表面传热系数，W/(m^2·℃)；

t_{pb}——年平均温度因数；

θ_d——地表面温度年周期性波幅，℃；

Θdb_1，Θdb_2——年周期性波动温度因数；

hy——围护结构侧壁面传热面积计算参数，m。

浅埋附建式恒温地下建筑，准稳态时外围护结构的传热量按式（7-5）计算。

$$Q_1 = (t_{nc} - t_o)al\ (2h + b)\ (1 - t_{pb}) \pm blK_c\ (t_{nc} - t'_{np})2ahl\theta_d\Theta db \tag{7-5}$$

式中　K_c——楼板传热系数，W/(m^2·℃)；

t'_{np}——地面建筑内空气日平均温度，℃；

Θdb——地表面温度年周期性波动时引起的侧壁面温度因数，可在操作界面中查询得到[39]。

地下建筑的规模日益扩大不仅有它的建筑因素，更得益于其良好的热工性能，围护结构全年的动态传热正是地下建筑“冬暖夏凉”的原因所在，合理利用地下建筑的热工性能对送风进行冷却和加热，是节约通风空调能耗的一项措施。壁面传热量值与洞室结构尺寸密切相关，对于地下高大型建筑壁面传热相当明显，在建筑面积相等的情况下，壁面传热随建筑长宽比增大而增大，狭长型地下建筑要比正方形的更为节能。

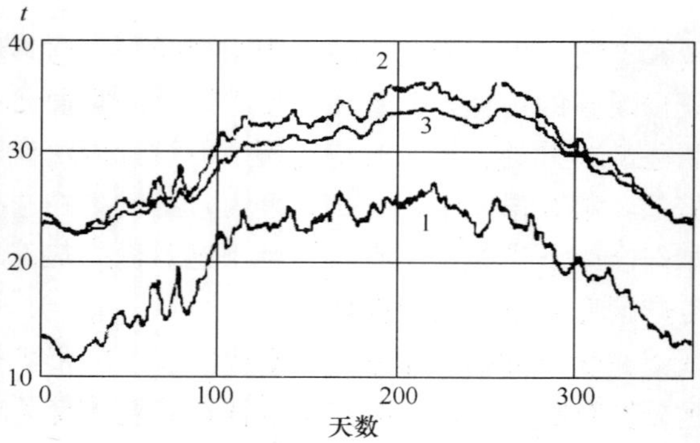

图 7-9　壁面动态传热量

对某地下水电站进风道 1 年的动态壁面传热量进行数值计算，同时还对由于壁面传热所引起的进风道对气流的冷却和加热作用进行计算分析。该进风道长 800m，直径 8m，年平均气温 19.5℃，壁体导热系数 3.6W/(m·℃)，比热 1003.2J/(kg·℃)，密度 2500kg/m^3，风量 150kg/s，空气与岩壁的对流换热系数 15.5W/(m^2·℃)，数值计算结果如图 7-9，图 7-10 所示[41]。

由图 7-9、图 7-10 可以看出：夏季壁温低于室内温度，壁面从室内吸收热量，冬季相反，较室内温度高的壁面向室内放热，吸热量最大时刻约在 6 月份，其值为 296kW 左右，占总热量的 20.9%，地下建筑的这种热工性能使得其具有天然空调的作用。因此，合理利用各种通道、天然洞穴对送风预先进行冷却加热，也是节约通风空调能耗的一项措施。

3. 照明采光的差异

照明可以人为地创造良好的光照条件，使人眼既无困难又无损伤、舒适而高效地识别所观察的对象，从事相应的活动，并保证身心健康，提高劳动生产率，提高产品质量，减

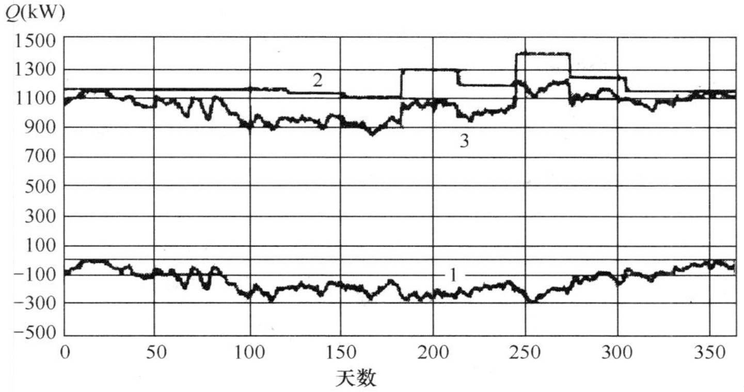

图 7-10 壁面对气流的冷却和加热效果

1—壁面放热量；2—设备放热量；3—总放热量

少各种事故。用不同形式、不同大小的灯具，利用光照的方向性和层次性等特点还可以渲染建筑的功能，烘托环境的氛围。与地面建筑相比，地下建筑最大的特点是没有天然采光，主要依赖人工照明，潮湿对灯具及线路影响较大。因此，地下建筑对照明使用时间长、照度和可靠性要求高。长期以来，地下建筑的照明设计沿用地面建筑的设计标准，照明效能一直没有得到很好的利用，工作人员长期在这种环境中工作，不但使工作效率下降，而且会出现视觉疲劳、头昏、神经衰弱等症状，严重影响了地下建筑战略功能和经济效能的发挥，因此，必须对地下建筑的照明效能做具体深入的研究。

到目前为止，地下建筑照明效能的研究近乎于空白，缺乏科学合理的照度标准和以人为本的环境模式，再加上设计人员的水平、经验参差不齐，使得照明效能的实现得不到保证，甚至会因为设计和运用不当，产生光污染，如眩光、频闪、显色失真，产生一些人们不需要的热量、红外线和紫外线等。时代的发展要求我们开拓创新，与时俱进。如果因循守旧，照搬照抄前人的成果，或只做表面上的修修补补，那样我们的认识水平永远都停留在当前的高度上，裹足不前。从事照明研究和设计的人员要到工程实践中去，实际调查地下建筑的性质、规模、特点和要求，认真听取用户的感受和建议，切身体验照明效能的实现，通过大量的试验，得出不同地下建筑、不同功能单元及同一地点不同时间、不同人流量时的照度标准和环境模式。

随着科技的进步和社会的发展，对照明系统的节能和科学管理提出了越来越高的要求。尤其是地下建筑照明能耗占电力能耗的比重大，照明的地位越来越重要，必须引起高度重视。在我国，照明能耗约占电力能耗的 10%～12%，而地下建筑照明能耗所占的比例更高，根据统计，约占 35%左右。电光源的不断发展、新型光源的出现及智能照明控制系统的诞生，为解决以上问题奠定了良好的基础。传统的建筑自控系统一般只包括计算机网络、设备监控、火灾自动报警、安全防范等子系统，智能照明系统的发展相对滞后。在地下建筑中，应把智能照明作为智能化系统重要的组成部分来考虑，合理选用光源、灯具及性能优越的照明控制系统，提高照明质量和节能效果。

与地面建筑相比，大多数地下建筑轴线长，各功能单元分布较为分散，在现场进行照明的控制、巡检是很困难的。因此，在地下建筑中设置集中控制，问题将迎刃而解。在中央控制室设一台智能照明中央监控计算机，在该计算机上用图形模拟显示照明设备平面布置图，在图上以形象直观的方式实时动态地显示各区域的照明设备使用状况。操作人员可通过界面监视整个智能照明系统的运行状态，根据需要用鼠标点击图形来进行控制。中央监控计算机具有历史数据存储能力，能实时提供智能照明系统的资料，并生成和打印各种报表，为设备维护提供依据。系统采用专用的编程软件，操作人员可对系统进行程序修改或编程。通过手持式编程器插入网络上的编程接口，就可修改照明工作状态的参数。

一般情况下，地下建筑尤其是地道式和坑道式地下工程，轴线长，支坑道多，有必要装设遥控装置。遥控器或无线探头可以发出无限射频，这种无限射频能穿越障碍物，被智能开关上的接收器接收，无线接收器可把无线信号转换为电力载波信号，并发送到 220V 电力线路上。地下建筑的照明条件远不如地面建筑，为保护人员的身体健康，特别是眼健康，在那些人员长期工作的场所，灯光可实现软启动、软关断。开灯时，灯光由暗渐渐变亮；关灯时，灯光由亮渐渐变暗。软启动、软关断还能保护灯泡，延长使用寿命，节约维护经费。灯光可配备亮度记忆功能，以免进行重复性设置。另外，地下建筑防火要求很高，发生火灾时，应自动启动相应区域的应急照明，强行关闭一般照明回路。事故照明可选择仅用消防中心的计算机控制而禁止用监控计算机或现场控制，也可选择都有控制权。

4. 地下人防工程

人防工程是用于战时快速疏散、就近掩蔽人民群众、防范和减轻空袭造成的人员伤亡，保证人民生命和财产安全的地下建筑工程，通常建造在人员相对密集的大型企事业单位、商场、饭店内部。人防工程是提高国家整体防卫能力，提高城市抗御自然灾害和防空抗御能力的生命线工程；同时人防工程又是城市建设的重要组成部分。随着城市化水平的提高，国内外形势的发展，人防工程在保留自身特色的前提下，正在向以经济建设为中心的方向发展，逐步融入到地下空间综合开发利用中去。

在经济发达的地区和城市，繁华的商业地段成为地下空间开发的热点和焦点，其地下空间的利用离不了以防灾救灾为目的的人防工程，但仅考虑人防作用势必影响其商业、交通、娱乐等功能的发挥，人防工程规划设计应纳入到城市地下空间综合利用中去。

事实上，20 世纪 60、70 年代大量兴建的人防工程，因选址随意，规模小，施工质量差等原因，或弃之不用，或因地下环境恶劣，在防漏、防火、通风等方面或多或少存在某些问题，使用功能难以发挥。新建的人防工程在整体规划方面与其他地下建筑物协调性差，某些地下建筑物所有者人防意识淡薄，人防工程在地下空间规划上所占的地位在下降，从某种程度上说，人防工程建设已难以适应城市地下空间综合开发利用的热潮，甚至是对地下空间资源的破坏，对后续地下空间开发利用造成了不良后果。因此，人防部门应全面开展对已建人防工程的调查、统计、评估等研究工作，对那些改造投资大、经济效益差，人防功能低，或对地下空间资源的进一步开发利用造成障碍的人防工程应予拆除；对可改造利用的人防工程进行改造，提高其使用功能，发挥其经济效益。

(1) 地下人防工程建筑特点

地下人防工程作为人防工程的主要形式，在我国很多城市已进行了大量建设，战时作为防空掩体，平时可作为商场、车库（停车、修车）、电影院、礼堂、病房、库房、设备用房、展览厅、餐厅、公共娱乐场所、小型体育场所和其他适用的民用场所。根据人防战备规划，地下人防建筑分为两类：一类为人民防空地下室建筑（一般为附建式），另一类为人民防空工程建筑（一般为单建式）。

虽然这两类建筑的特点不尽相同，执行的规范也不相同（前者执行国标《人民防空地下室设计规范》GB 5003894，后者执行国标《人民防空工程设计规范》GB 5022595），但有共同区别于其他地上建筑的特点：热稳定性好，温度变化幅度小，蓄热能力和气密性强等[41]。然而在设计时，如果对地下人防工程这类建筑的防火设计及施工考虑不周，一旦发生火灾，极易造成重大人员伤亡和巨大的经济损失，尤其是随着国防形势的变化，国内相继建造的地下人防指挥中心，担负着战时军事指挥中心的作用，一旦发生火灾，还会造成巨大的政治影响[41]。

因此，对于将地下战时使用的建筑改为平时使用，其使用的功能值得认真研究。对地下坑道式、地道式的人防工程改为平时使用，一般只能作为储存丙类危险性以下的物资等使用，亦可作为丁类、戊类的生产方面使用。对一些空间较大、出口条件较好的可作为普通旅馆、招待所、单位内部更衣室、活动室使用。对一些大空间、通道、出口及其消防设施等条件较完善的可作为五金、家电、食品的销售场所或作为餐厅使用，但不宜作为舞厅、KTV 包房等人员集中的公共娱乐场所使用，因为这些场所往往人流量集中，建筑装修标准较高，用电用火较多，一旦发生火灾，往往会造成重大的人员伤亡事故[42]。

（2）地下人防工程中自然能源的高效利用

我国幅员辽阔，有大量的人防工程可以利用，而且还有不少的山洞、暗河、隧道等天然或人工通道，地道资源十分丰富，仅山东省内地道面积就达到 $700\times10^4m^2$。这些人防建筑大多在地下 10m 左右，由于地面温度波衰减和延迟的作用，相对于室外温度而言，人防建筑内冬季空气温度高，夏季空气温度低。人们在实践中逐渐认识到了地层对自然的冷、热能量的储存作用，因此，在 20 世纪 70 年代，地冷空调迅速发展起来。由于地道空气中含有高浓度的致癌物质氡及其子体，送入室内的空气会严重影响人们的身心健康，恶化室内空气品质。所以对人防工程自然能源的重新高效利用提上了日程。

1）自然通风在地下人防工程中的利用

早期人防工程无论是地道式或是附建式人防地下室，都充分考虑自然通风的条件。在地下人防工程中利用自然通风是有经济意义的，它可以节约机械通风所需要的电能。虽然对总能量只是提供一个微不足道的份额，但也是一种方便的最廉价的动力。但是，在实际使用中，自然通风的稳定性成为一个令人担心的问题，因为产生自然通风的热压头是随着季节变化的，风压头更是瞬息万变。

因此在地下人防工程设计的过程中就要考虑如何强化自然通风。例如，对于山区，其进风口应设计成兜风口，一般处理成八字形，而对于平原地区，应特殊设计进风口建筑，使当风无论怎样吹均可兜风，这可以在建筑上设置不同朝向可关闭的进风口来达到目的，对于背风口的处理亦同。另外，为了能在地下风道中产生定向风，可以将风口设计成可旋转的自动背风。这样虽然建筑的建造需要花费代价，但是能在地下风道中产生定向风，比较高效地促进地下通风换气，长期使用能节约通风消耗的电能，经济上能够得以补偿。

此外，在山洞中要产生单向风，需借助双风道自然通风系统，即由一条高于主风道面积的风道于夏季进风和另外一条低于主要通风面积的风道于冬季进风，这样一年四季可以得到比较恒温的一个方向吹过主要通风面积的气流。此方法可以提高地下通道的换气效率。

2）热泵系统在地下人防工程中的利用

目前有人提出一种人防工程中自然能源的新的利用方式，不同于以往对人防建筑内空气直接利用的做法，而是将人防建筑中的空气作为热泵系统的热源和热汇加以利用。我国有极其丰富的地道资源，为地下人防工程自然能源的高效利用提供了先决条件，这种新的方法最大限度地利用了地下人防建筑内空气冬暖夏凉的特点，既避免了空气源热泵在冬、夏季制热、制冷量大幅度衰减的缺陷，克服了以前地下人防工程利用中的弊端，对环境无污染，又能有效利用土壤层储存的自然冷、热量，可以大大提高热交换效率，提高热泵的 COP 值。因此，利用地下人防工程中的空气作为空气源热泵冷热源的方法，能够健康、高效地利用现有的自然资源，节能意义十分显著。

地层的原始温度，有深层和浅层的区别。这里所说的地下人防工程属于浅埋地下构筑物。浅地层原始温度的变化主要取决于地层表面温度的变化，为周期性的温度波动，均可以以一定的余弦函数表示。由于地层的蓄热作用，温度波在向地层深度传递时，会造成温度波的衰减和延迟。当地层构造一定时，温度波的延迟时间只与地层深度值有关。对一般的土壤地层，深度每增加 1m，时间延迟约 56h（2.3 d）。对于埋深为 6m 的地下人防工程来说，其周围土壤的温度是由 23×6＝138d（约 4 个月）以前的地表温度所决定的。因此，地层温度波的衰减及延迟，为地下人防工程自然能源的应用提供了良好的冷、热源条件[43]。

7.2.3　基于常用能耗模拟软件分析城市地下空间的相关问题

建筑环境问题在现今的社会中已经越来越受到重视，因为它不仅仅影响着建筑内部人们的舒适性，而且极大地影响了建筑物的整体能耗，而建筑能耗问题在世界各国中都已经引起了足够的重视，建筑节能势在必行。建筑环境是由室外气候条件、室内各种热源的发热状况以及室内外通风状况所决定。建筑环境控制系统的运行状况也必须随着建筑环境状况的变化而不断进行相应的调节，以实现满足舒适性及其他要求的建筑环境。由于建筑环境变化是由众多因素所决定的一个复杂过程，因此，只有通过计算机模拟计算的方法才能有效地预测建筑环境在没有环境控制系统时和存在环境控制系统时可能出现的状况，例如，室内温、湿度随时间的变化、采暖空调系统的逐时能耗，以及建筑物全年环境控制所需的能耗。

随着人们对建筑环境质量要求的不断提高和对建筑节能的日益重视，建筑能耗模拟越来越成为建筑与建筑环境控制系统设计、评价、分析工作中必不可少的重要手段之一。

1. 建筑能耗模拟概述

建筑能耗模拟是针对逐时室外气象条件变化和室内的温湿度要求，计算全年甚至更长时间的逐时空调负荷与总能耗，不仅包括建筑及空调系统全年最大负荷，也包括部分负荷时的逐时能耗，有助于建筑师和工程师从不同的建筑造型、不同的建筑材料、不同的建筑设备系统组成的方案中选出最节能的方案。

建筑能耗模拟软件有许多，国外较常用的建筑能耗模拟软件有 DOE-2、BLAST、COMBINE、TRNSYS、ESP、HVACSIM＋、Energy Plus、SPARK、TRACE 等；国内较有影响的建筑能耗模拟软件是清华大学开发的 DeST（前身是 BTP）。它们都具有本身各自的优势和缺点。

2. DeST 软件概述

DeST 软件是由清华大学开发的，其研发开始于 1989 年。开始立足于建筑环境模拟，1992 年以前命名为 BTP（Building Thermal Performance），以后逐步加入空调系统模拟模块，命名为 IISABRE[44]。为了解决实际设计中不同阶段的实际问题，更好地将模拟技术投入到实际工程应用中，从 1997 年开始在 IISABRE 的基础上开发针对设计的模拟分析工具 DeST，并于 2000 年完成 DeST1.0 版本并通过鉴定，2002 年完成 DeST 住宅版本。如今 DeST 已陆续在我国大陆与香港地区、欧洲和日本开始得到应用。

（1）DeST 软件介绍及特点

DeST 软件使用方便，具有简单明了的定义操作界面，计算模型能准确的反映实际情况，后处理及报表生成功能强大。自推出 DeST1.0 版以来，至今发展到 DeST2.0，分别推出 DeST-h（住宅版）、DeST-e（评估版）、DeST-c（商建测试版）。在此期间，DeST 获得了广泛的应用，主要有三方面：辅助工程设计、建筑节能评估和学术课题研究。它基于“分阶段模拟”的理念，实现了建筑物与系统的连接，使之既可用于详细地分析建筑物的热特性，又可以模拟系统性能，较好地解决了建筑物和系统设计耦合的问题。

为了实现“分阶段模拟”的目标，DeST 在设计和开发中突出了自己的特点。特点如下：

1）以自然室温为桥梁，联系建筑物和环境控制系统

自然室温指当建筑物没有供暖空调系统时，在室外气象条件和室内各种发热量的联合作用下所导致的室内空气温度。它全面反映了建筑本身的性能和各种被动性热扰动（室外气象参数、室内发热量）对建筑物的影响。这样，当分析模拟建筑热性能时，可以立足于建筑，通过精确的建筑模型，模拟计算各室的自然室温，继承和扩充 DOE 与 ESP-r 在建筑描述与模拟分析上的各种优越性。而在研究空调系统时，又可以以各室的自然室温为对象，把自然室温与建筑特性参数合在一起构成建筑物模块，这样从系统的角度来看，建筑就可以成为若干个模块，与其他部件模块一起，灵活组成各种形式的系统，继承 TRNSYS 类软件的各种优越性。这是 DeST 对建筑与系统解耦的基本方法。

2）分阶段设计，分阶段模拟

实际的设计过程包含不同的设计阶段，每个阶段的设计目标和侧重点不同，随着设计的不断深入，信息量扩大但同时可调节性降低。在不同的设计阶段，已知和未知条件不同，随着设计的展开，各阶段的已知和未知条件也在不断转化，前一阶段的未知因素通过设计成为本阶段的已知条件。例如，在初步设计阶段，内部发热量和外界气象参数是已知条件，在这些因素作用下建筑物的热特性是未知的；而到了方案设计阶段，建筑物的热特性成为已知因素，设计者需要在此基础上对空调方案进行比较、取舍，并为进一步的设备选择提供依据。

建筑模拟软件的作用是为建筑环境及其控制系统的设计提供辅助分析数据，因此，实际设计过程的特点和逻辑关系应当体现在软件的模拟过程中。DeST 在开发过程中融合了实际设计过程的阶段性特点，将模拟划分为建筑热特性分析、系统方案分析、AHU 方案分析、风网模拟和冷热源模拟共 5 个阶段，为设计的不同阶段提供准确实用的分析结果，如建筑热特性的模拟计算提供建筑本体的热特性数据，方案模拟则提供方案设计的模拟分

析结果，由此实现建筑环境及其控制系统设计的分阶段模拟。

3）理想控制的概念

分阶段模拟对计算模型提出了一定的要求，对于每一个设计阶段而言，上一阶段的设计属于既定的计算条件，而下一阶段的设计尚未进行，相关部件和控制方式未知，因此必须明确后续阶段的计算方法。由于当前阶段的模拟分析目的是评价这一阶段的设计是否满足要求以及存在哪些问题，并对下一阶段设计提出要求，因此，DeST 没有采用 DOE-2 和 TRNSYS 的"缺省模式"，而采用"理想化"方法来处理后续阶段的部件特性和控制效果，即假定后续阶段的部件特性和控制效果完全理想，相关部件和控制能满足任何要求（冷热量、水量等）。

4）图形化界面

由于建筑物及其环境控制系统都十分复杂，模拟计算的描述和定义工作是非常繁杂的，如果采用文件和表格的方式对建筑及其系统进行描述和定义，不仅工作量巨大，而且很容易出错。为了简化描述定义工作，DeST 开发了图形化的工作界面，所有模拟计算工作都在基于 AutoCAD 开发的用户界面上进行，其程序可在 Windows 操作系统下运行。由于界面开发基于常用的设计绘图软件，而且与建筑物相关的各种数据（材料、几何尺寸、内扰等）通过数据库接口与用户界面相连，因此用户通过界面进行建筑物的描述，以及调用相关模拟模块进行计算都十分方便，也很容易掌握。DeST 还将模拟计算的结果以 Excel 报表的形式输出，方便用户查询和整理。

5）通用性平台

尽管 DeST 的模拟思路是整合建筑环境及其控制系统的各阶段模拟分析工作，但是由于融合了模块化的思想，继承了 TRNSYS 类软件模块灵活的优点，其计算模块具有较好的开放性和可扩展性，DeST 可以作为建筑环境及其控制系统模拟的通用性平台，实现相关模块的不断完善和软件的功能扩展。

（2）DeST 软件结构

为了实现"分阶段模拟"的理念，便于运算的进行，DeST 的软件结构是由多个单独的模块相互连接构成的。图 7-11 为 DeST 的整体框架结构示意图。

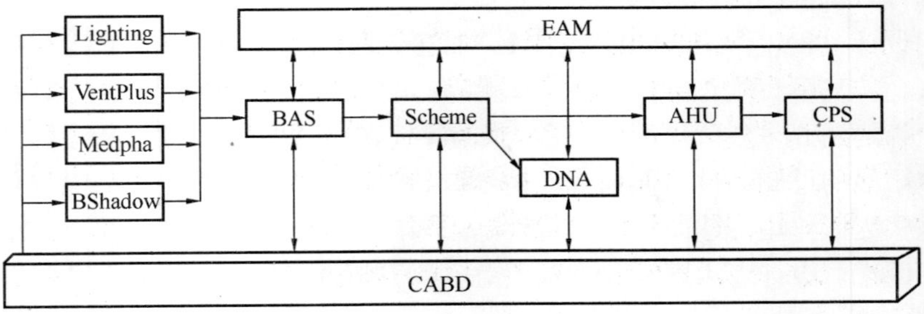

图 7-11　DeST 结构图

3. EnergyPlus 软件概述

（1）EnergyPlus 软件介绍及特点

EnergyPlus 是在美国能源部（Department of Energy，DOE）的支持下，由劳伦斯·伯克利国家实验室（Lawrence Berkeley National Laboratory，LBNL）、伊利诺斯大学（University of Illinois)、美国军队建筑工程实验室（U. S. Army Construction Engineering Research Laboratory)、俄克拉荷马州立大学（Oklahoma State University）及其他单位共同开发的，是一个全新的软件。2004 年 10 月 1 日发布的 EnergyPlus 版本 1.2.1 作为已有的两个著名的能耗分析软件 BLAST 和 DOE-2 的全新替代产物，不仅吸收了建筑能耗分析软件 DOE-2 和 BLAST 的优点，并且具备很多新的功能，在计算方法和程序结构等方面均有了很显著的进步，被认为是用来替代 DOE-2 的新一代的建筑能耗分析软件。

EnergyPlus 是基于动态负荷理论，采用反应系数法对建筑物及其相关的供热、通风和空调系统设备能耗情况进行模拟分析的大型能耗分析计算软件。

EnergyPlus 的主要特点有：1）采用集成同步负荷/系统/设备的模拟方法。2）在计算负荷时，用户可以定义小于 1h 的时间步长；在系统模拟中，时间步长自动调整，以加快收敛。采用热平衡法模拟负荷；采用 CTF 模拟墙体、屋顶、地板等的瞬态传热；采用三维有限差分土壤模型和简化的解析方法对土壤传热进行模拟。3）采用联立的传热和传质模型对墙体的传热和传湿进行模拟。4）采用基于人体活动量、室内温湿度等参数的热舒适模型模拟热舒适度。5）采用各向异性的天空模型以改进倾斜表面的天空散射强度。6）先进的窗户传热计算，可以模拟包括可控的遮阳装置、可调光的电铬玻璃等。7）日光照明的模拟，包括室内照度的计算、眩光的模拟和控制、人工照明的减少对负荷的影响等；8）基于环路（loop）的可调整结构的空调系统模拟，用户可以模拟典型的系统，而无需修改源程序。9）与一些常用的模拟软件链接，如 WINDOW5、COMIS、TRNSYS、SPARK 等，以便用户对建筑系统做更详细的模拟。10）EnergyPlus 以 FORTRAN90 作为程序语言，作为 FORTRAN 领域一种全新的语言结构，模块组织形式使得它易于维护、更新和扩展。源代码开放使用户可以根据自己的需要加入新的模块或功能[45]。

虽然 EnergyPlus 具备以上的特点，但由于 EnergyPlus 的开发人员将主要精力投入到开发模拟工具的核心计算源代码上，所以它的用户界面不太友好，输入和输出文件都是以 ASCII 文本形式为主，而这必将给其用户的使用带来很大的不便。它仅是模拟引擎，而不是一个用户界面，其界面有待开发。它现在还不是寿命周期费用的分析工具，也不是建筑师或暖通设计师的设计工具。

（2）EnerguPlus 的模块功能

EnergyPlus 包括 4 个主要模块：负荷模块（Loads)、系统模块（Systems)、设备模块（Plants）和经济模块（Economics）—LSPE。这 4 个模块相互联系形成一个建筑系统模型，可以用来模拟建筑及空调系统全年逐时的负荷及能耗，有助于建筑师和工程师从整个建筑设计过程来考虑如何节能。有些全能耗分析软件没有经济模块，有些软件把系统模块和设备模块合并为一个模块。

4. 两种能耗模拟软件用于城市地下空间的特殊性

（1）DeST 用于城市地下空间的特殊性

DeST 是可以进行各类建筑冷热量消耗评估计算的软件，其计算模型准确，界面简单，操作方便，后处理功能强大，能自动生成评估所需要的实用数据。

通过对 DeST 能耗模拟软件功能进行研究分析，认为 DeST 能耗模拟软件中没有专门针对地下空间的功能模块，因此在使用中，必须要解决好以下几个特殊问题，DeST 能耗模拟软件才有可能成功运用于地下建筑：

1）地下建筑没有窗户，而且门也很少，另外各房间与外界没有通风；

2）对于地面建筑来说，包围其围护结构的是室外空气，而包围地下空间围护结构的却是土壤。由于土壤自身的蓄热性能以及地温温度波的滞后和衰减，使得土壤温度的获得没有室外空气那样容易，这就给能耗模拟带来了很大的困难。但是如果先计算出某一地下空间周围土壤的逐时温度，然后用其代替 DeST 软件中的自然室温，即可进行模拟。

3）在该软件中关于地下传热方面的内容，是为了研究地下部分对底层房间热环境和能耗的影响，而不是专门针对地下空间的研究。

（2）EnergyPlus 用于城市地下空间的特殊性

在 EnergyPlus 中有一个重要的步骤就是通过输入建筑物坐标来确定建筑物的热分区情况。这种划分不是按照传统意义上的几何划分，而是按照热来分区，温度相同或相近的房间可以划为一个区域，具体尺度可以根据模拟的精度和建筑物的实际情况来确定。区域划分的越细，模拟的精度越高，但是庞大的数据输入量和模拟时的计算量会使模拟的成功率和准确率下降；反之，适当的合并热区域会使输入和计算都变的简单。

而对于地下空间来说，它们都是大空间，一般没有分隔物，并且地下空间的出入口与其内部的温湿度相差悬殊，这样区域划分就存在一定的难度。如果按照 EnergyPlus 中所要求的温度相同或相近的房间可以划为一个区域，为了使模拟准确，那么在地下大空间中就要设定比较多的温、湿度测点以及安装温、湿度传感器，会给数据记录和处理带来很大的不便。对于地下商场来说，在区域划分方面会简单很多。因为很多地方的地下商场都是分割成很多个小的房间，出租给不同的商户，这样一来，基本可以按照每一个房间是一个区域（近似认为一个房间内部的温度分布是均匀的），或者几个相邻房间是一个区域（对于地下空间内部温差相差比较小的地方可以将此差别忽略不计）。

另外，利用 EnergyPlus 软件进行能耗模拟的时候，需要进行建筑围护结构参数的设置，因此，对于地下空间来说，需要知道包覆地下建筑的土壤的各种特性参数，然后自定义一种围护结构，方可进行模拟。

7.2.4 常规设计方法进行地下空间设计时的若干特殊问题

地下建筑作为一个相对封闭的三维空间体，一种独特的建筑形式存在，有其自身一定的特殊性，因此，作为建筑设计人员，在进行地下空间暖通设计的时候，应充分考虑常规的设计方法应用在地下空间时有什么值得注意的问题。并且应注意在地下建筑设计过程中，明确地下建筑空间形态设计需要解决的问题。尽量以最佳的空间形态效果，消除地下建筑在心理环境上的不足，创造出舒适合理的地下建筑空间。

1. 空调系统形式的选择（针对地铁的空调系统设计形式）

（1）全空气系统

全空气系统能够实现最小新风空调工况、全新风空调工况以及通风工况。由图 7-12 可知，在室外空气状态点位于Ⅰ区时，即其焓值大于室内空气状态点焓值，采用最小新风运行，此时为最小新风空调工况；当室外空气状态点位于Ⅱ区，即其焓值小于室内空气状态点焓值，但其差值还不足以全部承担室内负荷，因此还需供冷，采用 100%新风节能运行，此时为全新风空调工况；当室外空气状态点位于Ⅲ区，采用 100%新风且无须供冷就能保证室内空气参数时，系统进入通风工况，即完全利用室外空气消除室内负荷，制冷机停止工作。

地铁空调系统中采用全空气系统的优缺点，之前已有详细介绍。

（2）风机盘管系统

只有在最小新风空调工况下运行时，风机盘管系统比全空气系统节能。所以对地铁来讲，只有最小新风空调工况运行时间在一年中占有较大的比例，如一年四季比较炎热的地区，采用风机盘管系统才有节能优势可言。

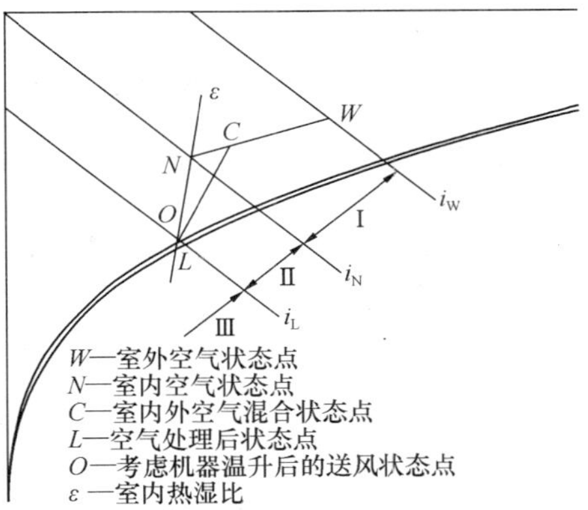

图 7-12　空调通风工况转换图

在地铁中采用风机盘管系统需设置独立的新风处理系统及独立的排烟系统，因设有新风送风管道、排烟管道及空调水管，在对建筑的层高要求上与全空气系统相比并不节省空间；但新风处理机组及排烟风机所需的机房面积比全空气系统要小得多，有条件的甚至可以利用走道的吊顶空间而无需机房，因此，总的来说采用风机盘管系统有利于节省地下空间的面积。此外，独立设置的排烟系统因其功能专一，排烟管道及相应的排烟口的设置比全空气系统要简单得多，控制也要简化许多[47]。

（3）VRV 加新风空调系统

VRV 加新风空调系统（以下简称 VRV 系统），在地铁的设备管理用房中都是适用的。VRV 系统有独立的冷热源，系统可根据负荷的变化采用变频控制，保证负荷变化范围内，压缩机都以较高的效率运转，单从这方面讲它要比风机盘管系统节能。此外，VRV 系统具有独立而完备的控制系统，可充分发挥其节能优势。

对于地铁来说，VRV 系统室外机可设置于室外地面，不需要机房；VRV 系统内只有冷媒管和少量凝结水管，而冷媒管比冷冻水管要细得多，且冷媒管柔性较好，使其布置灵活、施工方便，尤其在与其他管道交叉时，冷媒管道能绕行于其他管道间，可有效节省空间。同样，由于 VRV 系统所独有的这些特点，使它更适用于地铁车站小系统的改造项目中[46]。

综上所述，在新建地铁项目的小系统中采用全空气系统仍然是首选方案；而对于改造的地铁项目，宜采用 VRV 系统；而风机盘管系统只有在特定的地区使用且经综合经济比较确有优势，才宜采用。

2. 自然通风设计

（1）自然通风概述

在可持续性建筑中自然通风作为一种主要的节能方式，俨然成为其代名词，国外在可持续性建筑的研究中作了大量关于自然通风的研究，并进行了大量的实践，尽管绝大多数是地面建筑，但也有许多我们值得借鉴的经验和方法。

自然通风是指风压和热压作用下的空气运动，具体表现为通过墙体缝隙及窗体的空气流动。根据自然通风的形成原理，我们需要考虑建筑的朝向、方位、渗透性以及门窗的开启程度，并通过设置直通到顶的中庭（天井），特殊的进风和排风管，以及精心设计的风路来促进和控制建筑内部的自然通风。我们可以从这些研究和实际建筑，特别是大型商业、公共建筑的自然通风设计经验中取得借鉴。另外，一些特殊形式的地下建筑（窑洞、覆土住宅等）也有着成功利用自然通风的经验。

（2）自然通风用于地下建筑的特殊性

对于大规模多层的地下建筑我们在自然通风的设计上遇见了许多问题，首先因为其规模较大，埋深也较大，所以单纯依靠带有风帽的通风口通风无法满足地下建筑的需要，因此我们应该通过利用目前地下建筑通用的设计要素和先进理念来进行设计，特别是风路的形式。如何将新风引入地下建筑并且将室内空气排出，是风路设计的重点和难点。

首先我们需要充分利用天井（中庭）在地下建筑中的作用。地下建筑设置中庭已经成为较为普遍的设计手法，通过此可以改善地下建筑的室内环境。但我们在中庭的设计中不仅仅需要考虑改善视觉环境，同时也要加入自然通风的因素，利用其上下贯通并与室外环境相连的特点形成烟囱效应，促进建筑的自然通风效能。但是在设计中我们应注意中庭在整个风路设计中一般作为排风口存在，因为由于地下建筑的中庭还有采自然光的作用，中庭内部由于温室效应其温度较高，不利于新风的引入。在中庭的顶部即排风口应设置必要的装置防止空气倒流，因此可根据不同的情况在中庭的顶部设计空气预热装置（利用设备回收废热或吸收太阳能）及可调节的天窗来促进并控制空气流动。并且需要经过风洞试验防止风对其形成滞流效应，必要时可使用机械辅助设备。

设置进风烟囱，由于大多数地下建筑的中庭设置在其中部，所以我们将进风口设置在建筑四周，但是在设计上应注意以下几个方面：

1）进风烟囱由于其部分位于地面以上，在设计上必须考虑对地面环境的影响，在设计上做到与地面环境和谐。

2）要尽量避免位于空气污染严重的地方（如街道、工厂的下风向）。由于地下建筑的采风口的高度有限，其新风一般受过城市污染，因此在进风口必须设置空气净化设备，对引入的新风进行净化避免对地下环境的污染。

3）进风口细部设计必须建立在风洞测试的基础上，从而防止空气扰流，有利于空气进入。在其内部设置冷却装置（利用地下水使空气降温）促使空气下沉，并且与作为排风通道的中庭结合，形成地下建筑自然通风系统。在进风口较少等不利于引入新风的条件下，我们可以采用层层递进的方法，即在进风道不同标高设置更多的冷却装置强化空气的进入。

4）对于没有中庭或中庭无法作为排风口的情况下须设置排风烟囱，其要点与中庭的排风要点相同，但是在设计上最好与进风口结合，减少对地面环境的影响。在两者之间设置热交换器，使在节约能源的基础上提高两者的工作效能。

3. 地下空间通风对人体健康和避免氡污染的重要性

（1）地下空间通风对人体健康的重要性

众所周知，地下工程环境对人体舒适和健康的影响因素很多，如适宜的温度、相对湿度、CO_2、CO、O_2、照度、噪音、色彩、灰尘、臭味、负离子、细菌种类和数量等。但通过数年的研究证明，除常适宜的温度、相对湿度外，CO_2 含量也是一个很重要的因素。

由于地下空间深处地下，空间中往往阴冷潮湿，易于滋生有害菌和污染物。目前，地下空间空气中已被确定的污染物有：CO_2、CO、VOCs、悬浮颗粒、细菌和氡。一方面，由于地下空间本身的密闭性，不能像地上建筑那样通过开门、开窗来改善室内空气品质，自然通风微弱，污染物只能依靠机械通风排出室外，在通风不好的建筑或者采用最小新风量的季节中，室内空气品质往往不能达到要求。另一方面，地下空间开挖所需成本很高，因此，地下空间的设计空间高度较低，再加上缺乏采光窗口，常年没有阳光照射，在工作休息时，无地面窗户的“转换效应”，工作或居住人员往往会产生压抑、孤独感，影响工作效率和人员健康[47]。

地下空间难见阳光，而且缺少直接能够与外界通风的窗户，因而地下空间的通风设计与人群活动对地下空间的空气质量，尤其是 CO_2 浓度有着直接影响。室内 CO_2 浓度是反映空气质量的一个重要指标，常用来表征室内新鲜空气多少或通风程度强弱，同时也间接地反映了室内可能存在的其他有毒有害污染物的聚集浓度水平。人们在这些地方工作、活动，地下空间的空气质量的优劣直接影响到人群的身体健康，CO_2 浓度过高将会导致头疼、疲劳、眼鼻和呼吸道等病症[47]。

(2) 地下空间通风对避免氡污染的重要性

20 世纪 70 年代以来，欧美各国为了节省能源，加强了房屋门窗的密闭措施，并减少通风换气次数，结果，房屋内的氡气及其子体浓度升高，造成了对人们的危害，引起了卫生界的重视。有些研究部门对一些地下工程进行了氡及其子体浓度的测定，发现有的工程中氡及其子体浓度很高，比地面建筑高出几十倍甚至几百倍，有的比铀矿里的浓度还高得多[48]。

我国卫生环保部门学者在 20 世纪 80 年代末和 90 年代初对氡进行的广泛调查发现，我国氡污染特别是地下工程中氡污染十分严重。总参第四设计所对全国五个地区、37 个已使用的地下工程中氡水平的实测发现，有 54%的工程中氡子体浓度超标，地下工程中氡水平高出地面一个数量级以上，有的地区氡子体水平超过标准上百倍，由于氡污染严重，以至于设备良好的地下工程不得不废弃[49]。

以往的通风空调系统为了节能大量采用回风，使含氡的空气重复使用，加剧了氡的聚集。因此，弄清室内氡浓度与换气次数、室内外压差等因素的关系，改进地下建筑的通风空调系统，保证防氡通风所需的新风量，设置合理的气流组织形式，避免死角和涡流，并进一步科学地评价氡对人的危害问题，将对地下空间的开发利用，保证人们的身体健康，有着十分重要的现实意义。

1) 地下工程中氡气的来源

氡是一种非恒定污染物，地下工程空气中的氡气主要来源于土壤、岩石、建筑材料（如混凝土、砖）和地下水，其中大部分来自土壤和岩石。从外界进入工程的空气中也含有少量的氡气。氡大部分存留在岩石或土壤中，一部分通过岩石、土壤中的空隙或水，经过扩散、对流作用和水的流动，发射到周围的空气中。它的发射率与岩石或土壤中 ^{226}Ra 的浓度、岩石或土壤的孔隙度、渗透性、湿度有很大的关系，也与岩体或土壤内外空气的压力差有关。

以上是地下工程空气中氡的主要来源，此外，还有以下原因：地下工程中通道等辅助面积较多，散发氡气的面积多；地下工程埋在地下，而一般规律是埋深大，土壤中的氡放射性浓度大，散发的量就多；更重要的是，地下工程的自然通风，一般没有地面有窗户的建筑好。因此，地下工程空气中氡及其子体浓度比地面建筑高：地下室一般比地上房间内的氡气浓度高；没有地下室的建筑，底层房间内的氡气浓度比上面几层高，其原因与地下室或底层房间接触土壤面积多有关。

2）氡对健康的影响

氡是一种无色无味的放射性气体，在全球的千百万家庭、学校、办公室、幼儿园、仓库以及人员集中的其他公共场合，当氡的浓度高过一定水平时就会产生不同程度的危害。它的危害程度取决于吸入剂量的多少和方式，诱发致病的潜伏期可达15～40年，以至于人们难于发现它，由此人们称氡为隐形杀手。根据健康公告，氡可以杀伤人体细胞组织，危害血液循环系统，使白细胞、血小板减少，严重的还会导致白血病，是诱发肺癌的第二大因素，仅次于吸烟，全世界每年大约有数万人由于长时间受氡照射而患肺癌死亡。

氡的致害机理问题，特别是致肺癌机理问题，尚处于深化研究中。人们在高氡场所工作时，经过30～40min后吸入的氡和呼出的氡达到平衡，体内氡的含量不再增加。离开该场所1h，体内的氡被排出体外可达90％。由于氡的半衰期较长，且在体内停留时间短，所以在呼吸道内产生的剂量很小，危害相对小些。而氡的子体则不然，它是金属离子，很容易被呼吸系统截留，并在局部区段不断累积，因其半衰期短，全部在原处衰变，是大支气管上皮细胞剂量的主要来源，大部分肺癌首先就是在这区段上发生的。目前，氡子体能够诱发肺癌在全世界已经得到公认。氡的子体产物以金属离子的形式同空气一起吸入到人的呼吸系统后，一部分通过渗透作用溶于血液，不断衰变放出射线危害人体，而吸入的氡子体半数以上被阻挡在呼吸器官，衰变过程中放出α粒子不断对支气管上皮组织进行轰击，破坏周围的细胞，假使人们长时间居住在有高浓度氡及其子体的房间里，将会患肺癌或上呼吸道癌。

近年来，经流行病学调查，在瑞典、英国和美国等国又发现，氡还可以诱发白血病。调查表明，如果世界室内平均氡浓度为50Bq/m^3，则估计世界至少有13％～25％的白血病是由氡暴露引起的。

3）氡污染的防治

同一地区不同工程中氡及其子体浓度相差悬殊，这与通风是否良好有密切关系。工程中氡及其子体浓度比较高，往往是长期不通风或通风不良造成的。例如，某坑道因长期封闭，氡子体的平衡当量氡浓度接近4000Bq/m^3，济南市中区人防地下饭店竟高达8200Bq/m^3。有些工程中氡及其子体在允许浓度以下，主要原因是通风良好。如某坑道，因自然通风良好，工程口部房间氡浓度只有7.4Bq/m^3，大大低于允许浓度。

地下工程中氡气的平衡因子与通风好坏有密切关系。换气次数大，平衡因子就小；换气次数小，甚至不通风，平衡因子就大。其原因在于通风不良时氡气不能及时排出工程，在工程内停留时间长，衰变的氡子体多，平衡因子就大。例如，济南市有的工程由于通风不良，平衡因子竟高达0.98；八个工程平均平衡因子为0.6。通风良好的工程，平衡因子小，如北京宣武人防旅社由于通风良好，平衡因子只有0.24。

因此，到目前为止，防治氡污染的最理想而行之有效的方法就是加强通风换气。通风换气对防治氡污染有以下3个作用：一是缩短氡及其子体在工程内的停留时间，可以使氡及其子体保持在允许浓度以下；二是破坏通风空间中氡子体与氡气的放射性平衡条件，减少氡子体数量；三是控制和减少工程内氡的析出量。

以防治氡污染为重点，地下工程通风应该注意以下几点[48]：

①对于有人员长期工作的地下工程，要加强通风换气。通风量除了满足其他需要外，应保证使氡及其子体浓度保持在允许浓度以下。通风要避免死角，最好要连续通风。停止

通风，往往使房间内的氡以及子体浓度上升得很高。目前有些人防旅社，往往在人员睡眠时，全部停止通风，这是不恰当的。

②加强通风换气，指的是要吸入新鲜空气，排出污浊空气。对有人员工作的地下工程，不能长期地大量地使用循环空气。因为循环空气中含有大量的氡及其子体。有些坑道工程，体积大，平时通信值班人员很少，在夏季，为了防止外界潮湿空气进入工程，采用内部空气循环的方法，降低值班室内 CO_2 浓度。结果，空气中的氡及其子体浓度很高，超过允许浓度。

③建立完善的排风系统。氡射气在空气中的浓度随着高度的增加而减少，以地面浓度为 100%，则地面上 10m 高度处只有 60%，故地下工程通风进气口在污染严重区域应高置，对于地下工程建立完善的机械通风系统尤为重要，良好的通风能使氡减少 70%～80%。

4. 地下空间防潮除湿的重要性

随着地下工程的不断发展，人们对地下工程内部的环境质量要求也越来越高。但是，由于地下工程受到岩石（或土壤）的包围，空间封闭，通风率低，容易造成潮湿、空气不新鲜、噪音大和照度不足等问题，特别是地下工程的潮湿问题对工程的正常使用影响很大，因此，“防潮除湿”成为地下建筑安全健康环境的一个重要保障技术措施。表 7-8 给出我国各建筑气候区典型城市的部分地下工程湿度环境调查结果[50]。

部分城市地下工程相对湿度　　表 7-8

地区	季节	相对湿度（%）				
		地下舞厅（地下娱乐场、地下影院）	地下旅馆	地下商场	地下医院	地下餐厅
辽宁	冬季	66.3±6.1	79±3.0		670±2.2	75.3±2.7
	夏季	79.2±2.3	87.3±4.1		85.4±2.6	81.4±4.5
北京	冬季	71.2±1.3		69.0±3.1	68.3±3.0	
	夏季	86.9±5.1	79.9±7.1	82.2±9.0	75.1±9.5	
四川	冬季	62±8	61±2	44±8		65±6
	夏季	77±4	89±7	78±7		78±5
安徽	冬季	85±3	84±9	82±3	84±3	
	夏季	87±3	92±5	70±6	84±3	
甘肃	冬季	42±2	29±1	39±3	52±6	
	夏季	89±3	62±5	70±2	72±4	

从表中可以看出，无论在哪个气候区，地下工程的相对湿度都较大，尤其是夏季一般均处于潮湿状态。为了改善地下空间的湿度环境，通常需要规划设计、结构设计、土建施工、通风空调及维护管理等多方面的综合性技术措施，从防潮和除湿两方面减少潮湿空气的进入，降低工程内部空气的湿度。分析地下潮湿的原因，正确计算除湿设备的湿负荷是保证地下空间一定的温湿度环境的关键。

目前，地下工程的防潮除湿主要是指从建筑结构和维护管理方面制止工程外部潮湿空气的进入，控制内部湿源的水分散发，并通过通风空调方法设法降低内部空气的湿度。

（1）地下空间防潮措施

1）由工程结构向地下建筑内部渗透和墙体表面的散湿，可以由土建专业做好内外防排水加以解决，如采用防水混凝土自防水结构，设置附加防水层，对施工缝、裂缝、伸缩沉降缝等特殊部位采用加强措施，并在工程内设置排水沟、截水沟等引水系统等。

2）在生产过程中产生及通风带入的散湿问题，可以通过加强用水管理，严格控制工程内部水分散发，通过地下工程的密闭来实现。如密闭不供人员出入的坑口，进、排风和排烟口的密闭，人员出入口设置防潮密闭门或空气幕，封闭敞开水面同时对工程内部根据工作区与非工作区，高温区与低温区，潮湿区与干燥区等实施分区密闭等。

（2）地下空间除湿措施

1）采暖通风除湿法

对室内空气加热升温，空气的相对湿度会随着空气温度升高而降低，同时采用自然通风或机械通风将室外相对湿度较低的空气送入室内，将室内相对湿度较高的空气置换出去，即采暖通风除湿。当然，如果掌握好气候条件，地下工程选用自然通风除湿可以起到节约能源的效果。

2）冷却除湿法

被处理空气通过冷却除湿设备（如表面式空气冷却器、淋水式空气冷却器等）使其温度下降到露点温度以下，它所含有的一部分水分就凝结在冷却器表面而排走。这样从冷却器出来的空气比较干燥，送到地下工程内即可吸收湿气，如此循环，就达到了除湿的目的。这种除湿方法效果较好、湿度下降快、运行费用较低，是目前在地下工程中较普遍使用的一种除湿方法。

3）固体和液体吸湿剂除湿法

固体吸湿剂是一种多孔材料，其内部含有很多直径微小的毛细孔，水蒸气分子很容易被捕集吸附在毛细管壁上。这种除湿系统工作效果的好坏，主要取决于吸附剂质量的优劣和能否再生。目前采用的固体吸附剂有硅胶、活性钙等。固体吸湿剂除湿系统一般用于小型工程。液体吸湿剂为浓缩的盐溶液，如三甘醇、氯化锂、溴化锂等水溶液。其主要优点是能连续处理较大量的空气，减湿幅度大，处理空气露点温度低，可以用单一的减湿过程将被处理的空气冷却到露点温度后加热调温，这样可避免冷量与热量相互抵消而造成的能量浪费。与冷冻除湿相比运行费用低，故障少、维修方便，但需要相应的吸湿剂再生设备。

4）压缩除湿

压缩除湿的原理是对潮湿空气进行压缩、冷却、分离其水分，达到减少空气含湿量的目的。由于空气被压缩引起了空气温度上升，所以压缩除湿常和冷却除湿并用。常规空调机去湿适用于既需要降温又需要去湿（即湿热比较大）的场合，而专用除湿机适用于需要除湿但对温度无特殊要求（即余热量小）的地方，调温除湿机则适用于对温湿度都有要求的场合，如地下工程中的地下商场、舞厅、影剧院等。压缩除湿与冷却除湿方法相比，耗动力大，不经济。只有在有压缩工程而又不便于用冷却除湿时，可利用此法获得干燥空气。当有空气涡轮机工作时，可利用动力回收办法，将压缩空气用来除湿。

地下工程潮湿是一个普遍存在问题。其防潮降湿应以预防为主，针对产生潮湿的原因按专业技术要求相应处理，并根据工程特点及气候特点采用适宜的除湿方法消除工程内的余热余湿，保证地下空间一定的温湿度要求，创造一个健康、舒适、节能、安全的地下空间内部环境。

5. 土壤特性对空调负荷的影响

目前在对地下建筑进行负荷计算的过程中，基本上大家都遵循以下理论：地下空间不同于地面建筑，它周围的土壤温度一年四季基本是恒定的，所以在冬季和夏季其围护结构的负荷基本恒定，只随室内温度的不同而变化；不论是白天还是晚上，只要使用就要开灯，所以照明负荷基本恒定。室内的不稳定因素是人员的变化，人员的发热量和新风负荷是空调系统的最大影响因素，而新风量的大小直接与地下空间人员的多少有关系。

但是，实际上，由于温度波在土壤中传递时会有延迟，所以在地下建筑围护结构处出现最高或者最低温度的时间要滞后于室外气温出现最高或最低值一段时间，因而围护结构传热量的波动要滞后于室外气温的波动。以哈尔滨地区某地下商场为例，哈尔滨市全年最低气温出现在 1 月，最高气温出现在 7 月，但是该地下商场的传热量冬季计算的最大值出现在 2 月中旬，夏季最大值出现在 8 月初。因此，在计算地下建筑空调负荷的时候，一定要考虑土壤温度波的滞后效应。甚至在有些地区，土壤温度波的滞后效应更加明显。在中原地区的黄土高原上的窑洞，由于土壤固有的蓄热性能，黄土穴内冬季温度可以保持 5～8℃，是古人类最适宜的生存之所。据测温查明，黄土地层 6m 的温度年波动正好与室外空气年波动出现 180°的相位差，即在室外最冷月（1～2 月），该地层温度却处于最高峰处（16.5℃左右），而在室外最热月（7 月、8 月），该地层温度又处于最低峰处（14.5℃左右）[51,52]。

另外，室外空气温度对地下建筑围护结构以及土壤温度场的影响是沿深度方向衰减的，即地下建筑围护结构的温度沿深度方向变化明显。在其他条件相同的情况下，土壤深度越大的地方，室外气温对该处地温的影响就越小。但是，要注意，地温不是随着深度的变化一直处于衰减状态。有资料表明，一般在地下 45～60cm 深度时，泥土一天的温差即不明显。图 7-13 表示了不同深度的土壤在一年期限所能出现的温度差。由图中可以看出，当在地面以下 2m 时，在一年的时间里还可以有 12℃左右的年平均温度之差，当深入地面以下 8m 左右时，其温度在一年中基本保持不变[51]。

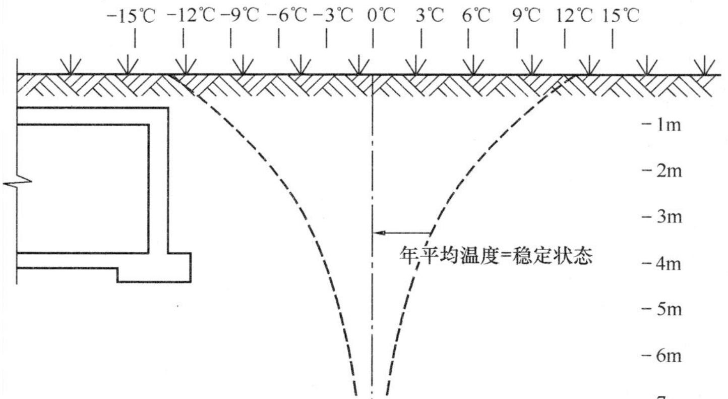

图 7-13　不同深度的土壤在一年期间所出现的温度差

正是由于土壤有这种热稳定性和绝缘性，为土掩体和地下建筑、地下贮库减少能量消耗提供了极好的条件，相当地减少了加热和冷却的负荷。据估计，全地下的或者半地下的建筑物，相对于同类型同规模的地上建筑，能够节约能源 75%左右。

因此，综合以上理论，得到以下结论：我们以往在计算建筑物围护结构负荷的时候所采用的室外空气计算温度，对于地下建筑来说存在很大的差异，应该采用土壤温度来代替室外空气计算温度，这样所得到的负荷结果才是准确的。此外，由于地温本身存在滞后和衰减的问题，所以我们在计算负荷时应考虑加入衰减和滞后因子，来校正计算结果，以便得到更接近实际情况的计算结果。另外，还要考虑该地下建筑所处的深度。

7.2.5　城市地下空间能耗诊断措施的分析

当前，随着我国城市化水平的不断提高，能源的匮乏和社会对能源的需求逐渐增大成为制约社会不断进步发展的突出矛盾之一。建筑能耗不断提高，对我国能源供应和环境保护造成巨大压力。

根据发达国家经验，随着城市化进程的不断推进和人民生活水平的提高，建筑能耗的比例将继续增加并最终达到 33%左右。建筑将超越工业、交通等行业而最终成为能耗的首位。根据近 30 年来能源界的研究和实践，目前普遍认为建筑节能是各种节能途径中潜力最大、最为直接有效的方式，是缓解社会经济发展与能源供应不足这对矛盾最有效的措施之一，也将成为提高社会能源使用效率的首要方面[53]。我国从 20 世纪 80 年代开始进行建筑节能工作以及相关标准和法规的制定，至今已 30 余年，但“节能建筑不节能”的现象却依然普通。究其原因，有以下几点：(1) 各种节能规范大都从设计角度考虑节能措施，并且要求各种能耗指标控制在限定值内，如围护结构的最小传热系数，而设计阶段的能耗指标在建筑设计运行是能否实现，很难下决断；(2) 建筑施工并不能完全按照最初的设计进行，且施工所使用的建筑材料也不能保证与设计完全相同；(3) 建筑运行管理方式与系统设计不配套，无法实现系统设计的功能，再加上运行维护人员的专业素质较低，造成运行费用巨大。

建筑节能是一项综合性的工作，涉及到建筑材料、建筑设计、建筑构造、建筑物理、建筑施工、暖通空调、建筑的运行管理及维护诸多方面。在建筑节能的重点由早期的居住建筑向公共建筑的转变过程中，由于设计过程中没有充分考虑实际运行，使得系统不具备可调性，也就造成了建筑运行能耗逐年增加和“节能建筑不节能”的现象。在此背景下，建筑能耗测试及能效诊断最近几年在我国很快的发展起来。通过能耗测试和能效诊断，可以较快地发现建筑运行过程中出现的问题，并采取相应措施，改善能耗系统运行状况，提高能源利用率。相应的建筑能耗测试诊断技术及能效评价方法便成为其中的关键。

我国的建筑能耗统计工作刚刚起步，各文献中给出的能耗统计数字大都是基于国家统计年鉴。一直以来，建筑能耗作为能源统计中的一个消费环节，长期被分割混杂在能源消耗的各个领域。国家统计部门没有把建筑能耗作为单独的一类能耗进行统计，更没有进行建筑的分项能耗统计，这样既无法了解建筑用能的详细情况，又对国家相关政策的制定产生一定影响。因此，将建筑能耗作为相对独立的统计对象，有利于系统地积累建筑能耗的基础数据，全面地了解我国各地建筑能耗的基本状况，对国家相关能源政策的制定及建筑耗能系统的优化运行具有重要的意义。相应的，为更加有效地实施能耗统计及建筑用能管理，必然要求构建符合我国实际情况的建筑能耗统计平台及相应的数据库管理系统。

1. 城市地下空间能耗统计测试内容

建筑运行能耗测试是对建筑空调、采暖系统进行能效诊断、运行优化和节能改造的必要途径，其目的是通过测试分析，对能耗系统的实际运行情况进行诊断，了解主要设备的运行工况和效率，了解建筑环境的健康程度，评估系统可用性和可靠性，改善室内环境，提高系统能效，降低能源消耗，同时对建筑的空调、采暖、照明等能耗进行统计。

空调水系统测试和能效诊断的对象主要包括冷水机组、冷冻水泵、冷却水泵、冷却塔和风机盘管等设备。

空调风系统测试和能效诊断的对象主要指空调机组、风机和散流器等设备。

(1) 空调水系统测试参数

1) 冷水机组测试参数

冷冻水、冷却水进出口温度及流量。若冷水机组为电动式，则还需测量机组压缩机的功率；若为吸收式冷水机组，则需测量机组的蒸汽耗量和阀门开度。其中温度测量采用玻璃管温度计或者温度传感器（如果可以对管道有较大改动时采用），流量测量采用超声波流量计，功率测量使用多参数功率表。

2) 水泵测试参数

水泵进出口压力、水泵流量、水泵电机输入功率。其中压力测量采用水泵进出口自带的压力记录体，功率测量使用多参数功率表。

3) 风机盘管测试参数

风机盘管进、出口水管的流量、压力。其中流量测量采用超声波流量计，压力采用多参数压力表。

(2) 空调风系统测试参数

1) 空调机组测试参数

空调机组的送风量、送风温度、新风量、新风温度、回风量、回风温度、排风量、排风温度。其中温度测量采用多参数通风表，或者采用温度自动记录体，这种仪表属于自动计量仪表，只需要提前设定好采样周期便可以实现自动测量，并且可以通过数据线与电脑相连接，将测量数据输入电脑中以便进行后期分析。

2) 风机测试参数

风机前后压力、风量、风机中电机的功率。其中风压测量采用多参数通风表，风量测量采用热线风速仪和毕托管，功率测量使用多参数功率表。

3) 散流器测试参数

散流器送出口风量、流速。其中风量和风速测量采用热线风速仪。

2. 城市地下空间能耗分析设想

随着科技的发展和人们对室内空气品质和环境要求的提高，建筑物及其空调系统的能耗问题也日益显现出来。空调系统能根据负荷的变化调节室内温度、湿度，为居住者提供一个舒适的工作和生活环境。空调系统应包括有效的运行管理，维持过程参数（温度、湿度、水流量、风速等）的设定值，以保持室内的舒适性，并适应负荷的变化达到节能的目的。

在发达国家，建筑能耗占总能源消耗的30%～40%，是能耗的最大部分；预计到2020年，民用和商业用能耗将分别占到全国总能耗的23.2%和28.6%，而这部分能源利用率却很低，只有30%左右。一般建筑能耗主要被用来维持建筑物内的舒适性，其中空调系统占了其最大的份额。

有研究表明，根据建筑物类型的差异，空调能耗占建筑物总能耗的 10%～60%。因此空调系统是建筑节能的最大潜力所在。提高空调系统的能源利用率，同时不影响室内的舒适性，一个行之有效的方法就是对空调进行优化设计和有效的运行管理。中央空调系统是商业建筑的能耗大户，对中央空调系统的监控有利于掌握系统是否正常运行。当系统不能正常运行时，及时对系统进行诊断，并找出问题所在并提出解决问题的办法；即使系统正常运行，及时对系统的各种指标进行评估以判断系统是否在高能效下运行。因此对建筑空调系统进行各种故障的检测及诊断对保证系统的正常运行，提高系统能效及保证室内环境有重要意义。

因此做了以下设计构想，希望能有利于地下建筑的节能措施的开展。

（1）针对冷水机组

冷水机组是空调系统中用能比例最高的部分，一般可以占到空调系统总能耗的 45%～73%，所以冷水机组的节能与否对于整个空调系统的节能有着至关重要的意义。但是我们也知道，虽然冷水机组的能耗比例最高，可是想在冷水机组的形式和型号上做文章是很困难的，一个节能的新型机组可能要花费很大的人力与物力，以及很长的时间周期才有可能孕育出来。因此，针对冷水机组，最好的方式是研究如何管理、如何使用好我们现有的冷水机组，以及引进经济、合理、有效的管理模式，在满足室内环境要求的情况下，达到节能运行的目的。

目前，在冷水机组的设计选型和使用上都存在很大的问题，有些建筑的实际冷量只是装机冷量的 50%～60%，这就造成了极大的浪费，同时也正是因此，在运行的过程中才会频频出现冷机低负荷运行的情况，使得冷冻水进出口温差远不能达到设计时的 5℃，甚至更低，因此设计出了下面的这个比较模型。

通过测量冷冻水和冷却水进出口水温，计算出温差，可以对冷机的运行状况进行判断。温差比为实际供回水温差和设计温差的比值，表示实际值偏离设计值的程度。

一般在设计时，电制冷冷水机组的蒸发器和冷凝器的进出水温差为 5℃，（有的实际工程中采用 8℃），双效溴化锂吸收式冷水机组冷却水进出口水温差一般为 6～6.5℃。

模型中的温差比可以通过统计数据或者试验得到一个合理的设定值，认为当温差比小于设定值时，冷水机组的运行处于不健康状态，需要进行调整，如调节冷冻水、冷却水流量。

具体的体系模型如图 7-14 所示。

另外，对于既有的地下建筑，要检测其现有的冷机设备在选型的时候是否充分考虑到

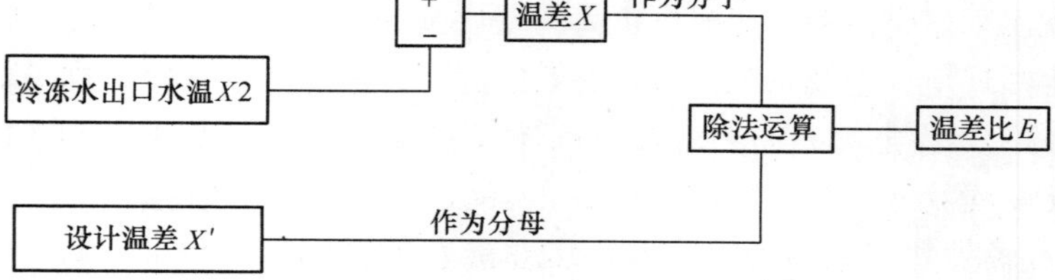

图 7-14　冷水机组能耗诊断模型

空调系统的负荷特点和设备性能。具体做法就是：在当地最热月或最冷月，进行实时检测，连续采集数据，计算实际的制冷量或制热量，与装机容量进行比较，观察冷机是否满负荷运行，若不是，进而观察其饱和度是多少，若低于设定值，则采取措施，如调整机组开启台数等。如果在最热月或者最冷月，机组的运行参数也远远低于当初的设计参数，则可以认为此机组不适合该建筑空调系统，从节能的角度考虑建议调换机组型号，选择适合的机组。

（2）针对水泵

对于水泵，不管是空调系统中的冷冻水泵、冷却水泵，还是采暖系统中的热水泵，都需要测量水泵进出口压力、水泵流量和水泵电机的功率。

水泵效率是衡量水泵工作效能高低的一项技术经济指标，它是指水泵的有效功率（即水泵的输出功率）和水泵轴功率（即水泵的输入功率）之比。水泵效率一般在65%～90%之间，大型泵可以达到90%以上。水泵效率的高低，在很大程度上取决于水泵的使用情况，因此，在水泵运行过程中，应该注意水泵的运行参数，准确判断水泵的工况点是否处于水泵高效区，这对于提高水泵的效率、真正达到节能的目的是十分重要的。而所谓水泵的高效区，是指工作水泵处在设计工况下运行的区域，也就是说水泵的吸程、扬程、电压、电机转速、水泵抽取的液体等都符合水泵厂家设计时的设计参数，或者在它的设计范围内，这时水泵是在高效区工作。因此，为了提高水泵的效率，减少水力损失，应力求使水泵在额定工况下工作，以减少水流的涡流和撞击损失。具体的体系模型如图7-15所示。

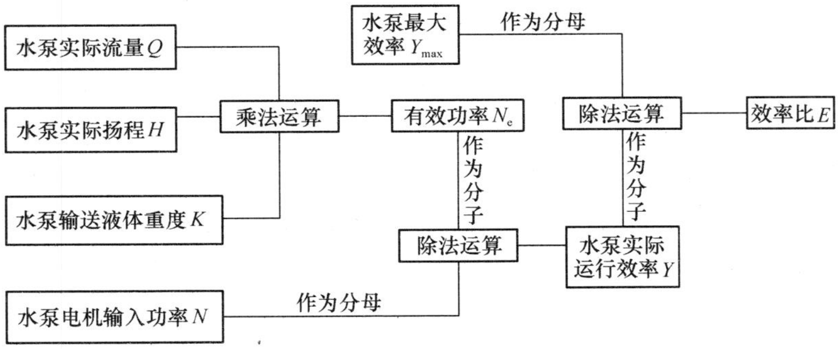

图7-15 水泵能耗诊断模型

另外，在实际操作过程中，检测水泵流量是最简单的。检测流量计上的流量是否正常，流量过大或者过小，都表明水泵工作在非高效区，这时应该及时对流量做出调整。

（3）针对整个空调系统

对整个系统来说，输送能效比是个很重要的参数。通过调查发现，多数建筑空调系统的输送能效比不符合《公共建筑节能设计标准》的要求，主要有以下因素：

1）设计选型不合理，水泵或者风机选择过大；

2）由于建筑本身体型的复杂性造成管路走向的困难，从而导致输送管路不得不走很多的弯路，使得管路多了许多局部阻力损失，致使整个管路损失增加；

3）在设计协调阶段，没有进行各专业的管道会审，使得大家都在过于充分利用有限的水平和垂直通道，最终在施工过程中造成了各专业发生了不可协调的冲突，而解决的方法就是一部分管道让路，从而增加了不少阻力损失。甚至，当系统比较大或者比较复杂的时候，会造成水力失调，从而导致在使用过程中出现末端设备没有冷量输出的情况。

因此，针对以上情况，可以提出以下设计构想：不以施工图设计阶段的图纸作为能耗检测的标准依据，而是以建筑建成之后实际安装的管路走向为基准，以建筑在投入使用之前最终的调试结果为标准，设定为正常工况。当然，这个调试周期最好是长一些，实时检测，采集数据，以最后较为稳定的情况最为标准，建筑投入使用后，可以实时检测，也可以阶段性检测，所采得的数据汇总之后都与标准的正常工况进行比较，然后采用必要的措施。用框图形式来表示，如图 7-16 所示。

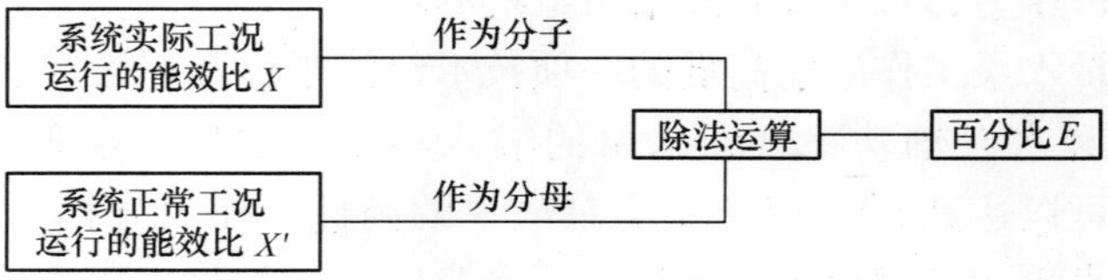

图 7-16　系统能耗诊断模型

注：在框图中，实际运行工况和正常工况中测试的参数可以有所不同的，需要各个用户根据自己的实际情况进行选取。但是由于本人知识积累以及能力有限，故以能效比为例绘制了比较模型。

3. 能效评价指标及分析

目前能耗评价指标多包含在节能设计规范和绿色建筑评估标准中，且主要是从设计角度对建筑用能进行评价，其中某些指标也可以用于对现有建筑的能耗评价。针对设计运行建筑或既有建筑的能耗评价指标及指标体系较少。因此，为了能够对建筑的耗能系统做出迅速、全面地综合评价及诊断，有必要研究简便、实用，并且从能效和能耗两方面来反映设备和系统运行特性的评价指标体系，而不是用单一的指标。

建立评价指标体系是进行建筑综合节能评价的基础性工作，其科学合理性直接影响评估结果的准确性。传统的建筑节能和节能评价主要是分专业、分工种、分材料或技术门类进行的，这对新型建筑材料和再生能源的推广利用起到了一定的作用，但是从建筑整体技能效果的评价来说，则显现出极大的片面性和不足，在使用中往往顾此失彼，结果影响到节能技术和新型节能材料推广的速度。

（1）冷水机组的能效评价

供回水温差及温差比可以作为评价冷水机组运行能效的指标之一，同时，冷水机组的性能系数 COP 也是衡量冷水机组运行能效的重要指标。在《公共建筑节能设计标准》中规定了空调设计时 COP 需要满足的要求。

（2）水泵的能效评价

水泵也是重要的耗能设备，空调制冷系统所需的能量大约有 15%～20%消耗于冷冻水的循环和输配上，清华大学现场测试和调查的结果表明，采用水冷式制冷机组的空调系统，冷冻水泵和冷却水泵的总电耗量分别占到制冷机组全年电耗量的 20%左右较为合格，超过合格比例的空调水系统存在设计或运行不合理的现象。

水泵的能效评价指标有：

1）水泵的有效功率比：水泵的实际有效功率与额定有效功率的比值；

2）电机功率比：电机的实际输入功率与额定输入功率的比值；

3）水泵的总效率：水泵的有效功率与电机输入功率的比值；

4）水泵的总效率比：水泵的实际总效率与额定总效率的比值。

（3）风机的能效评价

与水泵能效评价类似，风机可以采用风机有效功率比、风机电机功率比、风机总功率和风机总功率比等指标作为风机的能效评价指标。

（4）整个空调系统的能效评价

1）空调系统运行能耗指标

借鉴在空调设计时所使用的空调冷负荷指标，可以使用空调系统实际运行的能耗值作为评价指标。可以表述为单位面积的空调系统实际总能耗，包括电耗和气耗。该指标是只空调系统在实际运行时实际消耗的能量，包括了电能和燃料的热能，是从使用的角度确定的。

2）空调系统能效指标

空调系统设计能效比，见式（7-6）：

$$\varepsilon_d = \frac{Q_d}{W_d} \tag{7-6}$$

式中 Q_d——系统的额定制冷（热）量，kW；

W_d——为达到设计制冷量所需要消耗的各个设备的功率，kW。

通过该指标，可以了解建筑在最初设计时的能效情况，并且作为系统实际运行能效比的比较基准。可以通过对大量的空调设计情况进行统计，了解当前不同系统的设计能效比，并确定设计能效比的合理范围，用以对新建建筑的空调系统进行节能评价。

空调系统实际运行能效比，见式（7-7）～式（7-9）

$$\varepsilon_p = \frac{Q_p}{W_p} \tag{7-7}$$

$$Q_p = c\rho V(t_h - t_g) \tag{7-8}$$

$$W_p = \sum W_i \tag{7-9}$$

式中 Q_p——实际空调系统提供冷量，即实际运行时冷机的供冷量，kW；

W_i，W_p——实际系统中各设备的功耗及功耗总和，kW；

t_h，t_g——实测的冷机的冷冻水进出口温度，℃。

参 考 文 献

第2章

[1] 胡铁山．地下建筑热湿环境与热湿耦合对流传递模型研究［D］．重庆大学硕士学位论文. 2006：1～6.

[2] 地下建筑暖通空调设计手册编写组．地下建筑暖通空调设计手册［S］．北京：中国建筑工业出版社，1983.

[3] 赵敬源，邱永亮．地下建筑热工环境的数值分析研究［J］．四川建筑科学研究．2005，31（6）：167～169.

[4] 忻尚杰，朱培根．浅层地下建筑围护结构传热模拟的一种新方法［J］．暖通空调．1997，27（增刊）：15～18.

[5] 彭梦珑，黄敬远，丁力行等．深埋地下建筑岩壁耦合传热过程的动态计算［J］．建筑科学．2007，23（6）：37～40.

[6] 王丹宁．空气经地下风道降温的动态模拟与分析［D］．哈尔滨工业大学硕士学位论文. 2002：8～37.

[7] 朱培根，周艳，罗青等．地下建筑供暖空调负荷模拟软件的研究与开发［J］．暖通空调．2006，36（12）：119～121.

[8] Thomas B. A Comparison of Energy Consumption in Earth Covered vs. Non-Earth Covered Buildings［J］．National Science Foundation，1975：92.

[9] Golang SG. Earth-Sheltered Habitat，History，Architecture，and Urban Design［J］．Van Nostrand Reinhold，1983：63～68.

[10] Maref W，Swinton M C，Kunmaran M K，Bomberg M T. Three-dimensional Analysis of Thermal Resistance of Exterior Basement Insulation Systems（EIBS）［J］．Building and Environment. 2001，36（4）：407～419.

[11] Bamberg MT，Muzychka YS，Stevens DG，Kumaran MK. A Comparative Test Method to Determine Thermal Resistence under Field Conditions［J］．Journal of Building Physics. 1994，18（2）：163～182.

[12] Skrjanc I，Zupancic B，Furlan B，Krainer A. Theoretical and Experimental FUZZY Modeling of Building Thermal Dynamic Response［J］．Building and Environment. 2001，36（9）：1023～1038.

[13] 王海文．地下商场空调负荷计算与节能的浅见［J］．地下空间．1988，8（3）：51～55.

[14] 日比野敏．地下空间の环境ァセスソントと环境设计［M］. 丸善出版，1995.

[15] 赵平歌．地下建筑的防潮除湿研究［J］．地下空间与工程学报．2007，3（6）：987～1004.

[16] 程绍仁．地下工程防潮除湿［M］．国防工业出版社，1990：1～73.

[17] Aberg O. The Unventilated Crawl-space Foundation. Heat and Moisture Transfer in Buildings-Research Papers 1990［R］．Report TVBH-3016，Lund Institute of Technology，Lund，1991：41～45.

[18] Kurnitiski J. Ground Moisture Evaporation in Crawl Spaces［J］．Building and Environment. 2001，36（3）：359～373 .

[19] Kurnitiski J. Crawl Space Air Change，Heat and Moisture Behaviour［J］．Energy and Building. 2000，32（1）：19～39.

[20] Samuelson I. Moisture Control in Crawl Space [DB]. ASHRAE Technical Data Bull. 1994，10 (3)：58～64.

[21] Manole D M. Lage J L. Nonunifrom grid accuracy test applied to the natural convection flow within a porous medium cavity. Numer heat transfer，1993. 23 (Part B)：351～368.

[22] Huang Huaxiong，Prosperetti A. Effect of grid orthorgonality on the solution accuracy of the two-dimensional convection-diffusion equation [J]. Number heat transfer，1994，26 (Part B)：1～20.

[23] 陶文铨. 数值传热学（第二版）[M]. 西安：西安交通大学出版社，2001：78～103.

[24] Patankar S V. A numerical method for conduction in composite materials，flow in irregular geometries and conjugate heat transfer [C]. In：proceedings of Sixth International Heat Transfer Conference. Toronto，Canada，1978，3：297～302.

[25] Chang K C，Payne U J. Numerical treatment of diffusion coefficients at interfaces [J]. Number heat transfer，1992，21 (Part A)：363～376.

[26] 朱培根，周永红，苏辉. 浅埋地下建筑风冷热泵空调系统传热模型与试验研究 [J]. 制冷与空调，2003，3 (2)：19～23.

[27] 陆亚俊，马最良，邹平华. 暖通空调（第二版）[M]. 北京：中国建筑工业出版社，2007.

[28] 电子工业部第十设计研究院. 空气调节设计手册 [S]. 北京：中国建筑工业出版社，1995.

[29] 马最良，姚杨. 民用建筑空调设计（第二版）[M]. 北京：化学工业出版社，2010.

[30] 刘朔，孟广元，邱荣岐. 铁路客车旅客构成及群集系数的探讨 [J]. 铁道车辆，1988，(8)：23.

[31] 耿世彬，郭海林. 地下建筑湿负荷计算 [J]. 暖通空调. 2002，32 (6)：70～71.

[32] 于长云. 软件开发方法分析 [J]. 天津理工学院学报. 1995，(9)：2～5.

[33] 谢储晖. 面向对象的概念及应用 [J]. 计算机与现代化. 1995，(2)：41～42.

[34] 王弢. B&M 安全管理系统——基于 Microsoft Visual Studio. NET 的开发与实现 [D]. 山东大学硕士学位论文. 2005：1～10.

[35] 张海藩. 软件工程导论 [M]. 北京：清华大学出版社，2002.

[36] 郑人杰，殷人昆. 实用软件工程 [M]. 北京：清华大学出版社，2003.

[37] 胡俊哲，英宇. C++编程技术与技巧 [M]. 北京：机械工业出版社，2002.

[38] 网冠科技. Visual C++时尚编程百例 [M]. 北京：机械工业出版社，2002.

[39] （美）琼斯. ASP. NET 与 C++从入门到精通 [M]. 北京：电子工业出版社，2003.

[40] 萨师煊，王珊. 数据库系统概论 [M]. 北京：高等教育出版社，2000.

第 3 章

[1] ISO. International Standard 7730 [S]. Moderate thermal environments determination of the PMV and PPD indices and specification of the conductions for thermal comfort.

[2] 赵时旻，蔡昊，杨建国. 地铁车站空气品质的评价与探讨 [J]. 百家论坛，2007，11：13～15.

[3] 忻尚杰，程宝义，杨纯华等. 国外地下空间内部环境保障技术 [J]. 中国建设信息供热制冷专刊，2002，F02：10～13.

[4] 王昭俊，赵加宁. 室内空气环境 [M]. 北京：化学工业出版社，2006.

[5] 杨纯华，孟广田. 地下空间病态建筑综合症调查及其诊治 [J]. 暖通空调，2001，31 (5)：52～54.

[6] 中华人民共和国国家质量监督检验检疫总局. GB 50325—2001 民用建筑工程室内环境污染控制规范 [S]. 北京：中国标准化出版社，2001.

[7] 本书编委会. 城市地下空间开发利用关键技术指南 [M]. 北京：中国建筑工业出版社，2006.

[8] 刘英义，马吉民，吕跃林. 地下商场内部空气品质探析 [J]. 建筑热能通风空调，2001，21 (2)：34～36.

[9] 吕伟，吴守春. 室内空气品质问题综述 [J]. 洁净与空调技术，2000，7 (3)：16～20.

[10] 赵荣义等. 空气调节. 第三版 [M]. 北京：中国建筑工业出版社，1994.

[11] 纪秀玲. 人居环境中人体热感觉的评价及预测研究 [M]. 北京：中国疾病预防控制中心，2003. 9.
[12] Fanger P O. Prediction of thermal sensation to non-air-conditioned buildings in warm climates [J]. Indoor Air，2002，34 (6)：533～536.
[13] 张磊，孟庆林，赵立华. 室外热环境评价指标湿球黑球温度简化计算模型 [J]. 热带建筑，2007，5 (2)：16～20.
[14] 魏润柏，徐文华. 热环境 [M]. 上海：同济大学出版社，1994.
[15] 金招芬，朱颖心. 建筑环境学 [M]. 北京：中国建筑工业出版社，2001.
[16] 王子介. 辐射采暖住宅建筑能耗与室内作用温度 [J]. 南京师范大学学报，2002，2 (2)：78～83.
[17] Saaty T L. The Analytic Hierarchy Process [M]. New York：McGraw Hill，1980，Reprinted by RWS Publication，Pittsburgh ，1996.
[18] 曾波. 基于 AHP 的系统模块优先级排序的应用 [J]. 统计与决策，2007，8：138.
[19] 资雪琴等. 层次分析法在室内空气品质综合评价中的应用 [J]. 山西能源与节能，2005，1：33～34.
[20] 张邦俊. 噪声主观反应模糊隶属函数的 AHP 计算方法 [J]. 中国环境科学，2004，24 (3)：364～366.
[21] 蒋惠国，王晚香. 主成分分析法在综合评价中的应用 [J]. 武汉理工大学学报（交通科学与工程版），2004，28 (3)：467～470.
[22] 吴育华，曾祥云等. 带有 AHP 约束锥的 DEA 模型 [J]. 系统工程学报，1999，14 (4)：330～334.
[23] 马占新，唐焕文. 一个综合的 DEA 模型及其相关性质 [J]. 系统工程学报，1999，14 (4)：311～316.
[24] 李安贵等. 模糊数学及其应用（第二版）[M]. 北京：冶金工业出版社，2005. 8.
[25] 杨嘉，人体热舒适的模糊综合评判 [J]. 重庆大学学报（自然科学版），2002，(25) 8：28～31.
[26] 宫丽虹，袁代光. 地下建筑内部空气环境模糊综合评判 [J]. 暖通空调，1999，29 (2)：34～37.
[27] 陈刚. 应用模糊数学方法综合评价人防工事室内环境质量 [J]. 第二军医大学学报，1997，18 (3)：275～278.
[28] 沈旭东. 船舶舱室光环境质量评价方法 [J]. 舰船科学技术，2007，29 (4)：47～50.
[29] 邓聚龙. 灰色理论系统基本方法 [M]. 武汉：华中科技大学出版社，2004.
[30] 张桂芳. 室内空气品质的灰色综合评判. 湖南大学学报（自然科学版）[J]. 2001，28 (5)：107～111.
[31] 初春玲，曹叔维，周俊彦. 室内空气品质的模糊性综合评判 [J]. 建筑热能通风空调，1999，03，9～11.
[32] 张甫仁. 基于灰色雷达图理论的室内环境评价 [J]. 建筑科学，2007，23 (12)：53～54.
[33] 赵宏，马立彦，贾青. 基于变异系数法的灰色关联分析模型及其应用 [J]. 黑龙江水利科技，2007，35 (2)：226～27.
[34] 程乾生. 属性集和属性综合评价系统 [J]. 系统工程理论与实践，1997 (9)：1～8.
[35] 沈晋明. 室内空气品质的评价 [J]. 暖通空调，1997，27 (4)：22～25.
[36] 马士宾等. 道路环境影响综合评价指标权重确定方法 [J]. 长安大学学报（自然科学版），2007，27 (4)：37～41.
[37] 郭璐芸等. 基于变异系数法的上市公司经营业绩灰色关联评价 [J]. 理论新探，2005 (2)：18～19.
[38] 林杰等. 基于熵权 TOPSIS 法的房地产上市公司绩效评价 [J]. 技术经济与管理研究，2008 (3)：14～15.
[39] 焦利明，冯世立，邓长江. 基于向量相似度赋权法的 C3I 系统效能评估 [J]. 火力与指挥控制，2005，8 (30)：202～204.

[40] 王明涛. 多指标综合评价中权系数确定的一种综合分析方法 [J]. 系统工程，1997，17 (2)：56～61.
[41] 郭显光. 多指标综合评价中权数的确定 [J]. 数量经济技术经济研究，1989，11：49～52.
[42] 宜家骥. 多目标决策 [M]. 长沙：湖南科技出版社，1989.
[43] 樊治平，潘德惠. 多属性决策的一种主客观综合法 [J]. 系统工程，1995，13 (5)：28～31.
[44] 国家标准化管理委员会. GB/T 12454—2008 视觉环境评价方法 [S]. 北京：中国标准出版社. 2009.
[45] 金虹等. 地下空间声环境实验分析 [J]. 哈尔滨工业大学学报，2009，41 (6)：98～102.
[46] 翁良善，叶晓斌. 居住社区声环境影响因素及影响评价 [J]. 科技创新导报，2009 (12)：116～117.
[47] 吴静. 高层建筑室内外声环境评价与分析 [D]. 重庆大学大学硕士学位论文，2007.
[48] 谭军，黄险峰. 对高校校园声环境舒适性评价的研究 [J]. 声学技术，2009，28 (2)：45～57.
[49] 资雪琴，刘刚. 层次分析法在室内空气品质综合评价中的应用 [J]. 山西能源与节能，2005，36 (1)：33～34.
[50] 王莲芬，许树柏. 层次分析法引论 [M]. 北京：中国人民大学出版社，1990.

第 4 章

[1] 杨盛旭，韩旭. 新型需求控制通风方式研究 [J]. 建筑热能通风空调，1999，(4)：22～24.
[2] 耿世彬，杨家宝. 基于室内空气品质的需求控制通风研究 [J]. 建筑热能通风空调，2003，22 (3)：1～3.
[3] 戴朝华，朱云芳. 基于变频空调器的舒适性指标与室内空气质量智能控制研究 [J]. 暖通空调，2006，36 (4)：57～60.
[4] Yu-Pei Ke，Stanley. Mumma. Using Carbon Dioxide Measurements to Determine Occupancy for Ventilation Control [J]. ASHRAE Transactions 1997，103 (2).
[5] Mike B. Schell，Stephen C. Turner，P. E.，R. Omar Shim. Application of CO_2-Based Demand Controlled Ventilation Using ASHRAE Standard 62：Optimizing Energy Use and Ventilation [J]. ASHARE Transactions Symposia，1998：1213～1225.
[6] John J. Lauria. How demand controlled ventilation increases air quality and reduces costs [J]. 1998，(12).
[7] Mike Schell，Dan Int-Hout. Demand Control Ventilation Using CO_2 [J]. ASHRAE Journal，2001，(2).
[8] H. Martin. Demand-controlled ventilation in vehicle parks [J]. SenseAir，2001，(3).
[9] Kurt W. Roth，Ph. D.，John Dieckmann，P. E.，and James Brodrick，Ph. D. Demand Control Ventilation [J]. Emerging Technologies，2003.
[10] Aircuity. A Healthier，More Energy Efficient Approach to Demand Control Ventilation. 2006.
[11] ANSI/ASHRAE Standard 62-1989，Ventilation for Acceptable Indoor Air Quality [S].
[12] ANSI/ASHRAE Standard 62-1999，Ventilation for Acceptable Indoor Air Quality [S].
[13] ANSI/ASHRAE Standard 62-2001，Ventilation for Acceptable Indoor Air Quality [S].
[14] ANSI/ASHRAE Standard 62. 1-2004，Ventilation for Acceptable Indoor Air Quality [S]. American Society of Heating，Refrigerating，and Air-Conditioning Engineers.
[15] 杨晓燕，翁俊. 城市地下空间 CO_2 浓度的测试研究 [J]. 地下空间与工程学报，2006，26 (2)：199～202.
[16] 刘浩. 哈尔滨某地下商场室内空气品质实验研究与评价 [D]. 哈尔滨工程大学硕士学位论文，2006.
[17] 祁晓霞. 潘京. 对大型专业商场疏散人数的调查研究 [J]. 消防科学与技术. 24 (1)：60～

63，2005.

[18] 刘昶，钱华，李德. 上海地铁车站空气中 CO_2 浓度调查 [J]. 上海环境科学，1999，18（7）：306～308.

[19] 朱培根，朱颖心. 地铁车厢内人员新风量的研究 [J]. 暖通空调，2006，36（3）：75～77.

[20] 王翠华，戴玉龙，蔡培力. 基于 Matlab/Simulink 环境下空调房间仿真模型的建立 [J]. 大连水产学院学报，2005，20（2）：128～131.

[21] GB 50157—92 地下铁道设计规范 [S].

[22] 马最良，姚杨. 民用建筑空调设计 [M]. 化学工业出版社，2003：211～212 .

[23] 钱以明，杨书明. VAV 系统中新风量的控制 [J]. 暖通空调，1999，29（3）：39～41 .

[24] N. Nassif，S. Moujaes. A New Operating Strategy for Economizer Dampers of VAV System [J]. Energy and Buildings 2008，(40)：289～299.

[25] 北京城建设计研究总院. GB 50157—2003 地铁设计规范 [S]. 北京：中国计划出版社，2003.

[26] 王迪军、罗燕萍、贺利工等. 地铁车站屏蔽门渗漏风量数值分析 [J]. 城市轨道交通研究，2007，10（1）：45～49.

[27] 胡汉华，吴超，李茂楠. 地下工程通风与空调 [M]. 中南大学出版社，2005：15～16.

[28] 高晓宇，李国庆，张春生等. 新型可开启式门式表冷器 [P]. 实用新型专利，专利号：CN200420001115. 4.

[29] 唐化程. 大型表冷器在地铁设计中的应用 [J]. 山西建筑，2009，35（5）：179～180.

[30] 朱禹州. 适用于地下建筑的节能型表冷器的开发与研究 [D]. 哈尔滨工业大学硕士学位论文，2009.

[31] 张寅平，张立志，刘晓华等. 建筑环境传质学 [M]. 北京：中国建筑工业出版社，2006.

[32] 王元元，张立志. 空气净化技术的研究与进展 [J]. 暖通空调，2006，36（12）：24～27.

[33] Yu B F，Hu Z B，Liu M. Review of research on air-conditioning systems and indoor air quality control for human health [J]. International Journal of Refrigeration，2009，32（1）：3～20.

[34] 刘道清. 空气过滤技术综述 [J]. 环境科学与管理，2007，32（5）：109～113.

[35] 涂舫，刘燕敏，刘锦等. 商场空调通风污染控制方法的分析 [J]. 洁净与空调技术，2006，（1）：60～62.

[36] 刘德立，王志刚. 静电技术在空气净化中的应用 [J]. 家用电器消费，2002，(3)：15.

[37] 程灯塔，刘刚. 静电净化装置在医院洁净空调系统中的应用 [J]. 建筑热能通风空调，2005，24（1）：87～91.

[38] 张博，王明连，耿彦生等. 我国空气净化消毒方法研究进展 [J]. 环境与健康杂志，2007，24（9）：45～747.

[39] 李建兴，涂光备，涂岱昕. 室内微生物污染的三种工程控制方法 [J]. 暖通空调，2004，34（12）：29～33.

[40] 连铁军，李新武，赵斌秀等. 空调系统中不同空气消毒方法消毒效果观察 [J]. 中国消毒学杂志，2006，23（4）：299～301.

[41] 方建龙，吴亚西，李新武. 不同消毒技术空气消毒效果及其影响因素研究进展 [J]. 中国消毒学杂志，2007，24（4）：368～370.

[42] 尹维东. 室内空气污染物的净化 [J]. 环境污染治理技术与设备，2002，3（2）：53～55.

[43] 立本英机，安部郁夫著，高尚愚 译. 活性炭的应用技术 [M]. 东南大学出版社，2002.

[44] 刘锦，刘燕敏，孙伟等. 几种新型空气过滤器净化效果分析 [J]. 洁净与空调技术，2007（1）：40～42.

[45] 黄春松，黄翔，吴志湘. 空气负离子产生的机理研究 [C]. 第五届功能性纺织品及纳米技术研讨会，2005，373～379.

[46] 吴志湘，黄翔，黄春松等. 空气负离子浓度的实验研究 [J]. 西安工程科技学院学报，2007，21

(6)：803～806.
[47] 蔡杰，亢燕铭，刘俊杰．空调与净化中一些概念的辨析［J］．暖通空调，2003，33（6）：34～39.
[48] 高立新，陆亚俊．基于光催化技术的新型空气过滤器［J］．建筑热能通风空调，2003，22（2）：40～41.
[49] 王锡琴，霍海娥．光催化技术室内空气净化器的研究［J］．制冷与空调（四川），2006（4）：50～52.
[50] 古政荣，陈爱平，戴智铭等．活性炭-纳米二氧化钛复合光催化空气净化网的研制［J］．华东理工大学学报，2000，26（4）：367～371.
[51] 高立新，陆亚俊．室内空气净化器的现状及改进措施．哈尔滨工业大学学报，2004，36（2）：199～201.
[52] Ao C H，Lee S C. Indoor air purification by photocatalyst TiO_2 immobilized on an activated carbon filter installed in an air cleaner［J］. Chemical Engineering Science，2005，60（1）：103～109.
[53] 古政荣，陈爱平，戴智铭，等．空气净化网上光催化剂和活性炭相互增强净化能力的作用机理［J］．林产化学与工业，2000，20（1）：6～10.
[54] 国家质量监督检验检疫总局，卫生部，国家环境保护总局．GB/T 18883—2002 室内空气质量标准［S］．北京：中国标准出版社，2002.
[55] 中华人民共和国建设部．GB 50325—2001 民用建筑工程室内环境污染控制规范［S］．北京：中国标准出版社，2002.
[56] 国家人民防空办公室，中华人民共和国卫生部．GB/T 17216—1998 人防工程平时使用环境卫生标准［S］．北京：中国标准出版社，1998.
[57] 宋广生．中国室内环境污染控制理论与实务［M］．北京：化学工业出版社，2006.
[58] 崔九思．室内空气污染监测方法［M］．北京：化学工业出版社，2002.
[59] 卞正岗．传感器和检测仪表的现状和发展趋势［J］．自动化博览，2007（z1）：32～33.
[60] 孙亚飞．测试仪表发展概述［J］．仪器仪表学报，2003，24（5）：481.
[61] 董连华．有害气体性状及监测技术［M］．沈阳：东北工学院出版社，1991.
[62] 刘广玉．传感器的现状与未来［J］．仪器仪表学报，2007，18（2）：1～4.
[63] 滕召胜，罗隆福，童调生．智能检测系统与数据融合［M］．北京：机械工业出版社，2001：213～215.
[64] 彭军．传感器与检测技术［M］．西安：西安电子科技大学出版社，2005.
[65] 李明远，安立璋．仪器仪表发展现代化综述［J］．仪器仪表用户，2005，(12)：1～3.
[66] 王建国．矿井通风安全检测仪表发展概述［J］．煤炭技术，2004，23（4）：3～5.
[67] 方原柏．有关传感器和检测仪表的思索［J］．现场仪表与传感器，2006，10（1）：20～22.
[68] 国家环保总局．HJ/T 167—2004 室内环境空气质量监测技术规范［S］．北京：中国环境科学出版社，2005.
[69] 李时东，程瑞端．室内空气污染“在线和嵌入式”实时监测模块的开发应用［J］．深圳职业技术学院学报，2006，(2)：1～5.
[70] 王栋，胡玢．室内空气检测实践中几个问题［J］．城市管理与科技，2006，8（5）：225～228.
[71] 刘永华，韩旭．一种基于 AVR 的新型空气质量检测仪表的设计［J］．中国仪器仪表，2009，(11)：30～33.
[72] 李向江，樊京．基于 AVR 单片机的数据采集系统设计［J］．中国西部科技，2006（19）：41～42.
[73] 马潮．高档 8 位单片机 ATmega128 原理与开发应用指南［M］，上册．北京航空航天大学出版社，2004.
[74] 孙余凯．传感器应用电路［M］．北京：电子工业出版社，2008.
[75] 王小增，杨久红．CO 浓度检测仪表硬件电路设计［J］．仪表技术与传感器，2007（6）：19～20.
[76] 李小昱，雷廷武．电容式水流泥沙含量传感器自校准技术的研究［J］．西北农林科技大学学报

（自然科学版），2002，30（3）：99～101.
［77］ 张春飞，罗家融．软件去除零点漂移方法的讨论［J］．计算机测量与控制，2004，12（7）：684～688.
［78］ 李汉军．智能仪表自动调零分析［J］．湖南工程学院学报，2001，11（2）：21～23.
［79］ 马月辉，严世强．智能仪表自调零［J］．自动化与仪器仪表，2001（1）：55～57.
［80］ 张益昭，曹国庆，梁磊等．超低阻高中效过滤器在健康快车通风空调系统改造中的应用［J］．暖通空调，2009，39（4）：65～67.
［81］ 清华大学建筑节能研究中心．中国建筑节能年度发展研究报告［R］．中国建筑工业出版社，2007.
［82］ 徐学利，张立志，朱冬生．液体除湿研究与进展［J］．暖通空调，2004，34（7）：22～26.
［83］ 杨英．液体除湿性的实验研究［D］．天津大学博士学位论文，1999.
［84］ 王倩，郝红，卢建津．液体除湿空调系统国内外研究进展［J］．煤气与热力，2005，25（10）：73～76.
［85］ 赵云，施明恒．太阳能液体除湿空调系统中除湿剂的选择［J］．工程热物理学报，2001，22（s1）：165～168.
［86］ Lof G O G. Cooling with solar energy［C］. In：Congress on Solar Energy，Tucson，USA，1955.
［87］ Timothy A A，Kevin G G，Byard D W. Performance predictions of alternative，low cost absorbents for open-cycle absorption solar cooling［J］. Solar Energy，1995，54（2）：65～73.
［88］ Manuel R. Conde. Properties of aqueous solutions of lithium and calcium chlorides：formulations for use in air conditioning equipment design［J］. International Journal of Thermal Sciences，2004，43（4）：367～382.
［89］ 孙健，宫小龙，施明恒．除湿溶液蒸汽压的研究［J］．制冷学报，2004，25（1）：27～30.
［90］ A. Ertas，E. E. Anderson，I. Kiris. Properties of a new liquid desiccant solution-Lithium chloride and Calcium chloride mixture［J］. Solar Energy，1992，49（3）：205～212.
［91］ 江亿，李震，陈晓阳等．溶液式空调及其应用［J］．暖通空调，2004，34（11）：88～97.
［92］ 刘晓华，李震，江亿等著．温湿度独立控制空调系统［M］．北京：中国建筑工业出版社，2006：5～181.
［93］ 薛殿华．空气调节［M］．北京：清华大学出版社，1990：20～35.
［94］ Alizadeh S，Saman W Y. Modeling and Performance of a Forced Flow Solar Collector/Regenerator Using Liquid Desiccant［J］. Solar Energy，2002，72（2）：143～154.
［95］ 刘乃鸿主编．工业塔新型规整填料应用手册［S］．天津：天津大学出版社，1993.
［96］ 刘晓华，江亿，曲凯阳等．使用吸湿溶液的叉流除湿模块尺寸优化分析［J］．太阳能学报，2006，27（9）：878～883.
［97］ 莱恩哈特·毕力特．填料塔分析与设计［M］．北京：化学工业出版社，1993 .
［98］ 何祖镆，陆震维等．填料研究中的几个问题［J］．化学工业与工程，1988，5（2）：24～32.
［99］ 中华人民共和国国家质量监督检验检疫总局．风机盘管机组（GB/T 19232—2003）［S］．北京：中国标准出版社，2003.
［100］ 中国气象局气象信息中心资料室，清华大学建筑技术科学系．中国建筑热环境分析专用气象数据［DB］．北京：中国建筑工业出版社，2005.
［101］ 余晓平，付祥钊．夏热冬冷地区新风冷负荷计算方法的研究［J］．成都纺织高等专科学校学报，2002，19（2）：23～26.
［102］ 上海化工学院，天津大学等编．化学工程［M］．北京：化学工业出版社，1980：50～90.
［103］ 铃木谦一郎，大矢信男著．除湿设计［M］．北京：中国建筑工业出版社，1983：118～127.
［104］ 张立志编著．除湿技术［M］．北京：化学工业出版社，2004：191～193.
［105］ 齐文启，孙宗光，边归国等编著．环境检测新技术［M］．北京：化学工业出版社，2004：

40～201.
[106] 魏复盛编著. 水和废水监测分析方法指南（中册）[M]. 北京：中国环境科学出版社，1994：55～189.
[107] 魏复盛，徐晓白，孙宗光等编著. 水和废水监测分析方法指南（下册）[M]. 北京：中国环境科学出版社，1997：15～77.
[108] 魏复盛，齐文启编著. 原子吸收光谱及其在环境分析中的应用 [M]. 北京：中国环境科学出版社，1988：25～88.
[109] 魏复盛，腾恩江，毕彤等编著. 水和废水监测分析方法（第四版）[M]. 北京：中国环境科学出版社，2003：24～103.

第5章

[1] Jian Kang. Acoustics of long space：theory and design guide [M]. Published by Thomas Telford Publishing，2002：29.
[2] 詹姆斯·考恩．建筑声学设计指南 [M]．中国建筑工业出版社，2004：65～69，160～165.
[3] 钟祥璋．建筑吸声材料与隔声材料 [M]．化学工业出版社，2005：4～5.
[4] 康健．非声学公共建筑中的声品质 [J]．《声学技术》，2006，25（6）：513～522.
[5] Jian Kang. Comparison of sound fields in regularly-shaped：long and flat enclosures with diffusely reflecting boundaries [J]. International Journal of Acousics and Vibration，2002，7：165～171.
[6] 法国01dB公司．建筑声学分析软件 dBBATI32 [CP].
[7] Kang，J. Acoustic theory of long enclosures and its application to underground stations [J]. Underground Engineering and Tunnels，4：37～40（in Chinese），1998.
[8] 杜功焕，朱哲民，龚秀芬．声学基础 [M]．南京：南京大学出版社．2001. 422.
[9] T. E. Vigran. Reverberation time in large industrial halls [J]. Journal of Sound and Vibration，1978，56（1）：151～153.
[10] L. L. 多勒著，吴伟中，叶恒建译．建筑环境声学 [M]．北京：中国建筑出版社，1981.
[11] 柳孝图．建筑物理 [M]．中国建筑工业出版社，2000.
[12] 吴硕贤．隧道声学系统的语言清晰度预测．绿色建筑与建筑物理 [M]．中国建筑工业出版社，2004.
[13] 风笑天．社会学研究方法（第三版）[M]．中国人民大学出版社，2009..
[14] 卢淑华．社会统计学（第三版）[M]．北京大学出版社，2005..
[15] 毛东兴．响度感知特征研究进展 [J]．声学技术．2009，28（6）：693～696..
[16] Soekisno H. A Comparison Of Public And Private University Students Expectations And Perceptions Of Service Quality In Jakarta [D]. PhD Thesis，Nova Southeastern University，Indonesia，2001：66..
[17] 王杰，钟恭良，张承云等．STIPA测试原理简介 [J]．电声技术，2008，22（5）：11～13.
[18] BradleyJ. S. Predictors of speech intelligibility in rooms [J]. J. Acoust. Soc. Am.，1986，80（3）：837～845.
[19] 康玉成．实用建筑吸声设计技术 [M]．中国工业出版社，2007：195～213，183～186.
[20] 中华人民共和国公安部主编．汽车库、修车库、停车场设计防火规范（GB 50067—97）[S]．中国计划出版社，1998.
[21] 王峥，项端祈，陈金京等．建筑声学材料与结构 [M]．机械工业出版社，2006：178～179.
[22] 北京城建设计研究总院主编．地铁设计规范（GB 50157—2003） [S]．中国计划出版社，2003：75.
[23] 丁健红，朱伟峰，叶倩等．屏蔽门对地铁站内环境影响的实验研究 [J]．建筑科学，2006，22（6）：170～172.

[24] 康健，杨威．城市公共开放空间中的声景［J］．世界建筑，2002，144：76～79.
[25] Kang，J. Urban sound environment［M］. Taylor & Francis incorporating Spon，London，2006.
[26] 唐征征．基于声场声源声景的地下商业空间声喜好研究［D］．哈尔滨工业大学博士学位论文，2010.

第6章

[1] 北京照明学会照明设计专业委员会编．照明设计手册（第二版）[M]．北京：中国电力出版社，2006.
[2] （日）照明学会编；李农，杨燕译．照明手册［M]．北京：科学出版社，2005.
[3] 田蕾．建筑环境性能综合评价体系研究［M]．南京：东南大学出版社，2009.
[4] 国家标准化管理委员会．视觉环境评价方法 GB/T 12454—2008［S]．2008.
[5] B. Bouchet，M. Fontoynont. Day-lighting of underground spaces：design rules［J]. Energy and Building. 1996，23（3)：293～298.
[6] 杨远．城市地下空间多灾种安全综合评价指标体系与方法研究［D]．重庆大学硕士学位论文．2009.
[7] 宿晨鹏．城市地下空间的自然光环境营造［J]．建筑设计研究，2007，25（9)：122～123.
[8] H. M. 古雪夫著，张绍纲译．建筑物天然采光［M］．中国工业出版社，1965.
[9] 童林旭．地下建筑图说 100 例［M］．中国建筑工业出版社，2007.
[10] 陈志龙，吴涛．地下建筑中庭设计探讨［J］．地下空间，2002，22（4)：347～349.
[11] 建筑照明设计标准（GB 50034—2004）[S]．北京：中国建筑工业出版社，2004.
[12] 城市轨道交通照明（GB/T 16375—2008）[S]．北京：中国标准出版社，2008.
[13] 建筑照明设计标准培训讲座［M]．北京：中国建筑工业出版社，2004.
[14] 国家经贸委/UNDP/GEF 中国绿色照明工程项目办公室，中国建筑科学研究院．绿色照明工程实施手册［S]．北京：中国建筑工业出版社，2003.
[15] 段旺，宗复，林若慈等．奥运中心区地下车库导光管系统［J]．照明工程学报，2008，19（3)：1～7.

第7章

[1]《地下建筑暖通空调设计手册》编写组．地下建筑暖通空调设计手册［S］．中国建筑工业出版，1983.
[2] Jianhong Ding，Weifeng Zhu，Qian Ye，Zhuling Zheng，Wenyu Zhang. Energy consumption Analysis of large-Scale Public Building in shanghai［C］. The Proceedings of The Yellow Sea Rim International Exchange Meeting on Building Environment and Energy，2009.
[3] Zheng Zhuling，Zhu Weifeng，Ding Jiangong，Yuan Yuan Zhu. The Advance and Details of Promoting EIMS in shanghai［C］. The Proceedings of The Yellow Sea Rim International Exchange Meeting on Building Environment and Energy，2009.
[4] Zhuling Zheng，Weifeng Zhu，Jianhong Ding. Analysis of EMS（Energy Measurement System）Data of a commercial office Building in Shanghai［C］. Energy and Environment of Residential Building and Built Environment and Public Health，2009.
[5] Sheng Liu，Weifeng Zhu. Discussion on The Energy Consumption in The Ground Space of City Public Building［C］. Energy and Environment of Residential Buildings and Built Environment and Public Health，2009.
[6] 郑竺凌，朱伟峰，罗凯，金群乐．用电分项计量系统的研究及工程应用［C］．华东、华南计量学术交流会，2009.
[7] 李义文，毛清希，戴菇等．地下商场空调节能设计与管理［J］．建筑热能通风空调，2003，22（4)：23～25.

[8] ChenZhii, ShenZhuyan. The Utilization and Sustainable Development of Urban Underground Space [J]. Underground Space. 2001, 21 (3): 188～191.

[9] Edelenbos J, Monnikhof R, Haasnoot J, Hoeven F, Horvat E, Krogt R. Strategic Study on the Utilization of Underground Space in the Netherlands [J]. Tunnelling and Underground Space Technology, 1998, 13 (2): 159～165.

[10] Godard J P. Urban Underground Space and Benefits of Going Underground [C]. World Tunnel Congress 2004 and 30th ITA General A ssembly-Singapore, 2004 May-ITA Open Session, 22～27.

[11] 秦志峰. 高层建筑地下车库通风排烟设计 [J]. 浙江水利水电专科学校学报, 2001, 13 (3): 38～39.

[12] 王海军, 王明娟. 喷流诱导系统在地下车库通风气流组织方面的应用 [J]. 工程建设与设计, 2003 (9): 33～34.

[13] 蔡浩, 朱培根, 谭洪卫等. 地下车库诱导通风系统的数值模拟与优化 [J]. 流体机械, 2004, 32 (12): 27～29.

[14] M. Krati., Ayari. A. Ventilation for Enclosed Parking Garages [J]. ASHRAE Journal, 2001, 32 (4): 33～35.

[15] 王勇. 地下汽车库的智能型诱导通风系统 [J]. 贵州工业大学学报（自然科学版）, 2005, 34 (5): 97～98.

[16] Stankunas A. R, Brailett P T, Thwer K C. Contarninant Level Contron in Parking Garage [J]. ASHRAE Transactions, 1980, 86 (l): 67～68.

[17] Xiaofeng Li, Xianting Li, Yingxin Zhu. Experimental Study on Airflow in Underground Space of Metro System with a Constant Tracer-gas Injection Technique [C]. Proceedings of International Conference of CLIMA. Brussels. 2000, 1997.

[18] Patel S J. Smoke Control System for the Underground Stations of the New York City' s Number 7th Subway Line Extension Project [C]. 12th International Symposium on Aerodynamics and Ventilation of Vehicle Tunnels. 2006, 851～865.

[19] 杨智华, 那艳玲. 北方城市地铁通风空调系统方案分析 [J]. 制冷与空调, 2005, 21 (1): 41～43.

[20] 李辉. 回/排风在广州地铁中央空调冷却水系统中的工程应用前景 [J]. 制冷与空调, 2006, 22 (2): 67～71.

[21] 侯桂敏. 同一地铁车站两种空调通风系统的比较 [J]. 铁道工程学报, 2006 (5): 104～108.

[22] 巩云. 地下铁道环控制式选取之我见 [J]. 四川制冷, 1996 (4): 9～12.

[23] Gasale E, Charvier J M, Lemaire G. Tunnel Ventilation System Modelling [C]. 8th International Symposi-um on the Aerodynamics and Ventilation of Vehicle Tunnels. England: BHRA, 1994, 69～ 81.

[24] 官习艳. 哈尔滨某岛式地铁车站通风系统及活塞风 CFD 模拟研究 [D]. 哈尔滨工业大学硕士学位论文, 2007: 54～55.

[25] Nakamura H, Yamana T, Matsushita T. Researchon Smoke Control in Underground Structures [J]. Tunnelling and underground space technology. 1992, 7 (4): 325～333.

[26] Berglung. Comfort Benefits for Summer Air Conditioning with Ice Storage [J]. ASHRAE Trans. 1991, 97 (1): 843～847.

[27] Daniel Int-Hout. Low Temperature Air Thermal Comfortand Indoor Air Quality [J]. ASHRAE Journal, 1992, May: 34～39.

[28] Marc E. Fountain, Edward A. Arens. Air Movement and Thermal Comfort [J]. ASHRAE Journal, 1993, (8): 26～30.

[29] 邓巧林, 李念平, 杨昌智. 长沙某地下商场室内环境的实测与新风量的探讨 [J]. 制冷与空调,

2005，5（4）：102～103.
［30］ 董强．地下公共建筑空调系统的现状与改善空气环境的途径［J］．地下空间，1992，12（1）：17～23.
［31］ 曹贵权．热风热管装置在地下工程的应用［J］．地下空间，1988，（3）：68～72.
［32］ 高维骊．人防工程地下建筑无风管送风的研讨［J］．地下空间，1986，（2）：43～46.
［33］ Watanabe，Choyu. Super Heat Pump System Using River Water as a Heat Source［C］．ASME/JSME Thermal Engineering Joint Conference-Proceedings，1995.
［34］ 宋羽中芳，赵敬源，赵秉文．地下建筑壁面动态传热的数值分析研究［D］．西安建筑科技大学学位论文，2001：32～33.
［35］ 胡铁山．地下建筑热湿环境与热湿耦合对流传递模型研究［D］．重庆大学硕士学位论文，2006：1～2.
［36］ Eisenstein Z，Ezzeldine Q，陈德芳译．地铁环境控制系统的系统设计［J］．隧道译从，1993，（8）：1～8.
［37］ 唐晓智．某市地下人防建筑通风空调设计［J］．暖通空调，2003，33（3）：64～66.
［38］ Pila E G. Air Conditioning Principles and Systems/An Energy Approach［M］．New York：John Wiley & Sons，1981，352～389.
［39］ Beck J. Inverse Heat Conduction［M］．New York：McGrow Hill，1985：19～30.
［40］ 赵敬源，邱永亮．地下建筑热工环境的数值分析研究［J］．四川建筑科学研究，2005，31（6）：167～169.
［41］ 赵刚，付邦举，院琛．地下人防工程火灾特点与消防设计施工［J］．消防科学与技术，2006，25（2）：269～270.
［42］ Gauthier C，Lacroix M，Bernier H. Numerical Simulation of Soil Heat Exchanger-Storage Systems for Greenhouses［J］．Solar Energy，1997，60（6）：333～346.
［43］ 王琳，李永安．地下人防工程中自然能源的高效利用［J］．低温建筑技术，2008（1）：118～120.
［44］ Tianzhen Hong，Jinqian Zhang，Yi Jiang. IISABRE：An Integrated Building Simulation Environment［J］．Building and Environment，1997，32（3）：219～224.
［45］ Crawley D B，Lawrie L K，Winkelmann F C，Buhl W F，Huang Y J，Pedersen C O，Strand R K，Liesen R J，Fisher D E，Witte M J，Glazer J. EnergyPlus：Creating a New-generation Building Energy Simulation Program［J］．Energy and Buildings，2001，33（4）：319～331.
［46］ 孙兆军．地铁车站设备管理用房空调系统探讨［J］．铁道标准设计，2004（6）：111～113.
［47］ Lee S C. Inter-comparison of Air Pollutant Concentrations in Different Indoor Environments in Hong Kong［J］．Atmospheric Environment，2002，36（12）：1929～1940.
［48］ Andrew lugg，Douglas Probert. Indoor Radon Gas：A Potential Health Hazard Resulting from Implementing Energy-Efficiency Measure［J］．Applied Energy，1997，56（2）：93～196.
［49］ Raymond L. Sterling，Jean-Paul Godard. Geoengineering Considerations In The Optimum Use of Underground Space［EB］．http：//www. ita-aites. Org /cms / 415 . html.
［50］ 赵平歌．地下建筑的防潮除湿研究［J］．地下空间与工程学报，2007，3（6）：987～989.
［51］ Sangho Choi. Heat transfer for Commercial Underground Building［D］．A Thesis Submitted to the Faculty of the Graduate School of the University of Colorado，1996：68～69.
［52］ H. M. Liu，Z. . Lian，X. J. Ye. Heat-storage Characteristics of LongTan Hydroelectric Station's Building Enclosure in China［J］．Applied Thermal Engineering，2003，（23）：2399～2405.
［53］ 江亿．我国建筑耗能状况及其有效的节能途径［J］．暖通空调，2005，35（5）：30～40